全国高等职业教育“十二五”规划教材
中国电子教育学会推荐教材
全国高等职业院校规划教材·精品与示范系列

建筑设备电气控制工程

孙景芝　李庆武　主编
阎循忠　主审

電子工業出版社
Publishing House of Electronics Industry
北京·BEIJING

内容简介

本书根据国家示范性高职院校建设项目要求，结合作者多年的课程教学改革经验，在校企合作典型案例的基础上进行编写。本书内容共分为两大模块，9 个学习情境。模块一是建筑设备电气控制基础与实训，主要包括建筑设备电气控制工程认知、电气控制基础与实训、常用低压电气控制元件基础与实训、建筑电气控制的典型环节与技能训练；模块二是典型建筑电气常用控制设备控制与安装，包括建筑给水排水系统的电气设备运行控制与安装，建筑施工常用设备的运行操作与维护，电梯的运行控制、安装调试与维护，建筑物中冷热源设备的运行控制与安装，建筑设备电气控制工程综合训练等。

本书以培养应用型技能人才为目标，遵循够用为度，以教、学、做合一的理念贯穿全书，从培养学生的操作技能出发，结合工作任务，采用项目教学法，围绕本领域所要形成的职业能力展开讨论。在对每一教学情境的阐述过程中，结合实际工程项目，针对工程项目的实际设计、安装及运行维护中所需要的知识点展开分析，实用性强，是指导学生工程实践的必修内容。另外，为使读者在学习过程中理论与实际的密切结合，书中给出了相关练习题与训练项目，意在培养学生的应用能力，以适应现代化建筑行业的岗位需求。

本书脉络清晰，内容通俗易懂，图文并茂，为高等职业本专科院校建筑电气工程、建筑设备工程、楼宇智能化、供热通风与空调工程等专业的教材，以及开放大学、成人教育、自学考试、中职学校的教材，同时也是建筑电气控制系统工程技术人员的一本好参考书。

本书配有免费的电子教学课件和练习题参考答案，详见前言。

图书在版编目（CIP）数据

建筑设备电气控制工程/孙景芝，李庆武主编. —北京：电子工业出版社，2010.1

全国高等职业院校规划教材. 精品与示范系列

ISBN 978-7-121-09960-1

Ⅰ. 建…　Ⅱ. ①孙…②李…　Ⅲ. 房屋建筑设备：电气设备—电气控制—高等学校：技术学校—教材　Ⅳ. TU85

中国版本图书馆 CIP 数据核字（2009）第 216331 号

策划编辑：陈健德（E-mail:chenjd@phei.com.cn）

责任编辑：陈健德

印　　刷：北京虎彩文化传播有限公司

装　　订：北京虎彩文化传播有限公司

出版发行：电子工业出版社

北京市海淀区万寿路 173 信箱　邮编　100036

开　　本：787×1 092　1/16　印张：27　字数：691.2 千字

版　　次：2010 年 1 月第 1 版

印　　次：2019 年 12 月第 8 次印刷

定　　价：42.00 元

凡所购买电子工业出版社图书有缺损问题，请向购买书店调换。若书店售缺，请与本社发行部联系，联系及邮购电话：（010）88254888，88258888。

质量投诉请发邮件至 zlts@phei.com.cn，盗版侵权举报请发邮件至 dbqq@phei.com.cn。

本书咨询联系方式：chenjd@phei.com.cn。

职业教育　继往开来（序）

自我国经济在新的世纪快速发展以来，各行各业都取得了前所未有的进步。随着我国工业生产规模的扩大和经济发展水平的提高，教育行业受到了各方面的重视。尤其对高等职业教育来说，近几年在教育部和财政部实施的国家示范性院校建设政策鼓舞下，高职院校以服务为宗旨、以就业为导向，开展工学结合与校企合作，进行了较大范围的专业建设和课程改革，涌现出一批示范专业和精品课程。高职教育在为区域经济建设服务的前提下，逐步加大校内生产性实训比例，引入企业参与教学过程和质量评价。在这种开放式人才培养模式下，教学以育人为目标，以掌握知识和技能为根本，克服了以学科体系进行教学的缺点和不足，为学生的顶岗实习和顺利就业创造了条件。

中国电子教育学会立足于电子行业企事业单位，为行业教育事业的改革和发展，为实施“科教兴国”战略做了许多工作。电子工业出版社作为职业教育教材出版大社，具有优秀的编辑人才队伍和丰富的职业教育教材出版经验，有义务和能力与广大的高职院校密切合作，参与创新职业教育的新方法，出版反映最新教学改革成果的新教材。中国电子教育学会经常与电子工业出版社开展交流与合作，在职业教育新的教学模式下，将共同为培养符合当今社会需要的、合格的职业技能人才而提供优质服务。

近期由电子工业出版社组织策划和编辑出版的“全国高职高专院校规划教材·精品与示范系列”，具有以下几个突出特点，特向全国的职业教育院校进行推荐。

（1）本系列教材的课程研究专家和作者主要来自于教育部和各省市评审通过的多所示范院校。他们对教育部倡导的职业教育教学改革精神理解得透彻准确，并且具有多年的职业教育教学经验及工学结合、校企合作经验，能够准确地对职业教育相关专业的知识点和技能点进行横向与纵向设计，能够把握创新型教材的出版方向。

（2）本系列教材的编写以多所示范院校的课程改革成果为基础，体现重点突出、实用为主、够用为度的原则，采用项目驱动的教学方式。学习任务主要以本行业工作岗位群中的典型实例提炼后进行设置，项目实例较多，应用范围较广，图片数量较大，还引入了一些经验性的公式、表格等，文字叙述浅显易懂。增强了教学过程的互动性与趣味性，对全国许多职业教育院校具有较大的适用性，同时对企业技术人员具有可参考性。

（3）根据职业教育的特点，本系列教材在全国独创性地提出“职业导航、教学导航、知识分布网络、知识梳理与总结”及“封面重点知识”等内容，有利于老师选择合适的教材并有重点地开展教学过程，也有利于学生了解该教材相关的职业特点和对教材内容进行高效率的学习与总结。

（4）根据每门课程的内容特点，为方便教学过程对教材配备相应的电子教学课件、习题答案与指导、教学素材资源、程序源代码、教学网站支持等立体化教学资源。

职业教育要不断进行改革，创新型教材建设是一项长期而艰巨的任务。为了使职业教育能够更好地为区域经济和企业服务，我们殷切希望高职高专院校的各位职教专家和老师提出建议，共同努力，为我国的职业教育发展尽自己的责任与义务！

中国电子教育学会

全国高职高专院校土建类专业课程研究专家组

本书根据国家示范性高职院校建设项目要求进行编写，以建筑电气工程技术专业为重点，带动建筑设备工程专业、楼宇智能化专业、供热通风与空调工程专业、计算机专业（电气方向、楼宇方向）、电子信息专业、机械制造与自动化专业、电气自动化技术专业等专业群的建设。主要目的是为了适应现代社会发展对建筑电气工程技术专业领域人才的大量需求，培养适应建筑电气职业标准的高技能职业人，深化职业教育教学改革，推行工学结合项目导向+顶岗实习的“2+1”人才培养模式，创新任务驱动教学模式，构建以岗位能力为核心，以实践教学为主体的特色课程体系和人才培养方案。坚持走内涵发展道路，以校企合作办学为突破口，全面推行开放办学，建成满足建筑电气工程技术专业群职业岗位能力训练需要的校内“生产性”实训环境。进一步巩固学校和企业之间的紧密合作关系，建立一种互利互惠的、双赢的、可持续发展的合作机制，使行业主导、校企互动的思想贯穿到人才培养模式及课程体系改革的全过程中。

通过3年的项目建设，进一步完善工学结合、校企合作的人才培养模式，细化每个合作环节，量化各阶段的监测指标，建立和健全与之相适应的管理制度及考评标准；创新工学结合的课程体系，开发与建设具有项目导向、任务驱动特色的核心课程和教材，做到全程教学服务，开发和创建教学包与课程资源包；在以国家注册电气工程师为领军人物的带动下，打造一支思想素质高、职业能力强、理论扎实、技能过硬的具有开拓和奉献精神的“双师型”专兼结合的一流教学团队；建成可满足建筑电气工程技术专业群学生工学结合的生产性实训室，使建筑电气工程技术专业群的办学实力、科研水平和社会服务能力进一步增强，大幅度提高人才培养质量，为社会国民经济发展、东北老工业基地建设和城市建设提供人才保证。努力把建筑电气工程技术专业建设成为精品专业，并对其他高职院校的同类及相近专业起到引领、示范和辐射作用，以实现建筑电气工程技术专业的总体建设目标。

建筑设备电气控制工程包括两大模块，模块一为建筑电气控制基础知识与实训，模块二为典型建筑电气常用控制设备控制与安装。模块一主要介绍变压器，电动机，电动机电力拖动基础，常用低压电气控制元件的类型、构造、原理、技术指标，以及在建筑电气控制系统中的选择及应用；电气控制图形的绘制规则；电气图的类型、国家标准及组成电气控制线路的基本规律；交流电动机启动、运行、制动、调速的控制线路原理及控制特点；电气联锁、保护环节以及电气控制线路的分析方法、设计思路与技巧及操作方法等知识。模块二介绍典型建筑机械电气控制线路的读图方法，并以生活给水排水、混凝土搅拌机、桥式起重机、电梯、锅炉房设备与空调设备等典型建筑设备为案例，详细介绍控制线路的组成、工作原理以及机械、液压与电气控制配合的意义，对电气控制系统的分析方法和分析步骤进行了实际运用，为电气控制系统的设计、安装、调试与维护打下基础，为从事建筑电气工程做好理论与技能方面的准备。另外，为使读者在学习过程中理论与实际的密切结合，书中给出了相关练习题与训练项目。意在培养学生的应用能力，以适应现代化建筑行业的岗位需求。

本书的主要特点如下：

(1) 根据国家示范性高职院校建设项目要求与人才培养目标，紧紧围绕本专业的职业能力训练安排书中内容。

(2) 将原来的建筑电气控制和电机拖动基础两门课程，按照建筑电气工程行业职业岗位技能要求，对内容进行了优化和综合，有利于学生掌握实用技能。

(3) 结合工作任务，在每一学习情境的阐述过程中，结合工程项目的实际设计、安装及运行维护中所需要的知识点和技能展开分析，实用性强，是指导学生工程实践的必修内容。

本书脉络清晰，内容通俗易懂，图文并茂，可作为高职高专院校建筑电气工程、建筑设备工程、楼宇智能化、供热通风与空调工程等专业的教材，以及应用型本科、成人教育、函授学院、电视大学、中职学校相关课程的教材，同时也是建筑电气控制系统工程技术人员的一本好参考书。

本书由黑龙江建筑职业技术学院孙景芝、李庆武、高影、王兆霞编写。学习情境1、3、4、5、7、9由孙景芝编写；学习情境2由李庆武编写；学习情境6由高影编写；学习情境8由王兆霞编写；全书由孙景芝负责统一定稿。由黑龙江省建筑安装公司专家阎循忠（享受国务院特殊津贴）进行了认真的审阅，并提供了非常珍贵的修改意见，在此谨向他表示诚挚的谢意。

本书参考了大量的书刊资料，并引用了部分资料，除在参考文献中列出外，在此一并向这些书刊资料作者表示衷心的感谢。

由于建筑电气控制系统新技术、新材料的不断发展和进步，加之我们的专业水平有限，时间仓促，书中难免有错漏之处，恳请广大读者批评指证。

为了方便教师教学，本书配有免费的电子教学课件与练习题参考答案，请有此需要的教师登录华信教育资源网（www.hxedu.com.cn）免费注册后进行下载，有问题时请在网站留言板留言或与电子工业出版社联系（E-mail：hxedu@phei.com.cn）。

编　者

目 录

学习情境 1
建筑设备电气控制工程认知

教学导航

<table>
<tr><td>学习任务</td><td>任务 1-1 课程教学设计与要求
任务 1-2 建筑设备与电气控制工程
任务 1-3 建筑设备电气控制工程相关知识和规范</td><td>参考学时</td><td>4</td></tr>
<tr><td>能力目标</td><td colspan="3">1．明白建筑设备电气控制工程组成、特点及要求；
2．了解建筑设备电气控制相关图纸中的基本内容；
3．懂得建筑设备电气控制工程所从事的职业岗位和应具备的基本技能；
4．具有使用相关手册和规范的能力</td></tr>
<tr><td>教学资源与载体</td><td colspan="3">多媒体网络平台；教材、动画 PPT 和视频等；一体化控制实验室；控制系统工程图纸；课业单、工作计划单、评价表</td></tr>
<tr><td>教学方法与策略</td><td colspan="3">引导文法，演示法，参与型教学法</td></tr>
<tr><td>教学过程设计</td><td colspan="3">课程教学设计与要求→播放控制案例录像和动画→给出工程图→布置查找各种器件→展示建筑设备实物图并讲解→参观各系统→引发学生求知欲望，设置好学前铺垫</td></tr>
<tr><td>考核与评价</td><td colspan="3">控制系统的认知；建筑工程涉及的控制设备；语言表达能力；工作态度；任务完成情况与效果</td></tr>
<tr><td>评价方式</td><td colspan="3">自我评价（10%），小组评价（30%），教师评价（60%）</td></tr>
</table>

本学习情境从课程设计入手，首先介绍建筑电气控制工程系统包含的内容、工作任务和涉及的相关知识，再对相关规范进行说明。学习本情景后，读者应学会制定设备安装的作业计划，并实施、检查和反馈；明确在安装过程中，使用工具、设备和材料等应符合劳动安全和环境保护规定。

任务 1-1　本课程教学设计与要求

1. 课程定位与培养目标

建筑设备电气控制工程作为建筑电气工程技术专业优质核心课程（领域）之一，在该专业中有举足轻重的地位。随着建筑业的发展，建筑电气控制设备越来越多，技术领域更加广泛，技能要求越来越高，因此，建筑设备电气控制工程课程是建筑电气工程技术专业培养合格人才的重要组成部分。

1）课程培养目标

（1）熟悉电动机的使用与安装；

（2）理解控制线路常用低压电器的功能、工作原理及选用；

（3）掌握继电接触控制线路的组成、控制原理及线路安装技能和安装工艺；

（4）掌握建筑给水排水系统的电气设备运行控制与安装，建筑施工常用设备的运行操作与维护，电梯的运行控制、安装调试与维护，建筑物中冷热源设备的运行控制与安装，建筑设备的电气控制设计与安装调试基础知识；

（5）概括设计方案的确定原则、设计步骤；

（6）能识读和绘制建筑电气控制系统施工图；

（7）能根据建筑电气控制系统施工图和安装程序进行设备安装、布线和调试；

（8）对安装工程能分阶段进行质量验收。

2）课程职业岗位能力

（1）具有电动机的维护运行能力；

（2）具有建筑设备电气控制工程平面图与系统图的绘制与识图能力；具有建筑设备电气控制工程电气设备选型、安装与调试的能力；

（3）具有建筑设备电气控制工程的设计和图纸会审能力；

（4）具有建筑设备电气控制工程的运行维护能力；

（5）初步具有从事建筑设备电气控制工程施工的指导能力；

（6）初步具有从事建筑设备电气控制工程部分安全检测、验收与监理能力；

（7）具有建筑设备电气控制工程施工中常见问题的分析与解决能力。

（8）具有建筑设备电气控制工程的招投标及预（结）算能力；

（9）具有从事建筑设备电气控制工程的质量控制和工程进度管理的能力、组织管理及工程内业的能力。

2．课程教学设计

项目教学分为理论教学体系和实践教学体系。

1）教学的设计思想

以工学结合为切入点，结合模块中不同项目设置与之相适应的实践教学内容，以实现“做中学”和“毕业即就业、就业即上岗、上岗即顶岗”的教学目标。对教学内容的设计，要紧密结合职业岗位的需求，安排不同的训练项目；对实践教学方式的设计，本着“先感性认识，再模拟操作，后工程实践”的思路，以迅速提高学生的职业能力。

2）教学资源

本课为国家级精品课，教学资源基本齐全，主要包括图1-1所示的内容。

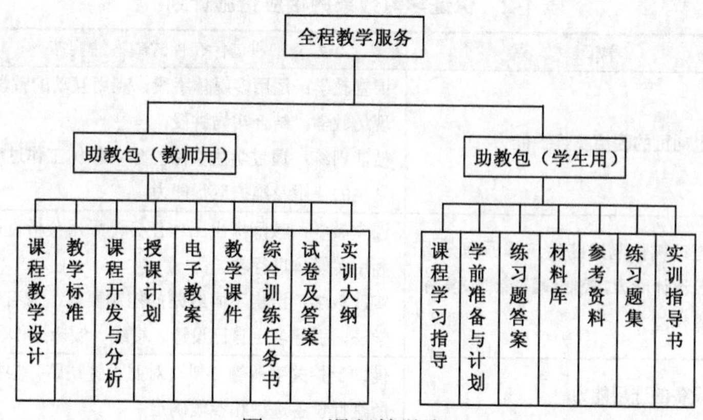

图1-1　课程教学资源

3）教学方法

围绕专业核心能力及岗位需求，采用结合工程的项目教学法、多媒体教学、新课型教学、角色扮演、演示法、研究法、任务驱动、引导文法等教学方法。将理论与技能融为一体，缩短了学与用之间的距离。教学模式上充分展现课程开发和教学实施的完美结合。做到“做中学”，教、学、做合一。

4）课程教学设计

（1）计划学习效果：计划学习效果主要从知识方面、能力方面、态度方面三个方面考虑，具体如表1-1所示。

表1-1　计划学习效果

知识方面	电动机的结构、工作原理、技术参数、运行特性、选择； 低压电器的分类、用途、动作原理、选择； 典型电动机控制线路的工作原理； 电气控制方案的设计原则、步骤及识图、绘图方法
能力方面	电动机的使用及维护能力； 电动机控制线路的工作原理分析及设计能力； 控制线路的接线及实际操作能力；

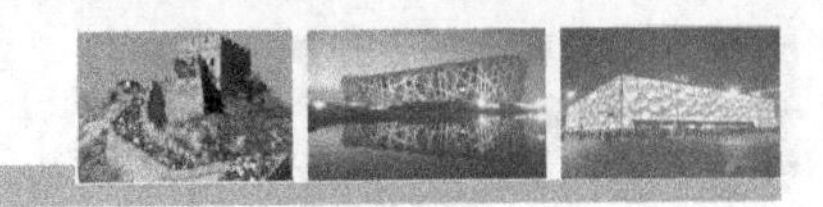

续表

能力方面	设备选型能力； 识读建筑电气图纸的能力； 会运用相关规范和标准； 对建筑设备进行安装、调试、验收与维护运行的能力； 能掌握质量控制和进行管理； 进行图纸会审、招投标的能力
态度方面	爱岗敬业、善于计划、积极落实的工作态度； 主动沟通、友好协作的团队精神； 吃苦耐劳、勇挑重担、无私奉献的工作精神

（2）相应的措施计划：保证学习效果的相应措施计划，如表 1-2 所示。

表 1-2　保证学习效果的相应措施计划

序号	学 习 效 果	通过什么模式或方法实施
1	电动机的使用及维护能力	课堂教学：运用多媒体手段，利用互动的教学方法； 现场教学：结合实物讲授； 技能训练：通过学生实际操作，依据工作过程，训练学生的使用及维护运行能力
2	电动机控制线路的工作原理分析及设计能力，控制线路接线及实际操作能力	课堂教学：教师提出工作任务，采用分析设计方法，利用多媒体进行教学； 实践教学：给出不同线路的控制要求，应用引导文教学法，引导学生自己设计、接线、实际操作、互评等
3	设备的选用能力	借助于相关手册等资料，对照设计线路，根据使用场所进行设备选型和参数确定
4	识读建筑电气控制图纸的能力	采用化整为零看电路、积零为整看整体的方法锻炼学生的识图能力
5	熟练应用相关规范及标准的能力	通过引导文教学法，依据工程中常用的规范、标准，对学生进行应用方面的训练
6	对建筑设备控制线路进行安装、调试、验收与维护运行的能力	结合工作项目，利用工学结合的模式实施教学
7	具有掌握质量控制和运行管理的能力	采用引导文教学法，根据质量标准和验收项目，结合具体工作项目实施教学
8	具有图纸会审及招投标的能力	结合工程案例进行训练，分组进行招投标模拟训练
9	学生的表达、计划、沟通、组织能力及团队合作精神	通过理论及实践教学的实施、师生的互动、分组方式的学习达到此效果

（3）课程教学：按照两大模块、9 个学习情境进行安排。

3．教与学要求

1）对教师的要求

为了使本课与相关职业能力密切联系，对本课内容、教法和实施过程都应进行改革。在内容上，以岗位职业能力为依据，以任务为驱动，设定不同的项目；在教法上，打破以往的

教学方式，全部利用自制课件，并在课件中引入大量的设备元件图片、工程实际案例分析、设备安装与调试案例等实际知识内容；在实施过程中注重工学结合，通过走出去、请进来的方式，以现场实地参观、仿真设备操作、专家进校讲座、校外实习锻炼等多种工学结合的形式完成教学活动，以保证教学质量。具体要求介绍如下。

（1）采用理论与实践相结合的一体化教学模式。

以工程图纸为载体，以生动的动画为媒介；将教学课堂搬到实训现场；采用分组进行的实训指导，根据需要，理论和技能教学交叉进行，使知识和技能传授融合在一起；在完全与企业工作环境相似的场景下，教师边讲边演示，学生边学边练，将以教师为主的知识传授和引导学生提问、讨论相结合；在宽松的教学环境中，使学生掌握就业岗位需具备的技能和掌握技能需了解的理论知识。

（2）采用项目引导下的教学模式。

围绕工作项目展开，以学生能独立完成工作岗位所要求的作业项目为目的，步骤如下：

在教学过程中巧妙引入课题或下达任务，使学生对将要学习的工作任务产生兴趣；在课堂上让学生获得认知和解决问题的方案；由教师演示项目的操作过程；由学生自己操作、独立应用所学知识，完成项目作业；扮演不同的角色，使学生在换角色过程中体会对所完成任务的一份责任和乐趣。

（3）多元化学生学习评价方式。

传统的应知答题式的考核方式不能对学生掌握知识和技能的程度进行准确的评价。为此我们设计并实施了多种新的科学评价方式：

9 个独立的学习情境，进行单独的学习评价；采用 1234 评价模式，即自评 10 分，互评 20 分，教师评价 30 分，笔试 40 分；总体为 4/6 分成制，理论 40 分（由期末考试形成），实践综合 60 分，由一个个学习情境的考核综合形成。

2）对学生的要求

（1）会做准备工作。

如建筑设备电气安装前，对设备的电气控制图进行识读，充分了解设备的运行工况，提供安装调试方案，制定安装调试工作进度，做好安装前的准备工作。

（2）会实际操作并对相应能力进行训练。

在规定时间内完成控制设备的安装和调试。对已完成的任务进行记录、存档和评价反馈，自觉保持安全和健康的工作环境。具有电动机的使用及维护能力；具有电动机控制线路的工作原理分析及设计能力；具有控制线路的接线及实际操作能力；具有设备选型能力；具有识读建筑电气图纸的能力；会运用相关规范和标准；具有对建筑设备进行安装、调试、验收与维护运行的能力；能掌握质量控制和进行管理；具有进行图纸会审、招投标的能力。

以小组的形式工作，使用通用工具、专用工具、设备和设备安装资料等，对所安设备的调试应按照标准和规范进行。自觉保持安全作业的工作要求。

任务 1-2　建筑设备与电气控制工程

什么是建筑设备？其电气控制有哪些？生活在社会中，离不开衣食住行，上高层建筑要

乘坐电梯；用水需要给排水设备；供暖需供暖设施及锅炉房设备；舒适的室内环境需要空调设施，如此等等均为建筑设备，从事建筑电气工程技术的人员需要对这些设备的构造、工作原理、安装、调试和维护运行技术充分地把握，才能较好地完成工作。

◆ 教师活动：展示建筑设备实物图并简单讲解。

◆ 学生活动：结合实物进行认知学习。

1．电梯设备

电梯是建筑中的交通运输工具，既可运送货物又可载人在建筑物中上下运行，电梯及控制设备如图 1-2 所示。

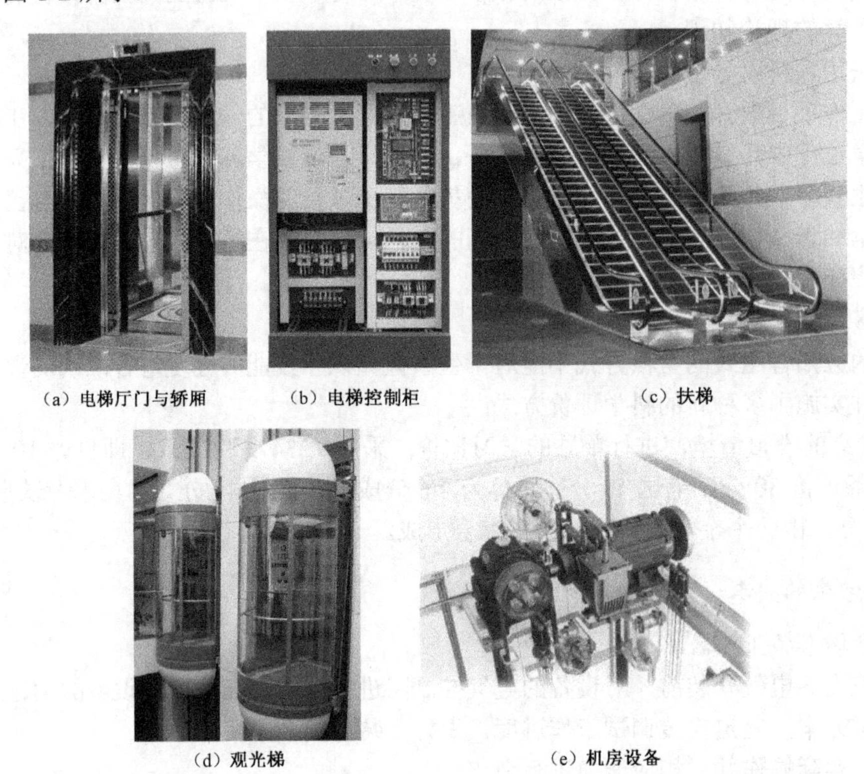

(a) 电梯厅门与轿厢　(b) 电梯控制柜　(c) 扶梯

(d) 观光梯　(e) 机房设备

图 1-2　电梯及控制设备

电梯由机械和电气两大系统组成。电梯的种类很多，控制方式也不同，所需设备种类较多，能力要求前已叙及，详细分解学习见相关学习情境。

2．锅炉房动力设备

锅炉是供热之源。锅炉设备的任务是安全可靠、经济有效地把燃料的化学能转化为热能，进而将热能传递给水，以生产一定温度和压力的热水或蒸汽。锅炉设备的构成如图 1-3 所示，常见锅炉如图 1-4 所示。

锅炉一般分为两种：一种叫动力锅炉，应用于动力、发电方面；另一种叫供热锅炉（又称为工业锅炉），应用于工业及采暖方面。

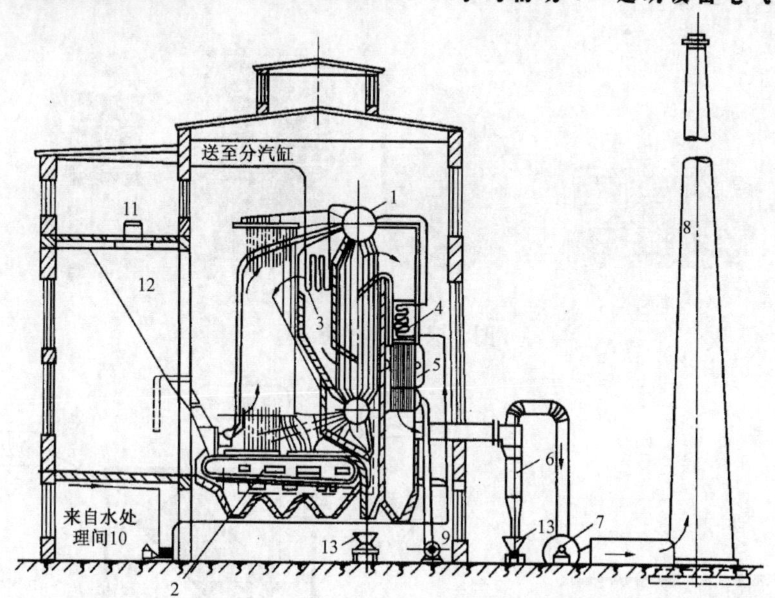

1—锅筒；2—链条炉排；3—蒸汽过热器；4—省煤器；5—空气预热器；6—除烟器；7—引风机；
8—烟囱；9—送风机；10—给水泵；11—运煤皮带运输机；12—煤仓；13—灰车

图 1-3　锅炉设备的构成

（a）燃油（气）蒸汽（热水）锅炉

（b）燃煤蒸汽（热水）锅炉

图 1-4　锅炉

从锅炉设备的认识入手，了解锅炉设备的组成、运行工况及自动控制任务；学习锅炉房动力设备控制线路的识图与安装；研究锅炉设备的正确选择和使用，最后通过锅炉控制案例拓展到调试与维护。

3. 空调系统的电气控制及安装

生活和生产活动环境是人们生活质量的重要标志，空调系统是维护室内良好环境的专门技术。对空气的温度、相对湿度、压力洁净度和流通速度等多项参数进行处理的技术称空气调节技术。空调的五种代表技术为直流变频技术、网络控制技术、超静音技术、超远距离送风技术、健康技术的运用。

不同类型的空调组成各异，整体式空调如图 1-5 所示，分体式空调如图 1-6 所示，空调系统及设备如图 1-7～图 1-10 所示。

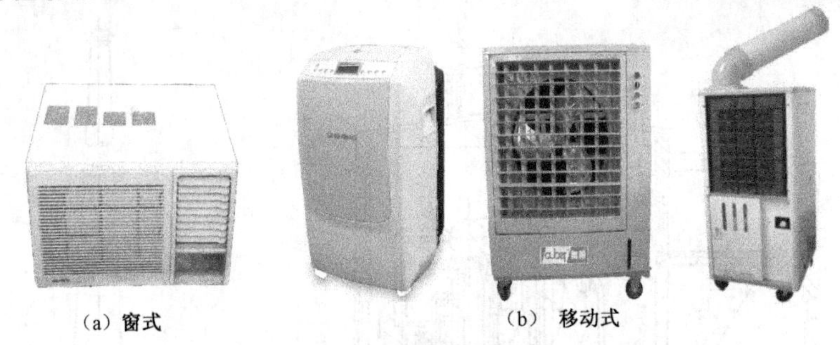

（a）窗式　　（b）移动式

图 1-5　整体式空调

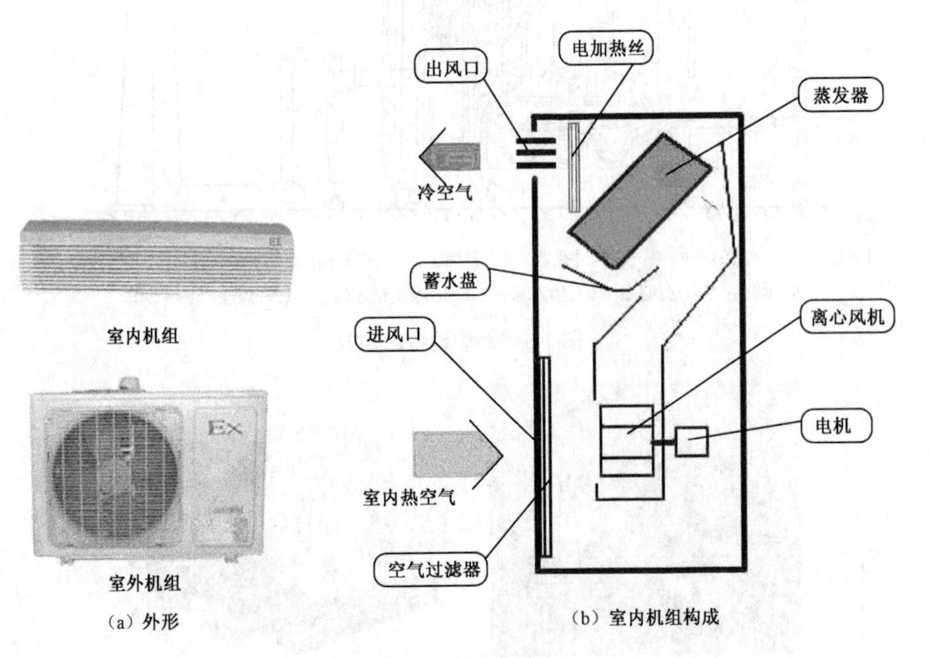

（a）外形　　（b）室内机组构成

图 1-6　分体式空调

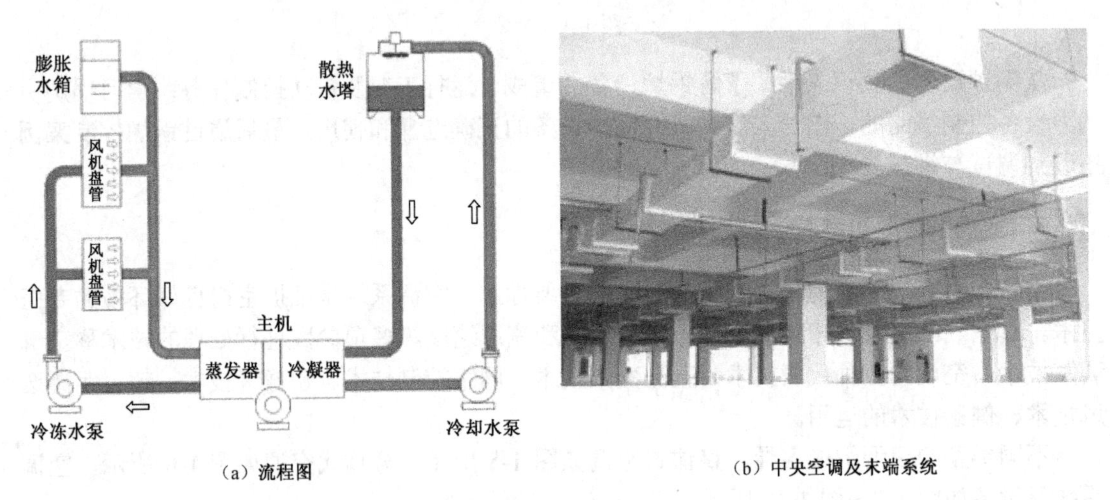

（a）流程图　　（b）中央空调及末端系统

图 1-7　空调系统

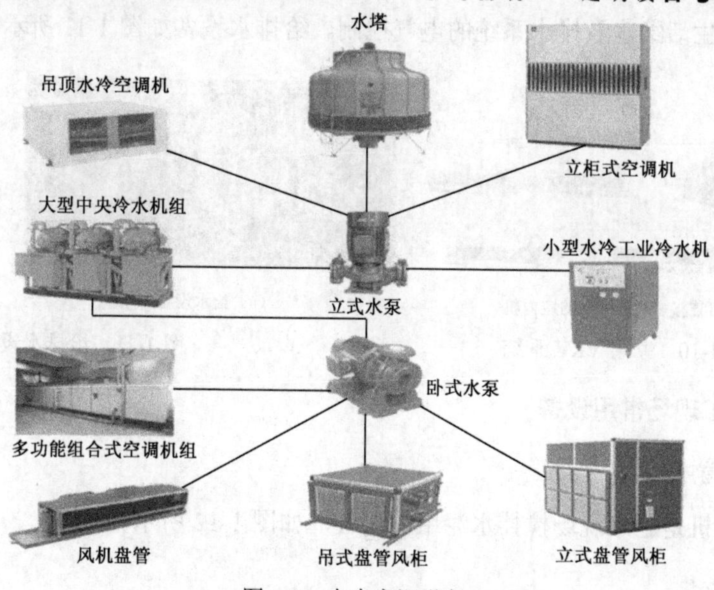

图1-8　中央空调设备

图1-9　空调设备

4. 建筑给水排水系统的电气设备

水都是从高处往低处流的，但对于楼宇建筑来说，则需要把水输送到中高层中去，这就需要对水进行加压控制。当今自动控制及远程控制技术已经应用于各个领域，在给水排水系统中也不例外，它能够提高科学管理水平，减轻劳动强度，保证给排水系统正常运行和节约能源。在给排水工程中，自动控制的内容主要是水位控制和压力控制，而远程控制的内容主要是调度中心对远处设置的一级泵房（如井群）和加压泵房的控制。本学习情境主要介绍建

筑工程中常用的生活给水及排水系统的电气控制。给排水设备如图 1-11 所示。

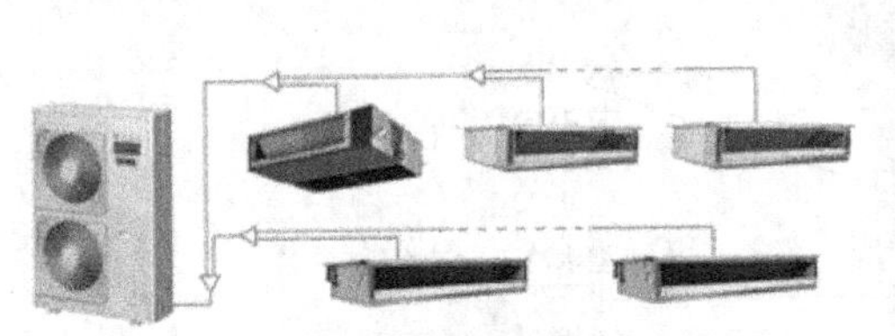

单台室外机可连接多达6～9台的室内机

图 1-10　家用 VRV 系统

（a）给水设备

（b）排水设备

图 1-11　给排水设备

5. 建筑施工现场常用设备

1）混凝土搅拌机

混凝土搅拌机是施工现场搅拌水泥用的设备，如图 1-12 所示。

2）塔式起重机

塔式起重机是供施工现场起吊设备之用，如图 1-13 所示。

图 1-12　混凝土搅拌机

图 1-13　塔式起重机

以上几种常用设备的安装、控制与维护是本领域的中心任务。

任务 1-3　建筑设备电气控制工程相关知识和规范

1. 学习领域涉及的相关知识

根据本领域的特点，学生学习前应有电工基本知识与技能、电子基本知识与技能，这对于后续的工程预算、组织管理、电气消防等课程都是必备知识。

2. 所需相关规范与标准

对于建筑电气工程的国家规范、标准，设计和施工人员应准确、认真地执行，这样才能做出合格的电气工程设计，保障工程质量，使系统安全可靠运行。规范、标准也是阐述系统工程功能和交流技术的特定语言，能规范技术措施，统一安装方法，防范事故发生，是继承和总结施工经验，改进和发展新技术的依据。

目前大部分电工规范、标准等采用国际电工委员会IEC标准，这为提高我国电工技术水平、与国际电工科技界开展技术交流合作和高新技术的引进应用起到了良好的作用。作为职业人，在从事工程实践中必须严格遵循国家规范和标准，主要涉及如下规范和标准。

（1）建筑电气专项图集：水泵、风机及其电源切换集成模块化控制系统装置（2002年）；

（2）《2005年最新建筑电气工程施工技术标准与质量验收规范实用手册》；

（3）《低压配电设计规范》（GB 50054—1995）；

（4）《电梯制造与安装安全规范》（GB 7588—2003）；

（5）《电梯工程施工质量验收规范》（GB 50310—2002）；

（6）电力工业锅炉压力容器监察规程；

（7）民用建筑电气设计规范（JGJ/T 16—2008）（第二十四章 锅炉房热工检测与控制）；

（8）中央空调技术规范：自动控制规范；

（9）最新的建筑专业、城市规划、结构专业、给排水、暖通空调、电气专业设计规范；

（10）建筑电气通用图集（92DQ10）：空调自控；

（11）暖通空调规范大全；

（12）给排水电气安装规范；

（13）建筑结构、给排水、电气、暖通、弱电、城市规划、人防专业规范标准图集大集汇：

《建筑给水排水及采暖工程施工质量验收规范》（GB 50242—2002）；

《通风与空调工程施工质量验收规范》（GB 50243—2002）；

《建筑电气工程施工质量验收规范》（GB 50303—2002）；

《建筑工程施工质量验收统一标准》（GB 50300—2001）；

《高层民用建筑设计防火规范》（GB 50045—2005）；

《自动喷水灭火系统设计规范》（GB 50084—2001）；

《火灾自动报警系统设计规范》（GB 50116—1998）；

《自动喷水灭火系统施工及验收规范》（GB 50261—2005）；

《火灾自动报警系统施工及验收规范》（GB 50166—2007）；

《气体灭火系统施工及验收规范》（GB 50263—2007）；

《建筑工程监理规范》（GB 50309—2007）；

《建筑施工高处作业安全技术规范》（JGJ 80—1991）；

《施工现场临时用电安全技术规范》（JGJ 46—2005）；

《建筑机械使用安全技术规范》（JGJ 33—2001）。

知识梳理与总结

本情境有三项任务，一项是建筑设备电气控制工程课程教学设计与要求，从课程定位与培养目标入手，充分说明了课程（情境）的整体构建（ 课程教学设计），为了很好地完成教学，对教师和学生提出了教与学要求。另一项是对建筑设备电气控制工程的认知，就像走进博物馆，以真实的图片展示了电梯、锅炉房设备、空调设备及给排水设备等。最后对本领域涉及的相关知识、标准和规范进行了说明，以便于任务实施时使用，从而培养出合格的职业人。

技能训练 1　参观建筑电气控制设备

1．参观目的

认知建筑电气控制设备，明白不同建筑设备的基本构造，宏观懂得不同建筑设备的基本作用，激发学生的学习兴趣，为后续学习奠定基础。

2．参观要求

认真观察、主动询问、积极思考、准确记录、注意安全、不得随意操作。

3．参观内容

参观校内锅炉房、水泵房、电梯机房、空调机房，去施工现场观看混凝土搅拌机、塔式起重机等，观察设备构造及运行状态，填写表 1-3。

表 1-3　建筑设备参观记录表

序号	系统名称	主要设备	用途	需学内容设想
1	给排水系统			
2	电梯电气控制			
3	空调系统			
4	锅炉房设备电气控制			
5	混凝土搅拌机			
6	塔式起重机			

学习情境 2 电气控制基础与实训

教学导航

学习任务	任务 2-1　直流电动机 任务 2-2　变压器 任务 2-3　异步电动机 任务 2-4　三相异步电动机的电力拖动	参考学时	24
能力目标	1．能正确使用变压器； 2．具有变压器安装、运行和维护的能力； 3．具有三相异步电动机选择和使用的能力； 4．具有电力拖动系统安装、运行和维护的能力。		
教学资源与载体	多媒体网络平台；教材、动画 PPT 和视频等；一体化电机实验室；任务单、工作计划单、评价表、课业单、工作计划单		
教学方法与策略	类比法；项目教学法；引导文法；演示法；参与型教学法		
教学过程设计	给出电动机与变压器实物→分组识别→研究构造、原理→明确图形和文字符号→学习应用和选用→训练指导与考评		
考核与评价	电动机与变压器的识别与选用；语言表达能力；工作态度；任务完成情况与效果		
评价方式	自我评价（10%），小组评价（30%），教师评价（60%）		

任务 2-1　直流电动机

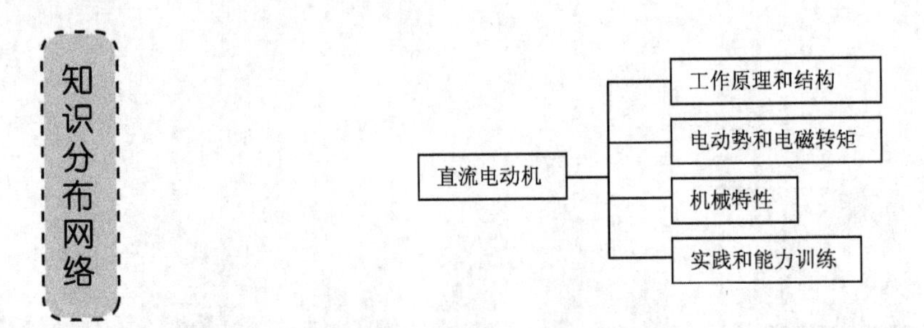

2.1.1　直流电动机的工作原理与结构

直流电机可分为直流发电机和直流电动机两大类。将机械能转化为电能的直流电机是直流发电机，将电能转化为机械能的直流电机是直流电动机。直流电机具有良好的调速性能、较大的启动转矩和过载能力，一般应用于对启动和调速要求较高的场合。另外，结构复杂、成本较高、维护较困难是直流电机的不足之处。

1. 直流电动机的工作原理

图 2-1 所示为直流电动机的工作原理模型。在图 2-1 中，N、S 为一对固定的磁极，称为直流电动机的定子。abcd 是固定在可旋转铁质圆柱体上的线圈，线圈连同铁质圆柱体是直流电动机可转动的部分，称为直流电动机的转子（或电枢）。线圈的末端 a、d 连接到两个相互绝缘并可以随线圈一同转动的导电片上，该导电片称为换向片，它们的组合体称为换向器。转子线圈与外电路的连接是通过放置在换向片上固定不动的电刷 A、B 进行的。在定子与转子间有间隙存在，称为气隙。

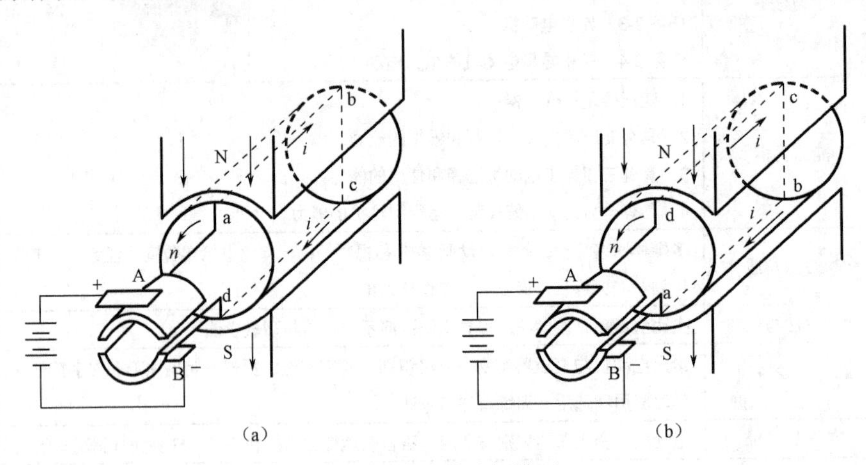

图 2-1　直流电动机模型

在直流电动机的模型中，把电刷 A、B 接到一直流电源上，电刷 A 接电源的正极，电刷 B 接电源的负极，此时电枢线圈中将有电流流过。

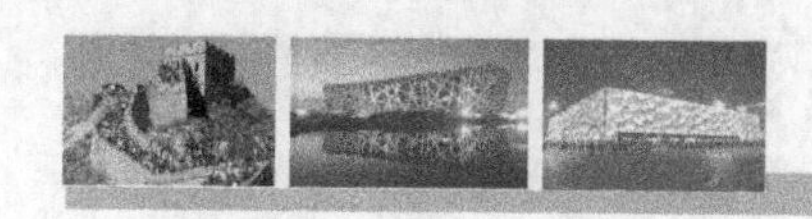
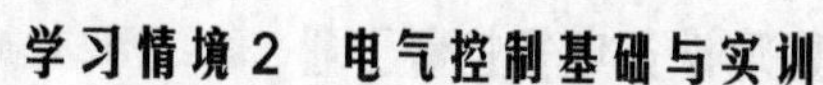

如图 2-1 所示，设线圈的 ab 边位于 N 极下，线圈的 cd 边位于 S 极下，线圈边 ab 与 cd 在磁场中分别受到电磁力的作用，其大小为：

$$f = B_x l i \tag{2-1}$$

式中，f 为电磁力，单位为 N；B_x 为导体所在处的磁通密度，单位为 $\mathrm{Wb/m^2}$；l 为导体 ab 或 cd 的有效长度，单位为 m；i 为导体中流过的电流，单位为 A。

导体受力方向由左手定则确定。在这种情况下，如图 2-1（a）所示，位于 N 极下的导体 ab 受力方向为从右向左，而位于 S 极下的导体 cd 受力方向从左到右。导体所受电磁力对轴产生一个转矩，这种由于电磁作用产生的转矩称为电磁转矩，电磁转矩的方向为逆时针。当电磁转矩大于阻力矩时，线圈按逆时针方向旋转，当电枢转动到第二个位置时，如图 2-1（b）所示，原位于 S 极下的导体 cd 转到 N 极下，其受力方向变为从右向左；而原位于 N 极下的导体 ab 转到 S 极下，导体 ab 受力方向变为从左向右，该转矩的方向仍为逆时针方向，线圈在此转矩作用下继续按逆时针方向旋转。这样虽然导体中流通的电流为交变的，但 N 极下的导体受力方向和 S 极下导体的受力方向并未发生变化，电动机在此方向不变的转矩作用下转动。

实际直流电动机的电枢是根据应用情况需要有多个线圈。线圈分布于电枢表面的不同位置上，并按照一定的规定连接起来，构成直动流电机的电枢绕组。磁极也是根据需要 N、S 极交替放置多对。

2. 直流电动机的结构

直流电动机有可旋转部分和静止部分。可旋转部分称为转子，静止部分称为定子，在定子和转子之间存在着气隙。小型直流电动机的结构如图 2-2 所示。

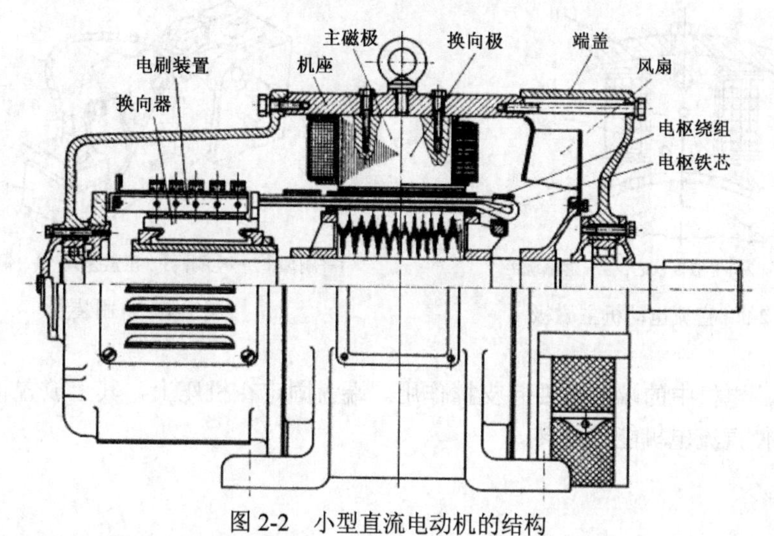

图 2-2　小型直流电动机的结构

1）定子部分

定子的作用，在电磁方面是产生磁场和构成磁路，在机械方面是整个电机的支撑，定子由磁极、机座、换向极、电刷装置、端盖和轴承等组成，如图 2-2 所示。

（1）主磁极。主磁极的作用是在定子与转子之间的气隙中建立磁场。主磁极由主磁极铁芯和放置在铁芯上的励磁绕组构成。主磁极铁芯分成极身和极靴，极靴的作用是使气隙磁通

密度的空间分布均匀并减小气隙磁阻，同时极靴对励磁绕组也起支撑作用。为减小涡流损耗，主磁极铁芯是用 1.0～1.5mm 厚的低碳钢板冲成一定形状，用铆钉把冲片铆紧，然后再固定在机座上。主磁极上的线圈是用来产生主磁通的，称为励磁绕组。主磁极的结构如图 2-3 所示。

（2）机座。直流电动机的机座有两种形式，一种为整体机座，另一种为叠片机座。整体机座是用导磁性能较好的铸钢材料制成的，该种机座能同时起到导磁和机械支撑的作用。由于机座起导磁作用，因此机座是主磁路的一部分，称为定子铁轭。主磁极、换向极及端盖均固定在机座上，因此，机座起到了支撑的作用。一般直流电动机均采用整体机座。叠片机座是用薄钢冲片叠压成定子铁轭，再把定子铁轭固定在一个专门起支撑作用的机座里，这样定子铁轭和机座是分开的，机座只起支撑作用，可用普通钢板制成。叠片机座主要用于主磁通变化快、调速范围较高的场合。

（3）换向极。换向极安装在相邻的两个主磁极之间，固定在机座上，用来改善直流电动机的换向，一般电动机容量超过 1kW 时均应安装换向极。换向极是由换向极铁芯和换向极绕组组成。换向极铁芯可根据要求用整块钢制成，也可用厚 1.0～1.5mm 的钢板叠成，所有的换向极线圈串联后称为换向极绕组，换向极绕组与电枢绕组串联。换向极绕组数目一般与主磁极数目相同，但在功率很小的直流电动机中，只装主磁极数一半的换向极或不装换向极。换向极的极性根据换向要求确定。

（4）电刷。电刷装置的作用是通过电刷和旋转的换向器表面滑动接触，把转动的电枢绕组与外电路连接起来，并与换向器配合，起到逆变的作用。电刷装置一般由电刷、刷握、铜丝辫和压紧弹簧等组成，其结构如图 2-4 所示。

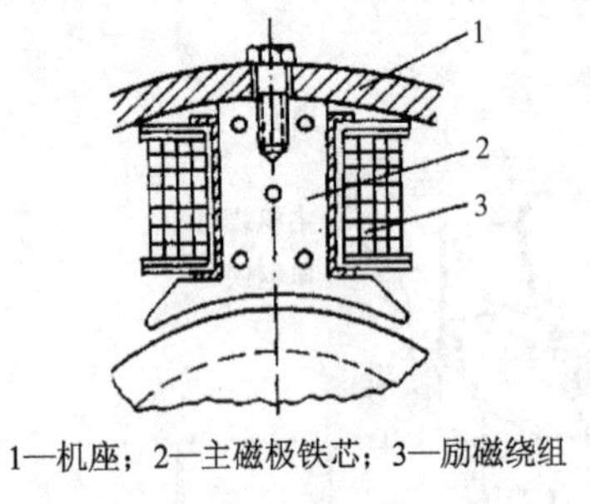

1—机座；2—主磁极铁芯；3—励磁绕组

图 2-3　直流电动机主磁极

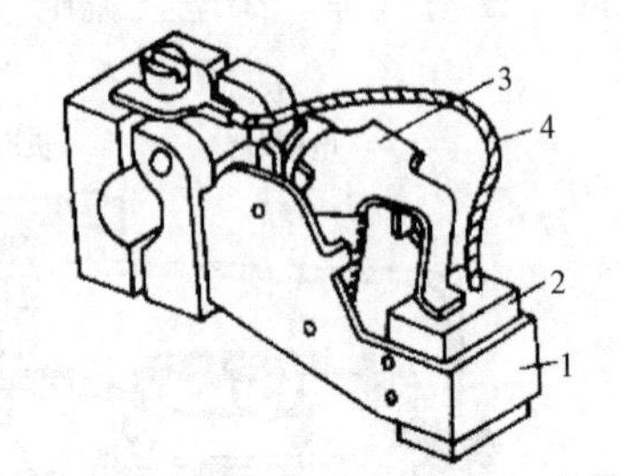

1—刷握；2—电刷；3—压紧弹簧；4—铜丝辫

图 2-4　电刷装置

（5）端盖。电机中的端盖主要起支撑作用。端盖固定在机座上，其上放置轴承支撑直流电机的转轴，使直流电机能够旋转。

2）转子部分

转子又称电枢，是电机的转动部分，是用来产生感应电动势和电磁转矩，从而实现机电能量转换的关键部分。它包括电枢铁芯、换向器、电机转轴、电枢绕组、轴承和风扇等。

（1）电枢铁芯。电枢铁芯是主磁路的一部分，同时用来嵌放电枢绕组。为减小当电机旋转时电枢铁芯中的磁通变化引起的磁滞损耗和涡流损耗，电枢铁芯用涂有绝缘漆的 0.5mm 厚的硅钢片叠成。电枢铁芯冲片上冲有放置电枢绕组的电枢槽、轴孔和通风口。

（2）电枢绕组。电枢绕组是用绝缘铜线绕制的线圈按一定规律放置在电枢铁芯槽内，并与换向器连接。电枢绕组是直流电机的重要组成部分，电机工作时线圈中产生感应电动势和电磁转距，实现机电能量的转换。

（3）换向器。换向器又称整流子，如图 2-5 所示，在电动机中，它是把外界供给的直流电流转变为绕组中的交变电流以使电机旋转。换向器是由换向片组合而成，是直流电机的关键部件，也是最薄弱的部分。

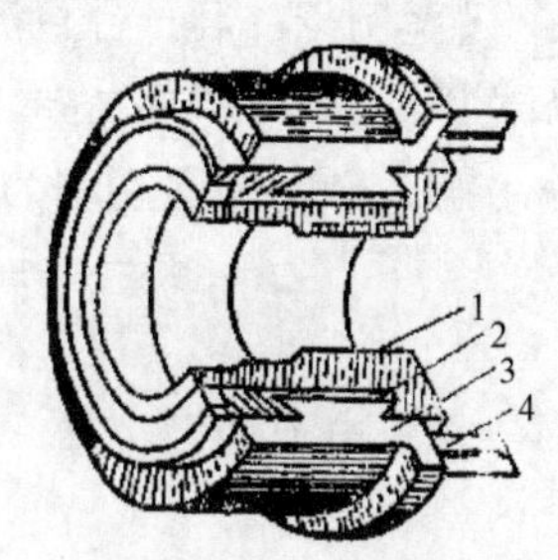

1—V 形套筒；2—云母片；3—换向片；4—连接片

图 2-5　换向器结构

换向器采用导电性能好、硬度大、耐磨性能好的紫铜或铜合金制成。换向片的底部做成燕尾形状，换向片的燕尾部分嵌在含有云母绝缘的 V 形钢环内，拼成圆筒形套在钢套筒上，相邻的两个换向片间以 0.6～1.2mm 厚的云母片作为绝缘，最后用螺纹压圈压紧。换向器固定在转轴的一端。换向片靠近电枢绕组一段的部分与绕组引出线间焊接。

3. 直流电机的铭牌数据

表征电机额定运行情况的各种数据称为额定值。额定值一般标注在电机的铭牌上，所以又称为铭牌数据。铭牌数据主要包括电机型号、额定功率、额定电压、额定电流、额定转速和额定励磁电流及励磁方式等，此外还有电机的出厂数据（如出厂编号、出厂日期等）。

国产电动机型号一般采用大写的汉语拼音字母和阿拉伯数字表示，其格式为：第一部分用大写的拼音表示产品代号，第二部分用阿拉伯数字表示设计序号，第三部分用阿拉伯数字表示机座代号，第四部分用阿拉伯数字表示电枢铁芯长度代号。例如，Z2－92 中的 Z 表示一般用途的直流电机；2 表示设计序号，第二次改型设计；9 表示机座代号；2 表示电枢铁芯长度代号。

电机铭牌上所标的数据称为额定数据，具体含义如下。

（1）电动机额定功率是指电动机轴上输出的最大机械功率，单位为 kW。

（2）额定电压 U_N 是指额定工作条件下，电刷两端输入的电压，单位为 V。

（3）额定电流 I_N 是指电动机在额定电压下，运行于额定功率时对应的电流值，单位为 A。

（4）额定转速 n_N 指对应于额定电流、额定电压、电机运行于额定功率时所对应的转速，单位为 r/min 。

（5）额定效率 η_N 是指电动机额定运行时输出功率与输入功率之比。

额定功率、额定电压和额定电流的关系为：

$$P_N = U_N I_N \eta_N \times 10^{-3}(\text{kW})$$

（6）额定励磁电流 I_{fN} 是指对应于额定电压、额定电流、额定转速及额定功率时的励磁电流，单位为 A。

在电机的铭牌上还标有其他数据，如励磁电压、出厂日期、出厂编号等。额定值是选用或使用电机的主要依据。电机在运行时的各种数据可能与额定值不同，由负载大小决定。若电机的电流正好等于额定值，称为满载运行；若电机的电流超过额定值，称为过载运行；若比额定值小得多，称为轻载运行。长期轻载运行使电机的容量不能充分利用。故在选择电机时，应根据负载的要求，尽可能使电机运行在额定值附近。

【案例 2-1】一台直流电动机的额定功率 P_N=160 kW，额定电压 U_N=220 V，额定效率 η_N=90%，额定转速 n_N=1500 r/min，求这台电动机在额定运行时的输入功率和额定电流。

解　额定输入功率为：

$$P_1=\frac{P_N}{\eta_N}=\frac{160}{0.9}=177.8(\text{kW})$$

额定电流为：

$$I_N=\frac{P_N}{U_N\eta_N}=\frac{160\times10^3}{220\times0.9}=808.1(\text{A})$$

4. 直流电动机的分类

按直流电动机励磁绕组与电枢绕组的连接方式（称为励磁方式）不同，直流电动机可分为他励电动机、并励电动机、串励电动机和复励电动机，如图 2-6 所示。

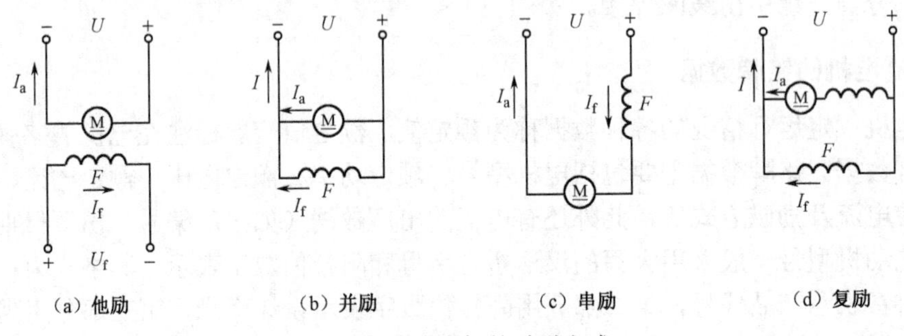

图 2-6　直流电机的励磁方式

1）他励电机

他励式直流电动机的励磁绕组和电枢绕组分别由两个相互独立的电源供电，如图 2-6（a）所示，励磁电流 I_f 的大小仅取决于励磁电源的电压和励磁回路的电阻，而与电机的电枢电压大小及负载基本无关。

2）并励电机

并励式直流电动机励磁绕组和电枢绕组并联，由同一电源供电，如图 2-6（b）所示。励磁电流一般为额定电流的 5%，要产生足够大的磁通，需要有较多的匝数，所以并励绕组匝数多，导线较细。并励式直流电动机一般用于恒压系统。中小型直流电动机多为并励式。

3）串励电机

串励式直流电机的励磁绕组与电枢绕组串联，如图 2-6（c）所示。励磁电流与电枢电流相同，数值较大，因此，串励绕组匝数很少，导线较粗。串励式直流电动机具有很大的启动转矩，但其机械特性很软，且空载时有极高的转速，串励式直流电动机不允许空载或轻载运行。串励式直流电动机常用于要求启动转矩很大且转速允许有较大变化的负载等。

4）复励电机

复励电机的主磁极由两个励磁绕组组成，一个与电枢绕组串联，称为串励绕组；另一个

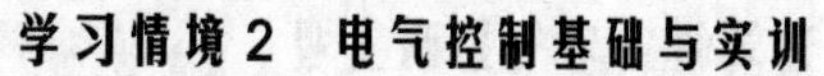

为他磁（或并励）绕组，如图 2-6（d）所示。通常他磁（或并励）绕组起主要作用，串励绕组起辅助作用。

2.1.2　直流电动机的电动势和电磁转矩

直流电动机运行时，其电枢中产生电磁转矩和感应电动势。电磁转矩为拖动转矩，通过电动机的轴带动负载，电枢感应电动势为反向电动势，与电枢所加外电压相平衡。

1. 电枢电动势

电枢电动势是指直流电动机正、负电刷之间的感应电动势，也就是每个支路里的感应电动势。

在直流电机中，感应电动势是由于电枢绕组和磁场之间的相对运动（即导线切割磁力线）而产生的。根据电磁感应定律，电枢绕组中每根导体的感应电动势为 $e=B_x lv$。对于给定的电机，电枢绕组的电动势（即每个并联支路的电动势）等于并联支路每根导体电动势之总和，线速度 v 与转子的转速 n 成正比。因此，电枢电动势可用下式表示：

$$E_a = C_e \Phi n \tag{2-2}$$

式中，C_e 为电动势常数，Φ 为每极磁通，n 为转速。$C_e=pN/(60a)$，C_e 的大小取决于电机的结构，其中 N 为电极总导体数，p 为极对数，a 为绕组并联支路对数。

当每极磁通 Φ 的单位为 Wb，转速 n 的单位为 r/min 时，电枢电动势的单位为 V。

【案例 2-2】 有一台直流电动机，$2p=4$，电枢绕组为单叠绕组，电枢总导体数 $N=216$，额定转速 $n_N=1460$ r/min，每极磁通 $\Phi=2.2\times10^{-2}$ Wb，求此电动机电枢绕组的感应电动势。

解　$C_e = pN/(60a) = 2\times216/(60\times2) = 3.6$

$E_a = C_e\Phi n = 3.6\times2.2\times10^{-2}\times1460 = 115.6(\text{V})$

2. 电磁转矩

在直流电机中，电磁转矩是由电枢电流与气隙磁场相互作用而产生的电磁力所形成的。根据电磁力定律，当电枢绕组有电枢电流流过时，在磁场内将受到电磁力的作用，该力与电机电枢铁芯半径的乘积为电磁转矩。一根导体在磁场中所受电磁力的大小为 $f=B_x l i_a$，对于给定的电机，磁感应强度 B 与每极的磁通 Φ 成正比；每根导体中的电流 i_a 与从电刷流入的电枢电流 I_a 成正比；导线长度 l 是个常量。因此电磁转矩 T_{em} 与电磁力 f 成正比，即电磁转矩与每极磁通 Φ 和电枢电流 I_a 成正比。因此，电磁转矩的大小用下式来表示：

$$T_{em} = C_T \Phi I_a \tag{2-3}$$

式中，C_T 为转矩常数，$C_T = pN/(2\pi a)$，取决于电机的结构。当电磁电流的单位 A，磁通单位为 Wb 时，电磁转矩的单位为 $\text{N}\cdot\text{m}$。

式（2-3）表明对已制造好的直流电动机，电磁转矩仅与电枢电流和气隙磁通成正比。当气隙磁通恒定时，电枢电流越大，电磁转矩也越大；当电枢电流一定时，气隙磁通越大，电磁转矩也越大。

电动势常数 C_T 与转矩常数 C_e 之间的关系为：

$$\frac{C_T}{C_e} = \frac{pN}{2\pi a} \bigg/ \frac{pN}{60a} = \frac{60}{2\pi} = 9.55$$

即
$$C_T = 9.55C_e \tag{2-4}$$

2.1.3 直流电动机的机械特性

直流电动机的机械特性是指电动机的转速 n 与电磁转矩 T_{em} 之间的关系：$n = f(T_{em})$。

1. 固有机械特性

他励直流电动机的电路原理如图 2-7 所示。按图中标明的各个量的参考方向，可以列出电枢回路的电压平衡方程式为：

$$U = E_a + RI_a \tag{2-5}$$

式中，R 为电枢回路总电阻。将电枢电动势 $E_a = C_e\Phi n$ 和电磁转矩 $T_{em} = C_T\Phi I_a$ 代入式（2-5）中，可得他励直流电动机的机械特性方程式为：

$$\begin{aligned} n &= \frac{U}{C_e\Phi} - \frac{R}{C_eC_T\Phi^2} \\ &= n_0 - \beta T_{em} \\ &= n_0 - \Delta n \end{aligned} \tag{2-6}$$

式中，C_e、C_T 分别为电动势常数和转矩常数（$C_T = 9.55C_e$）；$n_0 = \dfrac{U}{C_e\Phi}$ 为电磁转矩 $T_{em} = 0$ 时的转速，称为理想空载转速；$\beta = \dfrac{R}{C_eC_T\Phi^2}$ 为机械特性斜率；$\Delta n = \beta T_{em}$ 为转速降。

由公式 $T_{em} = C_T\Phi I_a$ 可知，电磁转矩 T_{em} 与电枢电流 I_a 成正比，所以只要励磁磁通 Φ 保持不变，则机械特性方程式（2-6）也可用转速特性代替，即：

$$n = \frac{U}{C_e\Phi} - \frac{R}{C_e\Phi}I_a \tag{2-7}$$

由式（2-6）可知，当 U、Φ、R 为常数时，他励直流电动机的机械特性是一条以 β 为斜率向下倾斜的直线，如图 2-8 所示。

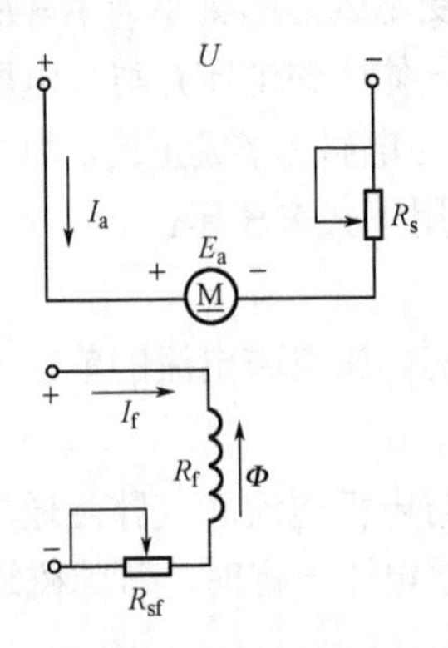

图 2-7　他励直流电动机的电路原理

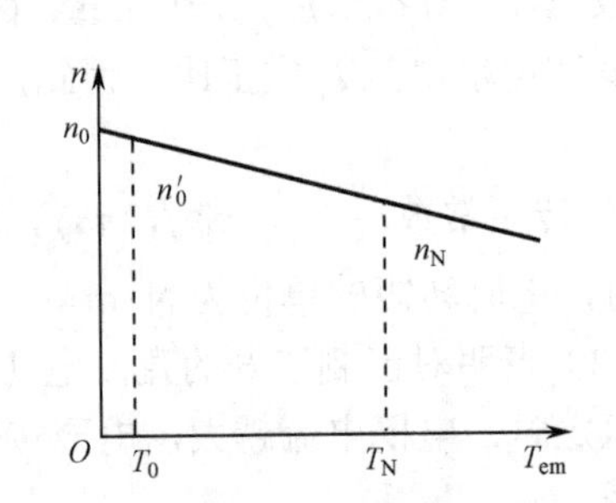

图 2-8　他励直流电动机的机械特性

必须指出，电动机的实际空载转速 n_0 比理想空载转速略低。这是因为电动机有摩擦等原因存在一定的空载转矩 T_0，空载运行时，电磁转矩不可能为零，它必须克服空载转矩，即 $T_{em}=T_0$，故实际空载转矩应为：

$$n_0'=\frac{U}{C_e\Phi}-\frac{R}{C_eC_T\Phi^2}T_0 \tag{2-8}$$

当 $U=U_N$、$\Phi=\Phi_N$、$R=R_a$（$R_s=0$）时的机械特性称为固有机械特性，其方程式为：

$$n=\frac{U}{C_e\Phi_N}-\frac{R_a}{C_eC_T\Phi_N^2}T_{em} \tag{2-9}$$

因为电枢电阻 R_a 很小，特性斜率 β 很小，通常额定转速降 Δn_N 只有额定转速的百分之几到百分之十几，所以他励直流电动机的固有机械特性是硬特性，如图 2-9 中的直线 R_an_0 所示。

2. 人为机械特性

人为机械特性是指人为改变电动机参数而获得的机械特性。他励直流电动机有电枢回路串电阻、降低电枢电压、减弱励磁磁通三种人为机械特性。

1）电枢回路串电阻时的人为机械特性

保持 $U=U_N$、$\Phi=\Phi_N$ 不变，只在电枢回路中串入电阻 R_s 时的人为特性为：

$$n=\frac{U_N}{C_e\Phi_N}-\frac{R_a+R_s}{C_eC_T\Phi_N^2}T_{em} \tag{2-10}$$

与固有机械特性相比，电枢回路串电阻时人为特性的理想空载转速 n_0 不变，但斜率 β 随串联电阻 R_s 的增大而增大，所以特性变软。改变 R_s 的大小，可以得到一簇通过理想空载点 n_0 并具有不同斜率的人为特性，如图 2-9 所示。

2）降低电源电压时的人为机械特性

保持 $R=R_a$（$R_s=0$）、$\Phi=\Phi_N$ 不变，只改变电枢电压 U 时的人为特性为：

$$n=\frac{U}{C_e\Phi_N}-\frac{R_a}{C_eC_T\Phi_N^2}T_{em} \tag{2-11}$$

由于电动机的工作电压以额定电压为上限，因此改变电压时，只能在低于额定电压的范围内变化，与固有特性比较，降低电压时人为特性的斜率 β 不变，但理想空载转速 n_0 随电压的降低而正比减小。因此降低电压时的人为特性是位于固有特性下方且与固有特性平行的一组直线，如图 2-10 所示。

3）减少磁通时的人为机械特性

在图 2-7 中，改变励磁回路调节电阻 R_{sf}，就可以改变励磁电流，进而改变励磁磁通。由于电动机额定运行时，磁路已经开始饱和，即使再成倍增加励磁电流，磁通也不会有明显增加，何况由于励磁绕组发热条件的限制，励磁电流也不允许大幅度地增加，因此，只能在额定值以下调节励磁电流，即只能减弱励磁磁通。

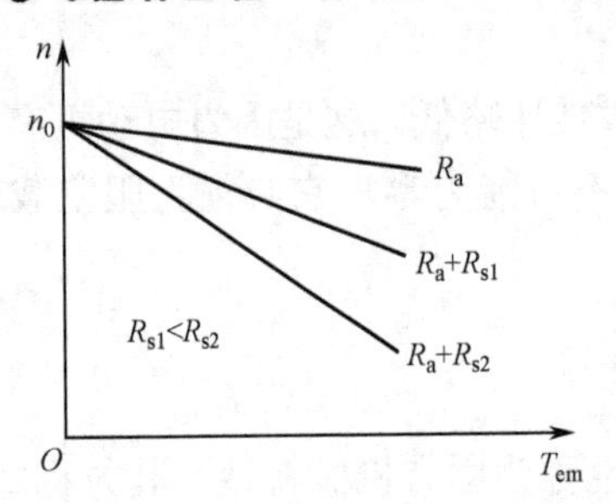

图 2-9 电动机电枢回路串联电阻的人为特性

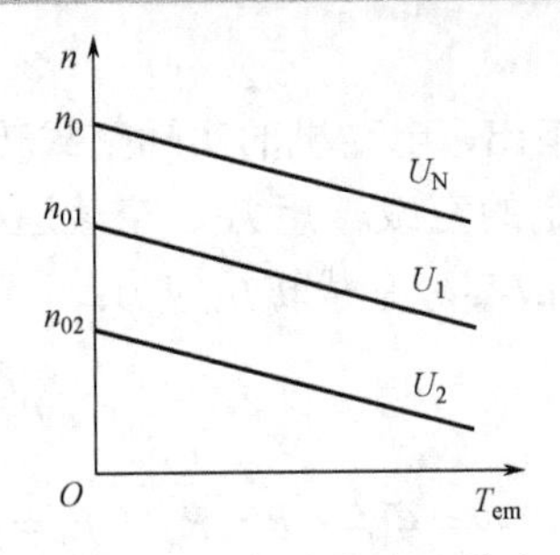

图 2-10 降低电动机电枢电压的人为特性

保持$R=R_a$（$R_s=0$）、$U=U_N$不变，只减小弱磁通时的人为特性为：

$$n=\frac{U_N}{C_e\Phi}-\frac{R_a}{C_eC_T\Phi^2}T_{em} \tag{2-12}$$

对应的转速特性为：

$$n=\frac{U_N}{C_e\Phi}-\frac{R_a}{C_e\Phi}I_a \tag{2-13}$$

在电枢串电阻和降低电压的人为特性中，因为$\Phi=\Phi_N$不变，$T_{em}\propto I_a$，所以它们的机械特性$n=f(T_{em})$曲线也代表了转速特性曲线$n=f(I_a)$，但是在讨论减弱励磁磁通的人为特性时，因为磁通Φ是个变量，所以$n=f(T_{em})$与$n=f(I_a)$两条直线是不同的，如图 2-11 所示。

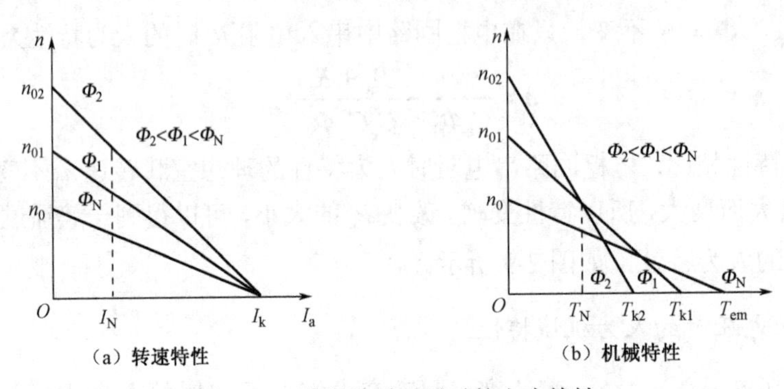

图 2-11 减弱励磁磁通时的人为特性

当 n=0 时，堵转电流$I_k=U/R$为常数，而n_0随Φ的减小而增大。因此$n=f(I_a)$的人为特性是一组通过横坐标$I=I_k$点的直线，如图 2-11（a）所示。

改变磁通可以调节转速，从图 2-11（b）可看出，当负载转矩不太大时，磁通减小使转速升高；当负载转矩特别大时，减弱磁通才会使转速下降，然而，这时的电枢电流已经过大，电动机不允许在这样大的电流下工作。因此，实际运行条件下，可以认为磁通越小，稳定转速越高。

实训 1 直流电动机调速

1. 实训目的

熟悉并掌握调节直流电动机的转速的方法。

2. 实训设备

直流电动机、直流发电机（空转）、晶闸管调速电源 、励磁调节电阻、直流电压表、直流电流表。

3. 实训步骤

按照图 2-7 所示的原理接线。

1）*改变电枢电压调速*

将 R_f 调至最小值，在满磁场下启动直流电动机，使 $U=U_N$。调节励磁电流 I_f（改变 R_f），使 $I_f=I_{fN}$。作为直流电动机机械负载的是直流发电机，此时由直流电动机带动空转。逐渐减小电枢端电压，共取 6～8 点，测量相应的电枢电压 U、转速 n 和电枢电流 I_a，并记录于表 2-1 中。

表 2-1 $I_f=I_{fN}=$__________A

序号	1	2	3	4	5	6	7	8
电枢电压（V）								
转速（r/min）								
电枢电流（A）								

2）*改变激磁电流调速*

将 R_f 调至最小值，启动直流电动机，使 $U=U_N$，然后缓慢地减小电动机的励磁电流（逐渐增大 R_f），电动机转速逐渐增加，直到 $n=n_N$ 为止，共取读数 6～8 组，记录于表 2-2 中。

表 2-2 $U=U_N=$__________V

序号	1	2	3	4	5	6	7	8
励磁电流（A）								
转速（r/min）								
电枢电流（A）								

4. 实训报告

（1）填写表 2-1、表 2-2。
（2）总结直流电动机不同调速方法的优缺点。

任务 2-2 变压器

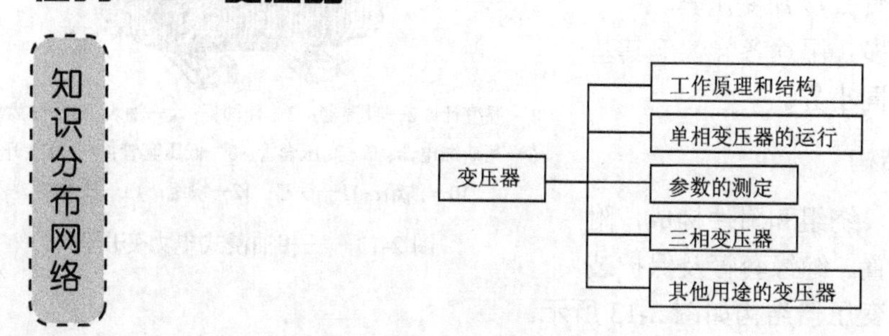

2.2.1 变压器的基本工作原理和结构

1. 变压器的基本工作原理与分类

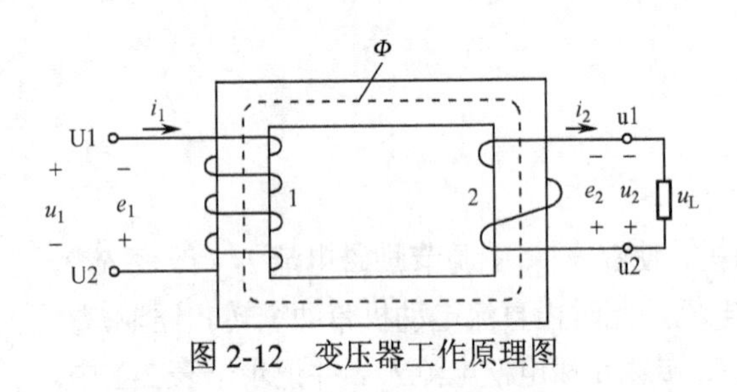

图 2-12 变压器工作原理图

变压器是利用电磁感应原理工作的。变压器的主要部件是一个铁芯和套在铁芯上的两个绕组。这两个绕组具有不同的匝数且相互绝缘，两个绕组之间只有磁的耦合而没有电的联系，如图 2-12 所示。其中，接于电源侧的绕组称为一次绕组；用于接负载的绕组称为二次绕组。

若将绕组 1 接到交流电源上，绕组中便有交流电流 i_1 流过，在铁芯中产生与外加电压 u_1 相同频率且与一次、二次绕组交链的交变磁通 $\boldsymbol{\Phi}$，根据电磁感应定律，分别在两个绕组中产生同频率的感应电动势 e_1 和 e_2。

$$\begin{aligned} e_1 &= -N_1\frac{\mathrm{d}\Phi}{\mathrm{d}t} \\ e_2 &= -N_2\frac{\mathrm{d}\Phi}{\mathrm{d}t} \end{aligned} \tag{2-14}$$

式中，N_1 为原绕组的匝数；N_2 为副绕组的匝数。

若把负载接于绕组 2，在电动势 e_2 的作用下，i_2 将流过负载，实现电能的传递。由式（2-14）可知，一次、二次绕组感应电动势的大小正比于各绕组的匝数，而绕组的感应电动势又近似于各自的电压，因此，只要改变绕组的匝数比，就能达到改变电压的目的，这就是变压器的变压原理。

为了达到不同的使用目的并适应不同的工作条件，变压器可以从不同的方面进行分类。

（1）根据用途可分为电力系统中使用的电力变压器、实验室调节电压用的自耦变压器、用于高压或大电流测量的仪用互感器、用于电子设备进行信号传递和阻抗变换的输出变压器、电焊变压器等。

（2）按相数可分为单相变压器、三相变压器和多相变压器。

（3）按铁芯结构可分为心式变压器和壳式变压器。

（4）按冷却介质和冷却方式分干式变压器、油浸式变压器和充气式冷却变压器。

尽管变压器种类繁多，用途各异，但其基本结构和工作原理却大同小异。

2. 变压器的基本结构

变压器主要由铁芯、绕组和附件构成，附件又包括油箱、冷却装置、绝缘套管及保护装置等。三相油浸自冷式变压器结构如图 2-13 所示。

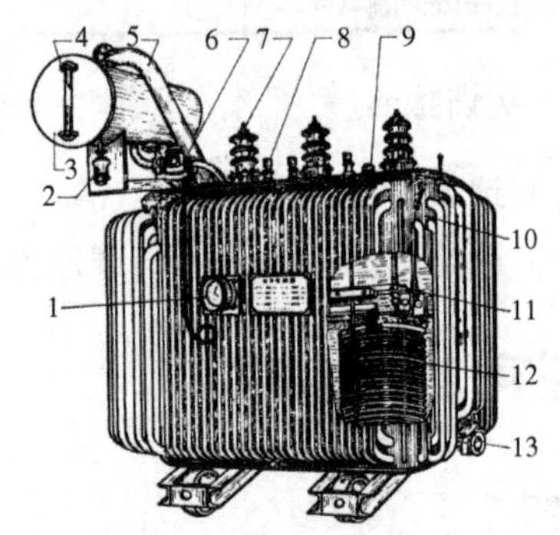

1—温度计；2—吸湿器；3—储油柜；4—油表；5—防爆管；6—瓦斯继电器；7—高压套管；8—低压套管；9—分接开关；10—油箱；11—铁芯；12—绕组；13—放油阀

图 2-13 三相油浸式电力变压器

1）铁芯

铁芯是变压器的主磁路，又作为绕组的支撑骨架。为了产生较强的磁场，并减少磁滞损耗和涡流损耗，铁芯通常采用 0.35～0.5mm 厚、表面涂以绝缘漆的硅钢片叠压而成。铁芯分为铁芯柱和铁轭两部分，铁芯柱上套有绕组，而铁轭则将铁芯柱连接成闭合磁路。按铁芯和绕组的相对位置不同，铁芯结构可分为心式和壳式两种。心式变压器的绕组套在铁芯柱上，形成绕组包围铁芯，三相变压器多用此结构形式。

2）绕组

绕组是变压器的电路部分，常用绝缘铜线或铝线绕制而成。在两个绕组中，工作电压较高的绕组称为高压绕组，工作电压较低的称为低压绕组。一般高、低压绕组同心地套在铁芯柱上，为了便于绝缘，通常低压绕组装在里面，高压绕组装在外面，中间用绝缘纸筒隔开。对于大容量的低压变压器，为了便于低压绕组引出接线，也可将低压绕组套在高压绕组的外面。铁芯和绕组是变压器进行能量传递的部件，称为变压器的器身。

3）其他结构部件

电力变压器多采用油浸式结构，变压器的器身放在装有变压器油的油箱内。变压器油既是一种绝缘介质，又是一种冷却介质。为使变压器油能较长久地保持良好状态，在变压器油箱上面装有圆筒形的储油柜。储油柜通过连通管与油箱相通，柜内油面高度随着油箱内变压器油的热胀冷缩而变动，储油柜使油与空气的接触面积减小，从而减少油的氧化和水分的侵入。

变压器的引出线从油箱内部引到油箱外时，必须穿过瓷质的绝缘套管，以使带电的导线接地的油箱绝缘。绝缘套管的结构取决于电压等级。绝缘套管做成多级伞形，电压越高，级数越多。

油箱盖上面还装有分接开关，可调节高压绕组的匝数（高压绕组有±5%的抽头），以调节变压器的输出电压。此外，变压器还装有瓦斯继电器、防爆管、分接开关、放油阀等装置。

3．变压器的额定值

变压器的额定值是制造厂家设计制造变压器和用户安全合理地选用变压器的依据。额定值通常标注在变压器的铭牌上。变压器主要包括以下几个额定值。

1）额定容量 S_N

额定容量是指额定运行时的视在功率，单位为 VA、kVA 或 MVA。由于变压器的效率很高，通常一、二次侧的额定容量设计成相等的。

对于单相变压器：

$$S_N=U_{1N}I_{1N}=U_{2N}I_{2N} \tag{2-15}$$

对于三相变压器：

$$S_N=\sqrt{3}\,U_{1N}U_{1N}=\sqrt{3}\,U_{2N}I_{2N} \tag{2-16}$$

2）额定电压 U_{1N} 和 U_{2N}

变压器一次侧的额定电压 U_{1N} 是根据变压器的绝缘强度和容许发热条件规定的一次绕组正常工作时的电压值。二次侧的额定电压 U_{2N} 是指变压器一次侧加额定电压时二次侧的空载电压值，单位为 V 或 kV。对于三相变压器，额定电压是指线电压。

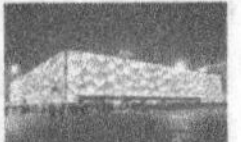

3）额定电流 I_{1N} 和 I_{2N}

额定电流 I_{1N} 和 I_{2N} 是根据容许发热条件而规定的绕组长期工作时容许通过的最大电流值，单位为 A。对于三相变压器，额定电流是指线电流。

对于单相变压器：

$$I_{1N}=\frac{S_N}{U_{1N}};\quad I_{2N}=\frac{S_N}{U_{2N}} \tag{2-17}$$

对于三相变压器：

$$I_{1N}=\frac{S_N}{\sqrt{3}U_{1N}};\quad I_{2N}=\frac{S_N}{\sqrt{3}U_{2N}} \tag{2-18}$$

4）额定频率 f_N

额定频率是变压器允许的外加电源频率。我国的电力变压器频率都是工频 50Hz。

【案例 2-3】有一台三相油浸自冷式变压器，$S_N=180\,\text{kVA}$ Y/yn0 接法，$U_{1N}/U_{2N}=10/0.4\text{kV}$，求原、副绕组的额定电流。

解 $I_{1N}=\dfrac{S_N}{\sqrt{3}U_{1N}}=\dfrac{180\times10^3}{\sqrt{3}\times10\times10^3}=10.4(\text{A})$

$I_{2N}=\dfrac{S_N}{\sqrt{3}U_{2N}}=\dfrac{180\times10^3}{\sqrt{3}\times0.4\times10^3}=259.8(\text{A})$

2.2.2 单相变压器的空载运行

1. 空载运行时的电磁关系

变压器的一次绕组接交流电源，二次绕组开路，这种运行方式称为变压器的空载运行。图 2-14 所示为单相变压器空载运行示意图。

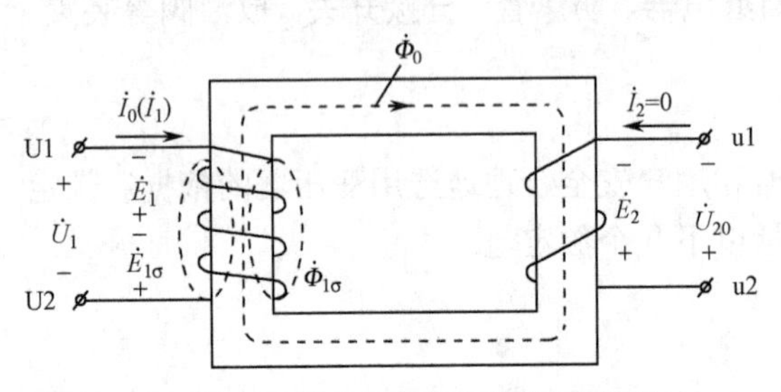

图 2-14 单相变压器空载运行示意图

当变压器一次绕组加交流电压 u_1 时，绕组内有电流 I_0，I_0 为空载电流。它产生一个交变的磁动势 $\dot{I}_0N_1$，并建立交变磁场。因为铁芯的磁导率远大于空气（或油）的磁导率，绝大多数磁通经过铁芯闭合，并和一、二次绕组交链，称为主磁通，用 $\boldsymbol{\Phi}$ 表示。其方向与 $\dot{I}_0$ 符合右手螺旋关系。除此之外，还有少量的磁通不经铁芯闭合，而是经过空气（或油）闭合，且仅交链于一次绕组，称为一次绕组的漏磁通，用 $\Phi_{1\sigma}$ 表示。主磁通与漏磁通不仅在数量上相差十分悬殊，而且有性质上也有本质的区别，所以在讨论变压器时应予以分别处理。

根据电磁感应定律，主磁通在一、二次绕组中产生感应电动势。由于变压器中的电压、电流、磁通和感应电动势都是交变的，为了正确表示它们之间的相位关系，首先规定它们的参考方向。参考方向通常按下面的“电工惯例”表示。

（1）在同一支路中，电压的参考方向与电流参考方向一致；

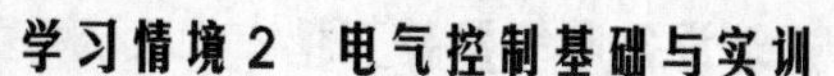

（2）磁通的参考方向与电流参考方向符合右手螺旋定则；

（3）感应电动势的参考方向与磁通的参考方向符合右手定则。

当变压器原绕组接入正弦电压u_1时，$\varPhi$也按正弦规律变化，设$\varPhi=\varPhi_m\sin\omega t$，则：

$$\begin{aligned}e_1&=-N_1\frac{d}{dt}(\varPhi_m\sin\omega t)\\&=-N_1\omega\varPhi_m\cos\omega t\\&=2\pi fN_1\varPhi_m\sin(\omega t-90^\circ)\\&=E_{1m}\sin(\omega t-90^\circ)\end{aligned}\tag{2-19}$$

同理有：

$$\begin{aligned}e_2&=2\pi fN_2\varPhi_m\sin(\omega t-90^\circ)\\&=E_{2m}\sin(\omega t-90^\circ)\end{aligned}\tag{2-20}$$

可见，e_1和e_2滞后于$\varPhi$ 90°，在数值上，其有效值为：

$$\begin{aligned}E_1&=\frac{E_{1m}}{\sqrt{2}}=\frac{2\pi fN_1\varPhi_m}{\sqrt{2}}=4.44fN_1\varPhi_m\\E_2&=4.44fN_2\varPhi_m\end{aligned}\tag{2-21}$$

相量表达式为：

$$\begin{aligned}\dot{E}_1&=-j4.44fN_1\varPhi_m\\\dot{E}_2&=-j4.44fN_2\varPhi_m\end{aligned}\tag{2-22}$$

漏磁通也是交变的，根据电磁感应，同理可得一次绕组的漏磁通感应电动势$e_{1\sigma}$的有效值$E_{1\sigma}$为：

$$E_{1\sigma}=\frac{N_1\varPhi_{1\sigma m}\omega}{\sqrt{2}}$$

根据电工基础知识可知，磁链可表示为电流与电感的乘积，即$N_1\varPhi_{1\sigma m}=L_1I_{0m}$，则：

$$E_{1\sigma}=\frac{\omega L_1I_{0m}}{\sqrt{2}}=I_0\omega L_1=I_0X_1$$

式中，I_0为空载电流的有效值；L_1为一次侧绕组的漏电感；X_1为一次侧绕组的漏电抗。

由于漏磁通的路径主要是非铁磁物质，因此L_1为常值，X_1也为常值，$E_1\omega$可用电抗压降的形式表示，即：

$$\dot{E}_{1\sigma}=-j\dot{I}_0X_1\tag{2-23}$$

2．空载运行时的方程式和等效电路

1）电压平衡方程式

按图2-14所示参考方向，根据基尔霍夫定律，可列出一次侧电压方程式为：

$$\begin{aligned}\dot{U}_1&=\dot{I}_0R_1-\dot{E}_{1\sigma}-\dot{E}_1=\dot{I}_0R_1+j\dot{I}_0X_1-\dot{E}_1\\&=\dot{I}_0(R_1+jX_1)-\dot{E}_1=\dot{I}_0Z_1-\dot{E}_1\end{aligned}\tag{2-24}$$

式中，$\dot{U}_1$为电源电压；R_1为一次侧绕组电阻；Z_1为一次侧绕组漏阻抗，$Z_1=R_1+jX_1$。

空载时二次侧开路，其电压平衡方程为：

$$\dot{U}_{20}=\dot{E}_2\tag{2-25}$$

式中，$\dot{U}_{20}$为二次侧空载电压。

在电力变压器中，空载时一次侧绕组的漏阻抗压降很小，若忽略漏阻抗压降，则一次电压平衡方程式为：

$$\dot{U}_1 \approx -\dot{E}_1 \text{或} U_1 \approx E_1 = 4.44 f N_1 \Phi_m \tag{2-26}$$

由式（2-26）可见，对电力变压器而言，f和N_1均为常数，因此当加在变压器上的交流电压有效值U_1恒定时，则铁芯中的磁通Φ_m基本上保持不变。

由式（2-25）和式（2-26）可得：

$$\frac{U_1}{U_2} = \frac{U_1}{U_{20}} \approx \frac{E_1}{E_2} = \frac{N_1}{N_2} = k \tag{2-27}$$

式中，k为变压器的变压比，简称变比。

式（2-27）说明，变压器的变压比等于匝数比。若$N_1>N_2$，则$U_1>U_2$，是降压变压器；若$N_1<N_2$，则$U_1<U_2$，是升压变压器。

2）空载时的等效电路

在变压器中，若将电磁耦合关系用交流电路的形式等效表示出来，就可以简化对变压器的分析计算，这种电路称为等效电路。

变压器空载运行时，由式（2-24）得：

$$Z = \frac{\dot{U}_1}{\dot{I}_0} = \frac{\dot{I}_0 Z_1 - \dot{E}_1}{\dot{I}_0} = Z_1 + \frac{-\dot{E}_1}{\dot{I}_0} = Z_1 + Z_m$$

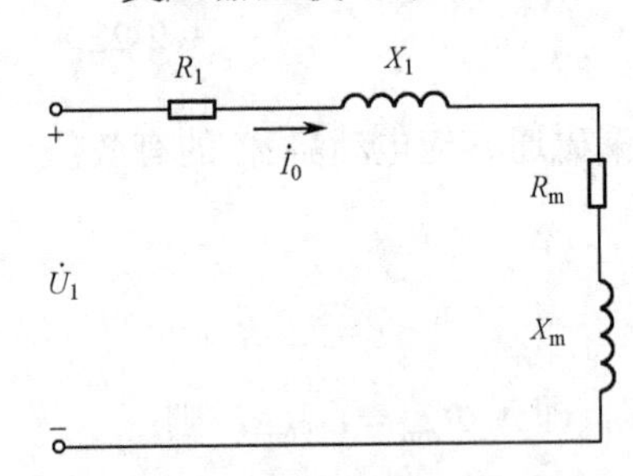

图 2-15　变压器空载等效电路

式中，Z为等值阻抗；Z_m为励磁阻抗，$Z_m = R_m + jX_m$；R_m为励磁电阻；X_m为励磁电抗。

励磁电阻是反映铁芯损耗的等效电阻，其值为：

$$R_m = \frac{p_{Fe}}{I_0^2}$$

变压器的等效电路如图 2-15 所示。

【案例 2-4】有一台单相变压器，已知S_N=5000 kVA，U_{1N}/U_{2N}=35 kV/6.6 kV，铁芯的有效截面积为S_{Fe}=1120 cm^2，若取铁芯中最大磁通密度B_m=1.5 T，试求高、低压绕组的匝数和电压比（不计漏磁）。

解　变比：$k = \frac{U_1}{U_2} = \frac{35}{6.6} = 5.3$

铁芯中的磁通：$\Phi_m = B_m S_{Fe} = 1.5 \times 1120 \times 10^4 = 0.168(\text{Wb})$

高压绕组的匝数：$N_1 = \frac{U_1}{4.44 f \Phi_m} = \frac{35 \times 10^3}{4.44 \times 50 \times 0.168} = 938$

低压绕组匝数：$N_2 = \frac{N_1}{k} = \frac{938}{5.3} = 177$

2.2.3　单相变压器的负载运行

变压器的一次侧绕组接交流电源，二次侧绕组接负载，这样的运行方式称为负载运行。

变压器负载运行如图 2-16 所示。

变压器负载运行时二次侧绕组中电流 $\dot{I}_2 \neq 0$，并通过磁的耦合作用，影响一次侧绕组的各个物理量。但在变压器负载运行时，各量之间存在一定的平衡关系。

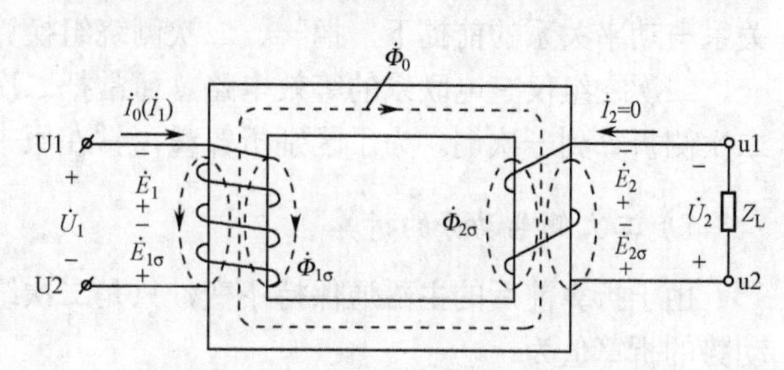

图 2-16 变压器负载运行原理

1. 磁动势平衡方程

空载时，因为 $\dot{I}_2 = 0$，变压器主磁通由一次侧空载磁动势 $\dot{I}_0 N_1$ 决定。负载时，$\dot{I}_2 \neq 0$，一次侧电流变为 $\dot{I}_1$。二次绕组中的电流 $\dot{I}_2$ 所产生的磁动势 $\dot{I}_2 N_2$ 将在铁芯中产生磁通 $\dot{\Phi}_2$，该磁能势力图削弱主磁通。但由 $U_1 \approx E_1 = 4.44 f N_1 \Phi_m$ 知，由于电源电压 U_1 不变，因此主磁通基本不变，故随着 $\dot{I}_2$ 的出现，一次绕组中通过的电流将从 $\dot{I}_0$ 增加到 $\dot{I}_1$，一次绕组磁动势也从 $\dot{I}_0 N_1$ 增加到 $\dot{I}_1 N_1$，它所增加的部分正好与二次绕组的磁动势 $\dot{I}_2 N_2$ 相抵消，而维持铁芯中的主磁通的大小基本不变，故可得变压器的磁动势平衡方程式为：

$$N_1 \dot{I}_1 + N_2 \dot{I}_2 = N_1 \dot{I}_0 \tag{2-28}$$

由于变压器的空载电流很小，特别是在变压器接近满载时 $N_1 \dot{I}_0$ 基本上可以忽略，于是可得变压器一、二次绕组的有效值关系为：

$$N_1 I_1 \approx N_2 I_2$$

可得：

$$\frac{I_1}{I_2} \approx \frac{N_2}{N_1} = \frac{1}{k} = k_i \tag{2-29}$$

式中，k_i 为变压器的变流比。

2. 电压平衡方程式

根据基尔霍夫定律，可分别列出变压器负载运行时一次绕组与二次绕组的电压平衡方程式为：

$$\begin{aligned} \dot{U}_1 &= \dot{I}_1 R_1 + \mathrm{j}\dot{I}_1 X_1 - \dot{E}_1 = \dot{I}_1 Z_1 - \dot{E}_1 \\ \dot{U}_2 &= \dot{E}_2 - \dot{I}_2 R_2 - \mathrm{j}\dot{I}_2 X_2 = \dot{E}_2 - \dot{I}_2 Z_2 \end{aligned} \tag{2-30}$$

因为负载运行时漏阻抗压降对端电压来说也是很小的，所以负载运行时仍可认为：

$$\begin{aligned} \dot{U}_1 &\approx -\dot{E}_1 \\ \dot{U}_2 &\approx \dot{E}_2 \end{aligned} \tag{2-31}$$

负载阻抗电压为：

$$\dot{U}_2 = \dot{I}_2 Z_L \tag{2-32}$$

3. 变压器的等效电路

上面已导出了变压器的基本方程式，但利用这些方程式计算时，因为一、二次绕组的匝数不等，两边只有磁的耦合而无电的直接联系，不便比较和计算。若能有一个既能反映变压器内部的电磁关系，又便于工程计算的等效电路就方便了。变压器的折算就是在不改变电磁

关系与功率关系的前提下，把一、二次侧绕组换算成相同的匝数。其目的是为了画出变压器一、二次绕组仅有电联系的等效电路。通常把二次绕组折算成与一次绕组相同的匝数，称为二次侧折算到一次侧。为了区别折算量，常在原来符号的右上角加“′”表示。

1）二次侧电动势的折算

由于折算前后的主磁通保持不变，只是二次绕组的匝数 N_2 变为 N_1，所以二次侧感应电动势的折算值为：

$$E_2' = 4.44fN_1\Phi_{\mathrm{m}} = 4.44f\frac{N_1}{N_2}N_2\Phi_{\mathrm{m}} = kE_2 \tag{2-33}$$

2）二次电流的折算

根据折算前后二次侧磁动势不变的原则，即 $I_2'N_1 = I_2N_2$，可得二次侧电流的折算值为：

$$I_2' = \frac{N_2}{N_1}I_2 = \frac{1}{k}I_2 \tag{2-34}$$

3）阻抗的折算

根据折算前后功率损耗和无功功率保持不变，可得：

$$R_2' = \frac{I_2^2}{(I_2')^2}R_2 = k^2R_2 \tag{2-35}$$

$$X_2' = \frac{I_2^2}{(I_2')^2}X_2 = k^2X_2 \tag{2-36}$$

4）负载阻抗及电压的折算

根据折算前后有功功率和无功功率保持不变，可得：

$$R_{\mathrm{L}}' = \frac{I_2^2}{(I_2')^2}R_{\mathrm{L}} = k^2R_{\mathrm{L}} \tag{2-37}$$

$$X_{\mathrm{L}}' = \frac{I_2^2}{(I_2')^2}X_{\mathrm{L}} = k^2X_{\mathrm{L}} \tag{2-38}$$

$$U_2' = I_2'Z_2' = kU_2 \tag{2-39}$$

折算后，变压器负载运行时的基本方程式为：

$$\begin{cases} \dot{U}_1 = \dot{I}_1R_1 + \mathrm{j}\dot{I}_1X_1 - \dot{E}_1 \\ \dot{E}_2' = \dot{I}_2'R_2' + \mathrm{j}\dot{I}_2'R_2' + \dot{U}_2' \\ \dot{I}_1 + \dot{I}_2' = \dot{I}_0 \\ \dot{E}_2' = \dot{E}_1 \\ \dot{U}_2' = \dot{I}_2'Z_{\mathrm{L}} \end{cases} \tag{2-40}$$

根据式（2-40）可得变压器的“T”形等效电路，如图 2-17 所示。

变压器的 T 形等效电路属于混联电路，运算较麻烦。实际运行中因为变压器的空载电流很小，可忽略不计，这样得到变压器的简化等效电路，如图 2-18 所示。分析和计算变压器的负载运行问题时，用简化电路比 T 形电路简单，而且也能满足工程上的要求。

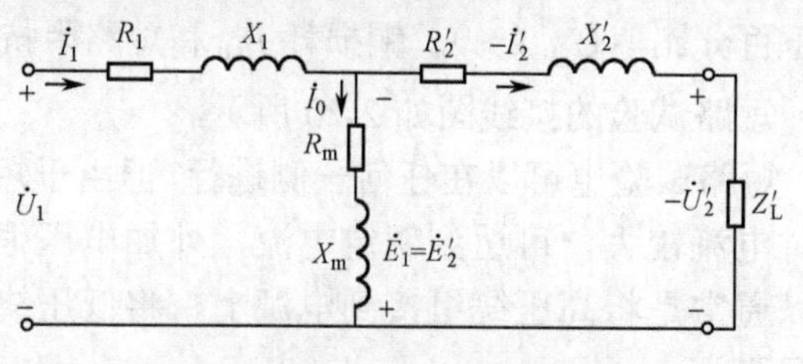

图 2-17　变压器 T 形等效电路

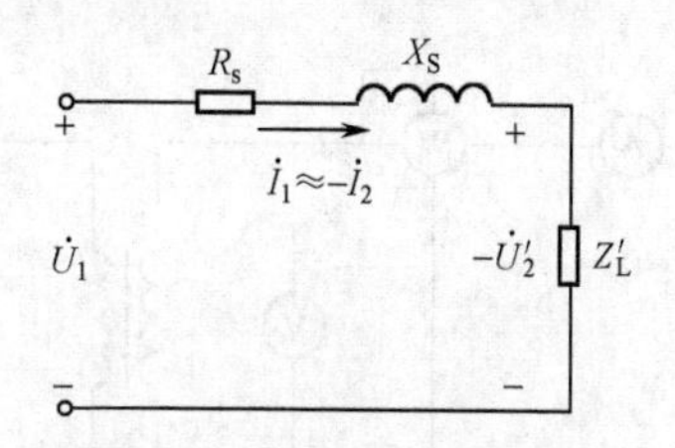

图 2-18　变压器简化等效电路

2.2.4　变压器参数的测定

分析和计算变压器的运行性能时，需要用到变压器的参数。变压器的参数是由变压器的材料、结构和几何尺寸等决定的，在使用中一般通过空载试验和短路试验测得。

1．变压器的空载试验

变压器的空载试验是在变压器空载运行的情况下进行测量的，其目的是测定变压器的变比 k、空载功率 P_0 以及励磁参数 Z_m、R_m、X_m 等。

单相变压器空载试验的接线图如图 2-19 所示。理论上，空载试验可在高压侧进行，也可在低压侧进行，但考虑到空载试验电压要加到额定电压，因此从电源、测量仪表和设备、人身安全因素考虑，一般在低压侧进行。由于空载电流很小，故将电压表及功率表的电压线圈接在电流线圈和电流表的前面，以减小误差；另外，空载运行时功率因数很低，故应使用低功率因数的功率表。下面测量低压侧的电压 U_1、空载电流 I_0、空载功率 P_0 和高压侧的开路电压 U_{20}。

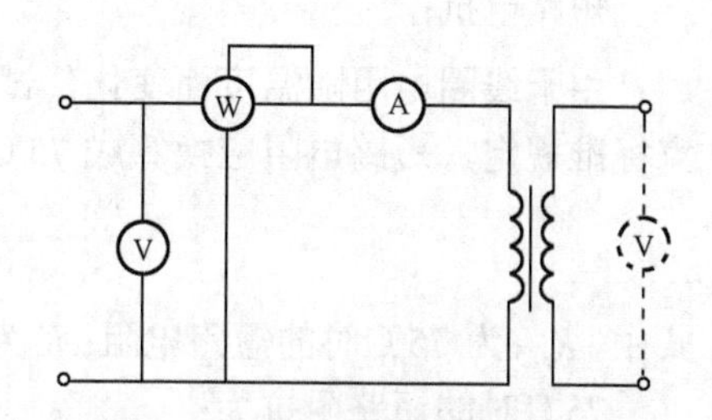

图 2-19　变压器空载试验接线图

变比：
$$k=\frac{U_{20}(\text{高压})}{U_1(\text{低压})} \tag{2-41}$$

励磁阻抗：
$$Z_m\approx Z_0=\frac{U_1}{I_0} \tag{2-42}$$

励磁电阻：
$$R_m=\frac{P_0}{I_0^2} \tag{2-43}$$

励磁电抗：
$$X_m=\sqrt{Z_m^2-R_m^2} \tag{2-44}$$

应当注意，按上述公式计算出的励磁参数是低压侧的数值，若要获得高压侧的参数，必须乘以 k^2；测得的各参数与铁芯的饱和程度有关，为了使测量出的参数符合变压器的实际运行情况，应该用额定电压下测得的数据进行计算；对于三相变压器，应用式（2-41）～（2-44）时，必须采用每相值。

2．变压器的短路试验

变压器短路试验的目的是通过测量短路电流 I_s、短路电压 U_s 及短路功率 P_s 来计算短路

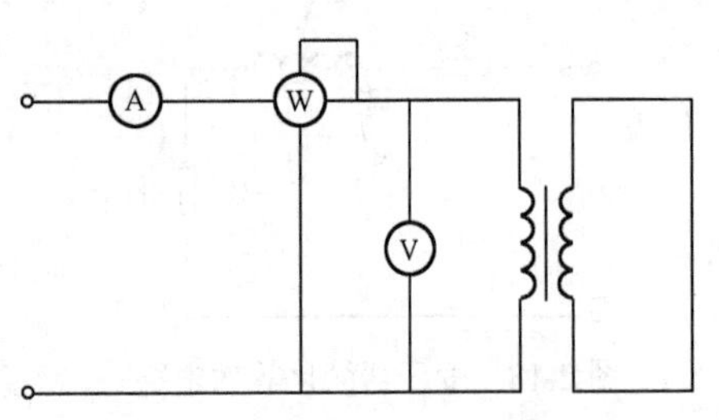

图 2-20　变压器短路试验接线图

电压百分比值U_s（%）、铜损耗P_{cu}和短路阻抗Z_s。

短路试验的接线图如 2-20 所示。

短路试验也可以在任何一侧进行，但由于短路试验时电流较大，可达到额定电流，外加电压很低，所以通常是将高压绕组接到电源上，将低压绕组直接短路。

短路试验时调节外加电压，使电流在 0～1.2 倍额定电流范围内变化，读取对应不同电压值时的短路电流I_s和短路功率P_s的值。由于此时铁芯中的主磁通很小，因而变压器的励磁电流和铁损耗均可忽略，从电源输入的功率P_s等于铜损耗，又称负载损耗。根据测取的数据，可算出下列参数。

短路阻抗：
$$Z_s=\frac{U_s}{I_s} \tag{2-45}$$

短路电阻：
$$R_s=\frac{P_s}{I_s^2}=\frac{P_s}{I_N^2} \tag{2-46}$$

短路电抗：
$$X_s=\sqrt{Z_s^2-R_s^2} \tag{2-47}$$

由于线圈电阻随温度而变化，试验时的温度与变压器实际运行的温度不相同。因此按国家标准规定，短路电阻应换算成 75℃时的阻值，电阻按温度换算公式为：

$$R_{s75}=\frac{K+75}{K+\theta}R_s \tag{2-48}$$

式中，R_{s75}为 75℃时的短路电阻；K为常数，铜线为 235，铝线为 225；θ为试验时的室温（℃）。

75℃时的短路阻抗为：

$$Z_{s75}=\sqrt{R_{s75}^2+X_s^2}$$

变压器铭牌上标注的技术数据，凡是与短路电阻有关的都是指换算到 75℃的数值，可直接用来计算。

【案例 2-5】有一台三相变压器，S_N=20000 kVA，$U_{1N}/U_{2N}=220/\sqrt{3}$ kV/11 kV，在 15℃时的空载试验和短路实验数据如下。

空载试验（电压加在低压边）：U_0=11 kV，I_0=45.5 A，P_0=47 kW

短路试验（电压加在高压边）：U_s=9.24 kV，I_s=157.5 A，$P_s=129$ kW

负载阻抗：$Z_L=4.6+\mathrm{j}3.45(\Omega)$（星形连接）

试求：

（1）变压器电压比和励磁阻抗；

（2）漏阻抗。

解　（1）电压比：$k=\dfrac{U_{1N}}{U_{2N}}=\dfrac{220/\sqrt{3}}{11}=11.55$。

一、二次绕组的额定电流为：

$$I_{1N}=\frac{S_N}{U_{1N}}=\frac{20000\times10^3}{220\times10^3/\sqrt{3}}=157.5(\mathrm{A})$$

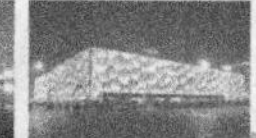

$$I_{2N}=\frac{S_N}{U_{2N}}=\frac{20000\times10^3}{11\times10^3}=1818.2(\mathrm{A})$$

由空载试验数据可求出励磁阻抗（低压边的参数用“′”表示）：

$$Z'_m=\frac{U_0}{I_0}=\frac{11\times10^3}{45.5}=242(\Omega)$$

$$R'_m=\frac{P_0}{I_0^2}=\frac{47\times10^3}{45.5^2}=22.7(\Omega)$$

$$X'_m=\sqrt{Z'^2_m-R'^2_m}=\sqrt{242^2-22.7^2}=241(\Omega)$$

归算到高压边时：

$$Z_m=k^2Z'_m=11.55^2\times242=32283(\Omega)$$

$$R_m=k^2R'_m=11.55^2\times22.7=3028(\Omega)$$

$$X_m=k^2X'_m=11.55^2\times241=32150(\Omega)$$

（2）根据短路试验数据可求出漏阻抗。

归算到高压边时：

$$Z_{s(15℃)}=\frac{U_s}{I_s}=\frac{9240}{157.5}=58.7(\Omega)$$

$$R_{s(15℃)}=\frac{P_s}{I_s^2}=\frac{129\times10^3}{157.5^2}=5.2(\Omega)$$

$$X_s=\sqrt{Z^2_{s(15℃)}-R^2_{s(15℃)}}=\sqrt{58.7^2-5.2^2}=58.5(\Omega)$$

折算到 75℃时：

$$R_{s(75℃)}=R_{s\theta}\frac{T_0+75}{T_0+\theta}=5.2\frac{234.5+75}{234.5+15}=6.45(\Omega)$$

$$Z_{s(75℃)}=\sqrt{X_s^2+R^2_{s(75℃)}}=\sqrt{58.5^2+6.45^2}=59(\Omega)$$

2.2.5　变压器的运行特性

变压器的运行特性主要是指变压器的外特性和效率特性，变压器运行性能的优劣要看二次侧绕组端电压的变化程度和各种损耗的大小，可用电压变化率和效率等指标来衡量。

1．电压变化率

由于变压器原、副绕组有电阻和漏阻抗，负载运行时，负载电流通过这些漏阻抗必然产生内部电压降。使二次侧端电压随负载的变化而变化。变压器二次侧端电压随负载变化的程度用电压变化率来表示。所谓电压变化率ΔU 是指一次侧绕组加额定电压且负载功率因数一定的情况下，空载与负载运行时二次侧电压之差$(U_{20}-U_2)$对额定电压U_{2N} 的百分比，即：

$$\Delta U=\frac{U_{20}-U_2}{U_{2N}}\times100\%=\frac{U_{1N}-U'_2}{U_{1N}}\times100\% \tag{2-49}$$

由变压器的简化等效电路可知，变压器的电压变化率为：

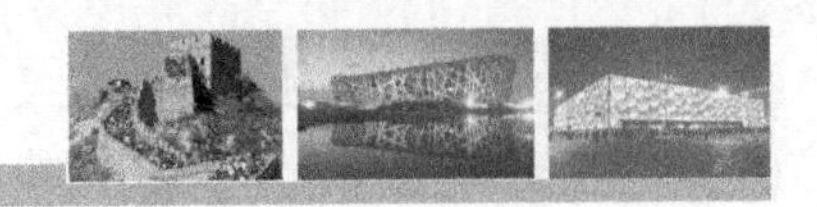

$$\Delta U=\beta\frac{I_{1N}R_s\cos\varphi_2-I_{1N}X_s\sin\varphi_2}{U_{1N}}\times100\% \tag{2-50}$$

式中，β为变压器的负载系数，$\beta=\frac{I_1}{I_{1N}}=\frac{I_2}{I_{2N}}$；$\varphi_2$为功率因数角。

从式（2-50）可以看出，ΔU的大小与三个因素有关：与变压器的负载电流大小有关，即ΔU与β成正比；与负载的性质有关；与变压器的阻抗参数有关，即阻抗越大，ΔU越大。

2．变压器的外特性

当变压器的电源电压和负载的功率因数均为常数时，二次侧端电压随负载电流变化的函数关系，即$U_2=f(I_2)$，称为变压器的外特性。外特性曲线如图 2-21 所示。由图可以看出，接纯电阻性负载时，外特性曲线比较平直，电压下降不多；接电感性负载时，电压下降的程度比纯电阻负载时要大。对于电容性负载随电流的增加电压不但不下降反而有所上升，外特性具有上翘的特点。

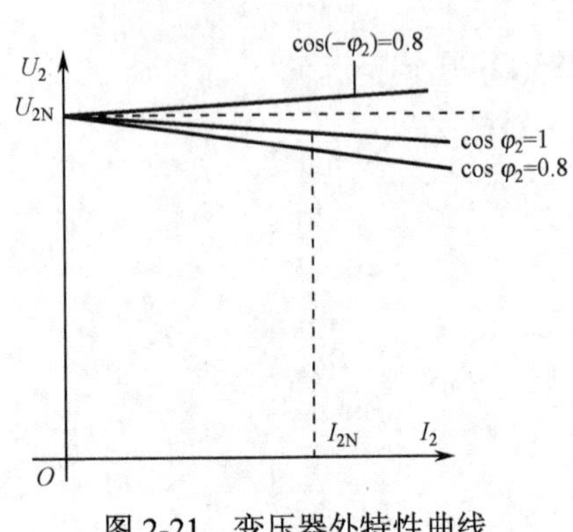

图 2-21　变压器外特性曲线

3．变压器的效率

变压器输出有功功率与输入有功功率之比称为变压器的效率，用符号η表示，即：

$$\eta=\frac{P_2}{P_1}\times100\% \tag{2-51}$$

因为变压器无旋转部件，在能量传递过程中无机械损耗，所以它的效率比旋转电机高。一般电力变压器效率多在95%以上，大型变压器的效率可达99%以上。用直接加负载的办法测定变压器效率有一定困难，这是因为一方面电力变压器容量都很大，很难找到相应的负载；另一方面变压器效率很高，P_2与P_1差值很小，由于测量仪表的误差，很难得到准确的结果。因此工程上常用间接的方法计算变压器的效率，即通过空载和短路试验测得的变压器铁损耗和铜损耗来计算变压器任意负载时的效率。下面我们介绍这一计算方法。

变压器工作时主要有两种损耗，即铁损耗P_{Fe}和铜损耗P_{Cu}。变压器的输入功率P_1可以用输出功率P_2与损耗之和来表示，因此有：

$$\begin{aligned}\eta&=\frac{P_2}{P_1}\times100\%=\frac{P_1-\sum P}{P_1}\times100\%\\&=(1-\frac{\sum P}{P_1})\times100\%\end{aligned} \tag{2-52}$$

式中，变压器的总损耗$\sum P$等于铁损耗与铜损耗之和，即$\sum P=P_{Fe}+P_{Cu}$。

变压器的铁损耗包括磁滞损耗、涡流损耗。因为在空载或满载时，变压器的磁通基本不变，所以铁损耗也基本不变，故称铁损耗为不变损耗。铁损耗近似等于空载试验时测得的空载功率P_0。因为空载时的励磁电流很小，铜损耗比铁损耗小很多，可以忽略不计，因此可以认为$P_{Fe}\approx P_0$。变压器的铜损耗P_{Cu}即为电阻的损耗，它与电流的平方成正比，故称为可变损耗。由短路试验的分析可知，$P_{Cu}\approx P_s$。

计算变压器的输出功率时，若忽略二次侧电压的变化，认为 $U_2 \approx U_{2N}$，则：

$$P_2 = U_2 I_2 \cos\varphi_2 = U_{2N} I_{2N} \frac{I_2}{I_{2N}} \cos\varphi_2 = \beta S_N \cos\varphi_2 \tag{2-53}$$

变压器的效率为：

$$\eta = (1 - \frac{P_0 + \beta^2 P_{S75}}{\beta S_N \cos\varphi_2 + P_0 + \beta^2 P_{S75}}) \times 100\% \tag{2-54}$$

变压器的效率特性曲线如图 2-22 所示。

从效率曲线可以看出，开始时变压器的效率随负载的增加而增加。在半载附近有最大效率，而后随负载的加大，效率有所下降。若求变压器在某一负载系数下有最大效率，可令 $\frac{d\eta}{d\beta} = 0$，通过推导可得出在不变损耗和可变损耗相等时，变压器的效率最大。此时对应的负载系数为：

$$\beta_m = \sqrt{\frac{P_0}{P_{S75}}} \tag{2-55}$$

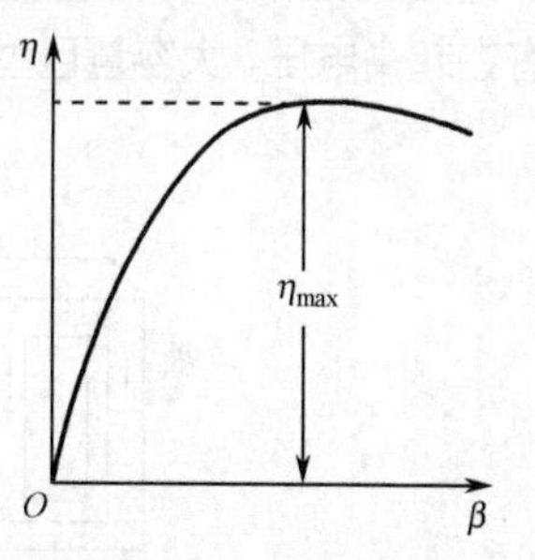

图 2-22 变压器效率特性曲线

对了一般的电力变压器设计，使负载系数 β_m 取 0.4～0.5，即在半载附近有最大效率。

2.2.6 三相变压器

目前电力系统中广泛采用三相变压器。从运行原理上看，三相变压器与单相变压器完全相同，在接对称负载下运行时，可取一相来研究。单相变压器的基本方程式、等效电路以及各项性能的分析完全适用于三相变压器。

1. 三相变压器的磁路系统

三相变压器的磁路分为两大类：一类为三相组式变压器；另一类为三相心式变压器。

1）组式磁路变压器

三相变压器组是由三个同样的单相变压器组成，如图 2-23 所示。它的磁路各相彼此无关，自成回路。三个单相变压器完全相同，三相对称运行时，各相磁动势和励磁电流完全对称。其优点是制造运输方便，每台备用容量小。其缺点是占地面积大，所用硅钢片多，成本高。

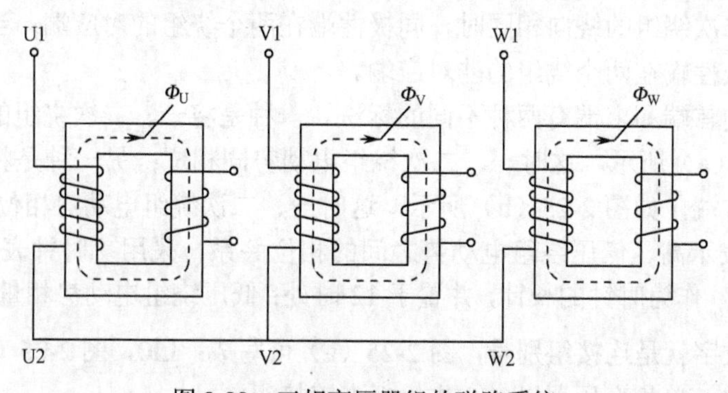

图 2-23 三相变压器组的磁路系统

2）心式磁路变压器

三相心式变压器是由三相变压器组演变而来，把三个单相变压器合并成图 2-24 所示结构。它的特点是三相磁路相互关联，每相磁通都要经过另两相磁路闭合。其中，中间一相磁路较短，磁阻较小，因此励磁电流也小一些。但因为励磁电流仅为额定电流的百分之几，所以这种不平衡对变压器负载运行时的影响很小，可以忽略不计。三相心式变压器比三相变压器组用的硅钢片少，重量轻，价格低，占地面积小，所以电力变压器广泛采用这种结构，只有在超高电压、大容量巨型变压器中由于受运输条件所限或为减少备用容量才采用三相变压器组。

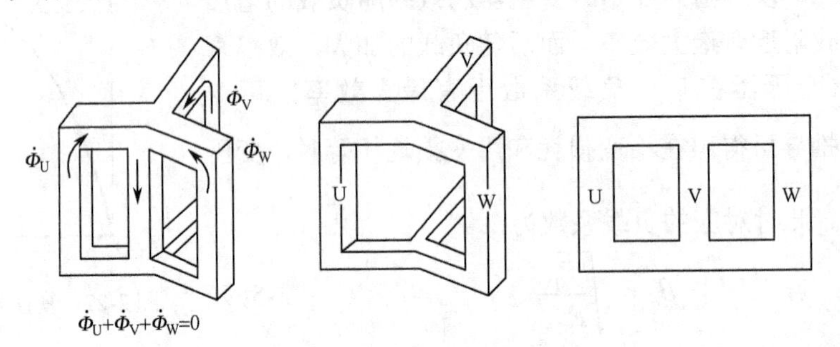

图 2-24　三相心式变压器的磁路

2．变压器的连接组

三相变压器的绕组主要采用星形接法和三角形接法。变压器一次侧电动势和二次侧电动势的相位关系是一个十分重要的问题。电力系统中并联运行的变压器不但要求二次电压大小相等，而且要求对应相位相同。在晶闸管电路中，要求主电路电压与晶闸管控制极电压信号满足一定的相位关系。这就对变压器一次侧电动势和二次侧电动势的相位关系提出了严格的要求。变压器一次侧和二次侧对应电动势的相位关系用连接组表示。

1）单相变压器的极性

单相变压器的主磁通及一、二次感应电动势都是交变的，无固定的极性。这里所讲的极性是指某一瞬间的相对极性，即任一瞬间，高压绕组的某一端的电位为正时，低压绕组必有一端的电位也为正，这两个具有正极性或另两个具有负极性的端点称为同极性端，又称同名端，用“•”表示。同极性端可能在绕组的对应端，也可能在绕组的非对应端，这取决于绕组的绕向。当一、二次绕组的绕向相同时，同极性端在两个绕组的对应端；当一、二次绕组的绕向相反时，同极性端在两个绕组的非对应端。

单相变压器的首端和末端有两种不同的标法。一种是将一、二次绕组的同极性端都标为首端，如图 2-25（a）所示，这时一、二次绕组电动势同相位；另一种是将一、二次绕组的异极性端都标为首端，如图 2-25（b）所示，这时一、二次绕组电动势相位相反。

为了形象地表示高、低压绕组电动势之间的相位关系，采用“时钟表示法”，即把高压绕组电动势相量 $\dot{E}_U$ 作为时钟的长针，并置于 12 时处；低压绕组电动势相量 $\dot{E}_u$ 作为时钟的短针，短针所指的数字就是连接组别号，图 2-25（a）可写成：I,I0，图 2-25（b）可写成：I,I6。我国国家标准规定，单相变压器以 I,I0 作为标准连接组。

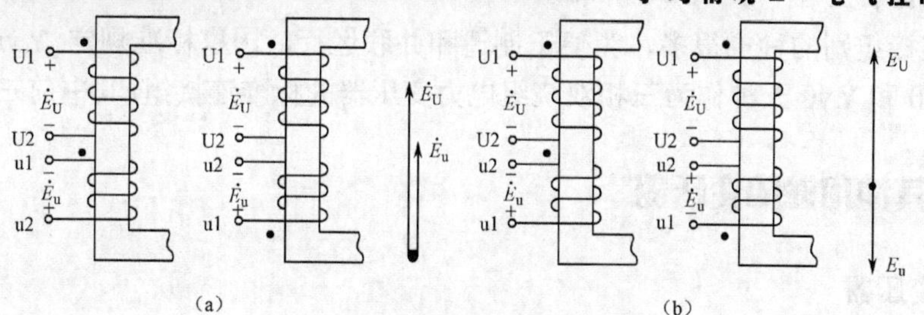

图 2-25　单相变压器连接组

2）三相变压器的连接组

三相变压器的连接组仍用时钟法表示。可以看出，三相变压器的连接组不仅与绕组的同极性端有关，还与三相绕组的连接方式有关。连接组别的书写形式为：用大、小写字母分别表示高、低压绕组的连接方式，星形用 Y 或 y 表示，有中线用 YN 或 yn 表示，三角形用 D 或 d 表示；在字母后面写出标号数字，表示高、低压绕组的相应线电动势间相位关系，用时钟表示法确定即可。

确定连接组的步骤如下：

（1）画出高压侧相电动势的相量图；

（2）画出低压侧相电动势的相量图，为便于比较，将 U,u 连成等电位点；

（3）将 UV,uv 连线，根据它们的相位差，按时钟表示法确定连接组别。

下面具体分析不同连接方式变压器的连接组别。

（1）Y,y 连接：图 2-26（a）为三相变压器 Y,y 连接时的接线图。在图中，同极性端子在对应端，这时一、二次侧对应的相电动势同相位，同时一、二次侧对应的线电动势 $\dot{E}_{UV}$ 与 $\dot{E}_{uv}$ 也同相位，如图 2-26（b）所示。如果把 $\dot{E}_{UV}$ 指向“12”上，则 $\dot{E}_{uv}$ 也指向“12”，其连接组号为 Y,y0。

如果改变高、低压绕组同极性端和端子标号时，可得到六种不同类型的连接组。因为它们的标号都是偶数，所以称为六种偶数连接组。

（2）Y,d 连接：图 2-27（a）为三相变压器 Y,d 连接时的接线图。按上述步骤可以画出连接组的相量图，如图 2-27（b）所示，并可得出连接组号为 Y,d1。改变绕组的同极性端和端子标号，还可以得到五种连接组，所以 Y,d 接法一共可得到六种奇数连接组。

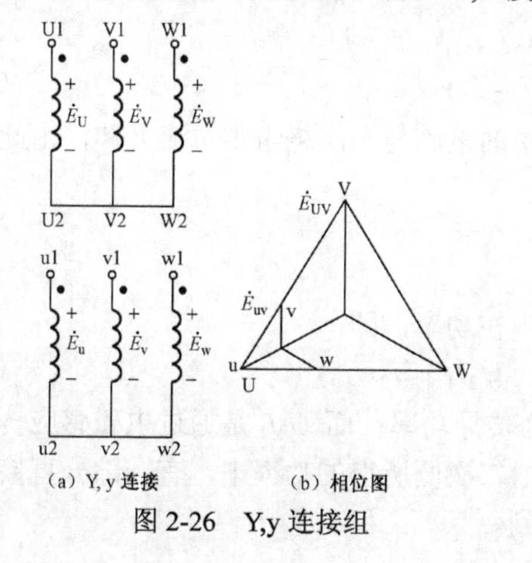

图 2-26　Y,y 连接组

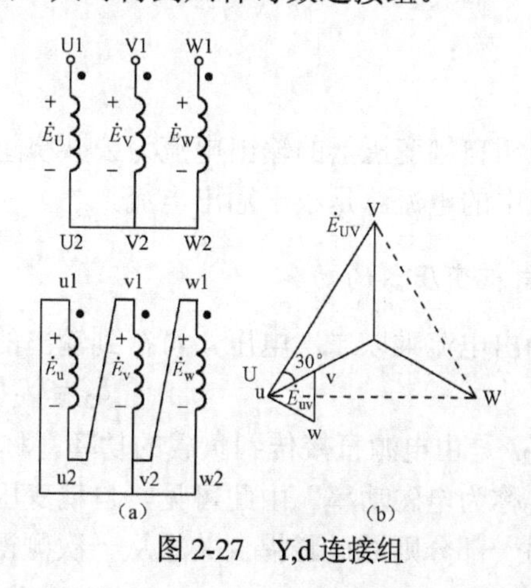

图 2-27　Y,d 连接组

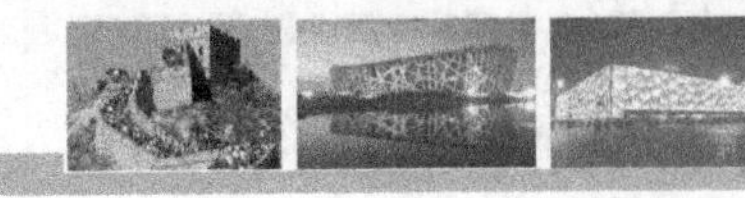

变压器连接组别的种类很多，为便于制造和并联运行，国家标准规定 Y,yn0；Y,yd11；YN,d11；YN,y0 和 Y,y0 五种作为三相双绕组电力变压器的标准连接组，其中前三种最为常用。

2.2.7 其他用途的变压器

1. 自耦变压器

普通双绕组变压器中，一、二次绕组之间没有电的联系，只有磁的耦合。自耦变压器是一个单绕组变压器，原理接线如图 2-28 所示。由图可知，自耦变压器的结构特点是二次绕组为一次绕组的一部分。

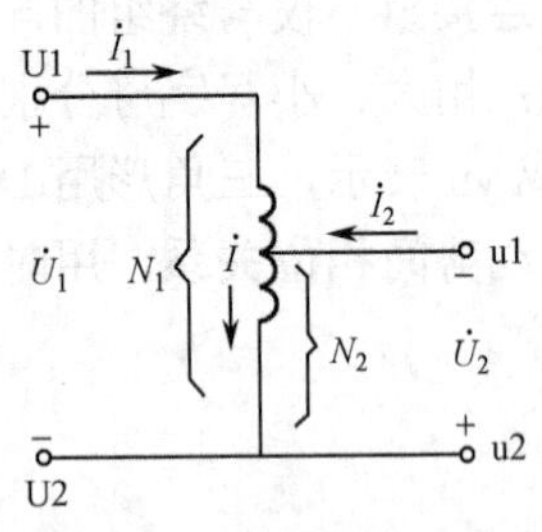

图 2-28　自耦变压器原理图

1）电压关系

自耦变压器有与双绕组变压器类似的电压变比关系，即：

$$\frac{U_1}{U_2} \approx \frac{E_1}{E_2} = \frac{N_1}{N_2} = k \tag{2-56}$$

2）电流关系

设一次电流为 $\dot{I}_1$，负载电流为 $\dot{I}_2$，则绕组 N_2 中的电流为 $\dot{I} = \dot{I}_1 + \dot{I}_2$。根据电磁关系，有：

$$\dot{I}_1(N_1 - N_2) + \dot{I}N_2 = \dot{I}_0 N_1$$

整理得：

$$\dot{I}_1 N_1 + \dot{I}_2 N_2 = \dot{I}_0 N_1$$

若忽略空载磁动势，则有：

$$\dot{I}_1 = -\frac{N_2}{N_1}\dot{I}_2 = -\frac{1}{k}\dot{I}_2 \tag{2-57}$$

可见，一、二次绕组电流的大小与匝数成反比，在相位上相差 180°。因此，流经公共绕组中的电流为：

$$\dot{I} = \dot{I}_1 + \dot{I}_2 = -\frac{1}{k}\dot{I}_2 + \dot{I}_2 = (1 - \frac{1}{k})\dot{I}_2 \tag{2-58}$$

在数值上，有：

$$I = I_2 - I_1 \tag{2-59}$$

这说明自耦变压器的输出电流为公共绕组中的电流与一次绕组中电流之和，由此可见，公共绕组中的电流总是小于输出电流。

3）自耦变压器的功率

将输出电流乘以二次电压，可得到输出的视在功率，即：

$$S_2 = U_2 I_2 = U_2 I_1 + U_2 I \tag{2-60}$$

式中，$U_2 I$ 是由电源直接传到负载的功率，称为传导功率；而 $U_2 I_1$ 是通过电磁感应传到负载的功率，称为电磁功率。由此可见，自耦变压器二次侧所得的功率中，有一部分直接从电源得到，另一部分则通过磁耦合关系从一次侧得到。

自耦变压器的优点是节省原材料，体积小，重量轻，安装运输方便，价格低，损耗小，效率高。它的缺点是一次绕组和二次绕组有电的联系，因此，低压绕组及低压侧的用电设备的绝缘强度及过电压保护等均需按高压侧考虑。

自耦变压器除了用于电力系统外，还常用于启动异步电动机，实验室用的小型调压器很多是二次侧装有滑动触头的自耦变压器。

2. 仪用互感器

在实际工作中，不能用普通的电压表和电流表测量交流电路。原因在于：一是考虑到仪表的绝缘问题，二是直接测量容易危及操作人员的人身安全。仪用互感器就是用于测量高电压和大电流的变压器，它分为电压互感器和电流互感器两类。其原理与普通变压器原理基本相同，只是为了提高精度有一些特殊的要求。电压互感器把被测量的高电压变为低电压（一般为 100 V），然后用普通电压表测量。电流互感器用来测量电网中的大电流，它将大电流变换为适于测量的量级（通常为 5 A），然后用普通电流表测量。

1）电压互感器

电压互感器实际上是一台小容量的降压变压器，如图 2-29 所示。它的一次绕组匝数多，二次绕组匝数少。一次侧绕组并联在被测的高压线路上，二次侧绕组接在电压表或功率表的电压线圈。

电压互感器的二次侧绕组接阻抗很大的电压表，工作时相当于变压器的空载运行状态。测量时用电压表的读数乘以变比 k 作为一次被测电压值，如果测 U_2 的电压表是按 kU_2 刻度的，从表上能够直接读出被测电压值。

使用电压互感器必须注意以下几点：

（1）电压互感器不能短路，否则将产生很大电流，导致绕组过热而烧坏；

（2）电压互感器有一定的额定容量，使用时二次绕组回路不宜接入过多的仪表，以免影响电压互感器的测量精度。

（3）铁芯和二次侧绕组的一端应可靠接地，以防止绝缘损坏出现高压，危及操作人员的人身安全。

2）电流互感器

电流互感器用来测量电网中的大电流，它将大电流变换为适于测量的量级（通常为 5 A）。电流互感器一次侧绕组匝数少，二次侧绕组匝数多，如图 2-30 所示。它的一次侧绕组与被测电流的线路相串联。因为电流互感器阻抗非常小，它串入被测电路对其电流基本没有影响。电流互感器工作时，二次侧接电流表的阻抗很小，相当于变压器短路工作状态。

电流互感器在使用时必须注意以下各项：

（1）为了安全，二次侧应可靠接地。

（2）二次侧不允许开路。在换接电流表时要先按下短路开关，以防二次绕组开路，一次绕组会产生很高的尖峰电动势。

（3）二次绕组回路接入的阻抗不能超过允许值。否则会使电流互感器的精度下降。

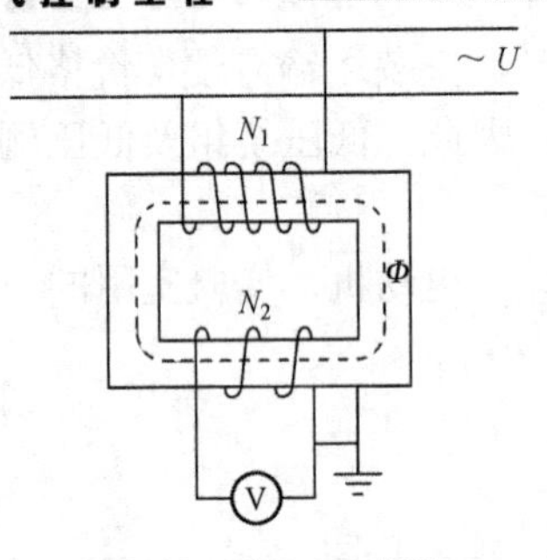

图 2-29 电压互感器

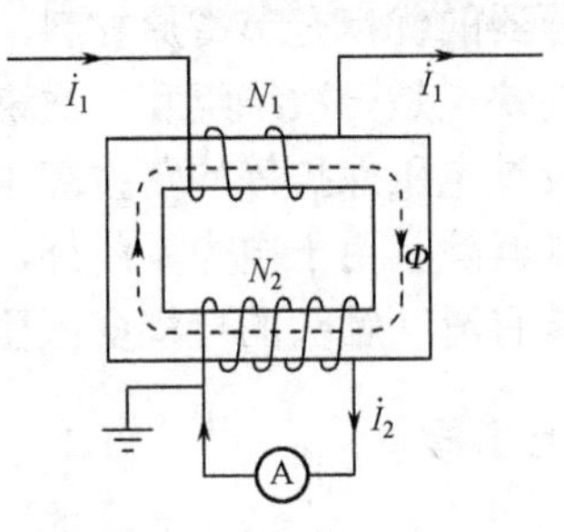

图 2-30 电流互感器

实训 2 变压器空载参数的测定

1. 实训目的

（1）掌握变压器空载实训方法；
（2）测定变压器的空载数据 I_0、P_0、U_0；
（3）计算变压器的空载参数。

2. 实训设备

单相变压器、单相调压器、交流电压表、交流电流表、万用表、低功率因数瓦特表。

3. 实训步骤

为了便于测量和安全，在低压侧施加电压，高压侧开路。中小型电力变压器空载电流 $I_0 \approx (4\% \sim 16\%) I_N$，依此选择电流表、电压表和功率表的量程。实训线路如图 2-19 所示。

变压器接通电源前，将调压器调至输出电压最小位置。合闸后，电压调至$(1.1 \sim 1.2)U_N$，然后逐次降低至 $0.5U_N$，每次测量空载电压 U_0、电流 I_0、空载功率 P_0，记录于表 2-3 中。

表 2-3 变压器空载实训记录

次数	U_0(V)	I_0(A)	P_0(W)	U
1				
2				
3				
4				
5				
6				
7				

4. 实训报告

（1）简述实训过程；
（2）绘制特性曲线 $U_0 = f(I_0)$ 和 $P_0 = f(I_0)$；
（3）计算 $U_0=U_{2N}$ 时变压器的空载参数；
（4）得出折算到高压侧的数据。

实训 3 变压器短路参数的测定

1. 实训目的

（1）掌握变压器短路实训方法；
（2）测定变压器的空载数据 I_s、P_s、U_s；
（3）计算变压器的短路参数。

2. 实训设备

单相变压器、单相调压器、交流电压表、交流电流表、万用表、低功率因数瓦特表、温度计。

3. 实训步骤

变压器的短路实训一般在高压侧通过调压器接至电源，低压侧短路。实训线路如图 2-20 所示。

接通电源前，使调压器置于输出电压最低位置。合闸后，使输出电压逐渐升高至电流表所示的短路电流 I_s=1.1I_N，然后逐渐降低电压，分别测量短路电流 I_s、短路功率 P_s 和短路电压 U_s 记录于表 2-4 中。测量实验室环境温度作为实验时线圈的实际温度。

表 2-4 变压器短路实训记录

次数	I_s(A)	P_s(W)	U_s(V)
1			
2			
3			
4			
5			
6			
7			

4. 实训报告

（1）简述实训过程；
（2）绘制特性曲线 $U_s = f(I_s)$ 和 $P_s = f(I_s)$；
（3）根据实训数据，计算 U_0=U_{2N} 时变压器的短路参数（折算到 75℃）。

实训 4 测取变压器负载特性

1. 实训目的

确定变压器的运行特性。

2．实训设备

单相变压器、单相调压器、交流电压表、交流电流表、万用表、可调电阻器、刀开关。

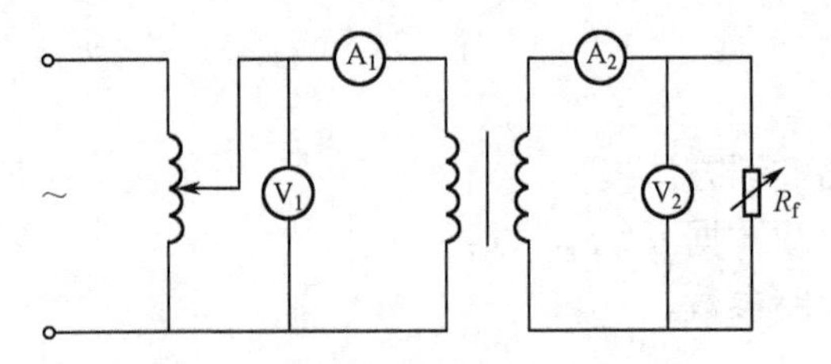

图 2-31　测取变压器负载特性接线

3．实训步骤

按图 2-31 接线，先将 R_f 调至最大，然后接通电源，使调压器使 $U_1=U_{1N}$，再逐渐减小 R_f，增加负载电流，使 I_2 在额定值范围内，测量输出电流 I_2 和电压 U_2，记录于表 2-5 中。

表 2-5　变压器负载实训记录

次数	1	2	3	4	5	6	7
I_2(A)							
U_2(V)							

4．实训报告

（1）简述实训过程；

（2）根据实训数据计算变压器的参数ΔU、η。

任务 2-3　异步电动机

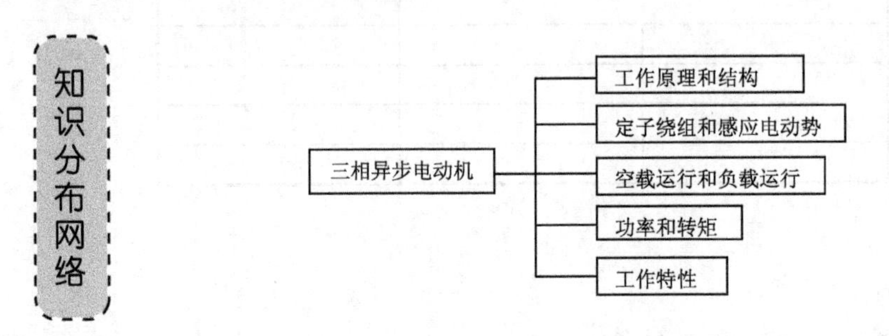

2.3.1　三相异步电机的基本结构和工作原理

1. 三相异步电动机的基本结构

三相异步电动机与其他电机比较，具有结构简单、制造方便、运行可靠等优点，所以被广泛应用在工农业、交通运输、日常生活等各个方面。

三相异步电动机的结构主要由定子和转子两大部分组成。转子装在定子腔内，定子、转子之间有一缝隙，称为气隙。图 2-32 为笼形异步电动机的结构图。

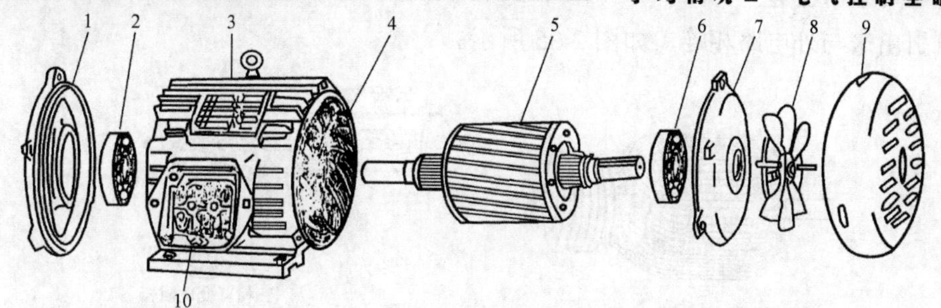

1—端盖；2—轴承；3—机座；4—定子绕组；5—转子；6—轴承；7—端盖；8—风扇；9—风罩；10—接线盒

图 2-32　笼形三相异步电动机的结构

1）定子

定子部分主要由定子铁芯、定子绕组和机座三部分组成。

定子铁芯是电动机主磁路的一部分，为减少铁芯损耗，一般由 0.5 mm 厚的导磁性能较好的硅钢片叠成，安放在基座内。定子铁芯叠片冲有嵌放绕组的槽，故又称冲片。中、小型电动机的定子铁芯和转子铁芯都采用整圆冲片，如图 2-33 所示。

定子绕组是电动机的电路部分，它嵌放在定子铁芯的内圆槽内。定子绕组分为单层和双层两组。一般小型异步电动机采用单层绕组，大、中型异步电动机采用双层绕组。

机座的作用是固定和支撑定子铁芯及端盖。中、小型电动机一般用铸铁机座，大型电动机则用钢板焊接而成。

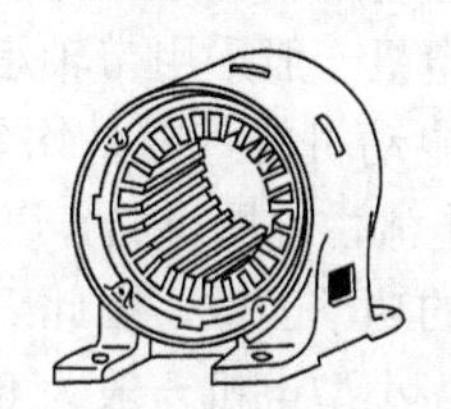
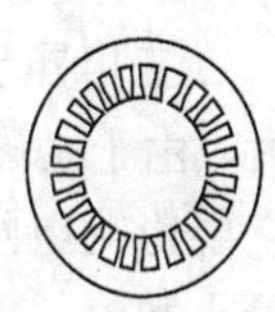

图 2-33　定子机座和冲片

2）转子

转子主要是由转子铁芯、转子绕组和转轴三部分组成。转子的主要作用是产生感应电流，形成电磁转矩，以实现机电能量的转换。

转子铁芯是电动机磁路的一部分，一般也用 0.5 mm 厚的硅钢片叠成，转子铁芯叠片冲有嵌放绕组的槽。转子铁芯固定在转轴或转子支架上。

根据转子绕组的结构形式，异步电动机分为笼形转子和绕线转子两种。

（1）笼形转子：在转子铁芯的每一个槽中，插入一根裸导条，在铁芯两端分别用两个短路环把导条连接成一个整体，形成一个自身闭合的多相短路绕组，如果去掉转子铁芯，整个绕组犹如一个“松鼠笼子”，由此得名笼形转子，如图 2-34 所示。中、小型电动机的笼形转子一般都采用铸铝的，如图 2-34（b）所示。大型电动机则采用铜导条，如图 2-34（a）所示。

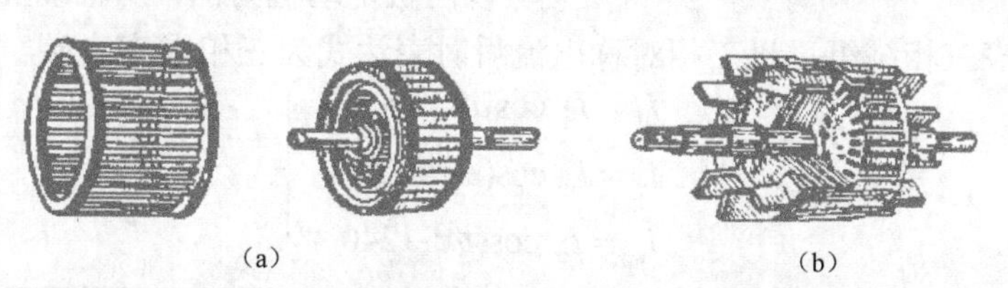

图 2-34　笼形转子

（2）绕线转子：绕线转子绕组与定子绕组相似，它是在绕线转子铁芯的槽内嵌有绝缘导线组成的三相绕组，一般作星形连接，三个端头分别接在与转轴绝缘的三个滑环上，再经过

一套电刷引出来与外电路相连，如图 2-35 所示。

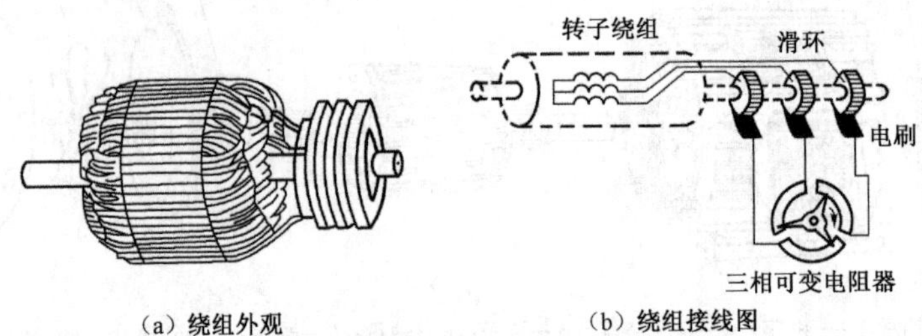

（a）绕组外观　　（b）绕组接线图

图 2-35　三相异步电动机的绕线式转子

一般的绕线转子异步电动机在转子回路中串电阻，若仅用于启动，则为减少电刷的摩擦损耗，还装有提刷装置。

3）转轴

转轴用强度和刚度较高的低碳钢制成。

整个转子靠轴承和端盖支撑着，端盖一般用铸铁或钢板制成，它是电机外壳机座的一部分，中、小型电机一般采用带轴承的端盖。

三相异步电动机的气隙是均匀的。气隙的大小对异步电动机的运行性能和参数影响较大，由于励磁电流由电网供给，气隙越大，励磁电流也就越大，而励磁电流又属于无功性质，它要影响电网的功率因数，因此三相异步电动机的气隙大小往往为机械条件所能允许达到的最小数值，中、小型电机一般为 0.1～1mm。

2．三相异步电动机的基本工作原理

三相异步电动机与直流电动机一样，也是根据磁场和载流导体相互作用产生电磁力的原理而制成的。不同的是直流电动机为一个静止磁场，三相异步电动机却是一个旋转磁场。

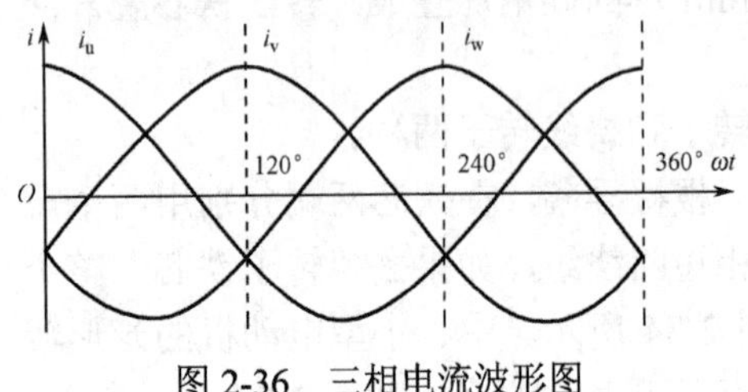

图 2-36　三相电流波形图

1）旋转磁场的产生

在三相异步电动机的定子铁芯里，嵌放着对称的三相绕组 U_1—U_2、V_1—V_2、W_1—W_2，首端分别用 U_1、V_1、W_1 表示，末端用 U_2、V_2、W_2 表示。三相对称绕组通以三相对称电流就能产生旋转磁场。以两极电动机为例，用轴线互差 120° 电角度的三个线圈来代表三相绕组，设三相对称电流瞬时表达式为三相电流波形，如图 2-36 所示。

$$\left.\begin{aligned} i_u &= I_m \cos\omega t \\ i_v &= I_m \cos(\omega t - 120^\circ) \\ i_w &= I_m \cos(\omega t - 240^\circ) \end{aligned}\right\} \tag{2-61}$$

现将三相对称电流通入三相对称绕组，为简化分析，下面取几个不同瞬时电流通入定子绕组，并规定电流为正时，首端进“⊗”，尾端出“⊙”，反之则为尾端进、首端出。

当 ωt=0° 时，U 相电流为正值，应从首端 U_1 流入“⊗”，尾端 U_2 流出 “⊙”；而 V 相和 W 相电流为负值,分别从尾端 V_2、W_2 流入“⊗”，首端 V_1、W_1 流出“⊙”，如图 2-37（a）

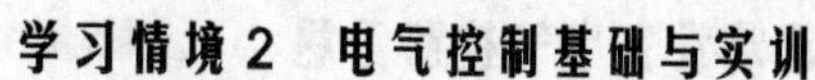

所示。根据右手螺旋定则，可判断三相电流在定子绕组中产生合成磁场的方向，上边为 N 极，下边为 S 极，即为两极磁场。

当ωt=120° 时，V 相为正值，电流从首端 V_1 流入“⊗”，从尾端 V_2 流出“⊙”；U 相和 W 相为负值，电流分别从尾端 U_2、W_2 流出流入“⊗”，首端 U_1、W_1 流出“⊙”。三相电流在定子绕组中产生合成磁场的方向如图 2-37（b）所示，仍为两极磁场。可见，三相合成磁力线的轴线比在ωt=0° 时，顺时针在空间上转过了 120°。

同样可以分别画出ωt=240°、ωt=360° 的电流分布及合成磁场方向如图 2-37（c）、图 2-37（d）所示。可以看出，当电流在时间上变化一个周期，即 360° 电度角，合成磁场便在空间刚好转过一周，且任何时刻合成磁场的大小相等，合成磁场顶点的轨迹为一个圆，故又称为圆形旋转磁场。

从图 2-37 还可以看出，三相合成磁场的轴线总是与电流达到最大值的那一相绕组轴线重合。所以，旋转磁场的转向取决于三相电源通入定子绕组电流的相序。若将 U 相交流电接 U 相绕组，V 相交流电接 V 相绕组，W 相交流电接 W 相绕组，则旋转磁场的转向为：U 相→V 相→W 相，即顺时针方向旋转。若将三相电源线任意两相调接于定子绕组，旋转磁场即刻反转（逆时针方向旋转）。

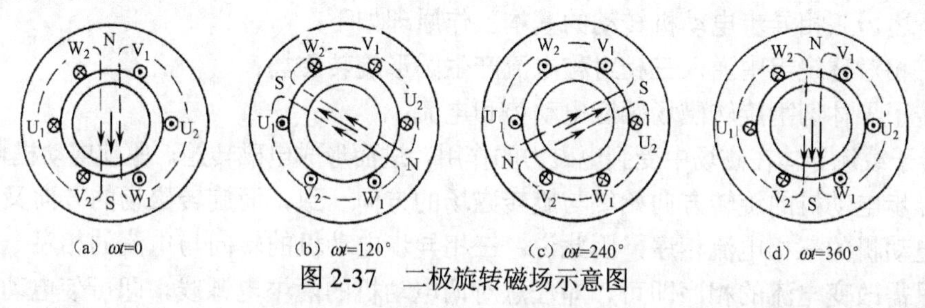

图 2-37　二极旋转磁场示意图

当产生两极（$2p$=2，p 为极对数）磁场时，电流变化一个周期，合成磁场便在空间转过一周，旋转磁场每分钟转速（又称为同步转速）为：$n_1=60f_1$ r/min，其中 f_1 为电网频率。

如果 U、V、W 三相绕组分别由两个线圈串联组成，产生的合成磁场为四极（$2p$=4）旋转磁场，如图 2-38 所示，电流变化一个周期，磁场便在空间转过 1/2 周，其转速是二极旋转磁场的 1/2。

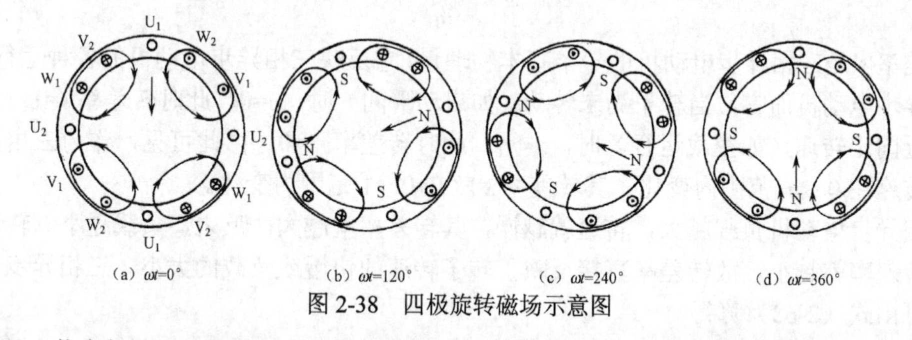

图 2-38　四极旋转磁场示意图

同理，若电机为 p 对磁极时，当电流变化一个周期，旋转磁场在空间只转 1/p 周，于是可得出旋转磁场转速的表达式为：

$$n_1 = \frac{60\,f_1}{p} \tag{2-62}$$

2）基本工作原理

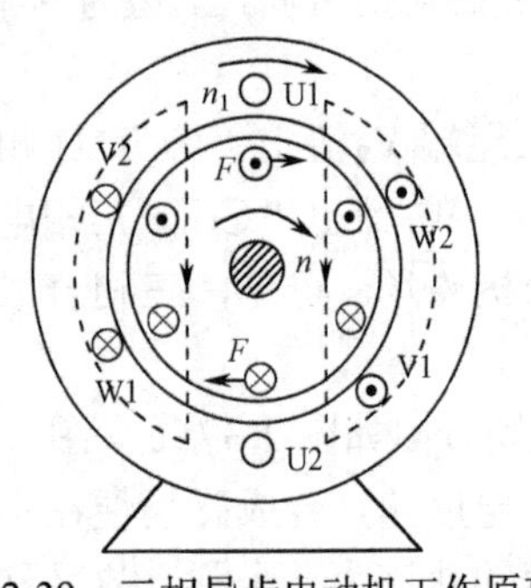

图 2-39　三相异步电动机工作原理

转子是一个闭合的多相绕组笼形电机。图 2-39 为三相异步电动机的工作原理图，图中定子、转子上的小圆圈表示定子绕组和转子导体。

图中 U、V、W 相以顺时针方向排列，当定子绕组中通入 U、V、W 相序的三相电流时，定子旋转磁场以同步转速 n_1 顺时针方向旋转。由于转子是静止的，转子导体因为切割定子磁场而产生感应电动势，其方向可由“右手定则”确定。因为转子绕组自身闭合，转子绕组内便有电流流通，转子电流的有功分量与转子感应电动势同相位，载有有功分量电流的转子绕组在定子旋转磁场的作用下将产生电磁力 F，方向由“左手定则”确定。电磁力对转轴形成一个电磁转矩，其作用方向与旋转磁场的方向一致，于是转子在电磁转矩的作用下，顺着旋转磁场的旋转方向旋转。如果电动机轴上带有生产机械，则生产机械随着电动机的旋转而旋转，实现了电能与机械能的转换。

综上所述，三相异步电动机转动的基本工作原理如下：

（1）三相对称绕组中通入三相对称电流产生圆形旋转磁场；

（2）转子导体切割旋转磁场感应电动势和电流；

（3）转子载流导体在磁场中受到电磁力的作用，进而形成电磁转矩，驱使电动机转子转动。

三相异步电动机的旋转方向始终与旋转磁场的方向一致，而旋转磁场的方向又要取决于三相异步电动机的三相电流相序，因此说，三相异步电动机的转向与电流的相序一致。要改变转向，只需改变电流的相序即可，即任意对调电动机的两根电源线，即可使电动机反转。

异步电动机的转速 n 恒小于旋转磁场转速 n_1，因为只有这样，转子绕组才能产生电磁转矩，使电动机旋转。如果 $n=n_1$，转子绕组与定子磁场之间便无相对运动，则转子绕组中无感应电动势和感应电流产生。由于电动机转速 n 与旋转磁场 n_1 不同步，故称为异步电动机。

同步转速 n_1 与转子转速 n 之差，再与同步转速 n_1 的比值称为转差率，用字母 s 表示，即：

$$s=\frac{n_1-n}{n_1} \tag{2-63}$$

转差率 s 是三相异步电动机的一个基本物理量，它反映三相异步电动机的各种运行情况。对三相异步电动机而言，当转子尚未转动（如启动瞬间）时，$n=0$，此时转差率 $s=1$；当转子转速接近同步转速（如空载运行）时，$n\approx n_1$，此时转差率 $s\approx 0$，由此可见，作为三相异步电动机，转速在 0～n_1 范围内变化，其转差率 s 就在 0～1 范围内变化。

三相异步电动机负载越大，转速就越慢，其转差率就越大；反之，负载越小，转速就越快，其转差率就越小。故转差率直接反映了转子转速的快慢或负载的大小。三相异步电动机的转速可由式（2-63）算得：

$$n=(1-s)n_1 \tag{2-64}$$

在正常运行范围内，转差率的数值很小，一般在 0.01～0.06 之间，即异步电动机的转速很接近于同步转速。

3. 异步电动机的铭牌

每台三相异步电动机的铭牌上都标注了该机的型号、额定值和额定运行情况下的有关技术数据。按铭牌上所规定的额定值和工作条件下运行，称为额定运行。铭牌上的额定值及有关技术数据是正确的设计、选择、使用和检修电机的依据。

下面对铭牌中的型号、额定值、接线及电机的防护等级等分别加以介绍。

1）型号

三相异步电动机的型号主要包括产品代号、设计序号、规格代号和特殊环境代号等，产品代号表示电机的类型，用大写印刷体的汉语拼音字母表示，如 Y 表示异步电动机，YR 表示绕线转子异步电动机等。设计序号是指电动机产品设计的顺序，用阿拉伯数字表示。规格代号用中心高、铁芯外径、机座号、机座长度、铁芯长度、功率、转速或级数等表示。主要系列产品的规格代号按表 2-6 规定。

表 2-6　系列产品的规格代号

序号	系列产品	规格代号
1	中小型异步电动机	中心高（mm），机座长度（字母代号），铁芯长度（数字代号），级数
2	大型异步电动机	功率（kW），—级数/定子铁芯外径（mm）

注：① 机座长度的字母代号采用国际通用符号表示：S 表示短机座、M 表示中机座、L 表示长机座；

② 铁芯长度的数字代号用数字 1、2、3、…依次表示。

例如，小型异步电动机：

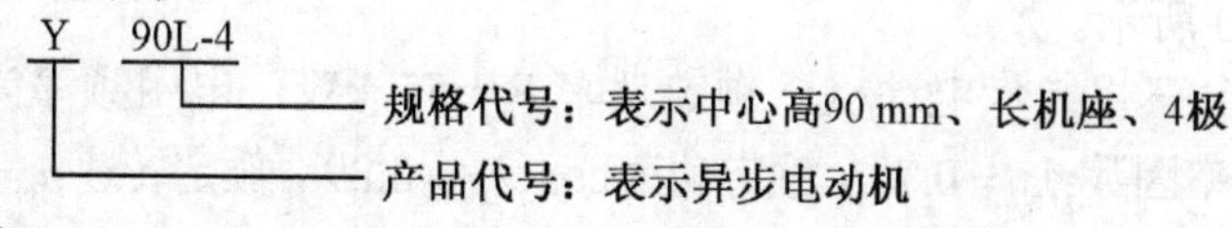

中型异步电动机：

Y　335 M2-4

规格代号：表示中心高355 mm、中机座、2号铁芯长、4极

产品代号：表示异步电动机

大型异步电动机：

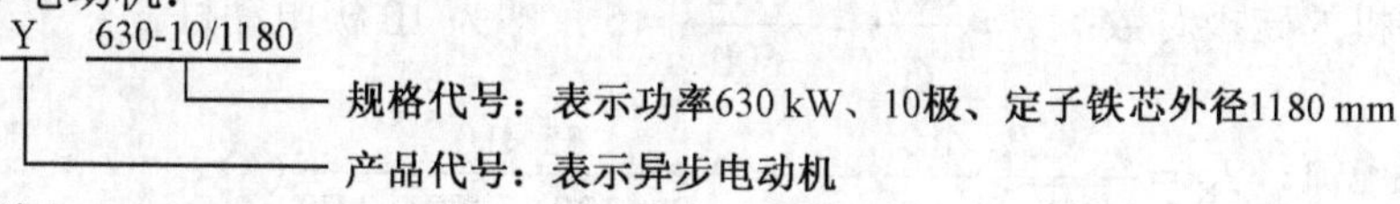

2）额定值

异步电动机主要额定值有以下几个。

（1）额定电压 U_N：指额定运行时加在定子绕组上的线电压值，单位为 V 或 kV。

（2）额定电流 I_N：指额定运行时流入定子绕组中的线电流值，单位为 A 或 kA。

（3）额定功率 P_N：指额定运行时转子轴上输出的机械功率，单位为 W 或 kW。

对于三相异步电动机，其额定功率为：

$$P_N = \sqrt{3} U_N I_N \eta_N \cos\varphi_N \times 10^{-3} \tag{2-65}$$

式中，η_N 为电动机的额定功率；$\cos\varphi_N$ 为电动机的额定功率因数；U_N 的单位为 V；I_N 的单位为 A；P_N 的单位为 kW。

对于 380V 的低压三相异步电动机，其 $\cos\varphi_N$ 和 η_N 的乘积大致在 0.8 左右，代入式（2-65）计算得：

$$I_N \approx 2P_N \tag{2-66}$$

式中，P_N 的单位为 kW；I_N 的单位为 A。由此可估算其额定电流（一个千瓦按两安培电流估算）。

（4）额定频率：f_N 在额定状态下运行时，三相异步电动机定子侧电压的频率称为额定频率，单位为 Hz。我国电网的频率为 f_N=50 Hz。

（5）额定转速 n_N：指额定运行时电动机的转速，单位为 r/min。

3）接线

接线是指在额定电压下运行时电动机定子三相绕组的接线方式，有星形连接和三角形连接两种。具体采用哪种接线取决于相绕组能承受的电压设计值。例如，一台相绕组能承受 220V 电压的三相异步电动机，铭牌上的额定电压标有 220/380 V、D/y 连接，这时需采用什么接线方式视电源电压而定。若电源电压为 220 V 时用三角形连接，380 V 时用星形连接。这两种情况下，每相绕组实际上只承受 220 V 电压。

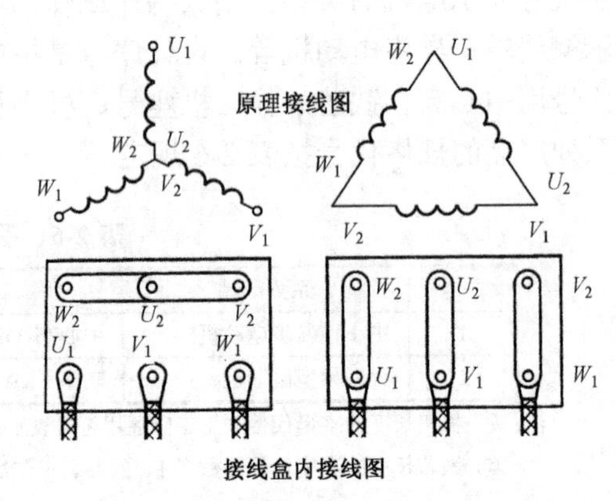

图 2-40　定子绕组的连接方法

国产 Y 系列电动机接线端标志，首端用 U1、V1、W1 表示，末端用 U2、V2、W2 表示，星形、三角形连接如图 2-40 所示。

【案例 2-6】 一台三相异步电动机，额定功率 P_N=55 kW，电网频率为 50Hz，额定电压 $U_N = 380$ V，额定效率因数 $\eta_N = 0.79$，额定功率 $\cos\varphi_N = 0.89$，额定转速 $n_N = 570$ r/min，试求：

（1）同步转速 n_1；（2）磁极对数 p；

（3）额定电流 I_N；（4）额定负载时的转差率 s_N。

解　（1）因为电动机额定运行时转速接近同步转速，所以同步转速为 600 r/min。

（2）电动机的磁极对数：$p = \dfrac{60f}{n_1} = \dfrac{60\times50}{600} = 5$，即为 10 极电动机。

（3）额定电流：$I_N = \dfrac{P_N\times10^3}{\sqrt{3U_N}\cos\varphi_N\times\eta_N} = \dfrac{55\times10^3}{\sqrt{3}\times380\times0.89\times0.79}$(A)。

（4）转差率：$s_N = \dfrac{n_1 - n_N}{n_N} = \dfrac{600-570}{600} = 0.05$。

2.3.2　三相异步电机的定子绕组和感应电动势

三相异步电机定子绕组是交流电机结构中的核心部分，也是建立旋转磁场、产生感应电动势和电磁转矩并进行能量转换的关键部件。三相定子绕组按槽内导体层数可分为单层绕组和双层绕组。单层绕组又可分为同心式、交叉式和链式等。双层绕组分为叠绕组和波绕组。

1．定子绕组基本知识

1）线圈

线圈是由绝缘铜导线按一定形状、尺寸在绕线模上绕制而成的，可以一匝或多匝，如图2-41所示，再将线圈嵌入定子铁芯槽内，按一定规律连接成绕组，故线圈是交流绕组的基本单元，又称绕组元件。线圈放在铁芯槽内的直线部分称为有效边，槽外部分为端接部分，在不影响电机电磁性能和嵌线工艺允许的情况下，端部应尽可能短，以节省材料，减少损耗。

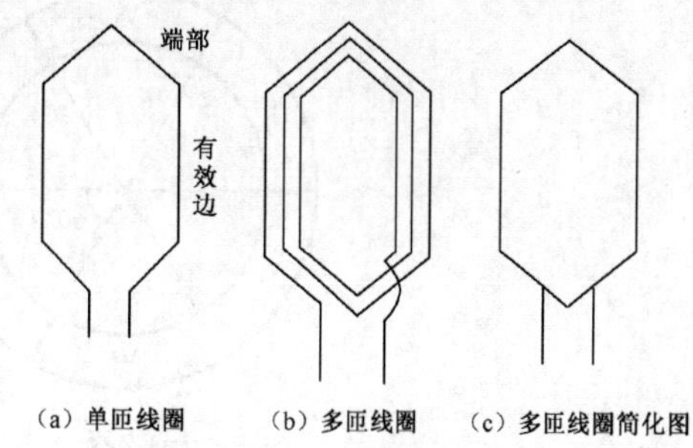

图2-41 线圈示意图

2）极矩

极距τ是每个磁极所占定子铁芯内圆周的距离，一般用定子槽数表示，即：

$$\tau = \frac{Z_1}{2p} \tag{2-67}$$

式中，Z_1为定子槽数；p为磁极对数。

3）节距

一个线圈两有效边所跨定子圆周上的距离称为节距y，一般用槽数表示。

当$y=\tau=Z_1/(2p)$时，称为整距绕组；当$y<\tau$时，称为短距绕组；当$y>\tau$时，称为长距绕组。为节省铜线，一般采用短距绕组或整距绕组。

4）机械角度与电角度

一个圆周所对应的几何角度为360°，该几何角度称为机械角度。而从电磁观点来看，导体每经过一对磁极所产生的感应电动势也就变化一个周期，即360°电角度。故一对磁极便为360°电角度。若电机有p对磁极，则电角度为：

$$\text{电角度}=p\times\text{机械角度} \tag{2-68}$$

5）槽距角

相邻两槽间对应的圆心电角度称为槽距角，用α表示。由于定子槽Z_1在定子圆周内分布是均匀的，那么有：

$$\alpha = \frac{p\times 360^\circ}{Z_1} \tag{2-69}$$

6）每极每相槽数

每个磁极下每相绕组所占的槽数称为每极每相槽数，用q表示。

$$q = \frac{Z_1}{2pm_1} \tag{2-70}$$

式中，m_1为定子绕组相数，三相电机$m_1=3$。

7）相带

每个磁极下每相绕组所占的区域称为相带。而一个极距占180°电角度，三相绕组均分，那么一个相带为$180°/m_1=180°/3=60°$电角度，故称作60°相带，如图2-42所示。

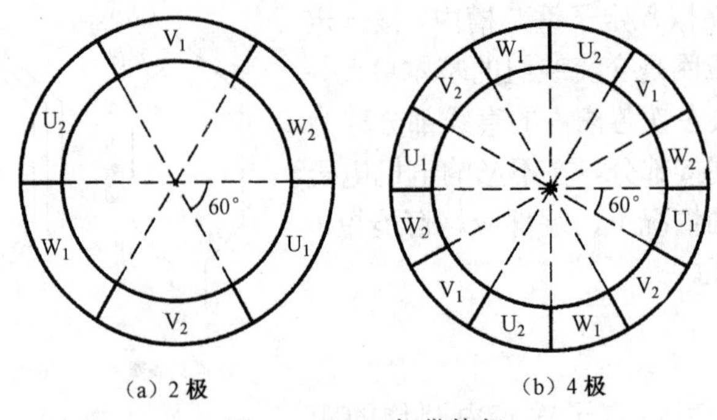

图2-42　60°相带绕组

2．单层绕组

单层绕组的每个槽内只有一个线圈边。整个绕组的线圈数等于定子槽数的一半。在小型三相异步电动机常采用单层绕组，单层绕组分为链式、交叉式和同心式。

1）单层链式绕组

下面以一个实例来说明绕组的构成。

【案例2-7】一台Y2－90L－4型三相异步电动机，定子槽数$Z_1=24$，$2p=4$，分析单层链式绕组构成原理并画出绕组展开图。

解　计算极距τ、每极每相槽数q和槽距角α。

$$\tau=\frac{Z_1}{2p}=\frac{24}{4}=6$$

$$q=\frac{Z_1}{2pm_1}=\frac{24}{4\times3}=2$$

$$\alpha=\frac{p\times360°}{Z_1}=\frac{2\times360°}{24}=30°$$

各相所占槽号的划分如下。

U相：1、2；7、8；13、14；19、20

V相：5、6；11、12；17、18；23、24

W相：9、10；15、16；21、22；3、4

将U相的2～7、8～13、14～19、20～1号线圈边分别连接成4个节距相等的线圈。再把4个线圈按电流方向串联起来，构成U相绕组。U相绕组展开图如图2-43所示。从图可见，U相绕组4个线圈是按尾尾相连，头头相接的规律串联而成，称为反串法。由于线圈连接起来形如长链，故又称为链式绕组。

V相、W相的连接规律与U相相同，其三相绕组首端引出线按相互间隔120°电角度排列。可画出V相、W相的展开图。

单层链式绕组的优点是采用短距绕组，减少用铜量；绕组节距相等，绕线方便。

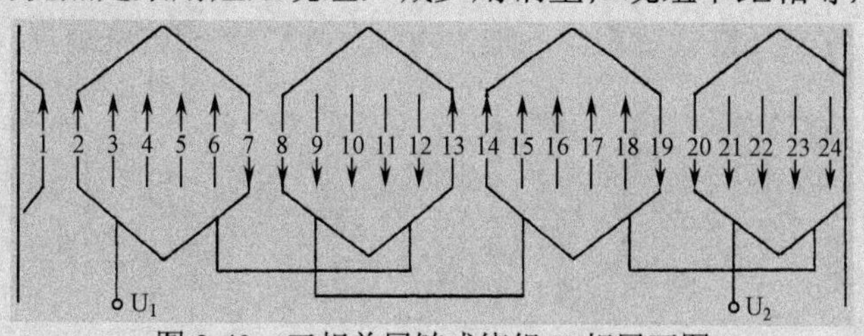

图 2-43　三相单层链式绕组 U 相展开图

2）单层同心式绕组

同心式绕组的特点是：线圈的节距不等，有大小线圈之分，大线圈总是套在小线圈外面，线圈轴线重合，故称为同心式绕组。

在上例中，将 U 相将线圈边 1～8 组成一个大线圈，线圈边 2～7 组成一个小线圈，大小线圈套在一起顺电流方向串联起来，便构成一个线圈组。同理，线圈边 13～20 组成大线圈，14～19 组成小线圈，两个线圈串联便构成另一线圈组。展开图如图 2-44 所示。

V、W 相绕组的连接规律与 U 相相同，其三相绕组首端引出线仍按相互间隔 120° 电角度排列。

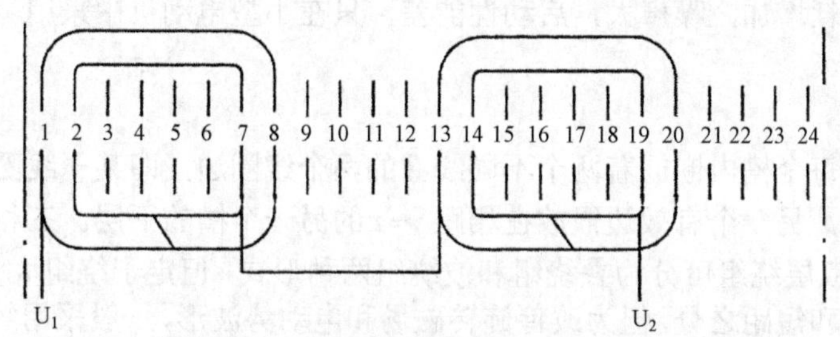

图 2-44　三相单层同心式绕组 U 相展开图

3）单层交叉链式绕组

交叉链式绕组主要用于 $q=$ 奇数（如 $q=3$）的 4 极或 2 极三相异步电动机定子绕组中。下面以一个实例说明其连接规律。

【案例 2-8】一台 Y2－132S－4 型三相异步电动机，$Z_1=36$ 槽，$2p=4$ 极，定子采用三相单层交叉链式绕组，分析单层交叉链式绕组构成原理并画出绕组展开图。

解　经计算得极距 $\tau=9$，每极每相槽数 $q=3$，槽距角 $\alpha=20°$。

各相所占槽号的划分为：

U 相：1、2、3；10、11、12；19、20、21；28、29、30

V 相：7、8、9；16、17、18；25、26、27；34、35、36

W 相：13、14、15；22、23、24；31、32、33；4、5、6

线圈端部连接方式的改变不会影响其电磁关系，同时考虑到节距应尽可能短，故可将线圈边 2～10 和 3～11 组成两个连接在一起的大线圈，节距 $y_1=8$；线圈边 12～19 组成一个小线圈，节距 $y_2=7$；再将线圈边 20～28 和 21～29 组成两个连接在一起的大线圈；线圈边 30～1 组成另一小线圈。将 U 相 4 个大小不同的线圈沿电流方向串联起来，便得到 U 相绕组展开图，

如图 2-45 所示。从图可见，线圈间采用的是尾尾相连、头头相接的连接规律。但它又是大、小线圈交叉连接，故称交叉链式绕组。同理，可画出 V、W 相的绕组展开图。

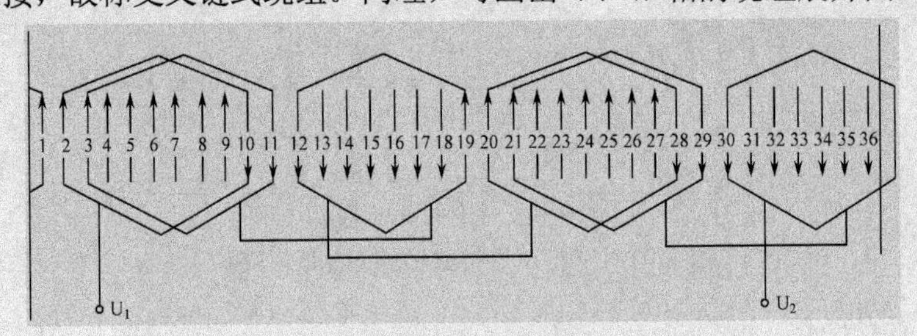

图 2-45　三相单层交叉链式绕组 U 相展开图

国产 Y112－4、Y132M－4、Y2－112M－4、Y2－132M－4 三相异步电动机定子绕组均采用单层交叉链式绕组。

从以上的分析可知，单层绕组每槽内只有一个线圈边，嵌线方便，槽利用率高，不论节距如何变化，从整个磁场观点来看，仍然属于整距绕组。节距的改变仅是为了缩短端部接线。磁场分布仍不变，单层绕组一般多用于 10 kW 以下的电动机。

单层绕组结构简单，嵌线方便，槽利用率较高（无须层间绝缘），但磁场和电动势波形较差，从而导致铁耗增加，噪声大，启动性能差，只在小型电动机中采用。

3．双层绕组

双层绕组是在每个槽内嵌放着两个不同线圈的两个线圈边，即某一线圈的一个有效边嵌放在这个槽的上层，另一个有效边嵌放在相距 $y \approx \tau$ 的另一个槽的下层。三相绕组总线圈数正好与总槽数相等。双层绕组可分为叠绕组和波绕组两种形式，但定子绕组大多数采用叠绕组，双层绕组又有整距和短距之分，但为改善旋转磁场和电动势波形，一般采用短距，即 $y \approx 5\tau/6$，使磁场和电动势接近正弦波。下面仅介绍双层叠绕组。

【案例 2-9】 已知一台三相交流电机定子绕组数据如下：$Z_1 = 36$，$2p = 4$，$y = 7\tau/9$。试分析三相双层短距叠绕组的连接规律并画出三相绕组展开图。

解 （1）计算极距 τ、每极每相槽数 q、槽距角 α 和节距 y。

$$\tau = \frac{Z_1}{2p} = \frac{36}{4} = 9$$

$$q = \frac{Z_1}{2pm_1} = \frac{36}{4\times3} = 3$$

$$\alpha = \frac{p\times360^\circ}{Z_1} = \frac{2\times360^\circ}{36} = 20^\circ$$

$$y = \frac{7\tau}{9} = 7$$

（2）相带及各相槽号的划分。

相带的划分和各相槽号的划分与 36 槽 4 极交叉链式绕组相同。不过单层绕组 U_1 相带内只能与 U_2 相带内线圈边组成一个线圈，而双层绕组不受此限制，而是同一线圈上层边在 U_1 相带，下层边可以在 U_2 相带，也可以在 V_1 相带某一槽，具体在哪一槽这要由 y 来决定。可

见，双层绕组每一槽上、下层可能属于同一相的两个不同线圈边，也可能不属于同一相的线圈边，因此，层间电压较高，故需可靠的层间绝缘。

（3）U 相双层叠绕组连接规律。

U 相绕组的槽号（上层）为 1、2、3；10、11、12；19、20、21；28、29、30。根据线圈节距 $y=7$，故 1 号槽上层边与 8 号槽下层边组成一个线圈，2 号槽上层边与 9 号槽下层边组成一个线圈，3 号槽上层边与 10 号槽下层边组成一个线圈，将这 $q(q=3)$ 个线圈沿电流方向串起来构成一个线圈组，其余依次类推。将 10、11、12 与 19、20、21 及 28、29、30 号槽线圈分别构成另外三个线圈组。将 U 相 4 个线圈组沿着电流方向全部串联起来，便得到 U 相绕组展开图，如图 2-46 所示。槽中的实线表示上层边，虚线表示下层边。

V 相、W 相绕组的连接规律与 U 相完全相同。不过要注意，U、V、W 三相绕组的出线端要相互间隔 120° 电角度，根据槽距角 $\alpha_1=20°$，则三相首端 U_1、V_1、W_1 要间隔 6 槽 $(120°/20°=6)$，若 U 相首端 U_1 从 1 号槽引出，则 V 相、W 相绕组首端 V_1、W_1 分别从 7 号和 13 号槽引出，便得到三相双层短距绕组展开图。

国产 Y、Y2 系列容量在 10 kW 以上的三相异步电动机定子绕组常采用上述连接方法。

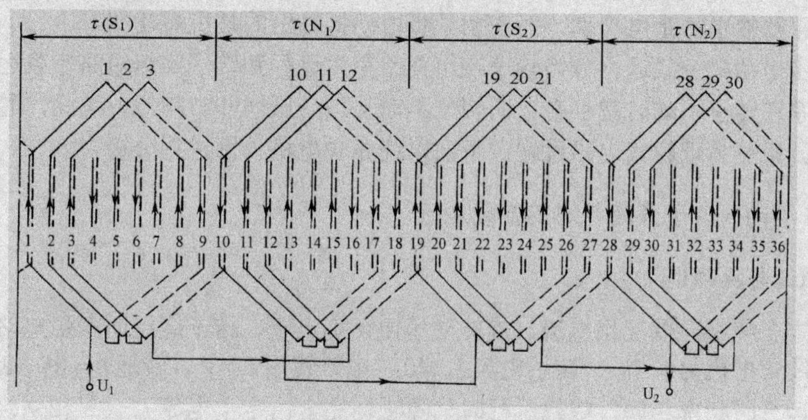

图 2-46　三相双层短距叠绕组 U 相展开图

4．定子绕组的电动势

三相异步电动机气隙中的磁场旋转时，定子绕组相对切割该磁场，在定子绕组中将产生感应电动势。根据推导，定子绕组每相的基波感应电动势（又称主电动势）公式为：

$$E_1 = 4.44 f_1 N_1 k_{W1} \Phi_0 \tag{2-71}$$

式中，Φ_0 为每极基波磁通（Wb）；f_1 为电源频率（Hz）；k_{W1} 为基波绕组因数，它反映了绕组采用分布、短距后，基波电动势应打的折扣，一般此折扣为大于 0.9 而小于 1。

虽然三相异步电动机绕组采用分布、短距后，基波电动势有微小损失，但是可以证明，由于磁场非正弦引起的高次谐波电动势将大大削弱，使电动势波形接近于正弦波，这将有利于电动机正常运行。因为高次谐波电动势产生高次谐波电流，增加了杂散损耗，对电动机的效率、温升以至启动性能都会产生不良影响；高次谐波还会增大电动机的电磁噪声和振动。

与 E_1 相似，转子不动时的相绕组基波感应电动势 E_2 为：

$$E_2 = 4.44 f_1 N_2 k_{W2} \Phi_0 \tag{2-72}$$

2.3.3　三相异步电动机空载运行

1．三相异步电动机与变压器的比较

三相异步电动机的定子绕组相当于变压器一次绕组，转子绕组相当于变压器二次绕组；定子、转子之间也是通过磁耦合联系的；功率传递与变压器一样也是通过电磁感应实现的。不过，异步电动机有自己的特点：

（1）二者磁场的性质不同。变压器铁芯中为一个脉振磁场，而异步电动机气隙中却为一个旋转磁场；

（2）变压器主磁通 Φ 经过铁芯而闭合，其空载电流 $I_0 \approx (2\% \sim 8\%) I_{1N}$，而异步电动机主磁通 Φ 不仅要经过铁芯而且还要经过定子、转子之间的气隙而闭合，故空载电流 $I_0 \approx (20\% \sim 50\%) I_{1N}$；

（3）变压器为一个集中整距绕组 $k_w = 1$，而异步电动机为一个分布短距绕组 $k_w < 1$。

（4）由于异步电动机气隙的存在，加之绕组结构形式的不同，它的漏抗比变压器漏抗大。

（5）变压器输出的是电功率，而三相异步电动机输出的是机械功率。

三相异步电动机空载运行分为转子绕组开路空载运行和转子绕组短路空载运行两种，但某些电磁关系在转子不动时就存在，而转子不动又与变压器非常相似，因此，通过转子不动的空载运行分析更易理解其电磁过程。下面以绕线式电机为例进行分析。

2．转子不动（转子开路）时的空载运行

1）主磁通与漏磁通

当三相定子绕组通以三相电流，旋转磁场便切割定子、转子绕组而产生电动势，但转子开路（以绕线式电机为例中），转子电流 $I_2 = 0$，电磁转矩 $T = 0$，转速 $n = 0$，这时电动机与变压器空载运行时状况相同，空载运行时气隙磁场完全由定子电流 I_0（三相系统）产生空载磁动势 $F_0 = m_1 I_0 N_1 k_{w1}$ 建立的，即：

$$\dot{U}_1 \rightarrow \dot{I}_0 \,(\rightarrow \dot{I}_0 R_1) \rightarrow m_1 \dot{I}_0 N_1 K_{w1} = \dot{F}_0 \rightarrow \dot{\Phi}_0 \rightarrow \dot{E}_1 \ (\dot{\Phi}_0 \rightarrow \dot{E}_2)$$

$$\dot{F}_0 \rightarrow \dot{\Phi}_{1\sigma} \rightarrow E_{1\sigma} = \mathrm{j}\dot{I}_0 X_1$$

F_0 产生的大部分磁通不仅交链定子绕组，而且同时交链转子绕组，这部分磁通称为主磁通 Φ_0，如图 2-48 所示；Φ_0 又分别在定子、转子绕组中产生感应电动势 E_1、E_2。F_0 产生的还有一小部分磁通 $\Phi_{1\sigma}$，仅与定子绕组相交链，而不传递能量，称为定子漏磁通 $\Phi_{1\sigma}$，如图 2-47 所示，$\Phi_{1\sigma}$ 仅在定子绕组中产生漏感电动势 $\dot{E}_{1\sigma}$。

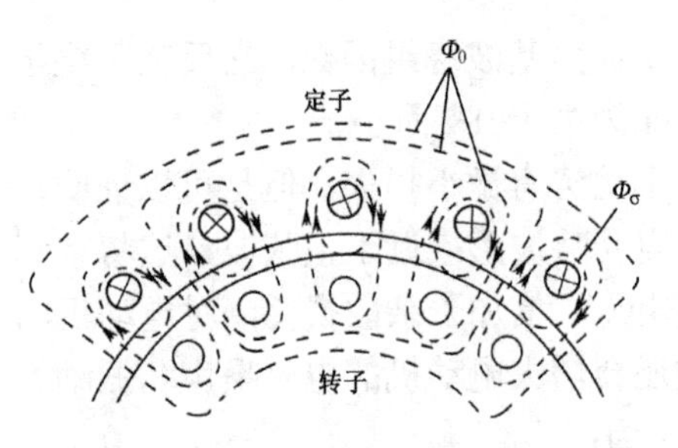

图 2-47　异步电动机主磁通与漏磁通

2）定子、转子电压平衡关系

空载时由于转子静止不动，定子、转子电压平衡关系与变压器空载运行时相似，即：

$$\dot{U}_1=-\dot{E}_1-\dot{E}_{1\sigma}+\dot{I}_0R_1=-\dot{E}_1+\mathrm{j}\dot{I}_0X_1+\dot{I}_0R_1=-\dot{E}_1+\dot{I}_0Z_1 \quad (2\text{-}73)$$

式中，E_1 为励磁阻抗，$Z_1=R_1+\mathrm{j}X_1$；X_1 为绕组漏电抗，$X_1=2\pi f_1L_1$ 为一个常数。

虽然异步电动机励磁电流 I_0 比变压器励磁电流 I_0 大很多，但 I_0Z_1 仍远小于 E_1，可将 I_0Z_1 忽略不计 $(I_0Z_1\approx 0)$，故 $\dot{U}_1\approx-\dot{E}_1$，而 $U_1\approx E_1=4.44f_1N_1\Phi_0k_{W1}$。当 f_1 为常数，则 $U_1\propto\Phi$，若外加电压 U_1 为定值，则 Φ_0 基本不变，这与变压器情况相同。

转子电动势平衡方程式：$\dot{U}_{20}=\dot{E}_2$。

定子、转子感应电动势有效值为：

$$\begin{aligned}U_1&=E_1=4.44f_1N_1k_{w1}\Phi_0\\U_{20}&=E_2=4.44f_1N_2k_{w2}\Phi_0\end{aligned} \quad (2\text{-}74)$$

3．转子转动（转子绕组短路）时的空载运行

1）电磁关系

当三相定子绕组通以三相对称电流时便形成一个旋转磁场，该磁场分别切割定子、转子绕组而产生电动势 E_1、E_2，由于转子绕组短路，$I_2\neq 0$，I_2 便产生转矩 T，用以克服空载制动转矩 T_0，由于电动机轴上不带负载，转速 n 接近旋转磁场转速 n_1，转差 n_2 $(n_2=n_1-n)$ 很小，产生的 E_2 很小，故 $E_2\approx 0$，$I_2\approx 0$，可见，这与转子开路时空载运行情况相似，其基本方程式也相似。

异步电动机定子电动势也可像变压器那样用励磁阻抗上产生的压降来表示，即：

$$\dot{E}_1=-\dot{I}_0(R_m+\mathrm{j}X_m)=-\dot{I}_0Z_m \quad (2\text{-}75)$$

式中，R_m 为励磁电阻，反映铁耗的等效电阻 (Ω)；X_m 为励磁电抗，$X_m=2\pi f_1L_m$，与主磁通相对应 (Ω)，X_m 为一个变量。

于是可得电压平衡方程式：

$$\dot{U}_1=-\dot{E}_1+\dot{I}_0Z_1 \quad (2\text{-}76)$$

2）空载时等值电路与空载电流

异步电动机空载时等值电路与变压器相类似，如图 2-48 所示。

异步电动机空载时，空载电流 I_0 中有很小部分为有功分量 $\dot{I}_{0P}$，用以供给定子铜耗 P_{cu1}、铁耗 P_{Fe} 和机械损耗 P_{mec}。而绝大部分是无功的磁化电流 $\dot{I}_{0Q}$，用以产生气隙旋转磁场。故 $\dot{I}_0=\dot{I}_{0P}+\dot{I}_{0Q}$。

因此，异步电动机空载运行时功率因数很低，一般 $\cos\varphi_2\approx 0.2$ 左右，所以应尽量避免电动机长期空载运行，以免浪费电能。

图 2-48　异步电动机空载时等值电路

2.3.4　三相异步电动机负载运行

1．转子各物理量与转差率 s 的关系

异步电动机空载运行时，转子转速 n 接近同步转速 n_1，而异步电动机转子带上负载后，

$n<n_1$，且转子的转速n与旋转磁场n_1向同一方向旋转。旋转磁场以相对转速$n_2=n_1-n$切割转子绕组而产生电动势E_2，其大小、频率和电抗都将随转差率s而变化。

1）转子电动势频率

感应电动势的频率正比于导体与磁场的相对切割速度，故转子电动势的频率为：

$$f_2=\frac{p(n_1-n)}{60}=\frac{n_1-n}{n_1}\times\frac{pn_1}{60}=sf_1 \tag{2-77}$$

式中，f_1为电网频率，为常量，因此转子绕组感应电动势的频率f_2与转差率s成正比关系。

2）转子绕组感应电动势

转子绕组感应电动势E_{2s}为：

$$E_{2s}=4.44f_2N_2k_{W2}\Phi_0 \tag{2-78}$$

若转子不转动，其感应电动势频率$f_2=f_1$，此时感应电动势E_2为：

$$E_2=4.44f_1N_2k_{W2}\Phi_0 \tag{2-79}$$

把式（2-77）和（2-79）代入式（2-78），得：

$$E_{2s}=sE_2 \tag{2-80}$$

当电源电压U_1一定时，Φ_0一定，故E_2为常数，有$E_{2s}\propto s$，即转子绕组感应电动势也与转差率s成正比。

3）转子电抗

由于电抗与频率成正比，故转子旋转时的转子绕组每相漏电抗X_{2s}为：

$$X_{2s}=2\pi f_2L_2=2\pi sf_1L_2=sX_2 \tag{2-81}$$

式中，X_2为转子不转时的每相漏电抗，其中L_2为转子每相绕组的漏电感。

显然，X_2是个常数，故转子旋转时的转子绕组漏电抗也正比于转差率s。

同样，在转子不转（如启动瞬间）时，s=1，转子绕组漏电抗最大。当转子转动时，它随转子转速的升高而减小。

转子绕组每相漏阻抗为：

$$Z_{2s}=R_2+\mathrm{j}X_{2s}=R_2+\mathrm{j}sX_2 \tag{2-82}$$

式中，R_2为转子绕组电阻。

4）转子电流

三相异步电动机的转子绕组正常运行时处于短接状态，其端电压$U_2=0$，所以，转子绕组电动势平衡方程为：

$$\dot{E}_{2s}-Z_{2s}\dot{I}_2=0 \text{ 或 } \dot{E}_{2s}=(R_2+\mathrm{j}X_{2s})\dot{I}_2 \tag{2-83}$$

转子每相电流$\dot{I}_2$为：

$$\dot{I}_2=\frac{\dot{E}_{2s}}{Z_{2s}}=\frac{\dot{E}_{2s}}{R_2+\mathrm{j}X_{2s}}=\frac{s\dot{E}_2}{R_2+\mathrm{j}sX_2} \tag{2-84}$$

其有效值为：

$$I_2 = \frac{sE_2}{\sqrt{R_2^2 + (sX_2)^2}} \tag{2-85}$$

5）转子功率因数

转子绕组功率因数为：

$$\cos\varphi_2 = \frac{R_2}{\sqrt{R_2^2 + (sX_2)^2}} \tag{2-86}$$

式（2-86）说明，转子回路功率因数也与转差率 s 有关。当 s=0 时，$\cos\varphi_2 = 1$；当 s 增加时，$\cos\varphi_2$ 则相应减小。

【案例 2-10】 一台三相异步电动机接到 50 Hz 的交流电源上，其额定转速 n_N=1455 r/min。试求：

（1）该电动机的极对数 p；

（2）额定转差率 s_N；

（3）以额定转速运行时转子电动势的频率。

解　（1）因为三相异步电动机额定功率转差率很小，故可根据电动机的额定转速 n_N=1455 r/min，直接判断出 n_N 的气隙旋转磁场的同步转速 n_1=1500 r/min，于是有：

$$s_N = \frac{60f_1}{n_1} = \frac{60\times 50}{1500} = 2$$

（2）$s_N = \dfrac{n_1 - n_N}{n_1} = \dfrac{1500-1455}{1500} = 0.03$

（3）$f_2 = s_N f_1 = 0.03\times 50 = 1.5\,(\text{Hz})$

2．电动势平衡方程

异步电动机从空载到负载，相应定子电流从 $\dot{I}_0$ 增加到 $\dot{I}_1$，列出负载时定子电动势平衡方程式为：

$$\begin{aligned}\dot{U}_1 &= -\dot{E}_1 + R_1\dot{I} + \text{j}\dot{I}_1 X_1 \\ &= -\dot{E}_1 + \dot{I}Z_1\end{aligned} \tag{2-87}$$

由于异步电动机转子电路自成闭合回路，处于短路状态，$U_2 = 0$，故转子电动势平衡方程式为

$$\dot{E}_{2s} = \dot{I}_2(R_2 + \text{j}X_{2s}) = \dot{I}_2 Z_{2s} \tag{2-88}$$

3．三相异步电动机的等效电路

当异步电动机转子处于静止状态时，定子、转子电路的频率相同，即 f_2=f_1，它与变压器相似；而当转子旋转时，异步电动机有一个静止的定子电路和一个旋转的转子电路，两个电路的频率不同，即 f_2<f_1。为了将两个独立电路联系到一起，首先必须进行频率折算，即将旋转的转子折算为静止的转子，就可类同变压器那样进行绕组折算，将定子、转子之间磁的耦合转化为仅有电的联系的等效电路。

1）频率的折算

由式（2-84）可知，转子旋转时的电流为：

$$\dot{I}_2 = \frac{\dot{E}_{2s}}{R_2 + jX_{2s}} \tag{2-89}$$

将上式分子、分母同时除以 s，得：

$$\dot{I}_2 = \frac{s\dot{E}_2}{R_2 + jsX_2} = \frac{\dot{E}_2}{\dfrac{R_2}{s} + jX_2} \tag{2-90}$$

以上两式所表示的转子电流没有发生变化，两式是等值的。但式（2-89）中各量的频率均为 f_2，式（2-90）中各量的频率均为 f_1。因此根据式（2-90）转子电路折算后的静止转子等效电路，二者是等值的。

由此可得频率折算的做法是：转差率为 s 的旋转转子电路可以用它的静止电路代替，只要在静止电路中，将转子电阻 R_2 换成 R_2/s，组成新的静止转子电路，便是经频率折算后的等效电路。

由于 $\dfrac{R_2}{s} = R_2 + \dfrac{1-s}{s}R_2$，频率折算可以用另一种方法来表示，即转差率为 s 的旋转转子电路的 R_2，可以表示为在它的静止转子电路中，串联一个 $\dfrac{1-s}{s}R_2$ 的附加电阻，组成新的静止转子电路。

2）绕组的折算

异步电动机经过频率折算后，定子、转子频率相同，就可像变压器那样进行绕组折算。所谓绕组折算，就是用一个与定子相数 $m_2' = m_1$、匝数 $N_2' = N_1$、绕组系数 $k_{w2}' = k_{w1}$ 的转子来代替原来 m_2、N_2、k_{w2}' 的实际转子绕组，折算前后应保持磁动势、功率、损耗不变的原则。折算后转子各量均加“′”表示。

（1）电流的折算。根据折算前、后转子磁场不变的原则，得折算后的转子电流为：

$$I_2' = \frac{m_2 N_2 k_{w2}}{m_1 N_1 k_{w1}} I_2 = \frac{I_2}{k_i} \tag{2-91}$$

式中，$k_i = \dfrac{m_2 N_2 k_{w2}}{m_1 N_1 k_{w1}}$，$I_2$ 为电流变比。

（2）电动势的折算。折算前后气隙主磁通不变。由于等值转子绕组和定子绕组具有相同的绕组参数，因而主磁通在等值转子绕组中的感应电动势 $\dot{E}_2'$ 和定子绕组中感应电动势 $\dot{E}_1$ 是相同的，即：

$$\dot{E}_2' = \dot{E}_1 \tag{2-92}$$

折算后的转子电动势为：

$$E_2' = \frac{N_1 k_{w1}}{N_2 k_{w2}} E_2 = k_e E_2 \tag{2-93}$$

式中，$k_e = \dfrac{N_1 k_{w1}}{N_2 k_{w2}}$，为电动势变比。

（3）阻抗的折算。折算前后转子铜耗不变，即：

$$m_1 I_2'^2 R_2' = m_2 I_2^2 R_2$$

$$R_2' = \frac{m_2 I_2^2}{m_1 I_2'^2} R_2 = k_e k_i R_2 \tag{2-94}$$

同理，根据漏磁场储能不变，可得：

$$X_2' = k_e k_i X_2 \tag{2-95}$$

3）等效电路

折算后的基本方程为：

$$\begin{aligned} \dot{U}_1 &= -\dot{E}_1 + \dot{I}_1(R_1 + \mathrm{j}X_1) \\ \dot{E}_1 &= -\dot{I}_0(R_\mathrm{m} + \mathrm{j}X_\mathrm{m}) \\ \dot{E}_1 &= \dot{E}_2' = k_u E_2 \\ \dot{E}_2' &= \dot{I}_2'(\frac{R_2'}{s} + \mathrm{j}X_2') \\ \dot{I}_1 + \dot{I}_2' &= \dot{I}_0' \end{aligned} \tag{2-96}$$

式中，R_m为励磁电路的电阻；X_m为励磁电路的电抗。

根据式（2-96）可绘出异步电动机的 T 形等效电路，如图 2-49 所示。工程上为了进一步简化计算，常把励磁阻抗支路移到定子阻抗的前边，使得等效电路变为一个单纯的并联支路，使计算更为简单，如图 2-50 所示。

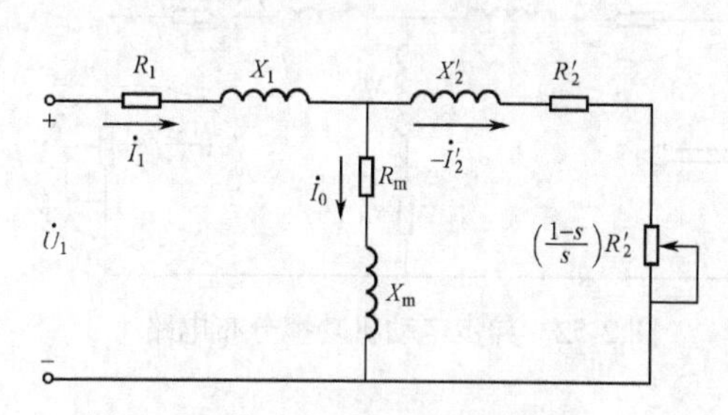

图 2-49　异步电动机 T 形等效电路

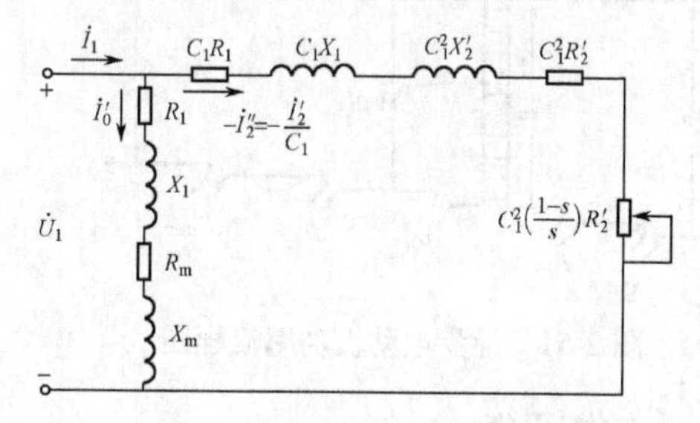

图 2-50　异步电动机近似等效电路

2.3.5　三相异步电动机的功率和转矩

1．功率平衡

三相异步电动机运行时，由电网输入的功率为：

$$P_1 = m_1 U_1 I_1 \cos\varphi_1 \tag{2-97}$$

P_1的一小部分供给定子的铜损耗$P_{\mathrm{Cu1}} = m_1 R_1 I_1^2$和定子铁损耗$P_{\mathrm{Fe}} = m_1 R_\mathrm{m} I_0^2$。其余大部分由气隙磁场通过电磁感应传递给转子，这部分功率称为电磁功率P_{em}，即：

$$P_{\mathrm{em}}=P_1-(P_{\mathrm{Cu1}}+P_{\mathrm{Fe}}) \tag{2-98}$$

由等效电路可知：

$$P_{\mathrm{em}}=m_1E_2'I_2'\cos\varphi_2=m_1I_2'^2\frac{R_2'}{s} \tag{2-99}$$

传递到转子的电磁功率，其中一小部分供给转子的铜损耗$P_{\mathrm{Cu2}}=m_1R_2'I_2'^2$，电磁功率扣除转子铜损耗便是电动机的总机械功率$P_{\mathrm{MEC}}$，即：

$$P_{\mathrm{MEC}}=P_{\mathrm{me}}-P_{\mathrm{Cu2}}=m_1I_2'^2\frac{R_2'}{s}-m_1I_2'^2R_2'=m_1I_2'^2\frac{1-s}{s}R_2'=(1-s)P_{\mathrm{em}} \tag{2-100}$$

$$P_{\mathrm{Cu2}}=sP_{\mathrm{em}} \tag{2-101}$$

电动机在运行时，还会产生轴承摩擦及风阻等摩擦所引起的机械损耗P_{mec}，另外还有由于定子、转子开槽和谐波磁场引起的附加损耗P_{ad}。总机械功率P_{MEC}扣去机械损耗P_{mec}和附加损耗P_{ad}，便是电动机转轴上输出的机械功率，即：

$$P_2=P_{\mathrm{MEC}}-(P_{\mathrm{mec}}+P_{\mathrm{ad}}) \tag{2-102}$$

通常把机械损耗P_{mec}和附加损耗P_{ad}一起称为空载损耗，用P_0表示。

三相异步电动机运行时，从电源输入的电功率P_1到转轴上输出的机械功率P_2的全过程为：

$$\begin{aligned}P_2&=P_1-P_{\mathrm{Cu1}}-P_{\mathrm{Fe}}-P_{\mathrm{Cu2}}-P_{\mathrm{mec}}-P_{\mathrm{ad}}\\&=P_1-\sum p\end{aligned} \tag{2-103}$$

式中，$\sum p$为三相异步电动机的总损耗。

三相异步电动机功率流程如图2-51所示。

在异步电动机T形等值电路中，各功率分布如图2-52所示。

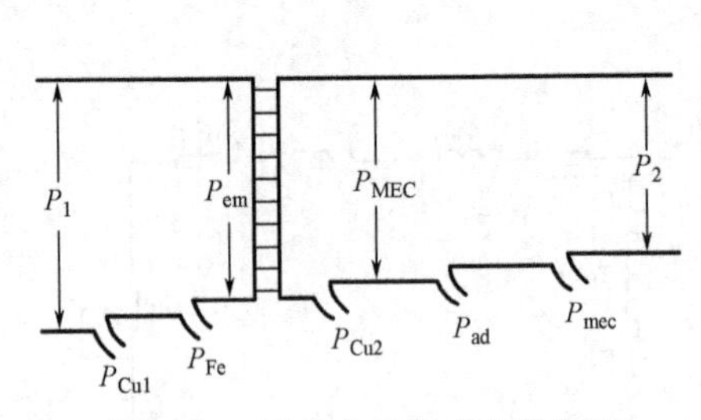

图2-51　异步电动机功率流程图

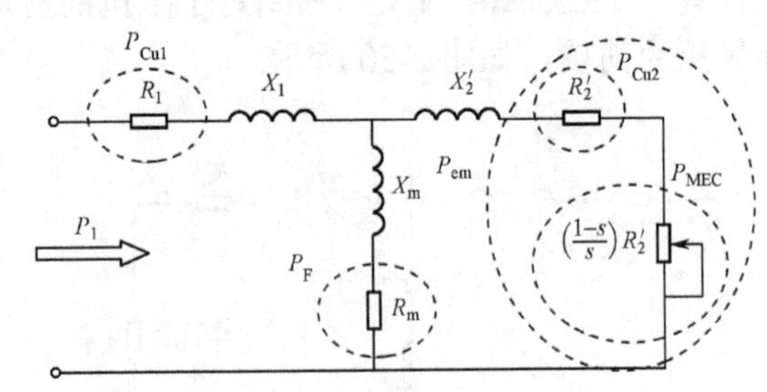

图2-52　异步电动机功率分布电路

2．转矩平衡

将式（2-102）的两边同时除以转子角速度Ω（$\Omega=\frac{2\pi n}{60}\mathrm{rad/s}$）便得到三相异步电动机的转矩平衡方程式：

$$\frac{P_2}{\Omega}=\frac{P_{\mathrm{MEC}}}{\Omega}-\frac{P_{\mathrm{mec}}+P_{\mathrm{ad}}}{\Omega}$$

即

$$T_2=T_{\mathrm{em}}-T_0\text{或}T_{\mathrm{em}}=T_2+T_0 \tag{2-104}$$

式中，$T_{\mathrm{em}}=\frac{P_{\mathrm{MEC}}}{\Omega}=9.55\frac{P_{\mathrm{MEC}}}{n}$，为电动机电磁转矩；$T_2=\frac{P_2}{\Omega}=9.55\frac{P_2}{n}$，为电动机轴上的输出转矩；$T_0=\frac{P_{\mathrm{MEC}}+P_{\mathrm{ad}}}{\Omega}=\frac{p_0}{\Omega}=9.55\frac{p_0}{n}$，为空载转矩。

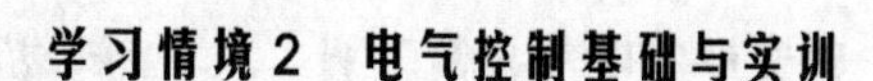

由式（2-100）可推得：

$$T_{em}=\frac{P_{MEC}}{\Omega}=\frac{(1-s)P_{em}}{\frac{2\pi n}{60}}=\frac{P_{em}}{\frac{2\pi n_1}{60}}=\frac{P_{em}}{\Omega_1} \tag{2-105}$$

式中，Ω_1为同步机械角速度，$\Omega_1=\frac{2\pi n_1}{60}$ rad/s。

可见，电磁转矩既等于机械功率除以机械角速度，同时它也等于电磁功率除以同步角速度。

【案例 2-11】一台三相异步电动机额定数据为 $P_N=11\,\text{kW}$，$U_N=380\,\text{V}$，$n_N=1459\,\text{r/min}$，$f_1=50\,\text{Hz}$，$P_{mec}=110\,\text{W}$，$P_{ad}=30\,\text{W}$，求额定运行时以下参数的值：

（1）转差率 s_N；（2）电磁功率 P_{em}；（3）电磁转矩 T_{em}；

（4）转子铜耗 P_{cu2}；（5）输出转矩 T_2；（6）空载转矩 T_0。

解　（1）$s_N=\frac{n_1-n_N}{n_1}=\frac{1500-1459}{1500}=0.0273$

（2）$P_{em}=\frac{P_{MEC}}{1-s}=\frac{P_N+P_{mec}+P_{ad}}{1-s}=\frac{11+0.11+0.03}{1-0.0273}=11.453(\text{kW})$

（3）$T_{em}=9.55P_{em}/n_1=9.55\times11.453\times10^3/1500=7.292(\text{N}\cdot\text{m})$

（4）$P_{cu2}=s_NP_{em}=0.0273\times11.453=0.313(\text{kW})$

（5）$T_2=9.55P_N/n_N=9.55\times11\times10^3/1459=72.001(\text{N}\cdot\text{m})$

（6）$T_0=9.55P_0/n_N=9.55\times(0.110+0.030)\times10^3/1459=0.916(\text{N}\cdot\text{m})$

2.3.6　三相异步电动机的工作特性

异步电动机的工作特性是指电动机在电压$U_1=U_N$、$f_1=f_{1N}$条件下运行时，电动机的n、I_1、$\cos\varphi_1$、T、η及$n=f(P_2)$的关系。

1．转速特性$n=f(P_2)$

$$s=\frac{n_1-n}{n_1}=1-\frac{n}{n_1}=\frac{P_{cu2}}{P_{em}}=\frac{m_1I_2'^2R_2'}{m_1E_2'I_2'\cos\varphi_2}=\frac{I_2'R_2'}{E_2'\cos\varphi_2} \tag{2-106}$$

当电机空载时，$P_2=0$，$I_2'\approx0$，$s\approx0$，则$n\approx n_1$；当负载增大时，P_2增大，n降低，s增大，E_2'增大，I_2'增大，以产生较大的电磁转矩与增大的负载转矩相平衡。为减小转子铜耗P_{cu2}，额定负载时，$s_N\approx0.015\sim0.06$，转子转速$n=(1-s_N)n_1=(0.985\sim0.94)n_1$，因此转速特性是一条微微向下倾斜的曲线，如图 2-53 中曲线n所示。

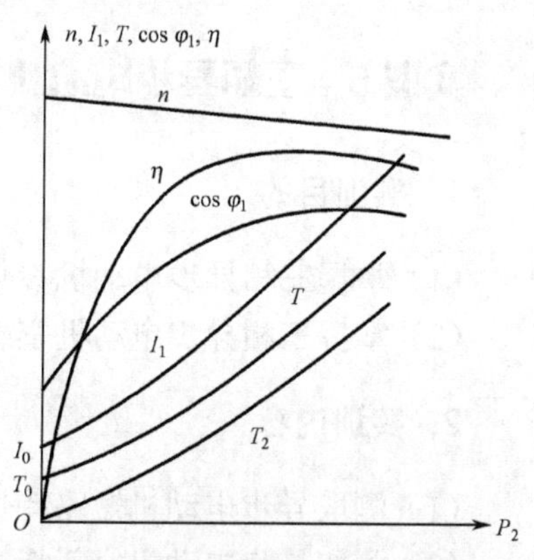

图 2-53　异步电动机工作特性曲线

2．定子电流特性$I_1=f(P_2)$

根据磁动势平衡方程式$\dot{I}_1=\dot{I}_0+(-\dot{I}_2')$，当异步电动机空载时，$P_2=0$、$s\approx0$、$I_2'\approx0$，此时，$\dot{I}_1=\dot{I}_0$几乎

全部用以励磁。当负载增加，P_2增加，n下降，s增加，E_{2s}增加，I_2'增加，为维持平衡，I_1增加，所以定子电流I_1几乎随P_2成正比增加。曲线起点在I_0值，如图2-53中的I_1所示。

3．转矩特性$T=f(P_2)$

由于负载转矩$T_L=T_2=9.55P_2/n$，异步电动机从空载到满载转速n变化很小，故可认为T_2与P_2成正比变化，即为一直线。又因为T_0近似不变，而$T=T_0+T_2$，所以，$T=f(P_2)$也为一直线，如图2-53中的T所示。

4．功率因数特性$\cos\varphi_1=f(P_2)$

异步电动机外加一恒定电压U_1时，Φ基本不变，建立该磁场所需无功励磁电流I_0基本不变。当空载时，$P_2=0$，$I_2'=0$，定子电流$\dot{I}_1=\dot{I}_0$，这时定子电流基本为励磁电流，功率因数很低，一般$\cos\varphi_1=\cos\varphi_0<0.2$。

随着负载增加，P_2增加，I_2'增加，定子电流I_1的有功分量增加，$\cos\varphi_1$增加，在额定负载附近$\cos\varphi_1$达到最大值，额定负载时$\cos\varphi_{1N}\approx 0.73\sim0.93$左右。

超过额定负载后，负载继续再增加，n和s增大，转子功率因数$\cos\varphi_2$下降较多，使定子电流I_1中无功分量增大，$\cos\varphi_1$反而下降，如图2-53中的$\cos\varphi_1$所示。因此，若电动机容量选择不当是不经济的。

5．效率特性$\eta=f(P_2)$

$$\eta=(P_2/P_1)\times100\%=\frac{P_2}{P_2+P_{cu1}+P_{cu2}+P_{Fe}+P_j+P_s}\times100\% \quad (2\text{-}107)$$

式中，P_{Fe}、P_j基本不随负载变化，称为不变损耗；P_{cu1}、P_{cu2}、P_s随负载的变化而变化，称为可变损耗。

当输出功率增加开始时，可变损耗增加较慢，故效率上升较快；当可变损耗等于不变损耗时，效率达到最高；若负载再增加，可变损耗增加很快，效率不仅不增加反而降低，如图2-53中的η所示。

实训5　三相异步电动机参数的测定

1．实训目的

（1）掌握三相异步电动机参数的测定方法；
（2）掌握三相异步电动机空载和短路实验方法。

2．实训内容

（1）测取异步电动机短路特性；
（2）测取异步电动机空载特性。

3．实训设备

三相笼形异步电动机、三相调压器、交流电压表、交流电流表、功率表。

4．实训步骤

（1）短路实训：按图2-54所示接线，通电试转，观察电动机的转向。切断电源，在电动机轴上增加制动器具。

将调压器调至零位，然后闭合开关，缓慢调节调压器输出电压，一直调到额定电流为止。测量短路电压、短路电流和短路损耗，读取4～5组数据记录于表2-7中。

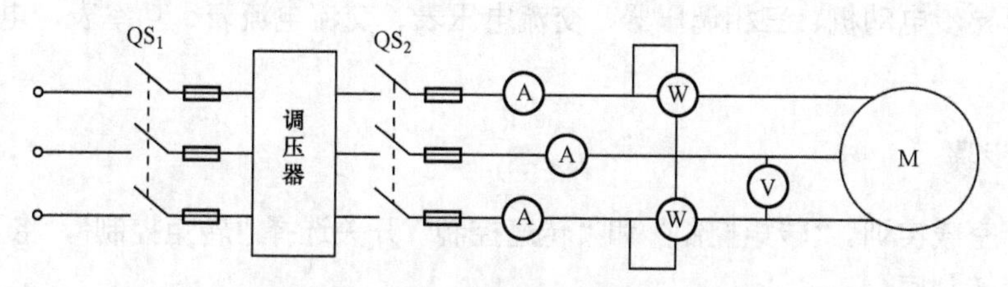

图2-54　三相异步电动机短路实训接线

表2-7　三相异步电动机短路实训数据

序号	电压 U（V）				电流 I（A）				功率 P（W）		
	U_{UV}	U_{VW}	U_{WU}	U_K	I_U	I_V	I_K	I_0	P_1	P_2	P_0
1											
2											
3											
4											
5											

（2）空载实训：按图2-54所示接线，接通电源，启动电动机，让电动机空转一段时间，使机械损耗稳定。调节调压器电压从 $1.2U_N$ 开始下调到转速有明显下降时停止，取5点进行测量，测量每一点的空载电压、空载电流、空载损耗记录于表2-8中。

表2-8　三相异步电动机空载实训数据

序号	电压 U（V）				电流 I（A）				功率 P（W）		
	U_{UV}	U_{VW}	U_{WU}	U_0	I_U	I_V	I_W	I_0	P_1	P_2	P_{sh}
1											
2											
3											
4											
5											

5．实训报告

（1）简述实训过程；

（2）绘制特性曲线；

（3）根据实训数据，计算电动机的短路参数和空载参数。

实训 6　三相异步电动机工作特性的测量

1．实训目的

掌握三相异步电动机工作特性测量方法。

2．实训设备

三相笼形异步电动机、三相调压器、交流电压表、交流电流表、功率表、电机导轨及测功机等。

3．实训步骤

接线同于空载实训。“转矩控制”和“转速控制”开关选择“转矩控制”，将“转矩设定”旋钮逆时针旋转到底。

（1）使 $U=U_N$，保持不变。

（2）增加负载转矩，使定子电流逐渐上升，直到 $I=1.2I_N$。

（3）逐渐减小负载直到空载，读取 5 组数据记录于表 2-9 中。

表 2-9　三相异步电动机短路实训数据

序号	电流 I（A）				功率 P（W）			T_2 (N·m)	n_2 (r/min)	P_2 (W)
	I_U	I_V	I_W	I_1	P_1	P_2	P_s			
1										
2										
3										
4										
5										

4．实训报告

（1）简述实训过程；

（2）绘制特性曲线：P_1、I_1、n、η、s、$\cos\phi_1=f(P_2)$

实训 7　异步电动机的拆装

1．实训目的

（1）熟悉与分辨三相笼形异步电动机各部分的结构。

（2）熟练掌握电动机的拆卸、清洗和组装技能。

2．实训内容

（1）小型异步电动机的拆装工艺。

（2）相关工具及仪表的使用方法。

（3）故障的检查与维修。

3．仪器和设备

万用表、兆欧表、钳形电流表、三相笼形异步电动机、撬棍、拉具。

4．实训步骤

在拆卸前，应准备好各种工具，作好拆卸前记录和检查工作，在线头、端盖、刷握等处做好标记，以便于修复后的装配。异步电动机（中小型）的拆卸步骤如图 2-55 所示。

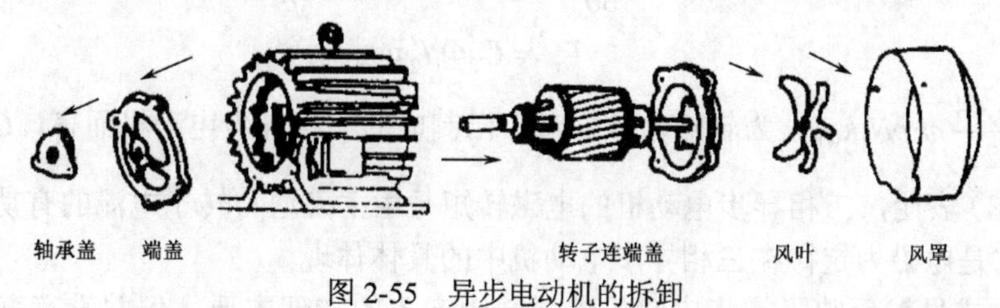

图 2-55　异步电动机的拆卸

（1）拆除电动机的所有引线。

（2）拆卸皮带轮或联轴器，先将皮带轮或联轴器上的固定螺钉或销子松脱或取下，再用专用工具“拉马”转动丝杠，把皮带轮或联轴器慢慢拉出。

（3）拆卸风扇或风罩。拆卸皮带轮后，就可把风罩卸下来。然后取下风扇上定位螺栓，用锤子轻敲风扇四周，旋卸下来或从轴上顺槽拔出，卸下风扇。

（4）拆卸轴承盖和端盖。一般小型电动机都只拆风扇一侧的端盖。

（5）抽出转子。对于笼形转子，可直接从定子腔中抽出即可。一般电动机都可依照上述方法和步骤由外到内顺序地拆卸，对于有特殊结构的电机来说，应依具体情况酌情处理。

当电动机容量很小或电动机端盖与机座配合很紧不易拆下时，可用榔头（或在轴的前端垫上硬木块）敲，使后端盖与机座脱离，把后端盖连同转子一同抽出机座。

任务 2-4　三相异步电动机的电力拖动

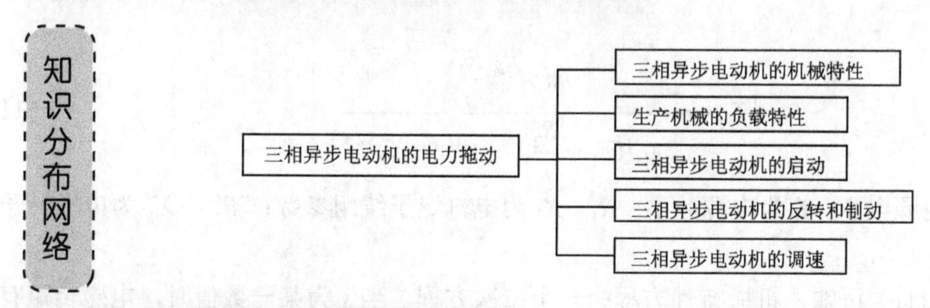

2.4.1　三相异步电动机的机械特性

1．三相异步电动机的机械特性方程

三相异步电动机的机械特性是指电动机的转速与电磁转矩之间的关系，即 $n=f(T_{em})$。因

为三相异步电动机的转速 n 与转差率 s 之间存在一定的关系，三相异步电动机的机械特性也可用 $T=f(s)$的形式来表示，称为 T-s 曲线。

三相异步电动机的电磁转矩有三种表达式，分别为物理表达式、参数表达式和实用表达式。

1）物理表达式

对于三相异步电动机有：

$$T_{em}=\frac{P_{em}}{\Omega_1}=\frac{m_1E_2'I_2'\cos\varphi_2}{2\pi\frac{n}{60}}=\frac{m_1 4.44 f_1N_1k_{w1}\Phi_0I_2'\cos\varphi_2}{2\pi\frac{f_1}{p}}$$

$$T_{em}=C_T\Phi_0I_2'\cos\varphi_2 \tag{2-108}$$

式中，$C_T=\frac{4.44}{2\pi}m_1pN_1k_{w1}$，为转矩常数，对于已制成的三相异步电动机而言，$C_T$ 为常数。

式（2-108）表明，三相异步电动机的电磁转矩是由主磁通与转子电流的有功分量相互作用产生的。它是电磁力定律在三相异步电动机中的具体体现。

物理表达式虽然反映了异步电动机电磁转矩产生的物理本质，但并没有直接反映转矩和电动机参数之间的关系，也没有表明电磁转矩与转速之间的关系，因此，分析或计算三相异步电动机的机械特性时，一般不用物理表达式，而是采用参数表达式。

2）参数表达式

三相异步电动机的电磁转矩为：

$$T_{em}=\frac{P_{em}}{\Omega_1}=\frac{m_1I_2'^2R_2'/s}{2\pi f_1/p} \tag{2-109}$$

根据三相异步电动机的简化等效电路得：

$$I_2'=\frac{U_1}{\sqrt{(R_1+\frac{R_2'}{s})^2+(X_1+X_2')^2}} \tag{2-110}$$

将式（2-110）代入式（2-109），整理后可得三相异步电动机的机械特性方程的参数表达式为：

$$T_{em}=\frac{m_1pU_1^2\frac{R_2'}{s}}{2\pi f_1[(R_1+\frac{R_2'}{s})^2+(X_1+X_2')^2]} \tag{2-111}$$

式中，U_1 为电源电压；f_1 为电源频率；R_1，X_1 为电机定子绕组参数；R_2'，X_2' 为电机转子绕组参数。

由式（2-111）可知，机械特性方程为一个二次方程，当 s 为某一数值时，电磁转矩有一个最大值 T_m。由数学知识知，令 $dT/ds=0$，即可求得此时的转差率，用 s_m 表示，即：

$$s_m=\frac{R_2'}{\sqrt{R_1^2+(X_1+X_2')^2}} \tag{2-112}$$

将式（2-112）代入式（2-111）得对应的最大电磁转矩，即：

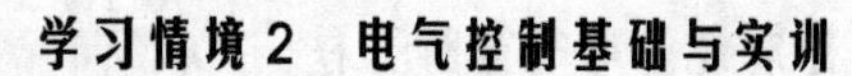

$$T_m = \frac{m_1 p U_1^2}{4\pi f_1 [R_1 + \sqrt{R_1^2 + (X_1 + X_2')^2}]} \tag{2-113}$$

我们将产生最大电磁转矩 T_m 所对应的转差率 s_m 称为临界转差率。

由式（2-112）和式（2-113）可知：

（1）当电源的频率及电机的参数不变时，最大电磁转矩 T_m 与定子绕组电压 U_1 的平方成正比；

（2）最大电磁转矩 T_m 和临界转差率 s_m 都与定子电阻及定子、转子漏电抗有关；

（3）最大电磁转矩 T_m 和转子回路中的电阻无关，而临界转差率则与 R_2' 成正比。

3）实用表达式

机械特性的参数表达式清楚地表示了转矩与转差率和电动机参数之间的关系，用它分析异步电动机的电磁转矩、转差率与电动机参数间的关系是很方便的。但是，对具体电动机而言，这些参数是未知的，欲求得其机械特性的参数表达式显然是很困难的。因此，希望能够利用电动机的技术数据和铭牌数据求得电动机的机械特性，即机械特性的实用表达式。

将式（2-111）中的 R_1 略去不计，得到：

$$T_{em} = \frac{m_1 p U_1^2 \frac{R_2'}{s}}{2\pi f_1 [(\frac{R_2'}{s})^2 + (X_1 + X_2')^2]}$$

用上式除以最大转矩公式（2-113），并考虑到临界转差率公式，化简后可得电动机机械特性的实用表达式为：

$$T_{em} = \frac{2T_m}{\frac{s}{s_m} + \frac{s_m}{s}} \tag{2-114}$$

已知电动机的额定功率 P_N、额定转速 n_N、过载能力 λ_T，则额定转矩为 $T_N = 9550\frac{P_N}{n_N}$（$P_N$ 的单位为 kW，n_N 的单位为 r/min，T_N 的单位为 N·m），最大转矩为 $T_m = \lambda_T T_N$，额定转差率为 $s_N = \frac{n_1 - n_N}{n_1}$，临界转差率按式 $s_m = s_N(\lambda_T + \sqrt{\lambda_T^2 - 1})$ 计算。

求出 T_m 和 s_m 后，式（2-114）即成为已知的机械特性方程式。只要给定一系列的 s 值，便可求出相应的 T_{em} 值，即可画出机械特性曲线。

上述异步电动机机械特性的三种表达式虽然都能用来表征电动机的运行性能，但其应用场合各有不同。一般来说，物理表达式适用于对电动机的运行作定性分析，参数表达式适用于分析各种参数变化对电动机运行性能的影响，实用表达式适用于电动机机械特性的工程计算。

2．三相异步电动机的固有机械特性方程

三相异步电动机的固有机械特性是指在额定电压和额定频率下，按规定方式接线，定子、转子不外接电阻时电磁转矩与转差率的关系，即 $T_{em} = f(s)$ 曲线。

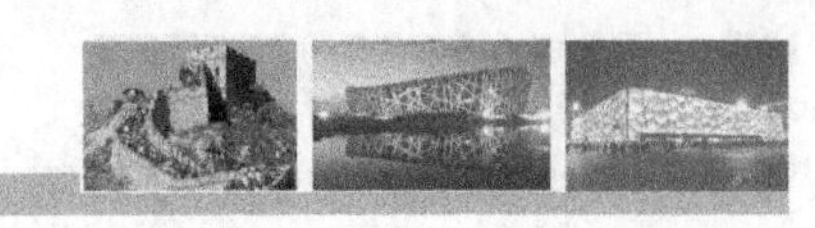

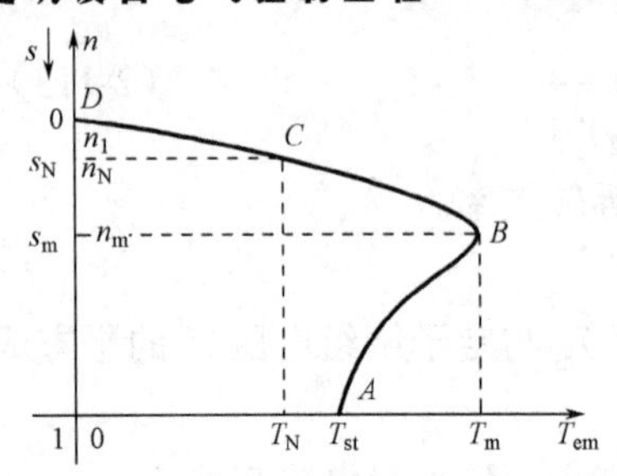

图 2-56 三相异步电动机固有特性曲线

当$U=U_N, f=f_N$时，固有机械特性曲线如图 2-56 所示。下面对该曲线的几个特殊点简要分析一下。

（1）启动点 A：电动机接入电网，在开始转动的瞬间，轴上产生的转矩叫电动机启动转矩（又称堵转转矩）。此时，$n=0, s=1, T_{em}=T_{st}$。只有当启动转矩T_{st}大于负载转矩T_L时，电动机才能启动。通常称启动转矩与额定电磁转矩的比值为电机的启动转矩倍数，用K_{st}表示，$K_{st}=T_{st}/T_N$。它表示启动转矩的大小，是异步电动机的一项重要指标，对于一般的笼形异步电动机，启动转矩倍数K_{st}约为 0.8～1.8。

（2）同步点 D：在理想电动机中。$n=n_1, s=0, T_{em}=0$。

（3）临界点 B：一般电动机的临界转差率约为 0.1～0.2，在s_m下，电动机产生最大电磁转矩。

（4）额定点 C：为了使电动机能够适应在短时间内过载而不停转，电动机必须留有一定的过载能力，额定运行点不宜靠近临界点，一般s_N为 0.01～0.06。

电动机经常工作在不超过额定负载的情况下。但在实际运行中，负载免不了会发生波动，出现短时超过额定负载转矩的情况。如果最大电磁转矩大于波动时的峰值，电动机还能带动负载，否则将因不能带动负载而停转。最大转矩 T_m 与额定转矩T_N之比称为过载能力，用λ表示，即$\lambda=\dfrac{T_m}{T_N}$。它也是异步电动机的一个重要指标，一般λ为 1.6～2.2。

3．人为机械特性方程

人为机械特性就是人为地改变电源参数或电机参数而得到的机械特性。三相异步电动机的人为机械特性主要有以下两种。

1）降低定子电压时的人为机械特性

由公式（2-111）可知，当定子电压U_1降低时，电磁转矩与U_1^2成正比地降低，最大电磁转矩与启动转矩都随电压平方降低，同步点不变，临界转差率与电压无关，即s_m也保持不变。其特性曲线如图 2-57 所示。

2）转子电路串电阻时的人为机械特性

此法适用于绕线式三相异步电动机。在转子电路中串入三相对称电阻时，n_1、T_m不变，而s_m随外接电阻的增大而增大。其机械特性如图 2-58 所示。

2.4.2 生产机械的负载特性

生产机械的负载特性是指生产机械的速度n与负载转矩T_L之间的关系，即$n=f(T_L)$。各种生产机械按负载特性的不同，可分为恒转矩负载、恒功率负载、通风机型负载三大类。

1．恒转矩负载

恒转矩负载是指负载转矩的大小不随转速的改变而改变的生产机械。它可分为反抗性恒

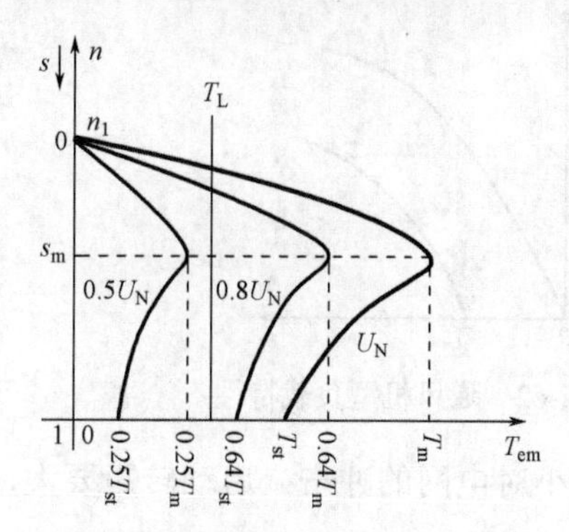

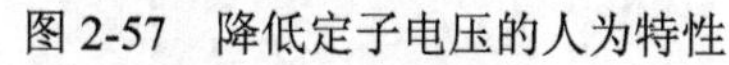

图 2-57　降低定子电压的人为特性

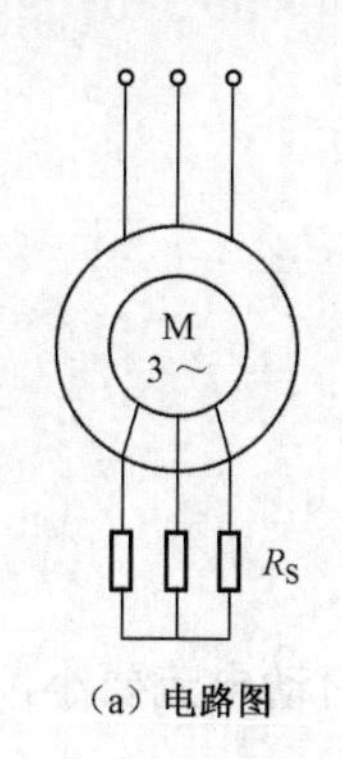

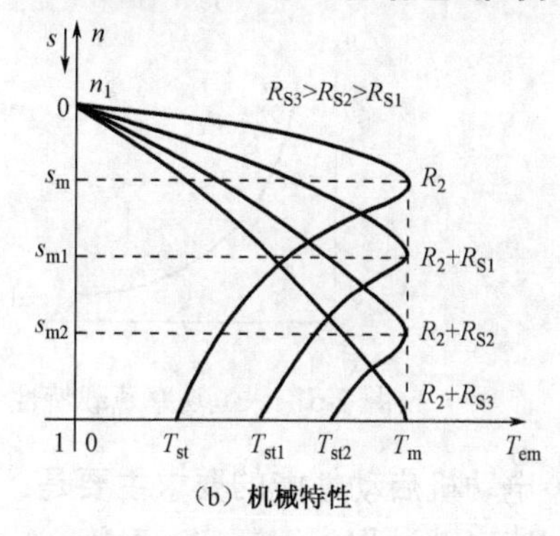

图 2-58　三相异步电动机转子串电阻的机械特性

转矩负载和位能性恒转矩负载两种。

1）反抗性恒转矩负载

反抗性恒转矩负载是指负载转矩的大小不变，但负载转矩的方向始终与生产机械运动的方向相反。例如生产机械的摩擦转矩，当转动方向改变时，摩擦转矩也随之反向，如图 2-59 所示。

2）位能性恒转矩负载

位能性恒转矩负载是指不论生产机械运动的方向变动与否，负载转矩的大小和方向始终保持不变。例如起重装置的吊钩及重物所产生的转矩，如图 2-60 所示。

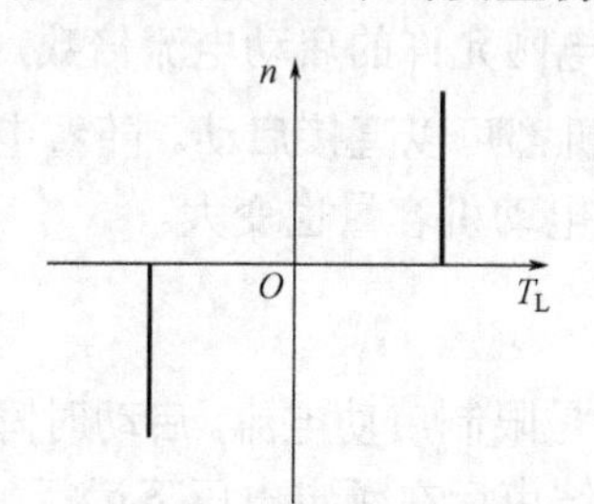

图 2-59　反抗性恒转矩负载特性

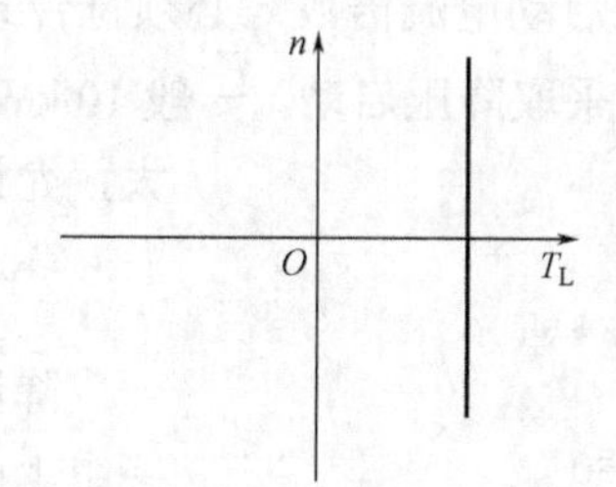

图 2-60　位能性恒转矩负载特性

2．恒功率负载

恒功率负载是指负载转矩基本上与转速成反比，如图 2-61 所示。例如车床的切削加工，粗加工时，切削量大，使用低速负载转矩；精密加工时，切削量小，使用高速负载转矩。

3．通风机型负载

通风机型负载是指负载转矩 T_L 的大小与转速 n 的平方成正比的生产机械，即 $T_L=kn^2$。例如鼓风机、水泵、油泵等的叶片所受的阻力转矩。负载特性如图 2-62 所示。

2.4.3　三相异步电动机的启动

异步电动机的启动是指电动机接通电源后，由静止状态加速到稳定运行状态的过程。对

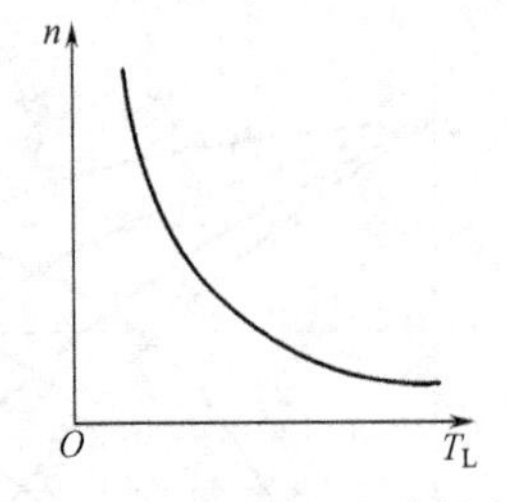

图 2-61　恒功率负载特性

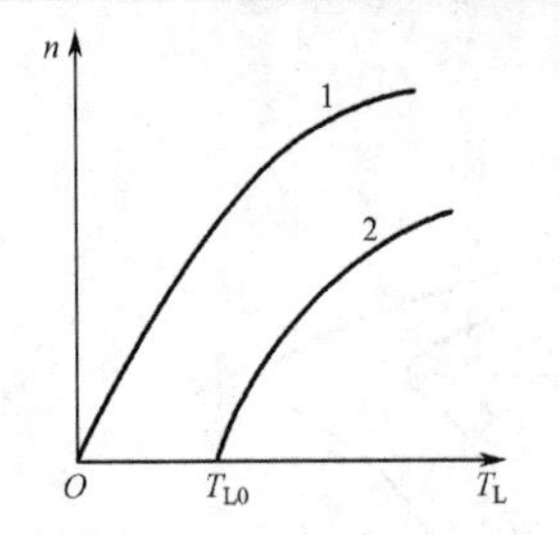

图 2-62　通风机型负载特性

异步电动机启动性能的要求主要是：启动电流要小，以减小对电网的冲击；启动转矩要大，以加速启动过程，缩短启动时间。

下面介绍几种三相异步电动机的常用启动方法。

1．三相笼形异步电动机的启动

1）直接启动

直接启动（又称全压启动）是最简单的启动方法。启动时，电动机定子绕组直接接入额定电压的电网上。

对于一般小型笼形异步电动机，如果电源容量足够大时，应尽量采用直接启动法。对于某一电网，多大容量的电动机才允许直接启动，可由经验公式来确定，即：

$$k_i = \frac{I_S}{I_N} \leq \frac{1}{4}\left[3 + \frac{\text{电源总容量 (kVA)}}{\text{电动机额定功率 (kW)}}\right] \tag{2-115}$$

电动机的启动电流倍数 k_i 必须符合式（2-115）中电网允许的启动电流倍数，才允许直接启动，否则应采取降压启动。一般 10 kW 以下的电动机都可以直接启动。随着电网容量的加大，允许直接启动的电动机容量也变大。

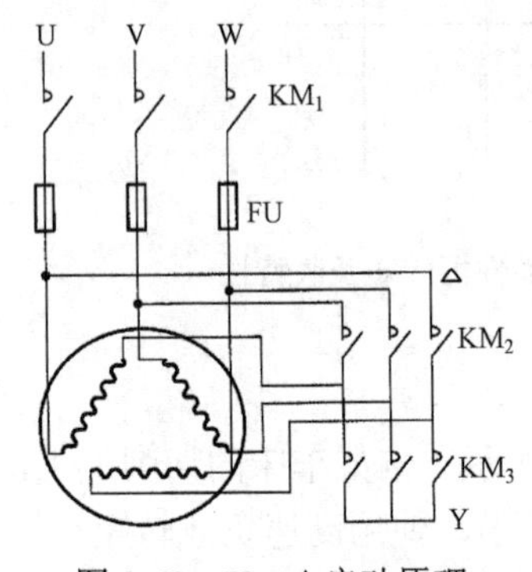

图 2-63　Y—△启动原理

2）降压启动

降压启动的目的是限制启动电流。启动时降低加在定子绕组上的电压，启动结束后在额定电压下运行。下面介绍两种常见的降压启动方法。

（1）Y—△启动：启动时将定子绕组接成 Y 形，正常运行时定子绕组则改接成△形。对于运行时定子绕组为 Y 形的笼形异步电动机则不能采用 Y—△启动方法。启动原理如图 2-63 所示。

设电动机额定电压为 U_N，每相漏阻抗为 Z_σ，Y 形启动时，启动电流为：$I_{stY} = \frac{U_N/\sqrt{3}}{Z_\sigma}$，△形启动时，启动电流为：$I_{st\Delta} = \sqrt{3}\frac{U_N}{Z_\sigma}$。

因此启动电流倍数为：

$$\frac{I_{stY}}{I_{st\Delta}} = \frac{1}{3} \tag{2-116}$$

由上式可知，Y—△启动时，对供电电网造成冲击的启动电流是直接启动时的 1/3。

启动转矩倍数为：

$$\frac{T_{stY}}{T_{st\Delta}}=(\frac{U_N/\sqrt{3}}{U_N})^2=\frac{1}{3} \tag{2-117}$$

由上式可知，Y—△启动时启动转矩也是直接启动的1/3。

Y—△启动方法简单，价格便宜，因此在轻载或空载情况下，应优先采用。我国采用Y—△启动方法的电动机额定电压都是380 V，绕组采用△接法。

（2）自耦变压器启动：自耦变压器也称启动补偿器。启动时将电源接在自耦变压器的一次绕组，二次绕组接电动机。启动结束后切除自耦变压器，将电源直接加到电动机上。

三相笼形异步电动机采用自耦变压器降压启动的接线如图2-64所示，其启动的一相线路如图2-65所示。

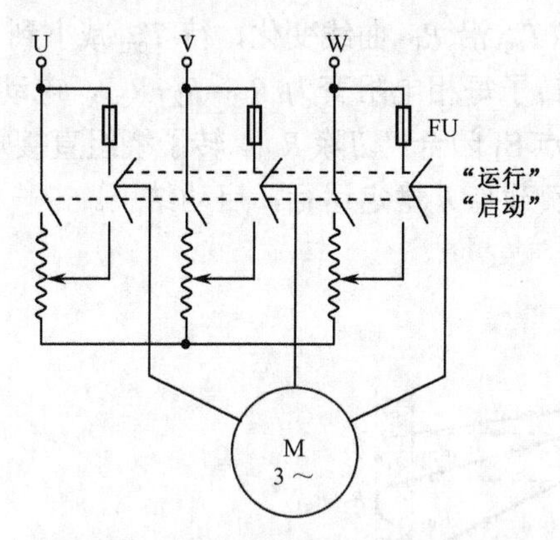

图2-64　自耦变压器降压启动接线图

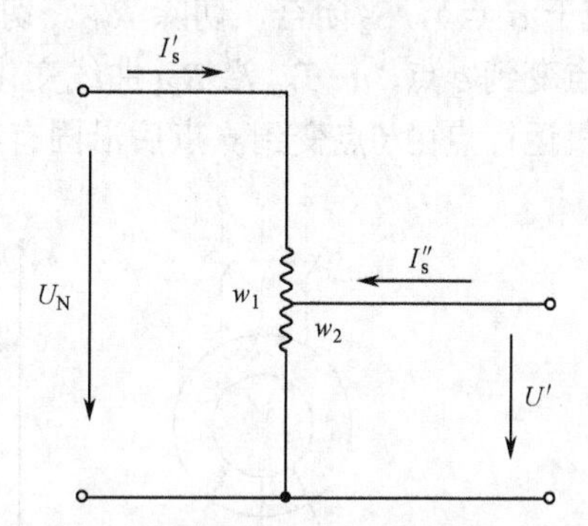

图2-65　自耦变压器降压启动一相线路

可以证明，自耦变压器降压启动电流与直接启动电流之比为：

$$\frac{I'_{st}}{I_{st}}=\frac{1}{k^2} \tag{2-118}$$

式中，k为自耦变压器的变比。

自耦变压器降压启动转矩与直接启动转矩之比为：

$$\frac{T'_{st}}{T_{st}}=\frac{1}{k^2} \tag{2-119}$$

可见，采用自耦变压器降压启动，启动电流和启动转矩都降为直接启动的（$\frac{1}{k^2}$）倍。自耦变压器降压启动适用于容量较大的低压电动机，这种方法可获得较大的启动转矩，且自耦变压器二次侧一般有3组抽头，其电压分别为一次侧额定电压的80%、60%、40%，可以根据需要选用，因此这种启动方法在10 kW以上的三相异步电动机中广泛应用。

该种方法对定子绕组采用Y形或△形接法都可以使用，缺点是设备体积大，投资较大。

2. 三相绕线式异步电动机的启动

前面在分析三相异步电动机的机械特性时已经说明，适当增加转子回路电阻可以提高启动转矩。绕线式异步电动机正是利用这一特性，启动时在转子回路中串入电阻器或频敏变阻器来改善启动性能。

1）转子串电阻启动

启动时，在转子回路中串接启动电阻器，借以提高启动转矩，同时因转子回路中电阻的增大也限制了启动电流。启动结束后，切除转子回路所串电阻。为了在整个启动过程中得到比较大的启动转矩，必须分几级切除启动电阻。启动接线图和特性曲线如图 2-66 所示。

启动过程如下：

断开接触器触点 S_1、S_2、S_3，闭合 S，转子绕组每相串入全部电阻，其值为 $R_{P3}=R_2+R_{st1}+R_{st2}+R_{st3}$，对应机械特性如图 2-66（b）中的曲线 R_{P3} 所示。启动瞬间，n=0，$T_{em}=T_1$，因为 $T_1>T_L$，于是电动机从 a 点沿曲线 R_{P3} 开始加速。随着 n 上升，T_{em} 逐渐减小，当减小到 T_2 时（对应于 b 点），S_3 闭合，切除 R_{st3}。切除 R_{st3} 后，转子每相电阻变为 $R_{P2}=R_2+R_{st1}+R_{st2}$，对应机械特性如图 2-66（b）中的曲线 R_{P2} 所示。切除 R_{st3} 的瞬间，转速 n 不能突变，电动机的运行点变到 c 点，T_{em} 由 T_2 跃升为 T_1。此后，n、T_{em} 沿 R_{P2} 曲线变化，待 T_{em} 减小到 T_2 时（对应于 d 点），S_2 闭合，切除 R_{st2}。切除 R_{st2} 后，转子每相电阻变为 $R_{P2}=R_2+R_{st1}$，电动机的运行点变到 e 点，n、T_{em} 沿 R_{P1} 曲线变化。最后在 f 点 S_1 闭合，切除 R_{st1}，转子绕组直接短路，电动机运行点由 f 点变到 g 点后沿固有特性加速到负载点 h 稳定运行，启动结束。

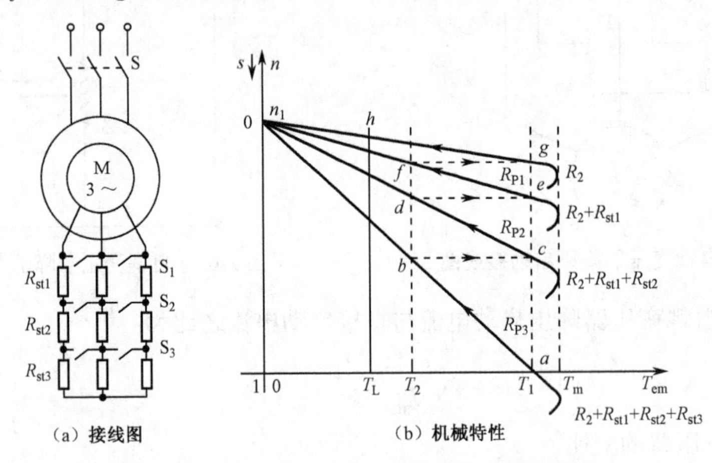

图 2-66　线绕式电动机启动接线图和特性曲线

2）转子串频敏变阻器启动

转子串频敏变阻器启动，能克服串接变阻器启动中分级切除电阻、启动不平滑、触点控制可靠性差等缺点。

所谓频敏变阻器，实质上是一台铁损很大的电抗器。它是一个三相铁芯线圈，其铁芯不用硅钢片而用厚钢板叠成。铁芯中产生涡流损耗和一部分磁滞损耗，铁芯损耗相当于一个等值电阻，其线圈又是一个电抗，其电阻和电抗都随频率变化而变化，故称频敏变阻器。其工作原理如下。

如图 2-67 所示，启动时，s=1，$f_1=f_2$=50 Hz，此时频敏变阻器的铁芯损耗大，等效电阻大，既限制了启动电流，增大了启动转矩，又提高了转子回路的功率因数。

随着转速 n 升高，s 下降，f_2 减小，铁芯损耗和等效电阻也随之减小，相当于逐渐切除转子电路所串的电阻。启动结束时，$n=n_N$，$f_2=s_N f_1$（≈1～3 Hz），此时的频敏变阻器已基本上不起作用，可以闭合接触器触点，予以切除。

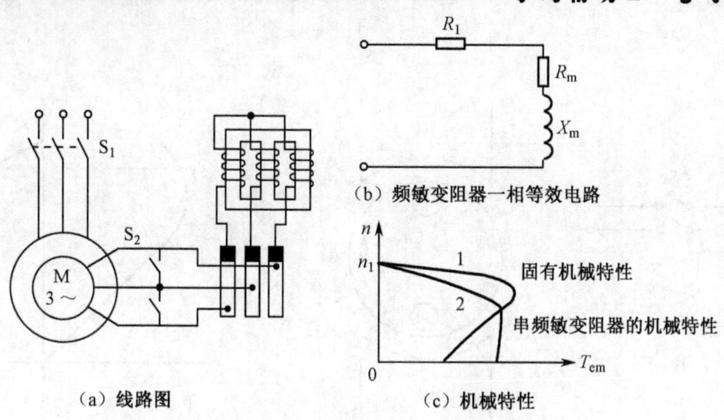

图 2-67 线绕式电动机转子串频敏变阻器启动

频敏变阻器启动具有结构简单、造价便宜、维护方便、无触点、运行可靠、启动平滑等优点。但与转子串电阻启动相比，在同样的启动电流下，因为它具有一定的线圈电抗，功率因数较低，启动转矩要小一些，故一般适用于电机的轻载启动。

2.4.4 三相异步电动机的反转与制动

电动机除了上述电动状态外，在下述情况运行时，则属于电动机的制动状态。

（1）在负载转矩为位能性负载转矩的机械设备中（例如起重机下放重物时，运输工具在下坡运行时）使设备保持一定的运行速度。

（2）在机械设备需要减速或停止时，通过电动机实现减速和停止。

三相异步电动机的制动方法主要有机械制动和电气制动两类。电气制动是使三相异步电动机所产生的电磁转矩和电动机转子转速 n 的方向相反。电气制动通常可分为能耗制动、反接制动和回馈制动三类。

1. 能耗制动

将运行着的三相异步电动机的定子绕组从三相交流电源上断开后，立即接到直流电源上，如图 2-68 所示，通过切断 S_1、闭合 S_2 来实现。

当定子绕组接通直流电源时，在电机中将产生一个恒定磁场。当转子因机械惯性而按原转速方向继续旋转时，转子导体会切割这一恒定磁场，从而在转子绕组中产生感应电动势和电流。转子电流又和恒定磁场相互作用产生电磁转矩 T，根据右手定则可以判断电磁转矩的方向与转子转动的方向相反，则 T 为一个制动转矩。在制动转矩作用下，转子转速将迅速下降，当 $n=0$ 时，$T=0$，制动过程结束。这种制动方法是将转子的动能转变为电能，并消耗在转子回路的电阻上，所以称为能耗制动。

如图 2-69 所示，电动机正向运行时工作在固有机械特性 1 上的 a 点。当定子绕组改接直流电源后，机械特性由曲线 1 变为曲线 2。（因为由上面的分析可知，此时电磁转矩 T 与转速 n 方向相反，所以能耗制动时机械特性位于第Ⅱ象限）。又因为机械惯性，电机在此瞬间的转速并未来得及变化，因而工作点由 a 点平移至 b 点。因为 b 点对应的电磁转矩 $T<0$，因此电机将不断减速，转速 n 变小，电机的运行点也从 b 点沿曲线 2 下移直至 O 点，此刻 $T=0$，制

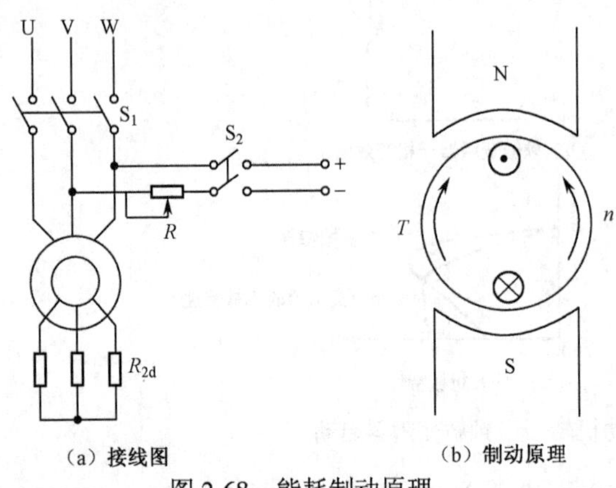

（a）接线图 （b）制动原理

图 2-68 能耗制动原理

1—固有机械特性；2—能耗制动的机械特性

图 2-69 能耗制动的机械特性

动过程结束。

对于采用能耗制动的三相异步电动机，既要求有较大的制动转矩，又要求定子、转子回路中电流不能太大而使绕组过热。根据经验，能耗制动时对笼形异步电动机取直流励磁电流为$(4\sim5)I_0$，对绕线式异步电动机取$(2\sim3)I_0$。制动时所串电阻$R=(0.2\sim0.4)\dfrac{E_{2N}}{\sqrt{3}I_{2N}}$。

能耗制动的优点是制动力强，制动较平稳。缺点是需要一套专门的直流电源供制动用。

2. 反接制动

反接制动分为电源反接制动和倒拉反接制动两种。

1）电源反接制动

改变电动机定子绕组与电源的连接相序，如图 2-70 所示，断开 S_1，接通 S_2 即可。当电源的相序发生变化，旋转磁场 n_1 立即反转，从而使转子绕组中的感应电动势、电流和电磁转矩都改变方向，由于机械惯性，转子转向未发生变化，因此电磁转矩 T 与转子的转速 n 方向相反，电机进入制动状态，这个制动过程称为电源反接制动。

电源反接制动的机械特性如图 2-71 所示。制动前，电机工作在曲线 1 的 a 点，电源反接制动时，由上面的分析可知，旋转磁场的同步转速 $n_1<0$，转子的转速 $n>0$，相对应的转差率 $s=\dfrac{-n_1-n}{-n_1}>1$，且此刻电磁转矩 $T<0$，机械特性如图 2-69 中曲线 2 所示。因为机械惯性转速瞬时不变，工作点由 a 点平移至 b 点，逐渐减速，当到达 c 点时 $n=0$，此时可切断电源并停车。如果是位能性负载必须使用机械抱闸装置，否则电机会反向启动旋转。一般为了限制制动电流和增大制动转矩，绕线式异步电动机在进行电源反接制动时，可在转子回路串入制动电阻，其特性如曲线 3 所示，制动过程同上。

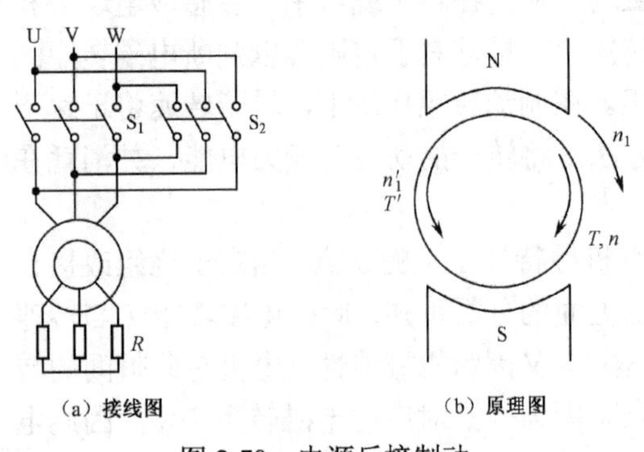

（a）接线图 （b）原理图

图 2-70 电源反接制动

2）倒拉反接制动

当绕线式三相异步电动机拖动位能性负载时，在其转子回路中串入很大的电阻。其机械特性如图 2-72 所示。

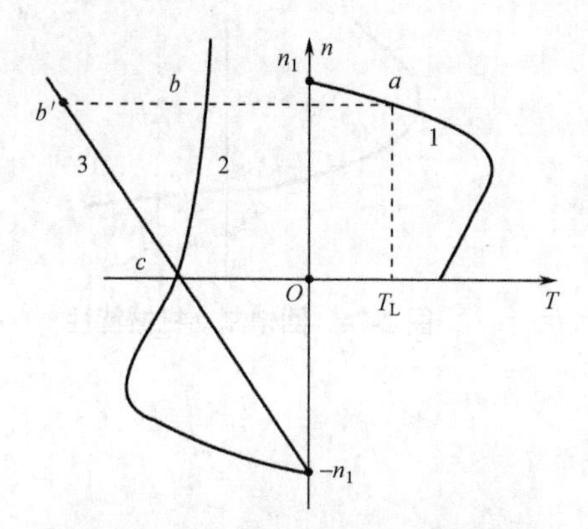

图 2-71　电源反接制动的机械特性

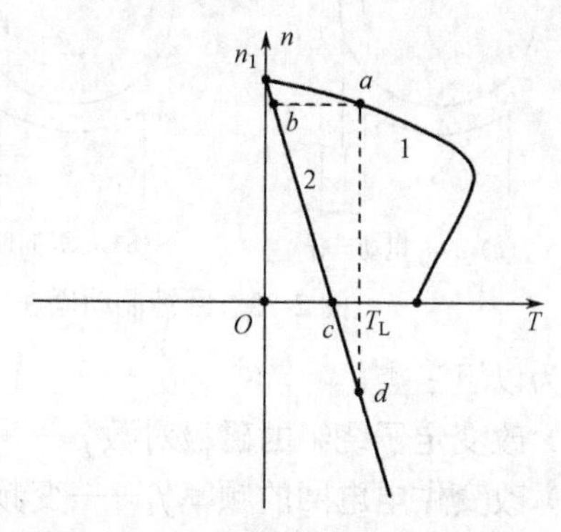

图 2-72　倒拉反接制动的机械特性

当三相异步电动机提升重物时，其工作点为曲线 1 上的 a 点。如果在转子回路串入很大的电阻，机械特性变为斜率很大的曲线 2，由于机械惯性，工作点将由 a 点移至 b 点。此时电磁转距小于负载转矩，转速下降。当电机减速至 c 点时，电磁转矩仍小于负载转矩，在位能负载的作用下，电动机反转，工作点从 c 点继续下移。此时因为 $n<0$，电机进入制动状态，直至电磁转矩等于负载转矩，电机才稳定运行于 d 点。因这一制动过程是由于重物倒拉引起的，所以称为倒拉反接制动（或称倒拉反接运行）。

与电源反接制动一样，转差率 s 都大于 1。绕线式三相异步电动机和倒拉反接制动状态常用于起重机低速下放重物。

3．回馈制动

电动机在外力（如起重机下放的重物）作用下，使其电动机的转速超过旋转磁场的同步转速，即 $n>n_1$，$s<0$，如图 2-73 所示。

在起重机开始下放重物时，电动机处于电动状态，如图 2-73（a）所示。可以看出，在位能性转矩的作用下，电动机的转速大于同步转速时，转子中感应电动势、电流和转矩的方向都发生了变化，如图 2-73（b）所示，电磁转矩方向与转子转向相反，成为制动转矩。此时电动机将机械能转变为电能馈送电网，所以称为回馈制动。制动时工作点如图 2-74 中的 a 点所示，转子回路所串入的电阻越大，电机下放重物的速度越快，如图 2-74 中的 a' 点。为了限制下放速度，以免速度过高，转子回路不应串入过大的电阻。

2.4.5　三相异步电动机的调速

调速是指在负载不变的情况下，人为地改变电动机定、转子电路中的有关参数，来达到速度变化的目的。

从三相异步电动机的转速公式 $n=n_1(1-s)=\dfrac{60f_1}{p}(1-s)$ 中可以看出，三相异步电动机调速

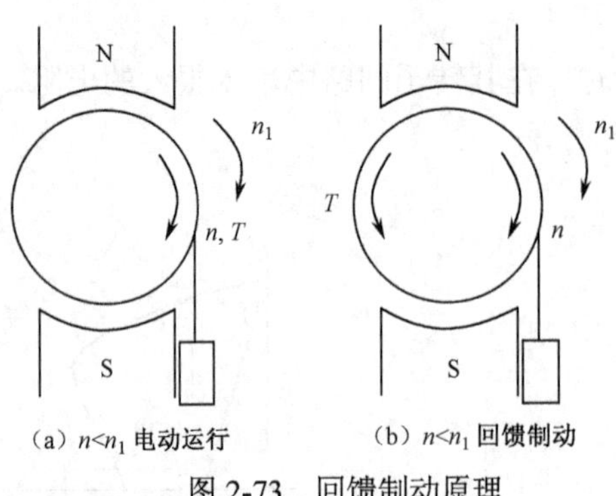

图 2-73　回馈制动原理

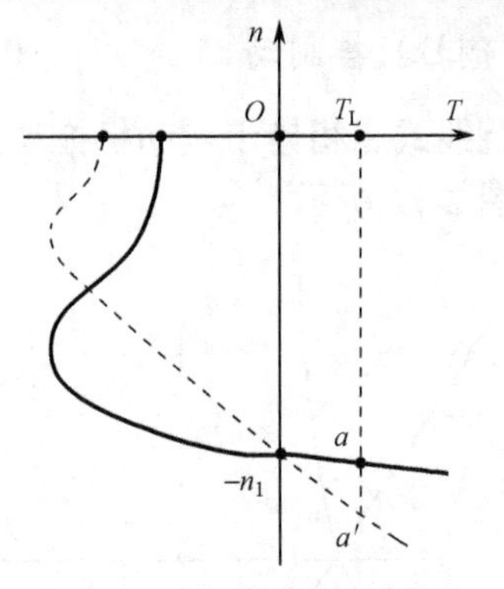

图 2-74　回馈制动机械特性

可以分为以下三类：

(1) 改变定子绕组的磁极对数 p——变极调速；

(2) 改变供电电网的频率 f_1——变频调速；

(3) 改变电动机的转差率 s 的方法有改变电压调速、绕线式电动机转子串电阻调速和串级调速。

1. 变极调速

在电源频率不变的条件下，改变电动机的磁极对数，电动机的同步转速 n_1 就会发生变化，从而改变电动机的转速。若磁极对数减少一半，同步转速就提高一倍，电动机转速也几乎升高一倍。

变极一般采用反向变极法，即通过改变定子绕组的接法，使某半绕组中的电流反向流通，极数就可以改变。这种因极数改变而使其同步转速发生相应变化的电机称为多速电动机。

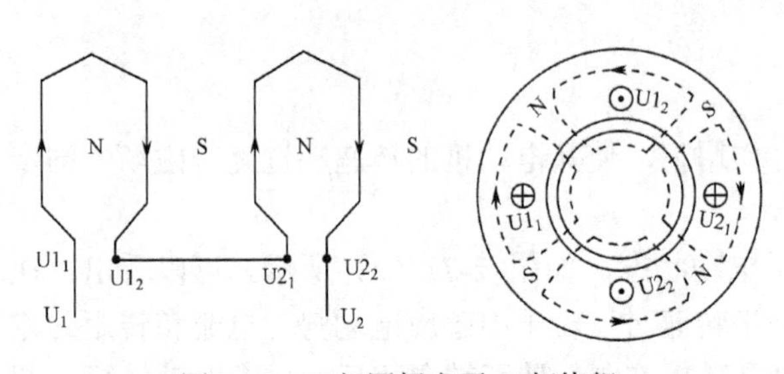

图 2-75　三相四极定子 U 相绕组

下面以 U 相绕组为例来说明变极原理。先将其两半相绕组 $U1_1$、$U1_2$ 和 $U2_1$、$U2_2$ 采用顺向串联，绕组中电流方向如图 2-75 所示。显然，此时产生的定子磁场是四极的。

若将 U 相绕组中的半相绕组 $U1_1$ 和 $U1_2$ 反向，再将两绕组串联。显然，此时产生的定子磁场是二极的。

常用的多极电机定子绕组连接方式有两种。一种是从星形改成双星形，写作 Y/YY。该方法可保持电磁转矩不变，适用于起重机等恒转矩的负载；另一种是从三角形改成双星形，写作△/YY。该方法可保持电机的输出功率基本不变，适用于金属切削机床类的恒功率负载。这两种接法都可使电机极对数减少一半。

变极调速所需设备简单，体积小，重量轻，具有较硬的机械特性，稳定性好。但这种调速是有级调速，且绕组结构复杂，引出头较多，调速级数少。

2. 变频调速

随着电力电子技术的迅速发展，三相异步电动机的变频调速应用日益广泛，有逐步取代

直流调速的趋势，它主要用于拖动泵类负载，如通风机、水泵等。

从公式可知，$n_1 = 60f_1/p$ 在定子绕组磁极对数一定的情况下，旋转磁场的转速 n_1 与电源频率 f_1 成正比，所以连续地调节频率就可以平滑地调节三相异步电动机的转速。

在变频调速中，由定子电动势方程式 $U_1 \approx E_1 = 4.44 f_1 N_1 k_{W1} \Phi_0$ 可以看出，当降低电源频率 f_1 调速时，若电源电压 U_1 不变，则磁通 Φ_0 将增加，使铁芯饱和，从而导致励磁电流和铁损耗大量增加，电机升温过高，这是不允许的。因此在变频调速的同时，为保持磁通 Φ_0 不变，就必须降低电源电压，使 U_1/f_1 为常数。另外，在变频调速中，为保证电机的稳定运行，应维持电机的过载能力 λ 不变。

变频调速的主要优点有三个：一是能平滑无级调速，调速范围广，效率高；二是因特性硬度不变，系统稳定性较好；三是可以通过调频改善启动性能。其主要缺点是系统较复杂，成本较高。

3．改变转差率调速

1）改变定子电压调速

此法适用于笼形三相异步电动机。对于转子电阻大、机械特性曲线较软的笼形三相异步电动机，如加在定子绕组上的电压发生改变，则负载转矩 T_L 对应于不同的电源电压 U_1、U_2、U_3，可获得不同的工作点 a_1、a_2、a_3，从而获得不同的转速。如图 2-76 所示，显然，电动机的调速范围很宽。此方法的缺点是低压时机械特性太软，转速变化大，可采用带速度负反馈的闭环控制系统来解决这一问题。

过去改变电源电压调速都采用定子绕组串电抗器来实现，这种方法损耗较大，目前已广泛采用晶闸管交流调压线路来实现。

2）转子串电阻调速

此法只适用于绕线式三相异步电动机。绕线式三相异步电动机转子串电阻的机械特性如图 2-77 所示。转子串入电阻时最大转矩不变，临界转差率加大。转子所串的电阻越大，运行段机械特性的斜率越大。若其带恒转矩负载，原来运行在固有特性上的 A 点，转子串入电阻 R_{S1} 后，就运行于 B 点，转速由 n_A 变为 n_B，依次类推。

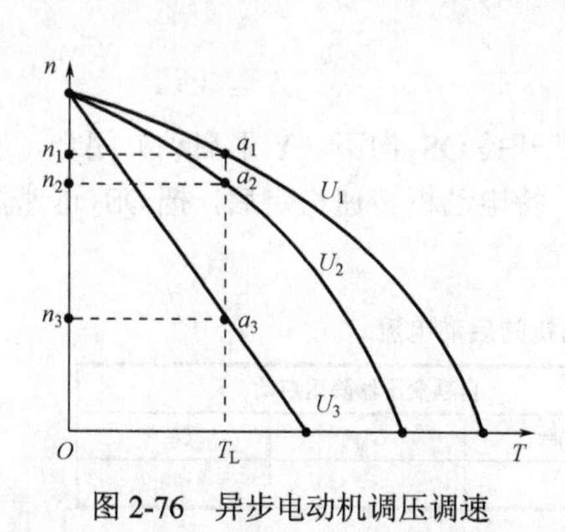

图 2-76　异步电动机调压调速

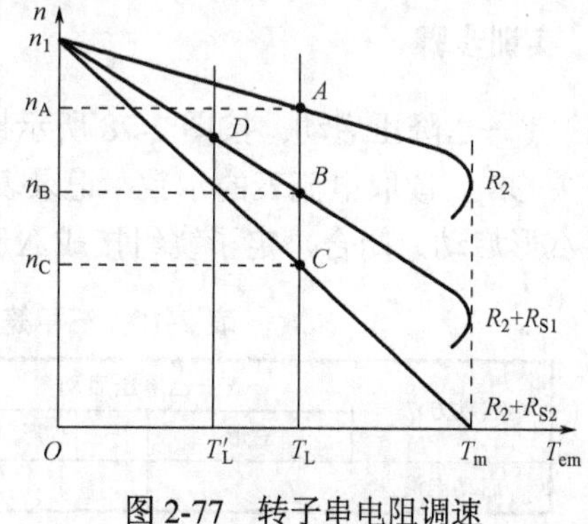

图 2-77　转子串电阻调速

转子串入电阻调速的优点是方法简单，主要用于中、小容量的绕线式三相异步电动机。

3）串级调速

所谓串级调速，就是在三相异步电动机的转子回路中串入一个三相对称的附加电动势 E_f，其频率与转子电动势 E_{2s} 相同，改变 E_f 的大小和相位，就可以调节电动机的转速。它也只适用于绕线式异步电动机。

（1）低同步串级调速。若 $\dot{E}_f$ 或 $\dot{E}_{2s}$ 相位相反，则转子电流 I_2 为：

$$I_2 = \frac{sE_{20} - E_f}{\sqrt{R_2^2 + (sX_2)^2}}$$

电动机的电磁转矩 T 与电流 I_2 的大小是成正比的。可见，当电动机拖动恒转矩负载时，因串入反相的 E_f 后，电流 I_2 减小，电磁转矩 T 也就减小了，使得电动机转速降低。串入的附加电动势越大，转速降得越多。这种引入 E_f 后使电动机转速降低的现象称为低同步串级调速。

（2）超同步串级调速。若 $\dot{E}_f$ 与 $\dot{E}_{2s}$ 同相位，则转子电流 I_2 为：

$$I_2 = \frac{sE_{20} + E_f}{\sqrt{R_2^2 + (sX_2)^2}}$$

如果电流 I_2 增大，则总电磁转矩 T 也增大，电动机转速上升。这种当拖动恒转矩负载时，因引入与 $\dot{E}_{2s}$ 同相的 $\dot{E}_f$ 后导致转速升高的现象称为超同步串级调速。

串级调速性能比较好，过去由于附加电动势 E_f 的获得比较难，长期以来没能得到推广。近年来，随着电力电子技术的发展，串级调速有了广阔的发展前景，现已日益广泛地用于水泵和风机的节能调速，以及不可逆轧钢机、压缩机等很多生产机械。

实训8　三相笼形异步电动机启动

1. 实训目的

掌握三相异步电动机启动方法。

2. 实训设备

三相笼形异步电动机、三相调压器、交流电压表、交流电流表、Y—△转换开关。

3. 实训步骤

（1）Y—△降压启动：按图2-78所示接线，先把开关 QS_2 向下（Y形启动）闭合，然后闭合开关 QS_1，读取电流表的示数，记录表2-10中，待电动机转速稳定后，把 QS_2 迅速拉开向上（△形启动）闭合，定子绕组接成△形正常运行。

表2-10　三相笼形异步电动机的启动电流

启动方法	Y—△降压启动		自耦变压器降压启动		
	Y形	△形	U_1=	U_2=	U_3=
启动电流					

（2）自耦变压器降压启动：按图2-79所示接线，把三相调压器调到不同的输出电压（小于电动机的额定电压）下，降压启动电动机，读取电流表的示数，记录表2-10中，待电动机

转速稳定后，转入全压运行。

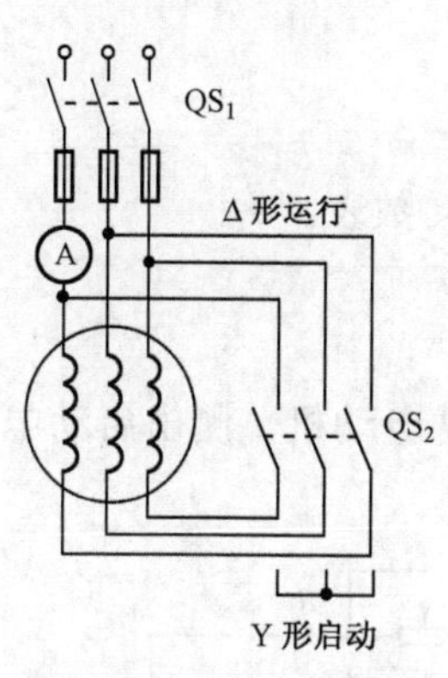

图 2-78 Y-△降压启动

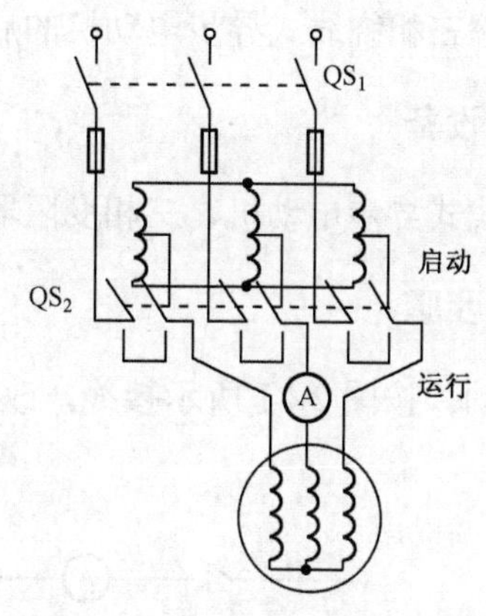

图 2-79 自耦变压器降压启动

4. 实训报告

（1）简述实训原理；

（2）比较不同启动方法的特点。

实训9 三相笼形异步电动机能耗制动

1. 实训目的

掌握三相异步电动机制动方法。

2. 实训设备

三相笼形异步电动机、三相调压器、交流电压表、交流电流表、双向开关。

3. 实训步骤

按图 2-80 所示接线，启动电动机，转速稳定后，切断电源，观察电动机停转时间；重新启动电动机，转速稳定后，切断电源的同时接到直流电源上，观察电动机停转时间。

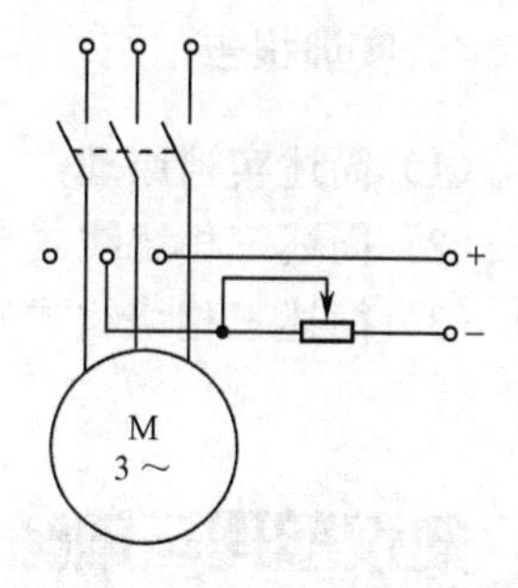

图 2-80 能耗制动实验接线

4. 实训报告

（1）简述实训原理；

（2）简述三相异步电动机的制动方法有哪几种。

实训10 三相绕线式异步电动机的启动和调速

1. 实训目的

（1）掌握三相绕线式异步电动机的结构；

（2）掌握三相绕线式异步电动机的启动和调速方法。

2．实训设备

三相绕线式异步电动机、三相变阻器、交流电流表、转数表。

3．实训步骤

（1）启动。按图 2-81 所示接线，改变 *R* 的数值，启动电动机，测出启动电流，记录于表 2-11 中。

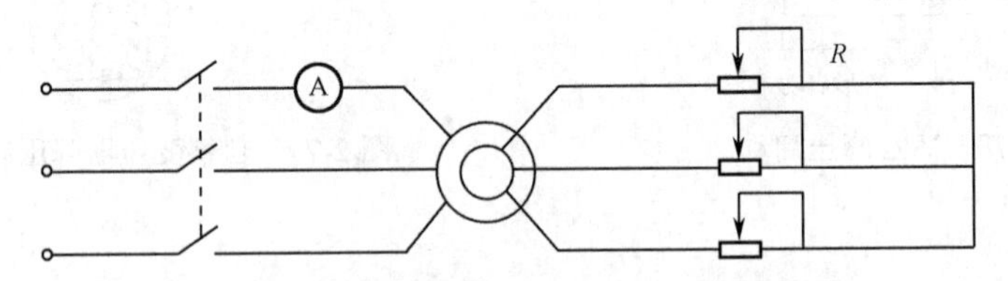

图 2-81　三相绕线式异步电动机启动、调速接线

表 2-11　三相绕线式异步电动机启动数据

R				
启动电流				

（2）调速。按图 2-81 所示接线，启动电动机。改变 *R* 的数值，观察转速的变化，测出转速值，记录于表 2-12 中。

表 2-12　三相绕线式异步电动机启动数据

R				
转速				

4．实训报告

（1）简述实训原理；
（2）简述三相绕线式异步电动机启动方法有哪几种。
（3）简述三相绕线式异步电动机调速方法有哪几种。

知识梳理与总结

本情境主要介绍了直流电动机、变压器、三相异步电动机的机构及工作原理和工作特性等；三相异步电动机的机械特性、启动、制动和调速等电力拖动的知识。通过学习本情境读者应掌握直流电动机的基本原理和机械特性，变压器的工作原理、等效电路参数确定和运行特性，三相异步电动机的工作原理、等效电路参数确定和功率的平衡关系，三相异步电动机的机械特性及其启动、调速和制动基本原理。

练习题 1

1. 填空题

（1）直流电机的电磁转矩是由＿＿＿＿＿和＿＿＿＿＿相互作用产生的。

（2）一台接到电源频率固定的变压器在忽略漏阻抗压降条件下，其主磁通的大小决定于＿＿＿＿＿的大小，其主磁通与励磁电流成＿＿＿＿＿关系。

（3）变压器铁芯导磁性能越好，其励磁电抗越＿＿＿＿，励磁电流越＿＿＿＿。

（4）变压器带负载运行时，若负载增大，其铁损耗将＿＿＿＿，铜损耗将＿＿＿＿。

（5）三相变压器的连接组别不仅与绕组的＿＿＿＿和＿＿＿＿有关，而且还与三相绕组的＿＿＿＿有关。

（6）三相异步电动机定子主要是由＿＿＿＿＿、＿＿＿＿＿和＿＿＿＿＿构成的。转子主要是由＿＿＿＿＿、＿＿＿＿＿和＿＿＿＿＿构成的。根据转子结构不同可分为＿＿＿＿＿异步电动机和＿＿＿＿＿异步电动机。笼形异步电动机可分为＿＿＿＿＿异步电动机、＿＿＿＿＿异步电动机和＿＿＿＿＿异步电动机。

（7）三相异步电动机定子、转子之间的气隙δ一般为＿＿＿＿mm，气隙越小，空载电流I_0＿＿＿，功率因数$\cos\varphi_2$＿＿＿＿。

（8）三相异步电动机旋转磁场产生的条件是＿＿＿＿＿通以＿＿＿＿＿；旋转磁场的转向取决于＿＿＿＿；其转速大小与＿＿＿＿＿成正比，与＿＿＿＿＿成反比。

（9）三相异步电机运行时，当$s<0$为＿＿＿＿状态，当$s>1$为＿＿＿＿状态。

（10）如果一台三相异步电动机尚未运行就有一相断线，则＿＿＿启动；若轻载下正在运行中有一相断了线，则电动机＿＿＿＿＿。

（11）三相异步电动机的过载能力是指＿＿＿＿＿。

（12）三相笼形异步电动机的启动方法有直接启动和＿＿＿＿＿两种。

（13）星形—三角形降压启动时，启动电流和启动转矩各降为直接启动时的＿＿＿＿＿倍。

（14）自耦变压器降压启动时，启动电流和启动转矩各降为直接启动时的＿＿＿＿＿倍。

（15）三相绕线转子异步电动机的启动分为转子串电阻和＿＿＿＿＿两种启动方法。

（16）三相异步电动机拖动恒转矩负载进行变频调速时，为了保证过载能力和主磁通不变，则U_1应随f_1按＿＿＿＿＿规律调节。

2. 选择题

（1）直流电机公式$E_a = C_e\Phi n$和$T_{em} = C_T\Phi I_a$中的磁通是指（　）。

A．空载时的每极磁通　　B．负载时的每极磁通

C．负载时所有磁极的磁通之和　　D．以上说法都不对

（2）如果他励直流电动机的人为特性与固有特性相比，其理想空载转速和斜率均发生了变化，那么这条人为特性一定是（　）。

A．减弱励磁磁通时的人为特性　　B．降低电源电压时的人为特性

C．电枢回路串入电阻的人为特性　　D．以上说法都不对

（3）变压器空载电流小的原因是（　）。

A. 一次绕组匝数多，电阻很大　　B. 一次绕组的漏抗很大

C. 变压器的励磁阻抗很大　　D. 变压器铁芯的电阻很大

（4）变压器空载损耗（　）。

A. 全部为铜损耗　　B. 全部为铁损耗

C. 主要为铜损耗　　D. 主要为铁损耗

（5）变压器采用从二次侧向一次侧折合算法的原则是（　）。

A. 保持二次侧电流不变　　B. 保持二次侧电压为额定电压

C. 保持二次侧磁通势不变　　D. 保持二次侧绕组漏阻抗不变

（6）额定电压为220/110 V的单相变压器，高压边漏电抗为0.3 Ω，折合到二次侧后大小为（　）。

A. 0.3 Ω　　B. 0.6 Ω　　C. 0.15 Ω　　D. 0.075 Ω

（7）某三相电力变压器的$S_N = 500$ kVA，$U_{1N}/U_{2N} = 10000/400$ V，采用Y,yn接法，下面的数据中有一个是它的励磁电流值，应该是（　）。

A. 28.78 A　　B. 50 A　　C. 2 A　　D. 10 A

（8）三相异步电动机在运行过程中，其转子转速n永远（　）旋转磁场的转速。

A．高于　　B. 低于　　C. 等于　　D. 不确定

（9）若电源电压为380 V，而电动机每相绕组的额定电压是220 V，则应接成（　）。

A．三角形或星形均可　　B. 只能接成星形　　C. 只能接成三角形

（10）为了增大三相异步电动机启动转矩，可采取的方法是（　）。

A．增大定子相电压　　B. 增大定子相电阻

C. 适当增大转子回路电阻　　D. 增大定子电抗

（11）三相异步电动机若轴上所带负载愈大，则转差率s（　）。

A．愈大　　B.愈小　　C. 基本不变

（12）三相异步电动机的转差率s=1时，则说明电动机此时处于（　）状态。

A．静止　　B. 额定转速　　C. 同步转速

（13）三相异步电动机磁通的大小取决于（　）。

A．负载的大小　　B. 负载的性质

C. 外加电压的大小　　D. 定子绕组匝数的多少

（14） 异步电动机等值电路中的电阻R_2'/s上消耗的功率为（　）。

A．转轴上输出的机械功率　　B. 总机械功率

C. 电磁功率　　D. 转子铜损耗

（15）与固有机械特性相比，人为机械特性上的最大电磁转矩减小，临界转差率没有变，则该机械特性是三相异步电动机的（　）。

A．转子串接电阻时的人为机械特性　　B．降低电压时的人为机械特性

C．定子串接电阻时的人为机械特性　　D．以上都不对

（16）与固有机械特性相比，人为机械特性上的最大电磁转矩不变，临界转差率随外接电阻R_s的增大而增大，则该机械特性是三相异步电动机的（　）。

A．转子串接电阻时的人为机械特性　　B．降低电压时的人为机械特性

C．定子串接电阻时的人为机械特性　　D．以上都不对

（17）一台三相异步电动机拖动额定转矩负载运行时，若电源电压下降了 5%，这时电动机的电磁转矩（　）。

A．$T_{em} = T_N$　　B．$T_{em} = 0.95T_N$　　C．$T_{em} = 0.975T_N$　　D．以上都不对

（18）三相绕线转子异步电动机拖动起重机的主钩提升重物时，电动机运行于正向电动状态，当在转子回路串接三相对称电阻下放重物时，电动机的运行状态是（　）。

A．倒拉反转运行　　B．能耗制动运行

C．反向回馈制动运行　　D．以上都不对

3．判断题

（1）直流电动机的电磁转矩是驱动性质的，因此稳定运行时，大的电磁转矩对应的转速就高。（　）

（2）电枢电动势是指直流电机正、负电刷之间的感应电动势。（　）

（3）直流电动机的人为特性都比固有特性软。（　）

（4）一台变压器一次侧电压不变，二次侧接电阻性负载或接电感性负载，如负载电流相等，则两种情况下，二次电流也相等。（　）

（5）变压器在一次侧外加额定电压不变的条件下，二次电流大，导致一次电流也大，因此变压器的主磁通也大。（　）

（6）变压器的漏抗是一个常数，而其励磁电抗却随磁路的饱和而减少。（　）

（7）三相异步电动机的定子、转子磁势在空间总是相对静止的。（　）

（8）三相异步电动机运行时，当转差率 s=0 时，电磁转矩 T=0。（　）

（9）三相异步电动机旋转时，定子、转子电流频率总是相等的。（　）

（10）三相异步电动机的额定电流是指电动机在额定工作状态下，流过定子绕组的相电流。（　）

（11）三相异步电动机旋转磁场产生的条件是三相对称绕组通以三相对称电流。（　）

（12）异步电动机等值电路中的 $(1-s)R_2'/s$ 代表总的机械功率，它可以用一个电抗来代替。（　）

（13）三相异步电动机一相断路时，相当于一台单相异步电动机，无启动转矩，不能自行启动。（　）

（14）三相笼形异步电动机直接启动时，启动电流大，启动转矩也很大。（　）

（15）三相笼形异步电动机可以采用 Y—△降压启动的方法进行重载启动。（　）

（16）深槽式异步电动机启动时，由于集肤效应而增大了转子电阻，因此具有较高的启动转矩和较小的启动电流。（　）

（17）三相绕线转子异步电动机转子回路串入电阻可以增大启动转矩，串入电阻值越大，启动转矩也越大。（　）

（18）三相异步电动机的变极调速只能用于笼形转子电动机。（　）

4．简答题

（1）简述直流电动机的工作原理。

（2）直流电机有哪些主要部件？各起什么作用？

（3）变压器能否改变直流电压的大小？

（4）变压器有哪些主要部件？其功能是什么？变压器二次额定电压是怎样定义的？

（5）一台 380/220 V 的单相变压器，如不慎将 380V 加在低压绕组上，会产生什么现象？

（6）变压器空载运行时，是否要从电网中取得功率，起什么作用？为什么小负荷的用户使用大容量变压器无论对电网还是对用户都不利？

（7）一台频率为 60 Hz 的变压器接在 50 Hz 的电源上运行，其他条件都不变，问主磁通、空载电流、铁损耗和漏抗有何变化？为什么？

（8）为什么变压器的空载损耗可近似看成铁损耗，短路损耗可否近似看成铜损耗？

（9）变压器空载试验一般在哪侧进行？将电源加在低压侧或高压侧所得的空载电流、空载电流百分值、空载功率及励磁阻抗是否相等？如果试验时电源电压不加到额定值，则能否将测得的空载电流和空载功率换算到对应于额定电压时的值？为什么？

（10）使用电流互感器时必须注意哪些事项？

（11）使用电压互感器时必须注意哪些事项？

（12）三相异步电动机旋转磁场产生的条件是什么？旋转磁场有何特点？其转向取决于什么？其转速的大小与哪些因素有关？

（13）三相异步电动机带额定负载运行时，若负载转矩不变，当电源电压降低，此时电动机的主磁通、定子电流、转子电流将如何变化？为什么？

（14）异步电动机在修理时，将定子匝数少绕了 20%，若仍按原铭牌规定接上电源，会出现什么现象？为什么？

（15）异步电动机轴上所带负载若增加，转速、转差率、定子电流将如何变化？为什么？

（16）一台带轻负载正在运行的三相异步电动机，若突然一相断线，电机能否继续运行？若启动前就有一相断线，电机能否自行启动？为什么？

（17）三相异步电动机直接启动时，为什么启动电流大，而启动转矩却不大？

（18）为什么绕线转子异步电动机串接频敏变阻器启动比串接电阻启动要平滑？

（19）绕线转子异步电动机转子串接电阻能改善启动性能吗？

5. 计算题

（1）一台 Z_2 型直流电动机，$P_N = 160\,\text{kW}, U_N = 220\,\text{V}, n_N = 1500\,\text{r/min}$，$\eta_N = 90\%$，求该电动机的额定电流。

（2）一台并励电动机，额定数据为 $P_N = 96\,\text{kW}, U_N = 440\,\text{V}$, $I_N = 255\,\text{A}$，$n_N = 500\,\text{r/min}$，电枢回路总电阻 $R_a = 0.078\,\Omega$。试求额定电磁转矩、额定输出转矩以及当 $I_a = 0$ 时电动机的转速。

（3）一台并励直流电动机在额定电压 $U_N = 220\,\text{V}$ 和额定电流 $I_N = 80\,\text{A}$ 的情况下运行，额定负载时的效率 $\eta_N = 85\%$，求额定输入功率、额定输出功率和总损耗。

（4）一台他励直流电动机，铭牌上的数据为 $P_N = 60\,\text{kW}$，$U_N = 220\,\text{V}$，$I_N = 305\,\text{A}$，$n_N = 1000\,\text{r/min}$，试求：① 固有机械特性并画在坐标纸上；② $T = 0.75T_N$ 时的转速；③ 转速 $n = 1100\text{r/min}$ 时的电枢电流。

（5）有一台三相双绕组变压器，S_N=100 kVA，$U_{1N}/U_{2N} = 6000/400$，试求一、二次绕组的额定电流。

（6）一台三相电力变压器额定容量为 750 kVA，$U_{1N}/U_{2N} = 10000/400$，Y,y 连接。在低压侧做空载试验，测得数据为 $U_2 = U_{2N} = 400\,\text{V}$，$I_2 = I_{20} = 60\,\text{A}$，$P_0 = 3800\,\text{W}$。在高压侧做短路试验，测得数据为 $U_1 = U_{1k} = 440\text{V}$，$I_1 = I_{10} = 43.3\text{A}$，$P_k = 10900\,\text{W}$，室温 20℃。求该变压器的 Z_m、R_m、X_m、Z_k、R_k、X_k。

（7）一台三相电力变压器额定容量为 1000 kVA，$U_{1N}/U_{2N} = 10000/6300$，Y,d 连接。已知空载损耗 $P_0 = 4.9$ kW，短路损耗 $P_{kN} = 15\,\text{kW}$。求：① 当该变压器供给额定负载，且 $\cos\varphi = 0.8$ 滞后时的效率；② 当负载 $\cos\varphi = 0.8$ 滞后时的最高效率；③ 当负载 $\cos\varphi = 1.0$ 时的最高效率。

（8）一台三相异步电动机，额定转速 $n_N = 1470\ \text{r/min}$，试求电动机的转差率和磁极数。

（9）一台 Y2－180L－4 三相异步电动机，$P_N = 30\ \text{kW}, U_N = 380\ \text{V}, n_N = 1470\ \text{r/min}$，$\eta_N = 92\%, \cos\varphi_2 = 0.86$。试求额定电流 I_{1N} 和额定相电流 $I_{1\varphi N}$。

（10）一台 Y－160M1－2 型三相鼠笼式异步电动机 $P_N = 11\ \text{kW}, f_{1N} = 50\ \text{Hz}$，定子铜耗 $P_{cu1} = 360\ \text{W}$，转子铜耗 $P_{cu2} = 239\ \text{W}$，铁耗 $P_{Fe} = 330\ \text{W}$，机械损耗和附加损耗 $P_0 = P_j + P_s \approx 340\ \text{W}$，试求电磁功率、输入功率和转速。

（11）一台三相 6 极异步电动机额定功率，$P_N = 28\ \text{kW}$，$U_N = 380\ \text{V}$，$f_N = 50\ \text{Hz}$，$n_N = 970\ \text{r/min}$，$\cos\varphi_N = 0.88, P_{cu1} + P_{Fe} = 2.2\ \text{kW}, P_j + P_s = 1.1\ \text{kW}$。试求额定负载时的转差率 s_N、转子铜耗 P_{cu2}、效率 η_N、定子电流 I_{1N}、转子电流频率 f_2、电磁转矩 T、空载转矩 T_0。

（12）一台 Y 接的 4 极绕线式异步电动机，$P_N = 150\ \text{kW}, U_N = 380\ \text{V}$，额定运行时转子铜耗 $P_{cu2} = 2.2\ \text{kW}$，机械损耗 $P_j = 2.64\ \text{kW}$，附加损耗 $P_s = 1\ \text{kW}$。求额定负载时的电磁功率 P_M、转差率 s_N、转速 n_N、电磁转矩 T、输出转矩 T_2 和空载转矩 T_0。

（13）三相异步电动机 $2p=4$，$n_N = 1440\ \text{r/min}$，在额定负载下，保持 E_1/f_1=常数，将定子频率降至 25 Hz 时，电动机的调速范围和静差率各是多少？

（14）一台三相绕线转子异步电动机，额定数据为：P_N=16 kW, U_{1N}=380 V, 定子绕阻 Y 连接，E_{2N}=223.5 V, I_{2N}=47 A, n_N=717 r/min, λ_m=3.15。电动机拖动恒转矩负载 $T_L = 0.7T_N$，在固有机械特性上稳定运行，当突然在转子电路中串入三相对称电阻 R=1 Ω，求：① 在串入转子电阻瞬间电动机产生的电磁转矩；② 电动机稳定运行的转速 n 输出功率 P_2、电磁功率 P_M 及外串电阻 R 上消耗的功率；③ 在转子串入附加电阻前后的两个稳定状态下，电动机转子电流是否变化？

（15）一台绕线转子异步电动机的技术指标为：P_N=75 kW, $n_N = 720\ \text{r/min}$，$\lambda_m = 2.4$，$E_{2N} = 213\ \text{V}$，$I_{2N} = 220\ \text{A}$，定子、转子均为 Y 连接，该电动机的反抗性负载，$T_L = T_N$。试求当启动转矩 $T_{st} = 1.5T_N$ 时转子每相应串入多大电阻。如果在固有机械特性上运行时进行反接制动停车，要求制动开始时的转矩 $T = 2T_N$，转子每相应串入多大的电阻？

技能训练 2　电动机的拆装

目的是学会电机的拆装、检测和维修，通过学生的亲自动手避免了课堂的抽象介绍。实习中，加强了中级电工资格认证必备的电机性能测试、仪表使用等能力点，进一步培养学生的考工技能和本专业核心技能。

1. 实训目的

（1）掌握三相异步电动机的基本结构和工作原理；
（2）熟悉基本拆装工艺及相关工艺材料；
（3）了解三相异步电动机的定子绕组的基本知识；
（4）熟练掌握基本仪表和工具的使用；
（5）掌握三相异步电动机空载试验的目的和方法；
（6）了解简单故障及其维修的方法。

2．实训内容及要求

<table>
<tr><td rowspan="5">电机拆装</td><td>基本内容</td><td>1．电机内部结构及工作原理；
2．定子绕组嵌线理论</td><td>电机绕组拆卸、绕组绕制及电机装配过程；
电机绕组端子确定、绝缘电阻测试、空载运行电流测试等方法；
万用表、摇表、钳形电流表的使用</td></tr>
<tr><td>创新内容</td><td>电机嵌线新工艺</td><td>新工艺的使用；
故障测试</td></tr>
<tr><td>考工内容</td><td>电机的基本结构、原理与性能</td><td>电机性能测试：电机绕组端子确定、绝缘电阻测试、空载运行电流测试等方法</td></tr>
<tr><td>基本要求</td><td>掌握电机的基本结构及嵌线理论</td><td>独立完成各部件的拆装，掌握它们相互间的装配关系及调整方法；
正确绕制电机绕组；
掌握电机正确的装配过程，并能在规定时间内用仪表对电机的绕组端子进行判别，测试绕组电阻、绝缘电阻、空载电流等参数</td></tr>
<tr><td>提高要求</td><td>电机常见故障检测方法</td><td>掌握新工艺的使用；
掌握故障测试方法</td></tr>
</table>

（1）三相异步电动机内部结构和工作原理的认识；

（2）拆卸三相异步电动机；

（3）学习三相异步电动机的定子绕组的基本知识；

（4）定子绕组的绕制、嵌放，掌握相关的工艺要点；

（5）绘制与分析定子绕组的结构图；

（6）接线端子盒的制作，掌握首尾端的简易识别方法；

（7）安放转子、端盖，进行通电调试；

（8）记录空载电流、绝缘电阻的数据；

（9）进行简单故障排除；

（10）整理设计文件、图纸、资料，写出课程设计报告（6000字），报告内容包含实训目的和要求、实训任务书、实训过程说明、相关工艺要点介绍、相关仪表的用途与使用方法、通电调试的方法、实训小结，列出参考资料目录；

（11）总结实训过程中出现的问题，分析思考题，参加答辩，回答指导老师提出的问题。

3．实训考核

1）基本知识

（1）基本理论

① 三相异步电动机的内部结构和工作原理；

② 万用表、兆欧表、钳形电流表等基本仪表的使用；

③ 电机拆装的基本原则；

④ 三相定子绕组的连接方式及基本参数的理解。

 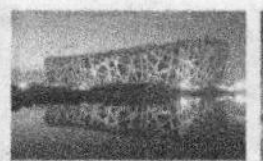 

（2）拆装工艺

① 基本工具和材料（如撬棍、拉具、厚木板、划线板、绕线机、竹签、纱带、铜线、绝缘材料）的使用；

② 电动机拆卸的工艺要点；

③ 定子绕组的绕制工艺要点；

④ 定子绕组的嵌放工艺要点；

⑤ 接线端子盒的安装工艺，识别相首、相尾；

⑥ 转子的安放工艺。

（3）电动机的调试

① 兆欧表、钳形电流表和转速表的使用；

② 电动机空载时的数据记录；

③ 简单故障的分析与排除

2）扩展知识点

（1）正确分析在安装过程中通过仪表测量的结果对相关工艺中出现的简单故障并排除；

（2）针对电动机调试的故障现象，合理分析电动机在安装时存在的问题。

3）创新知识点

（1）相关工艺参数的变化分析最终对运行结果的影响；

（2）电机嵌线新工艺的使用和故障测试的方法。

4．考核要求

1）基本要求

（1）掌握常用工具和仪表的用途、使用及在工艺中的作用；

（2）掌握三相异步电动机的内部结构和工作原理；

（3）掌握三相异步电动机的拆装原则及注意事项；

（4）掌握调试电动机的方法和数据分析；

（5）能分析拆装和调试中的简单故障并排除；

（6）设计报告工整，条理性强，质量高；

（7）能遵守劳动纪律，进行安全文明生产；

（8）熟练运用查找的数据资料。

2）扩展要求

（1）能根据相关参数的变化，对调试电动机结果的影响；

（2）能掌握新工艺发展的趋势，了解相关的新技术、新方法。

5．考核细则

实训成绩由平时表现、实践操作质量、报告、答辩四项构成，分别为30%、30%、20%、20%。每一项按百分制评分后，依比例作为教师评分。在实训中具有一定的创新能力，使用新技术、方法，相应地在总分上加10分。90～100分为优，80～89分为良，70～79分为中，60～69分为及格。及格以上方可取得本实训学分，未取得学分者必须重修本实训项目。

1）总体评定

（1）优：遵守纪律，文明生产，操作规范，工具和仪表使用熟练，方法得当，符合工艺要求；电机调试

一次性成功，运行参数结果理想；独立正确回答考核问题；在工艺过程中能应用新技术、方法，有创新。

（2）良：遵守纪律，文明生产，操作较规范，工具和仪表使用较熟练，符合工艺要求；电机调试一次性成功，运行参数结果较理想；能独立回答考核问题；了解新技术的发展。

（3）中：遵守纪律，文明生产，操作基本规范，工具和仪表使用基本熟练，基本上能符合工艺要求；电机最终调试成功，运行参数结果基本理想；基本能独立回答考核问题。

（4）及格：基本上能遵守纪律，文明生产，在教师指导或同学帮助之下基本能规范操作，工具和仪表使用不太熟练，基本上能符合工艺要求；电机经多次校正调试成功，运行参数结果基本符合要求；能勉强回答考核问题。

（5）不及格：不能规范操作，不会使用工具和仪表，无法完成电机的安装，回答问题错误较多。

2）分项评定

评分项目、标准及分项评定如下表所示。

<table>
<tr><th>性质</th><th>项目</th><th colspan="2">考核内容及要求</th><th>配分</th><th>评分标准</th><th>得分</th></tr>
<tr><td rowspan="26">基础部分</td><td rowspan="7">平时</td><td rowspan="7">占总分比例30%</td><td rowspan="4">考勤，文明生产</td><td rowspan="4">50分</td><td>迟到一次扣10分</td><td></td></tr>
<tr><td>旷课一次扣30分</td><td></td></tr>
<tr><td>旷课三次重修</td><td></td></tr>
<tr><td>操作台上材料、工具等，无条理放置扣10分</td><td></td></tr>
<tr><td rowspan="3">纪律，卫生</td><td rowspan="3">50分</td><td>进入实验室到处走动，不按指定位置就坐扣10分</td><td></td></tr>
<tr><td>乱动实验设备，桌上杂乱无章扣10分</td><td></td></tr>
<tr><td>乱扔纸团等杂物，不服从卫生值日安排扣20分</td><td></td></tr>
<tr><td rowspan="8">实践</td><td rowspan="8">占总分比例30%</td><td rowspan="2">操作规范</td><td rowspan="2">33分</td><td>不符合安全规范扣10分</td><td></td></tr>
<tr><td>不按老师规定步骤操作扣10分</td><td></td></tr>
<tr><td rowspan="4">通电测试成功</td><td rowspan="4">33分</td><td>通电前不检查，检查不仔细扣15分</td><td></td></tr>
<tr><td>擅自通电扣10分</td><td></td></tr>
<tr><td>经两次排除故障，才正常工作运行扣10分</td><td></td></tr>
<tr><td>经三次排除故障，才正常工作运行扣15分</td><td></td></tr>
<tr><td rowspan="2">故障排除</td><td rowspan="2">33分</td><td>发现异常情况不及时断电扣15分</td><td></td></tr>
<tr><td>不明故障点，查不出原因扣10分</td><td></td></tr>
<tr><td rowspan="6">报告</td><td rowspan="11">占总分比例20%</td><td rowspan="3">内容</td><td rowspan="3">50分</td><td>无原始数据记录表扣10分</td><td></td></tr>
<tr><td>无小结、心得体会扣10分</td><td></td></tr>
<tr><td>无目的和要求扣20分</td><td></td></tr>
<tr><td rowspan="3">数据格式</td><td rowspan="3">50分</td><td>数据记录误差太大扣10分</td><td></td></tr>
<tr><td>内容编排格式不对、杂乱无章扣20分</td><td></td></tr>
<tr><td>字迹不工整，马虎不认真扣20分</td><td></td></tr>
<tr><td rowspan="5">答辩</td><td rowspan="2">理论题</td><td rowspan="2">50分</td><td>工作原理不清楚，大意不明确扣20分</td><td></td></tr>
<tr><td>语言不流畅，语句颠三倒四扣10分</td><td></td></tr>
<tr><td rowspan="3">操作画图题</td><td rowspan="3">50分</td><td>线路画的不对扣20分</td><td></td></tr>
<tr><td>符号或代号不正确或遗漏扣20分</td><td></td></tr>
<tr><td>无标题扣10分</td><td></td></tr>
<tr><td rowspan="2">提市部分</td><td rowspan="2">创新能力</td><td rowspan="2">加10分</td><td rowspan="2">定子绕组嵌线新工艺</td><td>5分</td><td>新技术的使用加5分</td><td></td></tr>
<tr><td>5分</td><td>能进行故障排除加5分</td><td></td></tr>
</table>

6．时间安排

课程设计时间为一周，共30课时。

时间		内容
一周	一	实习准备： 1．了解拆装实习的目的、任务，实习内容和纪律要求，考核评价方法； 2．掌握拆装设备和工具正确使用方法； 3．详细讲解电机拆装的步骤和要求； 4．了解拆装实习的安全和文明操作的注意事项； 5．确定分组名单
	二	电机拆卸： 1．注意拆卸的步骤及操作规范； 2．注意观察电机维修组内各种绝缘的材料、方法和措施； 3．注意绕组的放置方法； 4．注意所拆部件摆放整齐，绕组漆包线能否再利用。不能利用的，要统一保管好，避免造成浪费
	三 四	电机的装配： 1．重新绕制电机绕组； 2．嵌线、放绝缘； 3．端子绑扎，其他部件装配； 4．绕组端子测定，绕组电阻、绝缘电阻测试，通电测试
	五	通电未成功者返修，并重新测试，直至成功； 通电成功者进行答辩，撰写实习报告； 现场记录纸附在实习报告中一起上交

7．回答问题

（1）三相交流异步感应电动机主要由哪几大部分组成？各部分作用是什么？

（2）三相交流异步感应电动机的工作原理是什么？

（3）三相交流异步感应电动机的转速和极数是什么关系？

（4）装配一台三相交流异步感应电动机需要哪些原辅材料？有哪些工艺？

（5）三相交流异步感应电动机中的“异步”含义是什么？“二、四、六、八”极的电机同步转速是什么？实际转速是多少？

（6）槽绝缘的两端为什么要折成“袖边”？定子槽的槽口“尖角”有什么危害？

（7）在电机装配中，绝缘材料是怎么用的？

（8）三相交流异步感应电动机的铭牌主要包括哪些内容？

（9）对于三相、四极、24 槽、单层交叉式绕组，异步感应电动机每极每相槽数、线圈数、槽间距角、节距是怎样计算的？

（10）“1、3、5”接线方法是怎么一回事？“反 B 相”又是怎么一回事？

（11）如何简易地判断三相交流异步电动机定子绕组的首、尾端？

（12）按铭牌接线如何测量电机的空载电流和空载转速？

（13）如何检测三相交流异步电动机三相绕组之间对地的绝缘电阻？

（14）三相交流异步电动机的常见故障有哪些？

（15）什么是温升？温升过高时对电机有何危害？

（16）解释电机在运行维修中常说的四个字“看、听、闻、摸”。

（17）定子绕组匝间短路会产生什么后果？

（18）钳形电流表有什么特点？使用时应该注意些什么？

（19）说明摇表的使用方法和注意事项。

（20）什么叫接地？电气设备接地的作用是什么？

学习情境3

常用低压电气控制元件基础与实训

教学导航

学习任务	任务 3-1　了解电气元件的分类与作用 任务 3-2　常用开关的认知与应用 任务 3-3　接触器的选用　　任务 3-4　继电器的使用 任务 3-5　熔断器的选用及低压电器的识别	参考学时	8
能力目标	1．了解低压电器的构造、工作原理； 2．掌握低压电器的技术指标及应用范围；　3．具有低压电器的选择能力； 4．具有正确使用和维护低压电器的能力； 5．为分析和识读常用建筑设备控制电路打下基础		
教学资源与载体	多媒体网络平台；教材、动画 PPT 和视频等；一体化消防实验室；控制系统工程图纸，寻找相应设备；课业单、评价表		
教学方法与策略	引导文法，演示法，参与型教学法		
教学过程设计	给出设备实物→分组识别→研究构造、原理→明确图形和文字符号→学习应用和选用→进行设备识别考核		
考核与评价	常用开关的特点；继电器与接触器的区别；熔断器与过电流继电器的区别；语言表达能力；工作态度；任务完成情况与效果		
评价方式	自我评价（10%），小组评价（30%），教师评价（60%）		

任务 3-1 了解电气元件的分类与作用

任务描述

电气元件是一种根据外界的信号和要求，手动或自动地接通或断开电路，断续或连续地改变电路参数，以实现电路或非电对象的切换、控制、保护、检测、变换或调节的电气设备。为了使之得到更广泛的应用，本任务将对电气元件的分类及作用进行详细介绍。

任务分析

为了较详细地了解电气元件的分类及作用，需要学习者学习之前先对相关知识做简单的了解，了解常见建筑设备中用到的电气元件的作用。

方法与步骤

◆教师活动：布置任务进行学习引导→分组讨论低压电器分类及低压控制电器的作用。
◆学生活动：分组学习→集中研讨。

1. 电气元件的分类

由于系统的要求不同，电气元件功能多样，构造各异，原理也各具特点，品种和规格繁多，应用面广，从不同的角度有不同的分类，电气元件分类如图 3-1 所示。

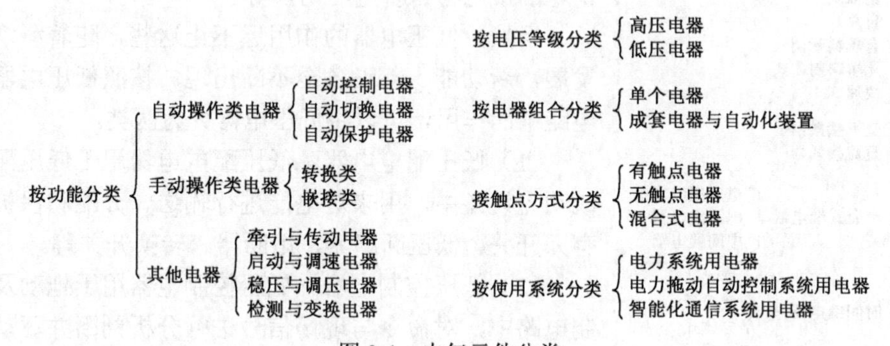

图 3-1 电气元件分类

2. 低压控制电器的作用

低压控制电器属于低压电器的一种。所谓低压电器是指在低压供电网络中，能够依据操作信号或外界现场信号的要求，自动或手动改变电器的状况、参数，用以实现对电路或被控对象的控制、保护、测量、指示、调节和转换等的电气器械。

低压电器主要有以下作用。

1）控制作用

如电梯轿厢的上下移动，快、慢速自动切换与自动平层。

2）保护作用

能根据设备的特点，对设备、环境以及人身实行自动保护，如电机的过热保护、电网的短路保护、漏电保护等。

3）测量作用

利用仪表及与之相适应的电器，对设备或其他非电参数进行测量，如电流、电压、功率、转速、温度、湿度等。

4）调节作用

低压电器可对一些电气量和非电量进行调整，以满足用户的要求，如柴油机油门的调整、房间温湿度的调节、照度的自动调节等。

5）指示作用

利用低压电器的控制、保护等功能，检测出设备运行状况与电气电路工作情况，如绝缘监测、保护掉牌指示等。

6）转换作用

在用电设备之间转换或对低压电器、控制电路分时投入运行，以实现功能切换，如励磁装置手动与自动的转换，供电的市电与自备电的切换等。

当然，低压电器的作用远不止这些，随着科学技术的发展，新功能、新设备会不断出现。按照低压电器在控制电路中的作用，可以将低压电器分为两类。

（1）低压配电电器。低压配电电器用于低压配电系统或动力设备中，用来对电能进行输送、分配和保护，主要有刀开关、低压断路器、熔断器、转换开关等。

（2）低压控制电器。低压控制电器用于拖动及其他控制电路中，对命令与现场信号进行分析判断并驱动电器设备进行工作。低压控制电器有接触器、继电器、启动器、控制器、主令电器、电磁铁等。

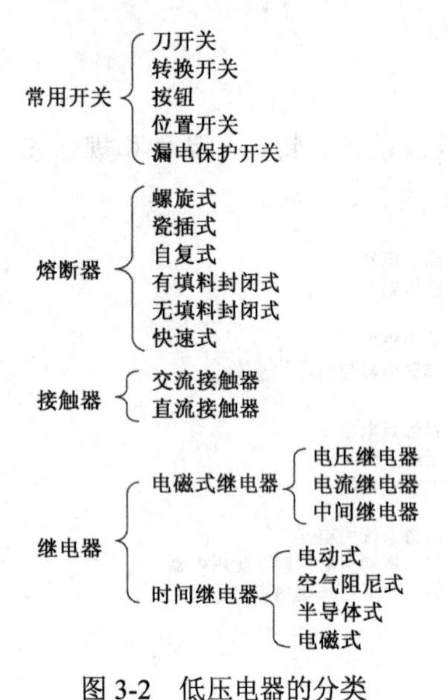

图 3-2　低压电器的分类

常用低压电器的分类，如图 3-2 所示。

任务 3-2　常用开关的认知与选用

任务描述

开关是电路接通与分断的主令设备，不同的开关的构造、原理及用途各异，以下将介绍几种常用的开关。

任务分析

对于以下几种常用的开关，主要从开关的作用、分类、构造、原理、表示符号、选择等几方面进行分析与叙述，可以与实际应用相结合，更好地去理解并掌握新知识。

方法与步骤

◆教师活动：引入项目后，展示设备、元件，指导学生学习，见图3-3。

◆学生活动：分组学习几种开关的构造、作用及用途。

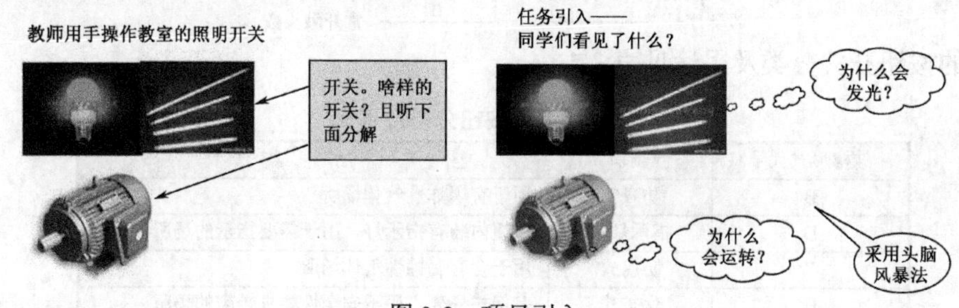

图3-3 项目引入

3.2.1 按钮开关

1．按钮开关的作用

按钮开关是一种结构简单、应用广泛、短时接通或断开小电流电路的电器。它不直接控制电路的通断，而是在低压控制电路中，用于手动发布控制指令，故称为“主令电器”，属于手动电器。

2．按钮开关的分类

按钮开关可分为常开、常闭和复合式等各种形式。在结构形式上有揿钮式、紧急式、钥匙式与旋钮式等。为识别按钮开关的作用，通常将按钮帽涂以不同的颜色，一般红色表示停止，绿色或黑色表示启动。

3．按钮开关的认知

（1）按钮开关的构造：由按钮帽、复位弹簧、桥式动触头和外壳等组成。其外形、结构及符号如图3-4所示。

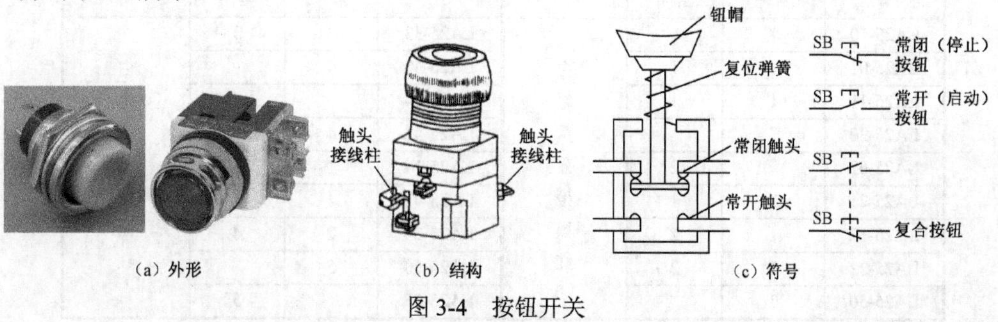

图3-4 按钮开关

（2）按钮开关的工作原理：当按下按钮帽时（用力应大于弹簧的反弹力），常开按钮闭合，常闭按钮断开；当手抬起时，在弹簧反弹力的作用下，触头复位。

4．按钮开关的型号及选用

1）按钮开关的型号意义与分类

按扭开关的型号意义如下：

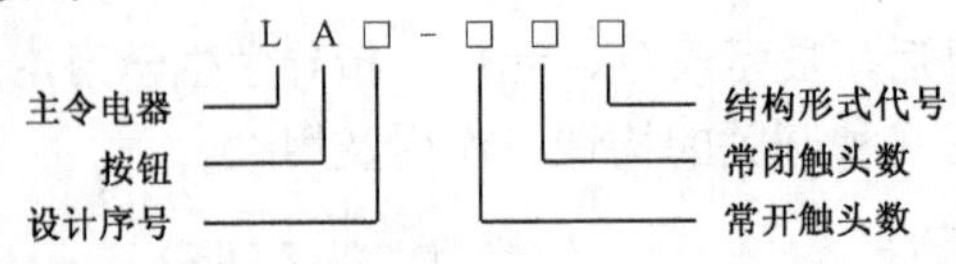

常用的按钮开关分类及用途见表 3-1。

表 3-1　常用按钮分类及用途

结构形式代号	类别	用　途
B	防爆式	用于有爆炸性气体场所
D	指示灯式	按钮内装有指示灯，用于需要指示的场所
F	防腐式	用于含有腐蚀性气体场所
H	保护式	有保护外壳，用于安全性要求较高的场所
J	紧急式	有红色钮头，用于紧急时切除电源
K	开启式	用于嵌装于固定的面板上
L	连锁式	用于多对触头需要连锁的场所
S	防水式	有密封外壳，用于有雨水场所
X	旋钮式	通过旋转把手操作
Y	钥匙式	用钥匙插入操作，可专人操作
Z	组合式	多个按钮组合在一起
Z	自锁式	内有电磁机构，可自保护，用于特殊试验场所

2）按钮开关的选择

选择按钮开关时，应根据所需要的数量、使用场所及颜色来确定，常用的按钮开关有LA2、LA18、LA19、LA20、LA25、LAY1 和 SFAN1 型系列按钮。LA2 系列按钮有一对常开触头和一对常闭触头；LA18 系列按钮采用积木结构，触头数量可以根据需要进行拼装；LA19 系列按钮是按钮与信号灯的组合，按钮兼作信号灯罩，用透明塑料制成；LA25 是新型号，其技术数据见表 3-2。

表 3-2　LA25 系列按钮技术数据

型号	触头对数		按钮颜色	型号	触头对数		按钮颜色
	常开	常闭			常开	常闭	
LA25-10	1		白 绿 黄 蓝 橙 黑 红	LA25-33	3	3	白 绿 黄 蓝 橙 黑 红
LA25-01		1		LA25-40	4		
LA25-11	1	1		LA25-04		4	
LA25-20	2			LA25-41	4	1	
LA25-02		2		LA25-14	1	4	
LA25-21	2	1		LA25-42	4	2	
LA25-12	1	2		LA25-24	2	4	
LA25-22	2	2		LA25-50	5		
LA25-30	3			LA25-05		5	

续表

型号	触头对数		按钮颜色	型号	触头对数		按钮颜色
	常开	常闭			常开	常闭	
LA25-03		3	白绿 黄蓝 橙黑 红	LA25-51	5	1	白绿 黄蓝 橙黑 红
LA25-31	3	1		LA25-15	1	5	
LA25-13	1	3		LA25-60	6		
LA25-32	3	2		LA25-06		6	
LA25-23	2	3					

【案例 3-1】设计竞赛抢答器。

在竞赛中用抢答器，分 6 个参赛组，每组用一个按钮开关控制抢答器的灯，当主持人说开始时，最先按下按钮灯先亮的算抢答上了，设计线路原理图如图 3-5 所示。

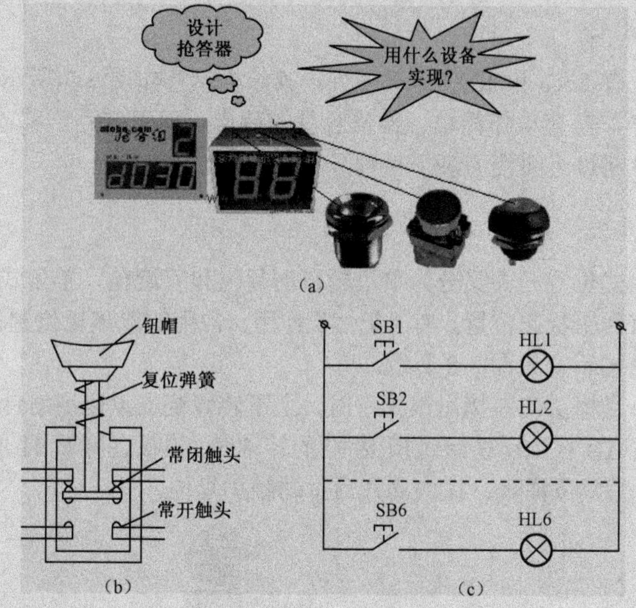

图 3-5　应用按钮开关设计抢答器

相关技能：怎么样能抢答成功是操作者技能的表现。

不同按钮开关的用途总结，如图 3-6 所示。其特点与共同点请大家自行总结。

常开按钮——接通电路；
常闭按钮——切断电路；
复合式按钮——接通与分断共存

图 3-6　按钮开关总结

3.2.2　位置开关

位置开关又称行程开关或限位开关，它和按钮开关相似，所不同的是：触头的操作不是靠手去操作，而是利用机械设备的某些运动部件的碰撞来完成操作的，因此，行程开关是一种将行程信号转换为电信号的开关元件，广泛应用于顺序控制器及运动方向、行程、定位、限位、安全等自控系统中。

1．位置开关的分类及特点

按结构分类，位置开关大致可分为按钮式、滚轮式、微动式和组合式等，各自的具体特

点见表 3-3。

表 3-3　位置开关的分类及特点

类别	特点	类别	特点
按钮式	结构与按钮相仿 优点：结构简单，价格便宜 缺点：通断速度受操作速度影响	微动式	由微动开关组成 优点：体积小，重量轻，动作灵敏 缺点：寿命较短
滚轮式	挡块撞击滚轮，常动触点瞬时动作 优点：开断电流大，动作可靠 缺点：体积大，结构复杂，价格高	组合式	几个行程开关组装在一起 优点：结构紧凑，接线集中，安装方便 缺点：专用性强

2．位置开关的构造及工作原理

1）按钮式位置开关

按钮式位置开关有 LX1 和 JLXK1 等系列，其结构示意如图 3-7 所示，这种位置开关的动作过程同按钮一样，具有动作简单、维修容易的特点，但不宜用于移动速度低于 0.4/min 的场合，否则会因分断过于缓慢而烧损行程开关的触头。

2）滚轮式位置开关

（1）构造：滚轮式位置开关又分为单滚轮自动复位和双滚轮（羊角式）非自动复位式。双滚轮位置开关具有两个稳态位置，有“记忆”作用。常用的双滚轮位置开关有 LX2、LX19 等系列，其外形与结构示意如图 3-8 所示。

（2）动作过程：当撞块向左撞击滚轮 1 时，上下转臂绕支点以逆时针方向转动滑轮 6 自左至右的滚动中，压迫横板 10，待滚过横板 10 的转轴时，横板在弹簧 11 的作用下突然转动，使触头瞬间切换。5 为复位弹簧，撞块离开后带动触头复位。

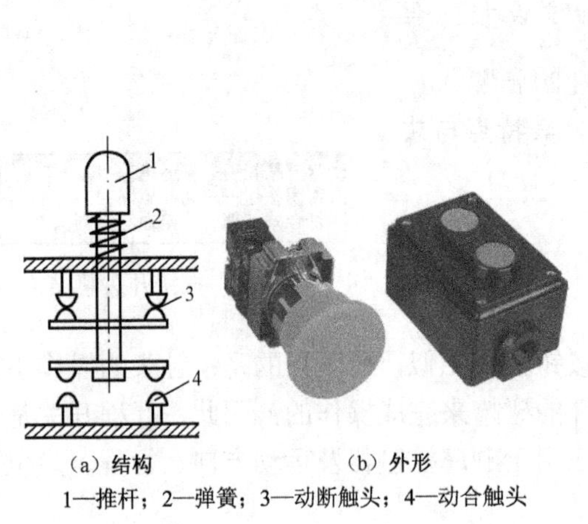

（a）结构　（b）外形

1—推杆；2—弹簧；3—动断触头；4—动合触头

图 3-7　按钮式行程开关

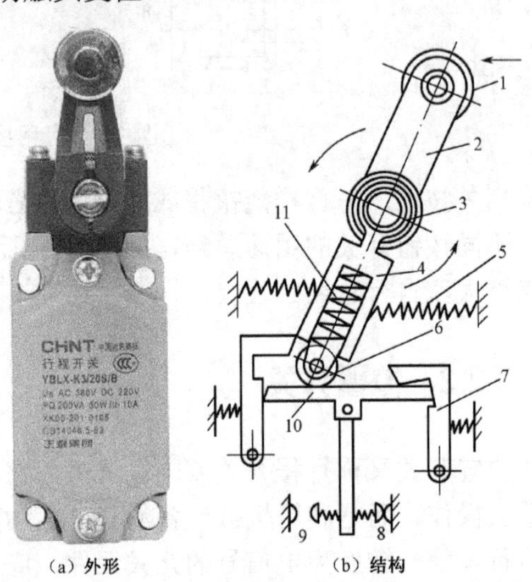

（a）外形　（b）结构

1—滚轮；2—上转臂；3—盘形弹簧；4—下转臂；5—复位弹簧；6—滑轮；7—压板；8—动断触头；9—动合触头；10—横板；11—压缩弹簧

图 3-8　滚轮式行程开关

3）微动开关式位置开关

微动开关式位置开关的型号有LX5、LXW-11等系列，其结构如图3-9所示。

微动开关的动作过程比较简单，单断点微动开关与按钮式位置开关相比具有行程短的优点。双断点微动开关内加装了弯曲的弹性铜片2，使得推杆1在很小的范围内移动时，都可使触头因铜片的翻转而改变状态。

4）组合式位置开关

组合式位置开关的型号有JW2-11Z/3和JW2-11Z/5。它是把3个或5个单轮直动式滚轮位置开关组装在一个壳体内而组成，这些行程开关交错地分布在相隔同样距离的平行面内。

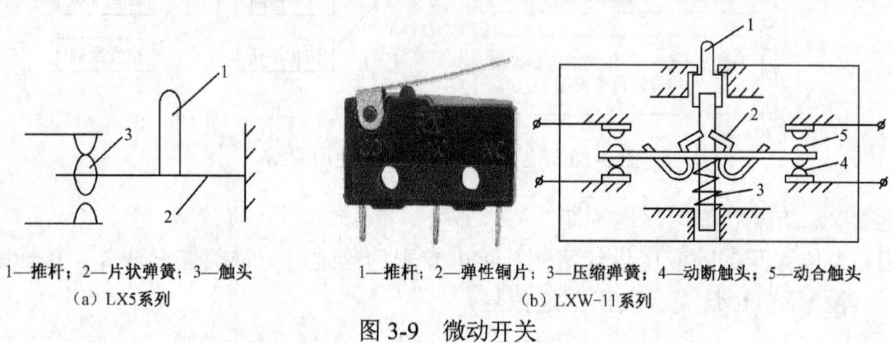

1—推杆；2—片状弹簧；3—触头
（a）LX5系列

1—推杆；2—弹性铜片；3—压缩弹簧；4—动断触头；5—动合触头
（b）LXW-11系列

图3-9 微动开关

3. 位置开关的技术数据与型号

1）技术数据

位置开关的技术数据见表3-4。

表3-4 常用位置开关技术数据

型号	额定电压、电流	结构特点	触头对数	
			常开	常闭
LX19	380V 5A	元件	1	1
LX19-111		内侧单轮，自动复位	1	1
LX19-121		外侧单轮，自动复位	1	1
LX19-131		内外侧单轮，自动复位	1	1
LX19-212		内侧双轮，不能自动复位	1	1
LX19-222		外侧双轮，不能自动复位	1	1
LX19-232		内外侧双轮，不能自动复位	1	1
LX19-001		无滚轮，反径向轮动杆，自动复位	1	1
JLXK1		快速位置开关（瞬动）		
LXW1-11		微动开关		
LXW2-11			1	1

2）型号意义

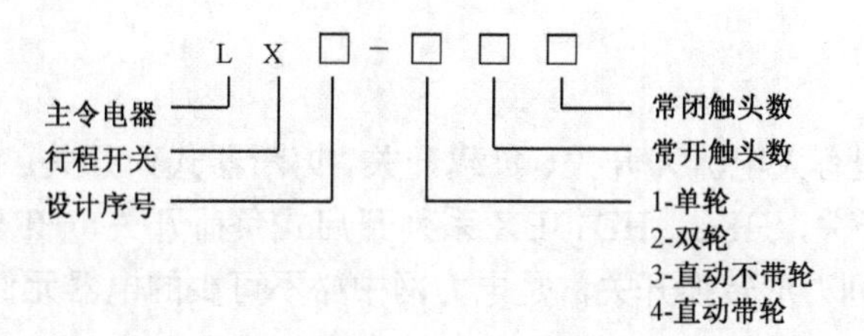

4．位置开关的选择及使用

选择位置开关时首先要考虑使用场合，才能确定位置开关的型号，然后再根据外界环境选择防护形式。选择触头数量的时候，如果触头数量不够，可采用中间继电器加以扩展，切忌过负荷使用。使用时，安装应该牢固，位置要准确，最好安装位置可以调节，以免活动部分锈死。应该指出的是，在设计时应该注意，平时位置开关不可处于受外力作用的动作状态，而应处于释放状态。位置开关的选择及使用总结如图 3-10 所示。

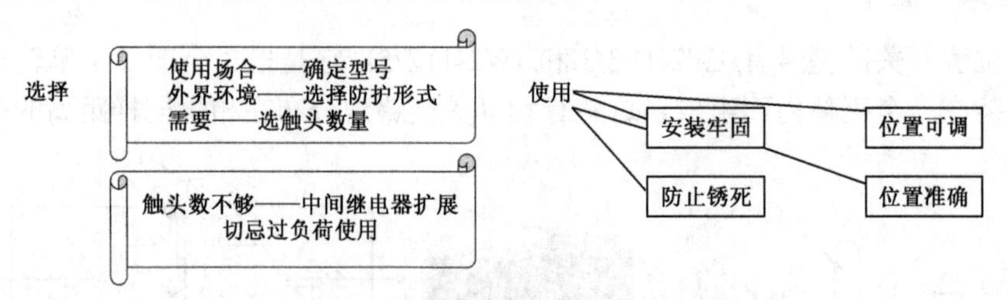

图 3-10　位置开关的选择及使用总结

【案例 3-2】防火卷帘门落地控制。

图 3-11 为位置开关的应用设计案例。防火卷帘门落地时，碰撞位置开关，其长闭触点断开，卷帘门停止下落，灯亮，发出落地信号。

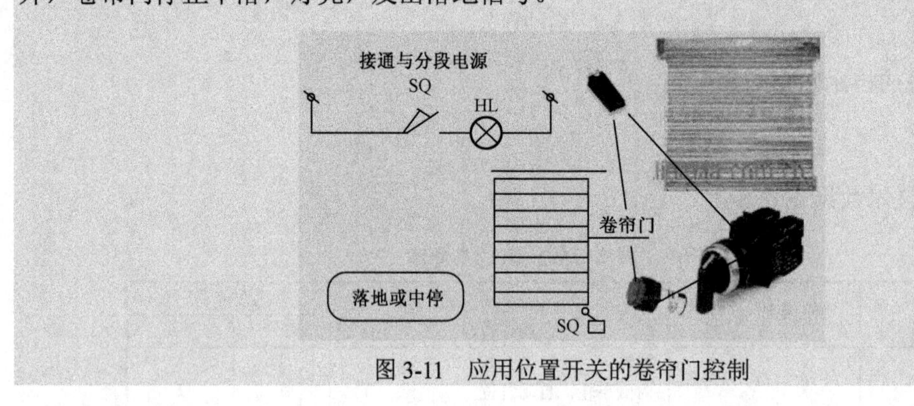

图 3-11　应用位置开关的卷帘门控制

3.2.3　刀开关

刀开关是低压配电中结构最简单、应用最广泛的电器，主要用在低压成套配电装置中，作为不频繁地手动接通和分断交直流电路或作隔离开关用，也可以用于不频繁地接通与分断额定电流以下的负载，如小型电动机等。

刀开关的典型结构如图 3-12 所示，刀开关由手柄、触刀、静插座和底板组成。

1．常用刀开关

1）分类与作用

刀开关的主要类型有大电流刀开关、负载开关、熔断器式刀开关。常用的产品有：HD14、HD17、HS13 系列刀开关，HK2、HD13BX 系列开启式负荷开关，HRS、HR5 系列熔断器式刀开关。HD 和 HS 系列刀形转换开关，是电力网中必不可少的电器元件，常用于各种低压配

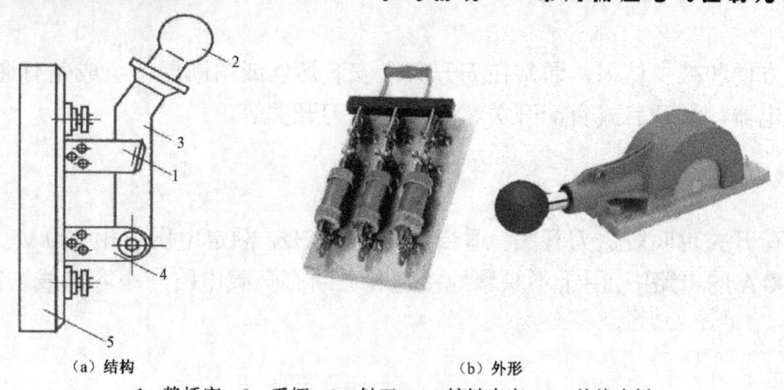

1—静插座；2—手柄；3—触刀；4—铰链支座；5—绝缘底板

图 3-12　刀开关

电柜、配电箱、照明箱中。当电源进入时首先接的是刀开关，再接熔断器、断路器、接触器等其他电器元件，以满足各种配电柜、配电箱的功能要求。当其以下的电器元件或线路中出现故障，切断隔离电源就靠它来实现，以便对设备、电器元件修理更换。HS 刀形转换开关主要用于转换电源，即当一路电源不能供电，需要另一路电源供电时就由它来进行转换，当转换开关处于中间位置时，可以起隔离作用。刀开关的分类与作用，如图 3-13 所示。

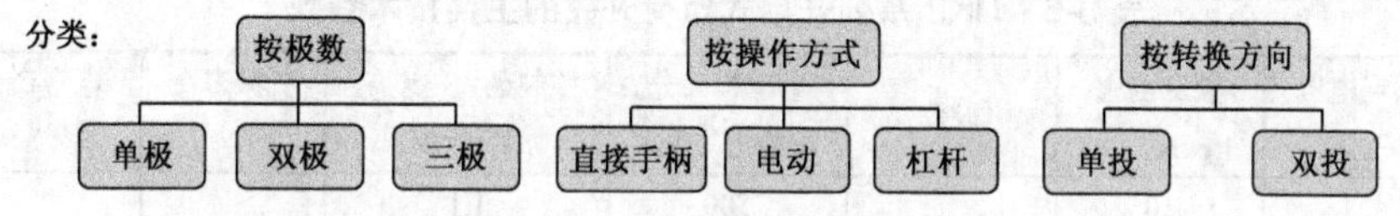

图 3-13　刀开关的分类与作用

2）刀开关的型号含义

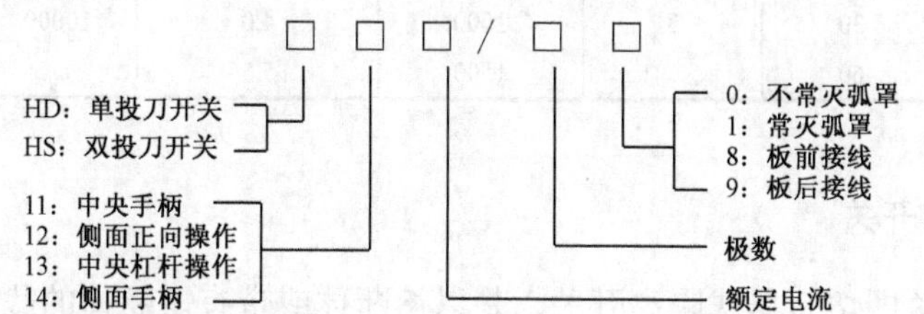

3）刀开关的主要技术参数

HD17 系列刀开关的主要技术参数见表 3-5。

表 3-5　HD17 系列刀开关的主要技术参数

额定电流（A）	通断能力（A）			在交流 380 V 和 60% 额定电流时，刀开关的电气寿命（次）	电动稳定性电流峰值(kA)	热稳定性电流(kA)
	交流 380 V $\cos\phi$=0.72～0.8	直流 220 V	直流 440 V			
		T=0.01～0.011 s				
200	200	200		1000	30	10
400	400	400		1000	40	20
600	600	600		500	50	25
1000	1000	1000		500	60	30
1500	—	—		—	80	40

为了使用方便和减少体积，通常在刀开关上安装熔丝或熔断器，组成兼有通断电路和保护作用的开关电器，如开启式负荷开关、熔断器式刀开关等。

2．开启式负荷开关

开启式负荷开关也叫胶盖刀开关，适合在交流 50 Hz，额定电压单相 220 V、三相 380 V，额定电流至 100 A 的电路中，用于不频繁地接通和分断有负载电路与小容量线路的短路保护。

1）型号含义

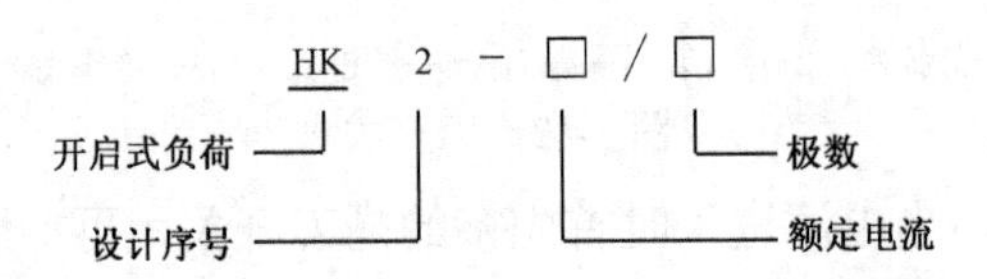

2）主要技术参数

HK2 系列开启式负荷开关的主要技术参数见表 3-6。

表 3-6　HK2 系列开启式负荷开关的主要技术参数

额定电压（V）	额定电流（A）	极数	熔体极限分断能力（A）	控制最大电动机功率（kW）	机械寿命（次）	电寿命（次）
200	10 15 30	2	500 500 1000	1.1 1.5 3.0	10000	2000
330	15 30 60	3	500 1000 1500	2.2 4.0 5.5	10000	2000

3．熔断器式刀开关

熔断器式刀开关即熔断器式隔离开关，是以熔断体或带有熔断体的载熔件作为动触点的一种隔离开关。主要在额定电压交流 600 V(45～62 Hz)，约定发热电流至 630 A，具有高短路电流的配电电路和电动机电路中，作为电源开关、隔离开关、应急开关，以及电路保护之用，但一般不适合直接控制单台电动机。

1）型号含义

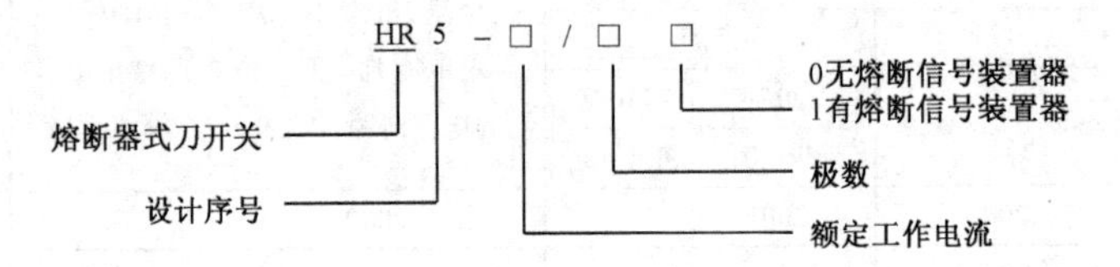

2）主要技术参数

HR5 系列熔断器式刀开关的主要技术参数见表 3-7。

表 3-7　HR5 系列熔断器式刀开关的主要技术参数

额定工作电压（V）	380		660	
约定发热电流（A）	100	200	400	630
熔体电流值（A）	4～160	80～250	125～400	315～630
熔断体号	00	1	2	3

4．图形符号及文字符号

刀开关的外形、图形符号及文字符号如图 3-14 所示。

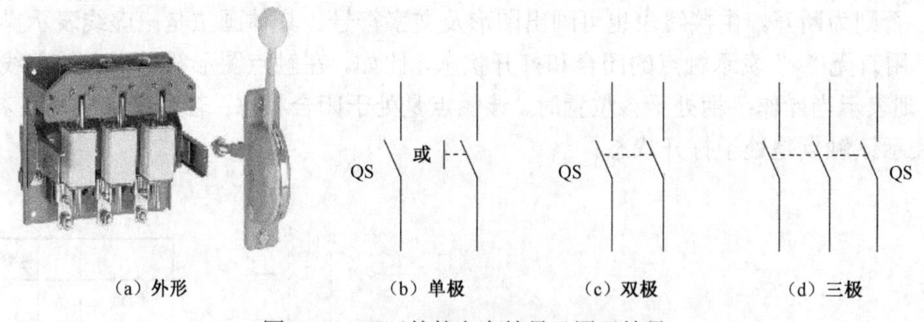

图 3-14　刀开关的文字符号及图形符号

【案例 3-3】电动机启停控制。

图 3-15 是应用刀开关控制电动机启停的案例。

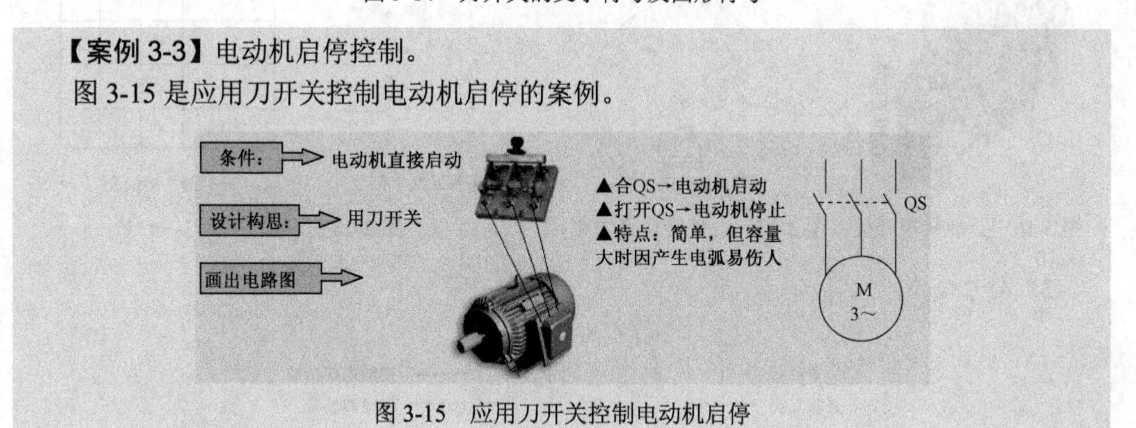

图 3-15　应用刀开关控制电动机启停

3.2.4　转换开关

转换开关是由多组相同结构的开关元件叠装而成的用以控制多回路的一种主令电器，可用于控制高压油断路器、空气断路器等操作机构的分合闸，以及各种配电设备中线路的换接、遥控与电流表、电压表的换向测量等，也可用于控制小容量电动机的启动、换向和调速。由于它换接的线路多，用途广泛，故称为万能转换开关。

1）构造及原理

万能转换开关由手柄、带号码牌的触头盒等构成，有的还带有信号灯。它具有多个挡位、多对触头，可供机床控制电路中进行换接之用。在操作不太频繁时，可用于小容量电机的启动、改变转向，也可用于测量仪表等。其外形如图 3-16 所示，结构示意图如图 3-17 所示，

图中间带缺口的圆为可转动部分，每对触头在缺口对着时导通，实际中的万能转换开关不是只有图中一层，而是由多层相同的部分组成，触头不一定正好是3对，凹轮也不一定只有一个凹口。

当转动手柄至不同挡位时，方轴带动相应的动触头随之转动，使得相关部分的触头闭合，其他部分触头断开。

2）图形及文字符号

万能转换开关的图形文字符号如图3-18（a）所示，其触头接线表可从设计手册中查到，如图3-18（b）所示，其中显示了开关的挡位、触头数目和接通状态，表中用“×”表示触点接通，否则为断开。由接线表也可画出图形及文字符号。具体画法是：虚线表示操作手柄的位置，用有无“•”表示触点的闭合和打开状态，比如，在触点图形符号下方的虚线位置上画“•”，则表示当操作手柄处于该位置时，该触点是处于闭合状态；若在虚线位置上未画“•”时，则表示该触点是处于打开状态。

图3-16　万能转换开关

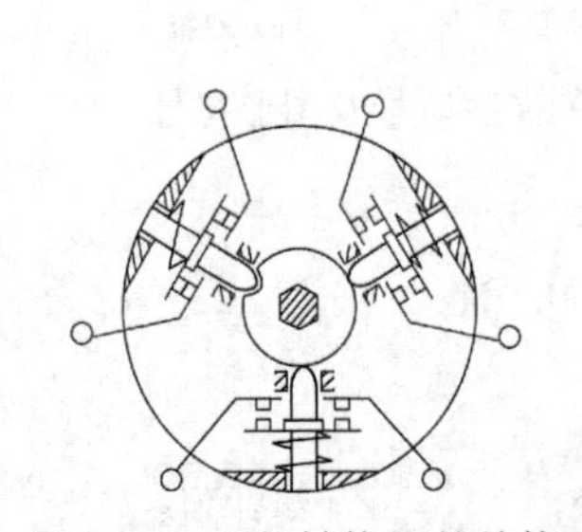

图3-17　万能转换开关结构

SA

左　0　右

1　2

3　4

5　6

7　8

（a）图形及文字符号

触点	位置 左	位置 0	位置 右
1-2		×	
3-4			×
5-6	×		×
7-8	×		

（b）触头接线表

图3-18　万能转换开关符号

3）型号含义

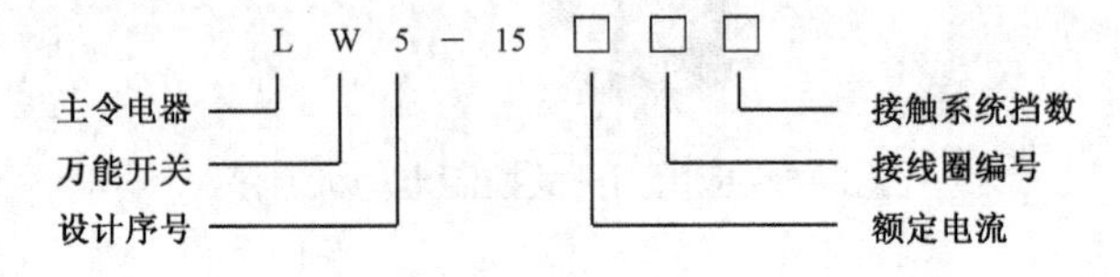

4）主要技术参数

常用万能转换开关的主要技术参数见表3-8。

表3-8　常用万能转换开关的主要技术参数

型号	电压（V）	电流（A）	接通		分断		特　点
			电压/V	电流/A	电压/V	电流/A	
LW5	～500	15	110	30	110	30	双断点触头，挡数1～8，面板为方形或圆形，可用于各种配电设备的远距离控制，5.5kW设备的切换、仪表切换等
			220	20	220	20	
			380	15	380	15	
			500	10	500	10	
LW6	～380	5	380	5	380	5	2～12个挡位，1～10层，每层32对触头

【案例 3-4】控制不同信号灯。

如图 3-19 所示是应用转换开关控制不同信号灯的案例。

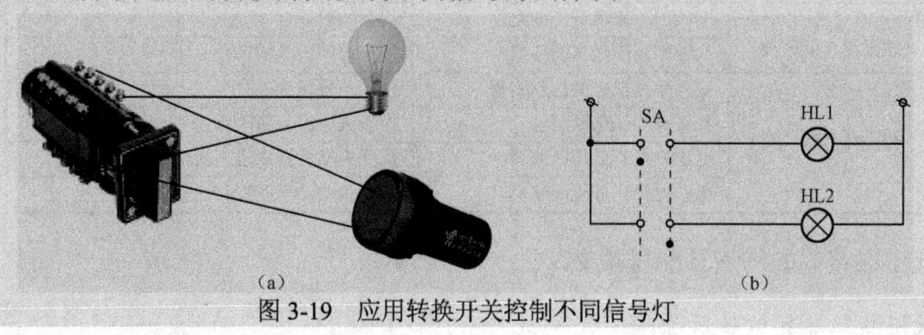

图 3-19 应用转换开关控制不同信号灯

3.2.5 低压断路器（自动开关）

低压断路器又称自动开关或自动空气开关。它的特点是：在正常工作时，可以人工操作，接通或切断电源与负载的联系，当出现故障时，如短路、过载、欠压等，又能自动切断故障电路，起到保护作用，因此得到了广泛的应用。

1. 低压断路器的分类及用途

低压断路器主要以结构形式分类，即开启式和装置式两种。开启式又称为框架式或万能式，装置式又称为塑料壳式。装置式低压断路器装在一个塑料制成的外壳内，多数只有过电流脱扣器，由于体积限制，失压脱扣和分励脱扣只能两者居一。装置式低压断路器短路开断能力较低，额定工作电压在 660 V 以下，额定电流也多在 600 A 以下。从操作方式上看，装置式低压断路器的变化小，多为手动，只有少数带传动机构可进行电动操作。其尺寸较小，动热稳定性较低，维修不便；但价格便宜，故宜于用作支路开关。

框架式低压断路器的所有部件装在一个绝缘衬垫的金属框架内，可以具有过电流脱扣器、欠压脱扣器、分励脱扣器、闭锁脱扣器等。与装置式断路器相比，它的短路开断能力较高，额定工作电压可达 1140 V，额定电流为 200～400 A，甚至超过 5000 A。操作方式较多，有手动操作、杠杆操作、电动操作，还有储能方式操作等。由于其动热稳定性较好，故宜用于开关柜中，维修比较方便，但价格高，体积大。

低压断路器的分类及用途见表 3-9。

表 3-9 低压断路器的分类及用途

分类方法	种类	主要用途
按用途分类	保护配电线路低压断路器	用做电源点开关和各支路开关
	保护电动机低压断路器	可装在近电源端，保护电动机
	保护照明线路低压断路器	用于生活建筑内电气设备和信号二次线路
	漏电保护低压断路器	防止因漏电造成的火灾和人身伤害
按结构分类	框架式低压断路器	开断电流大，保护种类齐全
	塑料外壳低压断路器	开断电流相对较小，结构简单
按极数分类	单极低压断路器	用于照明回路
	两极低压断路器	用于照明回路或直流回路
	三极低压断路器	用于电动机控制保护
	四极低压断路器	用于三相四线制线路控制

续表

分类方法	种类	主要用途
按限流性能分类	一般型不限流低压断路器	用于一般场合
	快速型限流低压断路器	用于需要限流的场合
按操作方式分类	直接手柄操作低压断路器	用于一般场合
	杠杆操作低压断路器	用于大电流分断
	电磁铁操作低压断路器	用于自动化程度较高的电路控制
	电动机操作低压断路器	用于自动化程度较高的电路控制

2．低压断路器的构造及型号意义

1）低压断路器的构造及原理

低压断路器的外形结构、原理图及符号如图 3-20 所示。开关盖上有操作按钮（红分，绿合），正常工作用手动操作，有灭弧装置。断路器主要由三个基本部分组成：触头、灭弧系统和各种脱扣器，包括过电磁脱扣器、失（欠）压脱扣器、热脱扣器。

图 3-20 中 3 对主触头串接在被保护的三相主电路中，当按下绿色按钮，触头 2 和锁链 3 保持闭合，线路接通。

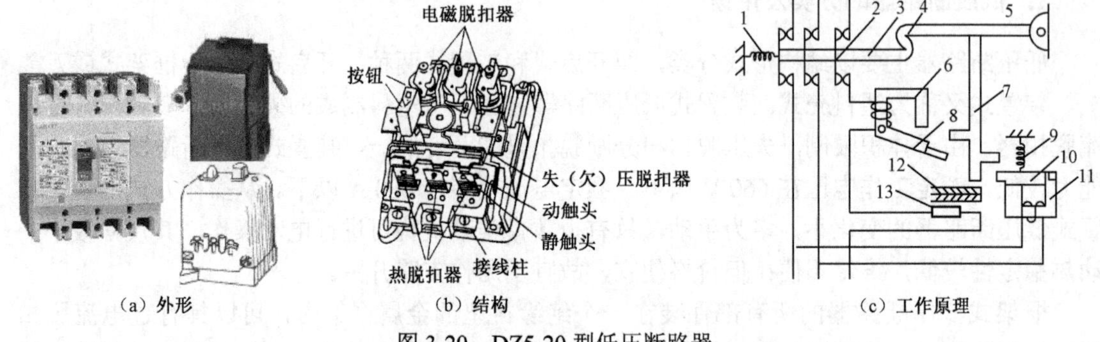

图 3-20　DZ5-20 型低压断路器

当线路正常工作时，电磁脱扣器 6 的线圈所产生的吸力不能将它的衔铁 8 吸合，如果线路发生短路和产生较大过电流时，电磁脱扣器的吸力增加，将衔铁 8 吸合，并撞击杠杆 7，把搭钩 4 顶上去，锁链 3 脱扣，被主弹簧 1 拉回，切断主触头 2。

当线路上电压下降或失去电压时，失（欠）压脱扣器 11 的吸力减小或消失，衔铁 10 被弹簧 9 拉开。撞击杠杆 7，也能把搭钩 4 顶开，切断主触头 2。

当线路出现过载时，过载电流流过热脱扣器的发热元件 13，使双金属片 12 受热弯曲，将杠杆 7 顶开，切断主触头 2。

脱扣器都可以对脱扣电流进行整定，只要改变热脱扣器所需要的弯曲程度和电磁脱扣器铁芯机构的气隙大小即可。热脱扣器和电磁脱扣器互相配合，热脱扣器担负责主电路的过载保护，电磁脱扣器担负责短路故障保护。当低压断路器由于过载而断开后，应等待 2～3 min 才能重新合闸以使热脱扣器回复原位。

低压断路器的主要触点由耐压电弧合金（如银钨合金）制成，采用灭弧栅片加陶瓷罩来熄灭电弧。

2）低压断路器的型号含义

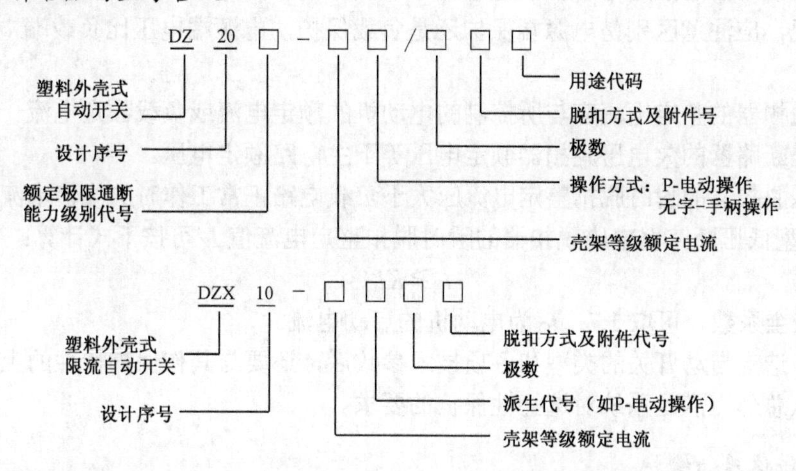

3．图形及文字符号

低压断路器的外形、图形及文字符号，见图3-21。

QF　QF　QF

（a）三极　（b）二极　（c）单极

图3-21　低压断路器的图形及文字符号

4．低压断路器的技术参数

DZ5-20型低压断路器的技术参数，见表3-10。

表3-10　DZ5-20型低压断路器的技术参数

型号	额定电压（V）	主触头额定电流（A）	极数	脱扣器型式	热脱扣器额定电流（括号内为整定电流调节范围）（A）	电磁脱扣器瞬时动作整定值（A）
DZ5-20/330 DZ5-20/230	～380 –220	20	3 2	复式	0.15(0.10～0.15) 0.20(0.15～0.20) 0.30(0.20～0.30) 0.45(0.30～0.45)	为热脱扣器额定电流的8～12倍（出厂时整定于10倍）
DZ5-20/320 DZ5-20/220			3 2	电磁式	0.65(0.45～0.65) 1(0.65～1) 1.5(1～1.5) 2(1.5～2) 3(2～3)	
DZ5-20/310 DZ5-20/210			3 2	热脱扣器式	4.5(3～4.5) 6.5(4.5～6.5) 10(6.5～10) 15(10～15) 20(15～20)	
DZ5-20/300 DZ5-20/200			3 2	无脱扣器式		

5．低压断路器的选择与维护

1）低压断路器的选择

（1）低压断路器的类型应根据电路的额定电流及保护的要求来选用。

（2）低压断路器的额定电压和额定电流应不小于电路的正常工作电压和工作电流。对于配电电路来说，应注意区别是电源端保护还是负载保护，电源端电压比负载端电压高出 5%左右。

（3）热脱扣器的整定电流应与所控制的电动机的额定电流或负载额定电流一致。

（4）低压断路器的欠电压脱扣器额定电压等于主电路额定电压。

（5）电磁脱扣器的瞬时脱扣整定电流应大于负载电路正常工作时的峰值电流。对于电动机来说，DZ 型低压断路器电磁脱扣器的瞬时脱扣整定电流值 I_Z 可按下式计算：

$$I_Z \geqslant KI_Q$$

式中，K 为安全系数，可取 1.7；I_Q 为电动机的启动电流。

（6）初步选定自动开关的类型和各项技术参数后，还要与其作保护特性的上、下级开关协调配合，从总体上满足系统对选择性保护的要求。

2）低压断路器的维护

（1）使用前应将脱扣器电磁铁工作面的防锈油脂抹去，以免影响电磁机构的动作值。

（2）在使用一定次数后（一般为 1/4 机械寿命），转动部分应加润滑油（小容量的塑壳式不需要）。

（3）定期检查各脱扣器的整定值。

（4）定期清除断路器上的灰尘，以保持绝缘良好。

（5）断路器的触点使用一定次数后，如果表面有毛刺和颗粒等应及时清理修整，以保证接触良好。

（6）灭弧室在分断短路电流或较长时间使用后，应清除其内壁和栅片上的金属颗粒和黑烟。

【案例 3-5】控制电动机。

如图 3-22 所示为应用低压断路器控制电动机启停及热保护的案例。

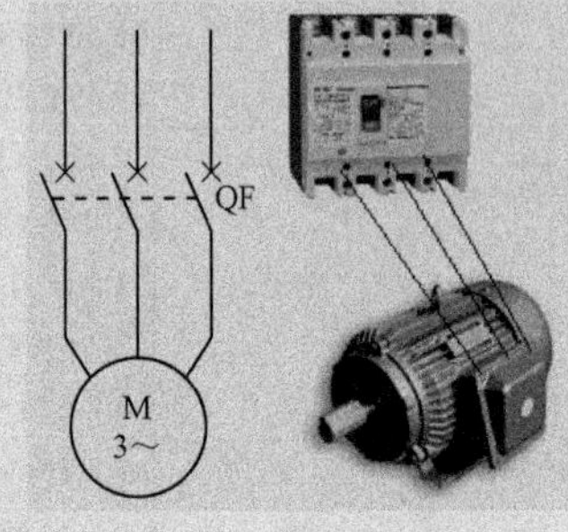

图 3-22　应用低压断路器控制电动机启停及热保护

3.2.6　漏电保护器（漏电保护开关）

1．漏电保护开关的认知

随着家用电器的增多，由于绝缘不良引起漏电时，因为泄漏电流小，不能使其保护装置（熔断器、自动开关）动作，这样漏电设备外漏的可导电部分长期带电，增加了触电危险。漏电保护开关是针对这种情况在近年来发展起来的新型保护电器，有电压型和电流型之分。电压型和电流型漏电保护开关的主要区别在于检测故障信号方式的不同。

1）漏电保护开关分类

按保护功能分为两类：一类是带过电流保护的，它除了具备漏电保护功能外，还兼有过载和短路保护功能。使用时，电路上一般不需要配用熔断器；另一类是不带过流保护的，它在使用时还需要配用相应的过流保护装置（如熔断器）。

2）漏电保护开关组成

漏电保护器也是一种漏电保护装置，它由主回路断路器（内含脱扣器 YR）、零序电流互感器 TAN 和放大器 A 三个主要部件组成。其外形及组成原理与接线如图 3-23 所示。它只具有检测与判断漏电的能力，本身不具备直接开闭主电路的功能，通常与带有分励脱扣器的自动开关配合使用，当断电器动作时输出信号至自动开关，由自动开关分断主电路。

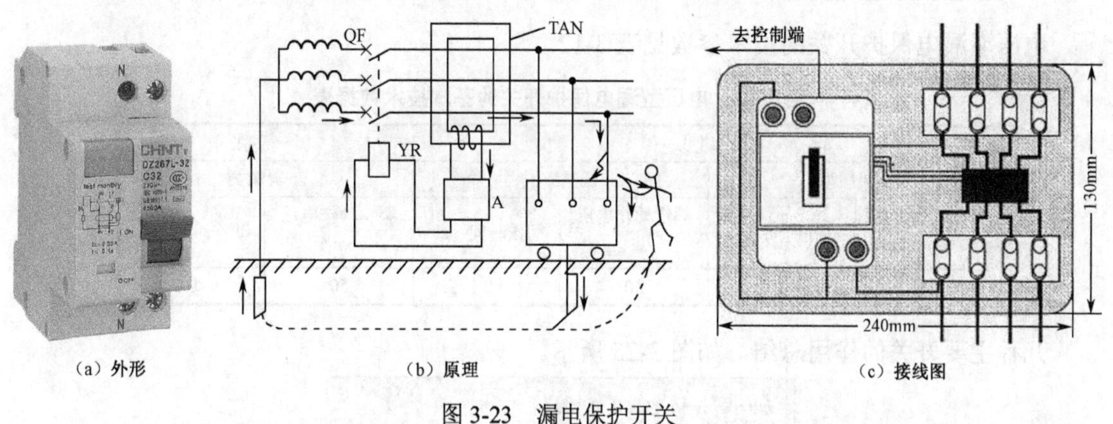

（a）外形　（b）原理　（c）接线图

图 3-23　漏电保护开关

3）漏电保护开关的工作原理

在设备正常运行时，主电路电流的相量和为零，零序互感器的铁芯无磁通，二次侧没有电压输出。当设备发生单相接地或漏电时，由于主电路电流的相量和不再为零，TAN 的铁芯有零序磁通，其二次侧有电压输出，经放大器 A 判断、放大后，输入给脱扣器 YR，使断路器 QF 跳闸，切断故障电路，避免发生触电事故。

漏电保护开关适用于额定电压为 220V、电源中性点接地的单相回路，具有结构简单、体积小动作灵敏、性能稳定可靠等优点，适合于民用住宅使用。

2．漏电保护开关安装

漏电保护开关在使用时，应接在电度表和熔断器后面，住宅建筑漏电保护开关接线如图 3-24 所示。安装时应按开关规定的标志接线。接线完毕后应按动试验按钮，检查漏电保护开关是否动作可靠。漏电保护开关投入正常运行后，应定期校验。一般每个月需在合闸通电状态下按动试验按钮 SB 一次，检查漏电保护开关是否正常工作，以确保其安全性。

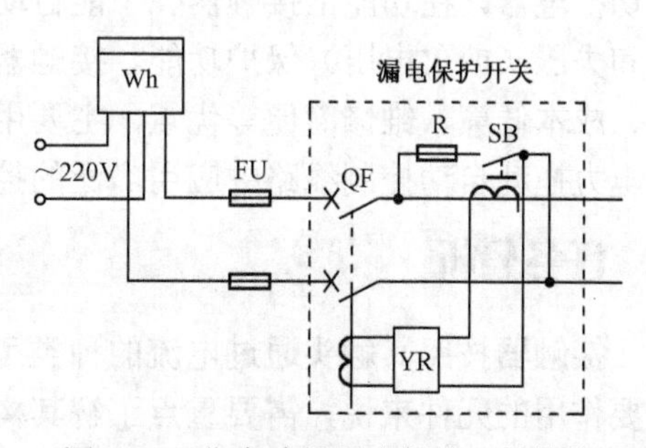

图 3-24　住宅建筑漏电保护开关接线

3. 漏电保护开关的技术参数

电流型漏电保护开关的技术参数见表 3-11。

表 3-11 电流型漏电保护开关基本技术参数

高速型				一般型	
高灵敏类		低灵敏类		低灵敏类	
额定动作电压（V）	动作时间（s）	额定动作电压（V）	动作时间（s）	额定动作电压（V）	动作时间（s）
5 10 30	<0.1	50、100 200、300 500、1000	<0.1	50、100 200、300 500、1000	<0.2

电压型漏电保护开关的技术参数见表 3-12。

表 3-12 电压型漏电保护开关的基本技术数据表

高速型				一般型	
高灵敏型		低灵敏类		低灵敏类	
额定动作电压（V）	动作时间（s）	额定动作电压（V）	动作时间（s）	额定动作电压（V）	动作时间（s）
25	<0.1	50	<0.1	50	<0.2

几种主要开关的作用总结，如图 3-25 所示。

刀开关——小容量开关电路；
位置开关——行程控制；
转换开关——接通、分断与换向；
自动开关——通断与保护；
按钮开关——起停指令；
漏电保护开关——漏电保护、过载和短路保护功能

图 3-25 几种主要开关的作用总结

任务 3-3 接触器的认知与选用

任务描述

接触器是一种用于频繁地接通或断开交直流主电路、大容量控制电路等大电流电路的自动切换电器，在功能上接触器除了能自动切换外，还具有手动开关所不具备的远距离操作功能和失压（或欠电压）保护功能。接触器具有操作频率高、使用寿命长、工作可靠、性能稳定、成本低廉、维修简便等优点，主要用于控制电动机、电热设备、电焊机、电容器组等，是电力拖动自动控制线路中应用广泛的控制电器之一。

任务分析

接触器按照其触头通过电流的种类可分为交流接触器和直流接触器。对于在电路中起到重要作用的元件来说，需要重点了解其构造、工作原理、表示符号以及具体的应用，从其应用中更好地加深对接触器的掌握与理解。

方法与步骤

◆教师活动：下达课业单（见表 3-13）→给出不同接触器实物→进行学习引导。

◆学生活动：按要求学会接触器的选择和使用，完成课业单。

表 3-13　课业单

接触器的构造	
接触器工作原理	
接触器的作用	
交、直流接触器的区别	
接触器的图形及文字符号	
接触器的选择	

3.3.1　交流接触器

1. 交流接触器的构造

交流接触器由电磁机构、触头系统和灭弧装置三部分组成，交流接触器的外形及插座如图 3-26 所示。

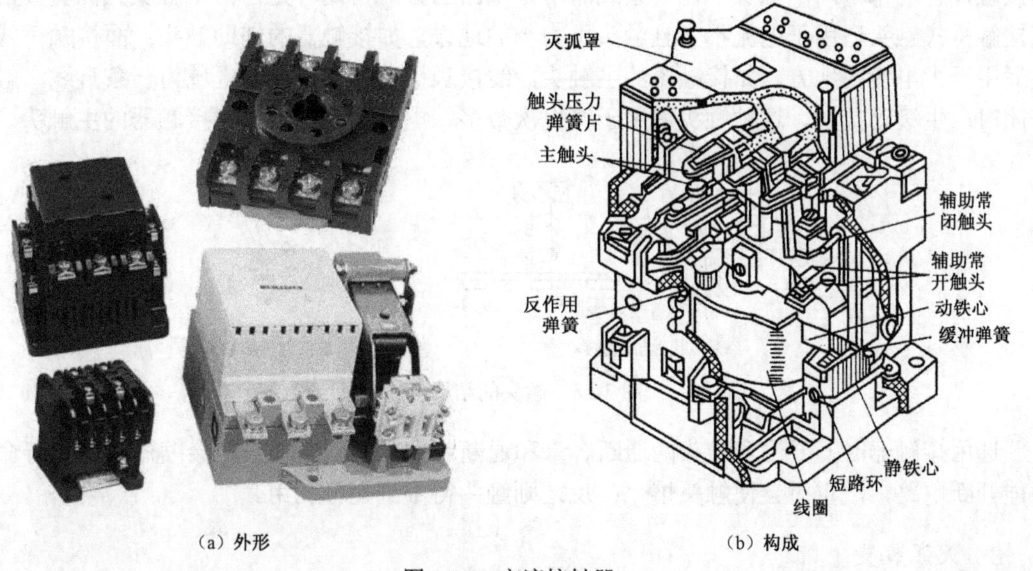

（a）外形　　（b）构成

图 3-26　交流接触器

1）电磁机构

电磁机构的作用是将电磁能转换成机械能，操纵触点的闭合或断开，交流接触器一般采用衔铁绕轴转动的拍合式电磁机构和衔铁作直线运动的电磁机构。由于交流接触器的线圈通交流电，在铁芯中存在磁滞和涡流损耗，会引起铁芯发热，为了减少涡流和磁滞损耗，以免铁芯发热过热，铁芯由硅钢片叠铆而成，同时，为了减小机械振动和噪声，在铁芯柱端面上嵌装一个金属环，称为短路环，如图 3-27 所示，短路环相当于变压器的二次绕组，当激磁线圈通入交流电后，在铁芯中产生磁通ϕ_1，ϕ_1在短路环中产生感应电流，于是在短路环中产生磁通ϕ_2。磁通ϕ_1由线圈电流I_1产生，而ϕ_2则由I_1及短路环中的感应电流 I_2 共同产生。电流 I_1 和I_2相位不同，故ϕ_1和ϕ_2的相位也不同，即在ϕ_1过零时ϕ_2不为零，使得合成吸力无过零点，铁芯总可以吸住衔铁，使其振动减小。

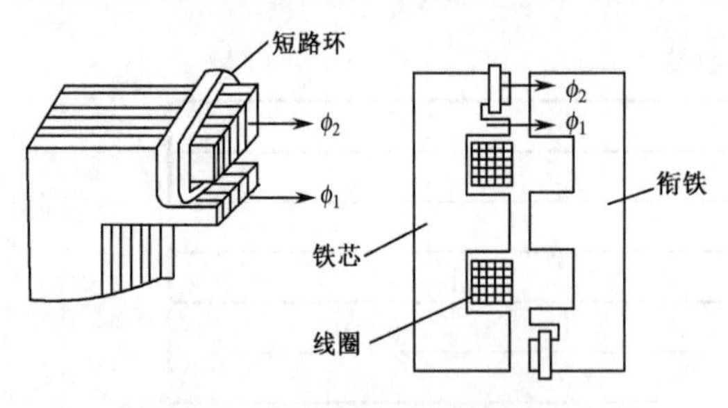

图 3-27　交流接触器铁芯的短路环

2）触头系统

触头用于切断或接通电气回路的部分，它是接触器的执行元件。由于需要对电流进行切断和接通，其导电性能和使用寿命是考虑的主要因素。在回路接通时，触头处应接触紧密，导电性能良好；回路切断时则应可靠切断电路，保证有足够的绝缘间隙。触头有主触头和辅助触头之分，还有使触头复位用的弹簧。主触头用以通断主回路（大电流电路），常为 3 对、4 对或 5 对常开触头，而辅助触头则用来通断控制回路（小电流回路），起电气连锁或控制作用，所以又称为连锁触头。

触头的结构形式分为桥式触头和线接触指形触头，如图 3-28 所示。桥式触头有点接触和面接触，它们都是两个触头串在一条线路中，电路的开断与闭合是由两个触头共同完成的。点接触桥式触头适用于电流不大且触头压力小的地方，如接触器的辅助触头；面接触桥式触头适用于大电流的地方，如接触器的主触头。线接触指形触头的接触区域为一条直线，触头开闭时产生滚动接触。这种触头适用于接电次数多、电流大的地方，如接触器的主触头。

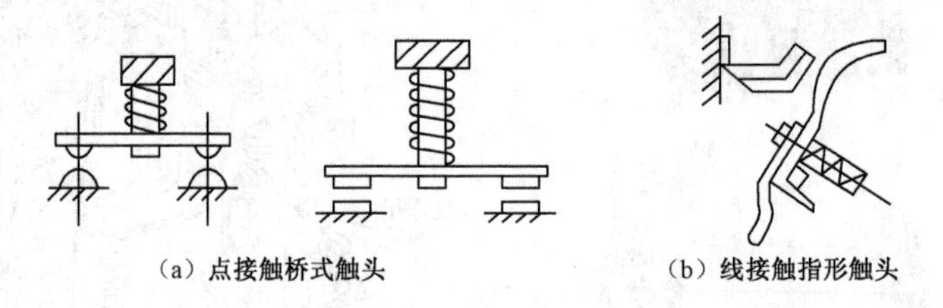

（a）点接触桥式触头　　（b）线接触指形触头

图 3-28　触头的结构形式

选用接触器时，要注意触头的通断容量和通断频率，如应用不当，会缩短其使用寿命或不能开断电路，严重时会使触头熔化；反之则触头得不到充分利用。

3）灭弧装置

当交流接触器分断带有电流负荷的电路时，如果触头开断的电源电压超过 12～20 V，被

开断的电流超过 0.25～1 A，在触头开断的瞬间，就会产生热量为 6000～20000 卡的、能发出强光的、导电的弧状气体，这就是电弧。电弧的产生为电路中电磁能的释放提供了通路，从一定程度上可以减小电路开断时的冲击电压。但是，电弧的产生一方面使电路仍然保持导通状态，使得该断开的电路未能断开；另一方面，电弧产生的高温将烧损开断电路的触头，损坏导线的绝缘，甚至有电弧飞出，危及人身安全，或造成开关电器的爆炸和火灾。总之，触头断开时产生的电弧弊多利少，为此，触头系统上必须采取一定的灭弧措施。交流接触器的灭弧方法有四种，如图 3-29 所示。用电动力使电弧移动拉长，如电动力灭弧、双断口灭弧，或将长弧分成若干短弧，如栅片灭弧、纵缝灭弧等。容量在 10 A 以上的接触器有灭弧装置，小容量的接触器采用双断口桥形触头以利于灭弧。对于大容量的接触器常采用栅片或纵缝灭弧。

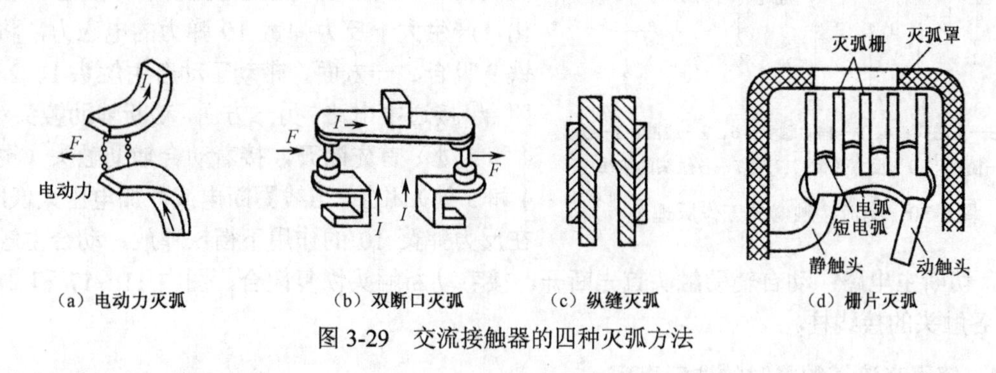

图 3-29 交流接触器的四种灭弧方法

2. 交流接触器的分类

交流接触器的种类很多，其分类方法也不尽相同，按照一般的分类方法，大致有以下几种。

1）按主触头极数分类

按主触头极数可分为单极、双极、三极、四极和五极接触器。单极接触器主要用于单相负荷，如照明负荷、点焊机等，在电动机能耗制动中也可采用；双极接触器主要用于绕线式异步电动机的转子回路中，启动时用于短接启动绕组；三极接触器用于三相负荷，例如在电动机的控制及其他场合使用最为广泛；四极接触器主要用于三相四线制的照明线路，也可用来控制双回路电动机负载；五极交流接触器用来组成自耦补偿启动器或控制双笼形电动机，以变换绕组接法。

2）按主触头的静态位置分类

按主触头的静态位置可分为动合接触器、动断接触器和混合型接触器三种。主触头为动合触头的接触器用于控制电动机及电阻性负载，用途较广；主触头为动断触头的接触器用于备用电源的配电回路和电动机的能耗制动；主触头一部分为动合而另一部分为动断的接触器用于发电机励磁回路灭磁和备用电源。

3）按灭弧介质分类

按灭弧介质可分为空气式接触器、真空式接触器。依靠空气绝缘的接触器用于一般负载，而采用真空绝缘的接触器常用在煤矿、石油、化工企业及电压在 660 V 和 1140 V 等特殊场合。

4）按有无触头分类

按有无触头可分为有触头接触器和无触头接触器。常见的接触器多为有触头接触器，而无触头接触器属于电子技术应用的产物，一般采用晶闸管作为回路的通断元件。由于晶闸管导通时所需的触发电压很小，而且回路通断时无火花产生，因而可用于高操作频率的设备和易燃、易爆、无噪声的场合。

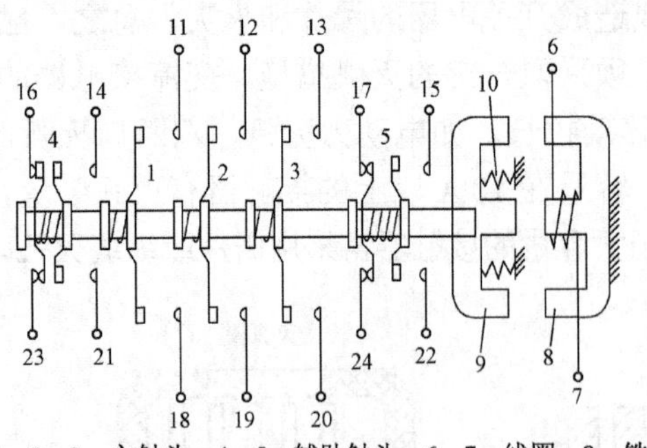

1、2、3—主触头；4、5—辅助触头；6、7—线圈；8—铁芯；9—衔铁；10—反力弹簧；11～27—各触头的接线柱

图 3-30　交流接触器的工作原理

3．交流接触器的工作原理

如图 3-30 所示，当交流接触器电磁系统中的线圈 6、7 间通入交流电流以后，铁芯 8 被磁化，产生大于反力弹簧 10 弹力的电磁力，将衔铁 9 吸合，一方面，带动了动合主触头 1、2、3 闭合，接通主电路；另一方面，动断辅助触头（在 4 和 5 处）首先断开，接着动合辅助触头（也在 4 和 5 处）闭合。当线圈断电或外加电压太低时，在反力弹簧 10 的作用下衔铁释放，动合主触头断开，切断主电路；动合辅助触头首先断开，接着动断触头恢复闭合，图中 11～17 和 21～27 为各触头的接线柱。

4．使用交流接触器时的注意事项

（1）交流接触器在启动时，由于铁芯气隙大，电抗小，通过励磁线圈的启动电流往往比衔铁吸合后的线圈工作电流大十几倍，所以交流接触器不宜使用于频繁启动的场合。

（2）交流接触器励磁线圈的工作电压应为其额定电压的 85%～105%，这样才能保证接触器可靠吸合。如果电压过高，交流接触器磁路趋于饱和，线圈电流将显著增大，有烧毁线圈的危险；反之，衔铁将不动作，相当于启动状态，线圈也可能过热烧毁。

（3）绝不能把交流接触器的交流线圈误接到直流电源上，否则由于交流接触器励磁绕组线圈的直流电阻很小，将流过较大的直流电流，致使交流接触器的励磁线圈烧毁。

3.3.2　直流接触器

直流接触器主要用于控制直流的用电设备。

1）直流接触器的分类

按不同的分类方法，直流接触器有不同的分类。

（1）按主触头的极数可分为单极直流接触器和双极直流接触器。单极直流接触器用于一般的直流回路中；双极直流接触器用于分断后电路完全隔断的电路以及控制电动机正反转的电路中。

（2）按主触头的位置可分为动合直流接触器和动断直流接触器两类。动合直流接触器多用于直流电动机和电阻负载回路，动断直流接触器常用于放电电阻负载回路中。

（3）按使用场合可分为一般工业用直流接触器、牵引用直流接触器和高电感电路用直流接触器。一般工业用直流接触器常用于冶金、机床等电气设备中，主要用来控制各类直流电动机；牵引用直流电动机常用于电力机车、蓄电池运输车辆等电气设备中；高电感电路用直流接触器主要用于直流电磁铁、电磁操作机构的控制电路中。

（4）按有无灭弧室可分为有灭弧室直流接触器和无灭弧室直流接触器。有灭弧室直流接触器主要用于额定电压较高的直流电路中；无灭弧室的直流接触器用于低压直流电路。

（5）按吹弧方式可分为串联磁吹灭弧直流接触器和永磁吹弧直流接触器。串联磁吹直流接触器用于一般用途；永磁吹弧直流接触器用于对小电流也要求可靠熄弧的直流电路中。

2）直流接触器的构造

直流接触器和交流接触器一样，也是由电磁机构、触头系统和灭弧装置等部分组成。图 3-31 为直流接触器的结构原理。

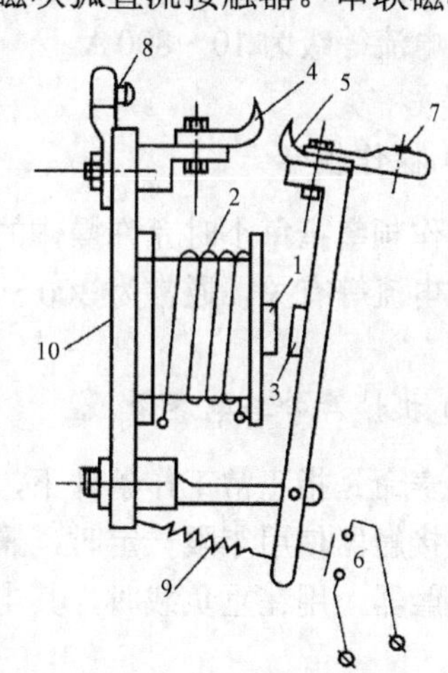

1—铁芯；2—线圈；3—衔铁；4—静触点；5—动触点；6—辅助触点；7、8—接线柱；9—反作用弹簧；10—底板

图 3-31 直流接触器的结构原理图

（1）电磁结构：因为线圈中通的是直流电流，铁芯中不会产生涡流，所以铁芯可用整块铸铁或铸钢制成，也不需要安装短路环。铁芯中无磁滞和涡流损耗，因而铁芯不发热。线圈的匝数较多，电阻大，线圈本身发热，因此吸引线圈制作成长而薄的圆筒状，且不设线圈骨架，使线圈与铁芯直接接触，以便散热。

（2）触头系统：同交流接触器类似，直流接触器有主触头和辅助触头。主触头一般做成单极或双极，由于主触头接通或断开的电流较大，故采用滚动接触的指形触头；辅助触头的通断电流较小，常采用点接触的双断点桥式触头。

（3）灭弧装置：直流接触器一般采用磁吹式灭弧装置。磁吹灭弧装置的灭弧原理是靠磁吹力的作用，使电弧在空气中迅速拉长并同时进行冷却去游离，从而使电弧熄灭，因此电流愈大，灭弧能力也愈强。当电流方向改变时，磁场的方向也同时改变，而电磁力的方向不变，电弧仍向上移动，灭弧作用相同。

直流接触器通的是直流电流，没有冲击启动电流，不会产生铁芯猛烈撞击的现象，因此它的使用寿命长，适用于频繁启动的场合。

3.3.3 接触器的主要技术指标及选择

1. 接触器的主要技术参数

1）额定电压

额定电压指主触头的额定工作电压。在规定的条件下，能保证接触器正常工作时的电压值称为额定电压，使用时必须使它与被控制的负载回路的额定电压相同。在我国交流接触器的额定电压为 220 V、660 V，在特殊场合使用的高达 1140 V；直流电压有 24 V、48 V、110 V、220 V 和 440 V。

2）额定电流

额定电流指主触头的额定工作电流。当接触器装在敞开的控制屏上，在间断—长期工作制下，而温度升高不超过额定温升时，流过触头的允许电流值称为主触头的额定工作电流。间断—长期工作制是指接触器连续通电时间不大于 8 小时的工作制，工作 8 小时后，必须连续操作开闭触头（空载）3 次以上，（这一工作制通常是在交接班时进行），以便清除氧化膜。常用的电流等级为 10～800 A。

3）操作频率

操作频率指每小时允许操作的次数，它是接触器的主要技术指标之一，与产品寿命、额定工作电流等有关，通常为 300～1200 次/h。

4）机械寿命与电寿命

电寿命是指正常工作条件下，不需修理和更换零件的操作次数。机械寿命与操作频率有关，在接触器使用年限一定时，操作频率越高，机械寿命越高。电寿命与使用负载有关，同一台接触器，用在重负载时，其电寿命就低，用在轻负载时，电寿命就高。

5）通断能力

通断能力可分为最大接通电流和最大分断电流。最大接通电流指触头闭合时不会造成触头熔焊时的最大电流值；最大分断电流指触头断开时能可靠灭弧的最大电流。一般通断能力是额定电流的 5～10 倍。当然，这一数值与开断电路的电压等级有关，电压越高，通断能力越小。

6）吸引线圈额定电压

这是指接触器正常工作时吸引线圈上所加的电压值。一般该电压数值以及线圈的匝数、线径等数据均标于线包上，而不是标于接触器外壳铭牌上。

7）动作值

动作值是指接触器的吸合电压和释放电压。吸合电压是指接触器吸合前，缓慢增加吸合线圈两端的电压，接触器可以吸合时的最小电压；释放电压是指接触器吸合后，缓慢降低吸合线圈的电压，接触器释放时的最大电压。一般规定，吸合电压不低于吸引线圈额定电压的 85%，释放电压不高于吸引线圈额定电压的 70%。

2．接触器的主要技术数据、型号、图形及文字符号

1）交流接触器的主要技术数据

常用的交流接触器有 CJ20、CJKJ、CJJX1、CJX2、CJ12、B3TB 等系列。CJ20 系列交流接触器的主要技术数据见表 3-14～3-16。B 系列交流接触器基本技术参数见表 3-17。

表 3-14　CJ20 系列交流接触器主要技术数据

型号	额定绝缘电压（V）	额定工作电压（V）	额定发热电流（A）	间断—长期工作制下的额定电流（A）				AC3 类工作制下的控制功率（kW）	机械寿命（万次）	电寿命（AC3 时）（万次）
				AC1	AC2	AC3	AC4			
CJ20-6.3	690	220	10	10	—	6.3	6.3	1.5	1000	100
		380						2.2		
		660				3.6	3.6	3		
CJ20-10		220	10	10	—	5.2	5.2	2.2		
		380						4		
		660				10	10	4		
CJ20-16		220	16	16	—	16	16	4.5		
		380						7.5		
		660				13	13	11		
CJ20-25		220	32	32	—	25	25	5.5		
		380						11		
		660				14.5	14.5	13		
CJ20-32		220	32	32	—	32	32	7.5		
		380						15		
		660				18.5	18.5	15		
CJ20-40		220	55	55	—	40	40	11		
		380						22		
		660				25	25	22		
CJ20-63		220	80	80	63	63	63	18	600	120
		380						30		
		660			40	40	40	35		
CJ20-100		220	125	125	100	100	100	28		
		380						50		
		660			63	63	63	50		
CJ20-160		220	200	200	160	160	160	48		
		380						85		
		660			100	100	100	85		
CJ20-160/11	1140	1140	200	200	80	80	80	85		
CJ20-250	690	220	315	315	250	250	250	80	300	60～80
		380						132		
CJ20-400		220	400	400	400	400	400	115		
		380						200		
CJ20-630		220	630	630	630	630	500	175		
		380						300		
		660		400	400	400	320	350		

表 3-15　CJ20 系列交流接触器辅助触头主要技术数据

I_{th}(A)	U(V)	U_e(V)		I_e(A)		额定控制容量		触头种类与数量						配用产品基本规格（A）
		交流	直流	交流	直流	交流（VA）	直流（W）							
10	690	36	—	2.8	—	100	30	常开	4	3	2	1	0	6.3、10
		127	48	0.8	0.63			常闭	0	1	2	3	4	
		220	110	0.45	0.27			2 常开，2 常闭						16～40
		380	220	0.26	0.14									
10	690	36	—	8.5	—	300	60	常开	4	3	2	—	2	63～160
		127	48	2.4	1.3									
		220	110	1.4	0.6			常闭	2	3	4	—	2	
		380	220	0.8	0.27									

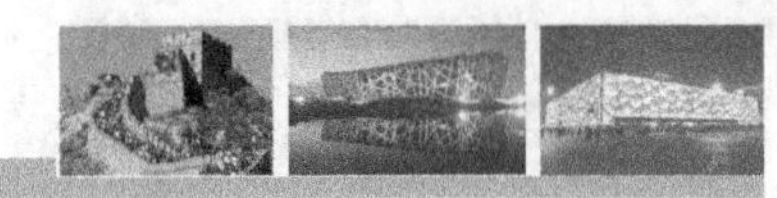
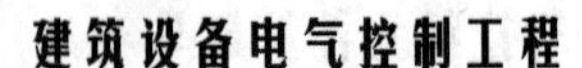

续表

I_{th}(A)	U(V)	U_e(V)		I_e(A)		额定控制容量		触头种类与数量						配用产品基本规格（A）
		交流	直流	交流	直流	交流（VA）	直流（W）							
16	690	36	—	14	—	500	60	常开	4	3	2	—	—	250～630
		127	48	4.0	1.3									
		220	110	2.3	0.6			常闭	2	3	4	—	—	
		380	220	1.3	0.27									

表 3-16　CJ20 系列交流接触器接通与分断能力

使用类别	I_e(A)	接通				接通与分断（通断）				
		I/I_e	U/U_e	$\cos\varphi$	间隔时间（s）	I_c/I_e	U_r/U_e	$\cos\varphi$	f(kHz)	
AC4	≤100	12①	1.05	0.45	10	10①	1.05	0.45	$2000I_e \times U_e^{-0.8} \pm 10\%$	
	＞100			0.35				0.35		

① 规定 630 在 380V 时的通断电流为 5040A，接通为 6300A。

表 3-17　B 系列交流接触器基本技术参数

型号	极数	被控三相电动机最大电流/功率（A/kW）		380V 时接通能力（A）	380V 时分断能力（A）	辅助触头最多数量	机械寿命（百万次）	电寿命（AC3）（百万次）
		～380V	～660V					
B9		8.5/4	3.5/3			5/4	10	—
B12		11.5/5.5	4.9/4					—
B16	3 或 4①	15.5/7.5	6.7/5.5	190	155	5		4
B25		22/11	13/11	270	220			
B37		37/18.5	21/18.5	445	370	8	5	
B45		44/22	25/22	540	450			
B65		65/33	45/40	780	650			
B85		85/45	55/50	1020	850			
B105		105/55	82/75	1260	1050			
B170		170/90	118/110	2040	1700		3	3
B250		245/132	170/160	3000	2500			
B370		370/200	268/250	4450	3700			
B460		475/250	337/315	5700	4750		—	1

① 当需要主极数为 4 时，需在订货时指明，此时将少一个辅助触头，辅助触头的常开/常闭可根据需要进行组合。

2）交流接触器的型号含义

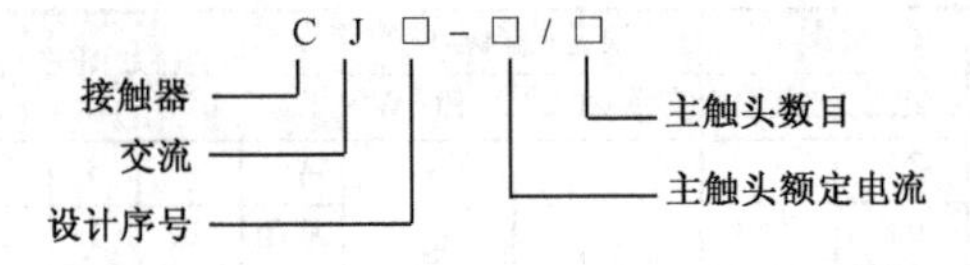

3）直流接触器的主要技术数据

常用的直流接触器有 CZ0、CZ18、CZ21、CZ22、CZ5-11 等系列产品。CZ5-11 为连锁接触器，常用于控制电路中。CZ0 系列直流接触器的基本技术参数见表 3-18。

表 3-18　CZ0 系列直流接触器基本技术参数

型号	额定电压（V）	额定电流（A）	额定操作频率（次/h）	主触头数量		最大分断电流（A）	辅助触头形式及数量		吸引线圈电压（V）	吸引线圈消耗功率（W）
				常开	常闭		常开	常闭		
CZ0-40/20	440	40	1200	2	0	160	2	2	24 48 110 220	22
CZ0-40/02		40	600	0	2	100	2	2		24
CZ0-100/10		100	1200	1	0	400	2	2		24
CZ0-100/01		100	600	0	1	250	2	1		24
CZ0-100/20		100	1200	2	0	400	2	2		30
CZ0-150/10		150	1200	1	0	600	2	2		30
CZ0-150/01		150	600	0	1	375	2	1		25
CZ0-150/20		150	1200	2	0	600	2	2		40
CZ0-250/10		250	600	1	0	1000	其中一对为固定常开			31
CZ0-250/20		250	600	2	0	1000				40
CZ0-400/10		400	600	1	0	1600				28
CZ0-400/20		400	600	2	0	1600				43
CZ0-600/10		600	600	1	0	2400				50

4）直流接触器的型号含义

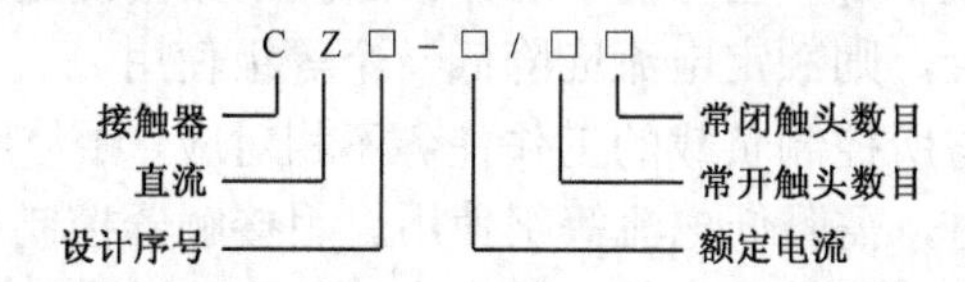

3．交流接触器的图形和文字符号

交流接触器的图形和文字符号，如图 3-32 所示。

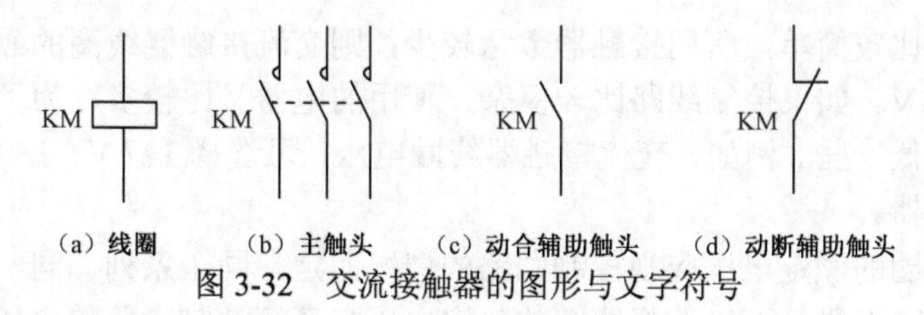

图 3-32　交流接触器的图形与文字符号

4．接触器的选择及应用

接触器的使用广泛，只有根据不同的使用条件正确选用，才能保证其系统可靠运行，使接触器的技术参数满足控制线路的要求。

1）接触器的类型选择

一般应根据接触器所控制的负载性质和工作任务来选择相应使用类别的直流接触器或交流接触器。常用接触器的使用类别和典型用途如表 3-19 所示。生产中广泛使用中小容量的笼形电动机，而且其中大部分电动机负载是一般任务，它相当于 AC3 使用类别。对于控制机床电动机的接触器，其负载情况比较复杂，既有 AC3 类的，又有 AC4 类的，还有 AC3 类和 AC4 类混合的负载，这些都属于重任务的范畴。如果负载明显属于重任务类，则应选用 AC4 类的接触器。如果负载为一般任务与重任务混合的情况，则应根据实际情况选用 AC3 或 AC4 类接触器，若确定选用 AC3 类接触器，它的容量应降低一级使用。

表 3-19　常用接触器的使用类别和典型用途

电流种类	使用类别代号	典型用途
AC（交流）	AC1、AC2、AC3、AC4	无感或微感负载，电阻炉，绕线式电动机的启动或中断，笼形电动机的启动和运转中分断、反接制动、反向和点动
DC（直流）	DC1、DC2、DC3	无感或微感负载，电阻炉，并励电动机的启动、反接制动、反向和点动，串励电动机的启动、反接制动、反向和点动

2）额定电压的选择

接触器的额定电压应大于或等于所控制线路的电压。

3）额定电流的选择

接触器的额定电流应大于或等于所控制线路的额定电流。对于电动机负载，可按下列经验公式计算：

$$I_c=P_e/KU_e$$

式中，I_c为接触器主触头电流（A）；P_e为电动机额定功率（kW）；U_e为电动机额定电压（V）；K为经验系数，一般取1～1.4。

接触器的额定电流应大于I_c，也可查手册，根据技术数据确定。接触器如果使用在频繁启动、制动和正反转的场合，则额定电流应降低一个等级使用。

当接触器的使用类别与所控制负载的工作任务不相对应，如使用AC3类的接触器，控制AC3与AC4混合类负载时，需降低电流等级使用。用接触器控制电容器或白炽灯时，由于接通时的冲击电流可达额定电流的几十倍，所以从“接通”方面来考虑宜选用AC4类的接触器，若选用AC3类的接触器，则应降低为70%～80%额定容量来使用。

4）接触器吸引线圈电压的选择

如果控制线路比较简单，所用接触器数量较少，则交流接触器线圈的额定电压一般直接选用380 V或220 V。如果控制线路比较复杂，使用的电器又比较多，为了安全起见，线圈的额定电压可选稍低一些。例如，交流接触器线圈电压，可选择127 V、380 V等，这时需要附加一个控制变压器。

直流接触器线圈的额定电压应视控制回路的情况而定。同一系列、同一容量等级的接触器线圈的额定电压有多种，可以选择线圈的额定电压与直流控制电路的电压一致。

【案例3-6】电动机控制。

应用接触器控制电动机的案例，如图3-33所示。

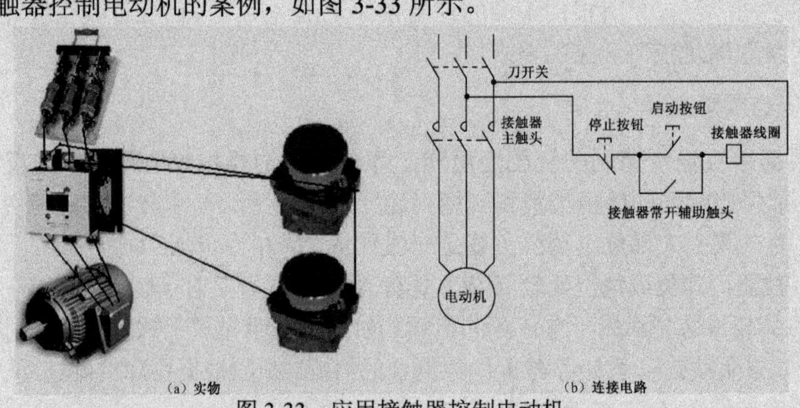

图3-33　应用接触器控制电动机

任务 3-4　继电器的认知与选用

任务描述

继电器是一种当输入量变化到某一定值时，其触头（或电路）即接通或分断交直流小容量控制回路的自动控制电器。在电气控制领域中，凡是需要逻辑控制的场合，几乎都需要使用继电器，从家用电器到工农业应用，可谓无所不见。因此，对继电器的需求千差万别，为了满足各种要求，人们研制生产了各种用途及不同型号和大小的继电器。

任务分析

继电器是在电路中有着重要作用的电气元件，着重要从其构造、原理、符号、应用几方面进行学习，在理解的基础上掌握各种类型继电器的作用。

方法与步骤

◆教师活动：引出问题→布置任务→指导学习。通过阅读说明书和观察电磁继电器，知道如何使用电磁继电器，提高学生的观察、分析及操作能力。

通过认识电磁铁的实际应用，引导学生在头脑中使理论知识和生产实际建立联系，提高学习物理知识的兴趣。

◆学生活动：学习研究各种不同的继电器，学会使用方法。

3.4.1　继电器的分类

继电器的种类繁多，从不同的角度有不同的分类，具体分类如表 3-20 所示。

表 3-20　继电器的分类

序号	分类的角度	种　类
1	使用范围	控制继电器、保护继电器和通信继电器
2	工作原理	电磁式继电器、感应式继电器、热继电器和机械式继电器、电动式继电器和电子式继电器
3	反应的参数（动作信号）	电流继电器、电压继电器、时间继电器、速度继电器、压力继电器
4	动作时间	瞬时继电器（动作时间小于 0.05 s）、延时继电器（动作时间大于 0.15 s）
5	触头状况	有触点继电器和无触点继电器
6	线圈通入电流的种类	直流操作继电器、交流操作继电器

3.4.2　电磁式继电器

电磁式继电器是以电磁力为驱动力的继电器。它是电气设备中使用最多的一种继电器。如电流继电器、电压继电器、中间继电器都属于电磁式继电器。图 3-34 是电磁式继电器的外形及典型结构，它由铁芯、衔铁、线圈、反力弹簧和触点等部分组成。在这种磁系统中，铁芯 7 和铁轭为一个整体，减少了非工作气隙；极靴 8 为一个圆环，套在铁芯端部；衔铁 6 制

成板状，绕棱角（或绕轴）转动；线圈不通电时，衔铁靠反力弹簧 2 作用而打开。衔铁上垫有非磁性垫片 5。装设不同的线圈后可分别制成电流继电器、电压继电器、中间继电器。

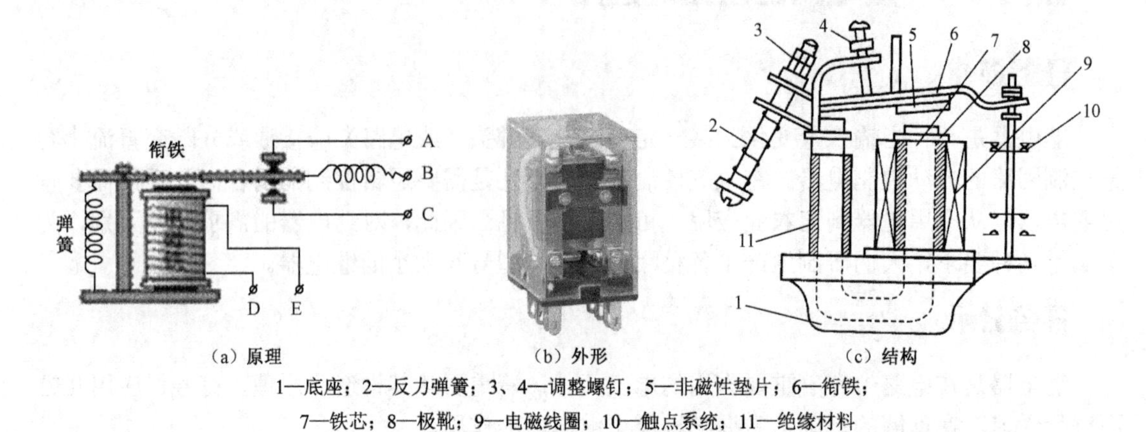

（a）原理　　（b）外形　　（c）结构

1—底座；2—反力弹簧；3、4—调整螺钉；5—非磁性垫片；6—衔铁；

7—铁芯；8—极靴；9—电磁线圈；10—触点系统；11—绝缘材料

图 3-34　电磁式继电器

电磁式继电器实质是由电磁铁控制的开关。电磁式继电器电路由低压控制电路和高压工作电路两部分组成。控制电路由电磁铁、低压电源和开关组成。工作电路由机器（电动机或电灯）、高压电源和电磁式继电器的触点部分组成。电磁式继电器的工作原理是：当较小的电流通过 D、E 流入线圈时，电磁铁把衔铁吸下，使 B、C 两个接线柱所连的电路接通，较大的电流就可以通过 B、C 带动机器工作。断电时，电磁铁失去磁性，弹簧把衔铁弹起，切断工作电路，B、A 电路接通。

继电器与接触器的不同之处在于：继电器一般用于控制电路中，控制小电流电路，触点额定电流不大于 5 A，所以不加灭弧装置，而接触器一般用于主电路中，控制大电流电路，主触点额定电流不小于 5 A，需加灭弧装置；其次，接触器一般只能对电压的变化做出反应，而各种继电器可以在相应的各种电量或非电量作用下动作。

1. 电流继电器

用于反应线路中电流变化状态的继电器称为电流继电器。

电流继电器在使用时线圈应串在线路中，为了不影响线路中的正常工作，电流线圈阻抗应小，导线较粗，匝数少，能通过大电流，这是电流继电器的本质特征。随着使用场合和用途的不同，电流继电器分为（欠）零电流继电器和过电流继电器。其区别在于它们对电流的大小反应不同，欠电流继电器的吸引电流为线圈额定电流的 30%～65%，释放电流为额定电流的 10%～20%。因此，在电路正常工作时，衔铁是吸合的，只有当电流降低至某一整定值时，继电器释放，输出信号去控制接触器失电，从而控制设备脱离电流，起到保护作用。这种继电器常用于直流电动机和电磁吸盘的失磁保护。过电流继电器在电路正常工作时衔铁不吸合，当电流超过某一整定值时衔铁才吸合上（动作）。于是它的动断触点断开，从而切断接触器线圈电源，使接触器的动合触点断开被测电路，使设备脱离电流，起到保护作用。同时过电流继电器的动合触点闭合进行自锁或接通指示灯，指示发生过电流。过电流继电器整定值的整定范围为 1.1～3.5 倍额定电流。有的过电流继电器发生过电流但不能自动复位，需手动复位，这样可避免重复过电流的事故发生。

根据欠（零）电流继电器和过电流继电器的动作条件可知，欠（零）电流继电器属于长期工作的电器，故应考虑其振动的噪声，应在铁芯中装有短路环，而过电流继电器属于短时工作的电器，不需装短路环。

2. 电压继电器

用于反应线路中电压变化状态的继电器称为电压继电器。

电压继电器在应用时，电压线圈并联在电路中，为了使之减小分流，电压线圈导线细，匝数多，电阻大，随着应用场所不同，电压继电器有欠（失）压及过压继电器之分。其区别在于：欠（失）压继电器在正常电压时动作，而当电压过低或消失时，触头复位；过电压继电器是在正常电压下不动作，只有当其线圈两端电压超过其整定值后，其触头才动作，以实现过电压保护。同电流继电器道理相同，欠（失）压继电器装有短路环，而过电压继电器则不需要短路环。

欠电压继电器是在电压为 40%～70%额定电压时才动作，对电路实行欠压保护，零电压继电器是当电压降压 5%～25%额定电压时动作，进行零压保护；过电压继电器是在电压为 105%～120%额定电压以上动作。具体动作电压的调整根据需要决定。

3. 中间继电器

中间继电器在控制线路中起中间传递或转换信号的作用。

中间继电器的工作原理与接触器相同，只是在触点系统中无主、辅触点之分，在结构上是一个电压继电器，它的触点数多，触点容量大（额定电流为 5～10 A），是用来转换控制信号的中间元件。其输入是线圈的通电或断电信号，输出信号为触头的动作。其主要用途是当其他继电器的触点数或触点容量不够时，可借助中间继电器来扩大它们的触点数或触点容量。

1）构造及原理

常用的中间继电器有 JZ7 和 JZ8 系列两种。JZ7 系列中间继电器的外形结构如图 3-35 所示。JZ7 系列继电器由电磁机构（线圈、衔铁、铁芯）和触头系统（触头和复位弹簧）构成，其线圈为电压线圈，当线圈通电后，铁芯被磁化为电磁铁，产生电磁吸力，当吸力大于反力弹簧的弹力时，将衔铁吸引，带动其触头动作，当线圈失电后，在弹簧作用下触头复位，可见也应考虑其振动和噪声，所以铁芯中装有短路环。

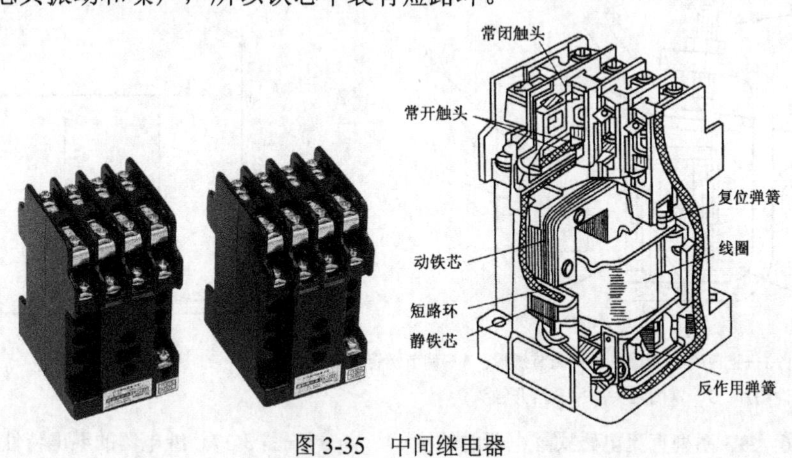

图 3-35　中间继电器

2）中间继电器的选择

中间继电器的选择主要是根据被控制电路的电压等级，同时还应考虑触点的数量、种类及容量，以满足控制线路的要求。JZ7 系列中间继电器的技术数据如表 3-21 所示。

表 3-21　JZ7 系列中间继电器技术数据

型号	触头额定电压（V）		触头额定电流（A）	触头数量		额定操作频率（次/h）	吸引线圈电压（V）		吸引线圈消耗功率（VA）	
	直流	交流		常开	常闭		50Hz	60Hz	启动	吸持
JZ7-44	440	500	5	4	4	1200	12,24,36,48,110,127,220,380,420,440,500	12,36,110,127,220,380,440	75	12
JZ7-62	440	500	5	6	2	1200			75	12
JZ7-80	440	500	5	8	0	1200			75	12

4．直流电磁式继电器

图 3-36 为 JT3 系列直流电磁式继电器的结构示意图，主要由电磁机构和触头系统构成，磁路由软铜制成的 U 形静铁芯和板状衔铁组成，静铁芯和铝制的基底浇铸成一体，板状衔铁装在 U 形静铁芯上，能绕支点转动，在不通电情况下，借反作用弹簧的反弹力使衔铁打开，触头采用标准化触头架，触头架连接在衔铁支件上，当衔铁动作时，带动触头动作。JT3 系列继电器配以电压线圈，便成了 JT3A 型电压继电器；配以电流线圈，便成了 JT3L 型欠电流继电器。

5．电磁式继电器的特性

继电器的主要特性是输入—输出特性，称为继电器的继电特性，电磁式继电器的继电特性曲线如图 3-37 所示，从图中可以看出，继电器的继电特性为跳跃式的回环特性。其中，X 表示输入量，Y 表示输出量。当输入量 X 从零开始增加时，在 $X<X_f$ 时，输出量 Y 等于零；在 $X \geqslant X_x$ 时，衔铁吸合,输出量为 Y_1。当输入量 X 减小时，使得 $X \leqslant X_f$ 时，衔铁释放，触头断开，输出量 Y 等于零。其中 X_x 为继电器的吸合值（即动作值），X_f 为继电器的释放值（即返回值），它们均为继电器的动作参数，可根据使用要求进行整定。

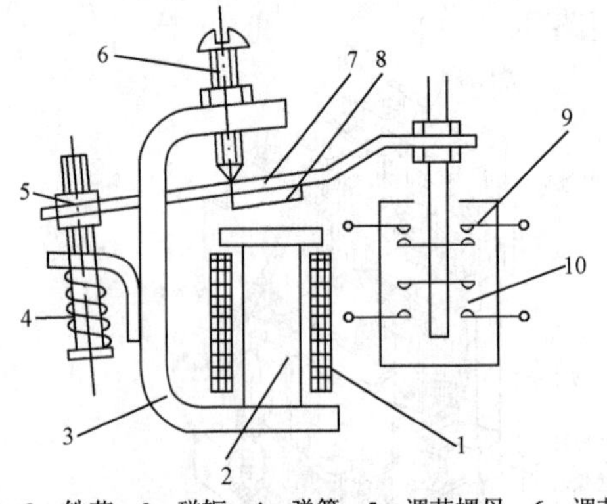

1—线圈；2—铁芯；3—磁轭；4—弹簧；5—调节螺母；6—调节螺钉；
7—衔铁；8—非磁性垫片；9—常闭触头；10—常开触头

图 3-36　JT3 系列直流电磁式继电器的结构

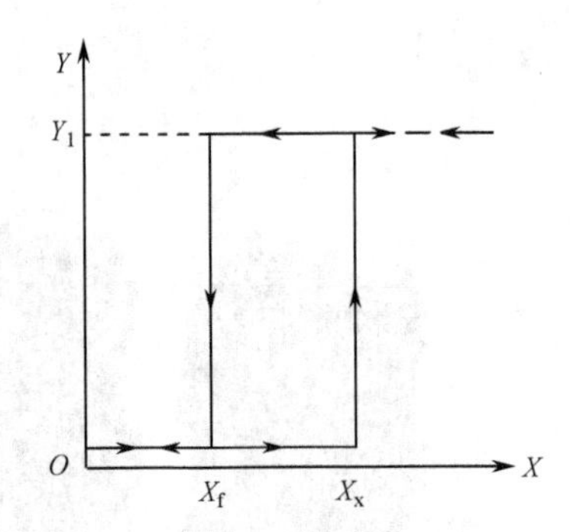

图 3-37　继电器的继电特性曲线

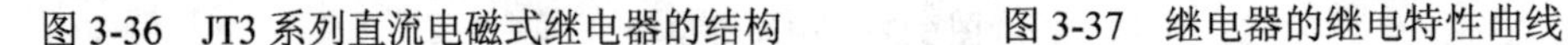

一般情况下，吸合值 X_x 与释放值 X_f 不相等，且 $X_x > X_f$，即继电器的输入—输出特性具有一个回环，通常称为继电环，该特性称为继电特性；当吸合值 X_x 与释放值 X_f 相等时，则称为理想继电特性。

X_f 与 X_x 的比值称为返回系数，用 K 表示，即 $K=X_f/X_x$，返回系数是继电器的重要参数之一。

6．电磁式继电器的主要参数

1）额定参数

（1）额定电压（电流）：指继电器线圈电压（电流）的额定值，用 U_e（I_e）表示。

（2）吸合电压（电流）：指使继电器衔铁开始运动时线圈的电压（电流）值。

（3）释放电压（电流）：指衔铁开始返回动作时线圈的电压（电流）值。

2）灵敏度

使继电器动作的最小功率称为继电器的灵敏度。因此，当比较继电器的灵敏度时，应以动作功率为准。

3）返回系数

如前所述，返回系数为复归电压（电流）与动作电压（电流）之比。不同用途的继电器要求有不同的返回系数。如控制用继电器，其返回系数一般要求在 0.4 以下，以避免电源电压短时间的降低，使继电器自行释放；对保护用继电器，则要求较高的返回系数（0.6 以上），使之能反映较小输入量的波动范围。

4）接触电阻

接触电阻指从继电器引出端测得的一组闭合触点间的电阻值。

5）整定值

根据控制系统的要求，预先使继电器达到某一个吸合值或释放值，吸合值（电压或电流）或释放值（电压或电流）就叫整定值。

6）触点的开闭能力

继电器触点的开闭能力与负载特性、电流种类和触点的结构有关。

7）吸合时间和释放时间

吸合时间是从线圈接收电信号到衔铁完全吸合所需的时间；释放时间是线圈失电到衔铁完全释放所需的时间。它们的大小影响继电器的操作频率。一般继电器的吸合时间和释放时间为 0.05～0.15 s，快速继电器可达 0.005～0.05 s。

8）寿命

寿命指继电器在规定的环境条件和触点负载下，按产品技术要求能够正常动作的最少次数。

7. 电磁式继电器的整定

继电器的吸动值和释放值可以根据保护要求在一定范围内调整，现以直流电磁式继电器为例予以说明。

1）调紧弹簧的松紧程度

弹簧收紧，反作用力增大，则吸引电流（电压）和释放电流（电压）就越大，反之就越小。

2）改变非磁性垫片的厚度

非磁性垫片越厚，衔铁吸合后磁路的气隙和磁阻就越大，释放电流（电压）就越大，反之就越小，而吸引值不变。

3）改变初始气隙的大小

在反作用弹簧力和非磁性垫片厚度一定时，初始气隙越大，吸引电流（电压）就越大，反之就越小，而释放值不变。

8. 电磁式继电器型号含义及图形文字符号

1）型号含义

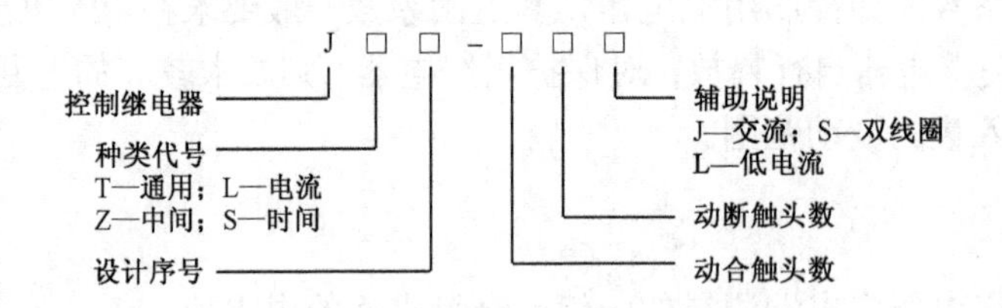

2）图形和文字符号

继电器的图形与文字符号如图3-38所示，电流继电器的文字符号为KA，电压继电器的文字符号为KV，中间继电器的文字符号为KA。

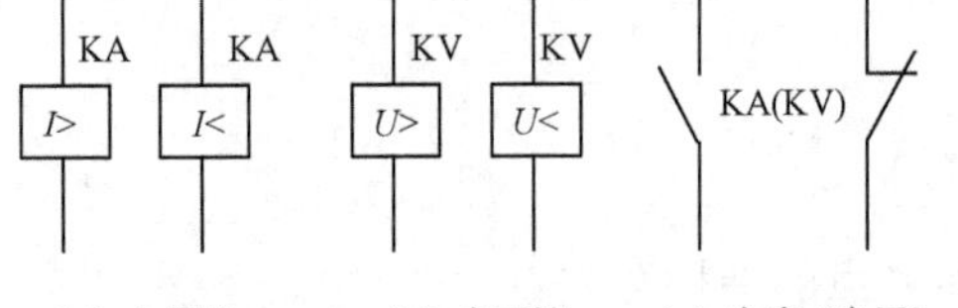

（a）电流继电器线圈　（b）电压继电器线圈　（c）电流（电压）继电器触头

图3-38　电磁式继电器图形与文字符号

9. 电磁式继电器的选用

电磁式继电器主要按其被控制或被保护对象的工作特性来选择与使用。选用电磁式继电器时，除线圈电压或线圈电流应满足要求外，还应按被控制对象的电压、电流和负载性质及要求来选择。如果控制电流超过继电器的额定电流，在需要提高分断能力时（一定范围内）可用触头串联方法，但触头有效数量将减少。

电流继电器的特性有瞬时动作特性、反时限动作特性等，可按不同要求选取。

【案例3-7】水位指示控制。

应用电磁式继电器控制水位指示的案例，如图3-39所示。

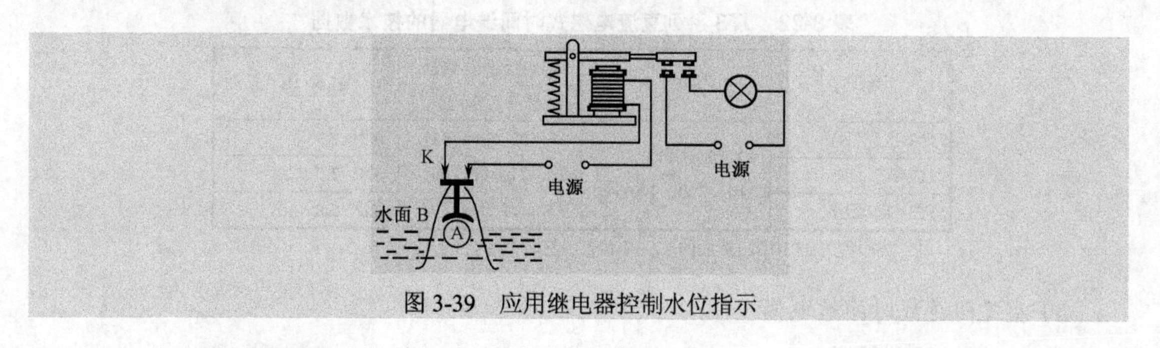

图 3-39 应用继电器控制水位指示

3.4.3 时间继电器

时间继电器在电路中起着控制动作时间的作用。当它的感测系统接收输入信号以后，需经过一定的时间，它的执行系统才会动作并输出信号，进而操纵控制电路。所以说时间继电器具有延时的功能。它被广泛用来控制生产过程中按时间原则制定的工艺程序，如笼形异步电动机的几种降压启动均可由时间继电器发出自动转换信号。

1. 时间继电器的分类

1）按构造原理分类

时间继电器按构造原理可分为两大类：一是电气式，包括电磁式、电动机式、电子式；二是机械式，包括空气阻尼式、油阻尼式、水银式、钟表式和热双金属片式。

2）按延时方式分类

时间继电器按延时方式可分为通电延时型、断电延时型和带瞬动触点的通电延时型等。

2. 常用时间继电器

1）直流电磁式时间继电器

电磁式时间继电器一般在直流电气控制电路中应用较广，在直流断电延时动作。它的结构是在图 3-34（c）所示的 U 形静铁芯 7 的另一柱上装上阻尼铜套 11，即构成时间继电器，其工作原理是，当线圈 9 断电后，通过铁芯 7 的磁通要迅速减少，由于电磁感应，在阻尼铜套 11 内产生感应电流。根据电磁感应定律，感应电流产生的磁场总是阻碍原磁场的减弱，使铁芯继续吸持衔铁一小段时间，达到延时的目的。电磁式时间继电器的优点是：结构简单，运行可靠，寿命长，但延时时间短。

直流电磁式时间继电器延时的调整：

（1）改变非磁性垫片的厚度，即改变剩磁大小得到不同延时。垫片薄，剩磁大，延长时；垫片厚，剩磁小，延时短。

（2）改变弹簧的松紧：释放弹簧调松，反力减小，延时长；释放弹簧调紧，反力作用强，延时短。

JT3 系列直流电磁式时间继电器的技术数据如表 3-22 所示。

表 3-22　JT3 系列直流电磁式时间继电器的技术数据

型号	吸引线圈电压（V）	触点组合及数量（常开、常闭）	延时（s）
JT3-□□/1	12、24、48 110、220、440	11，02，20，03， 12，21，04，40， 22，13，31，30，	0.3～0.9
JT3-□□/3			0.8～3.0
JT3-□□/5			2.5～5.0

注：表中型号 JT3-□□后面的 1、3、5 表示延时类型（1 s、3 s、5 s）。

2）空气阻尼式时间继电器

空气阻尼式时间继电器是利用空气阻尼作用获得延时的，线圈电压为交流，因为交流继电器不能像直流继电器那样依靠断电后磁阻尼延时，因而采用空气阻尼式延时。它分为通电延时和断电延时两种类型。图 3-40（a）为通电延时型时间继电器，当线圈通电后，铁芯 2 将衔铁 3 吸合，同时推板 5 使微动开关 16 立即动作。活塞杆 6 在塔形弹簧 8 的作用下，带动活塞 12 及橡皮膜 10 向上移动，由于橡皮膜下方气室空气稀薄，形成负压，因此活塞杆 6 不能迅速上移。当空气由进气孔 14 进入时，活塞杆才逐渐上移。移到最上端时，杠杆 7 才使微动开关 15 动作。延时时间即为自磁铁吸引线圈通电时刻起，到微动开关 15 动作为止的这段时间。通过调节螺杆 13 来改变气孔的大小，就可以调节延时时间。当线圈 1 断电时，衔铁 3 在复位弹簧 4 的作用下，将活塞 12 推向最下端。因为活塞被往下推时，橡皮膜下方气室内的空气都通过橡皮膜 10，弱弹簧 9 和活塞 12 肩部所形成的单向阀经上气室缝隙顺利排掉，因此延时与不延时的微动开关 15 与 16 都能迅速复位。

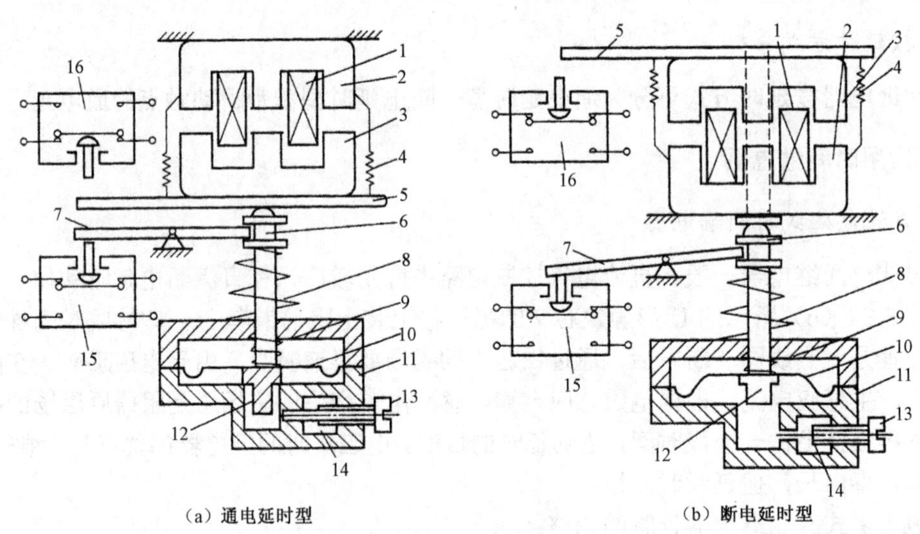

1—线圈；2—铁芯；3—衔铁；4—复位弹簧；5—推板；6—活塞杆；7—杠杆；8—塔形弹簧；9—弱弹簧；10—橡皮膜；11—空气室壁；12—活塞；13—调节螺杆；14—进气孔；15、16—微动开关

图 3-40　时间继电器动作原理

将电磁机构翻转 180° 安装后，可得到图 3-40（b）所示的断电延时型时间继电器。它的工作原理与通电延时型相似，微动开关 15 是在吸引线圈断电后延时工作的。

空气阻尼式时间继电器的优点是结构简单，寿命长，价格低，还附有不延时的触点，所

以应用较为广泛。其缺点是准确度低，延时误差大（±10%～±20%），在要求延时精度高的场合不宜使用。

JS7-A 系列空气阻尼式时间继电器的技术数据，如表 3-23 所示。

表 3-23　JS7-A 系列空气阻尼式时间继电器技术数据

型号	吸引线圈电压（V）	触点额定电压（V）	触点额定电流（A）	延时范围（s）	延时触点				瞬动触点	
					通电延时		断电延时		常开	常闭
					常开	常闭	常开	常闭		
JS7-1A	24,36	380	5	均有 0.4～60 和 0.4～180 两种产品	1	1				
JS7-2A	110,127				1	1			1	1
JS7-3A	220,380						1	1		
JS7-4A	420						1	1	1	1

注：表中型号 JS7 后面的 1A～4A 是区别通电延时还是断电延时以及带瞬动触点。

3）电子式时间继电器

电子式时间继电器按其构成可分为 R-C 式晶体管时间继电器和数字式时间继电器，多用于电力传动、自动顺序控制及各种过程控制系统中。它的优点是延时范围宽，精度高，体积小，工作可靠。

（1）晶体管式时间继电器：晶体管式时间继电器是根据 RC 电路电容充电时，电容器上的电压逐步上升的原理来作为延时基础的。具有代表性的是 JS20 系列时间继电器。JS20 所采用的电路分为两类，一类是单结晶体管电路，另一类是场效应管电路，并且有断电延时、通电延时和带瞬动触点延时三种形式。

（2）数字式时间继电器：RC 晶体管式时间继电器是利用 R、C 充放电原理制成的。由于受延时原理的限制，它不容易做成长延时的，且延时精度易受电压、温度的影响，精度较低，延时过程也不能显示，因而影响了它的使用。随着半导体技术，特别是集成电路技术的进一步发展，采用新延时原理的时间继电器—数字式时间继电器便产生了，各种性能指标也大大提高了，最先进的数字式时间继电器内部装有微处理器。

3. 时间继电器的型号及符号

1）型号含义

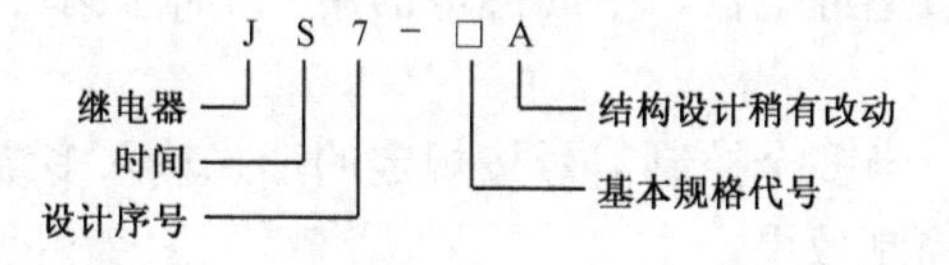

2）图形符号与文字符号

如图 3-41 所示为时间继电器的外形和各种类型触头线圈的图形符号与文字符号。

4. 时间继电器的选择

时间继电器的形式多样，各具特点，选择时应从以下几方面考虑。

（1）根据控制线路的要求选择延时方式，即通电延时型或断电延时型；

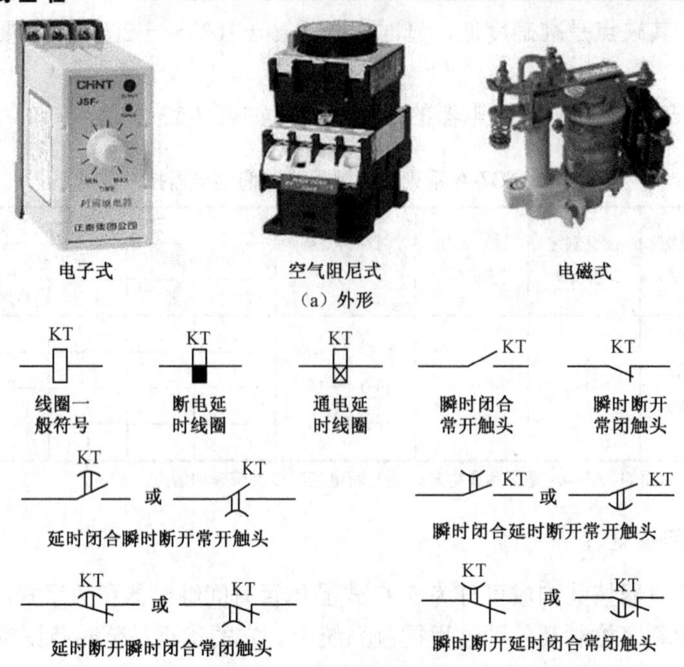

(b) 图形和文字符号

图 3-41　时间继电器

（2）根据延时准确度要求和延时长、短要求来选择；

（3）根据使用场合、工作环境，选择合适的时间继电器。

3.4.4　继电器的作用

继电器是具有隔离功能的自动开关元件，广泛应用于遥控、遥测、通信、自动控制、机电一体化及电力电子设备中，是最重要的控制元件之一。作为控制元件，概括起来，继电器有如下作用。

（1）扩大控制范围，例如，多触点继电器控制信号达到某一定值时，可以按触点组的不同形式，同时换接、开断、接通多路电路。

（2）放大，例如，灵敏型继电器、中间继电器用一个很微小的控制量，可以控制很大功率的电路。

（3）综合信号，例如，当多个控制信号按规定的形式输入多绕组继电器时，经过比较与综合后动作，达到预定的控制效果。

（4）自控、遥控、监测，例如，自控装置上的继电器与其他继电器一起可以组成程序控制线路，从而实现自动化运行。

【案例 3-8】远距离控制用电设备。

应用继电器远距离控制用电设备的案例，如图 3-42 所示。工作电路中有危险的高压电路，可通过电磁式继电器利用低压来进行控制。对工作场所温度高或工作环境不好的电气设备，也可利用电磁式继电器实行远距离操作控制。

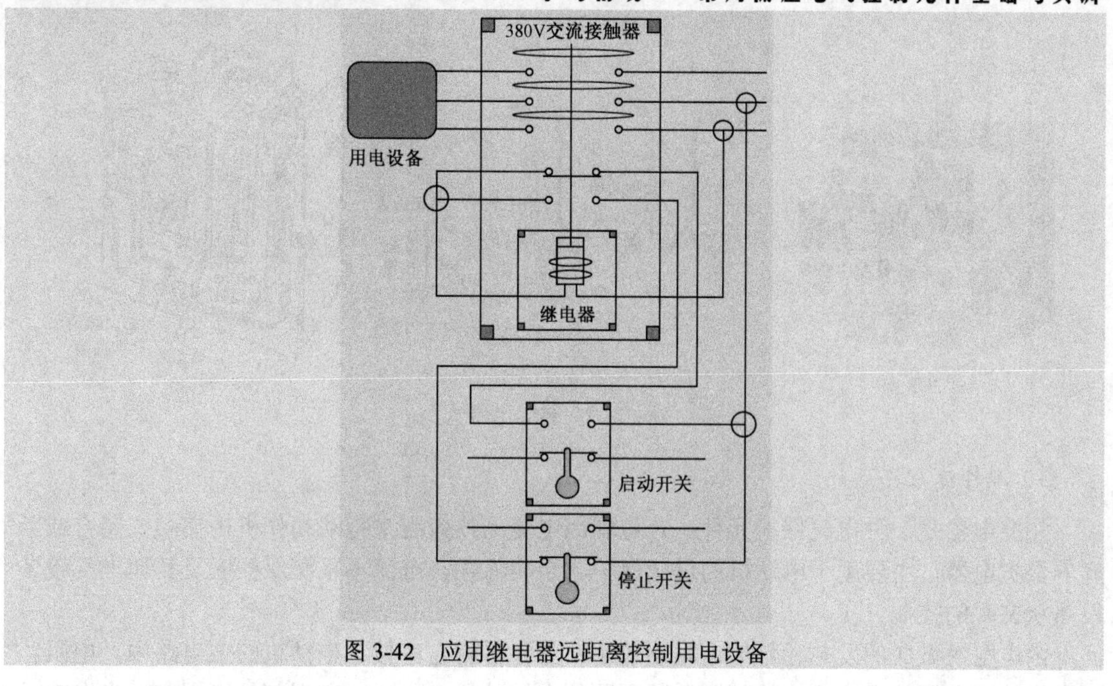

图3-42 应用继电器远距离控制用电设备

3.4.5 热继电器

热继电器是一种保护用继电器。电动机在运行中，随着负载的变化，常遇到过载情况，而电动机本身有一定的过载能力，若过载不大，电机绕组不超过允许的温升，这种过载是允许的。但是过载时间过长，绕组温升超过了允许值，将会加剧绕组绝缘的老化，降低电动机的使用寿命，严重时会使电动机绕组烧毁。为了充分发挥电动机的过载能力，保证电动机的正常启动及运转，在电动机发生较长时间过载时能自动切断电路，防止电动机过热而烧毁，为此采用了这种能随过载程度而改变动作时间的热保护设备，即热继电器。

1．分类、构造及原理

1）分类

热继电器按相数来分，有单相、两相和三相三种类型，每种类型按发热元件的额定电流分又有不同的规格和型号。三相热继电器常用做三相交流电动机的过载保护电器，按功能来分，三相热继电器又有不带断相保护和带断相保护两种类型。热继电器是利用热效应的工作原理来工作的，因此，按发热元件又分为双金属片式、热敏电阻式和易熔合金式。

2）构造

热继电器由感应机构和执行机构组成。感应机构主要包括发热元件、主双金属片及温度补偿元件。动作机构和触头系统以主双金属片、执行机构（传动部分和触头）等组成，如图3-43所示。

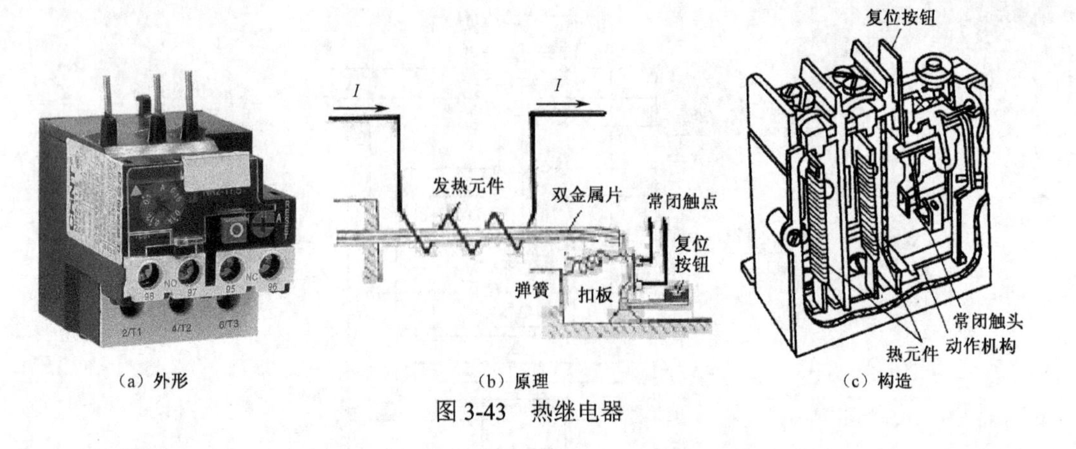

（a）外形　（b）原理　（c）构造

图 3-43　热继电器

3）工作原理

热继电器是一种电气保护元件。它是利用电流的热效应来推动动作机构使触头闭合或断开的保护电器，主要用于电动机的过载保护、断相保护、电流不平衡保护以及其他电气设备发热状态时的控制。

由电阻丝做成的发热元件的电阻值较小，工作时将它串接在电动机的主电路中，电阻丝所围绕的双金属片是由两片线膨胀系数不同的金属片压合而成，左端与外壳固定。当发热元件中通过的电流超过其额定值而过热时，由于双金属片的上面一层热膨胀系数小，而下面的大，使双金属片受热后向上弯曲，导致扣板脱扣，扣板在弹簧拉力下将常闭触点断开。由于触点是串接在电动机的控制电路中的，使得控制电路中的接触器的动作线圈断电，从而切断电动机的主电路。

（1）电机正常运行时的工作情况：正常使用时，双金属片与发热元件串接接入被保护电路中。当电机在额定电流下运行时，发热元件及双金属片中通过额定电流，依靠自身产生的热量使双金属片略有弯曲。热继电器触头仍处于常闭状态，不影响电路的正常工作，可以说此时热继电器不起任何作用，仅相当于导线。

（2）电机过载时的工作情况：发生过载时，电动机流过一定的过载电流并经过一定时间后，流过发热元件与双金属片的电流增加，发热量增加，双金属片受热，进一步弯曲，甚至带动触头动作。触头动作后，通过控制电路切断主回路，双金属片逐渐冷却伸直，热继电器触头自动复位。手动复位式热继电器需按下复位按钮才能复位。

（3）断相保护：若三相中有一相断线而出现过载电流，则因为断线那一相的双金属片不弯曲而使热电器不能及时动作，有时甚至不动作，故不能起到保护作用。这时就需要使用带断相保护的热继电器。

（4）有关问题的讨论。

① 热继电器动作后的复位方式有两种形式，一种是自动复位，另一种是手动复位。所谓自动复位，是在电源切断后，热继电器开始冷却，经过一段时间后，主双金属片恢复原状，于是触头在弹簧作用下自动复位。手动复位是只有按下复位按钮触头才能复位。这在某些要求故障未被消除而防止电动机自行启动的场合是必需的。

② 热继电器的整定电流就是使热继电器长时间不动作时的最大电流，通过热继电器的电流超过整定电流时，热继电器就立即动作。热继电器上方有一个凸轮，它是调整整定电流

的旋钮（整定钮），其上刻有整定电流的数值。根据需要调节整定电流时，旋转此旋钮，使凸轮压迫固定温度补偿臂和推杆的支承杆左右移动，当使支承杆左移时，会使推杆与连接动触点的杠杆间隙变大，增大了导板动作行程，这就使热继电器发热元件动作电流增大，反之会使动作电流变小，所以旋动整定钮，调节推杆与动触头之间的间隙，就可方便地调节热继电器的整定电流。一般情况下，当过载电流超过整定电流的 1.2 倍时，热继电器就会开始动作。过载电流越大，热继电器动作时间越快。过载电流大小与动作时间有关。

2．型号、符号及主要参数

1）型号含义

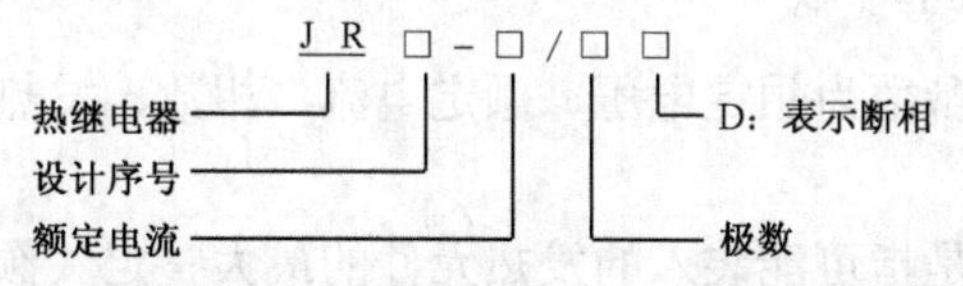

例如，JR16-60/3D 表示热继电器，设计序号是 16，额定电流是 60A，3 极，发热元件有 4 个等级（22～63 A），带断相保护。

2）热继电器的符号

热继电器的图形与文字符号如图 3-44 所示。

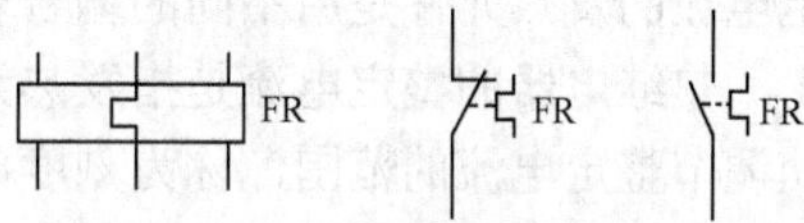

图 3-44　热继电器的图形与文字符号

根据热继电器是否带断相保护，热继电器接入电路的接法也不尽相同。常用的接法如图 3-45 所示。

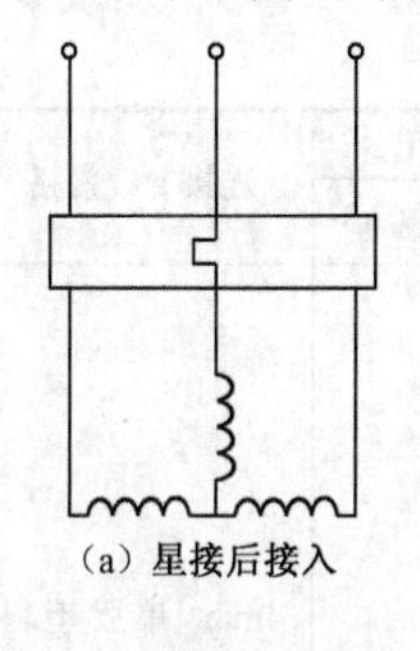

（a）星接后接入

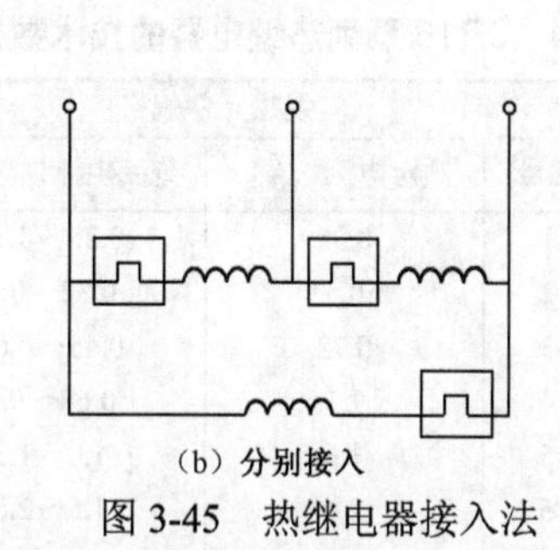

（b）分别接入

（c）角接后接入

图 3-45　热继电器接入法

【案例 3-9】电动机过载保护。

应用热继电器对电动机进行过载保护的案例，如图 3-46 所示。

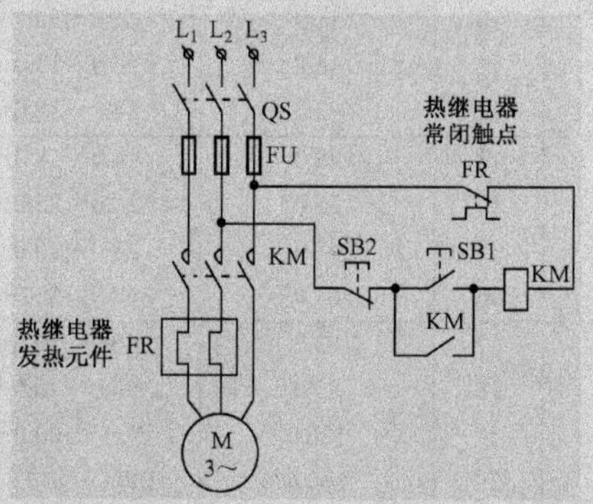

图 3-46　应用热继电器对电动机进行过载保护

【案例 3-10】压缩机过载保护。

压缩机的过载保护，常通过热继电器感知温度和电流来进行。过载保护器基本上是由一组常闭触点和双金属元件构成。过载保护器装配在压缩机的外部，与压缩机机壳直接接触并且和压缩机绕组串联。如果压缩机因某种原因不能启动，过负荷的堵转电流将会引起双金属元件发热而快速弯曲，使触点迅速跳开，切断流过压缩机的电流，从而保护压缩机。同样，如果压缩机的电机异常发热导致压缩机的绕组温升过高，保护器将发热而跳开，从而保护压缩机。只要故障原因不排除，压缩机将在过载的情况下，周而复始地随着双金属元件的动作而启动、停止。

3）热继电器的主要技术参数

热继电器的主要技术参数为额定电压、额定电流、相数、发热元件的编号、整定电流及刻度电流调节范围等。

热继电器的额定电流是指可能装入的发热元件的最大整定（额定）电流值。每种额定电流的热继电器可装入几种不同整定电流的发热元件。为了便于用户选择，某些型号的不同整定电流的发热元件是用不同的编号表示的。

热继电器的整定电流是指发热元件能够长期通过而不致引起热继电器动作的电流值。手动调节整定电流的范围，称为刻度电流调节范围，可用来使热继电器具有更好的过载保护。

常用的热继电器的型号有 JR0、JR2、JR16、JR20 及 T 系列等，JR16 系列热继电器的技术数据见表 3-24。

表 3-24　JR16 系列热继电器的技术数据

型号	热继电器额定电流（A）	发热元件规格			连接导线规格
		编号	额定电流（A）	刻度电流调整范围（A）	
JR16-20/3 JR16-20/3D	20	1	0.35	0.25～0.3～0.35	$4mm^2$ 单股塑料铜线
		2	0.5	0.32～0.4～0.5	
		3	0.72	0.45～0.6～0.72	
		4	1.1	0.68～0.9～1.1	
		5	1.6	1.0～1.3～1.6	
		6	2.4	1.5～2.0～2.4	
		7	3.5	2.2～2.8～3.5	
		8	5.0	3.2～4.0～5.0	
		9	7.2	4.5～6.0～7.2	
		10	11.0	6.8～9.0～11.0	
		11	16.0	10.0～13.0～16.0	
		12	22.0	14.0～18.0～22.0	
JR16-60/3 JR16-60/3D	60	13	22.0	14.0～18.0～22.0	$16mm^2$ 多股铜心橡皮软线
		14	32.0	20.0～26.0～32.0	
		15	45.0	28.0～36.0～45.0	
		16	63.0	40.0～50.0～63.0	
JR16-150/3 JR16-150/3D	150	17	63.0	40.0～50.0～63.0	$35mm^2$ 多股铜心橡皮软线
		18	85.0	53.0～70.0～85.0	
		19	120.0	75.0～100.0～120.0	
		20	160.0	100.0～130.0～160.0	

3．热继电器的保护特性及选择

1）保护特性

热继电器的保护特性即电流—时间特性，也称安秒特性。为了适应电动机的过载特性而又起到过载保护作用，要求热继电器具有如同电动机过载特性那样的反时限特性。电动机的过载特性和热继电器的保护特性如图 3-47 所示。

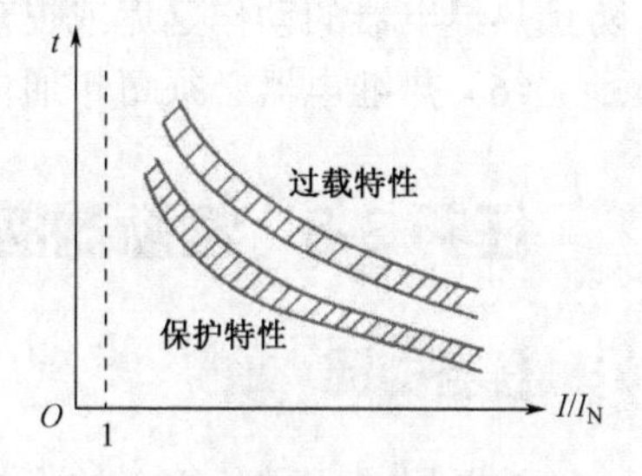

图 3-47　电动机的过载特性和热继电器的保护特性

因为各种误差的影响，电动机的过载特性和热继电器的保护特性都不是一条曲线，而是一条曲线带，误差越大，曲线带越宽，误差越小，曲线带越窄。由图 3-47 可以看出，在允许升温条件下，当电动机过载电流小时，允许电动机通电时间长些，反之，允许通电时间要短。为了充分发挥电动机的过载能力又能实现可靠保护，要求热继电器的保护特性应在电动机过载特性的邻近下方，这样，如果发生过载，热继电器就会在电动机未达到其允许过载极限时间之前动作，切断电源，使之免遭损坏。

2）选择

热继电器的选择是否合理，直接影响着对电动机进行过载保护的可靠性。通常选用时应按电动机形式、工作环境、启动情况及负荷情况等几方面综合加以考虑。

（1）原则上热继电器的额定电流应按电动机的额定电流选择。对于过载能力较差的电动机，其配用的热继电器（主要是发热元件）的额定电流可适当小些。一般选取热继电器额定电流（实际上是发热元件的额定电流）为电动机额定电流的 60%～80%。

（2）在非频繁启动的场合，必须保证热继电器在电动机的启动过程中不致误动作。通常，在电动机启动电流为额定电流 6 倍，以及启动时间不超过 6 s 的情况下，只要是很少连续启动，就可按电动机的额定电流来选择热继电器。

（3）断相保护用热继电器的选用：对于星形接法的电动机，一般采用两相结构的热继电器。对于三角形接法的电动机，若热继电器的发热元件接于电动机的每相绕组中，则选用三相结构的热继电器，若发热元件接于三角形接线电动机的电源进线中，则应选择带断相保护装置的三相热继电器。

（4）对于比较重要的、容量大的电动机，可考虑选用半导体温度继电器进行保护。

3）使用时的注意事项

（1）热继电器应按产品说明书规定方式安装。当同其他电器安装在同一装置上时，为了防止其动作特性受其他电器发热的影响，热继电器应安装在其他电器的下方。

（2）热继电器的出线端的连接导线应为铜线，JR16 应按表 3-24 的规定选用。若用铝线，导线截面应放大 1.8 倍。另外，为了保证保护特性稳定，出线端螺钉应拧紧。

（3）热继电器的发热元件不同的编号都有一定的电流整定范围，选用时应使发热元件的电流与电动机的电流相适应，然后根据实际情况进行适当调整。

（4）要保持热继电器清洁，定期清除污垢、尘埃。双金属片有锈斑时应用棉布蘸上汽油轻轻揩试，不得用砂纸打磨。

（5）为了保护已调整好的配合状况，热继电器和电动机的周围介质温度应保持相同，以防止热继电器的动作延迟或提前。

（6）热继电器必须每年通电校验一次，以保证可靠保护。

任务 3-5　熔断器的识别与选用

任务描述

熔断器是一种最简单的保护电器，它可以实现对配电线路的过载和短路保护。由于结构简单、体积小、重量轻、价格低廉、维护简单，所以在强弱电系统中都有较为广泛的应用。

任务分析

熔断器通常在电路中起着短路保护的重要作用，要从其构造、原理、图形符号、应用等几方面着手进行分析。

方法与步骤

◆教师活动：由图 3-48 所示的过载案例进行引导：在学生公寓当你使用 2 kW 的电炉时，灯熄灭了，为什么？当连接灯时不小心两根线碰在一起，灯为什么熄灭了？

◆学生活动：带着问题学习，认真研讨。

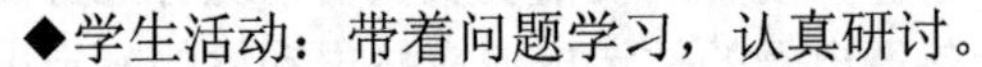
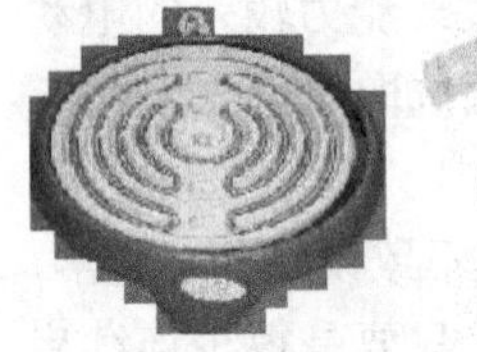

图 3-48　过载案例

3.5.1　熔断器的类型、原理及参数

1．熔断器的类型

熔断器大致可分为插入式熔断器、螺旋式熔断器、封闭式熔断器、快速熔断器、管式熔断器、高分断力熔断器等。

1）插入式熔断器（俗称瓷插）

插入式熔断器由装有熔丝的瓷盖和用来连接导线的瓷座组成，如图 3-49 所示，适用于电压为 380 V 及以下电压等级的线路末端，作为配电支线或电气设备的短路保护用。

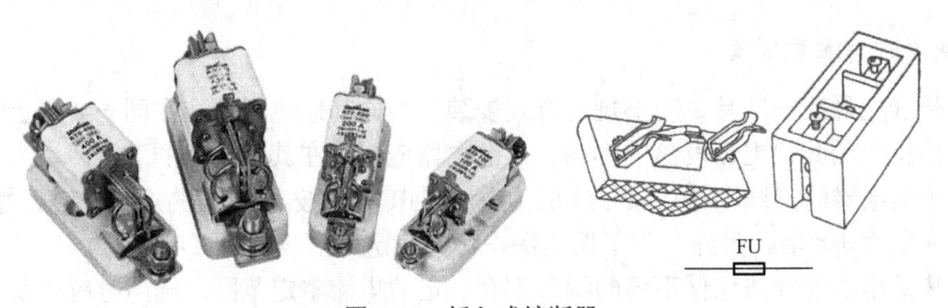

图 3-49　插入式熔断器

2）螺旋式熔断器

螺旋式熔断器由瓷帽、瓷座和熔体组成，瓷帽沿螺纹拧入瓷座中。熔体内填有石英砂，

故分断电流较大，可用于电压等级 500V 以下、电流等级 200A 以下的电路中，作为短路保护用。RL1 系列螺旋式熔断器如图 3-50 所示。

3）封闭式熔断器

封闭式熔断器分为有填料熔断器和无填料熔断器两种。有填料熔断器一般用方形瓷管，内装石英砂及熔体，分断能力强，用于电压等级 500V 以下、电流等级 1kA 以下的电路中，而无填料密闭式熔断器将熔体装入密闭式圆筒中，分断能力稍小，用于电压等级 500V 以下、电流等级 600A 以下的电路中。其外形结构如图 3-50 所示。

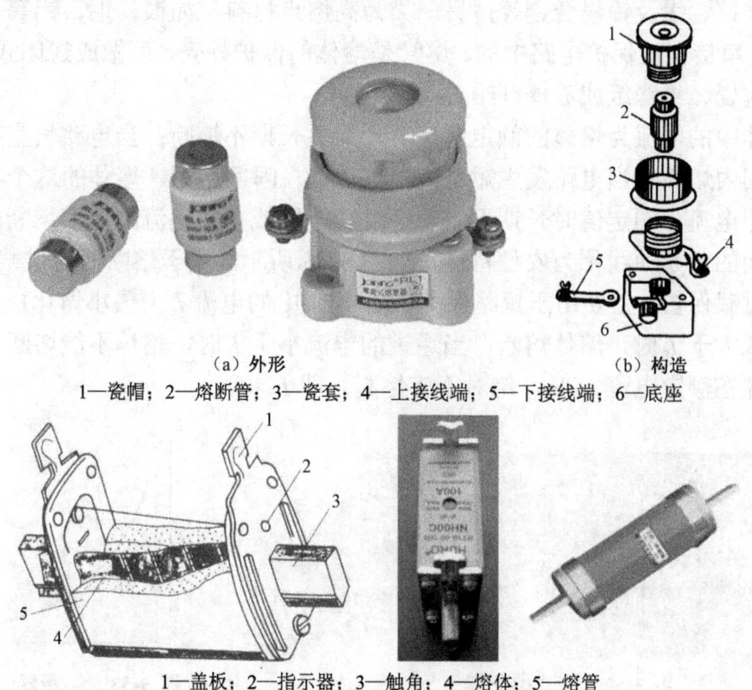

（a）外形　　（b）构造

1—瓷帽；2—熔断管；3—瓷套；4—上接线端；5—下接线端；6—底座

1—盖板；2—指示器；3—触角；4—熔体；5—熔管

图 3-50　封闭式熔断器

4）快速式熔断器和自复式熔断器

快速式熔断器多用作硅半导体器件的过载保护，分断能力大，分断速度快，如图 3-51（a）所示。而自复式熔断器则是用低熔点金属制成，短路时依靠自身产生的热量使金属汽化，从而大大增加导通时的电阻，阻塞了导通电路，如图 3-51（b）所示。

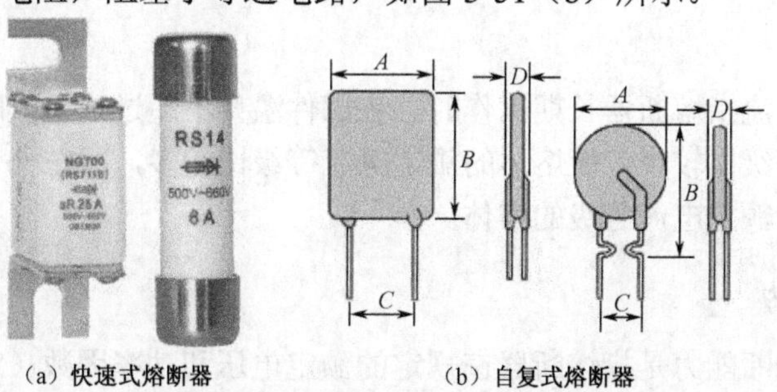

（a）快速式熔断器　　（b）自复式熔断器

图 3-51　快速式熔断器和自复式熔断器

5）管式熔断器

管式熔断器为装有熔体的玻璃管，两端封以金属帽，外加底座构成，这类熔断器体积较小，常用于电子线路及二次回路中，如图 3-52 所示。

2．熔断器的结构及原理

熔断器主要由熔体和安装熔体的熔管或熔座两部分组成。其中熔体是主要部分，它既是感受元件又是执行元件。熔体可做成丝状、片状、带状或笼状。其材料有两类：一类为低熔点材料，如铅、锌、锡及铅锡合金等；另一类为高熔点材料，如银、铜、铝等。熔断器接入电路时，熔体是串接在被保护电路中的。熔管是熔体的保护外壳，可做成封闭式或半封闭式，其材料一般为陶瓷、绝缘纸或玻璃纤维。

熔断器熔体中的电流为熔体的额定电流时，熔体长期不熔断；当电路发生严重过载时，熔体在较短时间内熔断；当电路发生短路时，熔体能在瞬间熔断。熔体的这个特性称为反时限保护特性，即电流为额定值时长期不熔断，过载电流或短路电流越大，熔断时间就越短。电流与熔断时间的关系曲线称为安秒特性，如图 3-53 所示。由于熔断器对过载反应不灵敏，所以不宜用于过载保护，主要用于短路保护。图 3-53 中的电流 I_r 为最小熔化电流。当通过熔体的电流等于或大于 I_r 时，熔体熔断；当通过的电流小于 I_r 时，熔体不能熔断。根据对熔断器的要求，熔体在额定电流 I_N 时，绝对不应熔断，即 $I_r > I_N$。

图 3-52　管式熔断器

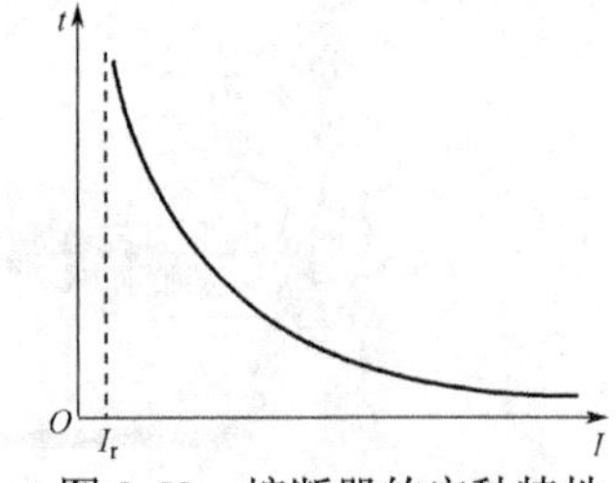

图 3-53　熔断器的安秒特性

3．熔断器的技术参数

1）额定电压

熔断器的额定电压指熔断器长期工作时和分断后能够承受的电压，它取决于线路的额定电压，其值一般等于或大于电气设备的额定电压。

2）额定电流

熔断器的额定电流指熔断器长期工作时，各部件温升不超过规定值时所能承受的电流。熔断器的额定电流等级比较少，而熔体的额定电流等级比较多，即在一个额定电流等级的熔断器内可以安装不同额定电流等级的熔体。

3）极限分断能力

熔断器的极限分断能力是指熔断器在规定的额定电压和功率因数（或时间常数）的条件下，能分断的最大短路电流值。在电路中出现的最大电流值一般指短路电流值，所以极限分

断能力也反映了熔断器分断短路电流的能力。

4）安秒特性

安秒特性也称保护特性，它表征了流过熔体的电流大小与熔断时间的关系，熔断器安秒特性数值关系见表 3-25。

表 3-25　熔断器安秒特性数值关系

熔断电流	1.25～1.30I_N	1.6I_N	2I_N	2.5I_N	3I_N	4I_N
熔断时间	∞	1 h	40 s	8 s	4.5 s	2.5 s

3.5.2　常见熔断器型号、技术数据及特点

1．插入式熔断器

插入式熔断器有 RC1A 系列，具有结构简单、使用广泛的特点，广泛应用于照明和小容量电动机保护。

熔断器的文字符号和图形符号如图 3-54 所示。

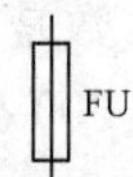

图 3-54　熔断器的文字和图形符号

插入式熔断器的型号含义如下。

R C 1A － 100

- R：熔断器
- C：插入式
- 1A：设计序号，A表示改型设计
- 100：额定电流100A

RC1 系列熔断器的基本技术数据见表 3-26。

表 3-26　RL1 系列熔断器基本技术数据

类别	型号	额定电压（V）	额定电流（A）	熔体额定电流等级（A）
插入式熔断器	RC1A	380	5	2,4,5
			10	2,4,6,10
			15	6,10,15
			30	15,20,25,30
			60	30,40,50,60
			100	50,80,100
			200	100,120,150,200
螺旋式熔断器	RL1	500	15	2,4,5,6,10,15
			60	20,25,30,35,40,50,60
			100	60,80,100
			200	100,125,150,200
	RL2	500	25	2,4,6,10,15,20,25
			60	25,35,50,60
			100	80,100

2．螺旋式熔断器

螺旋式熔断器有 RL1 和 RL2 系列。RL1 系列螺旋式熔断器的断流能力大，体积小，更换熔丝容易，使用安全可靠，并带有熔断显示装置。

螺旋式熔断器的型号含义如下。

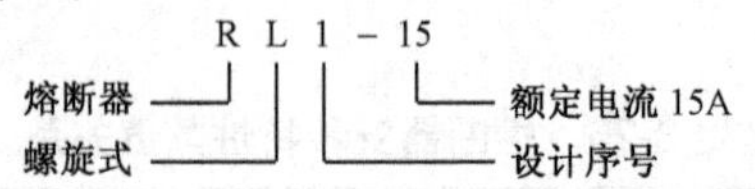

RL1 系列熔断器的基本技术数据见表 3-26。

3．管式熔断器

1）无填料封闭式熔断器

无填料封闭式熔断器有 RM10 系列。RM10 系列熔断器为可拆卸式，具有结构简单、更换方便的特点。

RM10 系列熔断器的技术数据见表 3-27。

RM10 系列熔断器的熔断管在触座插拔次数是 350A 及以下的为 500 次，350A 以上的为 300 次。

表 3-27　RM10 系列熔断器技术数据

额定电流（A）		极限分断能力（A）
熔断管	装在熔断管内的熔体	
15	6,10,15	1200
60	15,20,25,35,45,60	
100	60,80,100	3500
200	100,125,160,**200	
350	200,225,*260,**300,*350	10000
600	350*,430*,500*,600*	12000
1000	600*,700*,850*,1000*	

注：*表示电压为 380、220V 时，熔体需两片并联使用；
**表示仅在电压为 380V 时，熔体需两片并联使用。

无填料封闭式熔断器的型号含义如下。

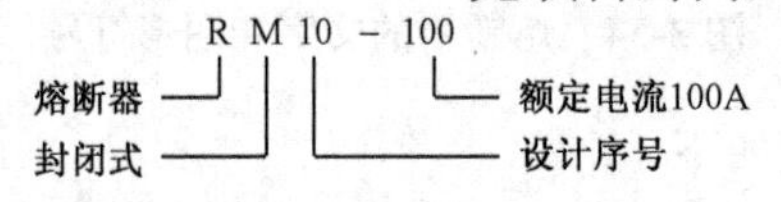

2）有填料封闭管式熔断器

有填料封闭管式熔断器有 RT0 系列。该系列具有耐热性强、机械强度高等优点。熔断器内充满石英砂填料，石英砂主要用来冷却电弧，使产生的电弧迅速熄灭。

RT0 系列熔断器的主要技术数据如表 3-28。

表 3-28　RT0 系列熔断器技术数据

额定电流(A)	熔体额定电流(A)	极限分断能力(kA)		回路参数	
		交流 380V	直流 440V	交流 380V	直流 440V
50	5,10,15,20,30,40,50	50（有效值）	25	$\cos\varphi$=0.1～0.2	T=1.5～20 ms
100	30,40,50,60,80,100				
200	80*,100*,120,150,200				
400	150*,200,250,300,350,400				
600	350*,400*,450,500,550,600				
1000	700,800,900,1000				

*表示电压为 380、220V 时，熔体需两片并联使用。

有填料封闭管式熔断器的型号含义如下。

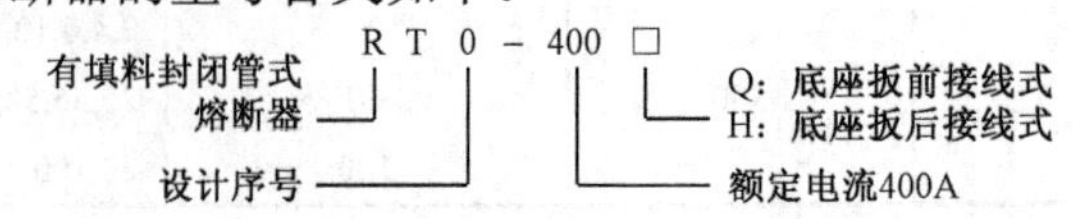

有填料式熔断器还有 RT10 和 RT11 系列。

3.5.3 熔断器的选择

熔断器是一种最简单有效的保护电器，有各种不同的外形和特点，在使用时，串接在所保护的电路中，作为电路及用电设备的短路和严重过载保护，主要用作短路保护。熔断器的选择主要从以下几个方面考虑。

1）类型的选择

其类型应根据线路要求、使用场合和安装条件选择。

2）额定电压的选择

其额定电压应大于或等于线路的工作电压。

3）额定电流的选择

其额定电流必须大于或等于所装熔体的额定电流。

4）熔体额定电流的选择

熔体额定电流可按以下几种情况选择。

（1）对于电炉、照明等电阻性负载的短路保护，应使熔体的额定电流等于或大于电路的工作电流，即 $I_{fv} \geqslant I$，其中 I_{fv} 为熔体额定电流，I 为电路的工作电流。

（2）保护一台电动机时，考虑到电动机启动冲击电流的影响，应按下式计算：

$$I_{fv} \geqslant (1.5 \sim 2.5) I_N$$

式中，I_N 为电动机额定电流。

（3）保护多台电动机时，则应按下式计算：

$$I_{fv} \geqslant (1.5 \sim 2.5) I_{Nmax} + \Sigma I_N$$

式中，I_{Nmax} 为容量最大的一台电动机的额定电流，ΣI_N 为其余电动机额定电流的总和。

3.5.4 熔断器的安装

安装熔断器时要将发热元件串接在被保护的电路中，在安装过程中要注意以下事项。

（1）安装熔断器除了保证足够的电气距离外，还应保证安装位置间有足够的间距，以便于拆卸，更换熔体。

（2）安装前应检查熔断器的型号、额定电压、额定分断能力等参数是否符合规定要求。熔断器内所装熔体额定电流只能小于熔断器的额定电流。

（3）安装时应保证熔体和触刀及触刀和触刀座之间接触紧密可靠，以免由于接触发热，使熔体温度升高，发生误熔断。

（4）安装熔体时必须保证接触良好，不允许有机械损伤，否则准确性将大大降低。

（5）电流进线接上接线端子，电气设备接下接线端子。

（6）当熔断器兼作隔离开关时，应安装在控制开关电源的进线端；当仅作短路保护时，

应安装在控制开关的出线端。

（7）熔断器应安装在各相（火）线上，三相四线制电源的中性线上不得安装熔断器，而单相两线制的零线上应安装熔断器。

（8）更换熔丝，必须先断开负载。熔体必须按原规格、原材质更换。

（9）在运行中应经常注意熔断器的指示器，以便及时发现熔体熔断，防止缺相运行。

【案例 3-11】 电动机短路保护。

应用熔断器对电动机进行短路保护的实例，如图 3-55 所示。

【案例 3-12】 设备识别。

识读图 5-56 所示电路中的设备，写出设备名称，说明其作用。

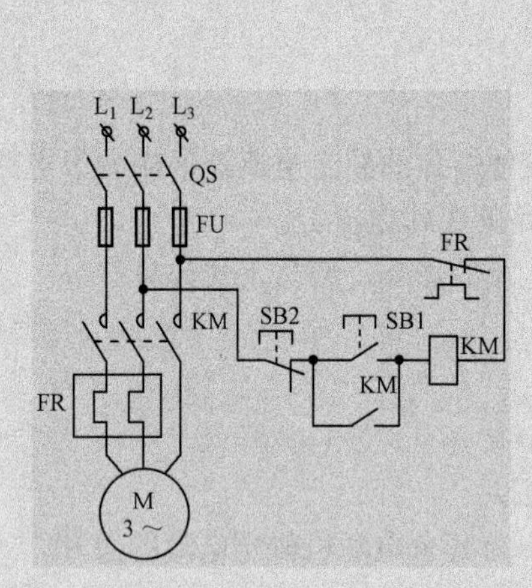

图 3-55　应用熔断器对电动机进行短路保护

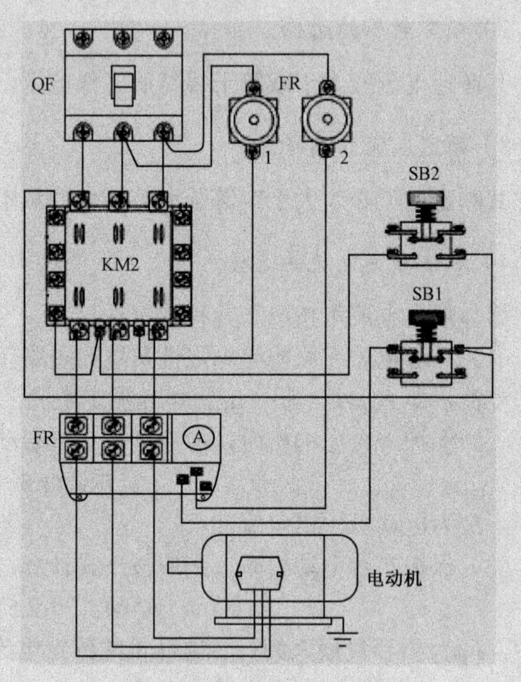

图 3-56　设备识别训练

实训 11　低压电器的识别

◆教师活动：下达训练任务书，准备好所学过的电器。

◆学生活动：编写实训计划，分组训练，填写好实训记录。

1．实训目的

（1）熟悉建筑电气控制系统中的各种低压电器设备；

（2）掌握系统中常用设备的工作原理、使用及选择方法。

2．实训内容

（1）识别设备；
（2）熟悉设备的使用及选择方法。

2．实训设备

（1）常用开关；（2）接触器；（3）继电器；（4）熔断器。

4．实训步骤

（1）识别设备；
（2）熟悉设备的使用及选择方法。

5．报告内容

（1）描述所识别的各种电器的特点及用途；
（2）写出不同设备的使用及选择方法。

6．实训记录与分析

表3-29　实训记录与分析

序号	设备名称	适用场所	设备构造与特点	设备作用

7．问题讨论

（1）说明接触器与继电器的区别。
（2）简述熔断器与热继电器的区别。

知识梳理与总结

本情境介绍了建筑电气控制中的几种常用开关、接触器、继电器、熔断器的分类、构造、图形及文字符号、技术参数；阐述了低压电器元件的工作原理和使用方法；并通过案例与实训加深理论知识的应用，为后续课程的学习打下了基础。

练习题 2

1. 填空题

(1) 控制按钮与主令控制器在电路中起的作用分别是________________。

(2) 转换开关内弹簧的作用是________________。

(3) 中间继电器的本质特征是________________。

(4) 电压继电器和电流继电器在电路中各自的作用分别是________________，它们的线圈和触点各接于________________电路中。

(5) 在电动机启动过程中，热继电器不动作的原因是________________。

(6) 在电动机的主电路中装有熔断器和热继电器的作用________________。

(7) 接近开关与行程开关的区别是________________。

(8) ________________称为时间继电器，其作用是________________。

(9) 继电器的作用是________________，按用途不同可分为_____类。

2. 多选题

(1) 交流电压继电器和直流电压继电器铁芯的主要区别是（ ）。

A. 交流电压继电器的铁芯是由彼此绝缘的硅钢片叠压而成，而直流电压继电器的铁芯则不是

B. 直流电压继电器的铁芯是由彼此绝缘的硅钢片叠压而成，而交流电压继电器的铁芯则不是

C. 交流电压继电器的铁芯由整块软钢制成，而直流电压继电器的铁芯则不是

D. 交、直流电压继电器的铁芯都是由整块软钢制成，但其大小和形状不同

(2) 电流继电器的返回系数是指（ ）。

A. 吸合电流与释放电流的比值　　B. 释放电压与吸合电压的比值

C. 吸合电压与释放电压的比值　　D. 释放电流与吸合电流的比值

(3) 欲增大电压继电器的返回系数，应采取的办法是（ ）。

A. 增加衔铁释放后的气隙　　B. 减小吸合后的气隙

C. 增加非磁性垫片的厚度　　D. 减小非磁性垫片的厚度

(4) 电压继电器的线圈与电流继电器的线圈相比，其特点是（ ）。

A. 电压继电器的线圈与被控电路并联　　B. 电压继电器的线圈匝数少，导线粗，电阻大

C. 电压继电器的线圈匝数少、导线粗、电阻小　　D. 电压继电器的线圈匝数多，导线细，电阻大

3. 分析判断（用√和×表示）

(1) 在本质上，中间继电器不属于电压继电器。（ ）

(2) 继电器在整定值下动作时所需的最小电压称为灵敏度。（ ）

(3) 热继电器的保护特性是反时限的。（ ）

(4) 热继电器的额定电流就是其触点的额定电流。（ ）

(5) 接触器是控制大电流电路的电器。（ ）

(6) 无断相保护装置的热继电器就不能对电动机的断相提供保护。（ ）

(7) 按钮开关和漏电保护开关均是手动电气。（ ）

(8）自动开关本身带有各种保护。（ ）

(9）行程开关、限位开关、终端开关是同一种开关。（ ）

(10）直流接触器无短路环。（ ）

4．简答题

(1）叙述常用低压电器的种类，指出其应用范围。

(2）自动开关的作用是什么？它与转换开关比较有何不同？

(3）位置开关与按钮有哪些区别？

(4）漏电保护开关的作用是什么？漏电保护开关有几种类型？其区别在哪些方面？

(5）交流接触器在运行中有时线圈断电后，衔铁仍掉不下来，试分析故障原因，并确定排除故障的措施。

(6）两个相同的交流接触器的线圈能否串联使用？为什么？

(7）在接触器的铭牌上常见到 AC3、AC4 等字样，它们有何意义？

(8）交流接触器频繁启动后，线圈为什么会过热？

(9）已知交流接触器吸引线圈的额定电压为 220 V，如果给线圈通以 380 V 的交流电行吗？为什么？如果使线圈通以 127 V 的交流电又会如何？

(10）什么是继电器？常用的继电器有哪些？

(11）什么是时间继电器？它有何用途？

(12）热继电器和过电流继电器有何区别？各有何用途？

(13）两台电动机能否用一只热继电器作过载保护？为什么？

(14）电动机的启动电流很大，当电动机启动时，热继电器会不会动作？为什么？

(15）熔断器与漏电保护开关的区别是什么？

(16）漏电保护开关是如何安装的？

(17）选择熔断器应注意哪些因素？

(18）安装熔断器应注意哪些问题？

(19）熔断器与热继电器有何区别？

技能训练3　电磁式继电器的整定

1．实训目的

(1）熟悉电磁式继电器的使用方法和调整方法。

(2）掌握交直流电压继电器的吸合电压和释放电压的整定方法。

2．实训内容

(1）首先选择交、直流电压继电器各一个，熟悉型号与技术参数。

(2）按图 3-57 连接线路。

图 3-58 中 HL 指示灯用于指示衔铁动作，当衔铁吸合带动继电器自身的动合触点闭合，从而接通指示灯电路，只要指示灯一亮，即可知道衔铁已经动作。

(3）进行吸合电压的整定。

(4）进行释放电压的整定。

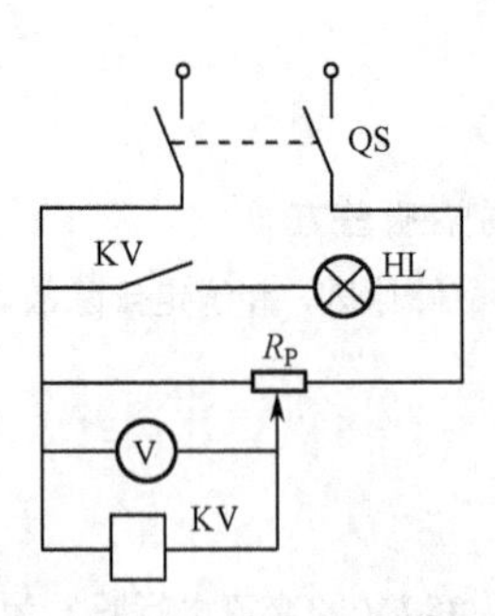

图 3-57 电压继电器的整定电路

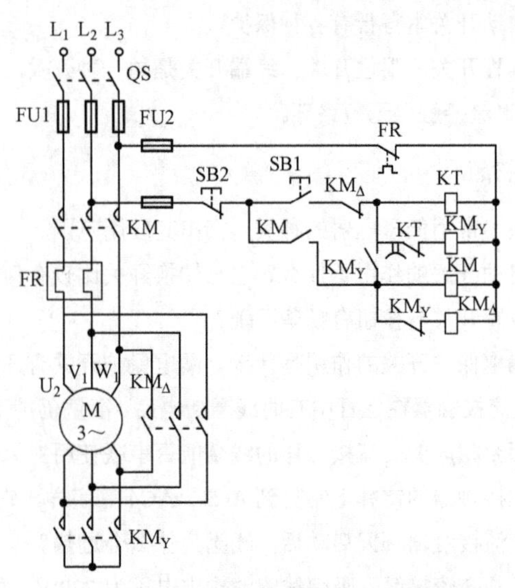

图 3-58 星形—三角形降压启动线路

技能训练 4 常见开关的使用

1. 实训目的

（1）熟悉常见开关的结构及技术数据。

（2）掌握用一块电压表测量三相电源电压的方法。

（3）了解转换开关的结构、接线及用途。

2. 实训内容

（1）在实训室自选材料：三相刀开关 1 个，转换开关 1 个，电压表 1 块，万用表 1 块，导线若干。

（2）观察并记录转换开关有几对触头，操作手柄有几个挡位。

（3）根据型号查手册，画出转换开关的图形符号和接通表。

（4）根据所选转换开关画出图形，使其能完成如下功能：接通与分断电源、换向，然后进行线路的连接。

（5）为防止出现短路现象，利用万用表认真检查接线有无错误，再让指导教师复查。

（6）实施操作：合刀开关 QS，在转换开关 SA 的手柄置于“0”位时，所有触头均不通，电压表指示为 0；当转换开关 SA 的手柄置于“1”位时，用电压表检测哪些触头接通，哪些触头分断；当转换开关 SA 的手柄置于“2”时，检测哪些触头接通，哪些触头分断，直到所有挡位检测完为止。

（7）说明用此开关如何操作和接线可以实现接通与分断电源和换向。

技能训练 5 常用电器的选择

1. 实训目的

掌握常用低压电器的选择方法。

2．实训内容

图 3-58 所示的星形—三角形降压启动线路中所使用的电动机为 Y-132M-4 型三相异步电动机，其技术数据为：7.5 kW、380 V、15.4A、三角形连接、1400 r/min，电动机为连续工作制。根据三相异步电动机的技术数据，选择刀开关、熔断器、热继电器、接触器等器件。

3．总结

通过实训总结选择低压电器的方法与技巧，为从业打好基础。

学习情境4 建筑电气控制的典型环节与技能训练

教学导航

学习任务	任务 4-1　电气控制图形的绘制规则 任务 4-2　三相异步电动机的启动控制 任务 4-3　三相异步电动机的制动控制 任务 4-4　三相异步电动机的调速控制 任务 4-5　绕线式异步电动机的调速控制	参考学时	16
能力目标	1．学会电气控制图形的绘制规则和方法； 2．掌握电气线路组成的基本规律以及交流电动机启动、运行、制动、调速等典型控制线路的构成特点； 3．能熟悉电气连锁、保护环节以及电气控制线路的操作方法； 4．具有识读建筑设备电气控制工程图的能力； 5．能分析线路原理、接线与操作；　　6．会设计简单的控制线路		
教学资源与载体	多媒体网络平台；教材、动画 PPT 和视频等；一体化控制实训室；控制系统工程图纸，对应所学环节识读；课业单、工作计划单、评价表		
教学方法与策略	项目教学法，角色扮演法，引导文法，演示法，参与型教学法		
教学过程设计	给出任务→分组学习研讨→分析设计→选择设备→选用工具→分析原理并操作训练→总结要点→知识拓展训练		
考核与评价	电气控制图包含哪些类型；电气控制图应遵循哪些规则；直接启动线路要点；降压线路的设计和选用能力；分析线路的方法；设计线路能力；能耗和反接制动线路的接线和操作控制能力；两种调速方式的用途描述；语言表达能力；工作态度；任务完成情况与效果		
评价方式	自我评价（10%），小组评价（30%），教师评价（60%）		

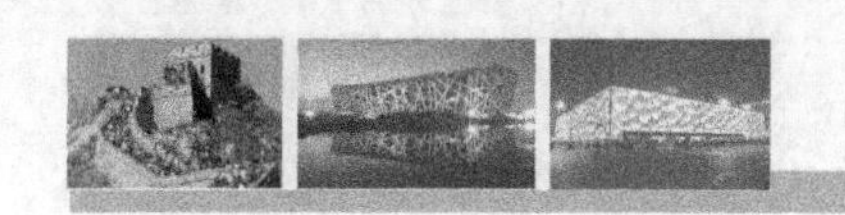

任务4-1　电气控制图形的绘制规则

任务描述

建筑电气控制系统是由若干电气元件按建筑设备动作及工艺要求连接而成的。为了表述建筑设备电气控制系统的构造、原理等设计意图，同时也为了便于建筑设备的安装、调整、使用和维修，需要将电气控制系统中各电气元件的连接用一定的图形表达出来，即电气原理图、电气布置图及电气安装接线图。

任务分析

学习典型线路之前，先应了解电气控制图形的绘制规则，在已掌握了常用控制器件的基础上，从最简单的建筑电气控制系统图的分类入手，然后再从建筑电气系统图和框图、建筑电气原理图、建筑电气布置图、建筑电气安装接线图、建筑电气图的特点及符号等进行逐步深入，直到掌握绘图规则为止。

方法与步骤

◆教师活动：下达任务，给出控制案例工程图→引导学习图纸应如何画出。

◆学生活动：看看有几类图→研讨如何画出→明确不同图的作用→学会绘图规则。

4.1.1　建筑电气控制系统图的分类

建筑电气控制系统是由许多电气元件按一定要求连接而成的。为了表达生产机械电气控制系统的结构、原理等设计意图，同时也为了便于电气元件的安装、接线、运行、维护，将电气控制系统中各电气元件的连接用一定的图形表达出来，这种图就是电气控制系统图。

由于电气控制系统图描述的对象复杂，应用领域广泛，表达形式多种多样，因此表示一项电气工程或一种电器装置的电气控制系统图有多种，它们以不同的表达方式反映工程问题的不同侧面，但又有一定的对应关系，有时需要对照起来阅读。按用途和表达方式的不同，电气控制系统图可分为以下几种。

1）建筑电气系统图和框图

建筑电气系统图和框图是用符号或带注释的框概略地表示系统的组成、各组成部分相互关系及其主要特征的图样，它比较集中地反映了所描述工程对象的规模。

2）建筑电气原理图

建筑电气原理图是为了便于阅读与分析控制线路，根据简单、清晰的原则，采用电气元件展开的形式绘制而成的图样。它包括所有电气元件的导电部件和接线端点，但并不按照电气元件的实际布置位置来绘制，也不反应电气元件的大小。其作用是便于详细了解工作原理，指导系统或设备的安装、调试与维修。电气原理图是电气控制系统图中最重要的种类之一，也是识图的难点和重点。

3）建筑电气布置图

建筑电气布置图主要是用来表明电气设备上所有电气元件的实际位置，为生产机械电气控制设备的制造、安装提供必要的资料。通常电气布置图与电气安装接线图组合在一起，既起到电气安装接线图的作用，又能清晰表示出电器的布置情况。

4）建筑电气安装接线图

建筑电气安装接线图是为了安装电气设备和电气元件进行配线或检修电气故障服务的。它是用规定的图形符号按各电气元件相对位置绘制的实际接线图，它清楚地表示了各电气元件的相对位置和它们之间的电路连接，所以安装接线图不仅要把同一电气设备各个部件画在一起，而且各个部件的布置要尽可能符合这个电气的实际情况，但对比例和尺寸没有严格要求。不但要画出控制柜内部之间的电气连接，还要画出柜外电气的连接。电气安装接线图中的回路标号是电气设备之间、电气元件之间、导线与导线之间的连接标记，它的文字符号和数字符号应与原理图中的标号一致。

5）功能图

功能图的作用是提供绘制电气原理图或其他有关图样的依据，它是表示理论的或理想的电路关系而不涉及实现方法的一种图。

6）电气元件明细表

电气元件明细表是把成套装置、设备中各组成元件（包括电动机）的名称、型号、规格、数量列成表格，供准备材料及维修使用。

以上简要介绍了电气系统图的分类，不同的图有不同的应用场合。本书将主要介绍电气原理图、电气布置图和电气安装接线图的绘制规则。

4.1.2 建筑电气控制系统图的特点及符号

1. 简图

简图是电气控制系统图的主要表达方式，与机械图、建筑图等的区别在于：简图不是严格按几何尺寸和绝对位置测绘的，而是用规定的标准符号和文字表示系统或设备的组成部分间的关系。

2. 元件和连接线

电气控制系统图的主要描述对象是电气元件和连接线。连接线可用单线法和多线法表示，两种表示方法在同一张图上可以混用。电气元件在图中可以采用集中表示法、半集中表示法、分开表示法来绘制。集中表示法是把一个元件的各组成部分的图形符号绘在一起的方法；分开表示法是将同一元件的各组成部分分开布置，有些可以画在主回路，有些画在控制回路；半集中表示法介于上述两种方法之间，在图中将一个元件的某些部分的图形符号分开绘制，并用虚线表示其相互关系。绘制电气控制系统图时一般采用机械制图规定的8种线条中的4条，见表4-1。

表 4-1　图线及其应用

图线名称	一般应用
实线	基本线、简图主要内容用线、可见轮廓线、可见导线
虚线	辅助线、屏蔽线、机械连接线、不可见轮廓线、不可见导线、计划扩展内容用线
点画线	分界线、结构围框线、分组围框线
双点画线	辅助围框线

3. 图形符号和文字符号

建筑电气系统或电气装置都是由各种元器件组成的，通常是用一种简单的图形符号表示各种元器件。两个以上作用不同的同一类型电器必须在符号旁标注不同的文字符号以区别其名称、功能、状态、特征及安装位置等。这样图形符号和文字符号的结合就能使人们一看就知道它是不同用途的电器。

建筑电气系统图中的图形符号和文字符号有统一的国家标准，我国现在采用的是新国家标准《电气简图用图形符号》(GB/T 4728)。由于旧国标现在还不可能立即在所有技术资料和以前出版的教科书中消失，因此这里给出电气图常用图形符号和文字符号的新旧对照表，见附录 A。

4.1.3　建筑电气原理图

建筑电气原理图是根据电气控制系统的工作原理，按电器元件展开的形式绘制的。图中每个元件不是按实际位置绘制的，它是根据生产机械对控制所提出的要求，按照各电气元件的动作原理和顺序，并根据简单清晰的原则用线条代表导线将各电气符号按一定规律连接起来的电路展开图。原理图具有结构简单，层次分明，适于研究和分析线路的工作原理，识读方便等优点，是电气控制系统中最重要的一种图。在后续内容中主要以该种图为主进行分析，由此可见其应用的广泛。

建筑电气原理图一般分为主电路图（或称一次接线）和辅助电路图（或称二次接线）两部分。主电路是电气控制线路中强电流通过的部分。图 4-1 所示三相异步电动机双向旋转的控制电路图。其主电路是由刀开关 QS 经正反转接触器的主触头、热继电器 FR 的发热元件到电动机 M 这部分电路构成。辅助电路是电气控制线路中弱电流通过的部分，它包括控制电路、信号电路、检测电路及保护电路。

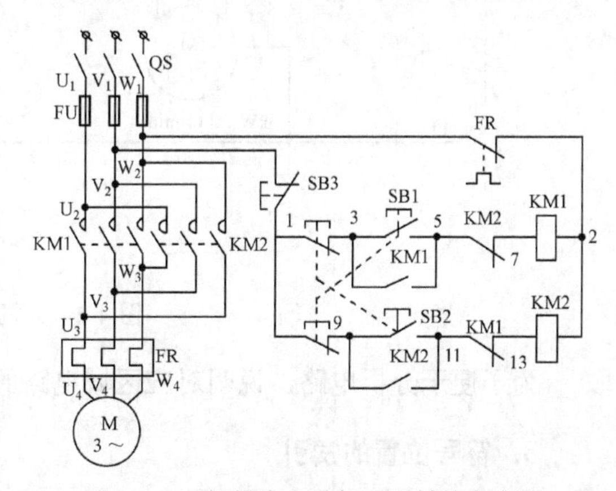

图 4-1　三相异步电动机正反转控制电路

1. 建筑电气原理图的绘制规则

（1）主电路一般用粗实线画出，辅助电路用细实线画出。电路的排列顺序为：主电路在左侧，辅助电路在右侧。

（2）各电气元件触头的开闭状态均以吸引

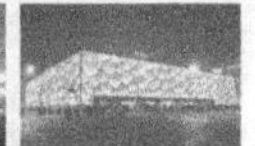

线圈未通电，手柄置于零位，即没有受到任何外力作用或生产机械在原始位置时情况为准。

（3）各电气元件均按动作顺序自上而下或自左向右的规律排列，各控制电路按控制顺序的先后自上而下水平排列。

（4）各电气元件及部件在图中的位置应根据便于阅读的原则来安排。同一电器的各个部件可以不画在一起，但同一电器的不同部件必须用同一文字符号标注。

（5）三根及三根以上导线的电气连接处要画圆点“·”或圆圈“。”以示连接连通。

（6）为了安装与检修方便，电动机和电器的接线端均应标记编号。主电路的电气接点一般用一个字母另附一个或两个数字标注。如图 4-1 中用 U_1、V_1、W_1 表示主电路刀开关与熔断器的电气接点。辅助电路中的电气接点一般用数字标注。具有左边电源极性的电气接点用奇数标注，具有右边电源极性的电气接点用偶数标注。奇偶数的分界点在产生大压降处（例如线圈、电阻等处）。

2．图面区域的划分

从方便识图的角度考虑，在图纸中划分区域，用数字进行图区编号，有的图区编号在上方，有的在图的下方，如图 4-2 所示。图 4-2 中的 1～13 为图区编号。

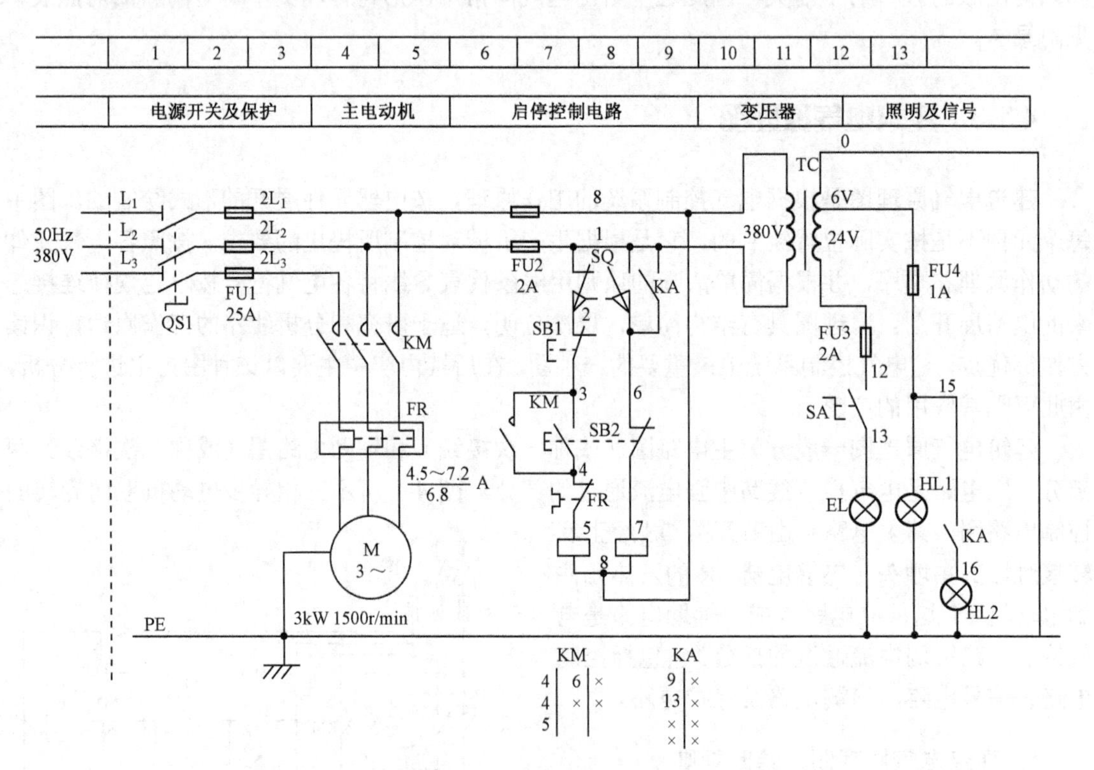

图 4-2　某机床电气原理图

为了便于分析电路，说明对应区域电路的功能，在对应的区域下方标有解释的文字。

3．符号位置的索引

用图号、页次和图区编号的组合索引法构成符号位置的索引，索引代号的组成如下：

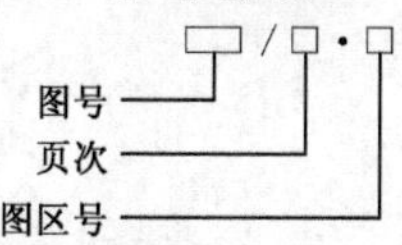

当某一元件相关的各符号元素出现在不同图号的图纸上，而当每个图号仅有一页图纸时，索引代号应简化成：

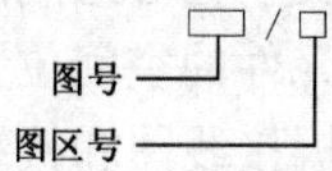

□/□
图号
图区号

当某一元件相关的各符号元素出现在同一图号的图纸上，而该图号有几张图纸时，可省略图号，将索引代号简化成：

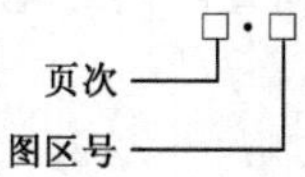

□·□
页次
图区号

当某一元件相关的各符号元素出现在只有一张图纸的不同图区时，索引代号只用图区号表示：

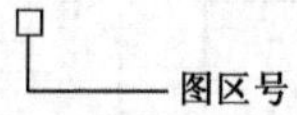

□
图区号

图 4-2 中 KM 线圈及 KA 线圈下方的是接触器 KM 和继电器 KA 相应触头的索引。

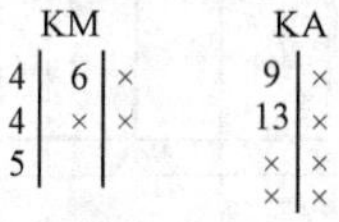

KM			KA	
4	6	×	9	×
4	×	×	13	×
5			×	×
			×	×

在电气原理图中，继电器与接触器的线圈和触头的从属关系应用附图表示，即在电气原理图相应线圈的下方给出触头的图形符号，并在其下面注明相应触头的索引代号，对未使用的触头用“×”表明，有时也可采用上述省去触头的表示法。

对于接触器，上述表示法中各栏的含义如下：

左栏	中栏	右栏
主触头所在图区号	辅助动合触头所在图区号	辅助动断触头所在图区号

对于继电器，上述表示法中各栏的含义如下：

左栏	右栏
动合触头所在图区号	动断触头所在图区号

4．技术数据的标注

在电气原理图中，电气元件的数据和型号用小号字体注在电气代号的下面，图 4-3 中就是热继电器动作电流范围和整定值的标注。

以上的电气原理图绘图规则在工程设计中应全面遵守，而在一般学习图形中，为了方便并不全面按绘图规则展示。

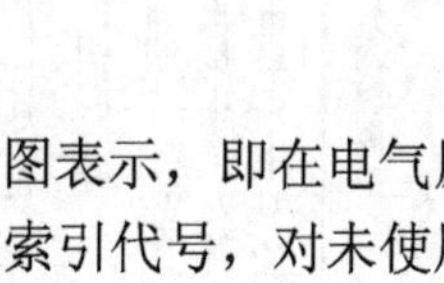

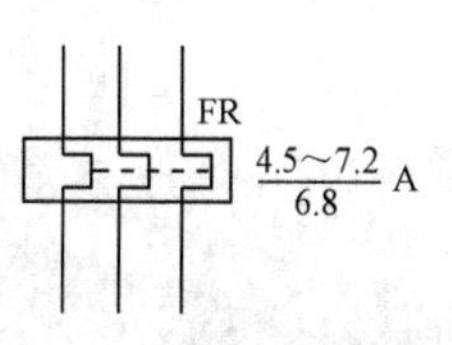

图 4-3　热继电器技术数据标注

4.1.4　建筑电气布置图

建筑设备具有其特殊性，为了对其电气控制设备的制造、安装和维修等提供必要的资料而绘制的图形称为电气布置图。如控制柜（箱）的正面布置图、操作台的平面布置图等。

4.1.5 建筑电气安装接线图

在建筑电气设备安装、配线时经常采用安装接线图，它是按建筑电气设备各电器的实际安装位置，用各电器规定的图形符号和文字符号绘制的实际接线图。

安装接线图可显示出电气设备中各元件的空间位置和接线情况，可在安装或检修时对照电气原理图使用。安装接线图分为安装板接线图和接线图两种，对于复杂设备应画安装板接线图。图 4-1 的安装板接线图如图 4-4 所示，其绘制原则如下。

（1）应表示出电气元件的实际安装位置。同一电器的部件应画在一起，各部件的相对位置与实际位置一致，并用虚线框表示。

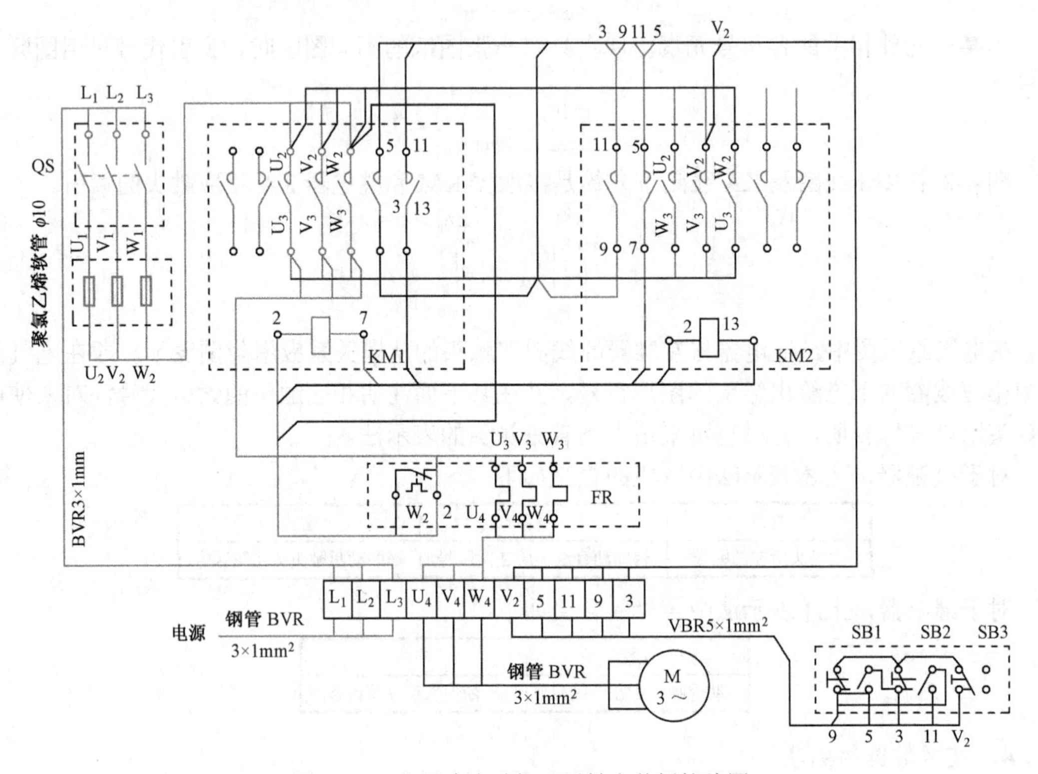

图 4-4 三相异步电动机正反转安装板接线图

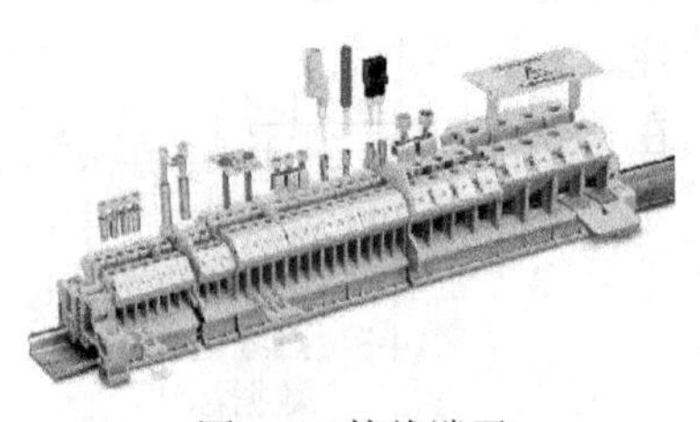

图 4-5 接线端子

（2）在图中画出各电气元件的图形符号和它们在控制板上的位置，并绘制出各电气元件及控制板之间的电气连接。控制板内外的电气连接则通过接线端子板接线，接线端子见图 4-5。

（3）接线图中电气元件的文字符号及接线端子的编号应与电气原理图一致，以便于安装和检修时查对，保证接线正确无误。

（4）为方便识图，简化线路，图中凡导线走向相同且穿同一线管或绑扎在一起的导线束均以一条单线画出。

（5）接线图上应标出导线及穿线管的型号、规格和尺寸。管内穿线满7根时，应另加备用线一根，以便于检修。

对简化线路，仅画出接线图即可，例如图4-2的接线图可用图4-6表示（实物图可参考图3-56）。

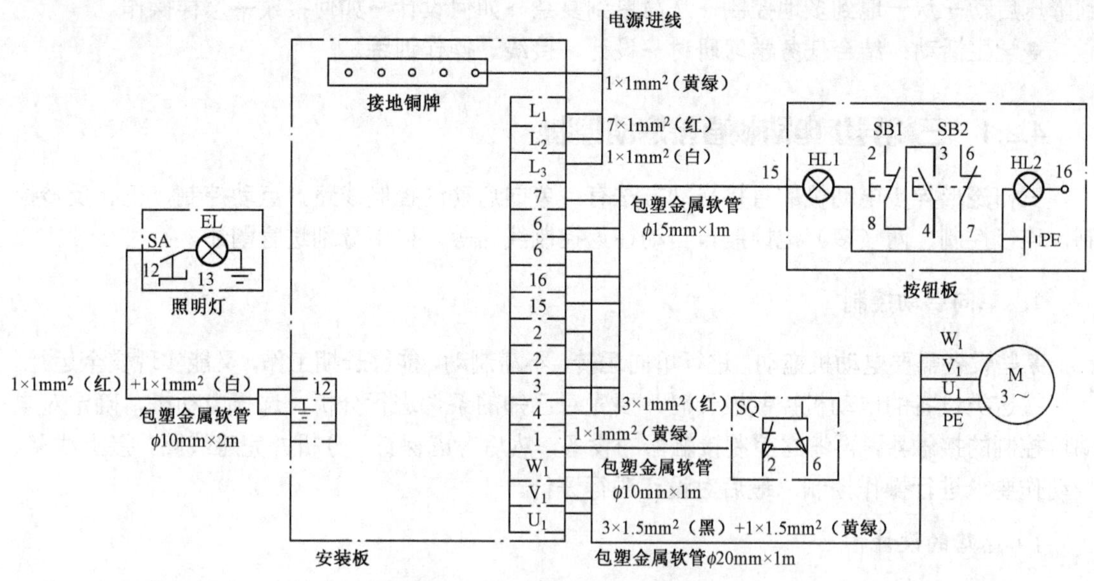

图4-6　某机床电气接线图

图中应表明电气设备中的电源进线、开关、照明灯、按钮板、电动机与机床安装板接线端之间的连接关系，标注出管线规格、根数及颜色。

任务4-2　三相异步电动机的启动控制

任务描述

三相笼形异步电动机在建筑工程设备中应用极其广泛（如塔式起重机、给排水系统、锅炉房控制、电梯等），如何对三相笼形异步电动机进行启动、制动及调速是本单元的重点。通过电动机可知，三相笼形异步电动机有直接启动和降压启动之分。在直接启动时，其启动电流大约是电动机额定电流的4倍到7倍。在电网变压器容量允许下，一定容量的电动机可直接启动；但当电动机容量较大时，如果仍采用直接启动会引起电动机端电压降低，从而造成启动困难，并影响网内其他设备的正常工作。那么在何种情况下可直接启动呢？如果满足下列公式，便可直接启动，否则应降压启动：

$$\frac{I_{\mathrm{Q}}}{I_{\mathrm{ed}}} \leq \frac{3}{4} + \frac{\text{变压器容量（kVA）}}{\text{电动机容量（kW）}} \tag{4-1}$$

式中，I_{Q}为电动机的启动电流（A）；I_{ed}为电动机的额定电流（A）。

任务分析

异步电动机的启动控制先从直接启动开始，然后再对降压启动的线路进行分析，从简到

繁，从构成设计、原理分析，到接线操作控制训练的过程进行。

方法与步骤

◆教师活动：下达任务，提出问题→电动机如何转动起来→从单向到双向→从直接启动到降压启动→从一地到多地控制→从简单到复杂→如何设计→如何接线→怎样操作。

◆学生活动：结合任务学习研讨→设计、接线、操作训练。

4.2.1 三相异步电动机直接启动控制

三相笼形异步电动机的直接启动方法有：单向启动的控制线路，点动控制，正、反转控制，连锁控制，两（多）地控制，自动往返控制线路等，以下分别进行阐述。

1．单向启动控制

某些设备需要电动机拖动，进行单向运转，不需制动，能够长期工作，又能实现安全运行。

在这类设备的电动机控制设计时，要先对已知的条件进行分析，选择电动机，确定对电动机控制的接触器，再考虑控制接触器的设备，然后考虑保护，分析并完善线路，接上线路，按动作要求进行操作控制，最后对设计进行评价。

1）电路的设计构思

一台需要单向转动的电动机要长期工作，自由停车。根据这一设计要求。采用边分析、边设计的方法进行。选用一台三相笼形异步电动机，用刀开关将电源引进，用交流接触器控制电动机，并用自锁触头保证电动机长期工作，用主令电器即启动与停止按钮控制接触器，用熔断器做短路保护，热继电器做过载保护，于是便画出了图 4-7 所示电路。

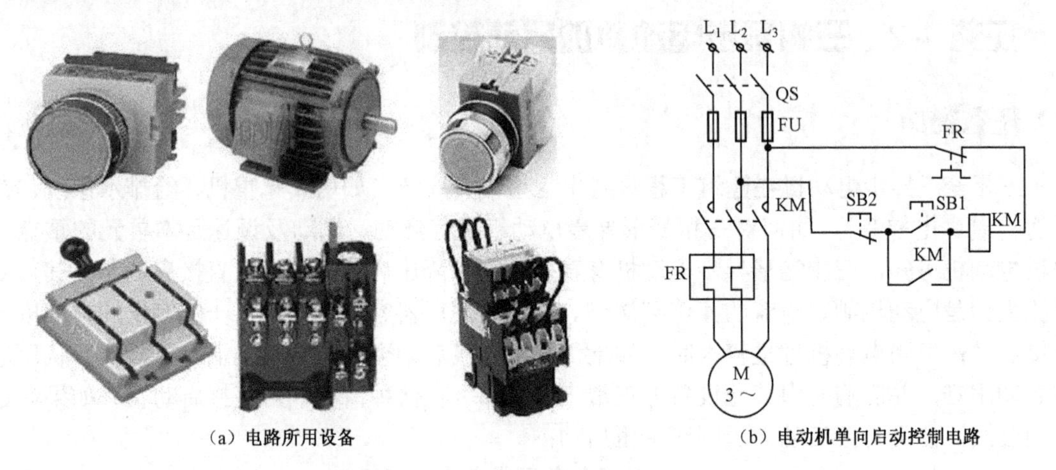

（a）电路所用设备　（b）电动机单向启动控制电路

图 4-7　单向启动的控制电路

2）电路的工作过程分析

（1）启动时，合上刀开关 QS，按下启动按钮 SB1，交流接触器 KM 的线圈通电，其所有触头均动作，主触头闭合后，电动机启动运转。同时其辅助常开触头闭合，形成自锁。因此该触头称为“自锁触头”。此时按按钮的手可抬起，电动机仍能继续运转。与启动按钮相并联的自锁触点即组成了电气控制线路中的一个基本控制环节——自锁环节，设置自锁环节的目的就是使受控元件能够连续工作。这里受控元件是电动机，由此可见，“自锁触头”是电动机长期工作的保证。

（2）停止时，按下停止按钮 SB2，KM 线圈失电释放，主触头断开，电动机脱离电源而自由停转。

3）电路的保护情况

（1）短路保护：保护器件是熔断器。当线路出现短路故障时，熔断器熔丝熔断，KM 线圈失电释放，主触头断开，电动机脱离电源，电动机停止运转。值得注意的是，在安装时将熔断器靠近电源，即安装在刀开关下边，以扩大保护范围。

（2）过载保护：保护器件是热继电器。当线路出现过载时，双金属片受热弯曲而使其常闭触点断开，KM 线圈失电释放，主触头断开，电动机脱离电源，电动机停止运转。因为热继电器不属于瞬时动作的电器，故在电动机启动时不动作。

（3）失（欠）压保护：由自动复位按钮和自锁触头共同完成。当失（欠）压时，KM 释放，电动机停止，一旦电压恢复正常，电动机不会自行启动，防止发生人身及设备事故。

4）电路的应用及现场操作

单相启动的控制电路适合于一切需要单相运转的电动机。如水泵电动机、锅炉电动机、空调制冷电动机等，在后续课程中将分别介绍。

设备准备：电动机 1 台，接触器 1 只，按钮 2 个，热继电器 1 只，熔断器 5 个。

工具：拔线钳子 1 把，螺丝刀一把。

接线程序：从主电路开始，按着自上而下，根据每一点接线数选线接入，主电路用粗线，控制电路用细线，后接控制电路，线接牢固，走直角，布置要美观，考工时有标准。

操作程序：对接线进一步检查，确认无误后，合上电源开关，按下启动按钮，电动机应启动运转，手抬起时电动机不停，说明自锁无误，按下停止按钮电动机应停止，但有爬行运动（这是机械惯性所致）属于自由停车。

2. 点动控制

在建筑设备电气控制中，经常需要使电动机处于短时重复工作状态，如混凝土搅拌机、电梯检修、电动葫芦控制等，均需按操作者的意图实现灵活控制，即让电动机运转多长时间电动机就运转多长时间，能够完成这一要求的控制称为“点动控制”。

点动控制的原则是：需动则动，要停就停。掌握原则便可准确地判断点动线路的正确与否。

点动控制恰好与长期控制对立，显然只要设法破坏自锁通路便可实现点动控制。然而世界上的事物总是对立又统一的，许多场合都要求电动机既能点动也能长期工作，以下几种线路便是建筑设备控制中的常见点动控制线路。

1）仅可点动的电路

（1）电路设计构思：此电路只用按钮和接触器构成，电动葫芦是点动控制的典型案例，如图 4-8 所示。

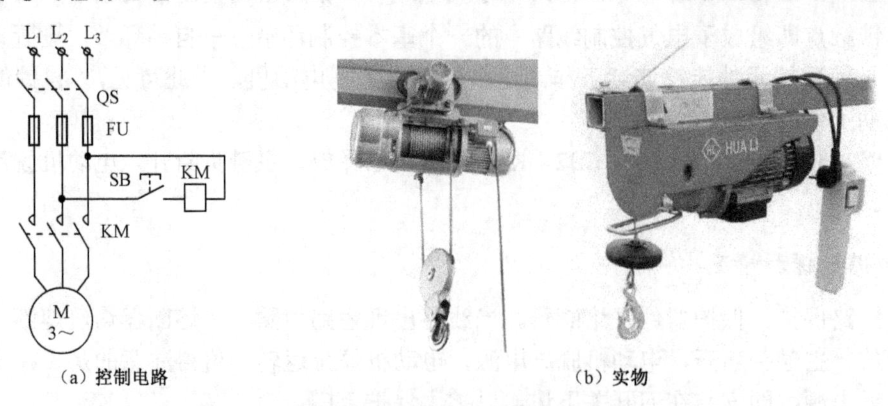

（a）控制电路　　（b）实物

图 4-8　电动葫芦点动控制电路

（2）电路操作过程：当按下启动按钮 SB 时，接触器 KM 线圈通电，主常开触头闭合，电动机启动运转。当将揿按 SB 的手抬起时，接触器 KM 线圈失电释放，其触头复位，电动机脱离电源停止运转。

2）既能点动也能长期工作的电路

能够构成既能点动也能长期工作的电路方法很多，这里仅以用按钮或手动开关实现的方法加以说明。

（1）用手动开关（转换开关）实现。将手动开关设置在自锁通道中，需要电动时手动开关破坏自锁通路，如图 4-9 所示。

操作过程：需点控时，将开关 QS 打开，按下启动按钮 SB1，接触器 KM 线圈通电，其主触头闭合，电动机运转，手抬起时，电动机停止运转。

需长期工作时，先将开关 QS 合上，再按下 SB1，接触器 KM 线圈通电，自锁触头自锁，电动机可长期运行。

（2）用复合式按钮实现。采用复合式按钮（这里称为点动按钮）构成的线路如图 4-10 所示。

操作过程：需点控时，按点控按钮 SB3，接触器 KM 线圈通电，电动机启动，手抬起时，接触器 KM 线圈失电释放，电动机停止运转。需要长期工作时，按下启动按钮 SB1 即可长动，停止时按停止按钮 SB2 即可。

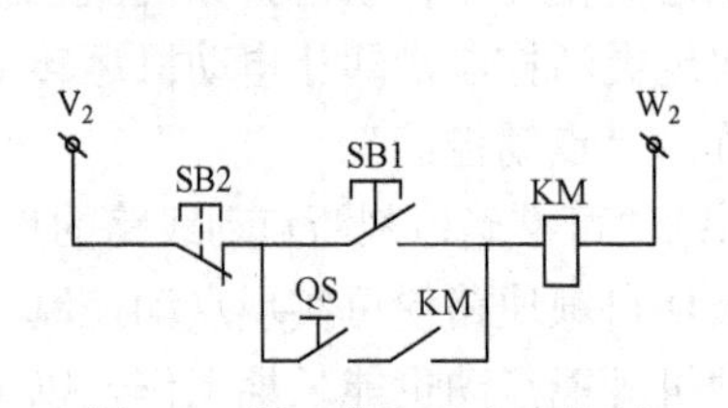

图 4-9　用开关实现点动控制

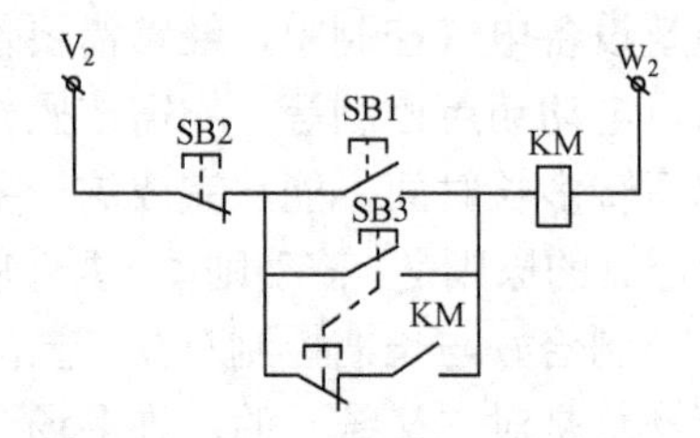

图 4-10　采用点动控钮实现点动控制

3）电路的应用及现场操作

点动控制电路适合于电动葫芦、电梯检修等灵活控制的场所。教师可进行演示性操作，结合讲课进行。

设备准备：电动机 1 台，接触器 1 只，按钮 1 个。

工具：拔线钳子 1 把，螺丝刀 1 把。

接线程序：按线从主电路开始，自上而下，根据每一点接线数选线接入，主电路用粗线，控制电路用细线，后接控制电路，线接牢固，走直角，要美观。

操作程序：对接线进行检查，确认无误后，合上电源开关，按下启动按钮，电动机应启动运转，手抬起时电动机应立即停止。

以上是最基本的点动环节，在实际工程中，可根据控制系统的具体要求，将其巧妙地应用到实际线路中去。

3．正、反转控制

在建筑工程中所用的电动机需要正反转的设备很多，如电梯、塔式起重机、桥式起重机等。

由电动机原理可知，为了达到电动机反向旋转的目的，只要将定子绕组的三根线的任意两根对调即可。关键是用什么设备对调的问题，下面对此进行讨论。

1）电路的设计构思

要想使电动机正、反向运转，学过的内容中哪个元件可用呢？转换开关有换向功能，但只适用于不频繁启动的场所。频繁启动可用两只接触器的主触头把主电路任意两相对调，再用两只启动按钮控制两只接触器通电，用一只停止按钮控制接触器失电，同时要考虑两只接触器不能同时通电，以免造成电源相间短路，为此采用接触器的常闭触头加在对应的线路中，称为“互锁触头”，其他构思与单向运转线路相同，由此构思设计出如图 4-11 所示的电路。

2）电路的工作情况分析

（1）启动前的准备：合上刀开关 QS，将电源引入，为启动做好准备。

（2）电动机正转时，按下正向启动按钮 SB1，正向接触器 KM 线圈通电，其主常开触头闭合，使电动机正向运转，同时自锁触头闭合形成自锁，按按钮的手可抬起，其常闭即互锁触头断开，切断了反转通路，防止了误按反向启动按钮而造成的电源短路现象。这种利用辅助触点互相制约工作状态的方法形成了一个基本控制环节——互锁环节。

（3）电动机反转时，必须先按下停止按钮 SB3，使接触器 KM1 线圈失电释放，电动机停止。然后再按下反向启动按钮 SB2，反向接触器 KM2 线圈通电，其主常开触头闭合，使电动机反向运转，同时自锁触头闭合形成自锁，按按钮的手可抬起，其常闭即互锁触头断开，切断了正转通路，防止了误按正向启动按钮而造成的电源短路现象，电动机才可反转。

（4）由此可知正、反转电路的工作状态是：正转→停止→反转→停止→正转的过程，由于正反转的变换必须停止后才可进行，所以非生产时间多，效率低。为了缩短辅助时间，提高生产效率，采用复合式按钮控制，可以从正转直接过渡到反转，反转到正转的变换也可以直接进行，并且此电路实现了双互锁，即接触器触头的电气互锁和控制按钮的机械互锁，使线路的可靠性得到了提高，如图 4-12 所示。线路的工作情况与图 4-11 相似。

某些建筑设备中电动机的正反转控制可用磁力启动器直接实现。磁力启动器一般由 2 只接触器、1 只热继电器及按钮组成。磁力启动器有机械连锁装置，保证了同一时刻只有 1 只接触器处于吸合状态。例如，QC10 型可逆磁力启动器的接线如图 4-13 所示，其工作原理与图 4-11 线路相似。

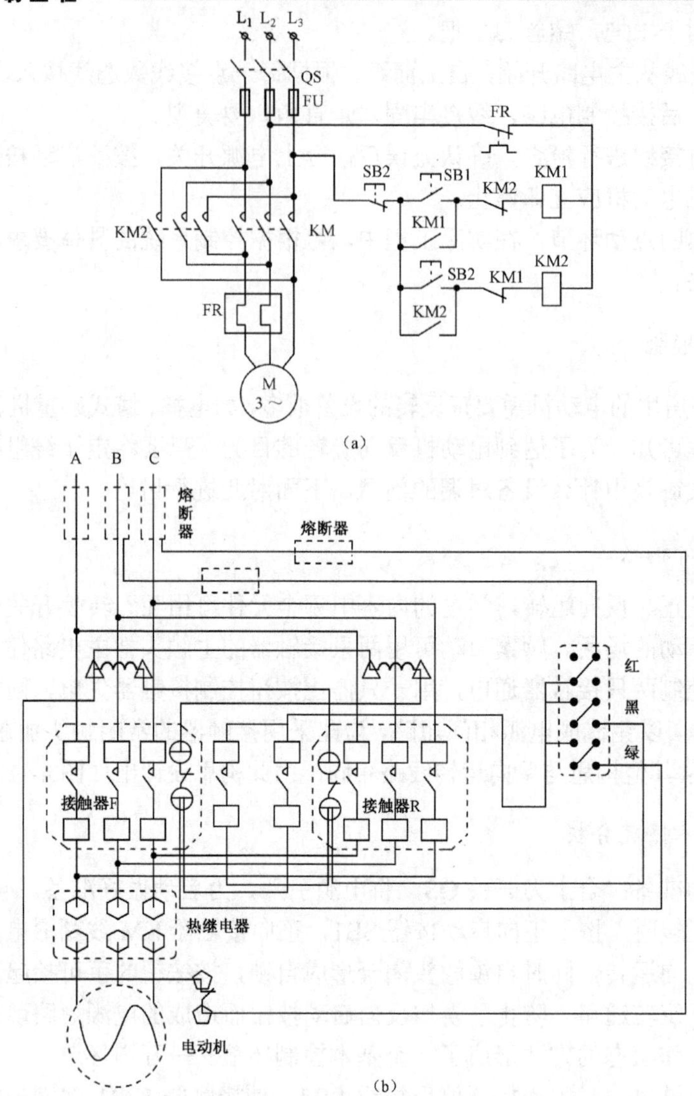

（a）

（b）

图 4-11　双向运转控制电路

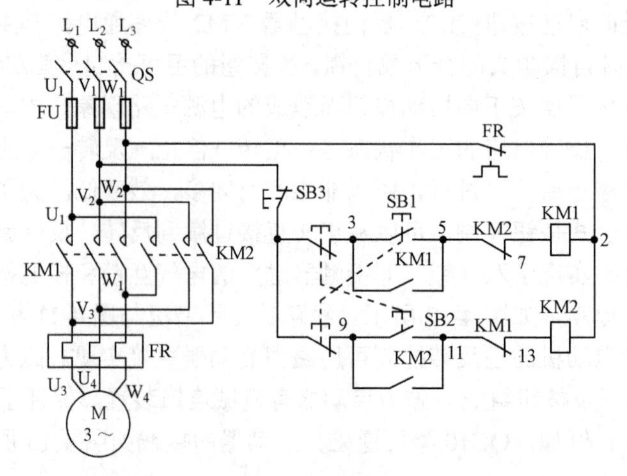

图 4-12　采用复合式按钮的正反控制电路

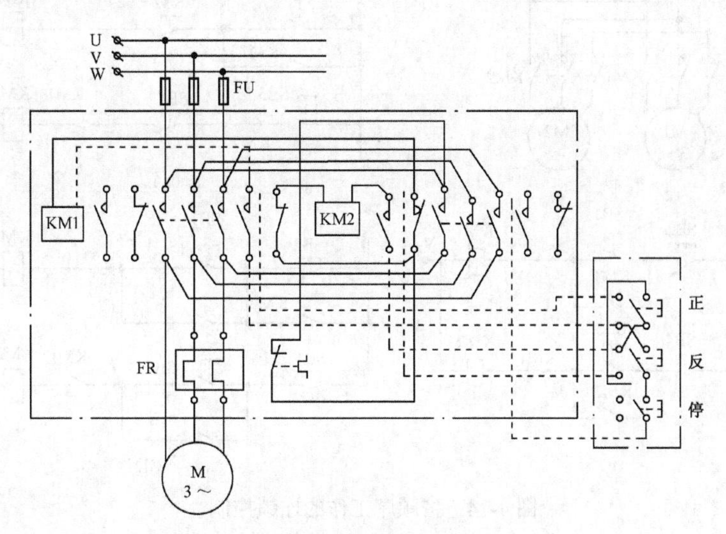

图 4-13　QC10 型可逆磁力启动器的接线

4．电动机连锁控制

建筑工程的控制设备由多台电动机拖动，有时需要按一定的顺序控制电动机的启动和停止。如锅炉房的自动上煤系统就是连锁控制的典型应用，对水平和斜式上煤机的控制，为了防止煤的堆积，要求启动时先水平、后斜式，停止时先斜式、后水平。

连锁控制是保证两台及两台以上电动机之间相互联系又相互制约的关系，实现这一关系，才能保证其正常的工作任务。为了实现连锁关系，应从其生产工艺要求、工作过程入手，进行分析设计，然后逐步实现。

1）简单按顺序的连锁控制

相关规定：在锅炉房上煤系统中，M1 驱动水平上煤机传送带，M2 驱动斜式上煤机传送带，KM1 控制 M1，KM2 控制 M2，设计分三步进行。

（1）KM1 通电后，才允许 KM2 通电：应将 KM1 的辅助常开触头串在 KM2 线圈回路，如图 4-14（b）所示。

（2）KM1 通电后，不允许 KM2 通电：应将 KM1 的辅助常闭触头串在 KM2 线圈回路，如图 4-14（c）所示。

（3）启动时，KM1 先启动，KM2 后启动；停止时，KM2 先停止，KM1 后停止，如图 4-14（d）所示。

2）有时间要求的连锁控制

在工程实际中，常有按一定时间要求的连锁控制，如果系统要求 KM1 通电后，经过 7 s 后，KM2 自动通电。显然需采用时间继电器 KT 配合实现，利用时间继电器延时闭合的常开触点来实现这种自动转换，如图 4-15 所示。

综上可知，实现连锁控制的基本方法是采用反映某一运动的连锁触点控制另一运动的相应电器，以达到连锁工作的要求。连锁控制的关键是正确选择连锁触点。由上总结出如下规律：

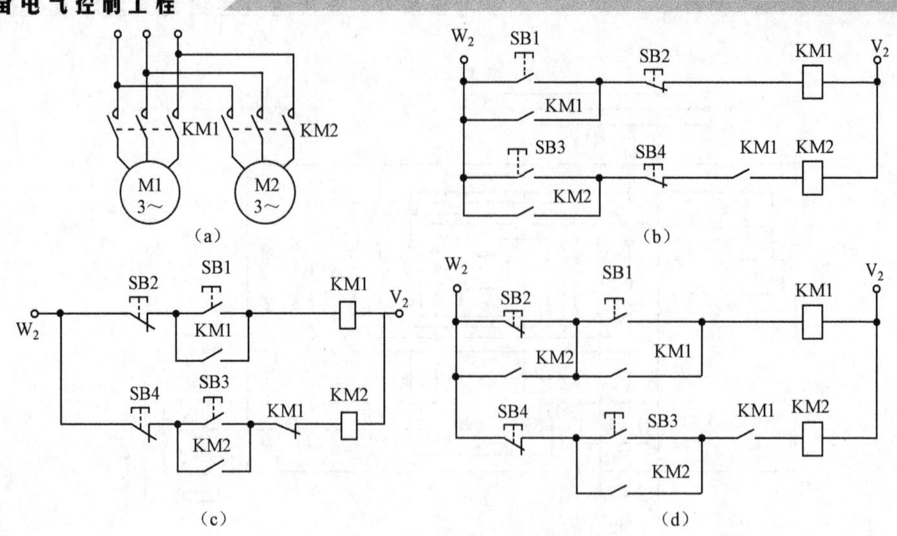

图 4-14　按顺序工作的连锁控制

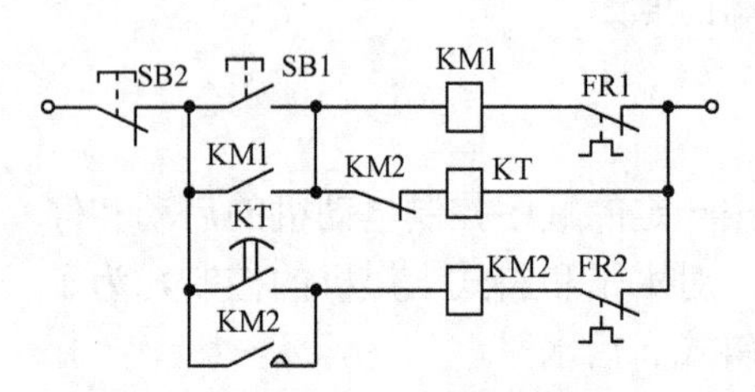

图 4-15　有时间要求的连锁控制

（1）对于甲接触器动作后乙接触器才动作的要求，需将甲接触器的辅助常开触头串在乙接触器线圈电路中。

（2）对于甲接触器动作后不允许乙接触器动作的要求，需将甲接触器的辅助常闭触头串在乙接触器线圈电路中。

（3）对于乙接触器先断电后甲接触器方可断电的要求，需将乙接触器的辅助常开触头并在甲回路的停止按钮上。

5．电动机两（多）地控制

在实际工程中，为了操作方便，许多设备需要两地或两地以上的控制才能满足要求，如锅炉房的鼓（引）风机、除渣机、循环水泵电动机、炉排电动机均需在现场就地控制和在控制室远动控制，另外电梯、机床等电气设备也有多地控制要求。

电动机两（多）地控制是实现远动控制的方法，根据对其特点的分析，为了确保控制的实现，应在线路设计时，将常开按钮并联使用、常闭按钮串联使用，并配上相关可作为两地显示的信号，分清就地控制设备，还是远动控制设备，将远动设备用虚线框起，使线路清晰。

1）两（多）地控制作用

主要是为了实现对电气设备的远动（遥）控制。

2）实现原则

采用两组按钮控制，常开按钮并联，常闭按钮串联。远动控制设备是指不与电气设备控制装置组装在一起的设备，应用虚线框起来。例如除渣机的两地控制，其中一地为就地控制，另一地为远动控制，有两种设计方案，如图 4-16（a）所示为采用按钮两地控制的除渣机电路，图 4-16（b）所示为采用开关两地控制的除渣机电路。

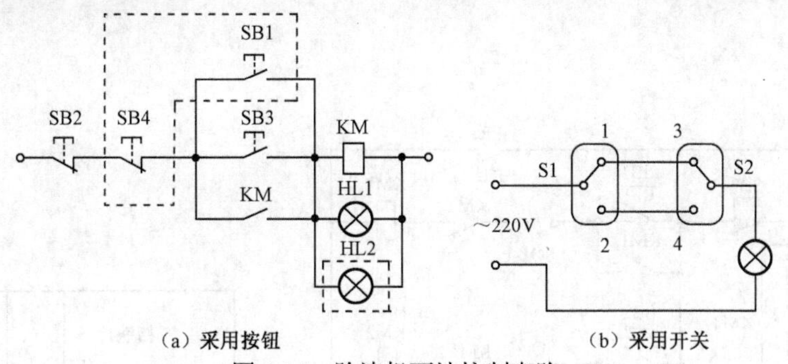

图 4-16　除渣机两地控制电路

3）操作训练

除渣机两地控制设计，要保证在控制室和除渣现场两地都能控制启停。

（1）就地操作：在本例中就地设备指 SB2、SB3、HL1，因为这些设备同控制盘上的其他设备安在一起，如接触器 KM。在设备处，按下就地控制启动按钮 SB3，接触器 KM 线圈通电，电动机启动运转，可观察到信号灯 HL1、HL2 亮，两地均显示运行，按下就地停止按钮 SB2，KM 线圈失电，电动机停止，实现了就地控制。

（2）远动控制：在本例中用虚线框起的 SB1、SB4、HL2 属于远动设备。

① 采用按钮方式，在远方按下启动按钮 SB1，KM 线圈通电，电动机启动运转，信号灯 HL1、HL2 亮，按下远动停止按钮 SB4，KM 线圈失电，电动机停止，实现了远动控制。

② 采用开关方式，当 S1 扳到 1 位，S2 扳到 3 位时，电路接通，灯亮，此时再扳动任何一个开关，都将使电路断开，电灯熄灭。

6. 行程控制

在工程应用实践中，常有按行程进行控制的要求。如混凝土搅拌机的提升降位、桥式吊车、龙门刨床工作台的自动往返、水厂沉淀池排泥机的控制、电梯的上下限位。总之，从建筑设备到工厂的机械设备，均有按行程控制的要求。下面介绍的位置控制和自动循环控制就是实现这种控制的基本线路。

无论位置控制，还是自动往返控制，确定实现这一控制的关键设备是最重要的，另外要考虑实现工作任务的大框架，再进行具体设计就容易得多了。

1）位置控制

以水厂沉淀池排油机的控制为例，来说明位置控制电路的设计方法。

（1）线路设计构思：水厂沉淀池排油机的刮油板需两个方向运动，手动启动，自动停止，拖动它的电动机应能正、反转，应在正、反转线路的基础上将两个位置开关的常闭触头接到线路中（行程开关 SQ1 的常闭触头串接在正转控制电路中，把另一个行程开关 SQ2 的常闭触头串接在反转控制电路中），如图 4-17 所示。

（2）电路工作过程：合上电源开关 QS，按下正向启动按钮 SB1 时，正向接触器 KM1 线圈通电，其触头动作，主常开触头闭合，使电动机正向运转并带动往返行走的运动部件（刮油板）向左移动，当左移到设定位置时，运动部件上安装的撞块（挡铁）碰撞左侧安装的限位开关 SQ1，使它的常闭触点断开，常开触点闭合，KM1 失电释放，电动机 M 停止。

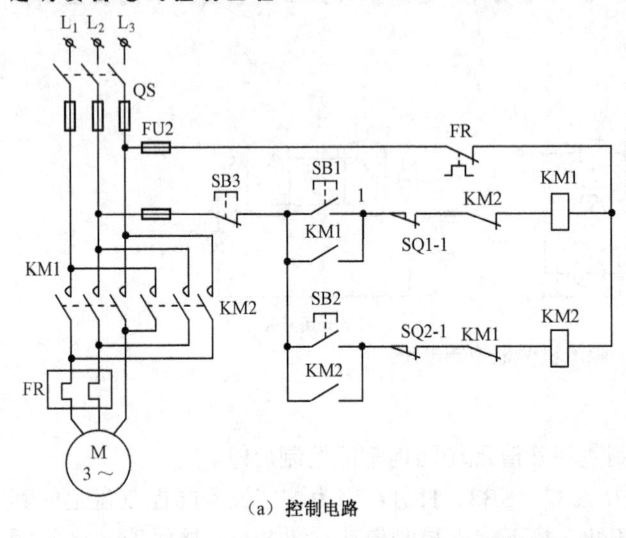

(a) 控制电路

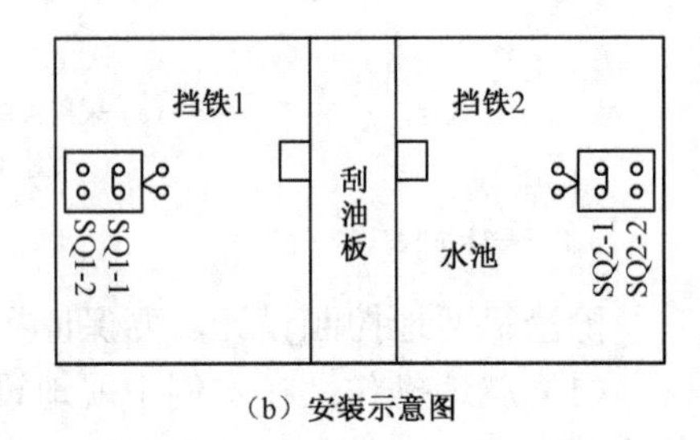

(b) 安装示意图

图 4-17　水厂沉淀池排油机位置控制

按下正向启动按钮 SB2 时，反向接触器 KM2 线圈通电，其触头动作，电动机反转并带动运动部件向右移动。当移动到限定的位置时，撞块碰撞右侧安装的限位开关 SQ2，其触头动作，使 KM2 线圈失电释放，电动机停止。

2）自动循环控制

以龙门刨床工作台的自动往返控制为例，来说明自动循环控制的设计方法。

（1）线路设计的构思：龙门刨床工作台需两个方向往返运动，拖动它的电动机应能正、反转，而自动往返的实现就应采用具有行程功能的行程开关作为检测元件，行程开关安装位置示意如图 4-18（a）所示。在位置控制的基础上，将行程开关 SQ1 的常开触头并接在反转控制电路中，把另一个行程开关 SQ2 的常开触头并接在正转控制电路中，就是自动循环控制，如图 4-18（b）所示。

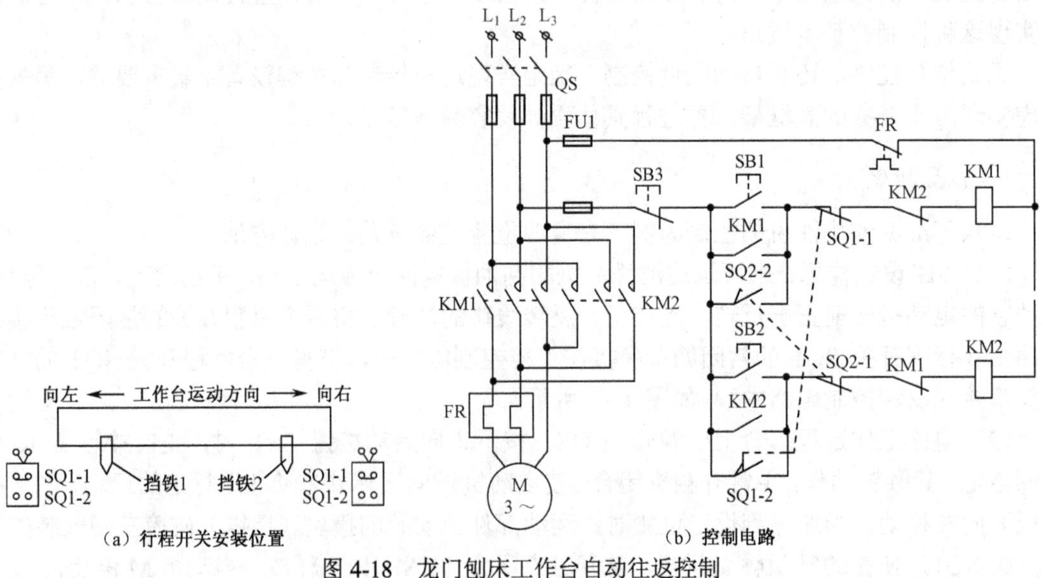

(a) 行程开关安装位置　　(b) 控制电路

图 4-18　龙门刨床工作台自动往返控制

（2）电路工作过程：合上电源开关 QS，按下正向启动按钮 SB1 时，正向接触器 KM1 线圈通电，其触头都动作，主常开触头闭合，使电动机正向运转并带动往返行走的运动部件（工作台）向左移动，当左移到设定位置时，运动部件上安装的撞块（挡铁 1）碰撞左侧安装的位置开关 SQ1，使它的常闭触头断开，常开触头闭合，接触器 KM1 线圈失电释放，反向接触器 KM2 线圈通电，其触头动作，电动机反转并带动运动部件向右移动。当移动到限定的位置时，撞块（挡铁 2）碰撞右侧安装的限位开关 SQ2，其触头动作，使接触器 KM2 线圈失电释放，KM1 又一次重新通电，部件又左移。如此这般自动往返，直到按下停止按钮 SB3 时为止。

巧妙地运用关键器件位置开关，实现不同工作任务的要求，位置开关和挡铁安装位置不同，行程距离也不同。

实训 12　电动机正、反转控制线路操作

1. 实训目的

（1）熟悉正反转控制的各种设备。
（2）掌握正反转控制的工作原理及设备的使用方法。
（3）能对正反转控制进行接线和操作。

2. 实训内容

（1）按下按钮发出启动信号，看电机是否能正反转。
（2）观察自锁触头、互锁触头是否动作。

3. 主要设备

按钮、接触器、热继电器、电动机等。

4. 实训步骤

（1）编写实训计划书；
（2）准备实训用具；
（3）熟悉电路构造及原理；
（4）正转启停控制；
（5）反转启停控制。

5. 实训数据及其处理

表 4-2　异步电动机正反转控制记录

序号	操作设备名称	正向启动		反向启动		备注
		接触器	按钮	接触器	按钮	
1						
2						
3						

续表

序号	操作设备名称	正向启动		反向启动		备注
		接触器	按钮	接触器	按钮	
4						
5						
6						
7						

6．问题讨论

（1）去掉互锁触头线路会出现什么现象？为什么？

（2）正、反转线路有几种保护？

咨询：分析实训要求，准备好设备手册，学习线路的相关理论知识。

实施过程：线路设计→选设备→布置设备（画布置图和安装接线图）→选用工具→安装和接线→操作控制→填写实训记录表→进行相关问题探讨→考核评价→填写自评表→填写互评表→填写教师评价表→填写综合评价表。

4.2.2 三相笼形异步电动机的降压启动控制

任务描述

前面所述的笼形异步电动机采用全电压直接启动时，控制电路简单，维修方便。但是，并不是所有的电动机在任何情况下都可以采用全压启动的。这是因为在电源变压器容量不是足够大时，由于异步电动机的启动电流较大，致使变压器二次侧电压大幅度下降，这样不但会减小电动机本身启动转矩，拖长启动时间，甚至使电动机无法启动，同时还影响同一供电网络中其他设备的正常工作。

判断一台电动机能否全压启动，可以用式（4-1）确定，在不满足式（4-1）时，必须采用降压启动。

在建筑工程中，某些与建筑设备配套的电动机虽然按照式（4-1）的计算结果可允许全压启动，但是为了限制和减少启动转矩对生产机械的冲击，往往也采用降压启动设备进行降压启动，即启动时降低加在电动机定子绕组上的电压，启动后再将电压恢复到额定值，使之在正常电压下运行。电枢电流和电压成正比例，所以降低电压可以减小启动电流，不致在电路中产生过大的电压降，减少对线路电压的影响。

任务分析

笼形异步电动机降压启动的方法很多，常用的有电阻降压启动、自耦变压器降压启动、Y-△降压启动、△-△降压启动 4 种。尽管方法不同，但其目的都是为了限制启动电流，减小供电网络因电动机启动所造成的电压降。一般降低电压后的启动电流为电动机额定电流的 2～3 倍。当电动机转速上升到一定值后，再换成额定电压，使电动机达到额定转速和输出额定功率。下面讨论几种常用的降压启动控制线路。

教学方法与步骤

◆教师活动：任务下达，异步电动机 Y—△降压启动控制。

◆学生活动：学生分组进行角色扮演；负责人组织编制实训计划。

1．定子串接电阻（电抗）降压启动控制

某些电动机只需单向启动，但是容量大，可以采用定子串电阻（电抗）降压启动的方法。

1）电路设计构思

为实现定子串接电阻（电抗）降压启动控制，在电动机的启动过程中，利用定子侧串接电阻（电抗）来降低电动机的端电压，以达到限制启动电流的目的。当启动结束后，应将所串接的电阻（电抗）短接，使电动机进入全电压稳定运行的状态。串接的电阻（电抗）称为启动电阻（电抗），启动电阻的短接时间可由人工手动控制或由时间继电器自动控制。自动控制的线路如图 4-19 所示。

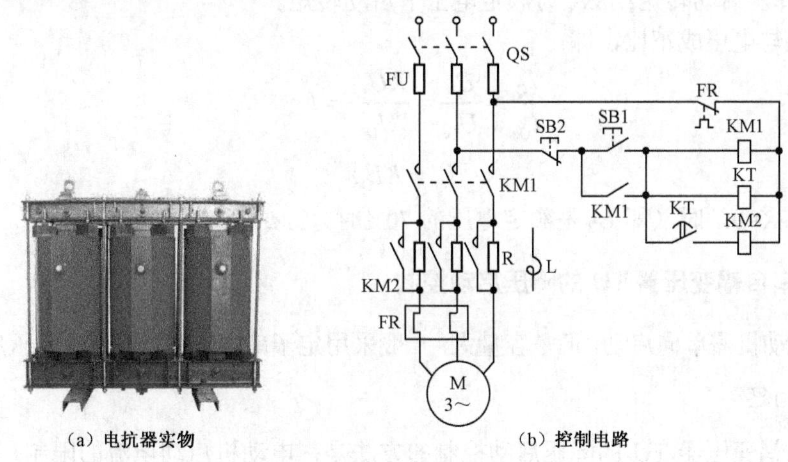

（a）电抗器实物　　（b）控制电路

图 4-19　定子串电阻（电抗）降压启动

2）电路工作过程

（1）启动时，合上刀开关 QS，按下启动按钮 SB1，接触器 KM1 和时间继电器 KT 线圈同时通电吸合，KM1 的主触头闭合，电动机串接启动电阻 R（L）进行降电压启动，经过一定的延时后（延时时间应到电动机启动结束后），KT 的延时闭合的常开触头闭合，使运转接触器 KM2 通电吸合，其主常开触头闭合，将 R（L）切除，于是电动机在全电压下稳定运行。

（2）停止时，按下 SB2 即可。

这种启动方式不受绕组接线形式的限制，所用设备简单，因而适于要求平稳、轻载启动的中小容量的电动机采用。其缺点是：启动时在电阻上要消耗较多的电能，并且控制箱体积大。

3）线路改进

上述线路中的 KT 线圈在整个启动及运行过程中长期处于通电状态，如果当 KT 完成其任务后就使其失电，这样既可提高 KT 的使用寿命也可节省能源，其改进后的线路如图 4-20 所示。

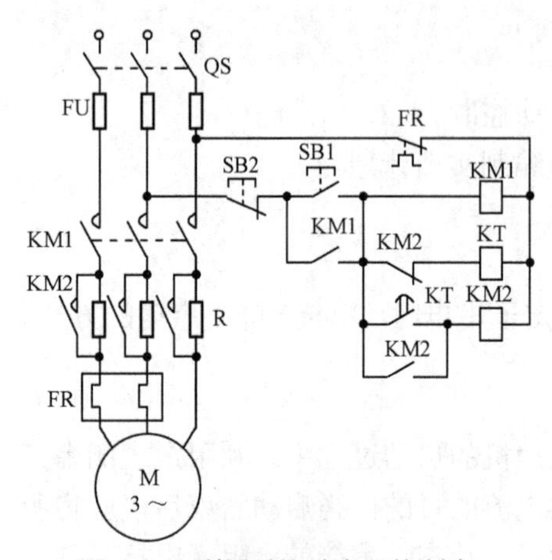

图 4-20　利用时间继电器控制串电阻降压启动电路

4）降压后的数量关系

串电阻或串电抗降压后对启动转矩 M_Q 和启动电流 I_Q 的影响分析如下。

设 K 为降压系数，则有：

$$K=\frac{U_2}{U_1}\quad（K\leqslant 1）\tag{4-2}$$

$$U_2=KU_{1e}$$

式中，U_2 为降压后加在电动机定子绕组的电压（V）；U_{1e} 为额定端电压（V）。

由电动机原理可知启动转矩 $M_Q\propto U_2$，则有：

$$\frac{M_Q}{M_{Qe}}=\frac{(KU_{1e})}{U_{1e}^{2}}=K^2\tag{4-3}$$

$$M_Q=K^2M_{Qe}$$

式中，M_Q 为降压启动转矩；M_{Qe} 为额定电压下启动转矩。

由于电流与电压成正比，即：

$$\frac{I_Q}{I_{Qe}}=\frac{U_2}{U_{1e}}=\frac{KU_{1e}}{U_{1e}}=K\tag{4-4}$$

$$I_Q=KI_{Qe}$$

例如，当 K=0.7 时（即 U_2 是额定电压的 70%时），M_Q=0.49M_{Qe}，I_Q=0.7I_{Qe}。

2．定子串自耦变压器 TU 的降压启动控制

水泵用电动机需单向启动，但是容量大，一般采用定子串自耦变压器 TU 降压启动的方法。

1）设计构思

定子串自耦变压器 TU 的降压启动控制的方法是：电动机启动电流的限制是依靠自耦变压器的降压作用来实现的。电动机启动时，定子绕组得到的电压是自耦变压器的二次电压，即串接自耦变压器。启动结束后，自耦变压器被切除，电动机便在全电压下稳定运行。通常习惯称这种自耦变压器为启动补偿器，它的一种构成线路如图 4-21 所示。

2）电路工作过程

合上刀开关 QS，按下启动按钮 SB1，接触器 KM1 和时间继电器 KT 线圈同时通电，电动机串接自耦变压器 TU 降压启动，时间继电器的瞬时常开触头闭合形成自锁，待电动机启动结束后，时间继电器的延时触头均动作，使 KM1 线圈失电释放，TU 被切除，而接触器 KM2 线圈通电吸合，电动机在全电压下稳定运行。停止时按下 SB2 即可。

3）线路改进

采用中间继电器 KA 取代时间继电器，构成如图 4-22 所示的定子串自耦变压器降压启动线路。

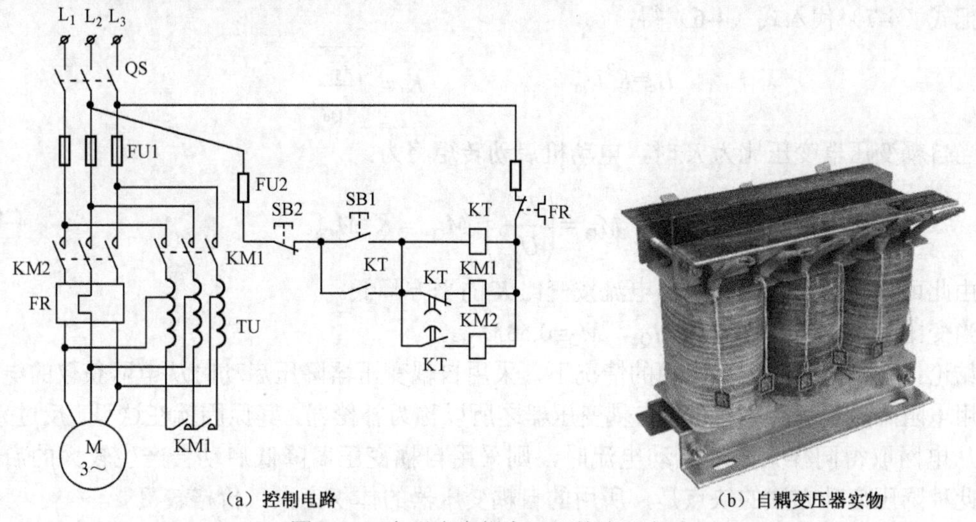

图 4-21　定子串自耦变压器的降压启动

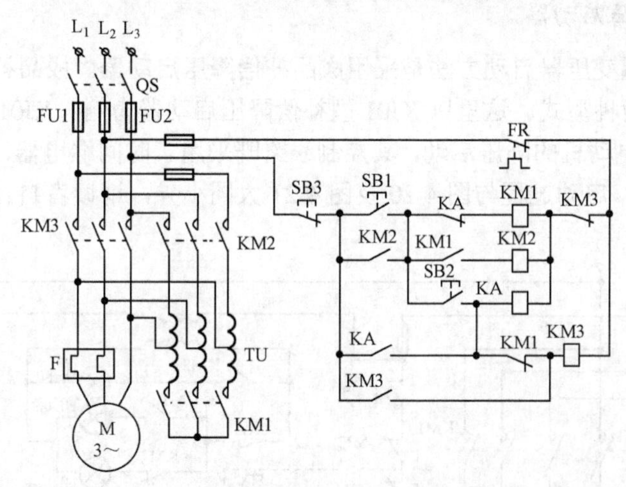

图 4-22　采用时间继电器构成的定子串自耦变压器降压启动

4）降压启动的数量关系

自耦变压器一次侧电压为 U_{1e}，电流为 I_{1e}，二次侧电压为 U_2，电流为 I_Q，在忽略损耗情况下，自耦变压器输入功率等于输出功率：

$$U_{1e}I_{1e}=U_2I_Q$$

$$I_{1e}=\frac{U_2I_Q}{U_{1e}}=KI_Q \tag{4-6}$$

式中，K 为自耦变压器的变压比，$K=\frac{U_2}{U_{1e}}\leq 1$。由此可知，启动时电网电流将减小为电动机电流的 K 倍。

设 I_Q 为降压后的启动电流，它与全压直接启动的启动电流 I_{Qe} 的关系为：

$$\frac{I_Q}{I_{Qe}}=\frac{U_2}{U_{1e}}=K \tag{4-7}$$

把式（4-7）代入式（4-6）得：

$$I_{1e}=K^2 I_{Qe} \qquad K=\sqrt{\frac{I_{1e}}{I_{Qe}}}$$

当自耦变压器变压比为 K 时，电动机启动转矩将为：

$$M_Q=\left(\frac{U_2}{U_{1e}}\right)^2 M_{Qe}=K^2 M_{Qe} \tag{4-8}$$

由此可知，启动转矩和启动电流按变比 K 的平方降低。

当变比 K=0.73 时，$I_{1e}=0.53I_{Qe}$，$M_Q=0.53M_{Qe}$。

结论：在获得同样大小转矩的情况下，采用自耦变压器降压启动时从电网获取的电流要比采用电阻降压启动时小得多。自耦变压器之所以称为补偿器，其原因就在这里。反过来说，如果从电网取得同样大小的启动电流时，则采用自耦变压器降低启动会产生较大的启动转矩。此种降压启动方法的缺点是，所用的自耦变压器的体积庞大，价格较贵。

5）成品补偿降压启动器

一般常用的自耦变压器启动方法是采用成品补偿降压启动器。成品补偿降压启动器有手动操作和自动操作两种型式。这里以 XJ01 型补偿降压启动器为例。XJ01 型补偿降压启动器适用于 14～28 kW 电动机的降压启动，其控制线路既采用了时间继电器，又采用了中间继电器，如图 4-23 所示，启动过程与图 4-20 及图 4-21 大同小异，请读者自行分析。

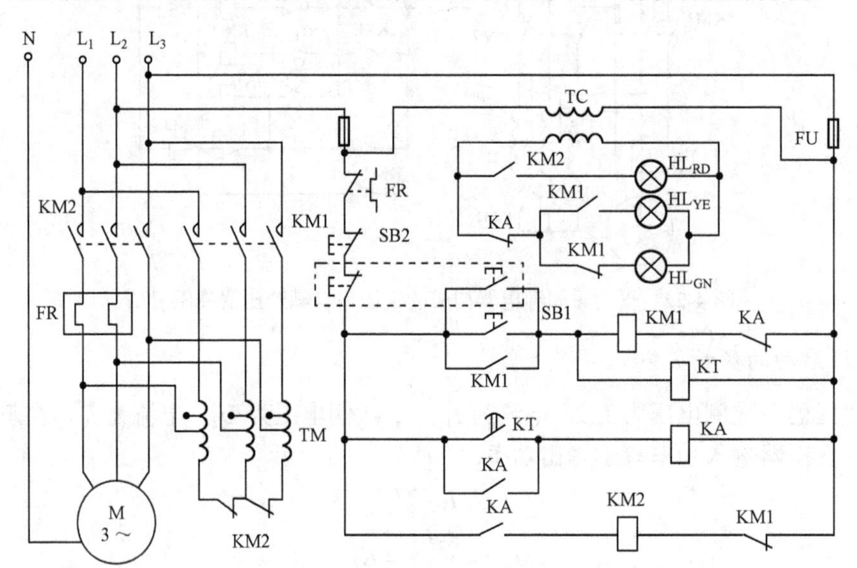

图 4-23　XJ01 型补偿降压启动器

3．星形—三角形降压启动控制

当电动机需要单向启动，但是容量大时，可采用星形—三角形（Y—△）降压启动方法。

1）电路设计构思

星形—三角形（Y—△）降压启动这种方法适用于正常运行时定子绕组接成三角形的笼

形异步电动机。电动机定子绕组接成三角形时，每相绕组所承受的电压为电源的线电压（380V）；而作为星形接线时，每相绕组所承受的电压为电源的相电压（220V）。如果在电动机启动时，定子绕组先星接，待启动结束后再自动改接成三角形，采用接触器实现 Y—△连接，用时间继电器完成 Y—△变换，从而达到了启动时降压的目的。其电路如图 4-24 所示。

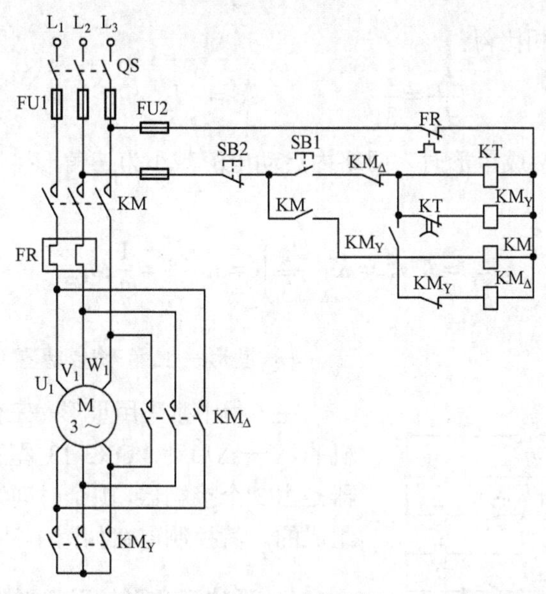

图 4-24　采用时间继电器自动控制的 Y—△降压启动

2）电路工作过程

（1）启动时，合上刀开关 QS，按下启动按钮 SB1，星接接触器 KM_Y 和时间继电器 KT 的线圈同时通电，KM_Y 的主触头闭合，使电动机星接，KM_Y 的辅助常开触头闭合，使启动接触器 KM 线圈通电，于是电动机在星形连接下降压启动，待启动结束，KT 的触头延时打开，使 KM_Y 失电释放，三角形连接接触器 $KM_\triangle$ 线圈通电，其主触头闭合，将电动机接成△形，这时电动机在△形接法下全电压稳定运行，同时 $KM_\triangle$ 的常闭触头使 KT 和 KM_Y 的线圈均失电。

（2）停机时，按下停止按钮 SB2 即可。

（3）注意观察电动机的运行状态。

结论：Y—△降压启动时，其启动电流和启动转矩为全电压直接启动电流和启动转矩的 1/3，并且有线路简单、经济可靠的优点，适用于空载或轻载状态下启动。但它要求电动机具有 6 个出线端子，而且只能用于正常运行时定子绕组接成三角形的笼形异步电动机，这在很大程度上限制了它的使用范围。

3）Y—△降压启动数量关系

设电网电压为 U_e，定子接成星形和三角形时的相电压为 U_Y、$U_\triangle$。

线和相启动电流分别为 I_Y、$I_\triangle$ 及 I_{XY}、$I_{X\triangle}$，绕组一相阻抗为 Z，星形启动时有：

$$I_Y = I_{XY} = \frac{U_Y}{Z} = \frac{U_e}{\sqrt{3}Z} \tag{4-9}$$

三角形启动时有：

$$I_{X\Delta}=\frac{U_{\Delta}}{Z}=\frac{U_{e}}{Z} \tag{4-10}$$

$$I_{\Delta}=\sqrt{3}I_{X\Delta}=\sqrt{3}\frac{U_{e}}{Z} \tag{4-11}$$

式（4-9）和式（4-11）相比得：

$$\frac{I_{Y}}{I_{\Delta}}=\frac{1}{3} \qquad I_{Y}=\frac{1}{3}I_{\Delta} \tag{4-12}$$

结论：当定子绕组接成星形时，网络内启动电流减小为三角形接法的 1/3。

此时启动转矩为：

$$M_{QY}=KU_{Y}^{2}=K\left(\frac{U_{e}}{\sqrt{3}}\right)^{2}=K\frac{U_{e}^{2}}{3}=\frac{1}{3}M_{Q\Delta} \tag{4-13}$$

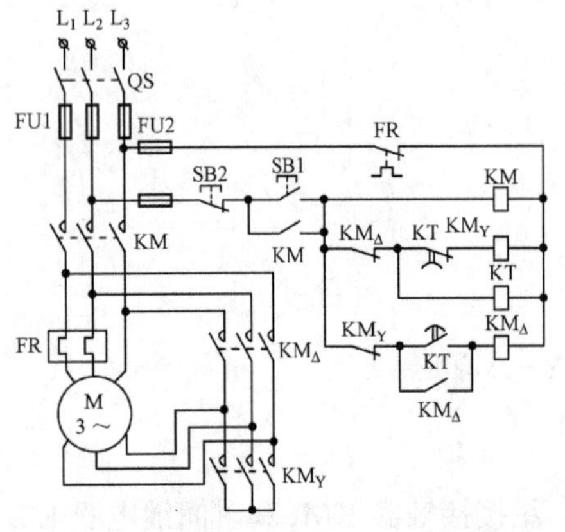

图 4-25　OX3-13 型 Y—△自动启动器

4）星形—三角形启动器

在工程中常采用星形—三角形启动器来完成电动机的 Y—△启动。QX3-13 型自动星形—三角形启动器是由 3 个接触器、1 个时间继电器和 1 个热继电器组成的。其控制电路如图 4-25 所示。

4．延边三角形—三角形降压启动控制

1）任务要求

某台电动机需单向启动，但是容量大，要求用延边三角形—三角形降压启动。

2）电路设计构思

延边三角形—三角形降压启动的方法是：要求电动机定子有 9 个出线头，即三相绕组的首端 U_1、V_1、W_1，三相绕组的尾端 U_2、V_2、W_2 及各相绕组的抽头 U_3、V_3、W_3，绕组的结构如图 4-26 所示。

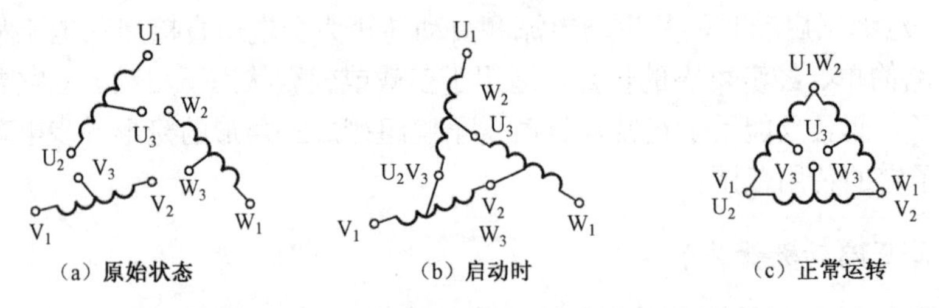

（a）原始状态　（b）启动时　（c）正常运转

图 4-26　延边三角形接法时电动机绕组的连接方法

电动机启动时，定子绕组的三个首端 U_1、V_1、W_1 接电源，而三个尾端分别与次一相绕组的抽头端相接，如图 4-26（b）的 U_2—V_3、V_2—W_3、W_2—U_3 相接，这样使定子绕组一部分接成 Y 形，另一部分则接成△形。从图形符号上看，好像是将一个三角形的三个边延长，

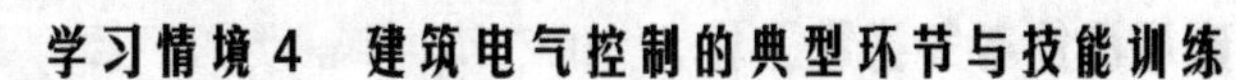

改称为“延边三角形”，以符号“△”表示。

在电动机启动结束后，将电动机接成三角形，即定于绕组的首尾相接 U_1—W_2、V_1—U_2、W_1—V_2 相接，而抽头 U_3、V_3、W_3 空着，如图 4-26（c）所示。

3）数量关系

延边三角形—三角形降压启动控制的电压降低多少呢？如前所述，一台正常运转为三角形接法的电动机若启动时接成星形（即 Y—△启动），电动机每相绕组所承受的电压只是三角形接法时的 $1/\sqrt{3}$。如果采用三角形接法，各相绕组所承受的电压（线电压）为 380V，采用星形接法时，各相绕组所承受的电压（相电压）就只有 220V。在 Y—△启动时，正因为各相绕组所承受的电压降低了，才使电流相应下降。同理，延边三角形启动时，之所以能降低启动电流，也是因为三相绕组接成延边三角形时，绕组所承受的相电压有所降低。而降低程度随电动机绕组的抽头比例的不同而异。如果将延边三角形看成一部分绕组是△形接法，另一部分绕组是 Y 形接法，则接成 Y 形部分的绕组圈越多，电动机的相电压也就越低。

实验证明：在电动机制动状态下，当抽头比为 1∶1 时（即△形接法时，Y 形接法部分的绕组的线圈数 $Z_{\phi1}$ 比△形接法部分绕组的圈数 $Z_{\phi2}$ 为 1∶1），电动机的线电压约为 264V 左右，启动电流及启动转矩降低约一半；当抽头比例为 1∶2 时，线电压约为 290V。由此可见，恰当选择不同的比例，便可以达到适当降低启动电流，而又不至于损失较大的启动转矩的目的。

显然，如果能使电动机启动时使用延边三角形接法，而稳定运行时又自动换为三角形接法，就构成了延边三角形—三角形降压启动，电路如图 4-27 所示。

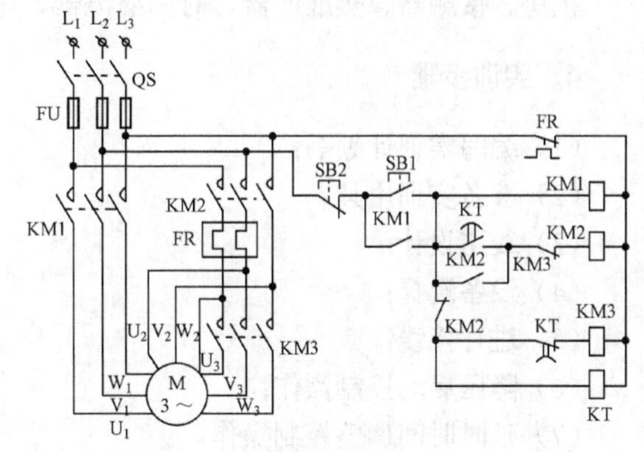

图 4-27　延边三角形降压启动电路

4）工作过程分析

（1）启动时，合上刀开关 QS，按下启动按钮 SB1，接触器 KM1 和 KM3 及时间继电器 KT 线圈同时通电，KM3 的主触头闭合，使电动机 U_2—V_3、V_2—W_3、W_2—U_3 相接，KM1 的主触头闭合，使电动机 U_1、V_1、W_1 端与电源相通，电动机在延边三角形接法下降压启动。当启动结束时，时间继电器 KT 的触头延时动作，使 KM3 线圈失电释放，接触器 KM2 线圈通电，电动机 U_1—W_2、V_1—U_2、W_1—V_2 接在一起后与电源相接，于是电动机在三角形接法下全电压稳定运行。同时 KM2 常闭触点断开，使 KT 线圈失电释放，保证时间继电器 KT 不长期通电。

（2）需要电动机停止时，按下停止按钮 SB2 即可。

结论：采用延边三角形降压启动，比采用自耦变压器降压启动结构简单，维护方便，可以频繁启动，改善了启动性能。但因为电动机需有 9 个线端，故仍使其应用范围受限。

4 种降压启动均能自动地转换为全电压运行，这是借助于时间继电器控制的，即依靠时间继电器的延时作用来控制各种电器的动作顺序，以完成操作任务。这种控制线路称为时间原则控制线路。这种按时间进行的控制称为时间原则自动控制，简称时间控制。

实训 13　采用星形—三角形降压启动控制电路设计

1．实训目的

（1）Y—△降压启动控制线路设计及原理；
（2）Y—△降压启动控制设备的选择；
（3）Y—△降压启动控制的接线；
（4）能对 Y—△降压启动进行控制和操作。

2．实训内容

（1）按下启动按钮，看是否降压启动。
（2）调整时间继电器延时时间，看降压与全压如何转换及转换时间长短有何影响。

3．实训设备

按钮、接触器、热继电器、时间继电器、电动机、导线及电工工具等。

4．实训步骤

（1）编写实训计划书；
（2）准备实训用具；
（3）线路设计；
（4）设备选择；
（5）进行接线；
（6）降压启动控制操作；
（7）延时时间调整控制操作。

5．实训报告

（1）实训计划；
（2）实训工作过程的报告。

6．实训记录与分析

表 4-3　异步电动机 Y—△降压启动控制记录

序号	设备名称	降压启动状态	全压正常运行状态	备注
1				
2				
3				
4				
5				
6				
7				

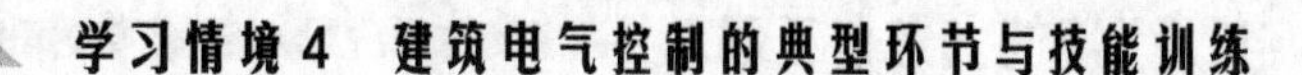

7. 问题讨论

（1）时间继电器在控制中的作用是什么？

（2）时间继电器延时时间的长短对 Y—△降压启动有何影响？为什么？

咨询：分析实训要求，准备好设备手册，学习 Y—△线路的相关理论知识。

实施过程：线路设计→选设备→布置设备（画布置图和安装接线图）→选用工具→安装和接线→操作控制→填写实训记录表→进行相关问题探讨→考核评价→填写自评表→填写互评表→填写教师评价表→填写综合评价表。

任务 4-3　三相异步电动机的制动控制

任务描述

由于惯性的关系，电动机从切断电源到完全停止运转，总要经过一段时间，这往往不能适应某些生产机械工艺的要求，比如电梯、塔式起重机等。同时，为了缩短辅助时间，提高生产效率，也就要求电动机能够迅速而准确地停止转动，需采用某种手段来限制电动机的惯性转动，从而实现机械设备的紧急停车，常把这种紧急停车的措施称为电动机的“制动”。

任务分析

异步电动机的制动方法有两种，即机械制动和电气制动。机械制动包括电磁离合器制动、电磁抱闸制动等。电气制动包括能耗制动、反接制动、电容能耗制动、电容制动、再生发电制动等。这里仅对反接制动和能耗制动进行讨论。

教学方法与步骤

◆教师活动：下达实训任务，包括反接制动、能耗制动控制电路设计。

◆学生活动：分组学习下列内容后完成实训任务。

4.3.1　电动机反接制动控制

1. 反接制动的基本知识

反接制动是机床中对小容量的电动机（一般在 10kW 以下）经常采用的制动方法之一。所谓反接制动，它是利用异步电动机定子绕组电源相序任意两相反接（交换）时，产生和原旋转方向相反的转矩，来平衡电动机的惯性转矩，达到制动的目的，所以称为反接制动。

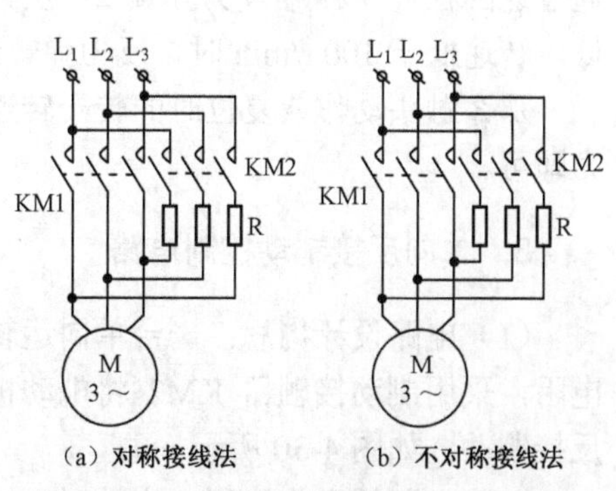

（a）对称接线法　　（b）不对称接线法

图 4-28　三相笼形异步电动机限流电阻

在反接制动时，转子与定子旋转磁场的相对速度接近于两倍的同步转速，所以定子绕组中流过的反接制动电流相当于全电压直接启动时电流的两倍。因此在 10kW 以上的电动机反接制动时，应在

主电路中串接一定的电阻，以限制反接制动电流。这个电阻称为反接制动电阻。反接制动电阻的接法有两种：一种是对称接线法，一种是不对称接线法，如图 4-28 所示。

对称接线法的优点是限制了制动电流，而且制动电流三相对称。而采用不对称接法时，未加制动电阻的那一相仍具有较大的制动电流。

反接制动状态为电动机正转电动状态变为反转电动状态的中间过渡过程。为使电动机能在转速接近零时准确停车，在控制电路中需要一个以速度为信号的电器，这就是速度继电器。这种控制电路称为速度原则控制电路，这种控制方式称为速度原则的自动控制，简称速度控制。

2. 速度继电器（反接制动继电器）

速度继电器由转子、定子及触点等组成，如图 4-29 所示。其中，转子为一个圆形永久磁铁，与电动机的转轴或机械设备的转轴相连接，并随之转动。定子为笼形空心圆柱体，能围绕转子转轴转动。使用时，速度继电器的转轴与被制动的电动机转轴相连，而其触头则接在辅助线路中，以发出制动信号。

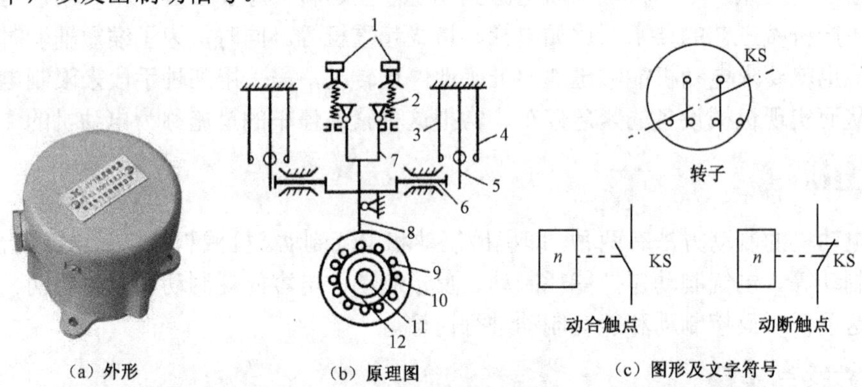

（a）外形　（b）原理图　（c）图形及文字符号

1—调节螺钉；2—反力弹簧；3—动断触点；4—动合触点；5—动触点；6—按钮；7—返回杠杆；8—杠杆；9—短路导体；10—定子；11—转轴；12—转子

图 4-29　速度继电器

速度继电器的工作原理是：当电动机转动时，带动继电器的永久磁铁（转子）转动，在空间产生旋转磁场，这时的笼形定子导体中便产生感应电势及感应电流，此电流又在永久磁铁磁场作用下产生电磁转矩，使定子顺着永久磁铁转动的方向转动（当电动机转速大于 120 r/min 时）。定子转动时，带动杠杆，杠杆推动触点 5，使常闭触点断开，常开触点闭合。同时杠杆通过返回杠杆 7 压缩反力弹簧 2，反力弹簧的阻力使定子不能继续转动。如果转子的转速降低，转速低于 100 r/min 时，反力弹簧通过返回杠杆使杠杆返回原来的位置，其触头复位。

那么触头动作或复位时的转子转速如何调节呢？只需调节调节螺钉，改变反力弹簧的弹力即可。

3. 单向反接制动控制电路

（1）电路设计构思：一台单向运转的电动机停止转动需加反接制动时，只需串接不对称电阻，采用制动接触器 KM2 将电动机定子反接，并用速度继电器以实现按速度原则控制的反接制动，如图 4-30 所示。

（2）电路的工作过程：启动时，按下启动按钮 SB1，接触器 KM1 线圈通电吸合，电动机启动运转，速度继电器KS的转子也随之转动；当电动机转速升高到约120 r/min时，速度继电器KS的常开触头闭合，为反接制动做好准备。

停止时，按下复合式按钮SB2，KM1失电释放，接触器KM2通电吸合，电动机串接不对称电阻进行反接制动，电动机转速迅速降低，当电动机转速降至约100r/min以下时，速度继电器KS的常开触头复位，KM2失电释放，制动结束后，按按钮的手才可抬起。

（3）线路改进：图4-30制动线路往往会出现停转不准确的现象，为解决这一问题，可在线路中加一只中间继电器，如图4-31所示。

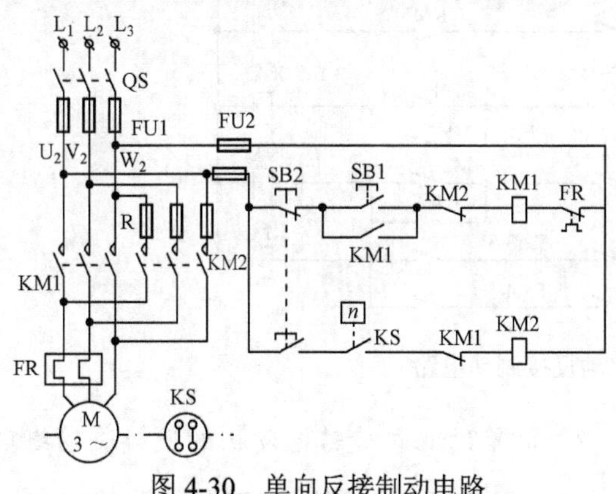

图4-30　单向反接制动电路

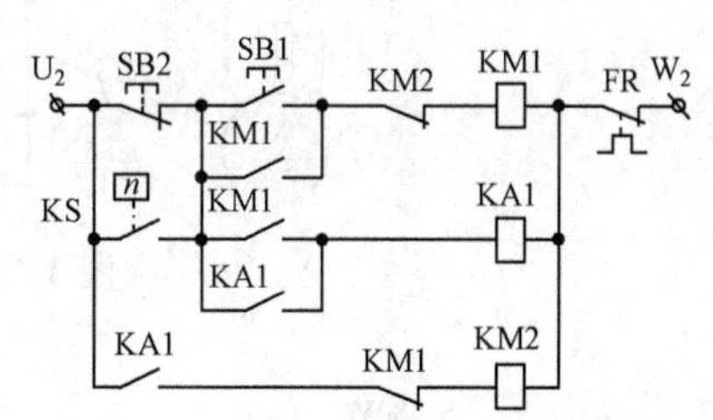

图4-31　中间继电器、速度继电器控制的反接制动电路

启动时，按下启动按钮SB1，KM1通电吸合，电动机启动运转，当转速达到120 r/min时，速度继电器KS常开触点闭合，使中间继电器KA1线圈通电，为反接制动做好准备。

停止时，按下停止按钮SB2，KM1失电释放，电动机顺序电源被切除，制动接触器KM2通电吸合，电动机串电阻反接制动，当转速在120 r/min时，KS触头复位，KA1失电释放，使KM2失电，电动机脱离电源，制动结束。

4. 双向旋转电动机的反接制动控制电路

1）复杂的双向旋转电动机的反接制动电路

（1）电路设计构思：由中间继电器和速度继电器配合实现。线路中采用4只中间继电器、3只接触器，还有速度继电器，使线路更加完善。线路中的电阻R既能限制反接制动电流，也可以限制启动电流，如图4-32所示。

（2）电路工作过程：该电路可实现正向启动→正向停车制动→反向启动→反向停车制动。这里以正向为例，说明其启动及制动过程。

正向启动时，合上刀开关QS，按下正向启动按钮SB1，中间继电器KA1线圈通电并自锁，同时使正向接触器KM1线圈通电吸合，电动机串电阻正向启动。当转速升至一定值后，速度继电器常开触头KS5-1闭合，为制动做好准备，同时使中间继电器KA3通电动作，使触电器KM3通电吸合，将电阻短接，电动机进入稳定运行状态。

正向停止时，按下停止按钮SB3，KA1、KM1失电释放，KM3也随之失电释放，电动机电源被切除。此时因为电动机转速仍很高，KS5-1仍闭合，KA3仍通电，当KM1常闭触头复位后，反向接触器KM2线圈通电，其触头动作，电动机串电阻反接制动，电动机转速迅速下降，当降到一定值时，KS5-1复位，KA3线圈失电，KM1也失电，制动结束。

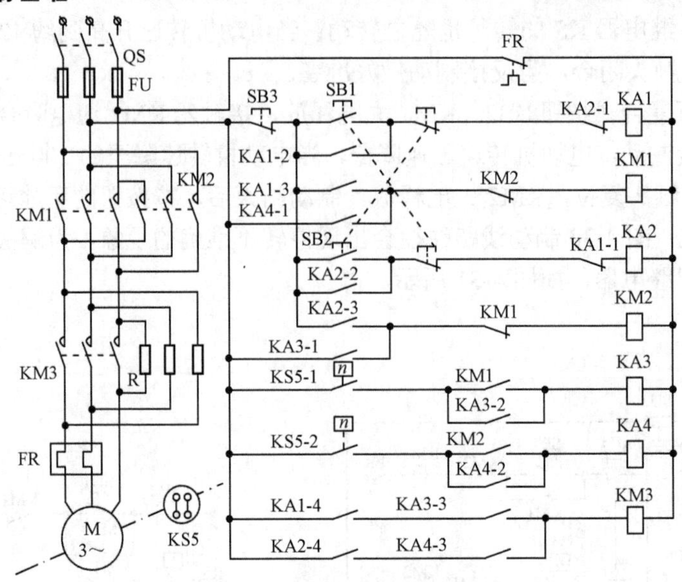

图 4-32　双向启动反接制动电路

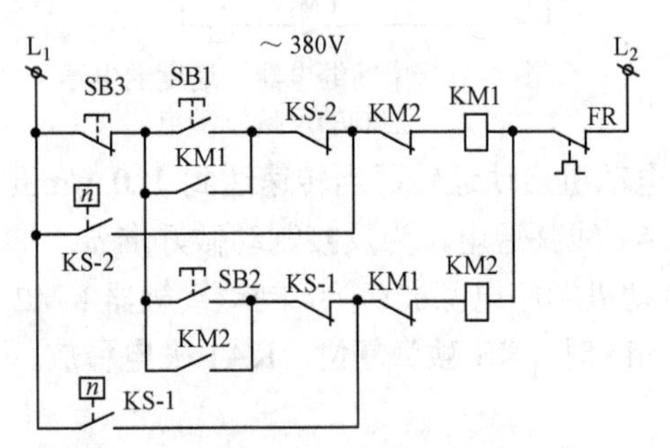

图 4-33　电动机可逆运行的反接制动电路

2）简单的双向旋转电动机的反接制动线路

（1）电路组成：利用速度继电器的特点，大大简化双向旋转电动机的反接制动线路，如图 4-33 所示。

（2）电路工作过程：以反向启动、反向停车制动为例说明如下。

反向启动时，按下反向启动按钮 SB2，反向接触器 KM2 线圈通电自锁，主触头闭合，电动机反向启动，同时 KM2 常闭触头断开，切断正向接触器 KM1 通路，待速度升高后，速度继电器 KS-2 常开触头闭合，常闭触头断开，为制动做好准备。

反向停止时，按下停止按钮 SB3，KM2 线圈失电释放，KM2 常闭触头复位后，正向接触器 KM1 线圈通电，进行反接制动，待速度降低一定值后，KS-2 复位；KM1 失电释放，制动结束。

关于电动机的正向启动及制动过程，读者自行分析。

特点综合：在反接制动过程中，由电网供给的电磁功率和拖动系统的机械功率全都转变为电动机转子的热损耗。所以，反接制动能量损耗大。笼形异步电动机由于转子导体内部是短接的，无法在转子外面串入电阻，所以在反接制动中转子承受全部热损耗，这就限制了电动机每小时允许的反接制动次数。

5．反接制动的应用

由于反接制动的机械冲击力大，仅适于不频繁制动的场所，如卧式万能铣床的主轴采用反接制动，如图 4-34 所示。

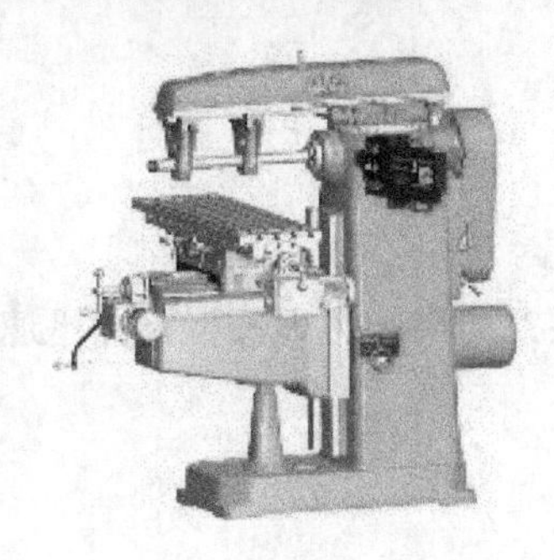

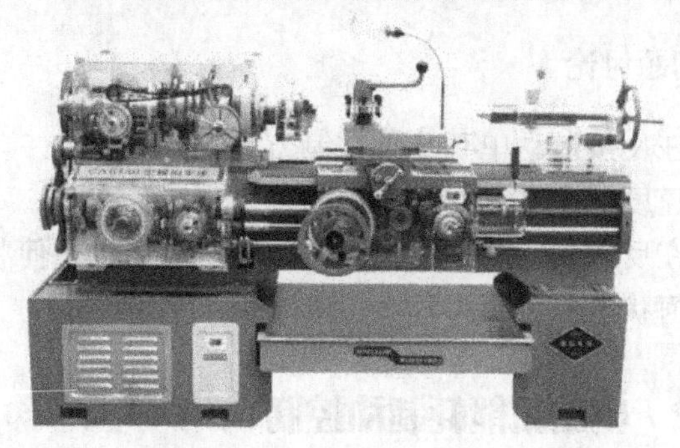

图 4-34　卧式万能铣床

实训 14　反接制动及其控制电路设计

1．实训目的

（1）了解反接制动所用设备的特点；
（2）掌握安装操作技能。

2．实训内容

（1）反接制动电路设计及工作原理；
（2）反接制动的接线与控制操作。

3．实训设备

速度继电器、按钮、接触器、热继电器、时间继电器、电动机、导线及电工工具等。

4．实训步骤

（1）编写实训计划书；
（2）准备实训用具及设备；
（3）熟悉线路并接线；
（4）按工作原理进行操作训练。

5．实训报告

（1）实训计划；
（2）实训工作过程的报告。

6．实训记录与分析

表 4-4　反接制动实训记录

序号	设备名称	在系统中所起作用	反接制动特点及使用场所

7．问题讨论

（1）在反接制动中有几种控制方案？

（2）速度继电器在反接制动中的作用是什么？

（3）在反接制动中，如果轻按按钮，电动机是何状态？如果用力地按按钮并迅速抬手电动机又是何状态？说明为什么。

4.3.2 电动机能耗制动控制

1．能耗制动的引入

所谓能耗制动就是在电动机脱离交流电源后接入直接电源，这时电动机定子绕组通过一股直流电产生一个静止的磁场。利用转子感应电流与静止磁场的相互作用产生制动转矩，达到制动的目的，使电动机迅速而准确地停止。

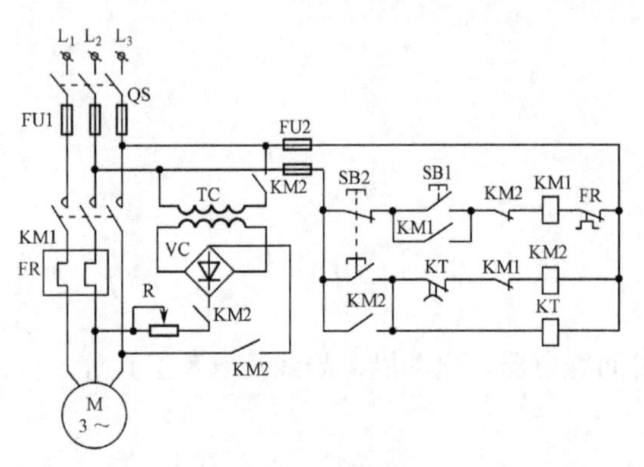

图 4-35　采用时间继电器控制的单向能耗制动电路

能耗制动分为单向能耗制动和双向能耗制动及单管能耗制动，可以按时间原则和速度原则进行控制，下面分别进行讨论。

2．单向能耗制动控制电路

（1）电路设计构思：在单相运转电路的基础上，加进接触器 KM2、时间继电器 KT，将直流电引入，便形成了单向能耗制动控制线路，如图 4-35 所示。

（2）电路工作过程：启动时，合上刀开关 QS，按下启动按钮 SB1，接触器 KM1 线圈通电，其主触头闭合，电动机启动运转。停止时，按下停止按钮 SB2，其常闭触头断开，使 KM1 失电释放，电动机脱离交流电源。同时 KM1 常闭触头复位，SB2 的常开触头闭合，使制动接触器 KM2 及时间继电器 KT 线圈通电自锁，KM2 主常开触头闭合，电源经过变电压器和单相整流桥变为直流电并通入电动机定子，产生静电磁场，与转动的转子相互切割感应电势，感生电流，产生制动转矩，电动机在能耗制动下迅速停止。电动机停止后，KT 的触头延时打开，使 KM2 失电释放，直流电被切除，制动结束。

3．可逆运行的能耗制动控制

1）按时间原则控制的可逆运行的能耗制动

（1）电路设计构思：在正、反转电路的基础上，增加接触器 KM3、时间继电器 KT，把直流电引入，如图 4-36 所示为按时间原则控制的线路，它只比图 4-35 多了反向运行控制和制动部分。

（2）电路工作过程：正向启动时，合上刀开关 QS，按下正向启动按钮 SB1，接触器 KM1 线圈通电，主常开触头闭合，电动机正向启动运转。停止时，按下停止按钮 SB3，KM1 线圈

失电释放，接触器 KM3 线圈和时间继电器 KT 线圈同时通电自锁，KM3 的主触头闭合，经变压器及整流桥后的直流电通入电动机定子绕组，电动机进行能耗制动。电动机停止时，KT 的常闭触头延时打开，使 KM3 线圈失电释放，直流电被切除，制动结束。

（3）电路的不足：在能耗制动过程中，一旦 KM3 因主触头粘连或机械部分卡住而无法释放时，电动机定子绕组仍会长期通过能耗制动的直流电流。对此，只能通过合理选择接触器和加强电器维修来解决。

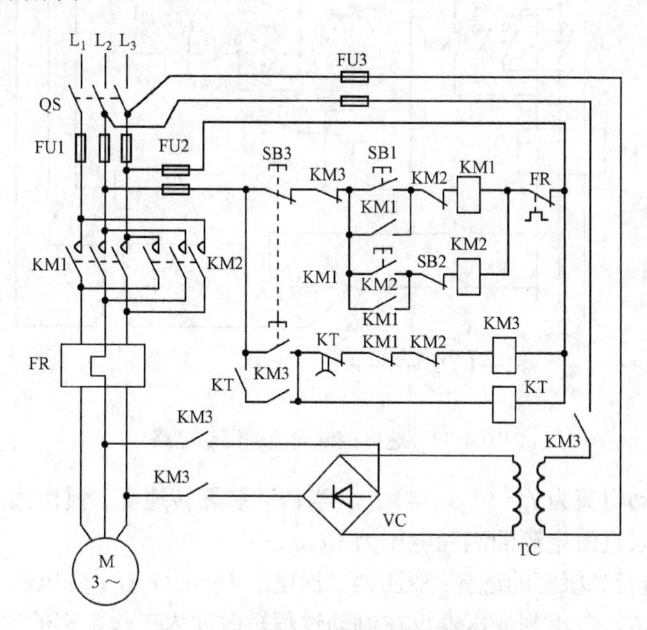

图 4-36　可逆运行的能耗制动电路

这种电路一般适用于负载转矩和负载转速比较稳定的机械设备上。对于通过传动系统来改变负载速度的机械设备，则应采用按负载速度整定的能耗制动控制线路较为合适，因而这种能耗制动线路的应用有一定的局限性。

2）按速度原则进行控制的能耗制动

（1）电路组成：采用速度继电器、接触器将直流电引入，如图 4-37 所示，即用速度继电器取代了图 4-37 中的时间继电器。

（2）电路工作过程：反向启动时，合上刀开关 QS，按下反向启动按钮 SB2，反向接触器 KM2 线圈通电，电动机反向启动。当速度升高后，速度继电器反向常开触点 KS-2 闭合，为制动做好准备。停止时，按下 SB3、KM2 失电释放，电动机的三相交流电被切除。同时 KM3 线圈通电，直流电通入电动机定子绕组进行能耗制动，当电动机速度接近零时，KS-2 打开，接触器 KM3 失电释放，直流电被切除，制动结束。

4．直流电源的估算方法

（1）参数的确定：先用电桥测量电动机定子绕组任意两相之间的冷态电阻 R，也可以从手册中查到；测出电动机的空载电流 I_0，也可根据 I=（30%～40%）I_{ed} 来确定，其中 I_{ed} 为电动机的额定电流。

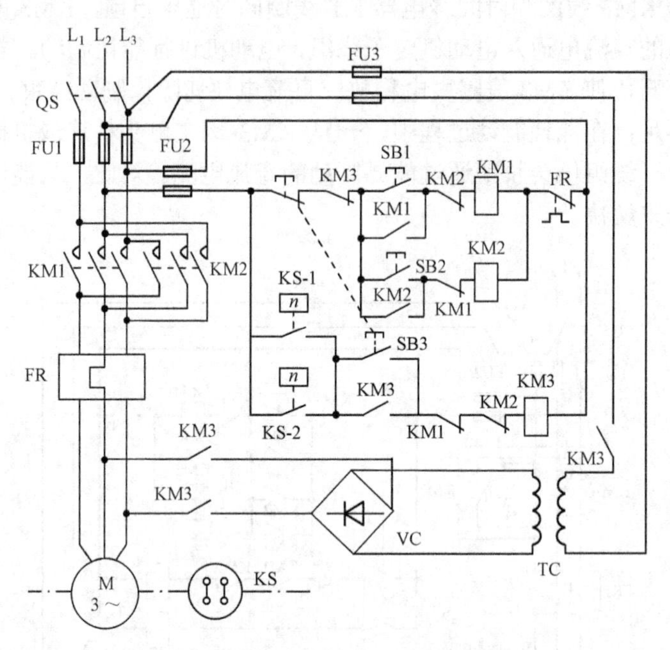

图 4-37　速度控制的能耗制动电路

一般取直流制动电流为 I_z=（1.5～4）I_{ed}，当传动装置转速高、惯性大时，系数可取大些，否则取小些；一般取直流电源的制动电压为 RI_z。

（2）变压器容量及二极管的选择：变压器二次电压 U_2=1.11 RI_z，变压器二次电流 I_2=1.11 I_z，变压器容量为 $S=U_2I_2$，考虑到变压器仅在制动过程短时间内工作，它的实际容量通常取计算容量的 1/3 左右。

当采用桥式整流电路时，每只二极管流过的电流平均值为 $I_Z/2$，反向电压为 $\sqrt{2}U_2$，然后再考虑 1.5～2 倍的安全裕量，选择适当的二极管。

以上对几种典型的能耗制动线路进行了讨论。总之，能耗制动应满足以下要求：大容量电动机的能耗制动电路应与辅助线路的短路保护装置分开，以免互相影响；供给电动机定子绕组的交、直流电源应可靠连锁，以保证正常工作；在电动机运行时（非制动状态），变压器不得长期处于空载运行状态，应脱离电源。

5．能耗制动的应用

能耗制动平稳、准确，但是有能量损耗，适用于机械力冲击小的场所，如立式万能铣床的主轴采用能耗制动。

实训 15　能耗制动控制电路设计

1．实训目的

（1）了解能耗制动所用设备的特点；

（2）掌握安装操作技能。

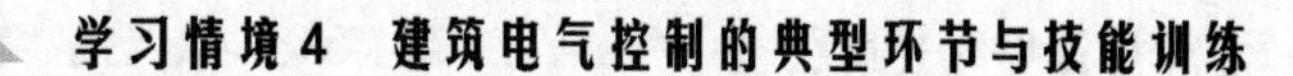

2. 实训内容

（1）能耗制动电路设计及工作原理；
（2）能耗制动的接线与控制操作。

3. 实训设备

速度继电器、按钮、接触器、热继电器、时间继电器、电动机、导线及电工工具等。

4. 实训步骤

（1）编写实训计划书；
（2）准备实训用具及设备；
（3）熟悉线路并接线；
（4）按工作原理进行操作训练。

5. 实训报告

（1）实训计划；
（2）实训工作过程的报告。

6. 实训记录与分析

表 4-5 能耗制动实训记录

序号	设备名称	在系统中所起的作用	能耗制动特点及使用场所

7. 问题讨论

（1）在能耗制动中有几种控制方式？
（2）时间继电器在能耗制动中的作用是什么？
（3）在能耗制动中，如果轻按按钮，电动机是何状态？如果用力按下按钮并迅速抬手电动机又是何状态？并说明为什么。

任务4-4 三相异步电动机的调速控制

任务描述

三相笼形异步电动机的调速方法很多，常用的有变极调速、调压调速、电磁耦合调速、液力耦合调速、变频调速等方法。这里仅介绍变极调速，关于调压和变频调速将在可控磁调速系统中阐述。

任务分析

从电动机原理知道，同步转速与磁极对数成反比，改变磁极对数就可实现对电动机速度的调节。而定子磁极对数可由改变定子绕组的接线方式来改变。变极调速方法常用于机床、电梯等设备中。

电动机每相如果只有一套带中间抽头的绕组，可实现2:1和3:2的双速变化，如2极变4极、4极变8极或4极变6极、8极变12极；如果电动机每相有两套绕组则可实现4:3和6:5的双速变化，如6极变8极或10极变12极；如果电动机每相有一套带中间抽头的绕组和一套不带抽头的绕组，可以实现三速变化；每相有两套带中间抽头的绕组，则可实现四速变化。

方法与步骤

◆教师活动：引导出任务→讲解相关内容。

◆学生活动：根据如何调速的任务学习研讨下列内容。

1. 双速电动机绕组的连接方法

如图4-38所示，其中图4-38（a）为△连接，此时磁极为4极，同步转速为1500 r/min。若要电动机高速工作时，可接成图4-38（b）形式，即电动机绕组为双Y连接，磁极为2极，同步转速为3000 r/min。可见电动机高速运转时的转速是低速的两倍。

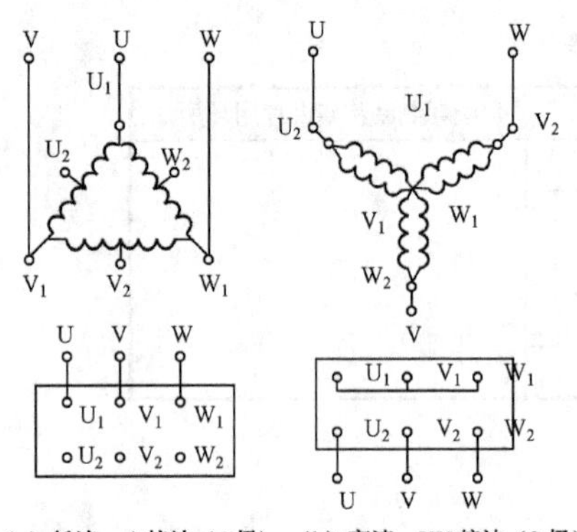

（a）低速—△接法（4极）　（b）高速—YY接法（2极）

图4-38　电动机三相定子绕组△/YY接线图

2. 双速电动机的控制

（1）电路组成：为了实现对双速电动机的控制，可采用按钮和接触器构成调速控制线路，如图4-39所示。

（2）工作情况：合上电源开关QS，按下低速启动按钮SB1，低速接触器KM1线圈通电，其触头动作，电动机定子绕组作△连接，电动机以1500 r/min低速启动。

当需要换成3000 r/min的高速时，可按下高速启动按钮SB2，于是KM1先失电释放，高速接触器KM2和KM3的线圈同时通电，使电动机定子绕组接成双Y并联，电动机高速运转。电动机的高速运转是由KM2和KM3同时控制的，为了保证工作可靠，采用它们的辅助常开触头串联自锁。

3. 采用时间继电器的双速电动机控制

采用时间继电器自动控制双速电动机的控制线路组成如图4-40所示，图中多了一个具有3个触点位置的开关SA，分为低速、高速和中间位置（停止）和1只时间继电器KT。

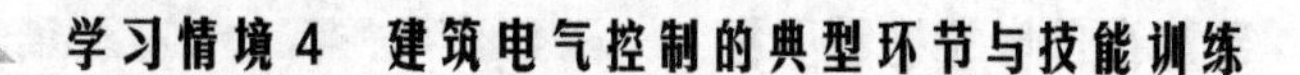

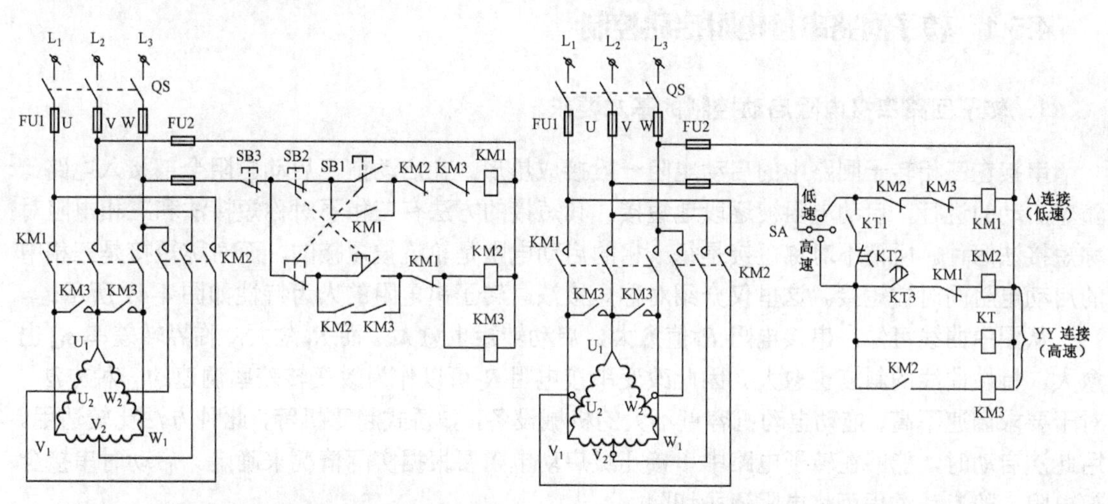

图 4-39　接触器控制双速电动机的控制线路　　图 4-40　采用时间继电器控制双速电动机的控制线路

工作过程操作：当把开关扳到“低速”位置时，接触器 KM1 线圈通电动作，电动机定子绕组接成△形，进行低速运转。

当把开关 SA 扳到“高速”位置时，时间继电器 KT 线圈通电，其触头动作，瞬时动作触头 KT1 闭合，使 KM1 线圈通电动作，电动机定子绕组接成△形，以低速启动。经过延时后，时间继电器延时断开的常闭触头 KT2 断开，使 KM1 线圈断电释放，同时延时闭合的常开触头 KT3 闭合，接触器 KM2 线圈通电动作，使 KM3 接触器线圈也通电动作，电动机定子绕组由 KM2、KM3 换接成双 Y 接法，电动机自动进入高速运转。

当开关 SA 扳到中间位置时，电动机处于停止状态，可见 SA 确定了电动机的运转状态。

任务 4-5　绕线式异步电动机的调速控制

任务描述

三相绕线转子异步电动机的优点是可以通过滑环在转子绕组中串接外加电阻或频敏变阻器，以达到减小启动电流、提高转子电路的功率因数和增加启动转矩的目的。在要求启动转矩较高的场合，绕线式异步电动机得到了广泛应用。

任务分析

为实现绕线式异步电动机的调速控制，应先考虑外加设备如何加入，再研究其自动转换，然后进行分析设计、修改和完善。

方法与步骤

◆教师活动：引出问题→布置课业任务→讲解相关知识。

◆学生活动：根据任务学习研讨下列内容。

4.5.1 转子回路串接电阻启动控制

1．转子回路串接电阻启动控制的基本要求

串接在三相转子回路中的启动电阻一般接成星形。在启动前，启动电阻全部接入电路，随着启动的进行，启动电阻被逐段地短接。其短接的方法有三相不对称短接法和三相电阻对称短接法两种。所谓不对称短接是每一相的启动电阻是轮流被短接的，而对称短接是三相中的启动电阻同时被短接。这里仅介绍对称短接法。转子串电阻的人为特性如图 4-41 所示。

从图中曲线可知：串接电阻 R_f 值愈大，启动转矩也愈大，而 R_f 愈大，临界转差率 s_{Lj} 也愈大，特性曲线的斜度也愈大。因此改变串接电阻 R_f 可以作为改变转差率调速的一种方法。对于要求调速不高、拖动电动机容量不大的机械设备，如桥式起重机等，此种方法比较适用。用此法启动时，能够在转子电路中串接几级启动电阻要根据实际情况来确定。启动时串接全部电阻，随启动过程可将电阻逐段切除。

实现这一控制有两种方法，其一是按时间原则控制，即用时间继电器控制电阻自动切除；其二是按电流原则控制，即用电流继电器来检测转子电流大小的变化来控制电阻的切除，当电流大时，电阻不切除，当电流小到某一定值时，切除一段电阻，使电流重新增大，这样便可控制电流在一定范围内。

2．按时间原则的控制电路

如采用时间原则控制，串接 3 段电阻启动，启动结束后切除电阻，电动机单向运转。

1）电路设计构思

根据实际需要线路串接 3 段电阻，用 3 只接触器短接，用 3 只时间继电器控制短接时间，如图 4-42 所示。

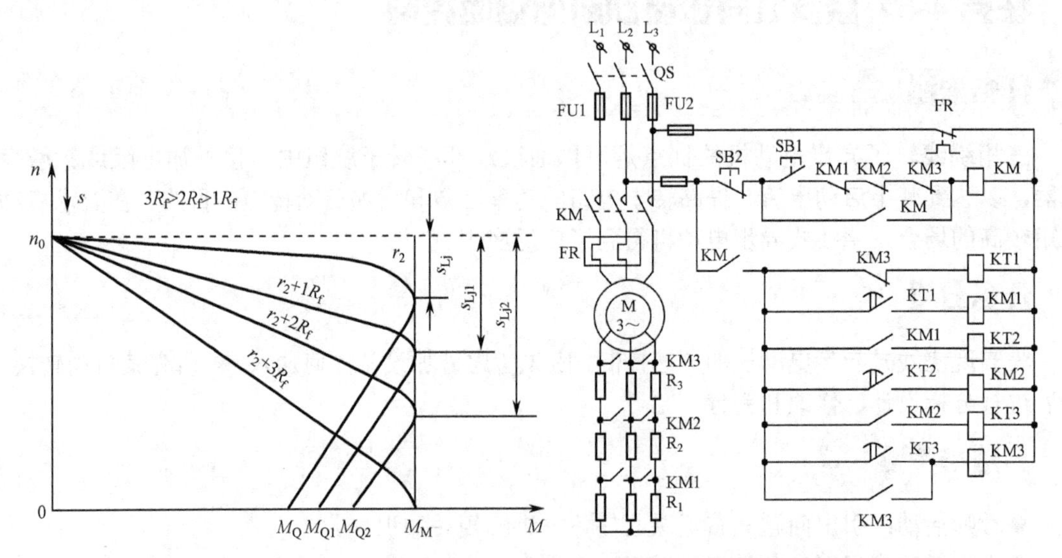

图 4-41 转子串对称电阻的人为特性　　图 4-42 按时间原则控制的绕线式转子异步电动机电路

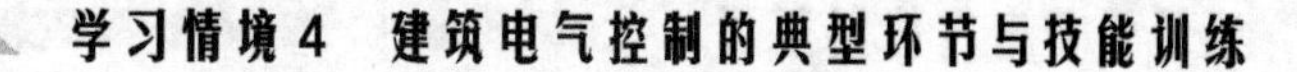

2）电路操作过程

启动时，合上刀开关 QS，按下启动按钮 SB1，接触器 KM 线圈通电，电动机串接全部电阻启动，同时时间继电器 KT1 线圈通电，经过一定延时后 KT1 常开触头闭合，使 KM1 线圈通电，KM1 主触头闭合，将 R_1 短接，电动机加速运行，同时 KM1 的辅助常开触头闭合，使 KT2 线圈通电。经过延时后，KT2 常开触头闭合，使 KM2 线圈通电，KM2 的主触头闭合，将 R_2 短接，电动机继续加速，同时 KM2 的辅助常开触头闭合，使 KT3 线圈通电，经过延时后，其常开触头闭合，使 KM3 线圈通电，R_3 被短接。至此，全部启动电阻被短接，于是电动机进入稳定运行状态。

在线路中，KM1、KM2、KM3 的 3 个常闭接点串联的作用是：只有全部电阻接入时才能启动，以确保电动机可靠启动（这样一方面节省了电能，更重要的是延长了它们的有效使用寿命）。

此线路存在的问题是：一旦时间继电器损坏时，线路将无法实现电动机的正常启动和运行，如维修不及时，电动机就有被迫停止运行的可能；另一方面，在电动机启动过程中，逐段减小电阻时，电流及转矩突然增大，会产生不必要的机械冲击。

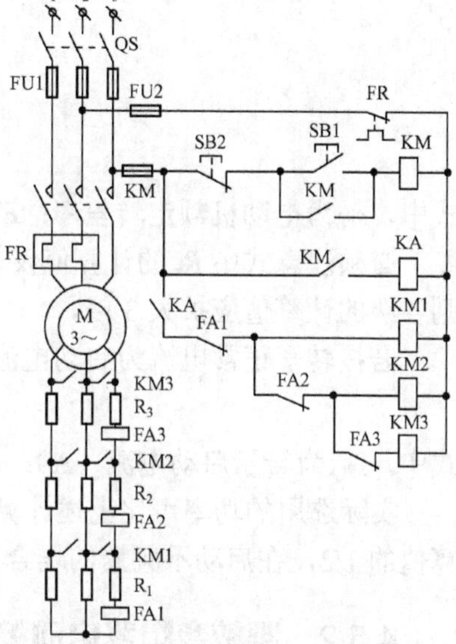

3．按电流原则的控制电路

1）电路设计构思

利用电动机转子电流大小的变化来控制串接电阻的切除。FA1、FA2、FA3 是欠电流继电器，线圈均串接在电动机转子电路中，它们的吸上电流相同，而释放电流不同。FA1 的释放电流最大，FA2 次之，FA3 最小。如图 4-43 所示。

图 4-43　按电流原则控制的绕线式转子异步电动机电路

2）电路操作过程

启动时，合上刀开关 QS，按下启动按钮 SB1，KM 通电，使中间继电器 KA 线圈通电，因为此时电流最大，故 FA1、FA2、FA3 均吸合，其触头都动作，于是电动机串接全部电阻启动，待电动机转速升高后，电流降下来，FA1 先释放，其常闭触头复位，使 KM1 线圈通电，将 R_1 短接，电流又增大，随着转速上升，过一会儿电流又小下来，使 FA2 释放，其常闭触头使 KM2 线圈通电，将 R_2 短接，电流又增大，转速又上升，一会儿电流又下降，FA3 释放，其常闭触点使 KM3 线圈通电，将 R_3 短接，电动机切除全部电阻，进入稳定运行状态。

4．电阻级数及阻值计算

为了达到好的启动效果，要求外加电阻的数值必须选定在一定的范围内，可经过计算来确定。在计算启动电阻的阻值前，首先应确定启动电阻的级数。电阻级数愈多，电动机启动时的转矩波动就愈小，也就是说启动愈平滑。同时，电气控制线路也就愈复杂。在一般情况下，电阻的级数可以根据下式确定：

$$m=\frac{t_{\mathrm{g}}\left(\dfrac{T_{\mathrm{N}}}{s_{\mathrm{N}}T_{\max}}\right)}{t_{\mathrm{g}}K}$$

式中，T_{N}为电动机额定转矩；$T_{\max}$为电动机最大转矩；s_{N}为电动机额定转差率。

启动电阻的级数确定以后，转子绕组中每相串接的各级电阻值可用下面的公式计算：

$$R_n=K^{m-n}r$$

式中，m为启动电阻的级数；n为各级启动电阻的序号，若n=4，则各级启动电阻的序号为1、2、3、4；K为常数；r为m级启动电阻中序号为最后一级的电阻值，即对称短接法中最后被短接的那一级电阻。

K值和r值可分别由下面的两个公式计算：

$$K=\sqrt[m]{\frac{1}{s_{\mathrm{N}}}}$$

$$r=\frac{E_2(1-s_{\mathrm{N}})}{\sqrt{3}I_2}\cdot\frac{K-1}{K^m-1}$$

式中，s_{N}为电动机额定转差率；E_2为电动机转子电压（V）；I_2为电动机转子电流（A）。

必须注意式中R_n的计算值仅是电阻对称短接法的各级电阻值，如果采用不对称短接法，则各级的计算值应扩大3倍。

若按转子正常电流为启动电流的1.5倍考虑，则每相电阻的功率为：

$$P=I_{2\mathrm{Q}}^2R$$

式中，$I_{2\mathrm{Q}}$为转子启动电流（A）；R为每相电阻（Ω）；P为每相启动电阻的功率（W）。

实际选用的功率可比上述计算值小。在启动十分频繁的场合，选用的电阻功率可分为计算值的1/2，在启动不频繁的场合，选用的电阻功率可为计算值的1/3。

4.5.2 频敏变阻器启动控制

采用转子串接电阻的启动方法，在电动机启动过程中，逐渐减小电阻值，电流及转矩突然增大，产生不必要的机械冲击。

从机械特性上看，启动过程中转矩M不是平滑的，而是有突变的。为了得到较理想的机械特性，克服启动过程中不必要的机械冲击力，可采用频敏变阻器启动方法。频敏变阻器是一种电抗值随频率变化而变化的电器，它串接于转子电路中，可使电动机有接近恒转矩的平滑无级启动性能，是一种理想的启动设备。

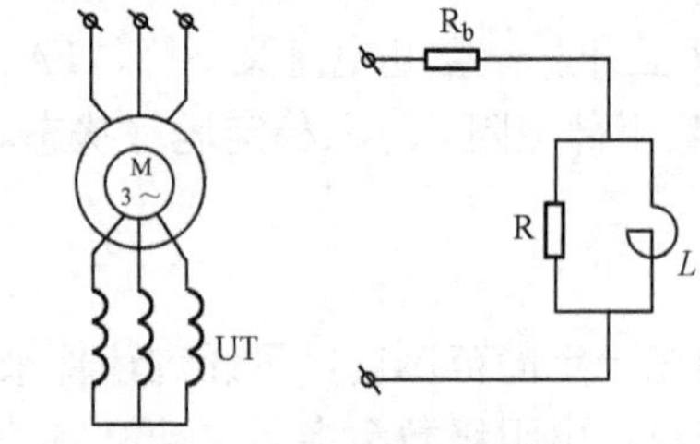

（a）与电动机的连接　（b）等效电路

图4-44　频敏变阻器等效电路及与电动机的连接

1）频敏变阻器分析

频敏变阻器实质上是一个铁芯损耗非常大的三相电抗器。它由数片E形钢板叠成，具有铁芯与线圈两部分，并制成开启式，如果采用星形接法将其串接在转子回路中，则相当于转子绕组接入一个铁损很大的电抗器，这时的转子等效电路如图4-44所示。图中$\mathrm{R_b}$为绕组电阻，R为铁损等值电阻，X为铁芯电抗，R与X是并联的。

电动机接通电源启动时，频敏变阻器便通过转子电路得到交变电流，产生交变磁通，其电抗为 X。而频敏变阻器铁芯由较厚钢板制成，在交变磁通作用下，产生较大的变阻器与电动机涡流损耗（其中涡流损耗占全部损耗的 80%以上）。此涡流损耗在电路中用一个等效电阻 R 表示。由于电抗 X 和电阻 R 都是由交变磁通产生的，所以其大小都随转子电流频率的变化而变化。

在异步电动机的启动过程中，转子电流的频率 f_2 与网络电源频率 f_1 的关系为：$f_2=sf_1$，电动机的转速为零时，转差率 $s=1$，即 $f_2=f_1$，当 s 随着电动机转速上升而减小时，f_2 便下降。频敏变阻器的 X 与 R 是与 s 的平方成正比的。由此可看出，绕线式转子异步电动机采用频敏变阻器启动时，可以获得一条近似的恒转矩启动特性并实现平滑的无级启动，同时也简化了控制线路。目前在空气压缩机与桥式起重机上获得了广泛的应用。

频敏变阻器上共有 4 个接线头，一个设在绕组的背面，标号为 N，另外 3 个抽头设在绕组的正面。抽头 1—N 之间为 100%匝数，2—N 与 3—N 之间分别为 85%与 71%匝数，出厂时接在 85%匝数端钮端上。频敏变阻器上、下铁芯由两面 4 个拉紧螺栓固定，拧开拉紧螺栓上的螺母，可以在上、下铁芯之间垫上非磁性垫片，以调整空气气隙。出厂时上、下铁芯间隙为零。

在使用中遇到下列情况可以调整匝数和气隙。

（1）启动电流大，启动太快，可换接抽头，使匝数增加，减小启动电流，同时启动转矩也减小；反之应换接抽头，使匝数减少。

（2）在刚启动时，启动转矩过大，机械冲击大，但启动完后稳定转速又太低（偶尔在启动完毕将变阻器短接时，冲击电流大），可在上下铁芯间增加气隙，这样使启动电流略有增加，启动转矩略有减小，但启动完毕后转矩增大，从而提高了稳定转矩。

2）电路设计构思

在电动机启动过程中串接频敏变阻器，待电动机启动结束时手动或自动将频敏变阻器切除，并配上转换开关及电流表，在线路中利用转换开关 SA 实现手动及自动控制的变换。用中间继电器 KA 的常闭触头短接热继电器 FR 的热元件，以防止在启动时误动作。线路设计如图 4-45 所示。

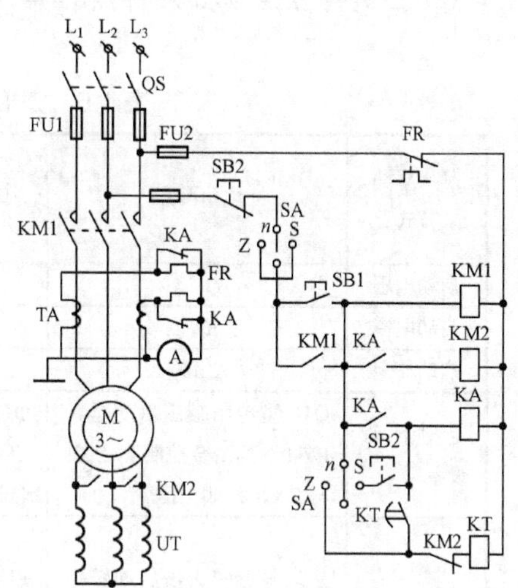

图 4-45　绕线式转子异步电动机采用频敏变阻器启动电路

3）电路操作过程

自动控制时，将 SA 拨至“Z”位置，合上刀开关 QS，按下启动按钮 KM1，接触器 KM1 和时间继器 KT 线圈通电，电动机串接频敏变阻器 UT 启动，待启动结束后，KT 的触头延时闭合，使中间继电器 KA 线圈通电，其常开触头闭合，使接触器 KM2 通电，将 UT 短接，电动机进入稳定运行状态，同时 KA 的常闭触头打开，使热元件与电流互感器二次侧串接，以起过载保护作用。

手动控制时，将 SA 拨至“S”位置，按下 SB1，KM1 通电，电动机串接 UT 启动，当看到电流表 A 中读数降到电动机的额定电流时，按下手动按钮 SB2，使 KA 通电，KM2 通电，UT 被短接，电动机进入稳定运行状态。

知识梳理与总结

本情境主要应掌握如下几方面。

(1) 电气控制系统图主要有电气原理图、电气布置图、电气安装接线图等，为了正确绘制、阅读和分析这些图纸，必须掌握国家标准及绘图规则。

(2) 对于笼形异步电动机的控制，如果是小容量的电动机（一般在 10 kW 以下，特殊情况参照有关设计规范）则允许直接启动，为了防止过大的启动电流对电网及传动机构的冲击作用，大容量或启动负载大的场合应采用降压启动的方式。

① 直接启动中的单向旋转、双向旋转、点动、两（多）地控制、自动循环、连锁控制等基本线路采用各种主令电器、控制电器及各种控制触点按一定的逻辑关系的不同组合实现。各自控制的要点是：自锁触头是电动机长期工作的保证；互锁触头是防止误操作造成电源短路的措施；点动控制是实现灵活控制的手段；两（多）地控制是实现远动控制的方法；自动循环是完成行程控制的途径；连锁控制是实现电动机相互联系又相互制约关系的保证。

② 四种降压启动方法特点各异（如表 4-6 所示），可根据实际需要确定相应的方法。

表 4-6　笼形电动机各种降压启动方式的特点

降压启动方式	电阻降压	自耦变压器降压	星形—三角形转换	延边三角形启动		
				抽头比例		
				1∶2	1∶1	2∶1
启动电压	KU_{1e}	KU_{1e}	$0.58U_{1e}$	$0.78U_{1e}$	$0.71U_{1e}$	$0.66U_{1e}$
启动电流	KI_{Qe}	K^2I_{Qe}	$0.33I_{Qe}$	$0.6I_{Qe}$	$0.5I_{Qe}$	$0.43I_{Qe}$
启动转矩	K^2M_{Qe}	K^2M_{Qe}	$0.33M_{Qe}$	$0.6M_{Qe}$	$0.5M_{Qe}$	$0.43M_{Qe}$
定型启动设备	QJ1 型电阻减压启动器、PY-1系列冶金控制屏、ZX1 与 ZX2 系列电阻器	QJ3 型自耦减压启动器、GTZ 型自耦减压启动器	QX1、QX2、QX3、QX4 型星三角启动器，XJ1 系列启动器	XJ1 系列启动器		
优缺点及适用范围	启动电流较大，启动转矩小；启动控制设备能否频繁启动由启动电阻容量决定；需启动电阻器，耗损较大，一般较少采用	启动电流小，启动转矩较大；不能频繁启动、设备价格较高，采用较广	启动电流小，启动转矩小，可以较频繁启动，设备价格较低，适用于定子绕组为三角形接线的中小型电动机，如 J2、JO2、J3、JO3	启动电流小，启动转矩较大，可以较频繁启动；具有自耦变压器及星形—三角形启动方式两者的优点；适用于定子绕组为三角形接线且有 9 个出线头的电动机，如 J3、JO3 等		

③ 为了提高生产效率，缩短辅助时间，采用电气与机械制动的方法以快速而准确停机。这里的电气制动总结如表 4-7 所示，可根据需要适当选择。

表4-7　电气制动方式的比较

比较项目＼制动方式	能耗制动	反接制动
制动设备	需直流电源	需速度继电器
工作原理	采用消耗转子动能使电动机减速停车	依靠改变定子绕组电源相序而使电动机减速停车
线路情况	定子脱离交流电网接入直流电	定子相序反接
特　点	制动平稳，制动能量损耗小，用于双速电机时制动效果差	设备简单，调整方便，制动迅速，价格低，但制动冲击大，准确性差，能量损耗大，不宜频繁制动
适用场合	适用于要求平稳制动的场合，如磨床、铣床等	适用于制动要求迅速，系统惯性较大，制动不频繁的场合，如大中型车床、立床、镗床等

④ 变极调速是通过改变电动机的磁极对数实现对其速度的调节。巧妙地利用相关电器实现对电动机的双速、三速及四速控制。

(3) 绕线转子异步电动机的启动性能好，可以采用转子串接电阻和转子串接频敏变阻器的方法增大启动转矩。串接电阻启动，控制线路复杂，设备庞大（铸铁电阻片或镍铬电阻丝比较笨重），启动过程中有冲击；串接频敏变阻器线路简单，启动平稳，启动过程调速平滑，克服了不必要的机械冲击力。

(4) 在线路控制中，常涉及时间原则、电流原则、行程原则、速度原则和反电势原则，在选用时不仅要根据各自特点，还应考虑电力拖动装置所提出的基本工艺要求以及经济指标等。这里以启动为例，列表进行比较，见表4-8。

表4-8　自动控制原则优缺点比较表

控制原则	反电势原则	电流原则	时间原则
电器用量	量少	较多	较多
设备互换性	不同容量电机可用同一型号电器	不同容量电机需用不同型号继电器	不同容量与电压的电机均可采用同型号继电器
线路复杂程度	简单	连锁多，较复杂	连锁多，较复杂
可靠性	可能无法启动；换接电流可能过大	可能无法启动；要求继电器动作比接触器快	不受参数变化影响
特点	能精确反映转速	维持启动的恒转矩	加速时间几乎不变

(5) 了解几种常见的通过保护装置（如短路保护、过流保护、热保护、失（欠）压保护）保护电动机的方法。常用的保护内容及采用的电器列于表4-9中以供选用。

表4-9　常用的保护环节及其实现方法

保护内容	采用电器	保护内容	采用电器
短路保护	熔断器、断路器等	过载保护	热继电器、继路器等
过电流保护	过电流继电器	欠电流保护	欠电流继电器
零电压保护	按钮控制的接触器、继电器等	欠电压保护	电压继电器

练习题 3

1. 填空题

（1）电气控制系统的控制线路图有________________________________，其用途分别是____。

（2）在电气原理图中，电器元件的技术数据应标注在____________________。

（3）电气原理图中文字符号代表的电器元件是：QF________，SB ________，KM_____，SQ________，SA___________，FR__________。

（4）笼形异步电动机在满足____________________________条件下可以直接启动。

2. 改错题

试分析图 4-46 中各控制线路能否实现正常自锁控制，并指出各控制线路存在的问题，然后加以改正。

3. 叙述原理

图 4-47 是闪光电源控制线路，试叙述线路的工作原理，说明 KT1、KT2 各有何作用。

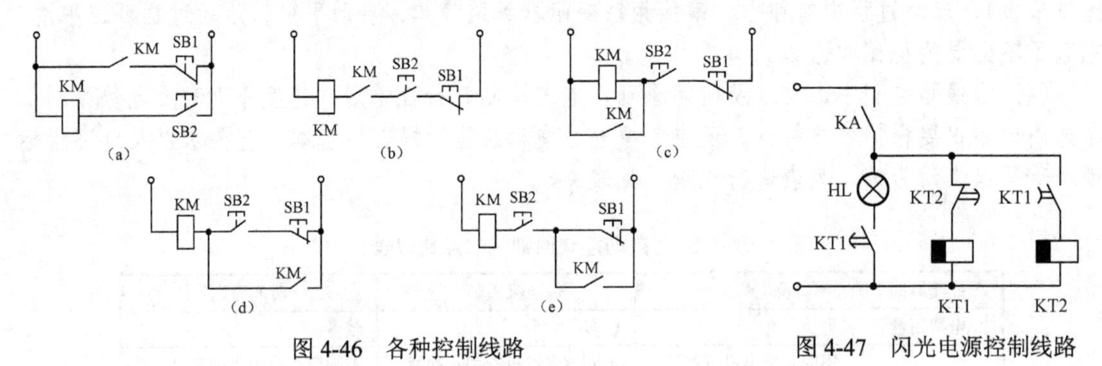

图 4-46　各种控制线路　　图 4-47　闪光电源控制线路

4. 分析与判断（用√和×表示）

（1）接触器具有欠压保护的功能。（ ）

（2）失压保护的目的是防止电压恢复时电动机自启动。（ ）

（3）转子串接电阻的启动方式可以使启动平稳，克服不必要的机械冲击力。（ ）

（4）频敏变阻器只能用于三相绕线式异步电动机的启动控制中。（ ）

（5）在反接制动的控制线路中，必须采用以速度为变化参量进行控制。（ ）

（6）在电动机的电气控制线路中，如果使用熔断器作短路保护，就不必再装设热继电器作过载保护。（ ）

（7）电动机采用制动措施的目的是为了加速停车。（ ）

（8）交流电动机的控制线路必须采用交流操作。（ ）

（9）现有三个按钮，欲使它们在三地都能控制接触器 KM 通电，则它们的动合触点应采用并联后，接到 KM 的线圈电路中。（ ）

（10）自耦变压器降压启动的方法适用于不频繁启动的场合。 （ ）

（11）转换开关适于频繁换向的场所。 （ ）

5．单选题

（1）甲、乙两个接触器欲实现互锁控制，则应（ ）。

A．在甲接触器的线圈电路中并入乙接触器的动断触点

B．在乙接触器的线圈电路中串入甲接触器的动断触点

C．在两接触器的线圈电路中互串对方的动断触点

D．在两接触器的线圈电路中互串对方的动合触点

（2）有甲、乙两个接触器，若要求甲接触器工作后方允许乙接触器工作，则应（ ）。

A．在甲接触器的线圈电路中串入乙接触器的动断触点

B．在乙接触器的线圈电路中串入甲接触器的动断触点

C．在乙接触器的线圈电路中串入甲接触器的动合触点

D．在甲接触器的线圈电路中串入乙接触器的动合触点

（3）在星形—三角形降压启动控制线路中启动电流是正常工作电流的（ ）。

A．2/3 B．1/2 C．1/3 D．$1/\sqrt{3}$

（4）下列电器中能实现电动机长期过载保护的是（ ）。

A．空气开关 B．过电流继电器 C．热继电器 D．熔断器

（5）同一电器的各个部件在图中可以不画在一起的图是（ ）。

A．电气布置图 B．电气安装接线图

C．电气原理图 D．电气局部图

6．简答与设计操作题

（1）设计一个串电阻降压启动及反接制动的电路，并叙述电气线路的工作原理。

（2）设计一个双速电动机的控制电路，简述电路的工作原理。

（3）在电气原理图和安装接线图中，绘图规则有哪些？

（4）试从经济、方便、安全、可靠等几个方面分析比较图4-48中的特点。

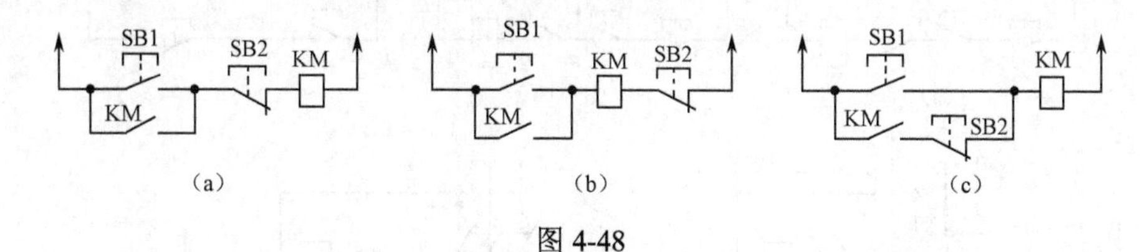

图4-48

（5）试设计一个用按钮和接触器控制电动机的起停，用组合开关选择电动机的旋转方向的主电路及控制电路，并应具备短路和过载保护。

（6）如果将电动机的控制电路接成如图4-49所示的4种情况，欲实现自锁控制，试标出图中的电气元件文字符号，再分析线路接线有无错误，并指出错误将造成什么后果。

（7）试画出一台电动机，需单向运转，两地控制，既可点动也可连续运转，并在两地各安装有运行信号指示灯的主电路及控制电路。

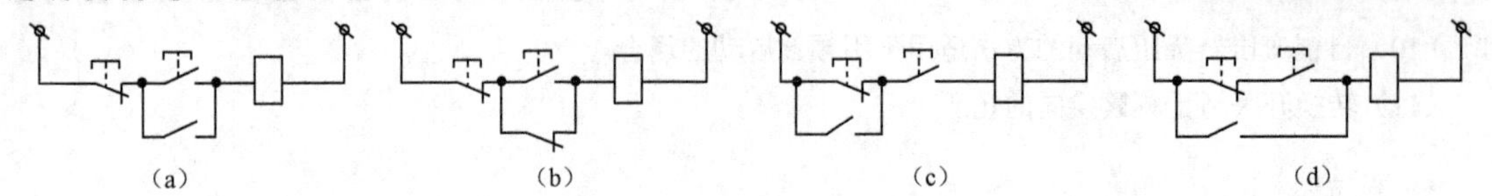

图 4-49

（8）试说明图 4-50 中的控制特点，并说明 FR1 和 FR2 为何不同。

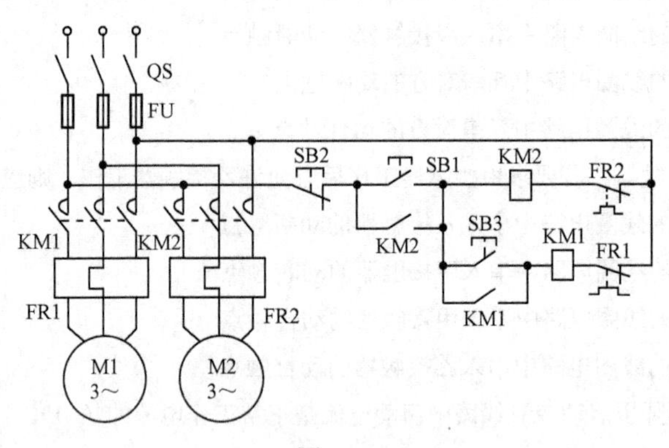

图 4-50

（9）试用行程原则来设计某机床工作台的自动循环线路，并应有每往复移动一次，即发出一个控制信号，以显示主轴电动机的转向。

（10）在锅炉房的电气控制中，要求水平和斜式上煤机连锁，即启动时，先启动水平机，停止时相反，应在两地控制，试设计满足上述要求的线路。

（11）试用时间原则设计 3 台笼形异步电动机的电气线路，即 M1 启动后，经 3s 后，M2 自行启动，再经 10s，M3 自行启动，同时停止，并应有信号显示。

（12）试用按钮、开关、中间继电器、接触器，画出 4 种既可点动、也可长动的控制线路。

（13）什么是点动控制？在图 4-51 的 5 种点动控制线路中：

① 标出各电气元件的文字符号；

② 判断每个线路能否正常完成点动控制？为什么？

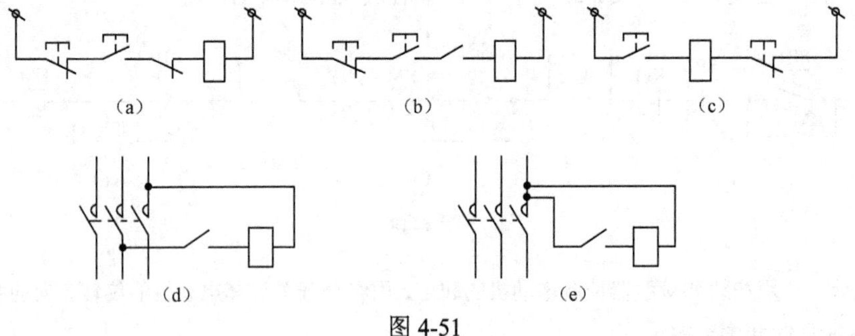

图 4-51

（14）如图 4-52 所示为正反转控制的 6 种主电路及控制电路，试指出各图的接线有无错误，错误将造成什么现象出现。

（15）已知有两台笼形异步电动机为 M1 和 M2，要求：① M1 和 M2 可分别启动；② 停车时要求 M2 停车后 M1 才能停车，试设计满足上述要求的主电路及控制电路。

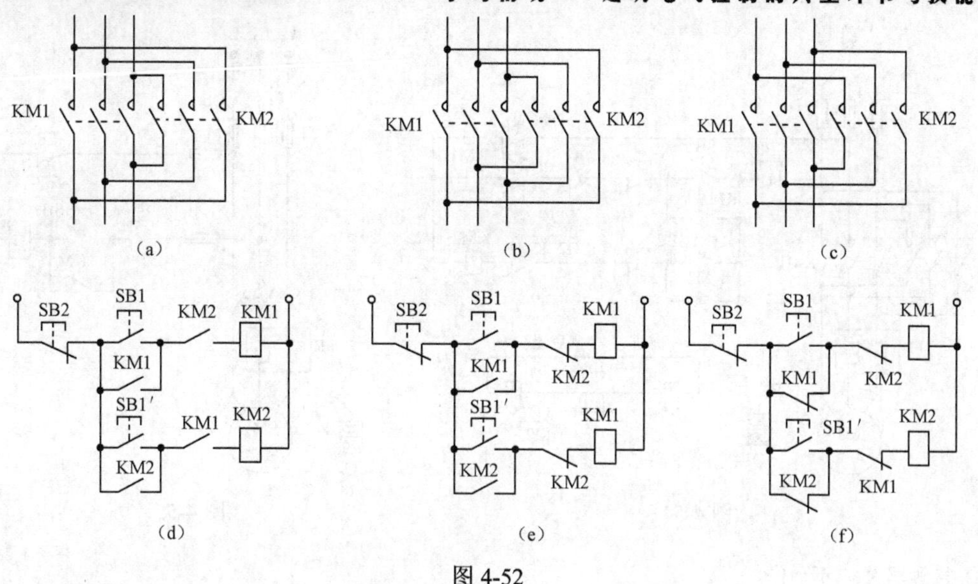

图 4-52

（16）试说明图 4-53 所示各电动机的工作情况。

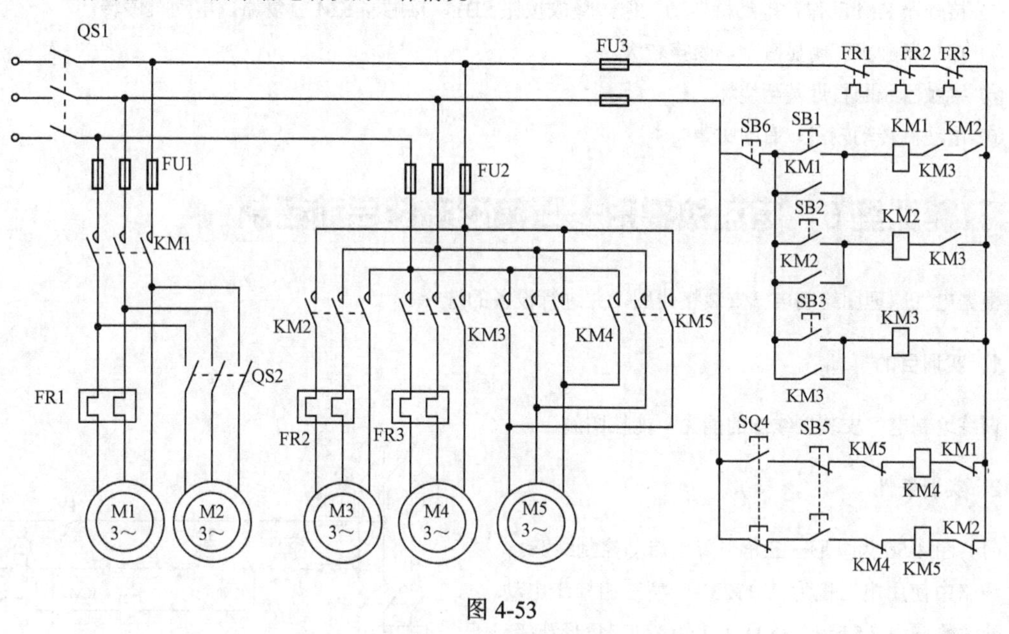

图 4-53

（17）如图 4-54 所示，试分析此控制线路的工作原理，按照下列两个要求改动控制线路（可适当增加电器）：①能实现工作台自动往复运动；②要求工作台到达两端终点时停留 6 s 再返回，进行自动往复运动。

（18）某机床的主轴由一台笼形异步电动机带动，润滑油泵由另一台笼形异步电动机带动，现要求如下：

① 必须在油泵开动后，主轴才能开动；

② 主轴要求能用电器实现正反转连续工作，并能单独停车；

③ 有短路、欠压及过载保护，试画出控制线路。

（19）图 4-55 为正转控制线路。现将转换开关 QS 合上后，按下启动按钮 SB1，根据下列不同故障现象，试分析原因，提出检查步骤，确定故障部位，并提出故障处理办法。

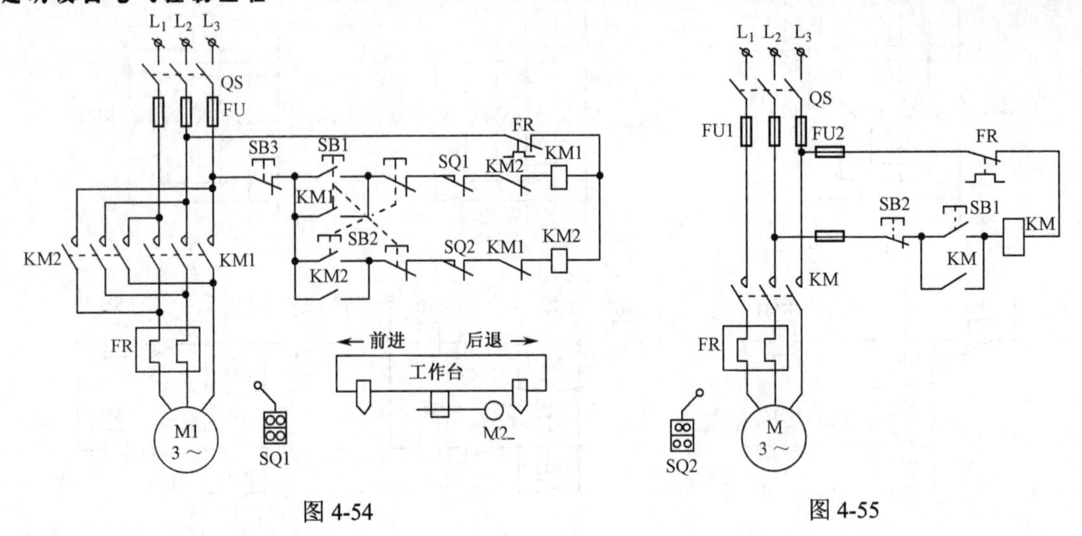

图 4-54　　　　图 4-55

① 接触器 KM 不动作。

② 接触器 KM 动作，但电动机不转动。

③ 接触器 KM 动作，电动机转动，但一释放按钮 SB1，接触器 KM 就复原，电动机停转。

④ 接触器触头有明显颤动，噪声较大。

⑤ 接触器线圈冒烟甚至烧坏。

⑥ 电动机转动较慢，有嗡嗡声。

技能训练 6　电动机星形—三角形降压启动控制

根据电气原理图绘制电气安装接线图，并进行设备的选择。

1．实训目的

训练绘制电气安装接线图的能力；能按图施工。

2．实训条件

（1）图 4-56 为星形—三角形降压启动控制线路。

线路中使用电动机为 Y-132M-4 型三相异步电动机，技术数据为 7.5 kW、380 V、15.4A、三角形连接、1400r/min，电动机为连续工作制。根据这些条件，选择刀开关、熔断器、热继电器、接触器。

（2）指出热继电器发热元件的电流应如何整定。

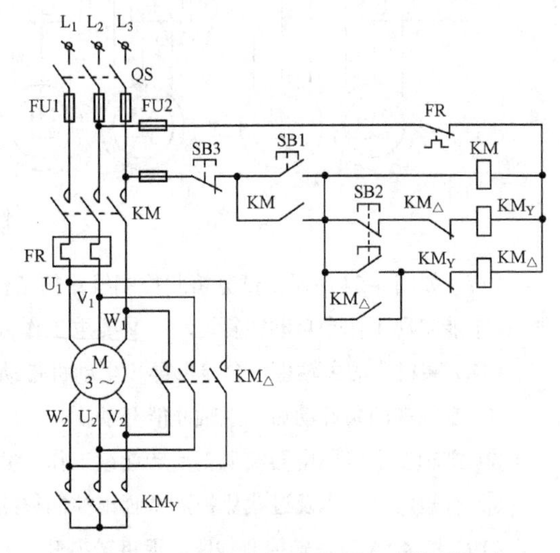

图 4-56　星形—三角形降压启动控制线路

3. 实训要求

（1）电源开关、熔断器、交流接触器、热继电器、时间继电器等画在配电板内部，电动机、按钮画在配电板外部。

（2）安装在配电板上的元件布置，应根据配线合理、操作方便、确保电器间隙不能太小、重的元件放在下部、发热元件放在上部等原则进行，元件所占面积按实际尺寸以统一比例绘制。

（3）安装接线图中各电气元件的图形符号和文字符号应和电气原理图完全一致，并符合图家标准。

（4）各电气元件上凡是需要接线的部件端子都应绘出并予以编号，各接线端子的编号必须与电气原理图中的导线编号相一致。

（5）电气配电板内电气元件之间的连线可以互相对接，配电板内接至板外的连线通过接线端子进行，配电板上有几个接至外电路的引线，端子板上就应有几个线的接点。

（6）因为配电线路连线太多，因而规定走向相同的相邻导线可以绘成一股线。

4. 实训步骤

（1）弄清电气原理图的工作原理。

（2）根据实训条件，选择刀开关、熔断器、热继电器、接触器；并指出热继电器发热元件的电流应如何整定；列出电器元件明细表，弄清各电气元件的结构型式、安装方法及安装尺寸。

（3）绘制电气布置图、电气安装接线图的草图，经过指导教师检查绘制出正规的电气布置图和电气安装接线图。

技能训练7　基本控制线路的接线

1. 实训目的

（1）熟悉常用电气元件的结构、工作原理、型号规格、使用方法及其在控制线路中的作用。

（2）熟悉三相异步电动机常用控制电路的工作原理、接线方法、调试及故障排除的技能。

2. 线路图

本训练项目的线路图就是利用上面的训练项目6中已绘制的电气安装接线图。

3. 主要材料

电气安装接线图中的三相异步电动机、交流接触器、熔断器、热继电器、按钮、刀开关、接线端子板、木制配电板及相关管线等。

4. 实训要求

（1）安装时除电动机外的其他电器必须排列整齐、合理，并牢固安装在配电板上。

（2）控制板采用板前接线，接到电动机和按钮盒的导线必须经过接线端子引出，并应有接零保护。

（3）板面导线敷设必须平直、整齐、合理，各接点必须紧密可靠，并保持板面整洁。

（4）安装完毕后，应仔细检查是否有误，如有误应改正，然后向指导教师提出通电请求，经同意后才能通电试车。

（5）通电试车时，不得对线路进行带电改动。出现故障时必须断电进行检修，检修完毕后必须再次向指导教师提出通电请求，直到试车达到满意为止。

（6）操作启动和停止按钮，认真观察电动机的启动、运行、停车情况。

技能训练 8　简单线路设计

1. 实训目的

训练控制电路设计能力。

2. 实训要求

（1）设计线路（电气原理图）；

（2）画出电气安装接线图；

（3）选出设备。

3. 实训内容

（1）试采用时间原则，设计出笼形异步电动机定子串电阻的启动控制线路，并实现两地控制。

（2）某绕线转子异步电动机启动时转子串接两段电阻，试采用电流原则设计线路。

（3）有一台两级皮带传输机，分别由 M1、M2 两台电动机拖动，其动作顺序如下：启动时按 M1→M2 的顺序，停止时按 M2→M1 的顺序，且可在两地显示，试设计满足要求的线路。

（4）有一台双速笼形异步电动机，设计要求是：分别采用两个按钮操作电动机的高速启动和低速启动；用一个总停按钮操作电动机的停止；启动高速时，应先接成低速经延时后再换接到高速；应有短路和过载保护，试设计线路。

学习情境5 建筑给水排水系统的电气设备运行控制与安装

教学导航

学习任务	任务5-1　建筑电气控制线路的识图方法与步骤 任务5-2　建筑给水排水系统的认知 任务5-3　生活给排水水位自动控制与安装 任务5-4　生活给水压力自动控制与安装 任务5-5　变频调速恒压供水的生活水泵控制与安装 任务5-6　排水泵的控制　　任务5-7　给排水设备的安装 任务5-8　居住小区的给水排水控制及故障诊断	参考学时	8
能力目标	1．认识水位信号控制器及相关设备；　2．学会给排水线路的工作原理； 3．具有选择水位控制方案的能力；　4．具有给排水设备的安装和使用能力		
教学资源与载体	工程图纸、规范、条例、书中相关内容、手册、多媒体网络平台；教材、PPT和视频等；一体化控制实训室；课业单、工作计划单、评价表		
教学方法与策略	项目教学法，角色扮演法，引导文法		
教学过程设计	下达任务→给出给排水标准图集→宏观识读→带着问题投入学习→进行安装训练→学习引导→检查评价		
考核与评价	识图能力；设备安装情况；语言表达能力；工作态度；任务完成情况与效果		
评价方式	自我评价（10%），小组评价（30%），教师评价（60%）		

人类的生存离不开水，每一座建筑也离不开水。给水排水工程的任务就是解决水的开采、加工、输送、回收等问题，满足生活生产中对水的需求。

水都是从高处往低处流的，但对于楼宇建筑来说，则需要把水输送到中高层中去，这就需要对水进行加压控制。当今自动控制及远程控制技术已经应用于各个领域，在给水排水系统中也不例外，它能够提高科学管理水平，减轻劳动强度，保证给排水系统正常运行和节约能源。在给水排水工程中，自动控制的内容主要是水位控制和压力控制，而远程控制的内容主要是调度中心对远处设置的一级泵房（如井群）和加压泵房的控制。

本学习情境主要介绍建筑工程中常用的生活给水及排水系统的电气控制。介绍给排水系统的形成、发展、任务与组成；系统控制的分类、构造、原理及设备的选择、安装；系统常用的元器件；采用不同水位开关控制的给水水泵、压力自动控制的生活水泵、变频调速恒压供水的生活水泵及智能居住小区的给水排水控制系统识图的基本方法；建筑给排水设备电气控制设备的选择与电气线路的操作安装、调试和维护方法。

了解给排水系统的基本组成，认识水位控制信号器，并对采用不同水位控制信号器的控制方案的组成、原理进行分析，再进行设备安装程序、调试步骤、操作运行训练，最后进行故障排除方面的学习。

任务 5-1　建筑电气控制电路的识图方法与步骤

对于建筑电气控制系统来说，主要是识读电气控制原理图，它主要包括主电路、控制电路和辅助电路等几部分。

1．识图方法

（1）必须了解设备的主要结构、运动形式、电力拖动形式、电动机和电器元件的分布状况及控制要求等内容。

（2）采用“化整为零”看电路、“集零为整”看整体的方式进行。

2．识图步骤

1）环节分析

（1）识读主电路：对电动机的台数、转向、启动、控制、调速和制动方式等涉及的元器件找准位置，根据执行电器的控制要求去分析它们的控制内容。

（2）识读控制电路：根据主电路中各电动机和电磁阀等执行电器的控制要求，逐一找出控制电路中的控制环节，利用前面学过的电气控制的基本规律和知识，按功能不同划分成若干个局部控制线路来进行分析。

分析控制电路的基本方法是查线读图法，其步骤如下：

① 从执行电器（电动机等）着手，从主电路上看有哪些控制元件的触点，根据其组合规律看控制方式。

② 在控制电路中由主电路控制元件的主触点的文字符号，找到有关的控制环节及环节间的联系。

③ 从按动启动按钮开始，查对线路，观察元件的触点符号是如何控制其他控制元件动

作的，再查看这些被带动的控制元件的触点是如何控制执行电器或其他元件动作的，并随时注意控制元件的触点使执行电器有何运动或动作，进而驱动被控机械有何运动。

在分析过程中，要一边分析、一边记录，最终得出执行电器及被控机械的运动规律。

（3）识读辅助电路：辅助电路包括电源显示、工作状态显示、照明和故障报警、连锁与保护环节等部分，它们大多由控制电路中的元件来控制的，所以在分析时还要回过头来对照控制电路进行分析。

2）系统的综合

经过“化整为零”，逐步分析了每一个局部电路的工作原理以及各部分之间的控制关系之后，还必须用“集零为整”的方法，检查整个控制线路，看是否有遗漏。特别要从整体角度去进一步检查和理解各控制环节之间的联系，理解电路中每个元件所起的作用，进行系统的综合。

任务5-2　建筑给水排水系统的认知

1. 建筑给水系统的任务与组成

1）给水系统的任务

不间断地向用户输送在水质、水量和水压三方面符合使用要求的水便是给水系统的任务。

2）建筑给水系统的分类、组成及给水方式

（1）室内给水系统的分类：室内给水系统分为生活给水系统、生产给水系统、消防给水系统。

（2）室内给水系统的组成：建筑内部给水与小区给水系统以建筑内的给水引入管上的阀门井或水表井为界。典型的建筑内部给水系统由水源、管网、水表节点、给水附件、升压和储水设备、室内消防设备、给水局部处理设备等组成，如图5-1所示。

（3）给水方式：给水方式是指建筑物内给水系统的供水方案。给水方式有直接给水方式、设水泵的给水方式、设水箱的给水方式、设水泵和水箱的给水方式、分区给水方式、分质给水方式、气压给水方式。

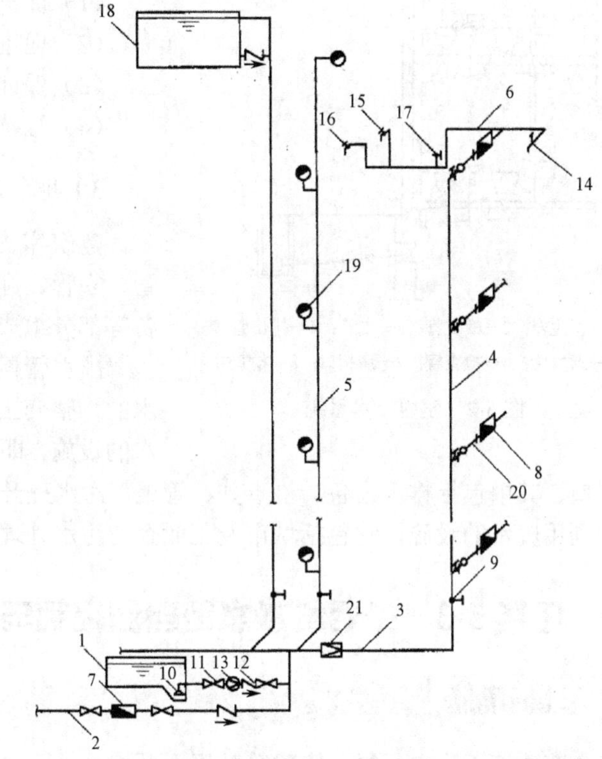

1—水池；2—引水管；3—水平干管；4—给水立管；5—消防给水竖管；6—给水横直管；7—水表节点；8—分户水表；9—截止阀；10—喇叭口；11—闸阀；12—单向阀；13—水泵；14—水龙头；15—盥洗龙头；16—冷水龙头；17—角形截止阀；18—高位水箱；19—消火栓；20—可曲挠橡胶龙头；21—减压阀

图5-1　建筑给水系统

2. 排水系统的任务与组成

1）排水系统的分类

按所排除的污水性质，建筑排水系统可分为以下几种。

（1）生活排水系统：排除人们日常生活中所产生的洗涤污水和粪便污水等。此类污水多含有机物及细菌。

（2）生产污（废）水排水系统：排除生产过程中所产生的污（废）水。因为生产工艺种类繁多，所以生产污水的成分很复杂。对于仅含少量无视杂质而不含有毒物质，或仅是水温升高的生产废水（如一般冷却用水、空调制冷用水等），经简单处理就可循环或重复使用，或排入水体。

（3）屋面雨水排水系统：排除屋面雨水和融化的雪水。

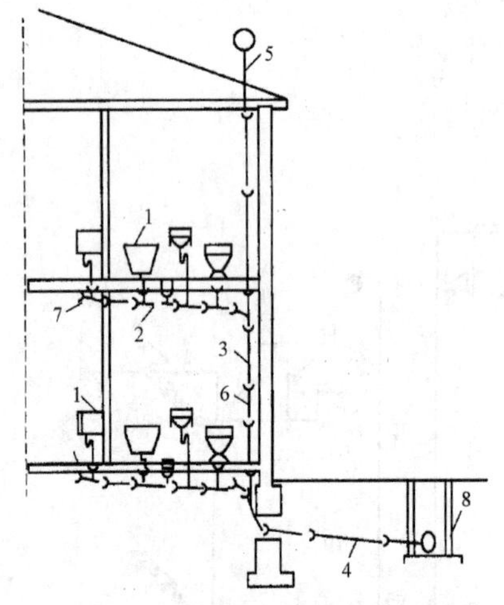

1—卫生器；2—横支管；3—立管；4—排出管；
5—通气管；6—检查管；7—清扫口；8—检查井

图 5-2 室内排水系统

2）排水系统的任务

建筑排水系统的任务是排除居住建筑、公共建筑和生产建筑内的污水。其基本任务如下。

（1）保护环境免受污染；

（2）促进工农业生产的发展；

（3）保证人体健康；

（4）维持人类生活和生产活动的正常秩序。

3）排水系统的组成

建筑室内排水系统一般由卫生器具、排水横支管、立管、排出管、通气管、清通设备及某些特殊设备等部分组成，如图 5-2 所示。

排水管网系统和污水处理系统组成收集各种污水的一整套工程设施。排水管网系统是收集和输送废水的设施，即把废水从产生地输送到污水处理厂或出水口，其中包括排水设备、检查井、管渠、污水提升泵站等工程设施。污水处理系统是处理和利用废水的设施，它包括城市及工业企业污水处理厂/站中的各种处理构筑物工程设施。

任务 5-3 生活给水水位自动控制与安装

任务描述

在建筑工程中，每一座建筑都离不开用水。建筑给水排水系统担负着保证建筑内部及小区的供水水量、水压及污水排放的任务。城市给水管网提供的水压一般不能满足楼层较高建筑的水压要求，这就需要对给水管网中的水设置加压供水系统及排水系统，以达到用水及排水的要求。采用水位开关对水泵电动机控制，以达到加压，从而确保中高层用户用水或排水的目的。

任务分析

认识水位控制器件，从观察器件着手，了解器件的构造、原理、作用及特点，包括电接点等知识。

在认识、了解器件的基础上，研究采用这些器件构成的不同控制系统的原理、安装及调试。

一般按照器件认知→系统分析→安装、操作与调试的工作过程进行。

方法与步骤

◆教师活动：给出工程图（最好采用国家标准图集中的安装图及系统图）→根据图纸下达学习任务→进行学习引导。

◆学生活动：读图→在教师引导下学习水位开关的知识及应用。

水位开关又可称液位开关或液位信号器。它是随液面变化而实现控制作用的开关，即随液体液面的变化而改变其触点接通或断开状态的开关。按其结构区分，水位开关有磁性开关（又称干式舌簧管）、水银开关和电极式开关等几种。

水位开关常与各种有触点或无触点的电气元件组成各种位式电气控制箱。按采用的元件区别，国产的位式电气控制箱一般有继电接触型、晶体管型和集成电路型等。

继电接触型控制箱主要采用机电型继电器为主的有触点开关电路，其特点是速度慢，体积大，一般采用 380 V 或以下的低压电源。晶体管型除了出口的采用小型的机电型继电器外，信号的处理采用半导体二极管、三极管或晶闸管。与继电接触型相比它具有速度快、体积小的特点。集成电路型则速度更快，且体积更小。

5.3.1　浮球磁性开关

浮球磁性开关有 FQS 和 UQX 等系列。这里仅以 FQS 系列浮球磁性开关为例说明其构造及工作原理。

（1）构造：FQS 系列浮球磁性开关主要由工程塑料浮球、外接导线及密封在浮球内的装置（包括干式舌簧管、磁环和动锤）等组成。图 5-3 为其外形及结构图。

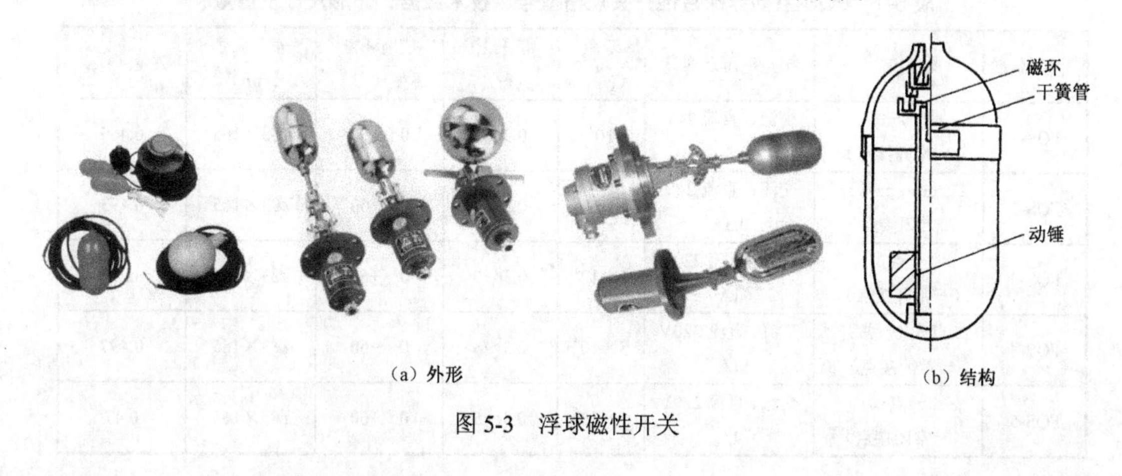

（a）外形　　（b）结构

图 5-3　浮球磁性开关

（2）原理：由于磁环轴向已充磁，其安装位置偏离舌簧管中心，又因磁环厚度小于干式舌簧管一根簧片的长度，所以磁环产生的磁场几乎全部从单根簧片上通过，磁力线被短路，两簧片之间无吸力，干簧管接点处于断开状态。当动锤靠紧磁环时，可视为磁环厚度增加，此时两簧片被磁化，产生相反的极性而相互吸合，干簧管接点处于闭合状态。

当液位在下限时，浮球正置，动锤依靠自重位于浮球下部，干簧管接点处于断开状态。在液位上升过程中，浮球由于动锤在下部，重心在下，基本保持正置状态不变。

当液位接近上限时，由于浮球被支持点和导线拉住，便逐渐倾斜。当浮球刚超过水平测量位置时，位于浮球内的动锤靠自重向下滑动使浮球的重心在上部，迅速翻转而倒置，同时干簧管接点吸合，浮球状态保持不变。

当液位渐渐下降到接近下限时，由于浮球本身由支点拖住，浮球开始向正方向倾斜。当越过水平测量位置时，浮球的动锤又迅速下滑使浮球翻转成正置，同时干簧管接点断开。调节支点的位置和导线的长度就可以调节液位的控制范围。同样采用多个浮球开关分别设置在不同的液位上，各自给出液位信号，可以对液位进行控制和监视。

（3）安装：其安装示意图如图 5-4 所示。

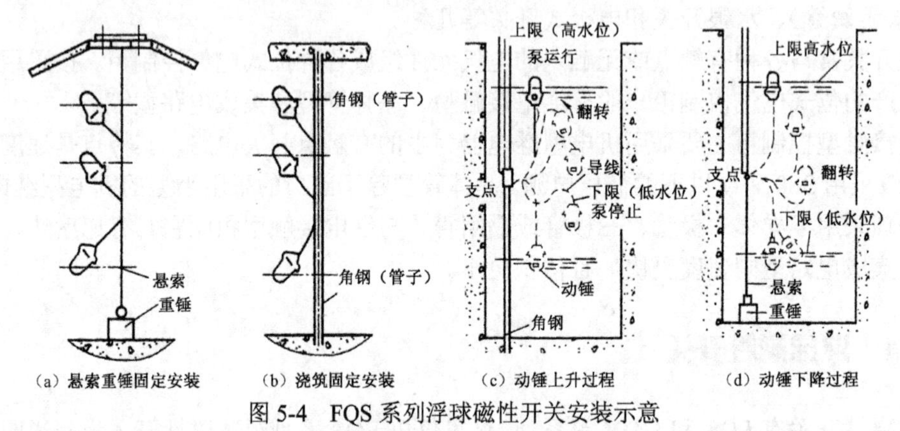

图 5-4　FQS 系列浮球磁性开关安装示意

（4）特点：FQS 系列浮球磁性开关具有动作范围大、调整方便、使用安全、寿命长等优点。

（5）技术数据：其主要技术数据见表 5-1。

表 5-1　FQS 系列浮球磁性开关规格型号、技术数据、外形尺寸及重量

型号	输出信号	接点电压及容量	寿命（次）	调节范围（m）	使用环境温度（℃）	外形尺寸（mm）	重量（kg）
FQS-1	一点式（一常开接点）	交流、直流 24V 0.3A	10^7	0.3～5	0～+60	ϕ83×165	0.465
FQS-2	二点式（一常开、一常闭接点）	交流、直流 24V 0.3A	10^7	0.3～5	0～+60	ϕ83×165	0.493
FQS-3	一点式（一常开接点）	交流、直流 220V 1A	5×10^4	0.3～5	0～+60	ϕ83×165	0.47
FQS-4	二点式（一常开、一常闭接点）	交流、直流 220V 1A	5×10^4	0.3～5	0～+60	ϕ83×165	0.497
FQS-5	一点式（一常闭接点）	交流、直流 220V 1A	5×10^4	0.3～5	0～+60	ϕ83×165	0.47

5.3.2 浮子式磁性开关

（1）构造及安装：浮子式磁性开关又称干簧式水位开关，由磁环、浮标、干簧管及干簧接点、上下限位环等构成，其实物如图 5-5 所示。干簧管装于塑料导管中，用两个半圆截面的木棒开孔固定，连接导线沿木棒中间所开槽引上，由导管顶部引出。其中塑料导管必须密封，管顶箱面应加安全罩，导管可用支架固定在水箱扶梯上，磁环装于管外周可随液体升降而浮动的浮标中。干簧管有两个、三个及四个不等，其干簧触点常开和常闭触头数目也不相同。浮子式磁性开关的安装示意如图 5-6 所示。

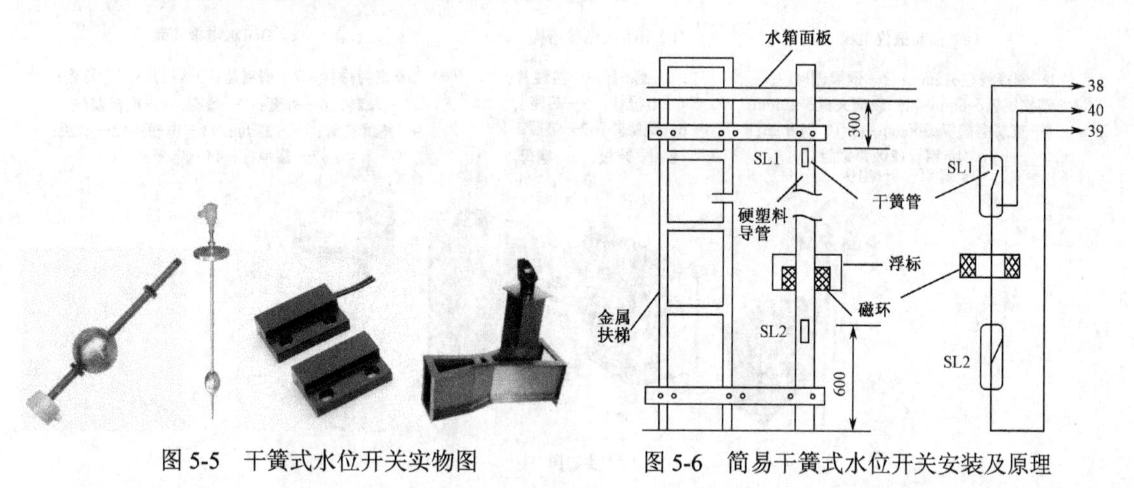

图 5-5 干簧式水位开关实物图

图 5-6 简易干簧式水位开关安装及原理

（2）原理：当水位处于不同高度时，浮标和磁环也随水位的变化而移动，当磁环接近干簧接点时磁环磁场作用于干簧接点而使之动作，从而实现对水位的控制。适当调整限位环的位置即可改变上下限干簧接点之间的距离，以实现对不同水位的自动控制，其应用将在后面详细介绍。

5.3.3 电极式水位开关

（1）构造：电极式水位开关是由两根金属棒组成的，如图 5-7 所示。

（2）原理：用于低水位时，电极必须伸长至给定的水位下限，故电极较长，需要在下部给以固定，以防变位；用于高水位时，电极只需伸到给定的水位上限即可；用于满水时，电极的长度只需低于水箱（池）箱面即可。

电极的工作电压可以采用 36 V 安全电压，也可直接接入 380 V 三相四线制电网的 220 V 控制电路中，即一根电极通过继电器 220 V 线圈接于电源的相线，而另一根电极接于电源的中线。由于一对接点的两根电极处于同一水平高度，水总是同时浸触两根电极，因此，在正常情况下金属容器及其内部的水皆处于零电位。

为保证安全，接中线的电极和水的金属容器必须可靠地接地（接地电阻不大于 10Ω）。

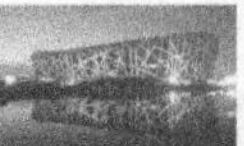

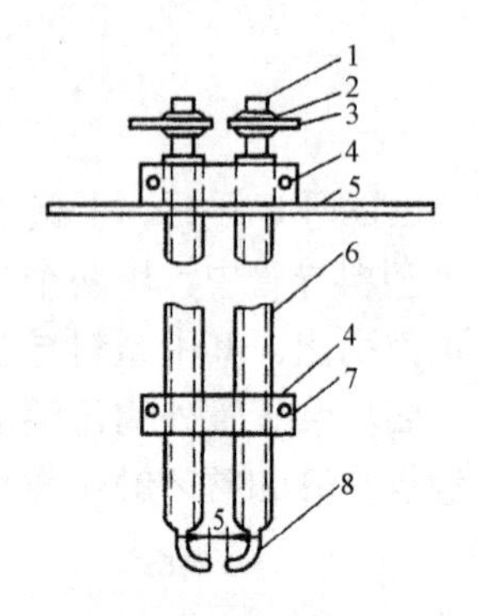

（a）简易液位电极

1—铜接线柱ϕ12mm；2—铜螺帽M12；
3—铜接线板δ=8mm；4—玻璃夹板δ=10mm；
5—玻璃钢搁板ϕ300mm；δ=10～12mm；
6—ϕ3/4in钢管或镀锌钢管；
7—螺钉；8—电极

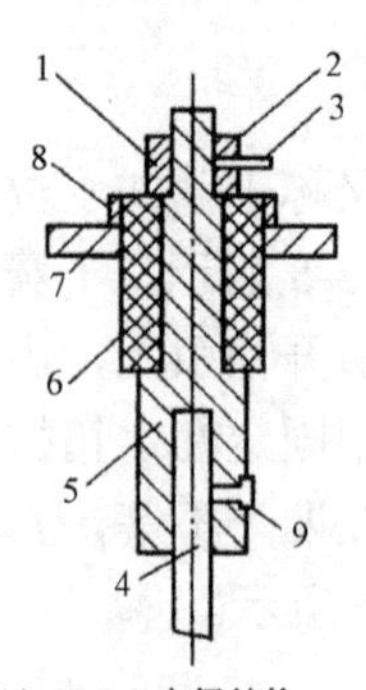

（b）BUDK电极结构

1、2—螺母；3—接线片；
4—电极棒；5—芯座；
6—绝缘垫；7—垫圈；
8—安装板；9—螺母

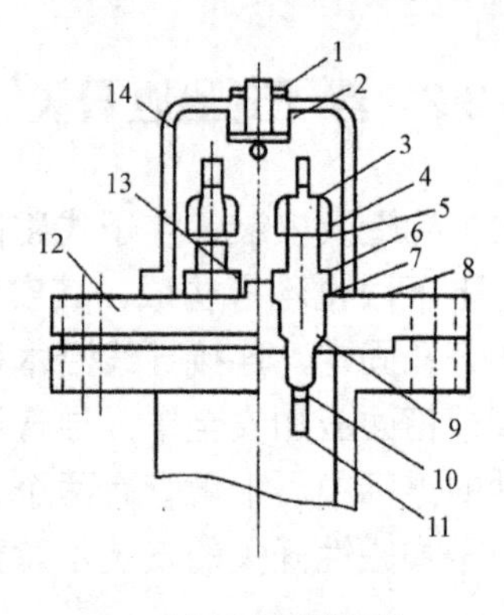

（c）BUDK电极安装

1—密封螺栓；2—密封垫；3—压垫；4—压帽；
5—填料；6—外套；7—垫圈；8—电极盖垫；
9—绝缘套管；10—螺母；11—电极；12—法兰；
13—接地柱；14—电极盖

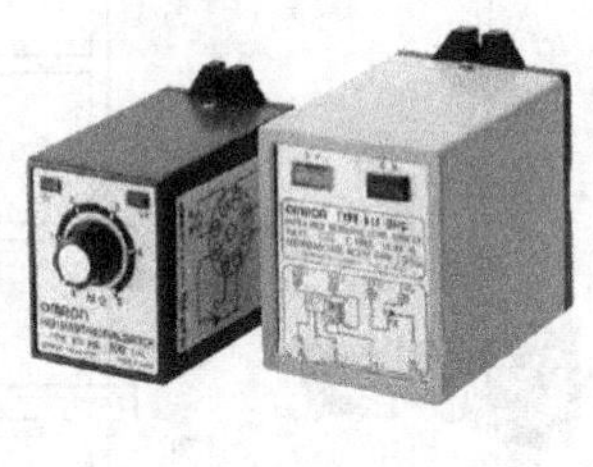

（d）实物图

图 5-7　电极水位开关

（3）特点：制作简单，成本低廉，安装方便，工作可靠。

【案例 5-1】水泵电动机控制（备用水泵手动投入）。

采用干簧式水位开关控制器对水泵电动机进行控制，以保障提供生活给水。水泵电动机控制方式有备用泵不自动投入（手动投入）、备用泵自动投入及降压启动等。下面对备用水泵手动控制进行分析。

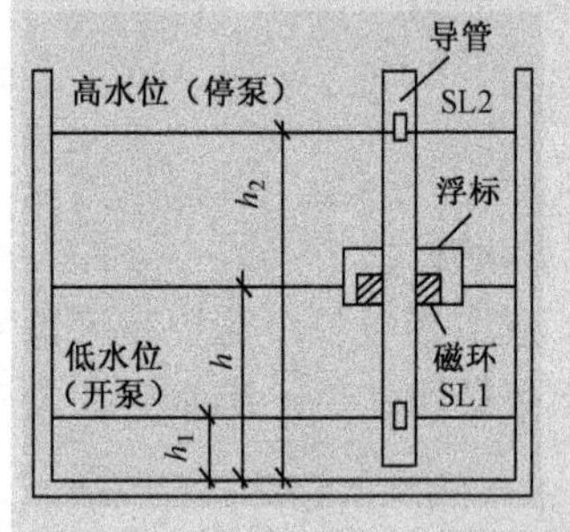

图 5-8　干簧式水位开关

1）线路构成

两台水泵电动机，一台工作，一台备用，水位信号控制器采用干簧式水位开关，考虑控制功能的实现，选用两只转换开关，通过分析设计出干簧式水位开关的安装接线图、水位信号回路、水泵机组的控制回路和主回路如图 5-8、图 5-9 所示，附有转换开关的接线表，如表 5-2 所示。

2）线路工作过程

（1）正常状态：令 2 号水泵为工作泵，1 号水泵为备用泵。

合上电源开关后，绿色信号灯 HL_{GN1}、HL_{GN2}亮，表示电源已接通，将转换开关 SA2 转至“Z”位，其触点 1—2、3—4 接通，同时 SA1 转至“S”位，其触点 5—6、7—8 接通。

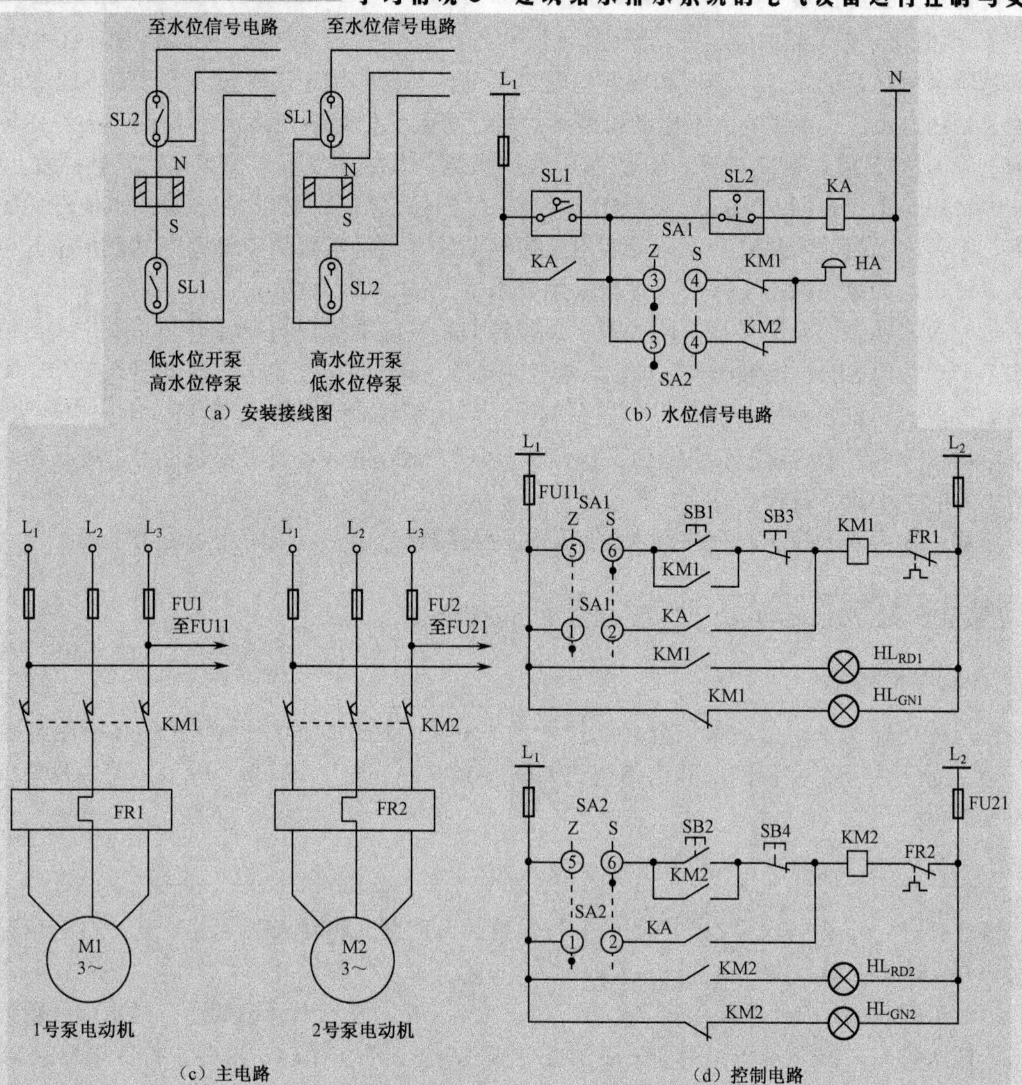

图 5-9　备用泵不自动投入控制

表 5-2　SL1、SL2 接线

触点编号 \ 定位特征		自动 Z45°	手动 50°
1○—‖—○2	1—2	×	
3○—‖—○4	3—4	×	
5○—‖—○6	5—6		×
7○—‖—○8	7—8		×

当水箱水位降到低水位 h_1 时，浮标和磁环也随之降到低水位 h_1，此时磁环磁场作用于下限的干簧管接点 SLl 使其闭合，于是水位继电器 KA 线圈得电并自锁，使接触器 KM2 线圈通电，其触头动作，使 2 号泵电动机 M2 启动运转，水泵开始工作往水箱注水，水箱水位开

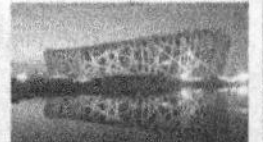

始上升，同时停泵信号灯 HL_{GN2} 灭，开泵红色信号灯 HL_{RD2} 亮，表示 2 号泵电动机 M2 启动运转。

随着水箱水位的上升，浮标和磁环也随之上升，不再作用于下限接点，于是 SL1 复位，但因 KA 已自锁，故不影响水泵电动机继续运转，直到水位上升到高水位 h_2 时，磁环磁场作用于上限的接点 SL2 使之断开，于是 KA 线圈失电，其触头复位，使 KM2 失电释放，M2 脱离电源停止工作，同时 HL_{RD2} 灭，HL_{GN2} 亮，发出停泵信号。如此在干簧式水位开关的控制下，水泵电动机随水位的变化自动间歇地启动或停止。给水泵的工作程序是低水位开泵，高水位停泵，如果水泵用于排水，则应采用高水位开泵、低水位停泵。

（2）故障状态：当 2 号泵出现故障时，警铃 HA 发出事故音响开始报警，工作人员得知后按下启动按钮 SB1，接触器 KM1 线圈通电并自锁，1 号泵电动机 M1 启动投入工作，同时绿色 HL_{GN1} 灭，红色 HL_{RD1} 亮，发出启泵信号。当水箱注满后按下 SB3，KM1 失电释放，1 号泵电动机 M1 停止运转，水泵停止工作，HL_{RD1} 灭，HL_{GN1} 亮，发出停泵信号。这就是故障下备用泵的手动投入过程。

注意：因为人工控制，应注意水上到位时应及时发停止令，以防止水溢出水箱。

【案例 5-2】水泵电动机控制（备用水泵自动投入）。

1）线路构成

在上述电路的基础上，备用泵自动投入的完成主要增加时间继电器 KT 和备用继电器 KA2 及转换开关 SA 实现的，其电路构成如图 5-10（a）、图 5-10（b）所示，转换开关接线如表 5-3 所示。

2）线路工作过程

操作条件：令 2 号水泵为工作泵，1 号水泵为备用泵（将转换开关 SA 至“Z1”位置，其触点 7—8、9—10、13—14、15—16、17—18 闭合）。

（1）正常状态：合上总电源开关，HL_{GN1}、HL_{GN2} 亮，表示电源已接通。当水池（箱）水位低于低水位时，磁环磁场作用于下限的接点 SL1，使其动作闭合，这时水位继电器 KA1 线圈通电并自锁，接触器 KM2 线圈通电，信号灯 HL_{GN2} 灭，HL_{RD2} 亮，表示 2 号水泵电动机已启动运行，水池（箱）水位开始上升，当水位升至高水位 h_2 时，磁环磁场作用于 SL2 使之动作断开，于是 KA1 线圈失电，KM2 线圈失电释放，2 号水泵电动机停止，HL_{RD2} 灭，HL_{GN2} 亮，表示 2 号水泵电动机 M2 已停止运转。如此随水位的变化，电动机在干簧式水位开关控制作用下处于自动的间歇运转状态。

（2）故障状态：当 2 号工作泵出现故障时，如 KM2 机械卡住，其触头不动作，即使水位处于低水位 h_1，SL1 已接通，水泵也不会启动，这时 HA 发出事故音响，同时时间继电器 KT 线圈通电，经 5～10 s 延时后，备用继电器 KA2 线圈通电，同时信号灯 HL 亮。KA2 的触头动作使 KM1 线圈通电，备用水泵 M1 自动投入工作，HL_{RD1} 灭，HL_{GN1} 亮。

（3）手动强投操作：当自动环节出现故障（如 KT 不动作），应将转换开关 SA 调至“S”位置，按下启动按钮即可启动水泵电动机，进行人工手动操作。

（4）特点：无论是正常工作状态还是故障状态，电动机均可自动投入运行。

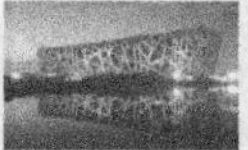

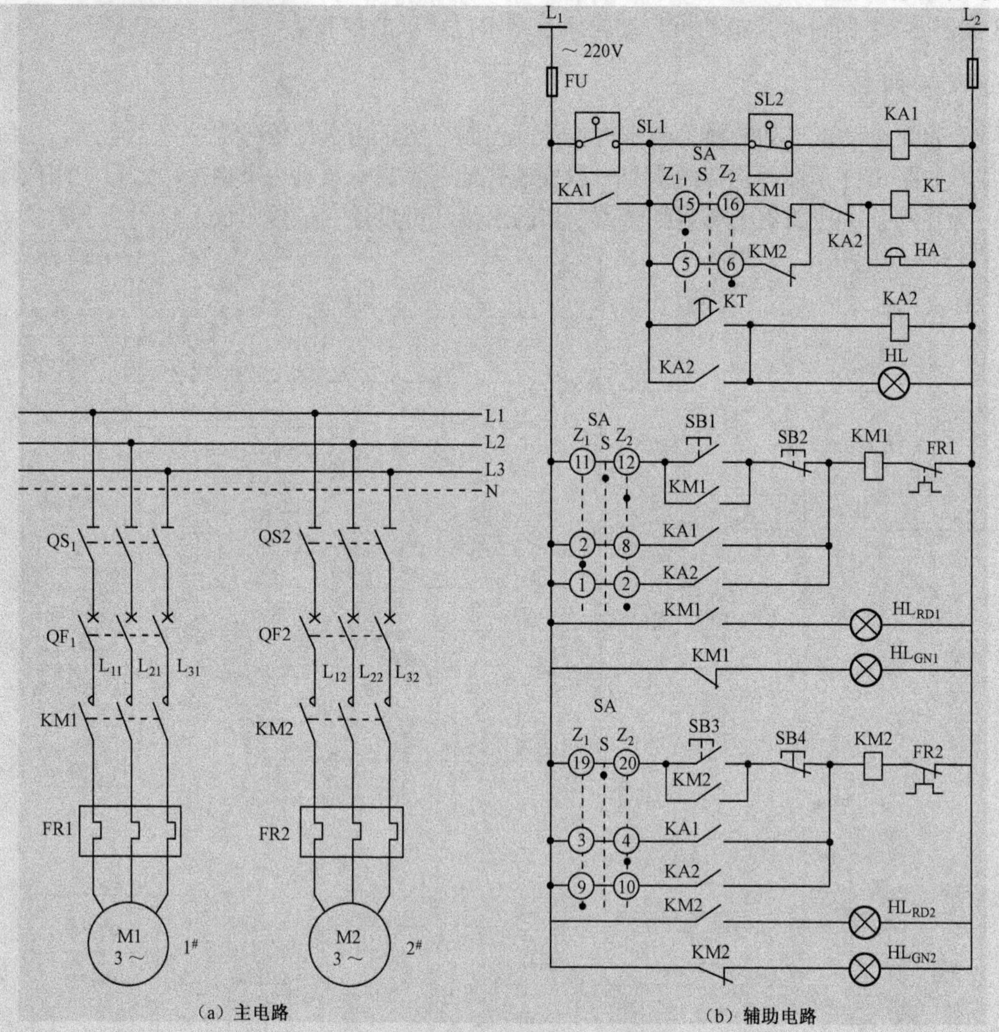

图 5-10　备用泵自动投入控制

表 5-3　SA 接线

触点编号 \ 定位特征		使用 1 号泵，2 号泵备用，$Z_1$45°	手动 50°	使用 2 号泵，1 号泵备用，$Z_2$45°
1 ○─┤├┤├─○ 2	1—2			×
3 ○─┤├┤├─○ 4	3—4			×
5 ○─┤├┤├─○ 6	5—6			×
7 ○─┤├┤├─○ 8	7—8	×		
9 ○─┤├┤├─○ 10	9—10	×		
11 ○─┤├┤├─○ 12	11—12		×	
13 ○─┤├┤├─○ 14	13—14	×		×
15 ○─┤├┤├─○ 16	15—16	×		
17 ○─┤├┤├─○ 18	17—18	×		×
19 ○─┤├┤├─○ 20	19—20		×	

【案例 5-3】两台水泵电动机自动轮换且带水位传示的控制。

1）线路组成

两台水泵电动机自动轮换且带水位传示的控制方案，由水位信号电路、主电路、控制电路组成，如图 5-11 所示。生活给水泵一般安装在地下室的水泵房内，由屋顶水箱的水位控制启停。为在水泵房控制箱上观察到屋顶水箱的水位，可设置水位传示仪，将屋顶水箱的水位

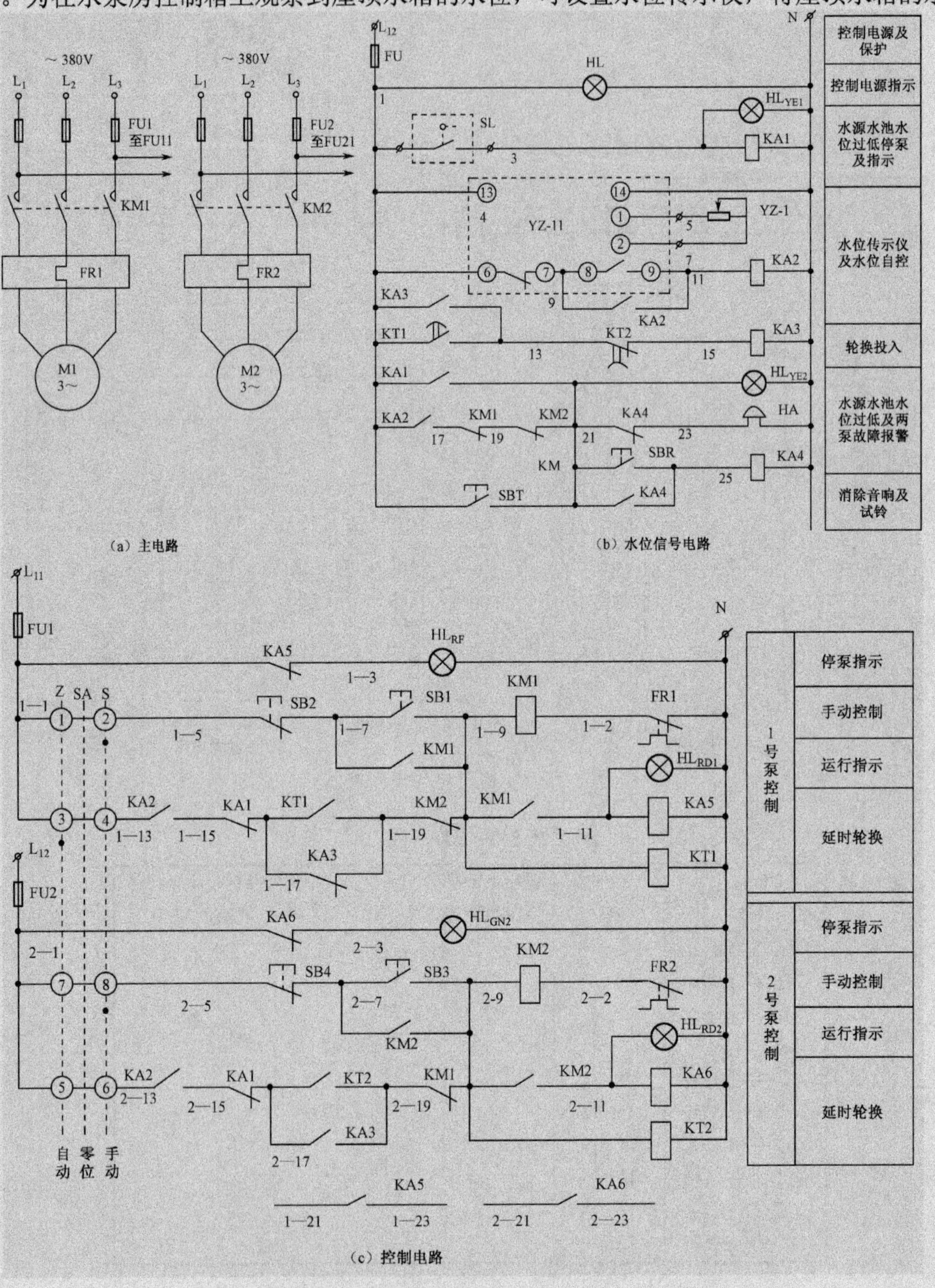

（a）主电路　　（b）水位信号电路

（c）控制电路

图 5-11　两台水泵电动机自动轮换且带水位传示的控制

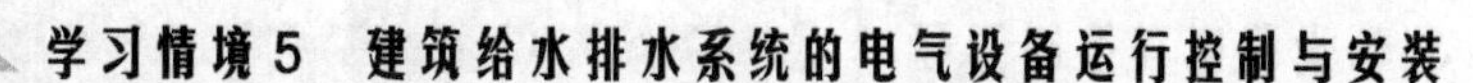

传到水泵控制箱上。其原理是利用安装在屋顶水箱中的浮球带动一个多圈电位器，将水位变化转换成电阻值的变化，用设在水泵房内水泵控制箱上的动圈仪表测量出随水位变化的电阻值，通过动圈仪表的指针刻度，将电阻值转换成水位高度，从而在动圈仪表上便可直接读出屋顶水箱的水位，且可达到上、下限水位控制，低水位启泵，高水位停泵的要求。

2）线路工作过程

分组学习内容：初投入情况→再投入情况→水池水位过低保护→试警情况→案例特点。

由学生组织集中讲解→教师点评。

（1）初投入情况：将转换开关SA调至“自动”位，其触点3—4、5—6闭合，当水箱水位降至低水位时，在水位传示仪YZ-Ⅱ中读出低水位值，且低水位触点8—9闭合，中间继电器KA2线圈通电，因此时水位没有低于消防预留水位，SL不闭合，KAl不通电，于是KM1通电，1号水泵电动机M1启动。同时KT1通电，KT1触头延时闭合，轮换继电器KA3线圈通电，为轮换作准备。当水箱水位到达高水位时，水位传示仪读出高水位值，且高水位触点6—7断开，KA2失电释放，KM1失电，M1停止。

（2）再投入情况：当水位再次到达低水位时，中间继电器KA2线圈通电后，KM2线圈通电，M2先启动。如此自动轮换。

（3）水池水位过低保护：当水池水位过低时，SL1闭合，KA1线圈通电，其触头动作，使接触器线圈失电释放，电动机停止，同时，故障灯HL_{YE2}亮，警铃HA响。按下音响解除按钮SBT，使中间继电器KA4线圈通电，HA音响停止。

（4）试警情况：按下试警按钮SBR，故障灯HL_{YE2}亮，警铃HA响，说明报警部分完好。

（5）案例特点：设备简单，价格低廉，观察水位方便。

【案例5-4】两台水泵降压启动的控制。

当电动机容量较大时需要采取降压启动方式，笼形异步电动机的4种降压启动方式常用于水泵控制中，自耦变压器降压方式应用最多。这里仅以星形—三角形降压启动为例说明。

1）线路组成

两台水泵降压启动的线路由主电路、水位信号电路和控制电路组成，如图5-12～图5-14所示。图中采用了两个转换开关（SA1和SA2），两台水泵可分别选择自己的工作状态，使控制更具灵活性。控制箱面板布置及箱内设备布置如图5-15所示。

2）线路工作过程

操作条件：令2号泵工作，1号泵备用。正常时，将SA2调至“自动”位，其触头9—10、11—12闭合；将SA1调至“备用”位，其触头1—2闭合。

（1）正常情况下的降压启动操作：当水箱水位降至低水位时，SL2闭合，KA1线圈通电，使接触器KM6线圈通电吸合，使时间继电器KT2和接触器KM4同时通电，2号泵电动机M2以星形接法降压启动，延时后（启动需用时间）KT2常闭触点断开，KM6失电释放，KT2常开触点闭合，使接触器KM5线圈通电，于是M2换成三角形接法在全电压下稳定运行。

（2）故障状态下工作过程：当2号泵出现故障时，接触器KM4、KM5、KM6不动作，时间继电器KT3线圈通电，延时后接通KA2的线圈，于是接触器KM3通电吸合，使时间继电器KT1和接触器KM1同时通电，1号泵电动机M1以星形接法降压启动，其过程同上。

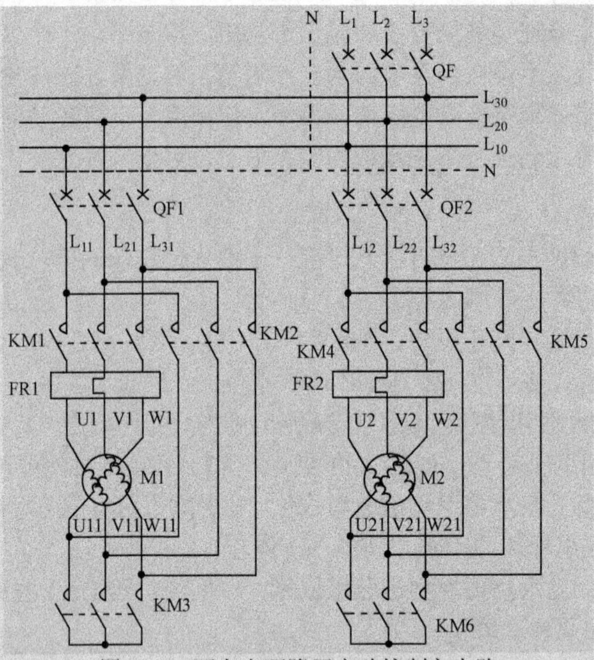

图 5-12　两台水泵降压启动控制主电路

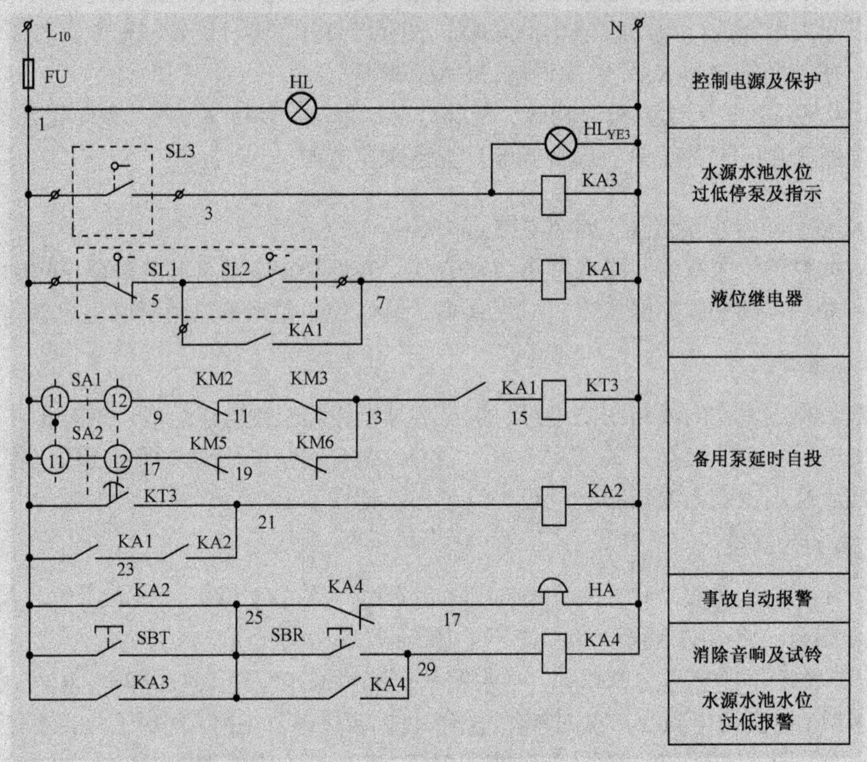

图 5-13　两台水泵降压启动控制水位信号电路

（3）报警状态操作：工作泵因故停泵后，继电器 KA2（经时间继电器 KT3 触点）吸合后，电铃 HA 响，发出故障报警且同时启动备用泵。按下音响解除按钮 SBR，使中间继电器 KA4 线圈通电，HA 音响停止。

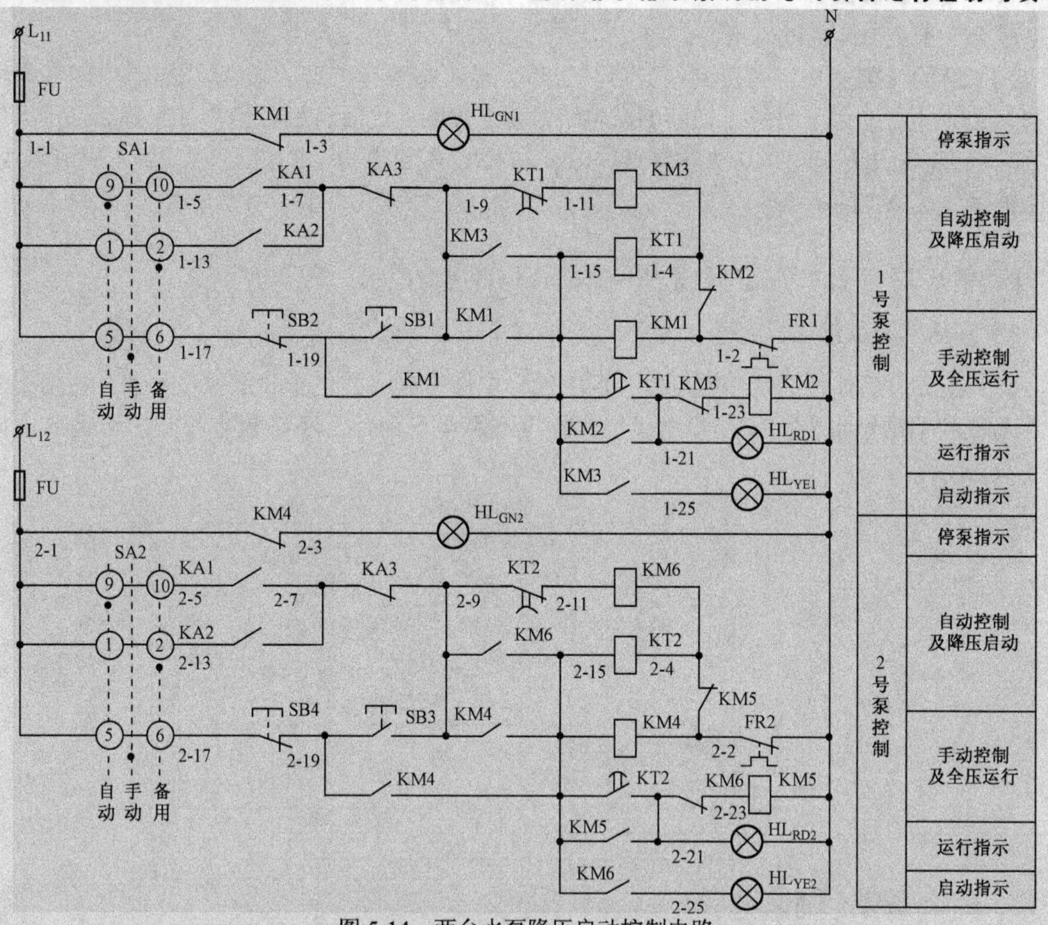

图 5-14　两台水泵降压启动控制电路

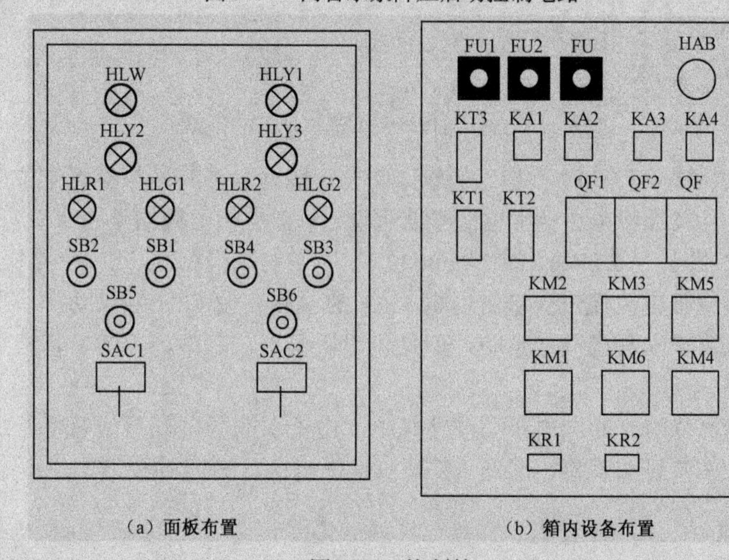

图 5-15　控制箱

（4）试警操作：按下试警按钮 SBT，警铃 HA 响，说明报警部分完好。

（5）水源水池断水保护：当水源水池断水时，水位信号开关 SL3 闭合，使继电器 KA3

通电吸合，于是 HA 也发出报警。

（6）解除音响操作：当接到报警后，工作人员可按下音响解除按钮 SBR，中间继电器 KA4 线圈通电并自锁，另外，切断 HA 电路，使之停响。此时可进行检修，修好后，待水位达到高水位，SL1 断开，KAl 失电释放，KT3 和 KA2 相继断电，KA3 断电，KA4 失电释放，音响被彻底解除，防止噪声。

【案例 5-5】两台水泵电动机采用晶体管液位继电器控制。

1）晶体管液位继电器认知

（1）组成：晶体管液位继电器是利用水的导电性能制成的电子式水位信号器。它由组件式八角板和不锈钢电极构成，八角板中有继电器和电子器件，不锈钢电极长短可调节，如图 5-16 所示。

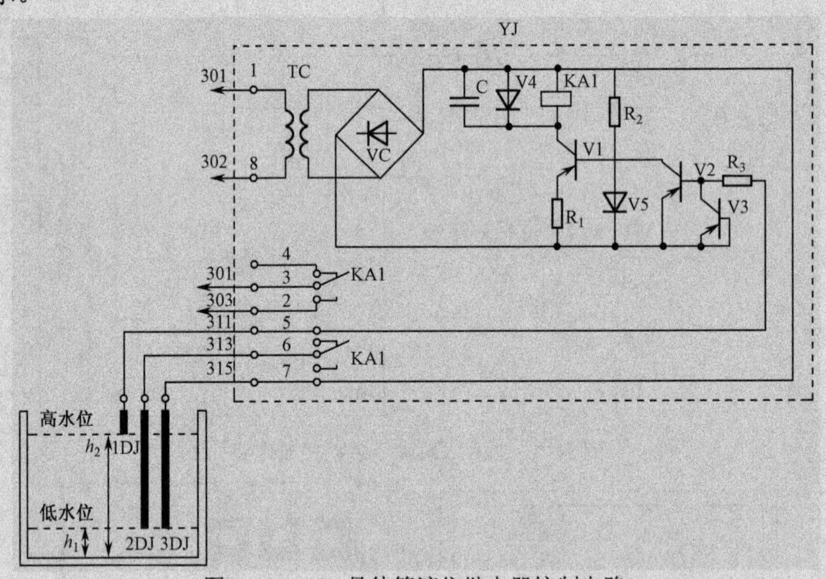

图 5-16　JYB 晶体管液位继电器控制电路

（2）原理：图中共有 3 个 PNP 型三极管，此类三极管是当其基极呈低电位时，三极管导通；呈高电位时，三极管截止。当水位低于低水位时，2 个长电极均不在水中，故三极管 V2 基极呈高电位，V2 截止，V2 的集电极呈低电位，与 V1 的基极相连，使 V1 基极也呈低电位，V1 导通，V1 的集电极电流流过灵敏继电器 KA1 的线圈，使 KAl 触头动作，当水位处于高低水位之间时，虽然长电极已浸在水中，但是短电极仍不在水中，其 V2 基极仍呈高电位，KAl 继续通电。

当水位高于高水位时，3 个电极均浸在水中，由于水的导电性将水箱壁低电位引至短电极上，使 KA1 的 5—7 触头短接，于是 V2 基极呈低电位，V2 导通，V1 截止，KA1 线圈失电，其触头复位。

2）电路组成

采用晶体管液位继电器可以对水泵电动机进行各种控制，即可实现备用泵不自动投入、备用泵自动投入及降压启动的方式。这里仅以备用泵不自动投入方式说明晶体管液位继电器

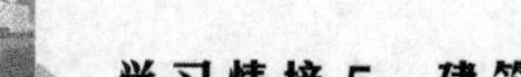

的应用。其水位信号回路用晶体管液位继电器相关触点构成，如图 5-17 所示，主电路及控制电路如图 5-9（c）、图 5-9（d）所示。

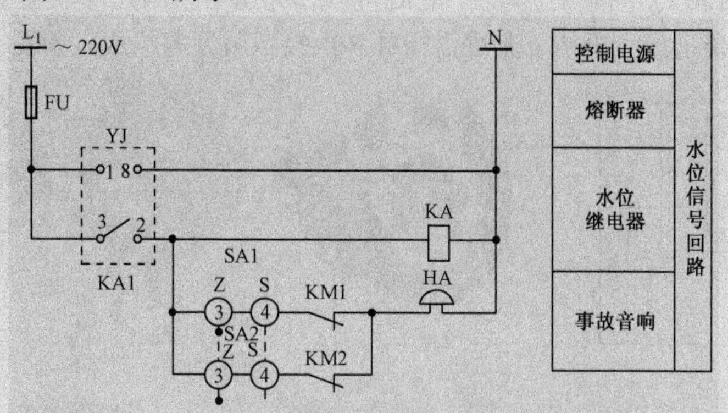

图 5-17　水位信号回路

3）线路工作过程

操作条件：令 2 号泵为工作泵，1 号泵为备用泵（将 SA2 调至“Z”位，SA1 调至“S”位）。

合上总闸，HL_{GN1}、HL_{GN2} 均亮，表示电源已接通，且两台电动机均处于停止状态。

当水箱水位低于低水位 h_1 时，V2 截止，V1 导通，KA1 线圈通电，KA1 的 2—3 触点动作闭合，使水位继电器 KA 线圈通电，接触器 KM2 线圈通电，M2 水泵电动机启动运转，水箱内水位开始上升，同时 HL_{GN2} 灭，HL_{RD2} 亮，表示 2 号泵电动机已投入运行。

当水箱水位达到高水位 h_2 时，V2 导通，V1 截止，KA1 线圈失电释放，使水位继电器 KA 失电，其触头复位，使 KM2 线圈失电，2 号泵电动机 M2 停止运转，HL_{RD2} 灭，HL_{GN2} 亮。

注意：如此随水位变化水泵电动机处于循环间歇运转状态，启动和停止的时间间隔长短由上下限水位的距离决定，如果距离太短，启动停止变换频繁，对水泵电动机容易造成损害，为此应适当调整上下限水位的距离，即适当确定长短电极的长度，以确保供水的可靠和安全。故障状态请读者自行分析。

任务 5-4　生活给水压力自动控制与安装

任务描述

采用电接点压力表或气压罐对水泵电动机控制，根据系统中压力的变化情况进行控制，以达到加压，从而确保中高层用户给水或排水的目的。压力的范围是设计时着重考虑的，必须保证在设定的范围内工作，以确保安全，因此需增设安全设施，以防超高压爆裂。

任务分析

认识压力控制器件，从观察器件着手，了解器件的构造、原理、作用及特点，包括电接点等知识。

在认识、了解器件的基础上，研究采用这些器件构成的不同控制系统的原理、安装及调试。

一般按照器件认知→系统分析→安装、操作与调试的工作过程进行。

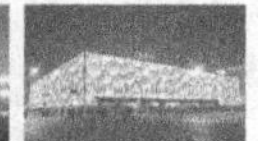

1）电接点压力表的构造

常用的是 YX-150 型电接点压力表，它既可以作为压力控制元件，也可以进行就地检测。其结构由弹簧管、传动放大机构、刻度盘指针和电接点装置等组成，如图 5-18 所示。

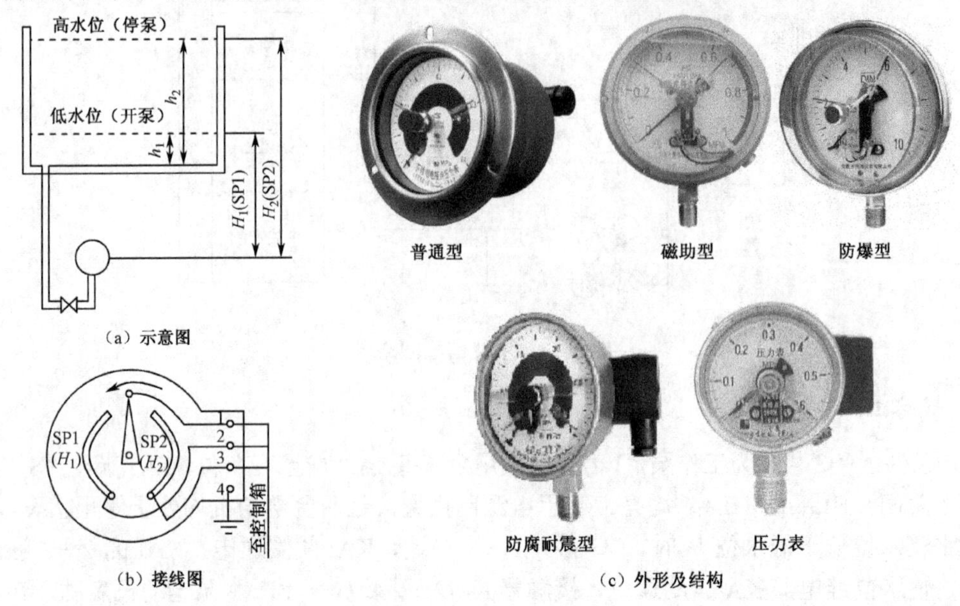

图 5-18　电接点压力表

2）电接点压力表工作原理

当被测介质的压力传导至弹簧管时，弹簧产生位移，经传动机构放大后，使指针绕固定轴发生转动，转动的角度与弹簧中气体的压力成正比，并在刻度盘上指示出来，同时带动电接点动作。如图 5-18（a）所示当水位为低水位 h_1 时，表的压力为设定的最低压力值，指针指向 SP1，下限电接点 SP1 闭合，当水位升高到 h_2 时，压力达最高压力值，指针指向 SP2，上限电接点 SP2 闭合。

【案例 5-6】两台水泵电动机采用电接点压力表控制。

1）电路组成

将电接点压力表的上、下限电接点接到水位信号电路中，控制电路和主电路参照前面图形，就形成了两台水泵电动机采用电接点压力表构成的控制方案，如图 5-19 所示。

2）电路工作过程

操作条件：令 2 号泵为工作泵，1 号泵为备用泵（将 SA2 调至“Z”位，SA1 调至“S”位）。

（1）正常状态操作过程：合总闸，HL_{GN1}、HL_{GN2} 均亮，表示两台电动机均处于停止状态且电源已接通。当水箱水位处于低水位 h_1 时，表的压力为设定的最低压力值，下限的电接点 SP1 闭合，低水位继电器 KA1 线圈通电并自锁，接触器 KM2 线圈通电，电动机 M2 启动运转，开始注水，水箱水位开始上升，压力随之增大，当水箱水位升至高水位 h_2 时，压力达到设定的最高压力值，上限的电接点 SP2 闭合，高水位继电器 KA2 通电动作，使 KAl 失电释放，于是 KM2、KA2 线圈相继失电，电动机 M2 停止，并由信号灯显示。

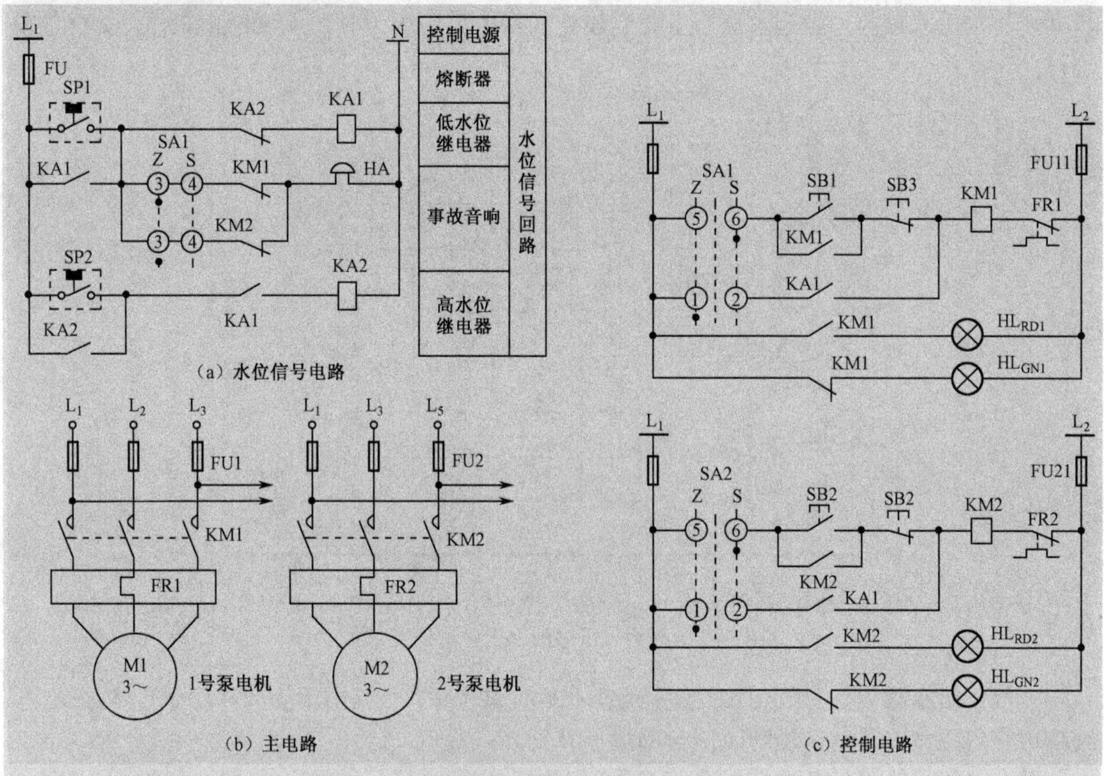

图 5-19　采用电接点压力表构成的控制方案

(2) 故障状态操作过程：当 KM2 出现故障时，其触头不动作，HA 发出事故音响报警。按下 SB1，KM1 线圈通电并自锁，备用泵电动机 M1 启动运转，当水位上升到高水位时，压力表指向 SP2，操作者按下停止按钮 SB3，KM1 线圈失电释放，电动机 M1 停止。必要时，也可构成备用泵自动投入控制的线路。

3) 课后训练项目

海城小区拟建 10 层楼的生活给水控制。选择了 10kW 电动机两台，一台工作，一台备用，要求用电接点压力表控制，备用泵应能自动投入，向社会公开招投标，同学可组建不同公司参加竞标。

【案例 5-7】采用气压罐的水压自动控制。

1) 气压给水设备

气压给水设备是局部升压设备，使用此设备时无须水塔或水箱。采用气压罐的水压自动控制方案系统主要由气压给水设备、气压罐、补气系统、管路阀门系统、顶压系统和电控系统所组成，如图 5-20 所示。

(1) 工作原理：气压给水设备是利用密闭的钢罐，由水泵将水压入罐内，靠罐内被压缩的空气产生的压力将储存的水送入给水管网。但随着水量的减小，水位下降，罐内的空气密度增大，压力逐渐减小。当压力下降到设定的最小工作压力时，水泵便在压力继电器作用下

启动，将水压入罐内。当罐内压力上升到设定的最大工作压力时，水泵停止工作，如此往复工作。

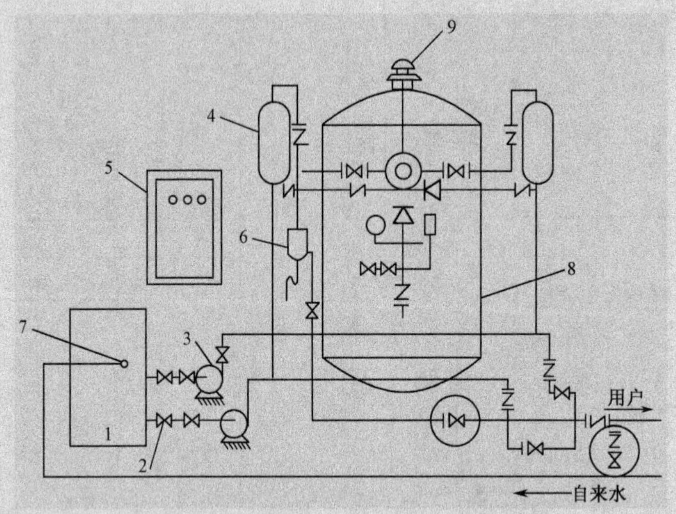

1—水池；2—闸阀；3—水泵；4—补水罐；5—电控箱；6—呼吸阀；7—液位报警器；8—气压罐；9—压力控制器

图 5-20　采用气压罐的水压自动控制方案

在气压给水罐内的空气与水直接接触，在运行过程中，空气由于损失和溶解于水而减少，当罐内空气压力不足时，经呼吸阀自动增压补气。

其实，气压给水设备的控制系统在原理上同水塔（水箱）供水系统是一致的，只是以气压罐中的两个气液界面代替了水塔（水箱）中的两个自由液位。当气压罐中的气液界面低于限定值时，水泵启动加压，使气压罐内压力升高；当压力升高使气液界面达到限定值时，水泵停止工作；此后随着用户不断地用水，气压罐内压力下降，当气液界面降至限定值时，水泵再次启动供水，增大罐内压力，如此循环工作下去，保证向用户供水的压力符合给定值要求。

（2）气压罐的安装：气压给水系统设计的根本问题是气压罐的安装位置。这实际上是控制系统的压力控制点（气压罐内的水位检测装置）的位置选择问题。安装位置不同，会影响到系统的工作特性。以由两台同型号水泵组成的系统为例，将气压罐与水泵同设于水泵房中，当水压超过用户要求时，会造成能量的浪费；当供水压力波动时还影响使用的方便和给水系统配件的寿命。若将气压罐设于靠近用户处，则上述问题会有明显改观。

2）电路组成

采用电接点压力表实现按压力大小控制，用时间继电器、备用继电器实现备用泵自动投入控制，为防止超高压气压罐爆炸采用浮球继电器，于是由水位信号电路、主电路、控制电路组成的控制方案，如图 5-21 所示。

3）电路工作过程

操作条件：令 2 号泵为工作泵，1 号为备用泵（将转换开关 SA 至“Z_2”位）。

（1）正常状态操作过程：当水位低于低水位时，气压罐内压力低于设定的最低压力值，电接点压力表下限的接点 SPl 闭合，低水位继电器 KAl 线圈通电并自锁，使接触器 KM2 线圈通电，2 号泵电动机 M2 启动运转，水位开始上升，气压罐内压力增加，当水位增加到高

水位时，气压罐内压力达到所设定的最大压力值，电接点压力表上限的接点 SP2 闭合，高水位继电器 KA 线圈通电，其触头使 KAl 失电，于是 KM2 断电释放，2 号泵电动机 M2 停止运行。就这样保持气压罐内有足够的压力，以供用户用水。

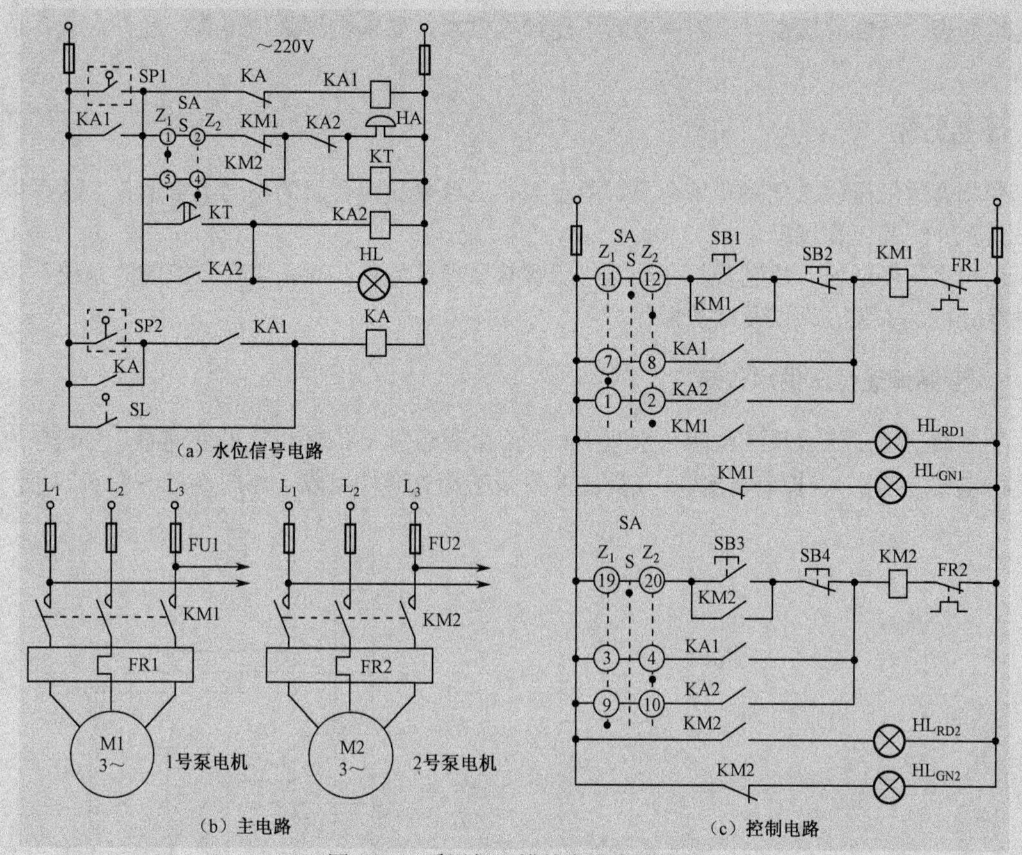

图 5-21　采用气压罐的水压自动控制

（2）高水位保护操作：SL 为浮球继电器触点，当水位高于高水位时，SL 闭合，高水位继电器 KA 线圈通电，其触头使 KAl 失电，于是 KM2 断电释放，2 号水泵停止，防止压力过高使气压罐发生爆炸。

（3）故障状态操作过程：在故障状态下 1 号泵电动机的自动投入过程如前所述，留给读者自行分析。

任务 5-5　变频调速恒压供水的生活水泵控制与安装

任务描述

生活给水设备在一般情况下分为两种形式，即匹配式与非匹配式。非匹配式的特征是：水泵的供水量总保持大于系统的用水量。应用此种形式应设置蓄水设备，如水塔、高位水箱等，当水位达到低水位时启泵上水，达到高水位时停泵。只有当水位在低水位之上时才可向用户供水。如前面介绍的干簧式水位开关、晶体管液位继电器及电接点压力表控制方案均属于此类型。而匹配式供水设备的特征是：水泵的供水量随着用水量的变化而变化，无多余水

量，无须蓄水设备。变频调速恒压供水就属于此类型。通过计算机控制，改变水泵电动机的供电频率，调节水泵的转速，实现自动控制水泵的供水量，以确保在用水量变化时，供水量随之相应变化，从而维持水系统的压力不变，实现了供水量和用水量的相互匹配。它具有节省建筑面积、节能等优点。但因停电后不能继续供水，要求电源必须可靠，另外，设备造价较高。

任务分析

变频调速恒压供水电路有单台泵、两台泵、三台泵和四台泵的不同组合形式，这里以两台泵为例介绍其工作过程。

认识水压变送器、控制器、变频器，了解其原理及特点，对采用变频控制的系统工作过程进行分析、安装、调试及维护操作。

1. 变频调速恒压供水认知

变频调速恒压供水系统由两台水泵（一台为由变频器 VVVF 供电的变速泵，另一台为全电压供电的定速泵）、控制器 KGS 及前述两台泵的相关器件组成，如图 5-22～图 5-24 所示。

图 5-22　变频调速恒压供水实物

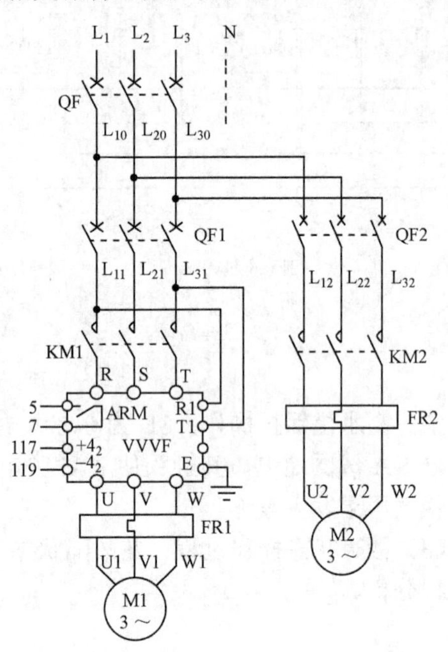

图 5-23　变频调速恒压供水系统主电路

2. 线路工作原理

1）基本控制原理

水压信号经水压变送器送到控制器 KGS，由 KGS 控制变频器 VVVF 的输出频率，从而控制水泵的转速。当系统用水量增大时，水压下降，控制器 KGS 使变频器 VVVF 的输出频率提高，水泵加速运转，以实现需水量与供水量的匹配。当系统用水量减少时，水压上升，控制器 KGS 使变频器 VVVF 的输出频率降低，水泵减速运转。如此根据用水量的大小及水

压的变化，通过控制器 KGS 改变 VVVF 的频率实现对水泵电动机转速的调整，以维持系统水压基本不变。

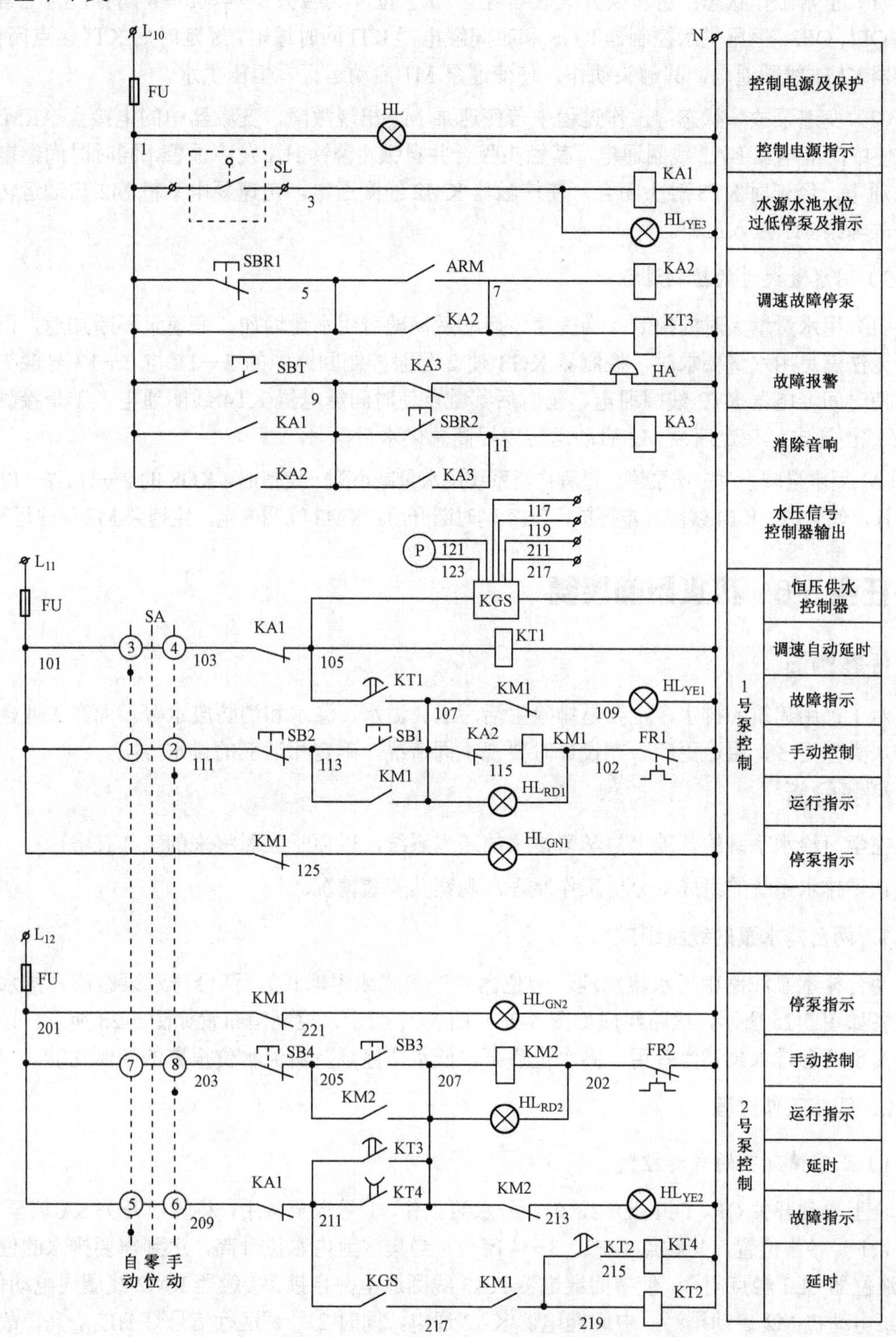

图 5-24　变频调速恒压供水系统控制电路

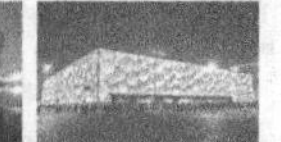

2）用水量较小时的控制过程

（1）正常工作状态：将转换开关SA调至“Z”位，其触头3—4、5—6闭合，合上自动开关QFl、QF2，恒压供水控制器KGS和时间继电器KTl同时通电，经延时后KTl触点闭合，接触器KM1线圈通电，其触头动作，使变速泵M1启动运行，恒压供水。

（2）变速泵故障状态：工作过程中若变速泵M1出现故障，变频器中的电接点ARM闭合，使中间继电器KA2线圈通电，其触头吸合并自锁，警铃HA发声报警，同时时间继电器KT3通电，经延时KT3触头闭合，使接触器KM2线圈通电，定速泵电动机M2启动运转，代替故障泵M1投入工作。

3）用水量大时的控制过程

（1）用水量增大时的控制：当变速泵启动后，随着用水量增加，变速泵不断加速，但如果仍无法满足用水量要求时，控制器KGS使2号泵控制回路中的2—11与2—17号触头接通，使时间继电器KT2线圈通电，延时后其触点使时间继电器KT4线圈通电，于是接触器KM2线圈通电，使定速泵M2启动运转以提高总供水量。

（2）用水量减小时定速泵停止过程：当系统用水量减小到一定值时，KGS的2—11、2—17触点断开，使KT2、KT4线圈失电释放，KT4延时断开后，KM2线圈失电，定速泵M2停止运转。

任务5-6　排水泵的控制

任务描述

对于民用建筑的排水，主要是排除生活污水、溢水、漏水和消防废水等。而在工业建筑中排水类型更多，用途更广。在设计时要视不同情况，确定相适应的排水方案。

任务分析

在学习给水系统的基础上，学习排水的基本系统，以便于应对将来的工作任务。

认识排水系统的组成，分析工作原理，观察其安装情况。

1．两台排水泵的线路组成

两台排水泵线路由污水集水池、液位器（干簧式或浮球式）、两台排水泵组成，排水处理设备如图5-25所示，线路组成如图5-26～图5-27所示，控制箱布置如图5-28所示。该系统可实现两台排水泵互为备用、高水位启泵、低水位停泵及溢流水位报警的控制功能。

2．线路工作过程

1）正常情况下的自动控制

合上自动开关QF、QFl、QF2，令2号水泵工作，1号水泵备用，将转换开关SA调至“2号用，1号备”位置，其触点1—2、3—4闭合，当集水池内水位升高，达到需要排水的位置时，液位器SL2触点闭合，使中间继电器KA3线圈通电并自锁，接触器KM2线圈通电动作，2号泵电动机M2启动排污。中间继电器KA2通电，同时2号泵运行信号灯HL_{RD2}亮，故障信号灯HL_{YE2}和停泵信号灯HL_{GN2}灭。

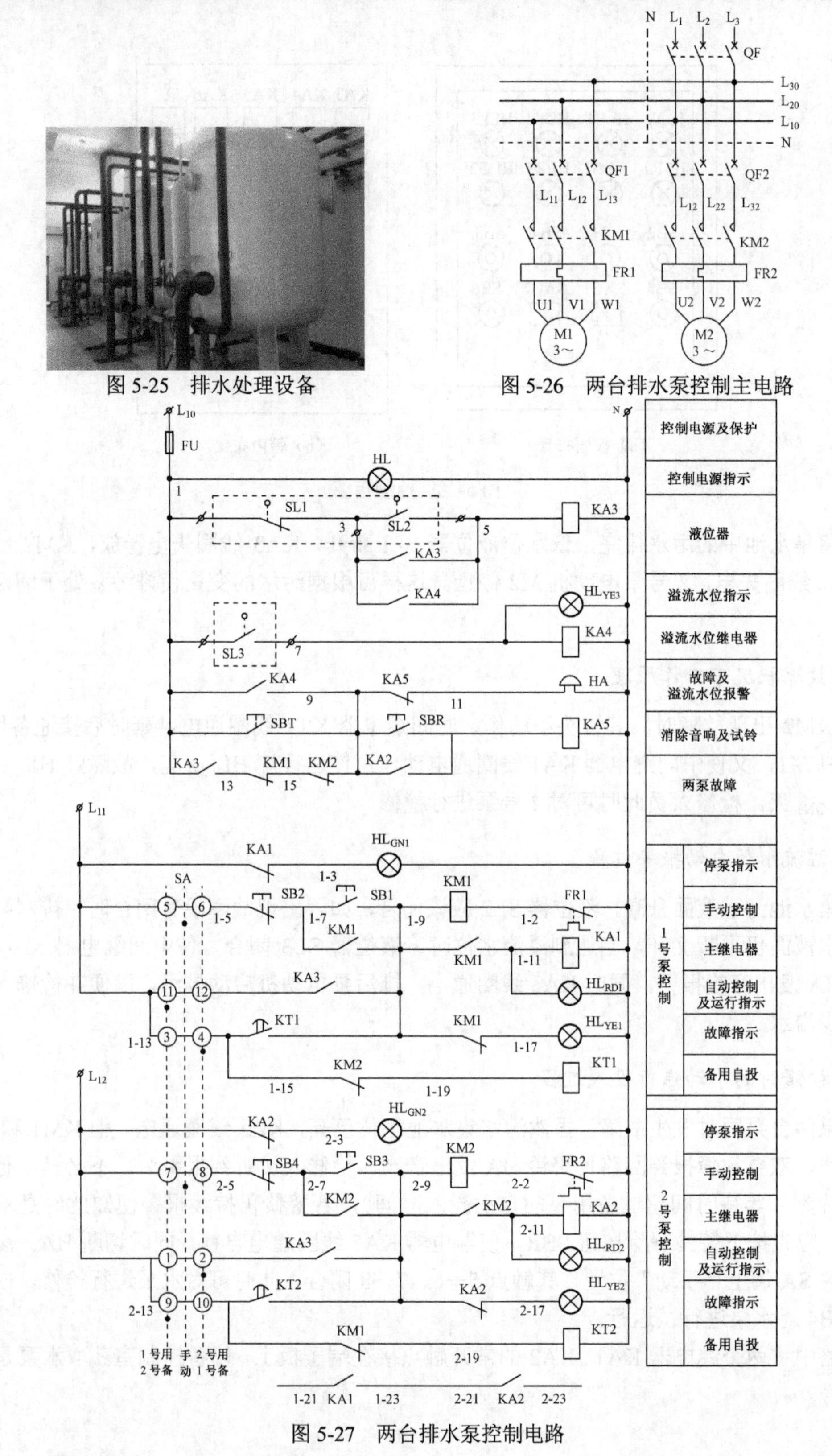

图 5-25　排水处理设备

图 5-26　两台排水泵控制主电路

图 5-27　两台排水泵控制电路

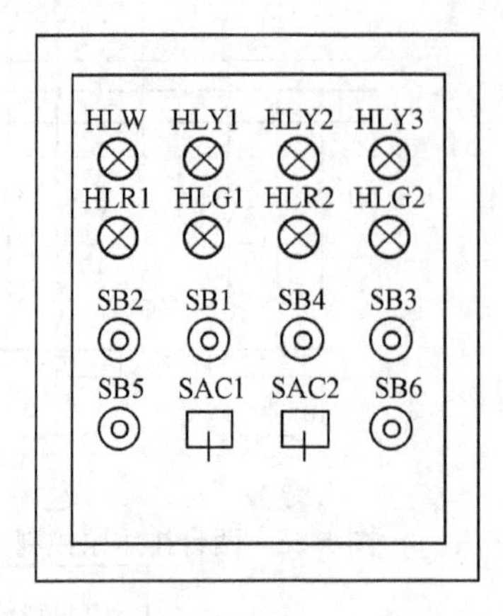

（a）板面布置

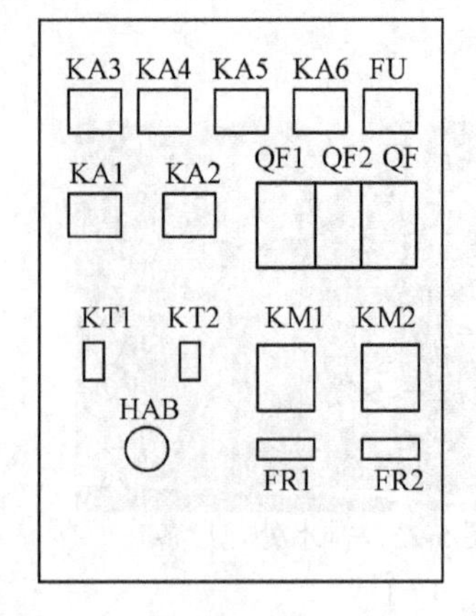

（b）箱内布置

图 5-28 控制箱

当将集水池中的污水排完，低水位液位器 SL1 断开，KA3 线圈失电释放，KM2 线圈失电，KA2 线圈失电，2 号泵电动机 M2 停止。这样可根据污水的变化使排污泵处于间歇工作状态。

2）故障状况下工作原理

当 KM2 出现故障时，其触头不动作，时间继电器 KT1 线圈通电，延时后接通备用泵 1 号电动机 M1，又使中间继电器 KA1 线圈通电动作，使运行灯 HL_{RD1} 亮，故障灯 HL_{YE1} 和停泵灯 HL_{GN1} 灭。检修人员此时可对 2 号泵进行检修。

3）溢流水位自动报警过程

当集水池污水液面升高，液位器 SL2 应该闭合，如因出现故障没有闭合时，排水泵未启动，污水液面仍不断上升，当达到溢流水位时，液位器 SL3 闭合，使中间继电器 KA4 线圈通电，HA 发出音响报警，同时 KA3 线圈通电，排污泵电动机启动排污，以便在检修人员检修前减少溢水。

4）检修时的手动强行投入过程

如果两台泵同时发生故障，虽然污水集水池水位已高，KA3 线圈通电，但 KM1 和 KM2 均不动作，双泵故障报警回路使警铃 HA 发出音响，检修人员听到报警后，不必马上行动，可稍等片刻（等待时间超过备用泵的自动投入时间），若警铃仍持续报警便知此时是双泵出现故障，应先按下警铃解除按钮 SBR，使继电器 KA5 线圈通电自锁，同时切断 HA。然后将转换开关 SA 调至“手动”位置，其触点 5—6、7—8 闭合，此时可对水泵进行检修，或操作 SB1～SB4 对水泵进行试运行。

线路中将两个继电器 KA1、KA2 的常开触点接在端子板上，以备控制室获取水泵是否运行的信号。

任务5-7　给排水设备的安装

1．液位器件安装

1）CF-TD2000超声波液位计的主要技术特点

（1）应用于污水处理、电厂、化工厂、制药厂、酒厂、江河测量、废水液位、罐装液体液位、泥浆等；
（2）直接安装在被测介质的上方；
（3）非接触式测量，环保、安全、方便；
（4）内置温度补偿，测量精度高，运行稳定；
（5）一体化设计，外形美观大方，安装使用方便；
（6）现场数字化显示液位高低，可实现信号远距离传输；
（7）输出4～20 MA工业标准模拟信号，上、下限报警；
（8）配接显示控制仪表，可实现液位（物位）的自动控制；
（9）有掉电保护功能，突然掉电信息不会丢失；
（10）有防止假信号干扰功能。

2）CF-TD2000超声波液位计的主要技术参数

技术参数如表5-4所示，选型表如表5-5所示。

表5-4　CF-TD2000超声波液位计主要技术参数

测量范围	2m、3m、4m、5m、6m、7m、8m、10m、12m、15m、20m
频　率	20～100kHz
分辨率	1.2mm
显　示	4位LED
输出信号	（1）4～20mA；（2）RS232、RS485；（3）上、下限两点报警；触点
容　量	220VAC/50mA
计测对象	液体、固体
防护等级	IP66 本安型设计
计测角度	12～15°
外　壳	标准型为ABS材质；防腐型为聚四氟乙烯
重　量	350g
外形尺寸	200m（高）×86m（宽）×135m（深）

表5-5　CF-TD2000超声波液位计选型表

内容	代码		说明
	CF-TD2000-		
量程选择		2-	0～2m内各量程
		5-	0～5m内各量程
		7-	0～7m内各量程
		10-	0～10m内各量程
		20-	0～20m内各量程

续表

内容	代码	说明
	CF-TD2000-	
测量介质	Y	液体
	W	固体（含块状物）
防腐要求	N	标准产品
	F	防腐型（聚四氟乙烯）
输出信号	I	4～20mA
	H	RS232、RS485
	L	上、下限（220V/AC/50mA）

3）超声波液位产品安装及注意事项

直接安装在被测介质的上方，如图 5-29 所示。

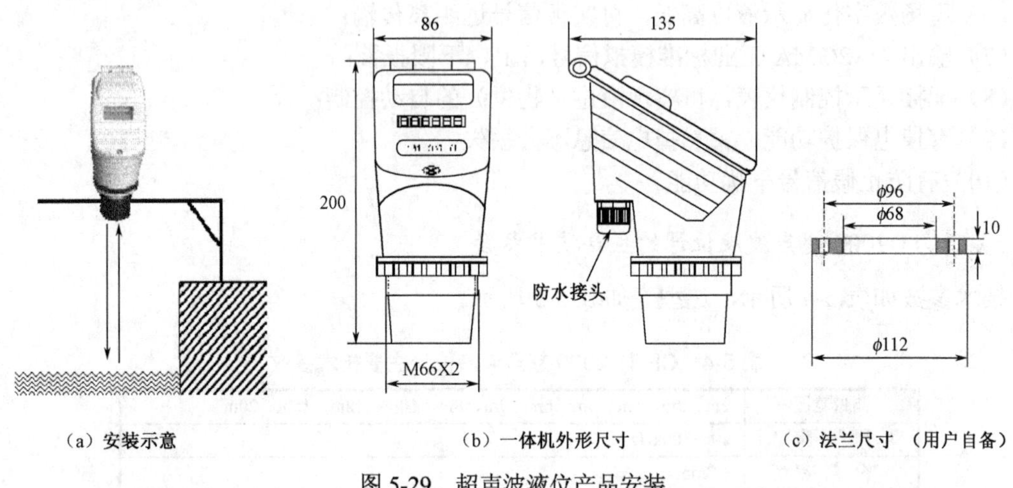

（a）安装示意　　（b）一体机外形尺寸　　（c）法兰尺寸 （用户自备）

图 5-29　超声波液位产品安装

2．水泵电动机安装

电动机安装的内容通常为电动机搬运、底座基础建造、地脚螺栓埋设、电动机安装就位与校正，以及电动机传动装置的安装与校正等。这里先介绍一下电动机传动装置的安装和校正，因为传动装置安装得不好会增加电动机的负载，严重时会使电动机烧毁或损坏电动机的轴承。电动机传动形式很多，常用的有齿轮传动、皮带传动和联轴节传动等。

1）齿轮传动装置的安装和校正

（1）齿轮传动装置的安装。安装的齿轮与电动机要配套，转轴纵横尺寸要配合安装齿轮的尺寸，所装齿轮与被动轮应配套，如模数、直径和齿形等。

（2）齿轮传动装置的校正。齿轮传动时电动机的轴与被传动的轴应保持平行，两齿轮啮合应合适，可用塞尺测量两齿轮间的齿间间隙，如果间隙均匀说明两轴已平行。

2）皮带传动装置的安装和校正

（1）皮带传动装置的安装。两个带轮的直径大小必须配套，应按要求安装。若出现大小

轮更换错误则会造成事故。两个带轮要安装在同一条直线上，两轴要安装得平行，否则要增加传动装置的能量损耗，且会损坏皮带；若是平皮带，则易造成脱带事故。

（2）带轮传动装置的校正。用带轮传动时必须使电动机带轮的轴和被传动机器轴保持平行，同时还要使两带轮宽度的中心线在同一直线。

（3）联轴器传动装置的安装和校正。常用的弹性联轴器在安装时，应先把两片联轴器分别装在电动机和机械的轴上，然后把电动机移近连接处；当两轴相对处于一条直线上时，先初步拧紧电动机的机座地脚螺栓，但不要拧得太紧，接着用钢直尺搁在两半片联轴器上，然后用手转动电动机转轴并旋转 180°，看两半片连轴器是否有高低，若有高低应予以纠正至高低一致，才说明电动机和机械的轴已处于同轴状态，便可把联轴器和地脚螺母拧紧。

3）电动机的安装

电动机的安装是以安装好的水泵为标准。由于传动方式不同，对电动机的安装要求也不同。

（1）直接传动。当电动机的转速、转向与水泵的转速、转向一致时，采用联轴器直接连接传动。电动机安装时要求水泵轴与电动机轴在一条直线上（即同心），同时两联轴器之间应保持一定的间隙。

轴向间隙是指两联轴器之间的间隙，用来减小水泵轴或电动机轴窜动时的互相影响。这个间隙一般要大于两轴窜动量之和。小型水泵（300 mm 以下）轴向间隙一般为 2～4 mm；中型水泵（300～500 mm）轴向间隙一般为 4～6 mm；大型水泵（500 mm 以上）轴向间隙一般为 4～8mm。常用直尺来初校、找正，再用平面规和塞尺在联轴器上下、左右测量，如图 5-30（a）所示。四周间隙允许公差为 0.10～0.20 mm，联轴器倾斜度不超过 0.2/1000。

径向间隙即同心度检查如图 5-30（b）所示。对称检查联轴器上下、左右四点。径向间隙允许偏差不得超过 0.05～0.10 mm。

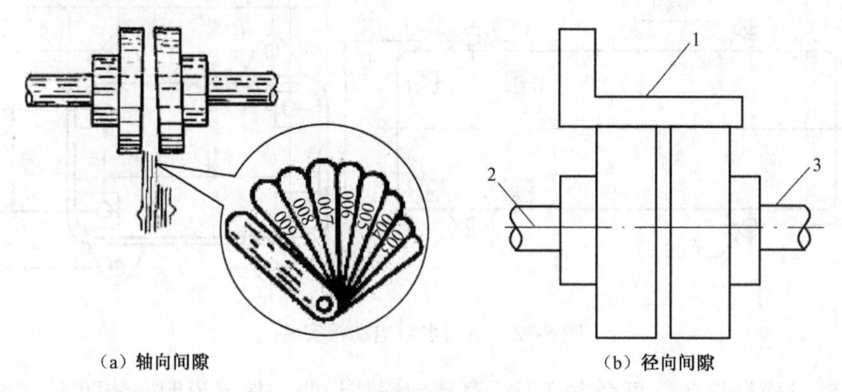

图 5-30　电动机安装间隙

（2）间接传动。电动机与水泵间接传动方式，一般采用皮带传动。

电动机安装除了要求水平外，主要是电动机与水泵的轴线要互相平行，两皮带轮的宽度中心线在一条直线上。

4）安装注意事项

（1）吊装时要使用两个手拉葫芦，每边的手拉葫芦的额定载荷不能小于电动机的自重。

（2）在电动机接近泵壳时，将法兰接合处擦拭干净，放好密封圈（注意不要使用任何其他黏性的东西）。

图 5-31　水泵与电动机外形

（3）在叶轮开始进入安装时，每隔 10 mm 测量一下东南西北四处的间隙，不能超过 1 mm。

（4）按照程序张紧螺栓，如图 5-31～图 5-32 所示。

3．控制柜的安装

1）控制柜的安装方法

控制柜的安装有：离墙和靠墙安装，上进线或下进线安装。

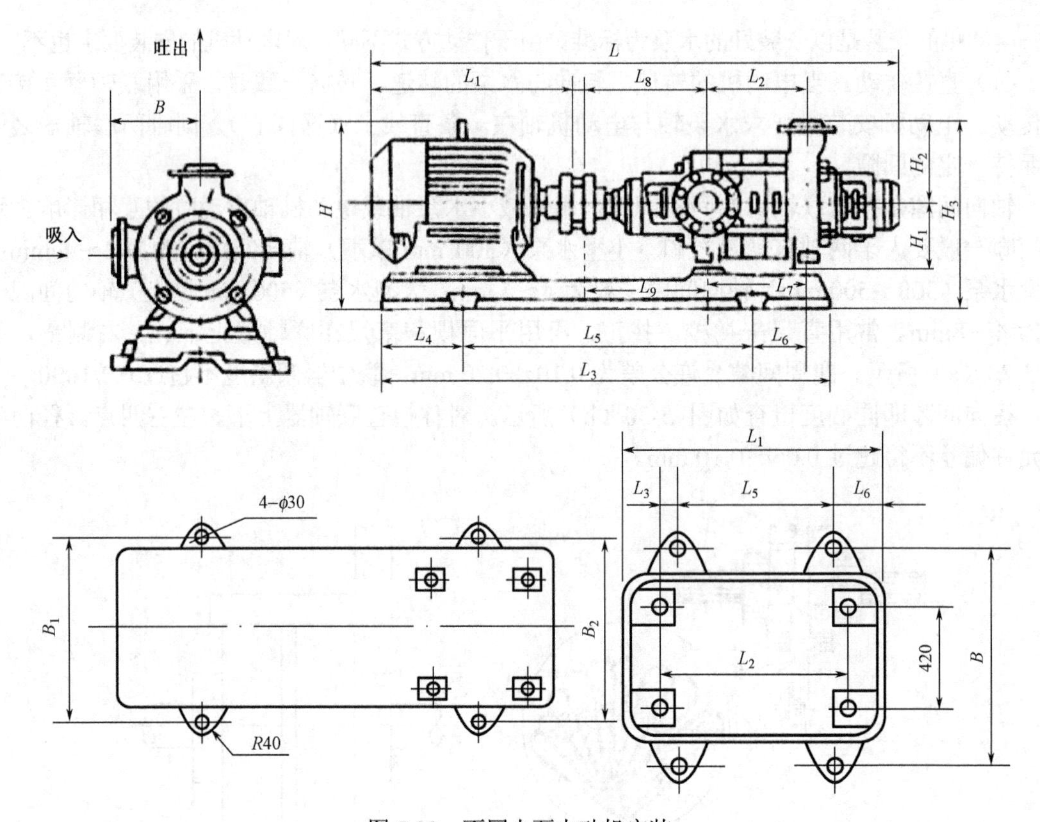

图 5-32　不同水泵电动机安装

电气柜都是成套设备，每个电气柜厂家都配安装说明，按照说明安装即可。首先要看懂配电房的土建图纸，按照图纸把电气柜安放上去就行。至于接线方面，每个电气柜厂家都配有安装接线图，要看懂哪些电气柜应该接电缆，哪些电气柜应该接二次线。最后把电气柜拼到配电房基础上用铜牌连接起来即可，如图 5-33 所示。

2）操作空间

在设置控制柜的时候，要考虑到使用及可操作性，同时还要考虑到维护等操作，因此要注意预留操作空间。

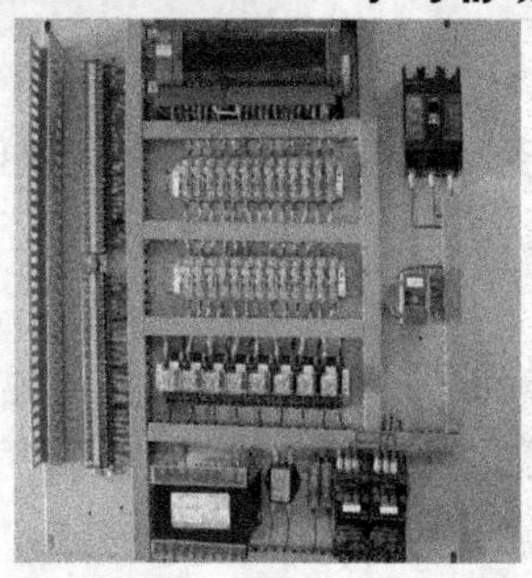

图 5-33　控制柜

（1）要留有易于程序操作和更换单元的空间。另外，考虑到维护与操作的安全性，尽量远离高压设备及动力设备。

（2）如有必要，可在控制柜的后面留出 600 mm 左右的空间作为维护通道。

3）安装注意事项

（1）不要将电线用从端子到端子的对接方式相互连接。

（2）多芯电缆的终端应进行适当的支撑及固定，以免在电线端受到拉力。

（3）连接到门等可动部分时，将电线的一端固定到固定部分，另一端固定到可动部分，并使用软电线，不要因门的开关导致电线的损伤。

（4）电线的末端使用压接端子，与端子连接时，应用转矩螺丝刀，以适当的压力将螺钉拧紧。特别是连接通入 AC 电源单元的端子时，为了确保安全，不要使用 U 形压接端子，而应使用环形压接端子。

（5）电源电路的配线全部选用双绞线。

（6）不要将噪声滤波器的初级侧与次级侧扎在一起，因为会使噪声滤波器的效果降低。

任务 5-8　居住小区的给水排水控制及故障诊断

任务描述

目前，我国城镇居住小区建设发展迅速。从规模上来说，居住小区的给水排水工程介于建筑室内给水排水工程与城市给水排水工程之间。居住小区的给水水源可以取自城市给水管网或自备水源。一般小区给水采用统一加压给水的方式。比起按单独建筑物加压给水的方式来，小区统一给水设备少，投资小，效率高，管理维护方便。小区给水系统可以采用与建筑给水相同的方式，即高位水箱（水塔）给水系统、气压给水系统、变频调速给水系统等。

对给排水系统的维护运行是确保正常生活秩序的重要途径，因此对给排水设备的故障诊断及排除是维护人员的必备条件。

任务分析

从智能居住小区的给水排水控制系统基本概况入手，学习小区变频调速给水系统压力控制点的位置，再研究智能居住小区的给水排水电气控制技术，最后对给排水系统的维护运行进行探讨，从而实现对生活给排水工程的全部工作过程的掌握。

1. 智能居住小区给排水工程

近年随着变频调速技术的成熟与普及，越来越多地倾向于采用变频调速小区给水技术。由于在小区给水规模下，变频调速设备具有占地小、投资低、调节精度高等特点，正显示出较其他给水技术更大的优势。

在小区范围内采用变频调速恒压给水系统，从控制系统整体上来说与建筑室内变频调速给水无明显分别。但由于小区占地面积较大，给水管线长，用户有一定程度的分散，合理地选择压力控制点（压力传感器的安装位置）是系统设计中的一项重要内容，它对于系统的能耗与供水压力恒定程度有重要影响。

居住小区的排水管道系统收集小区的污水或雨水，排入城市排水管网。一般情况下靠重力自流汇入城市管网。在个别情况下，小区排水系统标高较低，难以靠重力排出污水，就需设置小区排污泵站（或雨水泵站）。这些泵站的控制与城市污水（雨水）泵站基本相同，一般采用双位逻辑控制方式自动开停水泵、改变工作泵的台数。

1）小区变频调速给水系统压力控制点的位置

居住小区变频调速恒压给水系统的调节参数是供水压力，它由压力传感器提供。压力传感器的安装地点称为压力控制点。压力控制点设置的位置不同，将会影响用户的水压稳定性以及供水能耗，因此这是该类供水方式控制系统设计中需考虑的一个重要问题。

一般来说，压力控制点可设在两个典型位置。一是设在供水水泵的出口，在给水设备间内，管理维护比较方便；另一办法是设在用户最不利点处，远离给水设备，虽然管理不便，但供水能耗小。所谓最不利点，是指水压最难保证的供水点，一般是供水区域的最高、最远点。由于水在管路中流动时产生水流损失，水压不断下降，离水泵越远，位置越高水压就越低。然而为保证用户正常用水，管网内必须保证一定的最低水压。因此离水泵站越远、越高，水压就越难保证。若使最难保证的供水点（最不利点）的水压得到保证，则其余各点用户的水压就都能保证。这就是关于最不利点的概念。

2）智能居住小区的给水排水电气控制技术

（1）水位及压力式控制：水池水箱水泵联合供水控制系统、气压罐给水控制系统是目前建筑小区或单体楼房建筑广泛采用的供水系统。系统采用结构简单耐用的浮球磁性并关、电接点压力表等作为水位水压传感器，检测信号的变化，通过传统的继电—接触器控制系统，控制水泵的运行，使系统水压符合设定值要求。

（2）变频调速恒压给水控制技术：变频调速恒压给水控制技术是目前广泛推广应用的供水控制技术。系统由单片机、变频调速器、压力传感器、电动机水泵组及自动切换装置等组成，构成闭环控制系统。根据供水管网水压变化，通过改变拖动电动机的电源频率使电动机转速随之发生变化，并控制水泵运行台数，改变水泵供水水压，达到恒压变量给水的目的。

变频调速恒压给水控制技术的特点是高效节能，压力恒定，水泵软启动，延长设备寿命，系统功能齐全等。

2. 给排水系统的维护运行

1）给排水设备设施的维护保养程序

（1）目的：规范给排水设备设施保养工作，确保给排水设备设施各项性能完好。

（2）适用范围：适用于物业辖区内给排水设备设施（含消防供水机组）的维修保养。

（3）职责有以下四个方面。

① 管理处主任负责审核《给排水设备设施维修保养年度计划》，并检查该计划的执行情况。

② 工程部主管负责组织制定《给排水设备设施保养年度计划》，并组织监督该计划的实施。

③ 水泵房组长/机电维修员具体负责实施给排水设备的维修保养。

④ 事务部负责向有关用户通知停水的情况。

2）给排水设备设施故障及排除

（1）系统故障基本类型：系统发生产水量减少和水质下降问题的原因比较复杂，可以简单归纳出以下几种类型。

① 进水 TDS 增加、水温波动、运动参数调整等原因造成的性能变化不属于故障范围。

② 系统硬件故障：O 形圈密封泄漏、膜氧化、机械故障等，需要更换或修理故障元器件。如果是膜氧化，要找到氧化的原因，消除氧化剂来源，更换膜元件。

③ 膜污染：膜污染是处理系统故障的核心工作，需要确定污染物类型、污染程度和污染分布，在此基础上进行清洗恢复。

④ 系统设计失误：系统设计问题可能与前面的几项都有关系。对于有设计失误的系统，在恢复系统元器件性能之后，一定要对系统进行改造，纠正原有错误设计或运行参数。

（2）排除运行参数的影响：在系统发生问题时，首先要做的是确认问题的性质，清除温度、进水 TDS、产水量和回收率的影响，获得标准化性能参数。

依据上述标准判断系统是否处于故障状态，是不是发生了膜污染。系统操作参数的变化对与系统的性能有无影响。比如，TDS 每增加 100 ppm，由于渗透压增加了，进水压力要增加 0.07 bar，产水电导也会相应上升。进水温度增加 6.6℃，进水压力降低 15%。提高回收率会提高浓水浓度和产水电导（回收率为 50%、75%和 90%时，浓水的浓度分别为进水的 2 倍、4 倍和 10 倍）。在回收率相同时，降低产水量会提高产水电导，原因是用来稀释透过盐分的水量少了。要通过数据的标准化来确定系统是否有问题。可以借助海德能的系统数据标准化软件 RODATA 来求得标准化的产水量、脱盐率和进水—浓水压力降。通过标准化消除了温度、进水 TDS、回收率和进水压力的影响，将系统日前的标准化性能参数与运行第一日的标准化数据进行对比，就可以确定系统性能的变化情况。

知识梳理与总结

本情景共分 8 项任务。为了掌握复杂建筑设备电气控制线路的分析方法，先介绍了建筑电气控制线路的识图方法与步骤；然后是建筑给水排水系统的认知，讲述了给水排水系统的任务、分类及基本组成，水处理的基本方法及原理，建筑给水排水系统的作用、分类及组成；接着是生活给排水水位自动控制与安装技能训练，分析了几种水位开关的构造和原理，然后根据水位控制的电气要求，分析了采用干簧式水位信号控制器、晶体管液位继电器构成的控制线路工作原理，并对水位控制的两台水泵的线路进行了分析，在生活给水压力自动控制与安装技能训练中，通过对电接点压力表及气压罐式给水设备的学习，应掌握压力控制的特点；之后对变频调速恒压供水的生活水泵的电气线路及特点也进行了阐述，在排水泵的控制中介

绍了排水泵的电气控制线路；最后，简述了智能居住小区的给水排水控制及给排水系统故障诊断。

练习题 4

1．磁性开关、电极式开关的特点是什么？

2．简述电接点压力表的工作原理。

3．如图 5-8 所示，h_1 与 h_2 之间的距离大时有什么好处？距离小又有何不足？h_1 与 h_2 之间的距离能无限大吗？为什么？

4．如图 5-10 所示，当水位在 h_1 与 h_2 之间时，水泵电动机是何种工作状态？为什么？

5．如图 5-11 所示，自动轮换且带水位传示的两台水泵电动机电路的控制线路有何特点？两台泵如何轮换工作？

6．在图 5-10 中，令 1 号泵工作，2 号泵备用，叙述正常状态下低水位时电动机启动的工作原理。

7．气压罐式水位控制方案有何特点？同干簧式水位开关控制方案有何不同？

8．如图 5-10 所示的电接点压力表控制方案中，令 1 号泵为工作泵，2 号泵为备用泵。叙述正常状态及故障状态下的工作原理。

9．在排水泵控制电路中，SL1、SL2、SL3 的作用分别是什么？

10．水位控制与压力控制的区别是什么？

11．如图 5-23～图 5-24 所示生活水泵变频调速恒压供水线路中，说明用水量大或小时电动机的工作情况。

12．给水排水系统的任务是什么？何为建筑给水排水系统？它有哪些基本的组成部分？

技能训练 9　生活水泵的运行与维护

1．实训要求

（1）单台水泵电动机的控制；

（2）手动操作启停并可进行自锁。

（3）自行设计控制方式与图纸；

（4）接线与操作；

（5）互设故障；

（6）排除故障并分析原因。

2．实训目的

认识水泵电动机、学会接线。

3．实训准备

在实训室找出不同的低压电器元件及相关设备。

学习情境 6 建筑施工常用设备的运行操作与维护

教学导航

学习任务	任务 6-1　常用元件认知； 任务 6-2　散装水泥装置与混凝土搅拌机的电气控制； 任务 6-3　塔式起重机的电气控制及其运行与维护	参考学时	6
能力目标	1．学会控制器、制动器等元件在具体的控制电路中的应用； 2．了解混凝土搅拌机及塔式起重机的电气控制电路组成特点； 3．具有读图及分析控制电路的能力； 4．具有使用和维护常用建筑设备的能力		
教学资源与载体	设备案例图纸、规范、书中相关内容，多媒体网络平台；教材、PPT 和视频等；建筑施工设备现场；课业单、工作计划单、评价表		
教学方法与策略	项目教学法，角色扮演法，参与型教学法		
教学过程设计	下达任务→给出设备案例图→宏观识读→在教室指导下带着问题学习→进行操作训练→检查评价		
考核与评价	设备安装情况；混凝土搅拌机、桥式起重机图纸的识读；设备的选择；语言表达能力；工作态度；任务完成情况与效果		
评价方式	自我评价（10%），小组评价（30%），教师评价（60%）		

混凝土搅拌机及塔式起重机等设备是建筑施工现场常用到的建筑机械，所以对于常用建筑机械的了解及掌握就显得尤为重要。本情境从常用的控制器及电磁抱闸的分类及工作原理入手，研究散装水泥和混凝土搅拌机的控制电路，塔式起重机的电气控制电路原理图，建筑施工常用设备的运行、维护及保养方法。

对于本情境的学习，需要首先了解常用建筑机械的运动形式及在施工现场中的用途，然后再结合设备的结构形式及电气控制系统用到的专用元件来分析其工作原理，从而更好地学习对常用建筑机械的运行、维护与保养方法。

任务 6-1　常用元件认知

任务描述

在工程中我们通常把具有多种切换线路功能的控制元件称为控制器，控制器在卷扬机、起重机、挖掘机中得到广泛的应用，通常把控制器分为主令控制器和凸轮控制器。在起重机械中常应用到的另一种元件即为制动器。在使用起重机工作时应用制动器能够获得准确的停放位置，这也是我们要学习的制动器的主要原因。

任务分析

控制器及制动器是两种在建筑机械中常用的元件，对于这两种元件的学习，需要我们从二者的作用入手，并且在了解其构造的基础上掌握其工作原理。

6.1.1　控制器

1. 主令控制器

凸轮式主令控制器主要用来控制功率在 45 kW 以上的大容量电动机，其结构原理与万能转换开关基本相同。凸轮式主令控制器能够按照一定的顺序分合触头，是一种用来频繁地换接多回路的控制电器，能够发送指令或与其他控制电路连锁、转换，从而实现远距离控制。

（1）结构：主令控制器按照手柄的操作方式不同可分为单动式和联动式两种形式；按照凸轮能否调整又可分为凸轮可调式和凸轮非可调式两种。图 6-1 为 LK1 系列主令控制器外形图，其构造主要由手柄（手轮）、与手柄相连的转轴、弹簧凸轮、辊轮、杠杆及动、静触头等部分组成。

图 6-1　LK1 系列主令控制器

（2）工作原理：当转动控制器的手柄时，与手柄相连的转轴随之转动，凸轮的凸角将挤开装在杠杆上的辊轮，使杠杆克服弹簧的作用沿转轴转动，导致装在杠杆末端的动触头与静触头分离使电路断开；反之，转到凹入部分时，在复位弹簧的作用下使触头闭合。在对起重机的控制中，手柄放在不同的位置可以使不同的触头断开或闭合，从而控制了起重机的起重、行走、变幅、回转四种动作形式。

主令控制器具有结构紧凑、操作灵活方便的特点，表 6-1

是 LK1-6/01 型主令控制器的闭合表，在表中用“×”表示触头闭合，用“—”表示触头断开，向前和向后表示被控制机构的运动方向，它是由操作手柄转到相应的位置上实现的，例如，当手柄转动到向后“2”位时，S_2、S_4、S_5 触头接通，其他触头断开，手柄位于向前“1”位时则 S_2 和 S_3 触头接通，其他位置依次类推。

表 6-1　LK1-6/01 型主令控制器闭合表

触头型号	向前			0	向后		
	1	2	3		3	2	1
S_1	—	—	—	×	—	—	—
S_2	×	×	×	—	×	×	×
S_3	×	×	×	—	—	—	—
S_4	—	—	—	—	×	×	×
S_5	—	×	×	—	×	×	—
S_6	—	—	×	—	×	—	—

（3）主令控制器型号含义如下。

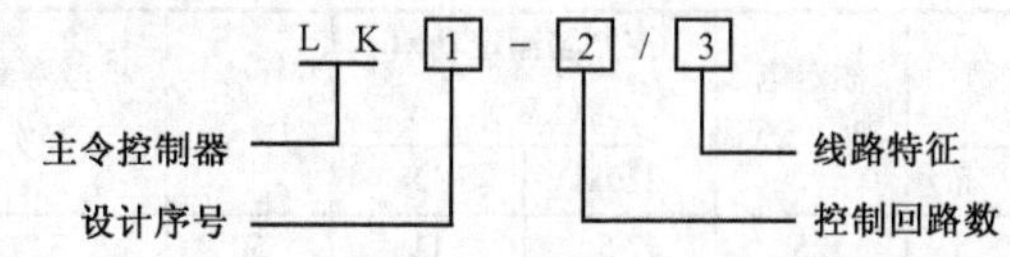

（4）起重机上常用的主令控制器有 LK-1 系列，主要技术数据列于表 6-2 中。

表 6-2　LK-1 系列主令控制器技术数据

型　号	所控制的电路数	质量（kg）	型　号	所控制的电路数	质量（kg）
LK1-6/01 LK1-6/03 LK1-6/07	6	8	LK1-12/51 LK1-12/57 LK1-12/59 LK1-12/61 LK1-12/70 LK1-12/76 LK1-12/77 LK1-12/90 LK1-12/96 LK1-12/97	12	18
LK1-8/01 LK1-8/02 LK1-8/04 LK1-8/05 LK1-8/08	8	16			
LK-10/06 LK-10/58 LK-10/68	10	18			

注：额定电流 10A，每小时最多操作 600 次

2. 凸轮控制器

凸轮控制器主要用于起重设备中控制中小型交流异步电动机的启动、停止、调速、换向、制动，以及具有相同要求的其他电力驱动装置中，如卷扬机、绞车、挖掘机等。

1）结构与工作过程

凸轮控制器主要是用一种被称做“凸轮”的片作为转换装置，每个触头的通断均由对应的凸轮进行控制，触头的通断状态用“·”或“×”表示，有“×”表示对应触头在其位置上是闭合的，没有则表示断开。凸轮工作简图与 KT10 系列凸轮控制器外形图如图 6-2 所示。

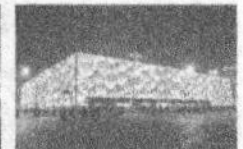

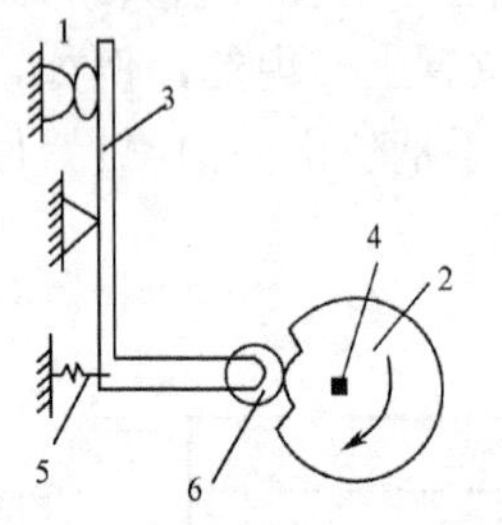

（a）凸轮工作简图　　（b）KT10系列凸轮控制器外形图

1—触头；2—凸轮；3—触头杠杆；4—轴；5—弹簧；6—滚子

图 6-2　凸轮控制器

2）工作原理

当凸轮沿着轴心旋转时，凸轮的凸出部分压动滚子，通过杠杆带动触头，使触头打开；当滚子落入凸轮的凹面里时，触头变为闭合。凸轮片的形状不同，触头的分合规律也不同。在轴上都套有许多不同形状的凸轮，每个凸轮控制着一对触头，当转动手轮时，每个触头都会按预定的规律分合，因而得到多种规律的触头分合顺序，可控制多个电路。

凸轮控制器的性能由转换能力（接通分断能力）、操作频率、机械寿命和额定功率决定。其额定功率就是指被控制电动机在额定条件下的容量。在选用时，根据被控制电动机的额定功率（容量）及使用条件查阅表 6-3。

表 6-3　凸轮控制器技术数据

型　号	位置数		额定电流（A）	控制器额定功率（kW）		操作力(N)	机械寿命（百万次）	每小时关合次数不高于
	左	右		220V	380V			
KT10-25J/1	5	5	25	7.5	11	50	3	
KT10-25J/2	5	5	25	2×3.5	2×5	50	3	
KT10-25J/3	1	1	25	3.5	5	50	3	
KT10-25J/5	5	5	25	2×3.5	2×5	50	3	600
KT10-25J/6	5	5	25	7.5	11	50	3	
KT10-25J/7	1	1	25	3.5	5	50	3	
KT10-60J/1	5	5	60	22	30	50	3	
KT10-60J/2	5	5	60	2×7.5	2×11	50	3	
KT10-60J/3	1	1	60	11	16	50	3	（当超过此额定
KT10-60J/5	5	5	60	2×7.5	2×11	50	3	值时，必须将控
KT10-60J/6	5	5	60	22	30	50	3	制器的额定功
KT10-60J/7	1	1	60	11	16	50	3	率降低至60%）

凸轮控制器在使用时如何进行选择是一个关键的问题，在这里我们可以根据工作机械的用途及控制电路的特征进行选择。当电动机的功率在 45 kW 以下时，适宜选用凸轮控制器。值得注意的是当工作环境温度较高或多在重载下运行时，选用控制器要降低容量使用。

6.1.2　制动器

1．制动器的构造及原理

制动器主要是由电磁铁、闸瓦、制动轮、弹簧、杠杆及线圈组成，其原理图如图 6-3 所示。

工作原理：当电动机通电时，线圈 6 通电，使电磁铁 1 产生电磁吸力，向上拉动杠杆 5 和闸瓦 2，松开了电动机轴上的制动轮 3，电动机就可以自由运转。当切断电动机电源时，电磁铁 1 的电磁力消失，在弹簧 4 的作用下，向下拉动杠杆 5 和闸瓦 2，抱住制动轮 3，使电动机迅速停止转动。在这里主要介绍三种常用的制动器。

1）单相弹簧式电磁铁双闸瓦制动器

图 6-4 所示为单相弹簧式电磁铁双闸瓦制动器构造原理图。

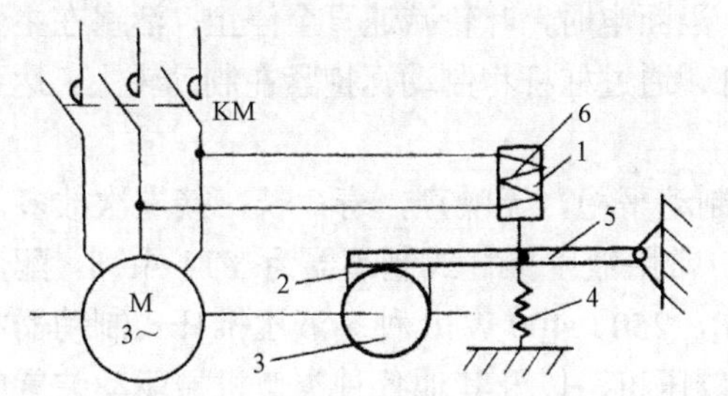

1—电磁铁；2—闸瓦；3—制动轮；4—弹簧；5—杠杆；6—线圈

图 6-3　制动器原理

1—水平杠杆；2—主杆；3—三角板；4—拉杆；5—制动臂；6—套板；7—主弹簧

图 6-4　单向电磁铁制动器

构造：图中包括水平杠杆 1 和主杆 2，拉杆 4 两端分别连接于制动臂 5 和三角板 3 上，制动臂 5 和套板 6 连接，套板的外侧装有主弹簧 7。工作原理：当电磁铁通电时，吸引水平杠杆 1 向上抬起，水平杠杆 1 推动主杆 2 向上运动，通过三角板使弹簧 7 被压缩，闸瓦离开闸轮，电动机就可以自由旋转，而当需要制动时，电磁线圈断电，靠主弹簧的张力，使闸瓦抱住制动轮，使电动机制动。

单相电磁铁制动器的优点是能与电动机的操作电路连锁，工作时不会自振，制动力矩稳定，闭合动作较快，结构简单。它的制动力矩可以通过调整弹簧的张力进行较为精确的调整，安全可靠，在起升机构中用得比较广泛，常用的是 JCZ 型长行程电磁铁制动器，上面配用 MZSI 系列制动电磁铁作为驱动元件。

2）三相弹簧式电磁铁双闸瓦制动器

三相弹簧式电磁铁双闸瓦制动器的工作原理与单相弹簧式电磁铁双闸瓦制动器的工作原理基本相同，区别在于三相制动电磁铁是由三个线圈和铁芯组成的，该制动电磁铁具有结构简单的优点，但其工作时噪声较大，因此其应用范围受到限制。

3）液压推杆式双闸瓦制动器

液压推杆式双闸瓦制动器包括制动臂、拉杆、三角板等元件组成的杠杆系统与液压推动器等部分，图 6-5 为其结构原理与外形图。

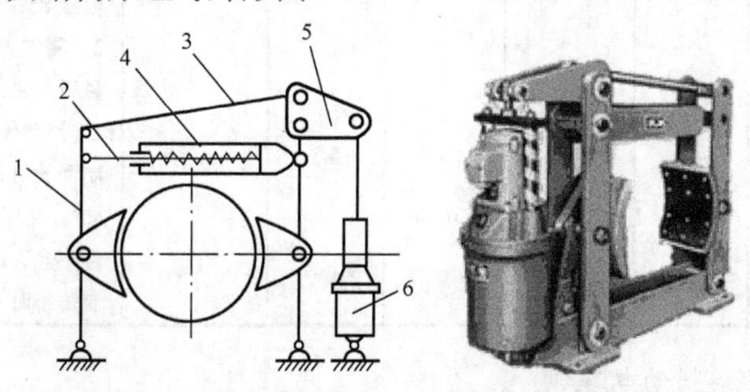

（a）结构原理　　（b）外形

1—制动臂；2—推杆；3—拉杆；4—主弹簧；5—三角板；6—液压推动器

图 6-5　液压推杆式制动器

工作原理：液压推杆式制动器包括驱动电动机和离心泵两部分。正常工作时，电动机带动叶轮旋转，在活塞内产生压力，迫使活塞迅速上升，固定在活塞上的推杆及横架同时上升，克服主弹簧作用力，并经杠杆作用将制动瓦松开。当断电时，叶轮减速直至停止，活塞在主弹簧及自重作用下迅速下降，使油重新流入活塞上部，通过杠杆将制动瓦抱紧在制动轮上，达到制动目的。

液压推杆式双闸瓦制动器的优点是启动与制动平稳，无噪声，寿命长，接电次数多，结构紧凑和调整维修方便，性能良好，应用广泛。常用液压推杆式制动器为YT1系列，配用制动器为YWZ系列，驱动电动机功率有60、120、250、400 W几种。液压推杆式制动器主要用于操动闸瓦式制动器作为起重机、卷扬机、碾压机，以及其他各种类似机械驱动装置的机械制动。

2. 制动电磁铁

下面介绍一下制动器的执行元件——电磁铁，电磁铁包括单相制动电磁铁及三相制动电磁铁。在起重设备中，要求电动机在切断电源后能在最短的时间内将转速下降到零，采用电磁铁制动器能达到迅速停车的目的。下面对MZD1系列、MZS1系列制动电磁铁进行说明。

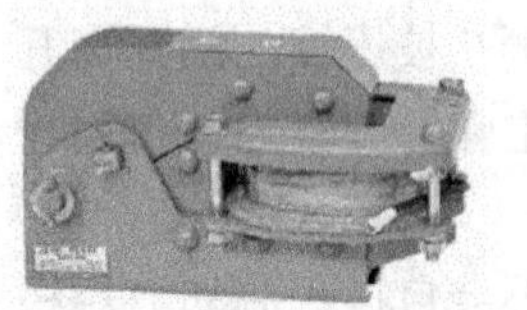

图6-6　MZD1系列制动电磁铁外形

1）MZD1系列制动电磁铁

图6-6为MZD1系列制动电磁铁外形。

MZD1系列制动电磁铁是交流单相转动式制动电磁铁，其额定电压有220V、380V、500V，接电持续率分别为JC%=100%、JC%=40%。技术数据及电磁铁线圈规格见表6-4。

表6-4　MZD1系列单相制动电磁铁的技术数据

型号	磁铁的力矩值（N·m）		衔铁的重力转矩值（N·m）	吸持时电流值（A）	回转角度（°）	额定回转角度下制动杆位置（mm）	备　注
	JC%为40%	JC%为100%					
MZD1-100	5.5	3	0.5	0.8	7.5	3	1. 电磁铁力矩是在回转角度不超过所示数值，电压不低于额定电压85%时的力矩数值； 2. 磁铁力矩并不包括由衔铁重量所产生的力矩； 3. 当磁铁是根据重复短时工作制而设计时，即JC%值不超过40%，根据发热程度，每小时关合不允许超过300次，持续工作制每小时关合次数不超过50次
MZD1-200	40	20	3.5	3	5.5	3.8	
MZD1-300	100	40	9.2	8	5.5	4.4	

2）MZS1系列三相制动电磁铁

图6-7为MZS1系列制动电磁铁线圈，MZS1系列三相制动电磁铁为交流三相长行程制动电磁铁。其额定电压为380/220 V，接电持续率为JC%=40%。电磁铁的主要技术数据见表6-5。

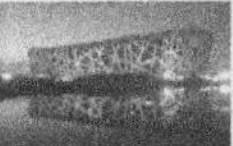

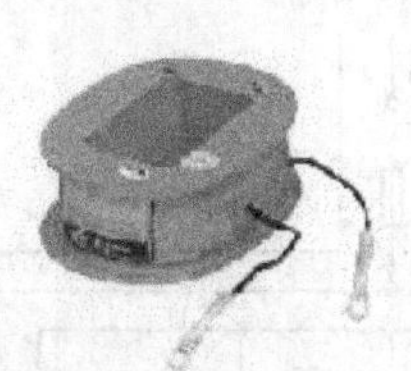

图 6-7　MZS1 系列制动电磁铁线圈

表 6-5　MZS1 系列三相制动电磁铁的技术数据

型　号	牵引力(N)	衔铁重量（kg）	最大行程（mm）	磁铁重量（kg）	视在功率（VA）		铁芯吸入时实际输入功率（W）	每小时接电次数为 150、300、600 次时允许行程 mm					
								JC%=25%			JC%=40%		
					接电时	铁芯吸入时		150	300	600	150	300	600
MZS1-6	80	2	20	9	2700	330	70	20			20		
MZS1-7	100	2.8	40	14	7700	500	90	40	30	20	40	25	20
MZS1-15	200	4.5	50	22	14000	600	125	50	35	25	50	35	25
MZS1-25	350	9.7	50	36	23000	750	200	50	35	25	50	35	25
MZS1-45	700	19.8	50	67	44000	2500	600	50	35	25	50	35	25
MZS1-80	1150	33	60	183	96000	3500	750	60	45	30	60	40	30
MZS1-100	1400	42	80	213	120000	5500	1000	80	55	40	80	50	35

知识讨论

教师下达任务：液压推杆式双闸瓦制动器与其他两种制动器在工作状态上的区别。

学生分小组讨论→各小组选派代表提出观点→学生互评→教师评价→各小组总结。

任务 6-2　散装水泥装置与混凝土搅拌机的电气控制

任务描述

混凝土的搅拌是建筑工程中必不可少的一道工序，而在混凝土搅拌站，散装水泥通常储存在水泥罐中，水泥从罐中出灰、运送，往料斗中给料、称量和计数。混凝土搅拌机是建筑施工现场最常见的设备之一，其运动形式及电气控制也是从事电气施工人员必须要了解和掌握的。

任务分析

想要很好地熟悉并掌握这一部分的内容，就要求学习者必须从设备的作用及组成入手，再结合其运行过程进而分析电气控制的工作原理。

6.2.1　散装水泥出料、称量及记数的电气控制

散装水泥装置的自动控制电路如图 6-8 所示。图中螺旋运输机由电动机 M1 驱动，振动给料器由电动机 M2 驱动。SQ 受控于 M1，给料时 SQ 闭合，否则断开，YA 为电磁铁，G 为计数器。

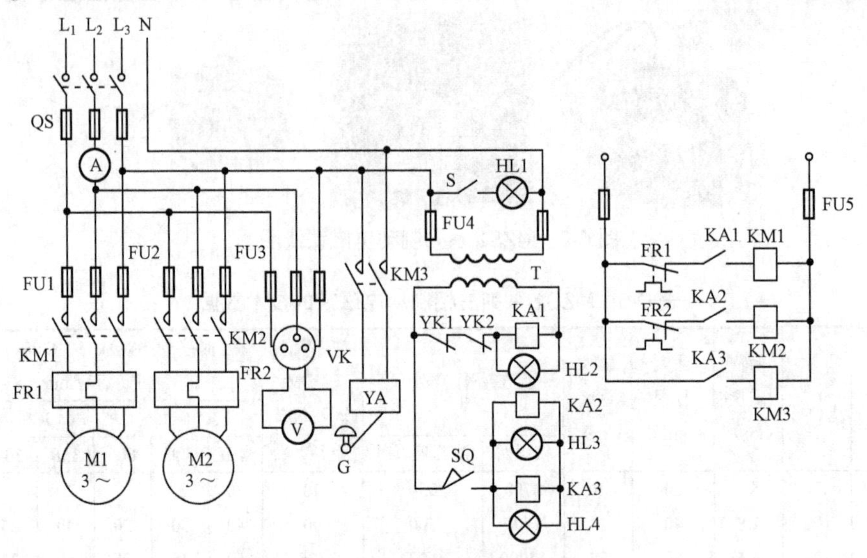

图 6-8　散装水泥的自动控制电路

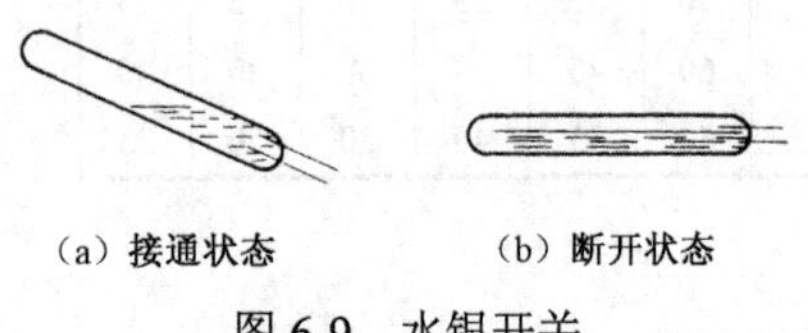

图 6-9　水银开关

专用元件水银开关的示意图如图 6-9 所示。水银开关是利用水银的流动性和导电性制成的开关，包括密封玻璃管、水银和两个电极等部分，玻璃管的形状是不固定的，主要应用在转动的机械上，将机械转动的角度转变成电信号，从而达到自动控制的目的。称量水泥用的称量斗是利用杠杆原理工作的。称量斗一端是平衡重，另一端是装水泥的容器，在两端装有水银开关，其电接点用 YK1、YK2 表示，称量水泥时，在水泥没有达到预定重量时，称量斗两端达不到平衡，水银开关呈倾斜状态，水银开关是导体，把两个电极接通即 YK1、YK2 呈闭合状态；当水泥达到预定值时，水银开关呈水平状态，两个电接点 YK1、YK2 断开。

出料、称量及记数过程：首先合上 QS、S 开关，预定好重量，此时水银开关电接点 YK1、YK2 闭合，使中间继电器 KA1 线圈通电，KA1 使接触器 KM1 通电，螺旋运输机 M1 转动，碰撞 SQ 使之闭合，中间继电器 KA2、KA3 同时通电，使接触器 KM2、KM3 通电，电磁铁 YA 通电，做好记数准备，给料器电动机 M2 启动，水泥从水泥罐中给出，并进入螺旋运输机，在 M1 转动时，水泥进入称量斗，当达到预定量程时，水银开关电接点 YK1、YK2 断开，KA1 失电，使 KM1 也失电，M1 停止转动，螺旋给料机停止给料，SQ 不受碰撞、复位，使继电器 KA2、KA3 失电释放，使 KM2、KM3 也失电释放，电动机 M2 停止转动，振动给料器停止工作，同时电磁铁 YA 释放，带动计数器计数一次。

6.2.2　混凝土搅拌机的电气控制

图 6-10 为 JZC350 锥型反转出料混凝土搅拌机。

搅拌筒通过中心锥形轴支撑在倾翻机架上，在筒底沿轴向布置 3 片搅拌叶片，筒的内壁装有衬板。搅拌筒安装在倾翻机架上，由 2 台电动机带动旋转，整个倾翻机架和搅拌筒在气缸作用下完成倾翻卸料作业。混凝土搅拌包括以下几道工序：搅拌机滚筒正转搅拌混凝土，

反转使搅拌好的混凝土出料，料斗电动机正转，牵引料斗起仰上升，将骨料和水泥倾入搅拌机滚筒，反转使料斗下降放平（以接收再一次的下料）。在混凝土搅拌过程中，需要操作人员按动按钮，以控制给水电磁阀的启动，使水流入搅拌机的滚筒中，当加足水时，松开按钮，电磁阀断电，切断水源。

1．混凝土骨料上料和称量设备的控制

混凝土搅拌之前需要将水泥、黄沙和石子按比例称好上料，需要用拉铲将它们先后铲入料斗，而料斗和磅秤之间用电磁铁 YA 控制料斗斗门的开启和关闭，其工作原理如图 6-11 所示。

图 6-10　混凝土搅拌机

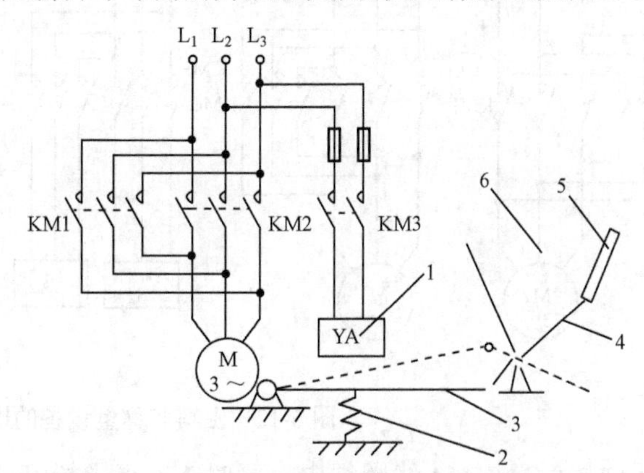

1—电磁铁；2—弹簧；3—杠杆；4—活动门；5—料斗；6—骨料

图 6-11　电磁铁控制料斗斗门

工作过程分析：当电动机 M 通电时，电磁铁 YA 线圈得电产生电磁吸力，吸动（打开）下料料斗的活动门，骨料落下；当电路断开时，电磁铁断电，在弹簧的作用下，通过杠杆关闭下料料斗的活动门。

图 6-12 为上料和称量设备的电气控制原理图。电路中 KM1～KM4 接触器分别控制黄沙和石子拉铲电动机的正、反转，正转使拉铲拉着骨料上升，反转使拉铲回到原处，以备下一次拉料；KM5 和 KM6 两只接触器分别控制黄沙和石子料斗斗门电磁铁 YA1 和 YA2 的通断。

在图 6-8 中料斗斗门控制的常闭触头 YK1 和 YK2 常以磅秤秤杆的状态来实现。空载时，磅秤秤杆与触头相接，相当于触头常闭；一旦装满了称量，磅秤秤杆平衡，与触点脱开，相当于触头常开，如图 6-13 所示。

2．混凝土搅拌机的电气控制

混凝土搅拌机的电气控制电路如图 6-14 所示。搅拌机滚筒电动机 M1 可以进行正、反转控制；料斗电动机 M2 并联一个电磁铁称制动电磁铁。

电路工作过程：合上自动开关 QF，按下正向启动按钮 SB1，正向接触器 KM1 线圈通电，搅拌机滚筒电动机 M1 正转搅拌混凝土，混凝土搅拌好后按下停止按钮 SB3，KM1 失电释放，M1 停止。按下反向启动按钮 SB2，反向接触器 KM2 线圈通电，M1 反转使搅拌好的混凝土出料。当按下料斗正向启动按钮 SB4 时，正向接触器 KM3 线圈通电，料斗电动机 M2 通电，同时 YA 线圈通电，制动器松开 M2 正转，牵引料斗起仰上升，将骨料和水泥倾入搅拌机滚筒。按下 SB6，KM3 失电释放，同时 YA 失电，制动器抱闸制动停止。按下反向启动按钮

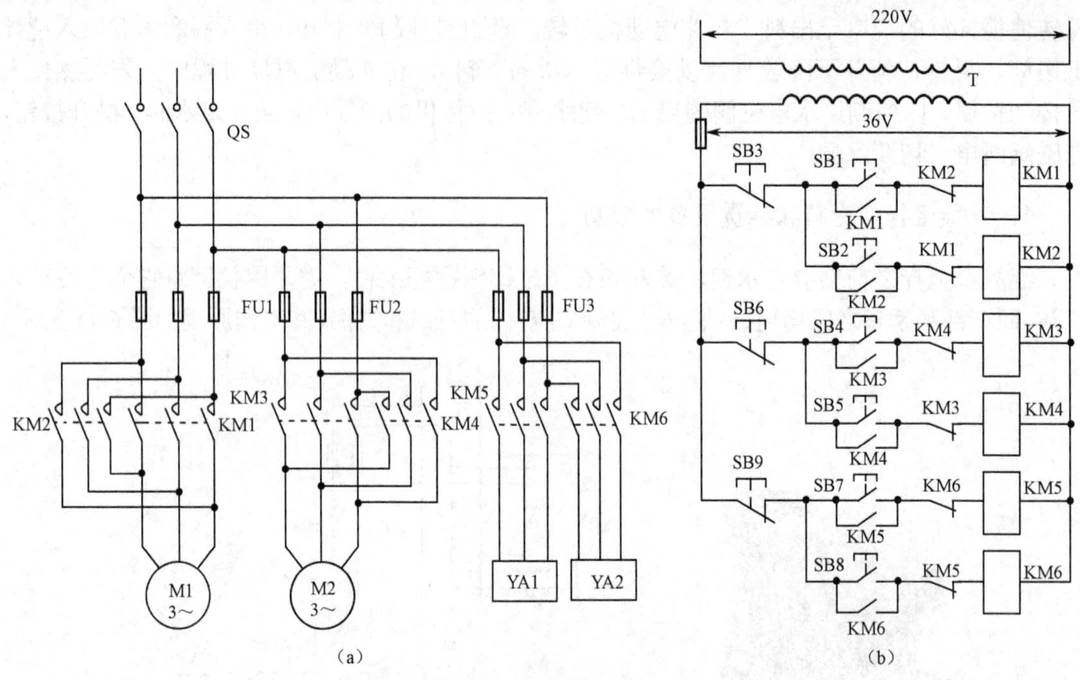

图 6-12　上料和称量设备的电气控制

SB5，反向接触器 KM4 线圈得电，同时 YA 得电松开，M2 反转使料斗下降放平，以接收再一次的下料。在此电路图中位置开关 SQ1 和 SQ2 为料斗上、下极限保护。在混凝土搅拌过程中，需由操作人员按动按钮 SB7，给水电磁阀启动，使水流入搅拌机的滚筒中，加足水后，松开按钮 SB7，电磁阀断电，停止进水。

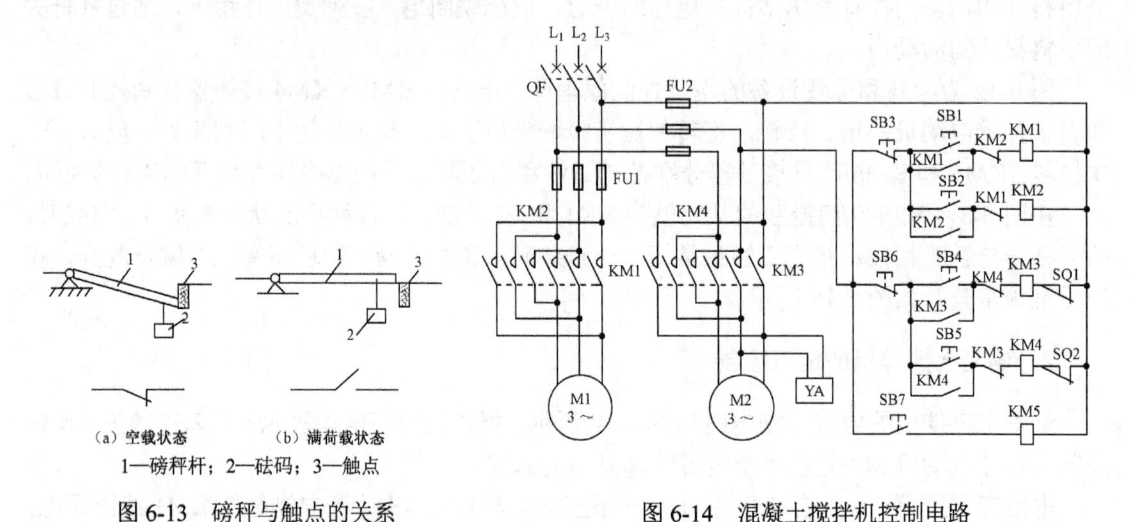

图 6-13　磅秤与触点的关系

图 6-14　混凝土搅拌机控制电路

知识讨论

教师下达任务：混凝土搅拌机的运行过程描述及日常维护保养的要点。

学生分小组搜集相关资料→各小组总结观点并选派代表提出观点→学生互评并讨论→教师评价→各小组总结。

任务 6-3 塔式起重机的电气控制及其运行与维护

任务描述

塔式起重机是目前国内建筑工地普遍应用的一种有轨道的起重机械，是一种用来起吊和放下重物，并使重物在短距离水平移动的机械设备，它的种类较多，这里以 QT60/80 型塔式起重机为例介绍其运动形式、工作原理、维护和保养等方面的内容。

任务分析

对于塔式起重机来说，最重要的是要了解其运动形式，并且能够结合其运动形式分析其电气控制部分的工作原理，熟悉并且掌握其维护和保养方法对于我们在日后使用塔式起重机是很有必要的。

6.3.1 起重机械的基本认知

工程中常用的起重机械根据其构造和性能的不同，一般可分为轻小型起重设备、桥架类型起重机械和臂架类型起重机三大类。轻小型起重设备有千斤顶、电动葫芦、卷扬机等；桥架类型起重机械有梁式起重机、龙门起重机等；臂架类型起重机有固定式回转起重机，塔式起重机，汽车起重机，轮胎、履带起重机等。

1）起重设备的作用

起重设备的主要作用是用来起吊和放下重物或危险品，使重物或危险品在短距离内移动，以满足各种需要。我国冶金、矿山、水电、交通、建筑、造船、机械制造、国防等行业用到的起重设备主要包括各种冶金起重机、水电站桥式/门式起重机、通用桥式/门式起重机、履带式起重机、塔式起重机及其他用途的特殊起重机等。近年来，起重设备在精密安装上应用得也比较广泛。起重机是一种作循环、间歇运动的机械。一个工作循环包括：取物装置从取物地把物品提起，然后水平移动到指定地点放下物品，接着进行反向运动，使取物装置返回原位，以便进行下一次循环。

2）常用的起重设备

常用起重机可分为两大类，即多用于厂房内移行的桥式起重机和主要用于户外的塔式起重机，其中塔式起重机具有一定的典型性和广泛性。尤其在建筑施工现场得到广泛的应用。因此本任务仅对塔式起重机进行学习与分析。

6.3.2 塔式起重机的构造及电力拖动特点

1）塔式起重机的构造及运动形式

QT60/80 型塔式起重机外形如图 6-15 所示。它是由底盘、塔身、臂架旋转机构、行走机构、变幅机构、提升机构、操纵室等组成，此外还具有塔身升高的液压顶升机构。

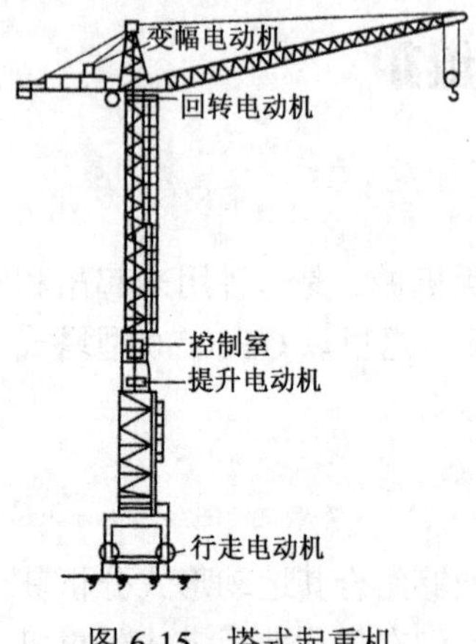

图 6-15　塔式起重机

它的运动形式有升降、行走、回转、变幅四种。

2）塔式起重机的电力拖动特点及要求

（1）起重用电动机：它的工作属于间歇运行方式，且经常处于启动、制动、反转之中，负载经常变化，需承受较大的过载和机械冲击。所以，为提高其生产效率并确保其安全性，要求升降电动机应具有合适的升降速度和一定的调速范围。保证空钩快速升降，有载时低速升降，并应确保提升重物开始或下降重物到预定位置附近采用低速。在高速向低速过渡时应逐渐减速，以保证其稳定运行。为了满足上述要求应选用符合其工作的专用电动机，如 YZR 系列绕线式电动机，此类电动机具有较大的起重转矩，可适应重载下的频繁启动、调速、反转和制动，能满足启动时间短和经常过载的要求。为保证安全，提升电动机还应具有制动机构和防止提升越位的限位保护措施。

（2）变幅、回转和行走机构用电动机：这几个机构的电力拖动对调速无要求，但要求具有较大的起重转矩，并能正、反转运行，所以也选用 YZR 绕线式电动机，为了防止其越位，正、反行程亦采用限位保护措施。

6.3.3　塔式起重机的电气控制

QT60/80 型塔式起重机电气控制线路如图 6-16、图 6-17 所示，提升电动机 M1 转子回路采用外接电阻方式，以便对电动机进行启动、调速和制动，控制吊钩上重物升降的速度。由于

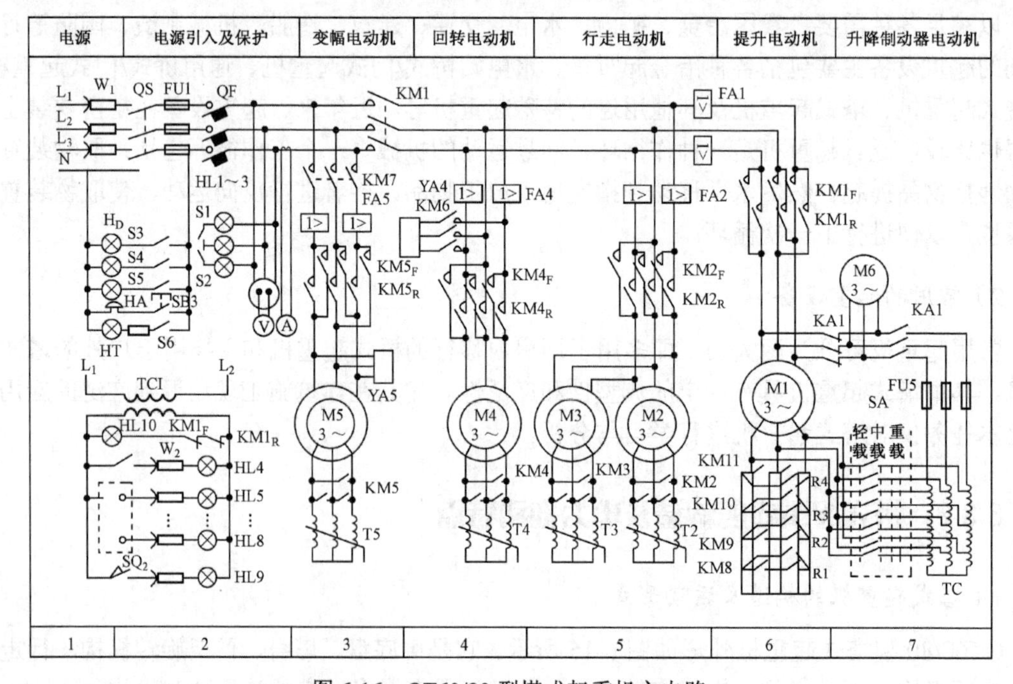

图 6-16　QT60/80 型塔式起重机主电路

对变幅、回转和行走没有调速的要求，因此这些电动机采用频敏变阻器启动，以限制启动电流，增大启动转矩。启动结束后，转子回路中的常开触头闭合，把频敏变阻器短接，以减少损耗，提高电动机运行的稳定性。

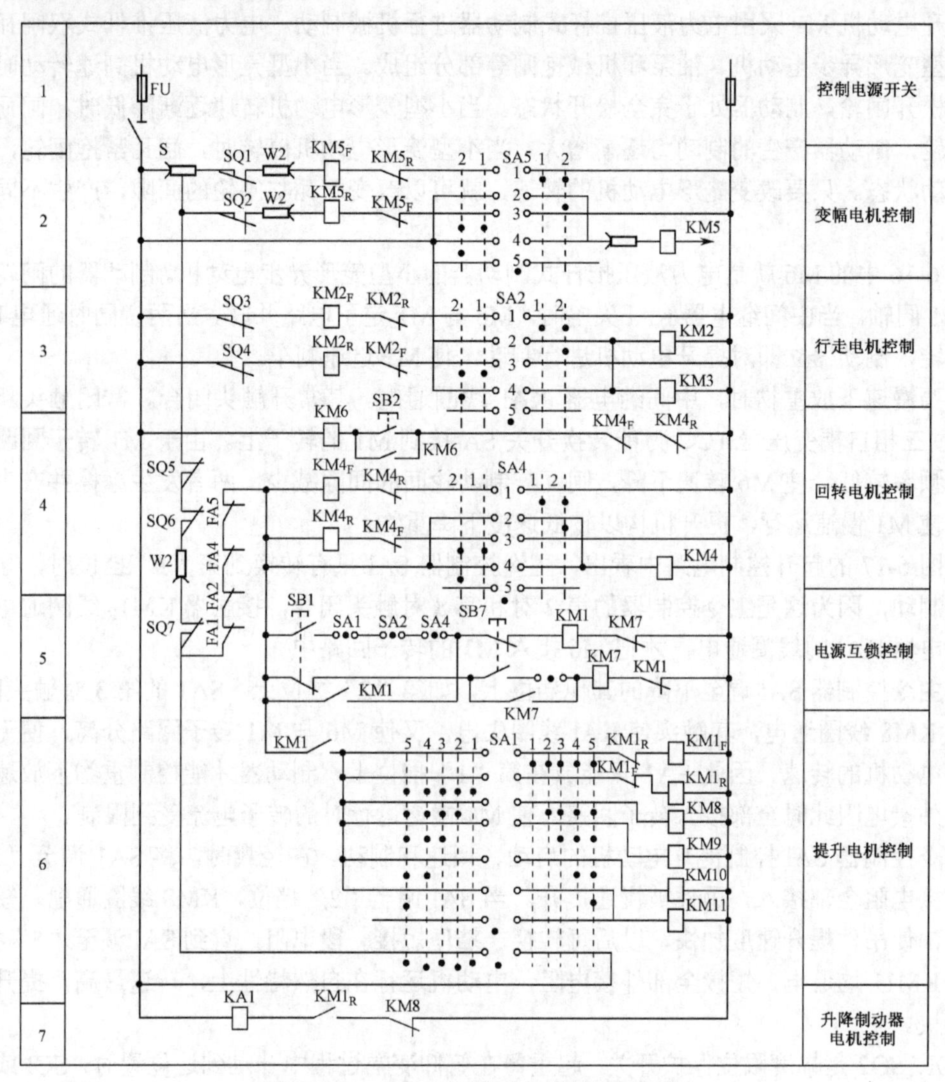

图 6-17　QT60/80 型塔式起重机控制电路

变幅电动机 M5 的定子上并联一个三相电磁铁 YA5，制动器的闸轮与电动机 M5 同轴连接，一旦 M5 和 YA5 同时断电时，实现紧急制动，使起重臂准确地停在某一位置上。

回转电动机 M4 的主回路上也并有一个三相制动电磁铁 YA4，但它不是用来制动回转电动机 M4 的，而是用来控制回转锁紧制动机构，为了保证在有风的情况下，也能使吊钩上的重物准确下放到预定位置上，M4 转轴的另一端上装有一套锁紧机构，当三相电磁制动器通电时，带动这套制动机构锁紧回转机构，使它不能回转，固定在某一位置上。

回转机构的工作过程是：操纵主令控制器 SA4 至“1”挡位，电动机转速稳定后再转换到第“2”挡位，使起重机向左或向右回转到某一位置时返回“0”位，电动机 M4 先停止转动，然后按下按钮 SB2，使接触器 KM6 线圈通电。常开触头 KM6 闭合，三相电磁制动器

YA4 开始得电，通过锁紧制动机构，将起重臂锁紧在某一位置上，使吊件准确就位。在接触器 KM6 的线圈电路串入 $KM4_F$ 和 $KM4_R$ 的常闭触头，保证电动机 M4 停止转动后，电磁制动器 YA4 才能工作。

提升电动机 M1 采用电力液压推杆式制动器进行机械制动。电力液压推杆式双闸瓦制动器由小型笼形异步电动机、油泵和机械抱闸等部分组成。当小型笼形电动机高速转动时，闸瓦完全松开闸轮，制动器处于完全松开状态。当小型笼形电动机转速逐渐降低时，闸瓦逐渐抱紧闸轮，制动器产生的制动力逐渐增大。当小型笼形电动机停转时，闸瓦紧抱闸轮，处于完全制动状态。只要改变笼形电动机的转速，就可以改变闸瓦与闸轮的间隙，产生不同的制动转矩。

图 6-16 中的 M6 就是电力液压推杆式制动器的小型笼形异步电动机。制动器的闸轮与电动机 M1 同轴。当中间继电器 KAl 失电时，M6 与 M1 定子电路并联。当两者同时通电时 M6 停止运转，制动器立即对提升电动机进行制动，使 M1 迅速刹车。

需要慢速下放重物时，中间继电器 KAl 线圈通电。其常开触头闭合。常闭触头断开，M6 通过三相自耦变压器 TC、万能转换开关 SA 接到 M1 的转子上。由于 M1 转子回路的交流电压频率较低，使 M6 转速下降，闸瓦与制动轮间的间隙减少，两者发生摩擦并产生制动转矩，使 M1 慢速运行，提升机构以较低速度下降重物。

从图 6-17 的起升控制电路中看出，主令控制器 SAl 只有转换到第“1”挡位时，才能进行这种制动，因为这是主令控制器的第 2 对和第 8 对触头闭合，接触器 $KM1_R$ 线圈通电，使中间继电器 KAl 的线圈通电，才把 M6 接入 M1 的转子回路中。

若主令控制器 SAl 调至下降的其他挡位上，如第“2”挡位上，SA1 的第 3 对触头闭合，接触器 KM8 线圈通电，其触头使 KAl 线圈失电，又使 M6 与 M1 转子回路分离，便无法控制提升电动机的转速。因此 SA1 只能放在第“1”挡位上，制动器才能控制重物下放速度。另外，外接电阻此时全部接入转子回路，使 M1 慢速运行时的转子电流受到限制。

主令控制器 SAl 控制提升电动机的启动、调速和制动。在轻载时，将 SA1 调至“1”挡位，外接电阻全部接入，吊件被慢速提升。当 SAl 调至“2”挡位，KM8 线圈通电，短接一段电阻，使吊件提升速度加快，以后每转换一挡便短接一段电阻，直到 SAl 调至“5”挡位，KM8～KM11 均通电，短接全部外接电阻，电动机运行在自然特性上，转速最高，提升吊件速度最快。

SQl、SQ2 是幅度限位保护开关，起重臂在俯仰变幅过程中一旦到达位置时，SQl 或 SQ2 限位开关断开，使 $KM5_F$ 或 $KM5_R$ 失电释放，其触头断开切断电源，变幅电动机 M5 停止。

行走机构采用两台电动机 M2 和 M3 驱动，为保证行走安全，在行走架的前后各装 1 个行程开关 SQ3 和 SQ4，在钢轨两端各装 1 块撞块，起限位保护作用。当起重机往前或往后走到极限位置时，SQ3 或 SQ4 断开。使接触器 $KM2_F$ 或 $KM2_R$ 失电，切断 M2 或 M3，起重机停止行走，防止脱轨事故。

SQ5、SQ6 和 SQ7 分别是起重机的超高、钢丝绳脱槽和超重的保护开关。它们串联在接触器 KM1 和 KM7 的线圈电路中，在正常情况下它们是闭合的，一旦吊钩超高、提升重物超重或钢丝绳脱槽时，相应的限位开关断开，KM1 和 KM7 线圈失电，其主触头断开，切断电源，各台电动机停止运行，起到保护作用。

QTZ60/80 型塔式起重机电路中电气设备的型号规格，见表 6-6。

表6-6 QTZ60/80型塔式起重机电路中电气设备的型号规格

序号	符号	名称	型号规格	数量
1	M1	提升电动机	JZR2-51-8, 22kW	1
2	M2 M3	行走电动机	JZR2-31-8, 7.5kW	2
3	M4	回转电动机	JZR2-12-6, 3.5kW	1
4	M5	变幅电动机	JZR2-31-8, 7.5kW	1
5	M6	电力液压推杆式制动器	YT1-90, 250W	1
6	YA4	三相电磁制动器	MZS1-7	1
7	YA5	三相电磁制动器	MZS1-25	1
8	FA1	过电流继电器	JL5-60	2
9	FA2	过电流继电器	JL5-40	2
10	FA4	过电流继电器	JL5-10	2
11	FA5	过电流继电器	JL5-20	2
12	R1、R4	提升附加电阻	RS-51-8/3	1
13	R2、R3	行走频敏变阻器	BP1-2	2
14	R4	回转频敏变阻器	BP1-2	1
15	R5	变幅频敏变阻器	BP1-2	1
16	KM1、$KM1_F$、$KM1_R$、$KM2_F$、$KM2_R$、KM10、KM11	交流接触器	CJ10-100/3	3
17	KM6	交流接触器	CJ10-60/3	4
18	KM7、$KM4_F$、$KM4_R$、$KM5_F$、$KM5_R$	交流接触器	CJ10-20/3	1
19	KM8、KM9、KM2、KM3、KM4、KM5	交流接触器	CJ10-40/3	11
20	KA1	中间继电器	JZ7-44,380V	1
21	QS、FU1	铁壳开关	HH-100	1
22	QF	自动开关	DZ10-250/330,100A	1
23	S	事故开关	2×2,3A,钮子开关	1
24	SA1	主令控制器	LW5-15-L6559/5	1
25	SA2、SA4、SA5	主令控制器	LW5-15-F5871/3	3
26	SQ5	超高限位开关	LX3-131或JLXK1-111M	1
27	SQ6	脱槽保护开关	LX3-11H或JLXK1-411M	1
28	SQ7	起重保护开关	LX3-11H或JLXK1-411M	1
29	SQ3、SQ4	行走限位开关	LX4-12	1
30	SQ1、SQ2	变幅限位开关	LX2-131或JLXK1-111M	2
31	S1、S2	钮子开关	2X2,220V,3A	2
32	S3、S4	钮子开关	2X2,220V,3A	2
33	S5、S6	组合开关	220V,10A	2
34	SA	万能转换开关	LW5-15-D6370/5	1
35	SB1、SB2、SB3、SB7	按钮	LA2	4
36	A	电流表	0～100A	1
37	V	电压表	0～500V	1
38	FU2	熔断器	RC1A-15	2
39	FU3	熔断器	BLX	3
40	FU4、FU5	熔断器	RC1A-10	5
41	TC1	信号变压器	50VA,380/6V	1
42	HL1～3	电源指示灯	XD4、～220V,2VA	3
43	HL4～9	变幅信号灯	6V	6
44	HL10	提升零位指示灯	6V	1
45	H_D	吸顶灯	100W,220V	1
46	H_T	探照灯		1

6.3.4 塔式起重机的使用要求与维护保养

任何一种建筑设备都有其特定的使用要求及运行特点，而且建筑设备由于自身的结构特点以及使用的经常性需要进行定期的检查、维护和保养。下面以塔式起重机为例来说明其使用要求与维护保养。

1．塔式起重机的使用

（1）起重机新机使用前应按照使用说明书的要求，对各系统和部件进行检验及必要的试运转，务必使其达到规定的要求，方能投入使用；

（2）起重机必须在符合设计图样规定的固定基础上工作；

（3）操纵人员必须经过训练，了解机构的构造和使用方法，熟知机械的保养和安全操作规程，非安装、维护人员未经许可不得攀登；

（4）应当经常进行检查、维护和保养，传动部分应有足够的润滑油，对易损件必须经常检查、维修或更换，对机械的螺栓，特别是经常振动的零件，应进行检查是否松动，如有松动必须即时拧紧或更换；

（5）起重机的正常工作气温为+40℃～−20℃，风速低于 6 级；

（6）起重机必须有良好的电气接地措施，防止雷击。

2．塔式起重机的维护与保养

1）机械设备的维护与保养

（1）各机构的制动器应经常进行检查和调整制动瓦和制动轮的间隙，保证灵活可靠。在摩擦面上不应有污物存在，如果有污物必须用汽油或稀料洗掉；

（2）减速箱、变速箱、外啮合齿轮等各部分的润滑以及液压油均按润滑表中的要求进行；

（3）要注意检查各部钢丝绳有无断丝和松股现象，如超过有关规定必须立即更换。钢丝绳的维护保养应严格按 GB 5144—2006 规定；

（4）凡开式齿轮传动必须有防护罩；

（5）经常检查各部分的连接情况，如有松动应及时拧紧；

（6）经常检查各机构运转是否正常，有无噪声，如发现故障，必须及时排除。

2）电气系统的维护与保养

（1）经常检查所有的电线、电缆有无损伤，若有损伤要及时地包扎或更换已损伤的部分；

（2）遇到电动机有过热现象时要及时停车，排除故障后再继续运行，电动机轴承润滑要良好；

（3）各部分电刷的接触面要保持清洁，调整电刷压力，使其接触面积不小于 50%；

（4）各控制箱、配电箱等经常保持清洁，及时清扫电气设备上的灰尘；

（5）各安全装置的行程开关的触点开闭必须可靠，触点弧坑应及时磨光；

（6）每年测量保护接地电阻两次（春、秋）保证不大于 4 Ω。

3）钢丝绳的维护与保养

（1）对钢丝绳应防止损伤、腐蚀或其他物理、化学因素造成的性能降低；
（2）钢丝绳开卷时，应防止打结或扭曲；
（3）钢丝绳切断时，应有防止绳股散开的措施；
（4）安装钢丝绳时，不应在不洁净的地方拖线，也不应绕在其他的物体上。

4）液压爬升系统的维护与保养

（1）严格按润滑表中的规定进行加油和换油，并清洗油箱内部；
（2）溢流阀的压力调整后，不得随意更动，每次进行爬升之前，应用油压表检查其压力是否正常；
（3）应经常检查各部分管接头是否紧固严密，不准有漏油现象；
（4）滤油器要经常检查有无堵塞，检查安全阀在使用后调整值是否变动；
（5）油泵、油缸和控制阀如果发现漏油应及时检修；
（6）总装和大修后初次启动油泵时，应先检查入口和出口是否接反，转动方向是否正确，吸油管路是否漏气，然后用手试转，最后在规定转速内启动和试运转；
（7）在冬季启动时，要反复开停数次，待油温上升和控制阀动作灵活后再正式使用。

5）金属结构的维护与保养

（1）在运输中应尽量设法防止构件变形及碰撞损坏；
（2）在使用期间，必须定期检修和保养，以防锈蚀；
（3）经常检查结构连接螺栓、焊缝以及构件是否有损坏、变形和松动等情况；
（4）每隔1～2年喷刷油漆一遍。

知识讨论

教师下达任务：塔式起重机的使用场所及基本运动形式。

学生分小组搜集相关资料→各小组总结观点并选派代表提出观点→学生互评并讨论→教师评价→各小组总结。

知识梳理与总结

在本情境的学习中主要列举了建筑工程中常涉及的典型机械设备的电气控制实例，从常用的控制器和制动器入手，学习了散装水泥装置的电气控制电路、混凝土搅拌机的电气控制电路及塔式起重机的电气控制电路。通过对其电气控制特点、拖动要求及电气原理的分析，使读者对建筑电气控制有一个较深入的了解，从而掌握分析电气控制电路的基本方法。通过对这些建筑机械的学习，可为从事建筑工程设计与管理打下基础。

练习题5

1．填空题

（1）__________控制器适用于大容量电动机使用，__________控制器适用于小容量电动机使用。

（2）制动包括＿＿＿＿＿和电气制动，建筑工程中常用到＿＿＿＿＿种制动器，分别是＿＿＿＿＿＿＿＿＿＿＿＿＿＿＿＿＿＿＿＿＿＿＿＿＿＿＿＿＿＿。

（3）塔式起重机有＿＿＿＿＿种运动形式，分别是＿＿＿＿＿＿＿＿＿＿。

2．问答题

（1）简述控制器的分类及作用。

（2）所学习到的制动器有几种？各有何特点？分别有几种工作状态？

（3）在散装水泥装置的控制电路中，两台电动机的作用是什么？

（4）对照图 6-12，说明混凝土骨料上料称量电路中是怎样完成上料和称量的。

（5）水银开关的电接点 YK1 和 YK2 何时接通、何时断开？

（6）叙述混凝土搅拌过程的工作原理。

（7）塔式起重机中对电动机起短路保护的元件是什么？

（8）简述塔式起重机的几种运动形式。

（9）起重机已经采用各种电气制动，为什么还要采用电磁抱闸进行机械制动？

（10）试叙述电力液压推杆式制动器的工作原理。

（11）简述主令控制器与凸轮控制器的主要区别。

技能训练 10　参观桥式起重机并分析其电气控制电路

1．实训目的

（1）熟悉桥式起重机的电气控制电路，掌握其分析方法。

（2）熟悉桥式起重机常用的电气设备及安装方法。

2．设备简介

通常我们把桥式起重机俗称为“天车”，它主要是由桥架（又称大车）、小车及提升机构三部分组成，如图 6-18 所示。

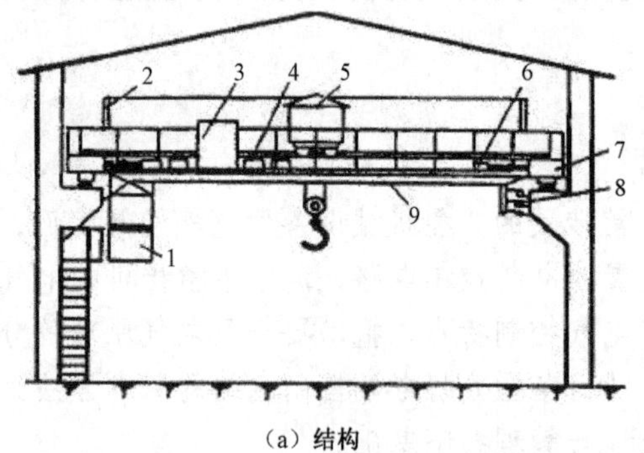

（a）结构

（b）实物

1—驾驶室；2—辅助滑线架；3—交流磁力控制盘；4—电阻箱；
5—起重小车；6—大车拖动电动机；7—端梁；8—主滑线；9—主梁

图 6-18　桥式起重机

桥式起重机的运动形式是：桥架沿着车间起重机梁上的轨道纵向移动；小车沿大车的横向移动；提升机构安装在小车上，可做升降运动。

桥式起重机的驱动方式根据不同的要求，可分为分散驱动和集中驱动两种，即大车走轮采用分散与集中驱动。根据工作需要，可安装不同的取物装置，例如吊钩、抓斗起重电磁铁、夹钳等。起重机大车上安装的小车有单小车和双小车之分；在小车上安装的提升机构有单钩和双钩之分，双钩分主提升（主钩）和辅助提升（副钩），由此可见，桥式起重机电动机的台数应为3～6台。

3．桥式起重机对电力拖动的要求

桥式起重机以经常工作在炼钢、铸造、热轧等车间为主，其工作机构在车间上部，工作环境高温、多尘，比较恶劣，而且起重机具有时开时停、工作频繁、每小时的接电次数多的特点，其负载性质为重复短时工作制。故所用的电动机经常处于启动、调速、正反转、制动的工作状态，其负载也时轻时重，没有规律，经常要承受较大的过载和机械冲击。

基于桥式起重机具有的如上特点，故其提升机构对电力拖动要求如下。

(1)应具有一定的调速范围，普通起重机的调速范围一般为3∶1，要求较高的起重机其调速范围可达(5～10)∶1。

(2) 起重机无负载时要求其空钩能够快速升降，且轻载时的提升速度应大于额定负载时的提升速度。要有适当的低速区，一般当提升重物开始以及要达到预定位置时都需要低速运行。

(3) 要同时应用电气制动和机械抱闸制动，以保证安全可靠的工作。大车和小车的移行机构对电力拖动的要求比较简单，只要求有一定的调速范围，分为几挡控制即可。启动的第一级作为预备级，用以消除启动时的机械冲击，启动转矩也限制在额定转矩的一半以下。为实现准确停车，增加电气制动，减轻机械抱闸的负担，提高制动的可靠性。

(4) 提升的第一挡作为预备挡，主要用于消除传动间隙，将钢绳张紧，避免过大的机械冲击。下降时，根据负载的大小，电动机可以是电动状态，也可以是倒拉反接制动状态或再生发电制动状态，以满足对不同下降速度的要求。

4．桥式起重机电动机的工作状态

(1) 移行机构电动机：移行机构电动机的负载转矩为飞轮滚动摩擦力矩与轮轴上的摩擦力矩之和，这种负载转矩始终是阻碍运动的，所以是阻力转矩，当大车小车需要来回移行时，电动机工作在正、反向电动状态。

(2) 提升机构电动机的工作状态分为提升和下降两种。

① 提升重物时，电动机承受两个阻力转矩，即重物自身产生的重力转矩及提升过程中传动系统存在的摩擦转矩。当电动机产生的电磁转矩克服阻力转矩时，重物将被提升，此时电动机处于电动状态。

② 当下放重物时若负载较重，为获得较低的下降速度，需将电动机按正转提升方向接线，此时电磁转矩成为阻碍下降的制动转矩，电动机最后将处于倒拉反接制动状态。

如轻载下降时，则可能有两种情况，当重力转矩小于摩擦转矩时，依靠负载自身重量不能下降，电动机此时应处于反接电动状态。当重力转矩大于摩擦转矩时，电动机处于反向再生发电制动状态，但在此状态时，直流电动机电枢回路或交流绕线式异步电动机转子回路不允许串接电阻。

5．实训内容与要求

(1) 深入现场参观实习，充分了解桥式起重机的结构、操作和工作过程以及对电力拖动和控制的要求。同时做好记录。

(2) 根据了解的情况，分析电气原理图。包括对主电路、控制电路、辅助电路、连锁和保护环节及特殊

控制环节等的分析，熟悉每个电气元件的作用。

（3）认真观察每个电气元件的安装位置，了解其安装方法。

技能训练11　混凝土搅拌机的操作

1. 实训目的

了解混凝土搅拌机各部分的构成、安装位置，掌握操作过程，熟悉控制环节。

2. 实训内容与要求

（1）深入现场，充分了解混凝土搅拌机各部分的结构、操作和工作过程以及对电力拖动和控制的要求。同时做好记录。

（2）分析电气原理图，熟悉每个电气元件的作用。

（3）认真观察每个电气元件的安装位置，了解其安装方法，画出电气布置图及电气安装接线图。

学习情境 7

电梯的运行控制、安装调试与维护

教学导航

<table>
<tr><td>学习任务</td><td>任务 7-1　电梯认知；　　　任务 7-2　电梯电气控制专用器件；
任务 7-3　电梯的电力拖动；
任务 7-4　交流双速、轿内按钮控制电梯；
任务 7-5　电梯安装与检验；任务 7-6　电梯的运行调试与维护</td><td>参考学时</td><td>12</td></tr>
<tr><td>能力目标</td><td colspan="3">1．明白电梯的构造及相关知识；　　　2．会使用电梯的专用器件；
3．具有电梯电气控制线路的识图能力；　4．具有电梯设备的安装、运行调试能力；
5．做好安装记录，具有检测及维护运行能力</td></tr>
<tr><td>教学资源与载体</td><td colspan="3">电梯案例图纸、规范、书中相关内容，多媒体网络平台；教材、动画课件；一体化电梯实训室；课业单、工作计划单、评价表</td></tr>
<tr><td>教学方法与策略</td><td colspan="3">项目教学法，角色扮演法，演示法，参与型教学法</td></tr>
<tr><td>教学过程设计</td><td colspan="3">下达任务→给出电梯案例图→宏观识读→带着问题投入学习→从构造入手→分析运行原理，进行编程与操作训练→进行安装训练→做好安装记录→调试与维护训练→检查评价</td></tr>
<tr><td>考核与评价</td><td colspan="3">电梯控制系统的图纸识读与操作；电梯专用设备的选用安装；排故考察；语言表达能力；工作态度；任务完成情况与效果</td></tr>
<tr><td>评价方式</td><td colspan="3">自我评价（10%），小组评价（30%），教师评价（60%）</td></tr>
</table>

随着建筑行业的快速发展，电梯作为建筑物内提供上下交通运输的工具，也有了日新月异的发展。如今，电梯已像轮船、汽车一样，成为人们频繁乘用的交通运输设备。电梯是一种相当复杂的机电综合设备，技术上又较难全面掌握，为了使从事建筑电气工程的人员对电梯技术有一定的了解，本单元对电梯的机械部分仅做简单介绍，重点是通过实例对电梯的电气控制进行分析，使之掌握电梯的安装、调试及维护运行。

电梯的电气控制系统决定着电梯的性能、自动化程度和运行可靠性。电梯控制技术从直流电动机驱动到交流单速、交流双速电动机驱动，再到交流调压调速（ACVV）控制、交流调压调频调速（VVVF）控制，使得控制技术不断成熟。另外，随着电子技术、计算机技术、自动控制技术在电梯中的广泛应用，使电梯的安全、可靠性得到了保障，在节能降耗、减小噪声等方面都有了极大的改善，使人乘坐更加舒适。

任务描述

从电梯认知入手，叙述电梯的分类、电梯的基本构造及电梯的安全保护；然后叙述电梯电气控制系统中的主要专用器件，如平层感应器、层楼转换开关等；再介绍电梯的电力拖动特点；接着分析电梯的电气控制案例，如按钮控制式及可编程控制等；最后介绍电梯的安装与检验（各环节安装方法及安装记录），电梯的运行调试与维护方法。

任务分析

认识电梯及使用的专用器件，了解其组成、原理、符号及作用；电梯的电力拖动特点的分析；电梯的电气控制案例；电梯安装与检验；电梯的运行调试与维护方法；

教学方法与步骤

◆教师活动：下达任务，电梯的构造与安装。
◆学生活动：学生分组进行角色扮演。
咨询与计划：分析学习目标要求，负责人组织编制学习计划与分工。
实施过程：由组长根据所分配的重点问题，组织学习和研讨。

任务 7-1　电梯认知

7.1.1　电梯的分类

1. 按用途分类

按用途分类如表 7-1 所示。

表 7-1　电梯的分类

序号	分类	用　　途	特　　点
1	乘客电梯	为运送乘客而设计的电梯。主要应用在宾馆、饭店、办公楼、百货商场等客流量大的场所	运行速度快，自动化程度高，安全可靠，乘坐舒适，装饰美观等
2	货梯	为运送货物而设计的并常有人伴随的电梯。主要应用在两层楼以上的车间和各类仓库等场合	运行速度和自动化程度低，其装潢和舒适感不太讲究

续表

序号	分类	用　　途	特　　点
3	客货两用电梯	既可运送乘客又可运送货物	它与乘客电梯的区别在于轿厢内部的装饰结构不同
4	住宅电梯	供住宅使用的电梯	使用方便，运行平稳
5	杂物电梯（服务电梯）	为图书馆、办公楼、饭店运送图书、文件、食品等	由门外按钮操纵，安全设施不齐全，禁止乘人
6	病床电梯	为医院运送病人和医疗器械而设计的电梯	轿厢窄而深，由专职司机操纵，运行比较平稳
7	特种电梯	为特殊环境、特殊要求、特殊条件而设计的电梯。如观光电梯、车辆电梯、船舶电梯、防爆电梯、防腐电梯等	专用性强
8	船用电梯	船舶上使用的电梯	能在船舶的摇晃中工作，速度≤1m/s
9	汽车电梯	用做运送车辆的电梯	面积大，应与所装运的车辆相匹配。构造牢固，升降速度≤1m/s
10	液压电梯	依靠减压驱动的电梯	借助曳引绳通过滑轮组与轿厢连接，速度≤1m/s
11	观光电梯	乘客可观看轿厢外景物的电梯	井道和轿厢壁至少有同一侧透明

2．按运行速度分类

（1）低速电梯（丙类电梯）：速度 v≤1m/s 的电梯。如 0.26、0.5、0.75、1 m/s，通常用在10层以下的建筑物或客货两用电梯或货梯。

（2）快速电梯（乙类电梯）：速度 1.0 m/s＜v≤2.0 m/s 的电梯。如 1.5、1.75 m/s，通常用在10层以上、16层以下的建筑物内。

（3）高速电梯（甲类电梯）：速度 2.0 m/s＜v≤3 m/s 的电梯。如 2、2.5、3 m/s 等，通常用在16层以上的建筑物内。

（4）超高速电梯：速度 3 m/s＜v≤10 m/s 或更高速的电梯，通常用在超高层建筑物内。

3．按拖动方式分类

（1）交流电梯：包括采用单速交流电动机拖动，交流异步双速电动机、变极调速电动机拖动（简称交流双速电梯，速度一般小于 1.0 m/s）；交流异步双绕组双速电动机调压调速拖动的电梯（俗称 ACVV 拖动电梯）；交流调频调压电梯（俗称 VVVF 拖动）。

（2）直流电梯：包括采用直流发电机—电动机组拖动；直流晶闸管励磁拖动。晶闸管整流器供电的直流拖动，这在20世纪80年代中期前用在中、高档乘客电梯上，以后不再生产。

4．按驱动方式分类

（1）钢丝绳式：曳引电动机通过蜗杆、蜗轮、曳引绳轮驱动曳引钢丝绳两端的轿厢和对重装置做上下运动的电梯。

（2）液压式：电动机通过液压系统驱动轿厢上下运行的电梯。

5．按曳引机房的位置分类

（1）机房位于井道上部的电梯。

（2）机房位于井道下部的电梯。近年来也有无机房电梯。

6．按控制方式分类

（1）手柄操纵控制电梯：由电梯司机操纵轿厢内的手柄开关，实行轿厢运行控制的电梯。

司机用手柄开关操纵电梯的启动、上、下和停层。在停靠站楼板上、下 0.5～1 m 之内有平层区域，停站时司机只需在到达该区域时，将手柄扳回零位，电梯就会以慢速自动到达楼层停止。有手动开关门和自动门两种，自动门电梯停层后，门将自动打开。手柄操纵方式一般应用于低楼层的货梯控制。

（2）按钮控制电梯：操纵层门外侧按钮或轿厢内按钮，均可控制轿厢停靠相应层站。按钮控制电梯分类如表 7-2 所示。

表 7-2　按钮控制电梯分类

序号	分类	用 途 特 点
1	手柄控制电梯	司机在轿厢内操纵手柄开关，控制电梯启动上、下、平层、停止的运行状态。要求轿厢门上装玻璃窗口或使用栅栏门，便于判断层数控制平层。包括自动门和手动门两种。多用于货梯
2	按钮控制电梯	有自动平层功能。分轿内按钮控制和轿外按钮控制两种。 轿内按钮控制由司机进行操纵。电梯只接收轿内按钮的指令，厅门上的召唤按钮只能以点亮轿厢内召唤指示灯的方式发出召唤信号，不能截停和操纵电梯，多用于客货两用梯 轿外按钮控制操纵内容通常为召唤电梯、指令运行方向和停靠楼层。一旦接收了某一层的操纵指令，在完成前不接收其他楼层的操纵指令，一般用在杂物梯上
3	信号控制电梯	将层门外上下召唤信号、轿厢内选层信号和其他专用信号加以综合分析判断，由电梯司机操纵控制轿厢的运行。具有自动平层和自动门、轿厢命令登记、厅外召唤登记、自动停层、顺向截停和自动换向等功能
4	集选控制电梯	将各种信号加以综合分析，自动决定轿厢运行的无司机控制。乘客进轿厢后，按一下层楼按钮，电梯在等到预定的停站时间时，便自动关门启动运行，并在运行中逐一登记各楼层召唤信号，对符合运行方向的召唤信号，逐一自动停靠应答，在完成全部顺向指令后，自动换向应答反向召唤信号。当无召唤信号时，电梯自动关门停机或自动驶回基站关门待命
5	群控电梯	对集中排列的多台电梯，公用层门外按钮，按规定程序的集中调度和控制，利用微机进行集中管理电梯
6	并联控制电梯	公用层门外召唤信号，按规定顺序自动调度，确定其运行状态的控制，电梯本身具有自选功能
7	梯群智能控制电梯	有数据的采集、交换、存储功能，还能进行分析、筛选、报告的功能。控制系统可显示所有电梯的运行状态，由电脑根据客流情况自动选择最佳运行方式。具有省人、省电、省设备的特点

7.1.2　电梯的基本规格、主要参数及型号

表 7-3 是一张电梯技术参数格式表。

表 7-3　电梯技术参数

工程名称		梯号	
安装单位		日期	
电梯型号		载重量	
出厂编号		层/站，门	
额定速度（m/s）			

续表

曳引机	曳引机型号：　曳引轮直径：		
	曳引绳：qb Tam　　根		
	速比：　　制造厂：		
曳引电动机	额定电压=　　V　　额定电流=　　A		
	额定功率=　　kW　　额定转速=　　r/min		
制动器	电压：　　V　　维持电压：　　V		
驱动方式		曳引比	
控制屏	型号：　　编号：		
控制方式			
限速器	形式：　　型号：　　动作速度：　　m/s		
	制造厂：		
安全钳	形式：　　型号：　　制造厂：		
缓冲器	形式：　　型号：　　制造厂：		
开门方式		开门宽度	
门　　锁	型号：　　制造厂：		
轿厢尺寸	宽×深×高=　　　×　　　×		
提升高度（m）			
监理工程师 （建设单位代表）	施工技术 负责人	施工 质检员	记录人 （工长）

1．电梯的基本规格、主要参数

由电梯的基本规格参数可以确定一台电梯的服务对象、运送能力、工作性能以及对井道机房等方面的要求，电梯的主参数是指额定载重量和额定速度。

1）额定载重量（kg）

指制造和设计规定的电梯载重量，因此它是电梯的主参数。电梯的载重量主要有 400、630、800、1000、1250、1600、2000、2500 kg 等。

2）额定速度（m/s）

指制造和设计规定的电梯运行速度。电梯的额定速度通常为 0.63、1.00、1.60、2.50 m/s 等。

3）电梯的用途

指客梯、货梯、病床梯等。

4）电气控制系统

包括控制方式、拖动系统的形式等。如交流电动机拖动、直流电动机拖动或液压拖动，轿内按钮控制、集选控制或群控制等。

5）轿厢尺寸、形式

轿厢有内部尺寸和外廓尺寸，以宽×深×高表示。内部尺寸由梯种和额定载重量决定，外廓尺寸关系到井道的设计。

轿厢形式有单面或双面开门及其他特殊要求等，以及对轿顶、轿底、轿壁的处理，颜色的选择，对电风扇、电话的要求等。

6）井道尺寸（mm）

用宽×深表示。

7）井道高度（mm）

由井道底面至机房楼板或隔音层楼板下最突出构件之间的垂直距离。

8）停层站数（站）

凡在建筑物内各楼层用于出入轿厢的地点均称为站。

9）提升高度（mm）

由底层端站楼面至顶层端站楼面之间的垂直距离。

10）顶层高度（mm）

由顶层端站楼面至机房楼板或隔音层楼板下最突出构件之间的垂直距离。一般电梯的运行速度越快，顶层高度越高。

11）底坑深度（mm）

由底层端站楼面至井道底面之间的垂直距离。一般电梯的运行速度越快，底坑越深。

12）门的形式

电梯门的结构形式有中分式门、旁开式门、直分式门等（栅栏门、封闭式中分门、封闭式双折门、封闭式双折中分门等）。人在轿外面对轿厢，门向左方向开启的为左开门，门向右方向开启的为右开门，两扇门分别向左右两边开启者为中开门，也称中分门。开门宽度（mm）指轿厢门和层门完全开启时的净宽度。

13）曳引方式

常用的曳引方式有3种：半绕1:1吊索法，轿厢的运行速度等于钢丝绳的运行速度；半绕2:1吊索法，轿厢的运行速度等于钢丝绳运行速度的一半；全绕1:1吊索法，轿厢的运行速度等于钢丝绳的运行速度。

上述基本规格内容的搭配方式又称为电梯系列型谱，关于其制定方法，各国及一些电梯制造企业均有所不同，有关内容还可参照有关标准《电梯系列型谱》及《电梯主参数及轿厢、井道、机房的型式及尺寸》或产品样本中的有关规定。

2. 电梯的型号

按我国建设部标准《电梯、液压梯产品型号编制方法》，电梯、液压梯产品的型号由其类、组、型、主参数和控制方式三个部分代号组成。电梯型号的含义如下所示。

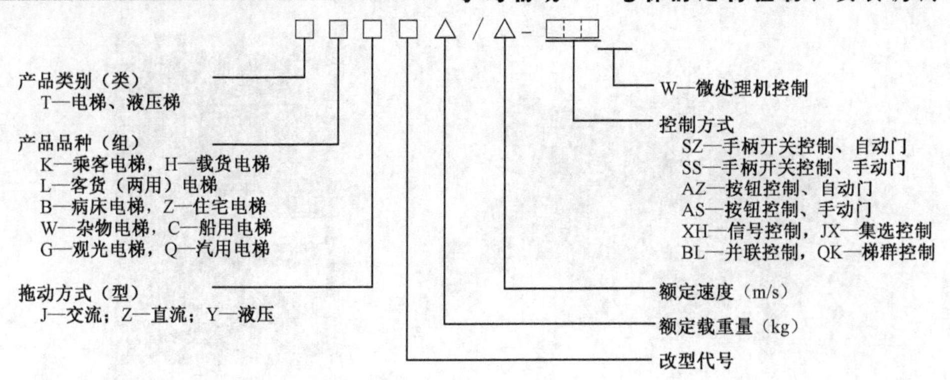

7.1.3 电梯的基本构造

电梯是机、电合一的大型复杂产品，电梯由机械和电气两大系统组成。机械部分相当于人的躯体，电气部分相当于人的神经，机与电的高度合一使电梯成为现代高科技产品。

机械系统由曳引系统、导向系统、轿厢和对重装置、门系统和安全保护系统组成。电气控制系统主要由控制柜、操纵箱等十多个部件和几十个分别装在各有关电梯部件上的电气元件组成。机电系统的主要部件分别装在机房、井道、厅门、轿厢及底坑中，不同型号的电梯，其组成各异。曳引型电梯的基本结构如图 7-1 所示，部分实物如图 7-2 所示。为了在分析电气线路时对其各部分的机械配合有所了解，下面就机械系统做简单介绍。

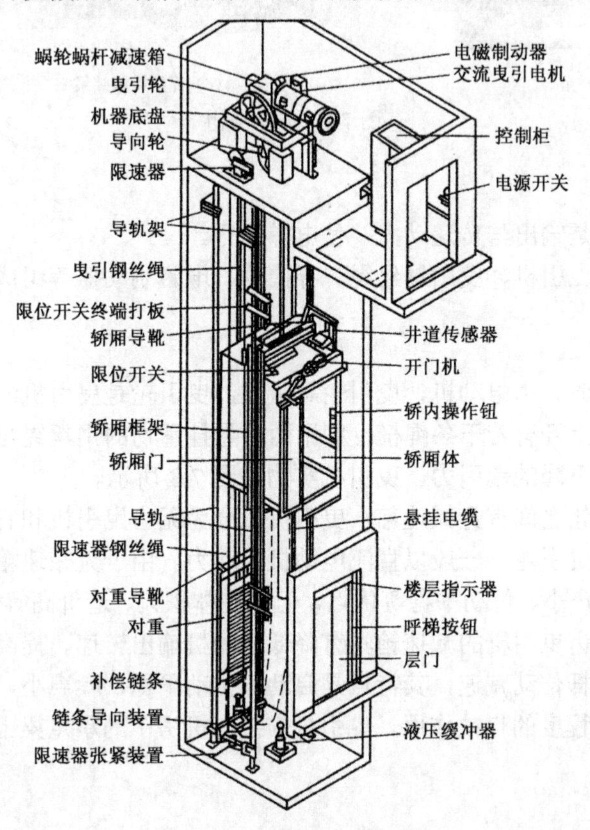

图 7-1 电梯的基本结构

（a）机房中的设备

（b）控制电路板

（c）轿箱

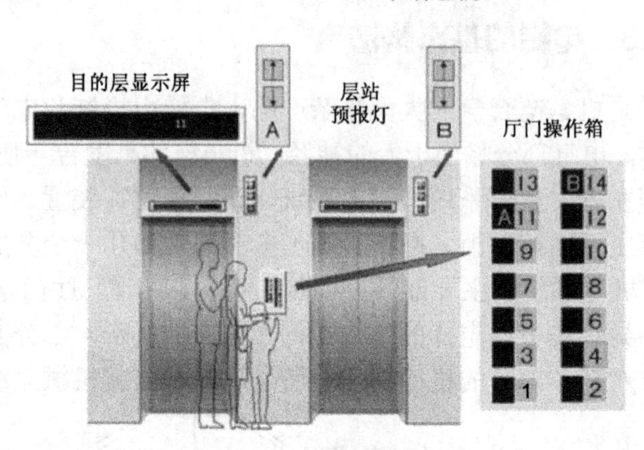

（d）厅门模拟效果

图 7-2　电梯实物

1．曳引系统

曳引系统的功能是输出与传递动力，使电梯运行。

曳引系统主要由曳引机、曳引钢丝绳、导向轮、电磁制动器等组成。

1）曳引机

它是电梯的动力源。由电动机、曳引轮等组成，曳引轮是曳引机的工作部分，安装在曳引机的主轴上，轮缘上开有若干条绳槽，利用两端悬挂重物的钢丝绳与曳引轮槽间的静摩擦力，提高电梯上升、下降的牵引力。曳引机实物如图 7-3 所示。

按电动机与曳引轮之间有无减速箱，曳引机可分为无齿曳引机和有齿曳引机。无齿曳引机由电动机直接驱动曳引轮，一般以直流电动机为动力。由于无减速箱为中间传递环节，它具有传递效率高、噪声小、传动平稳等优点，但存在体积大、造价高等缺点，一般用于 2 m/s 以上的高速电梯。有齿曳引机的减速箱具有降低电动机输出转速、提高输出力矩的作用。减速箱多采用蜗轮、蜗杆传动减速，其特点是启动、传动平稳，噪声小，运行停止时根据蜗杆头数的不同起到不同程度的自锁作用。曳引机安装在机房中的承重梁上。

2）曳引钢丝绳

（1）组成：钢丝绳一般有 4～6 根，其常见的绕绳方式有半绕式和全绕式，如图 7-4 所示。

（a）　（b）

图 7-3　曳引机

（a）　（b）　（c）

图 7-4　绕绳方式

（2）作用：连接轿厢和对重（也称平衡重），靠与曳引轮间的摩擦力来传递动力，驱动轿厢升降。

3）导向轮

因为电梯轿厢一般尺寸比较大，轿厢悬挂中心和对重悬挂中心之间距离往往大于设计上所允许的曳引轮直径，所以要设置导向轮，使轿厢和对重相对运动时不互相碰撞，安装在承重梁下部。

4）电磁制动器

（1）组成：由制动电磁铁、制动臂、制动闸瓦等组成。制动电磁铁一般采用结构简单、噪声小的直流电磁铁。

（2）安装：电磁制动器安装在电动机轴与减速器相连的制动轮处。

（3）作用：当电动机通电时松闸，电动机断电时将闸抱紧，使曳引机制动停止。

2．导向系统

导向系统的功能是限制轿厢和对重的活动自由度，使轿厢和对重只能沿着导轨作升降运动。

导向系统的组成：由导轨、导靴和导轨架组成。

1）导轨

（1）作用：在井道中确定轿厢和对重的相互位置，并对它们的运动起导向作用。

（2）分类：分轿厢导轨和对重导轨两种，对重导轨一般采用 75 mm×75 mm（8～10 mm）的角钢制成，而轿厢导轨则多采用普通碳素钢轧制 T 字形截面的专用导轨。每根导轨的长度一般为 3～5 m，其两端分别加工成凹凸形状榫槽，安装时将凹凸形状榫槽互相对接好以后，再用连接板将两根导轨紧固成一体。

2）导靴

它装在轿厢和对重导轨架上，与导轨配合，是强制轿厢和对重的运动服从于导轨的部件。导靴分为滑动导靴和滚动导靴。滑动导靴主要由两个侧面导轮和一个端面导轮构成。三个滚

轮从三个方面卡住导轨，使轿厢沿着大导轨上下运行，并能提高乘坐舒适感，多用在高速电梯中。

3）导轨架

它是支承导轨的组件，固定在井壁上。导轨在导轨架上的固定方法有螺栓固定和压板固定两种。

3．轿厢

轿厢的功能：用以运送乘客或货物，是电梯的工作部分。

轿厢的组成：由轿厢架和轿厢体组成。

1）轿厢架

（1）组成：由上梁、立柱、底梁等组成。底梁和上梁多采用 16～30 号槽钢和角钢制成，也可以用 3～8 mm 厚的钢板压制而成。立柱用槽钢或角钢制成。

（2）作用：是固定轿厢体的承重构架。

2）轿厢体

（1）组成：由轿底、轿壁和轿顶等组成。

轿底由 6～10 号槽钢和角钢按设计要求尺寸焊接框架，然后在框架上铺设一层 3～4 mm 厚的钢板或木板而成。轿壁多采用厚度为 1.2～1.5 mm 的薄钢板制成槽钢形，壁板的两头分别焊一根角钢做头。轿壁间以及轿壁与轿顶、轿底间多采用螺钉紧固成一体。轿顶的结构与轿壁相仿。轿顶装有照明灯、电风扇等。除杂物电梯外，电梯的轿顶均设置安全窗，以便在发生事故或故障时，司机或检修人员上轿顶检修井道内的设备。必要时，乘用人员还可以通过安全窗撤离轿厢。

（2）装饰：轿厢是乘用人员直接接触的电梯部件，各电梯制造厂对轿厢的装潢都是比较重视的，一般均在轿壁上贴各种装潢材料，在轿顶下面添加各种各样的吊顶等，给人以豪华、舒适的感觉。

（3）作用：是轿厢的工作容体，具有与载重量和服务对象相适应的空间。

4．门系统

门系统的功能：封住层站入口和轿厢入口。

门系统的组成：由轿厢门、层门、门锁装置、自动门拖动装置等组成。

1）轿门

（1）组成：设在轿厢入口的门由门、门导轨、轿厢地坎等组成。

（2）分类：按结构形式可分为封闭式轿门和栅栏式轿门两种。如果按开门方向分类，栅栏式轿门可分为左开门和右开门两种。封闭式轿门可分为左开门、右开门和中开门三种。除一般的货梯轿门采用栅栏式门外，多数电梯均采用封闭式轿门。

2）层门

层门也称厅门，设在各层停靠站通向井道入口处的门。由门、门导轨架、层门地坎、层门联动机构等组成。门扇的结构和运动方式与轿门相对应。

3）门锁装置

它设置在层门内侧，门关闭后，将门锁紧，同时接通门电连锁电路，使电梯能启动运行。轿门应能在轿内和轿外手动打开，而层门只能在井道内为人解脱门锁后打开，厅外只能用专用钥匙打开。

4）开关门电动机

它是轿门、层门开启或关闭的装置。开关门电动机多采用直流分激式电动机作原动力，并利用改变电枢回路电阻的方法来调节开、关门过程中的不同速度要求。轿门的启闭均由开关门电动机直接驱动，而厅门的启闭则由轿门间接带动。为此，厅门与轿门之间需有系合装置。

为了防止电梯在关门过程中将人夹住，带有自动门的电梯常设有关门安全装置，在关门过程中，只要受到人或物的阻挡，便能自动退回，常见的是安全触板。

5. 重量平衡系统

重量平衡系统的功能：相对平衡轿厢重量，在电梯工作中能使轿厢与对重间的重量差保持在某一个限额之内，保证电梯的曳引传动正常。

重量平衡系统的组成：由对重和重量补偿装置组成。

（1）对重：由对重架和对重块组成，其重量与轿厢满载时的重量成一定的比例，与轿厢间的重量差具有一个恒定的最大值，又称平衡重，如图 7-5 所示。

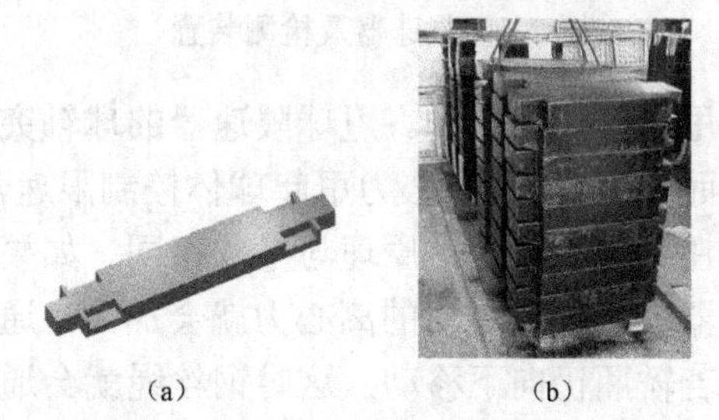

(a)　　(b)

图 7-5　轿厢对重

为了使对重装置能对轿厢起最佳的平衡作用，必须正确计算对重装置的总重量。对重装置的总重量与电梯轿厢本身的净重和轿厢的额定载重有关，它们之间的关系常用下式来决定：

$$P=G+KQ \tag{7-1}$$

式中，P 为对重装置的总质量（kg）；G 为轿厢净重（kg）；Q 为电梯额定载重量（kg）；K 为平衡系数（一般取 0.45～0.5）。

（2）重量补偿装置：它是在高层电梯中补偿轿厢侧与对重侧曳引钢丝绳长度变化对电梯平衡设计影响的装置，分为补偿链和补偿钢丝绳两种形式。补偿链（或钢丝绳）一端悬挂在轿厢下面，另一端挂在对重下面，并安装有张紧轮及张紧行程开关，如图 7-4（c）所示。

当轿厢墩底时，张紧轮被提升，使行程开关动作，切断控制电源，使电梯停驶。

6. 安全保护系统

安全保护系统的功能：保证电梯安全使用，防止一切危及人身安全的事故发生。

安全保护系统的组成：分为机械安全保护系统和机电连锁安全保护系统两大类。机械部分主要有限速装置、缓冲器等。机电连锁部分主要有终端保护装置和各种连锁开关等。

1）限速装置

限速装置由安全钳和限速器组成。其主要作用是限制电梯轿厢运行速度。当轿厢超过设计的额定速度运行处于危险状态时，限速器就会立即动作，并通过其传动机构——钢丝绳、拉杆等，促使安全钳动作抱住（卡住）导轨，使轿厢停止运行，同时切断电气控制回路，达到及时停车、保证乘客安全的目的。

（1）限速器：限速器安装在电梯机房楼板上，其位置在曳引机一侧。限速器的绳轮垂直于轿厢的侧面，绳轮上的钢丝绳引下井道与轿厢连接后再通过井道底坑的张紧绳轮返回到限速器绳轮上，这样，限速器的绳轮就随轿厢运行而转动。电梯双向限速器和限速器检测装置如图 7-6 所示。

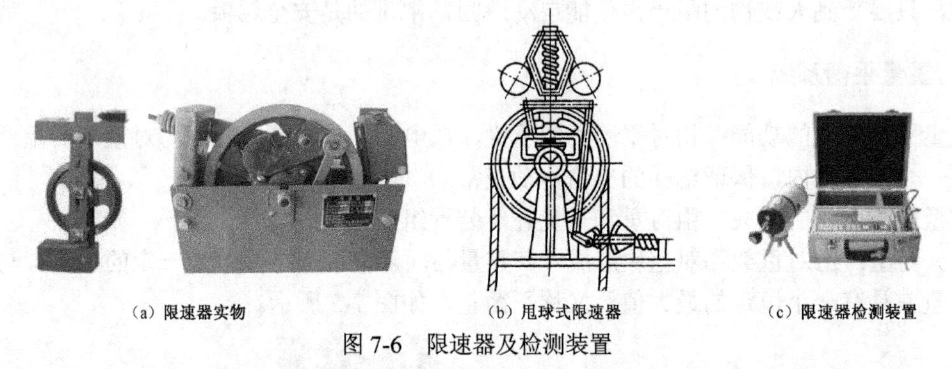

（a）限速器实物　（b）甩球式限速器　（c）限速器检测装置

图 7-6　限速器及检测装置

限速器有甩球限速器和甩块限速器两种。甩球限速器的球轴突出在限速器的顶部，并与拉杆弹簧连接，随轿厢运行而转动，利用离心力甩起球体控制限速器的动作，结构图如图 7-5 所示。甩块限速器的块体装在心轴转盘上，原理与甩球相同。如果轿厢向下超速行驶时，超过了额定速度的 15%，限速器的甩球或甩块的离心力就会加大，通过拉杆和弹簧装置卡住钢丝绳，制止钢丝绳移动。但若轿厢仍向下移动，这时钢丝绳就会通过传动装置把轿厢两侧的安全钳提起，将轿厢制动停止在导轨上。

（2）安全钳：安全钳安装在轿厢的底梁上，即底梁两端各装一副，其位置和导靴相似，轿厢沿导轨运行，如图 7-7 所示。安全钳楔块有拉杆、弹簧等传动机构与轿厢限速器钢丝绳连接，组成一套限速装置。

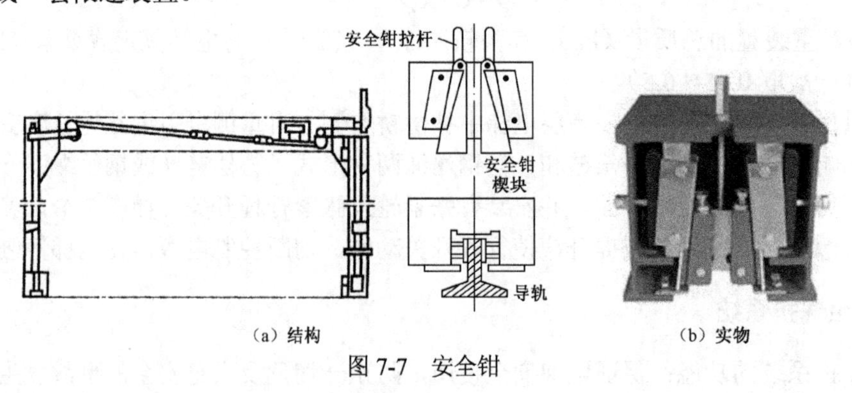

（a）结构　（b）实物

图 7-7　安全钳

当电梯轿厢超速时，限速器钢丝绳被卡住，轿厢再运行，安全钳将被提起。安全钳是有角度的斜形楔块并受斜形外套限制，所以向上提起时必然要向导轨夹靠而卡住导靴，制止轿厢向下滑动，同时安全钳开关动作，切断电梯的控制电路。

2）缓冲器

缓冲器安装在井道底坑的地面上。若由于某种原因，当轿厢或对重装置超越极限位置时发生墩底时，它是用来吸收轿厢或对重装置动能的制动停止装置。

缓冲器按结构分为有弹簧缓冲器、油压缓冲器和聚氨酯缓冲器三种，如图 7-8 所示。弹簧缓冲器是依靠弹簧的变形来吸收轿厢或对重装置的动能，多用在低速电梯中。油压缓冲器以油作为介质来吸收轿厢或对重的动能，多用在快速梯和高速梯中。

3）端站保护装置

端站保护装置是一组防止电梯超越上、下端站的开关，能在轿厢或对重碰到缓冲器前，切断控制电路或总电源，使电梯被曳引机上的电磁制动器所制动。常设有强迫减速开关、终端极限开关和极限开关，如图 7-9 所示。

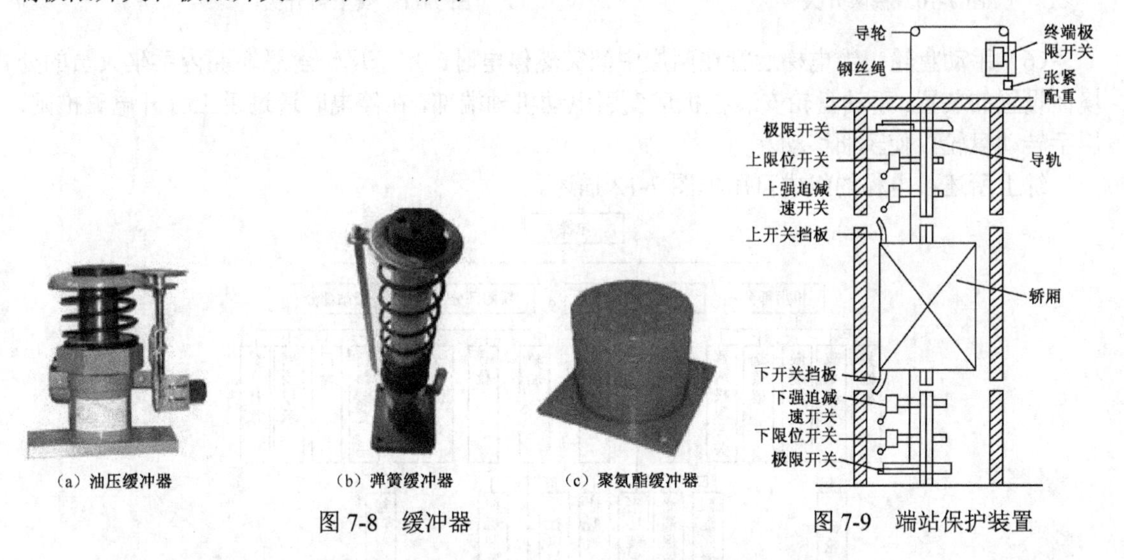

（a）油压缓冲器　（b）弹簧缓冲器　（c）聚氨酯缓冲器

图 7-8　缓冲器

图 7-9　端站保护装置

（1）强迫减速开关：是防止电梯失控造成冲顶或墩底的第一道防线，由上、下两个位置开关组成，一般安装在井道的顶端和底部。当电梯失控，轿厢行至顶层或底层而又不能换速停止时，轿厢首先要经过强迫减速开关，这时装在轿厢上的开关挡板与强迫减速开关碰轮相接触，使强迫减速开关动作，迫使轿厢减速。

（2）限位开关：是防止电梯失控造成冲顶或墩底的第二道防线，由上、下两个限位开关组成，分别安装在井道的顶部或底部。当电梯失控后，经过减速开关而又未能使轿厢减速行驶，轿厢上的开关挡板与限位开关相碰，使电梯的控制电路断电，轿厢停驶。

（3）极限开关：极限开关由特制的终端极限开关（铁壳开关）和上、下碰轮及传动钢丝绳组成。钢丝绳的一端绕在装于机房内的特制的终端极限开关（铁壳开关）闸柄驱动轮上，并由张紧配重拉紧。另一端与上、下碰轮架相接，如图 7-9 和图 7-10 所示。

当轿厢超越端站碰撞强迫减速开关和限位开关仍失控时（如接触器断电不释放），在轿

厢或对重未接触缓冲器之前，装在轿厢上的开关挡板接触极限开关的碰轮，牵动与终端极限开关相连的钢丝绳，使只有人工才能复位的终端极限开关拉闸动作，从而切断主回路电源，迫使轿厢停止运动。

（4）钢丝绳张紧开关：电梯的限速装置、重量补偿装置、机械选层器等的钢丝绳或钢带都有张紧装置。如发生断绳或拉长变形等，其张紧开关将断开，切断电梯的控制电路等待检修。

（5）安全窗开关：轿厢的顶棚设有一个安全窗，便于轿顶检修和断电中途停梯而脱离轿厢。在电梯运行时，必须将打开的安全窗关好后，安全窗开关才能使控制电路接通，如图 7-11 所示。

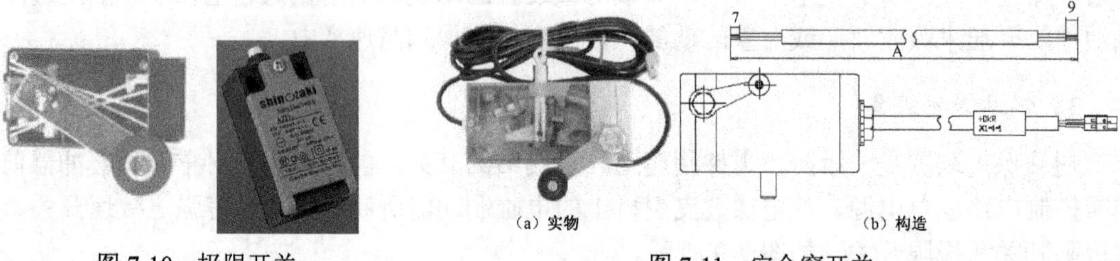

（a）实物　　（b）构造

图 7-10　极限开关　　　　图 7-11　安全窗开关

（6）手动盘轮：当电梯运行在两层中间突然停电时，用于尽快解脱轿厢内乘坐人员的处境而设置的装置。手动盘轮安装在机房曳引电动机轴端部，在停电时通过手工打开电磁抱闸，用手转动盘轮，使轿厢移动。

综上所述，电梯的组成可用框图 7-12 描述。

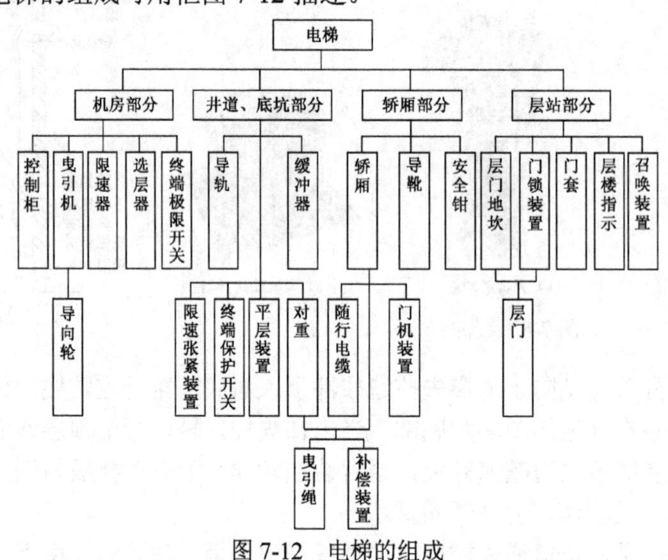

图 7-12　电梯的组成

实训 16　电梯的构造与安装

1. 实训目的

（1）了解电梯的基本组成；

（2）掌握电梯机房、井道、轿厢、厅门四部分设备的安装位置、作用等；

（3）重点掌握制动装置和曳引系统的设备位置和作用。

2．实训内容

（1）了解电梯的总体构成；
（2）掌握电梯各部分设备的安装位置、作用。

3．实训主要设备

电梯上的各种设备。

4．实训步骤

（1）编写实训计划书；
（2）熟悉系统设备安装位置；

5．实训报告

（1）编写实训计划书；
（2）实训工程报告。

6．实训记录与分析

表7-4 电梯设备安装记录

序号	系统名称	设备名称	安装位置	作用
	电梯机房			
	井道			
	轿厢			
	厅门			
	制动装置			
	曳引系统			

7．问题讨论

（1）讨论制动装置和曳引系统的设备位置和作用。
（2）轿厢内有什么设备？起什么作用？

任务7-2 电梯电气控制专用器件

任务描述

电梯作为一种特殊的交通工具，在对其控制时，除需要通用电气元件外，还有一些专用器件，如换速平层装置、选层器、操纵箱、指层灯箱、召唤按钮箱、轿顶检修箱、控制柜等，

介绍这些专用器件的构造、原理，外形及图形符号，阐述器件的应用，为研究电梯的工作原理打好基础。

任务分析

先认知换速平层装置、选层器、操纵箱、指层灯箱、召唤按钮箱、轿顶检修箱、控制柜，在此基础上研究专用器件的构造、原理、外形及图形符号，最后学习器件的应用。

方法与步骤

◆教师活动：下达任务→指导学习。

◆学生活动：分组结合实物学习研讨。

7.2.1 换速平层装置

换速平层装置（也称永磁传感器或干簧继电器），主要由 U 形永磁钢、干簧管、盒体组成。干簧管中装有既能导电又能导磁的金属簧片制成的动触头，并装有两个静触头，一个由导磁材料制成，与动触头组成一对常开触点（永磁感应器的图形符号就是按此状态画出的），结构如图 7-13 所示。

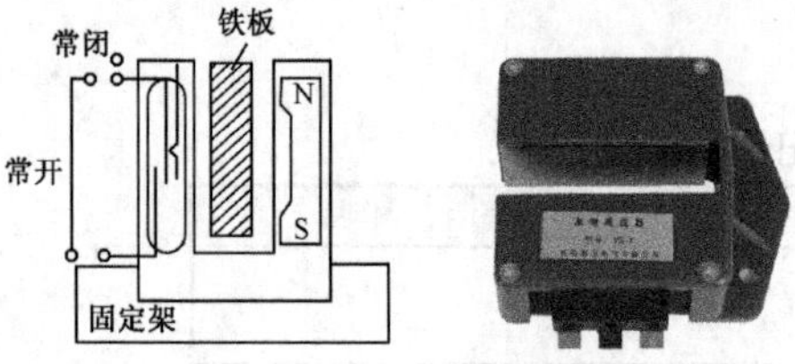

（a）　（b）

图 7-13　永磁感应器

1．换速平层装置的功能

当电梯要达到预定站时，为人们乘坐舒适应从高速换成低速，此时的换速平层装置起换速指令作用。而当电梯到预定站时为确保轿厢准确就位，应由换速平层装置发出平层停车指令。

2．换速平层装置的原理及应用

把干簧管和永磁铁安放在 U 形结构的盒体相对侧面，中间一般相距 20～40 mm。在永磁铁磁场的吸引下，两个导磁材料触点被磁化，相互吸引而闭合，常闭触点断开，若有感应铁板插入 U 形盒体结构中时，永磁铁的磁场通过铁板而组成回路（称磁短路或旁路），金属簧片失去吸引力而在本身的弹性作用下复位，其常闭触点恢复。

当用于换速时，永磁感应器安装在井道中停层区适当位置，每层楼安装一个，并带动一个继电器，然后经过继电器组成的逻辑电路，有顺序地反映出电梯的位置信号，再与各层楼的内外召唤信号进行比较而确定出电梯的运行方向。感应铁板固定在轿厢侧面，长约 1.2 m，当轿厢停层时，永磁感应器应处于感应铁板正中间。轿厢运行时，到达平层区停车位置前约 0.6 m 处（开始减速区），感应铁板便进入永磁感应器的 U 形结构中起磁短路作用，永磁感应器的触点复位，与其组合的继电器通电吸合，发出楼层转换的换速信号。

另外，永磁感应器还广泛应用于电梯的平层停车和自动开门控制，这种永磁感应器安装在轿厢顶部的支架上，有上升平层感应器、开门感应器、下降平层感应器（有时没有开门感应器）。每层楼平层区井道中装有平层感应铁板，长度为 600 mm，当轿厢停靠在某层站时，平层铁板应全部插入三个永磁感应器的空隙中，如图 7-14 所示。

当轿厢达到需要停的楼层并转为慢速运行进入平层区时，平层铁板插入永磁感应器中，永久磁铁的磁场被铁板短路，干簧管中的常闭触点复位，使与其串联的平层控制继电器得电吸合，其触点切断方向接触器的电源，使电动机失电停车，同时，开门感应器常闭触点接通开门电路，实现自动开门控制。这种定向装置组成的控制电路简单，但在使用过程中有撞击现象，容易损坏，仅用在低层楼的杂物梯和货梯中。

7.2.2　选层器

选层器的作用是：模拟电梯运行状态，向电气控制系统发出相应电信号的装置。选层器分为层楼指示器和机械选层器两种。

1．层楼指示器

（1）组成：层楼指示器由固定在曳引机主轴上的主动链轮部分及通过链条带动的指示器部分组成。指示器部分由链条，减速牙轮，动、静触头，塑料固定板及其固定架组成，如图 7-15 所示。常用于货梯和医用电梯控制中。

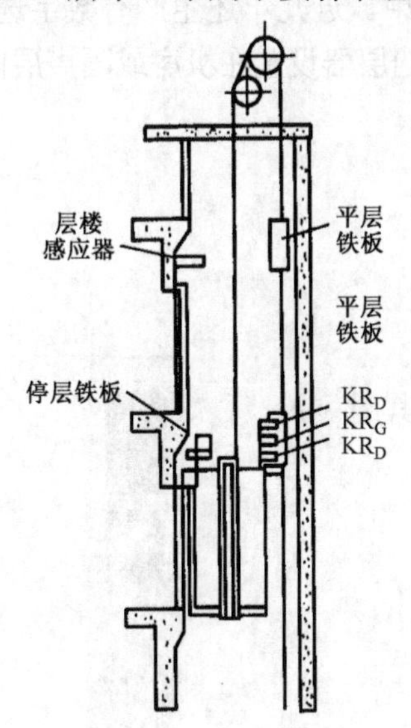

图 7-14　电梯平层示意

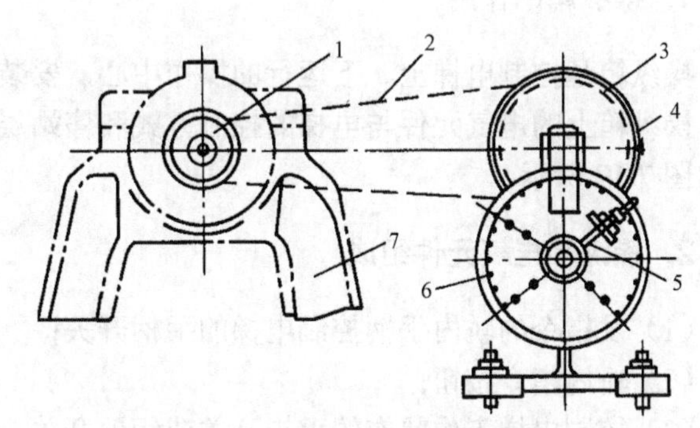

1—主动链轮；2—链条；3—减速链轮；4—减速牙轮；
5—动触点；6—静触点；7—曳引机轴架

图 7-15　层楼指示器

（2）工作原理：当电梯作上、下运行时，固定在曳引机主轴上的主动链轮随之转动，主动链轮通过链条、减速牙轮带动指示器的三个动触点，在 270°的范围内往返转动，三只动触点与对应的三组静触点配合，向电气控制系统发出三个电信号，通过这三个电信号实现轿厢位置的自动显示，能自动消除门厅外上、下召唤记忆指示灯信号。

2．机械选层器

（1）组成：机械选层器实质上是按一定比例（如 60:1）缩小了的电梯井道，由定滑板、

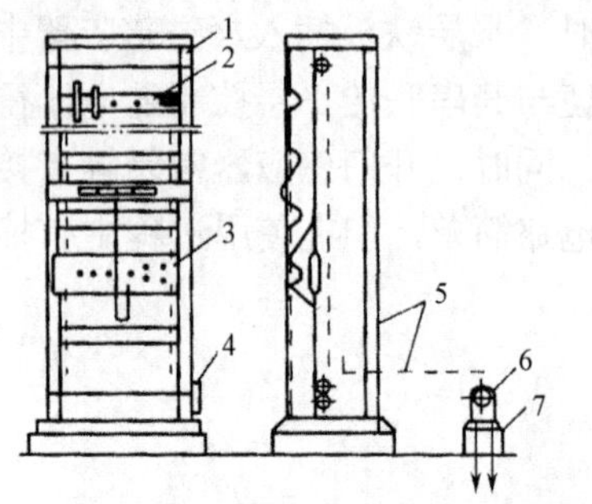

1—机架；2—层站定滑板；3—动滑板；4—减速箱；5—传动链条；6—钢带牙轮；7—冲孔钢带

图 7-16　选层器

动滑板、钢架、传动齿轮箱等组成。动滑板由链条和变速链轮带动，链轮又和钢带轮相接，钢带轮的钢带（或链带）深入井道，通过张紧轮张紧，钢带中间接头处固定在轿厢架上。电梯运行时，动滑板和轿厢做同步运动，如图 7-16 所示。

（2）工作原理：在选层器中，对应每层楼有一个定滑板，在定滑板上安装有多组静触头和微动开关（或干簧继电器），在动滑板上安装有多组动触头和碰块（或感应铁板）。当滑板运行到对应楼层时，该层的定滑板上的静触头与动滑板上的动触头相接触，其微动开关也因碰块的碰撞发生相应的变化。当动滑板离开对应的楼层时，其触头组又恢复原状态。

利用选层器中的多组触头可实现定向、选层消号、位置显示、发出减速信号等，功能越多，其触头组越多，也可使继电线路结构简化，可靠性提高。但因其按电梯井道比例缩小，对选层器的机械制造精度要求较高，目前多用于快速电梯控制中。近几年还生产有数字选层器、微机选层器等先进产品，主要用于微机控制的客梯控制中。选层器设置在机房或隔声层内。

7.2.3　操纵箱

1．操纵箱的作用

操纵箱是控制电梯上、下运行的操作中心，安装在轿厢内。

操纵箱上的电气元件与电梯的控制方式和停站层数有关，其组成如图 7-17 所示。

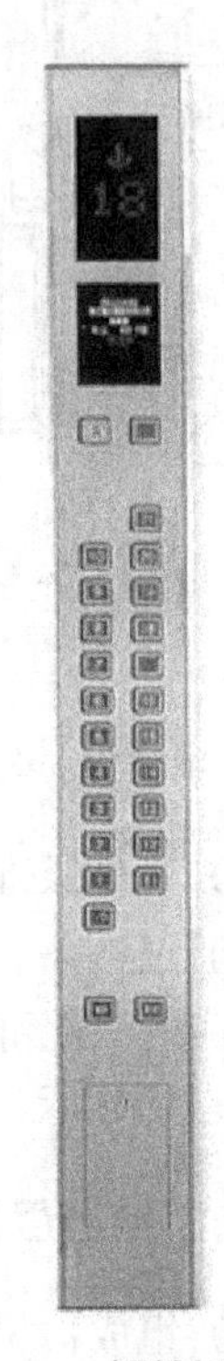

图 7-17　轿箱操纵箱

2．操纵箱电气元件组成

（1）发指令的轿内手柄控制电梯的手柄开关；

（2）轿内指令按钮；

（3）控制电梯工作状态的手指开关或钥匙开关；

（4）控制开关；

（5）轿内照明开关及电风扇开关；

（6）门厅外呼梯人员所在的位置指示灯；

（7）门厅外呼梯人员要求前往方向信号灯；

（8）急停和应急按钮；

（9）点动开关门按钮等。

7.2.4　指层灯箱

指层灯箱用于给司机，轿内、外乘坐人员，提供电梯的运行方向和所在位置信号。

指层灯箱分为厅外和轿内两种，但结构相同。老式指层灯箱如图 7-18（a）所示，新型采用数码显示的指层灯箱如图 7-18（b）所示。

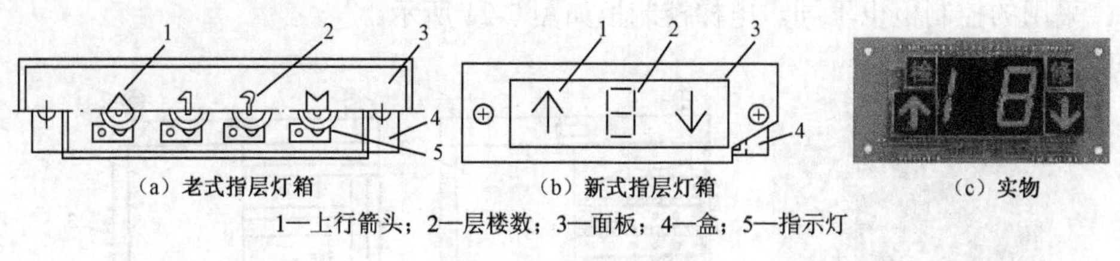

（a）老式指层灯箱　（b）新式指层灯箱　（c）实物

1—上行箭头；2—层楼数；3—面板；4—盒；5—指示灯

图 7-18　指层灯箱

7.2.5　召唤按钮箱

召唤按钮箱供乘用人员召唤电梯用。

召唤按钮箱有单按钮召唤箱和双按钮召唤箱，安装在电梯停靠站的厅门外侧。单按钮召唤箱在每层厅门外只安装一个召唤按钮，无论想上行还是想下行均用此按钮召唤。双按钮召唤箱在每层厅门外只安装两个召唤按钮，下行时按下面的召唤按钮，上行时按上面的召唤按钮。老式的单按钮召唤箱和新式的能显示电梯运行位置和方向的单双按钮召唤箱，如图 7-19 所示。

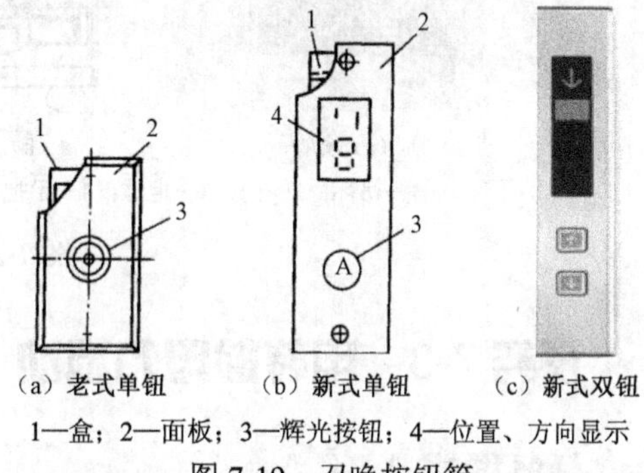

（a）老式单钮　（b）新式单钮　（c）新式双钮

1—盒；2—面板；3—辉光按钮；4—位置、方向显示

图 7-19　召唤按钮箱

7.2.6　轿顶检修箱

轿顶检修箱用于安全、可靠、方便地进行对电梯进行检修，安装在轿厢顶上。

轿顶检修箱由控制电梯的慢上、慢下按钮（不受平层限制，随处都可停车）、点动急停按钮、轿顶检修灯、急停按钮、运行检修转换开关等组成，如图 7-20 所示。

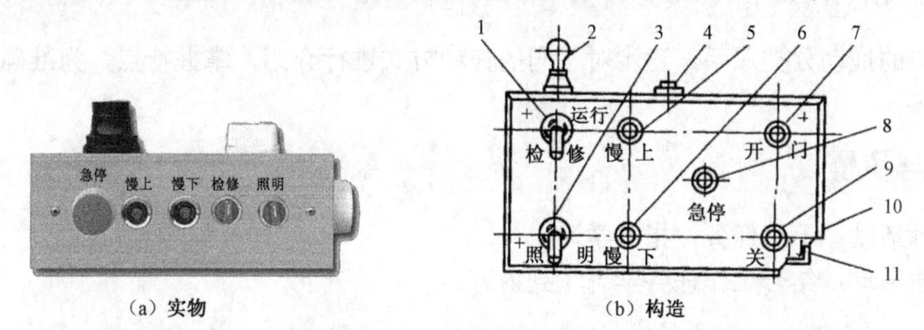

（a）实物　（b）构造

1—运行检修转换开关；2—检修照明灯；3—检修照明灯开关；4—电源插座；5—慢上按钮；6—慢下按钮；7—开门按钮；8—急停按钮；9—关门按钮；10—面板；11—盒

图 7-20　轿顶检修箱

7.2.7　控制柜

控制柜是控制电梯电气控制系统完成各种主要任务，实现各种性能的控制中心。

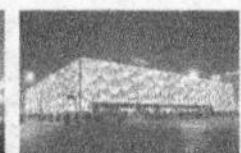

控制柜由柜体和各种控制元件组成。控制元件的数量和规格主要与电梯的停层站数、额定载荷、速度、控制方式、曳引电动机类别等参数有关，不同参数的电梯，其设计的电气线路不同，采用的控制柜也不同。电梯控制柜如图 7-21 所示。

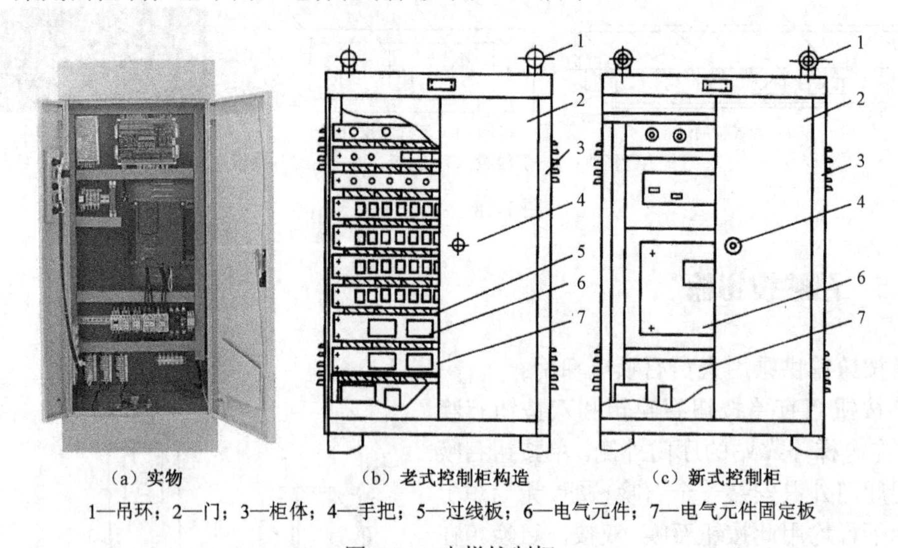

（a）实物　　（b）老式控制柜构造　　（c）新式控制柜

1—吊环；2—门；3—柜体；4—手把；5—过线板；6—电气元件；7—电气元件固定板

图 7-21　电梯控制柜

任务 7-3　电梯的电力拖动

任务描述

介绍交流单速电动机拖动系统、交流调压调速拖动系统、交流变频调压调速拖动系统、直流发电机—电动机晶闸管励磁拖动系统、晶闸管直流电动机拖动系统等电梯的电力拖动方式，研究其拖动特点。

任务分析

从简单的拖动分类入手，逐步对不同的拖动方式进行介绍，掌握特点，为准确选择拖动方式作准备。

方法与步骤

◆教师活动：下达任务，指导学习。

◆学生活动：结合工作任务学习下列内容。

7.3.1　电梯的电力拖动方式

电梯的电力拖动方式经历了从简单到复杂的过程。目前，用于电梯的拖动系统主要有交流单速电动机拖动系统、交流调压调速拖动系统、交流变频调压调速拖动系统、直流发电机—电动机晶闸管励磁拖动系统、晶闸管直流电动机拖动系统等。

不同的拖动方式具有不同的特点，如表 7-5 所示。

表 7-5　不同拖动方式的比较

序号	拖动方式	特　　点
1	交流单速电动机拖动系统	舒适感差，仅用在杂物电梯上
2	交流双速电动机拖动系统	结构紧凑，维护简单，广泛应用于低速电梯中
3	交流调压调速拖动系统（多采用闭环系统，加上能耗制动或涡流制动等方式）	舒适感好，平层准确度高，结构简单，在快速和低速范围内大量取代直流快速和交流双速电梯
4	直流发电机—电动机晶闸管励磁拖动系统	调速性能好，调速范围大，但因结构体积大，耗电量大，造价高，逐渐被交流调速电梯所取代
5	晶闸管直流电动机拖动系统	要解决低速时的舒适感问题，应用较晚，它几乎与微机同时应用在电梯上，目前世界上最高速度（10 m/s）的电梯就是采用这种系统
6	交流变频调压调速拖动系统	包括各种拖动系统的所有优点，已成为世界上最新的电梯拖动系统，目前速度已达 6 m/s

电梯是垂直运动的运输工具，无须旋转机构来拖动，更新的电梯拖动系统可能是直线电机拖动系统。

7.3.2　交流双速电动机拖动系统

1．电梯用交流电动机

为了电梯能准确地停止于楼层平面上，并具有舒适感，在停车前应降速。因此，电动机的转速必须可调。交流双速电动机的变速是利用变极的方法实现的，变极调速只应用在笼形电动机上。为了提高电动机的启动转矩，降低启动电流，其转子要有较大的电阻，这就出现了专用于电梯的 JTD 和 YTD 系列交流电动机。

双速电动机分为双绕组双速和单绕组双速电动机。双绕组双速（JTD 系列）电动机是在定子内安放两套独立的绕组，极数一般为 6 极和 24 极。单绕组双速（YTD 系列）电动机是通过改变定子绕组的接线来改变极数进行调速。根据电机的相关知识，变速时要注意相序的配合。

电梯用双速电动机，高速绕组用于启动、运行。为了限制启动电流，通常在定子回路中串入电抗或电阻来得到启动速度的变化。低速绕组用于电梯减速、平层过程和检修时的慢速运行。电梯减速时，由高速绕组切换成低速绕组，转换初始时电动机转速高于低速绕组的同步转速，电动机处于再生发电制动状态，转速将迅速下降，为了避免过大的减小速度，在切换时应串入电抗和电阻并分级切除，直至以慢速绕组（速度）进行低速、稳定地运行到平层停车。

2．交流低速电梯的主电路

1）组成

交流低速电梯电动机控制主电路如图 7-22 所示，电动机为单绕组双速笼形异步电动机，与双绕组双速电动机的主要区别是增加了虚线部分和辅助接触器 KM_{FR}。

2）电路中电气元件的作用

接触器 KM_U 和 KM_D 分别控制电动机的正、反转。接触器 KM_F 和 KM_S 分别控制电动机

的快速和慢速接法。快速接法的启动电抗 L 由快速运行接触器 KM_{FR} 控制切除。慢速接法的启、制动电抗 L 和启、制动电阻 R 由接触器 KM_{B1} 和 KM_{B2} 分两次切除，均按时间原则进行控制。

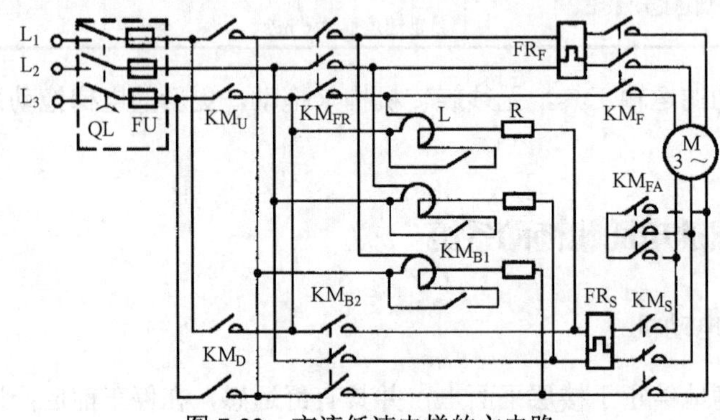

图 7-22　交流低速电梯的主电路

3．交流调压调速电梯的主电路

1）组成

系统采用双绕组双速笼形异步电动机。高速绕组由三相对称反并联的晶闸管交流调压装置供电，以使电动机启动、稳速运行。低速绕组由单相半控桥式晶闸管整流电路供电，以使电梯停层时处于能耗制动状态，系统能按实际情况实现自动控制。主电路如图 7-23 所示。

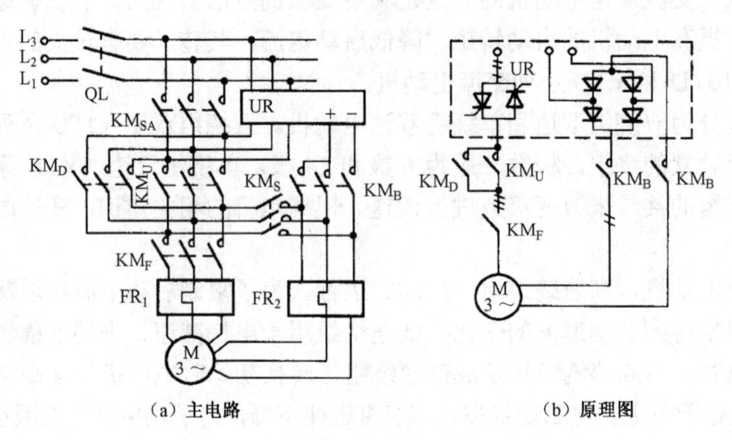

图 7-23　交流调压调速电梯的主电路

2）控制特点

系统采用了正反两个接触器实现可逆运行。为了扩大调速范围和获得较好的机械特性，采用了速度反馈，构成闭环系统，闭环系统结构如图 7-24 所示。速度反馈是按给定与速度比信号的正负差值来控制调节器输出的极性，或通过电动单元触发控制器控制三相反并联的晶闸管，调节三相电动机定子上的高速绕组电压以获得电动工作状态；或经过反相器通过制动单元触发器控制单相半控桥式整流器，调节该电动机定子上低速绕组的直流电压以获得制动工作状态。无须逻辑开关，也无须两组调节器，便可依照轿厢内乘客的多少以及电梯的运行方向使电梯电动机工作在不同状态。

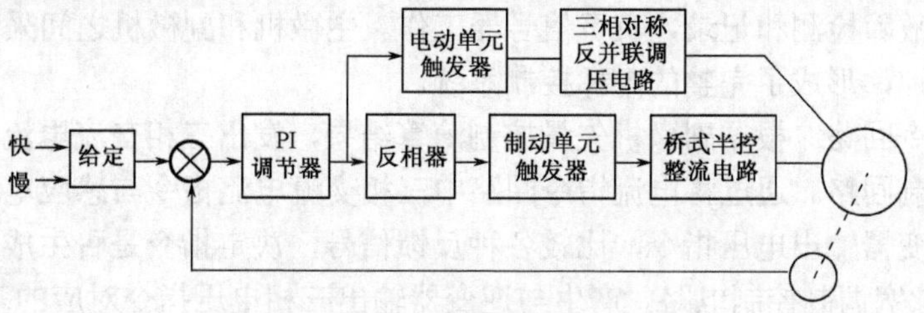

图 7-24 交流调压调速电梯闭环系统

4. 典型变频调速电梯控制系统

1）系统构成

变频调速电梯主要由主回路、双微机、电流指令回路、电流控制回路、PWM 脉宽调制控制电路、基极驱动电路、检测装置等部分组成，如图 7-25 所示。

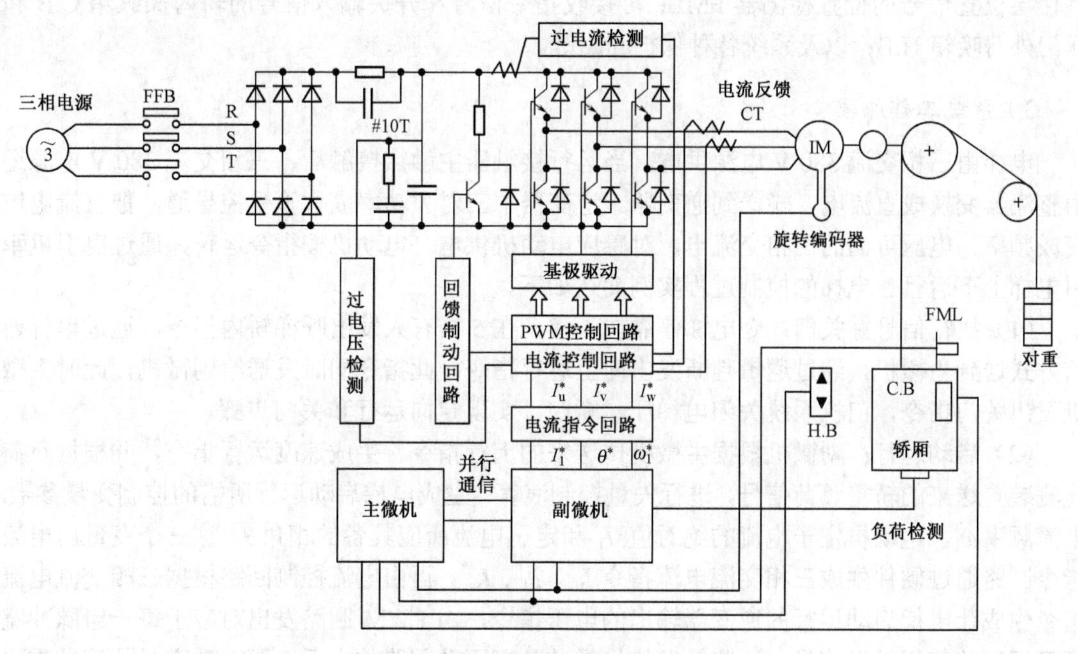

图 7-25 典型变频调速电梯控制系统

2）各环节的作用

（1）主回路。主回路由三相整流器和逆变器组成。采用“交—直—交”变频器；桥式整流器上有大容量电容器和 RC 滤波回路，用于滤波和稳定直流电压。在直流侧设置了负反馈回路，主要是考虑到电梯制动时会引起直流端电压的上升，利用硬件回路使反馈三极管自动导通，把反馈电能消耗在放电电阻上；在运行接触器主触点上并有电阻 R，其作用是在电梯投入运行前，使滤波电容预先有一个较小的充电电流。当运行接触器主触点接通、电梯投入运行时，避免因电容器瞬间大电流充电产生冲击，保护整流器和滤波电容。

（2）主微机。主微机负责机房控制柜与轿厢之间的串行通信，以取得轿厢开关信号、呼叫信号、厅门外呼叫登记、开关门控制、运行控制等，进行故障检测和记录。

（3）副微机。副微机根据主微机的运行指令，负责数字选层器的运算、速度指令生成、

矢量控制，进行故障检测和记录，负责信号器工作。主微机和副微机之间采用并行通信，共同控制，互相监控，形成了完整的电梯控制系统。

（4）电流指令回路。根据副微机矢量控制演算结果，发出三相交流电流指令。

（5）电流控制回路。通过将电流指令回路中三相交流电流指令与感应电动机电流反馈信号比较，发出逆变器输出电压指令，比较各种反馈信号，决定指令是否生成。

（6）PWM 脉宽调制控制电路。产生与逆变器输出三相电压指令对应的基极触发信号。

（7）基极驱动电路。根据 PWM 信号，驱动主回路中逆变器内的大功率晶体管，使晶体管导通。

（8）检测装置。检测轿厢负荷并输送负载信号给副微机，以进行启动力矩补偿，使电梯运行平稳舒适。

该电梯系统还包括与感应电动机随动，可发送脉冲信号到主、副微机的旋转编码器；传递楼层位置信号的位置检测器 FML；可接收指令信号和开关输入信号的轿内操纵箱 C.B 和厅门外召唤箱 H.B；以及系统各种保护回路等。

3）系统工作原理

电梯由三相交流 380 V 电源供电，当运行接触器主触点接触后，三相交流 380 V 电源经由整流器变换成直流电，输送到逆变器。逆变器中三对大功率晶体管受控导通，把直流电逆变成频率、电压可调的三相交流电，对感应电动机供电。电动机按指令运转，通过曳引机牵引电梯上下运行。电梯的控制过程实例简述如下。

（1）执行信号并关门：令电梯停靠在 1 楼，在 5 楼有人发出呼梯轿内指令，通过串行通信方式送到主微机，经过逻辑判断发出向上运行指令；此指令同时发送给副微机，此时主微机发出关门指令，门机系统关闭电梯厅、轿门，实现定向运行和关门步骤。

（2）启动运行：副微机根据主微机传送来的上行指令，生成速度运行指令，并根据负荷检测装置送来的轿箱负荷信号，进行矢量控制演算，生成电梯启动运行所需的控制变量参数：电流频率ω_1、电动机定子电流的绝对值 I_1 和定子电流所应具备的相角θ，这三个变量由电流指令回路通过硬件生成三相交流电流指令 I_u^*、I_v^*、I_w^*，再由电流控制回路根据三相交流电流指令生成让电梯启动运行的逆变器输出的电压指令，由 PWM 回路发出对应于每一组脉冲宽度可调制的基极触发信号，这些触发信号经过基极驱动回路放大后，驱动功率晶体管按需要导通。运行接触器接通，逆变器进行逆变输出，电动机通电，向微机发出指令，使抱闸装置打开，电梯开始启动上行。

（3）加速运行：电梯启动后，旋转编码器随着电动机的旋转不断发送脉冲给主、副微机。主微机按此信号控制运行，副微机按此信号进行速度运算，并发出继续加速运行的指令，电梯加速上行。当电梯的速度上升到额定速度时，副微机将旋转编码器的脉冲信号与设定值比较发出匀速运行命令，电梯按指令运行。这一过程中副微机均以调整变量参数值形式使逆变器工作，电梯完成加速运行步骤。

（4）减速平层停车：在电梯运行过程中，副微机根据编码器发送来的脉冲信号，通过数字选层器的信息运算，当电梯进入 5 楼层区时，副微机按生成的速度指令发出减速的信号，也就是通过矢量控制的演算，生成与减速指令曲线相对应的ω_1、I_1、θ，控制逆变器输出，使电梯按照指令曲线上行。当电梯上行到进入 5 楼平层区域时，轿厢顶的位置检测器 FML 被 5

楼隔磁板插入，副微机发出电梯低速运行指令，并通过数字选层器的运算开始计算停车点。当计算到旋转编码器发送来的脉冲数值等于设定值时，副微机发出停车信号，逆变器中的大功率晶体管关闭，电动机失电停止运行，电梯在零速停车。同时，主微机得到副微机发送来的停车信号后，发出指令使制动器抱闸，并打开运行接触器主触点，电梯在5楼平层停车；此时电梯完成了减速平层的步骤。随后主微机发出开门指令，电梯门开启，从而完成了从启动到停车开门的运行全过程。这就是变频调速电梯的基本运行原理。

4）变压变频主驱动调速系统的主要性能与特点

变压变频（VVVF）主驱动调速系统的主要性能与特点有如下4个方面：

（1）平稳、舒适：电梯的启动加速和制动减速过程非常平稳、舒适。电梯按距离制动，直接停靠，平层准确度可保持在±5 mm之内。

（2）高效率、低损耗：驱动系统既可工作在电动状态，也可工作在再生发电状态（工作在“四个象限”内），使得系统的电能消耗进一步降低。再加上驱动系统完全用电力半导体器件，而使驱动系统工作在高效率状态。

（3）体积小、噪声低、系统工作可靠：由于控制系统全部使用半导体集成器件或大规模集成电路、微机系统及大功率、高导通频率的驱动模块，不但缩小体积、降低噪声，而且系统工作十分可靠。

（4）性能好：VVVF系统维持了磁通与转矩恒定的静态稳定关系，尤其在脉宽调制技术和矢量控制技术得到应用以来，VVVF调速系统的性能得到极大的改善，甚至完全赶上或超过了直流调速系统。

目前，变频调速电梯以其独特的优势，正被广泛地应用于建筑物中。

实训17 电梯的运行操作

◆教师活动：给出案例图→指导识图→分析电梯工作过程（按环节分析），给出实训任务——电梯的运行操作训练。

◆学生活动：分组识图→按所分配内容，重点分析电梯工作过程（按环节分析）→选出代表讲解。最后完成实训任务。

1．实训目的

（1）了解电梯运行操作的基本知识；

（2）掌握电梯的运行操作方法；

（3）具有独立调试和维护的能力；

（4）学会施工与调试的配合及电梯设备的选择技巧。

2．实训内容

（1）电梯启动、加速运行、平层减速停车控制训练；

（2）电梯检修运行操作训练。

3．主要设备

电梯上的各种设备。

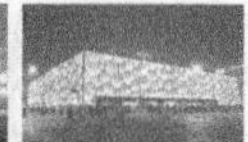

4．实训步骤

（1）编写实训计划书；
（2）熟悉系统设备安装位置；
（3）分别对各系统进行操作控制训练。

5．实训报告

（1）编写实训计划书；
（2）实训工程报告。

6．实训记录与分析

表 7-6　电梯的运行操作调试记录

序号	系统名称	选层定向控制	运行及平层停车	相关说明

7．问题讨论

（1）电梯要上 4 楼检修，应按哪个按钮？
（2）同时按下 5 层和 2 层按钮，电梯应取哪层？为什么？
（3）平层感应器安在什么地方？起什么作用？
（4）层楼转换开关在电梯运行中有何作用？说明你在实训中观察到的现象。

任务 7-4　交流双速、轿内按钮控制电梯

交流双速、轿内按钮控制电梯的电路，由主拖动电路（即主电路），自动开关门电路，选层、定向电路，启动、运行电路，停层减速电路，平层停车电路，厅门停车电路，厅门召唤电路，位置、方向显示电路，安全保护电路等组成，如图 7-26～图 7-33 所示。

1．主拖动部分

采用交流双速曳引电动机 YD 拖动轿箱，电动机有两种不同的结构形式。一种电动机的快、慢速定子绕组是两个独立绕组。快速绕组通电时，电动机以 1000 r/min 同步转速快速运行；慢速绕组通电时，电动机以 250 r/min 同步转速作慢速运行。

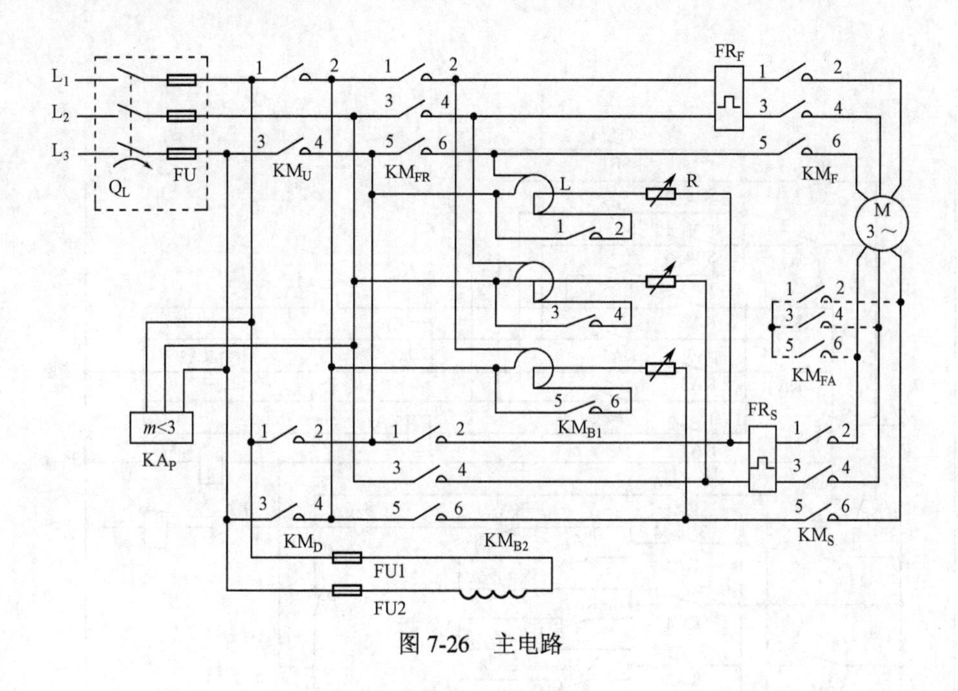

图 7-26 主电路

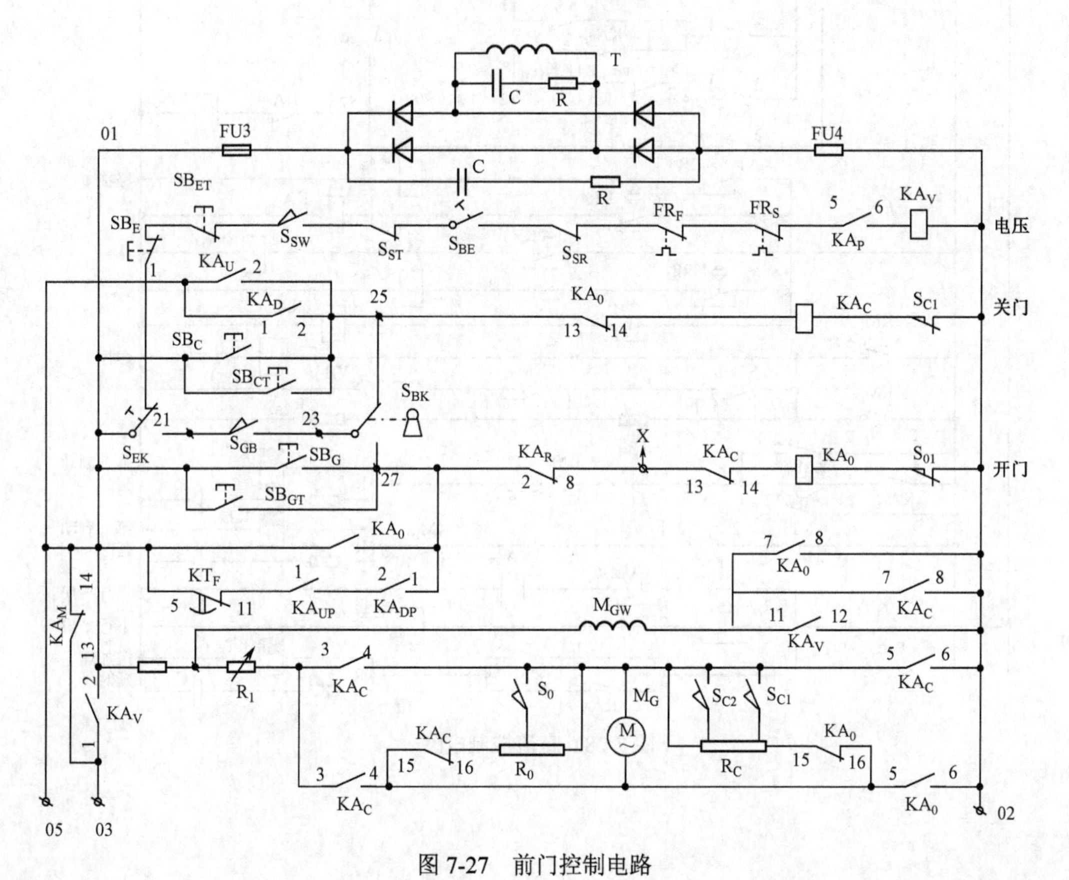

图 7-27 前门控制电路

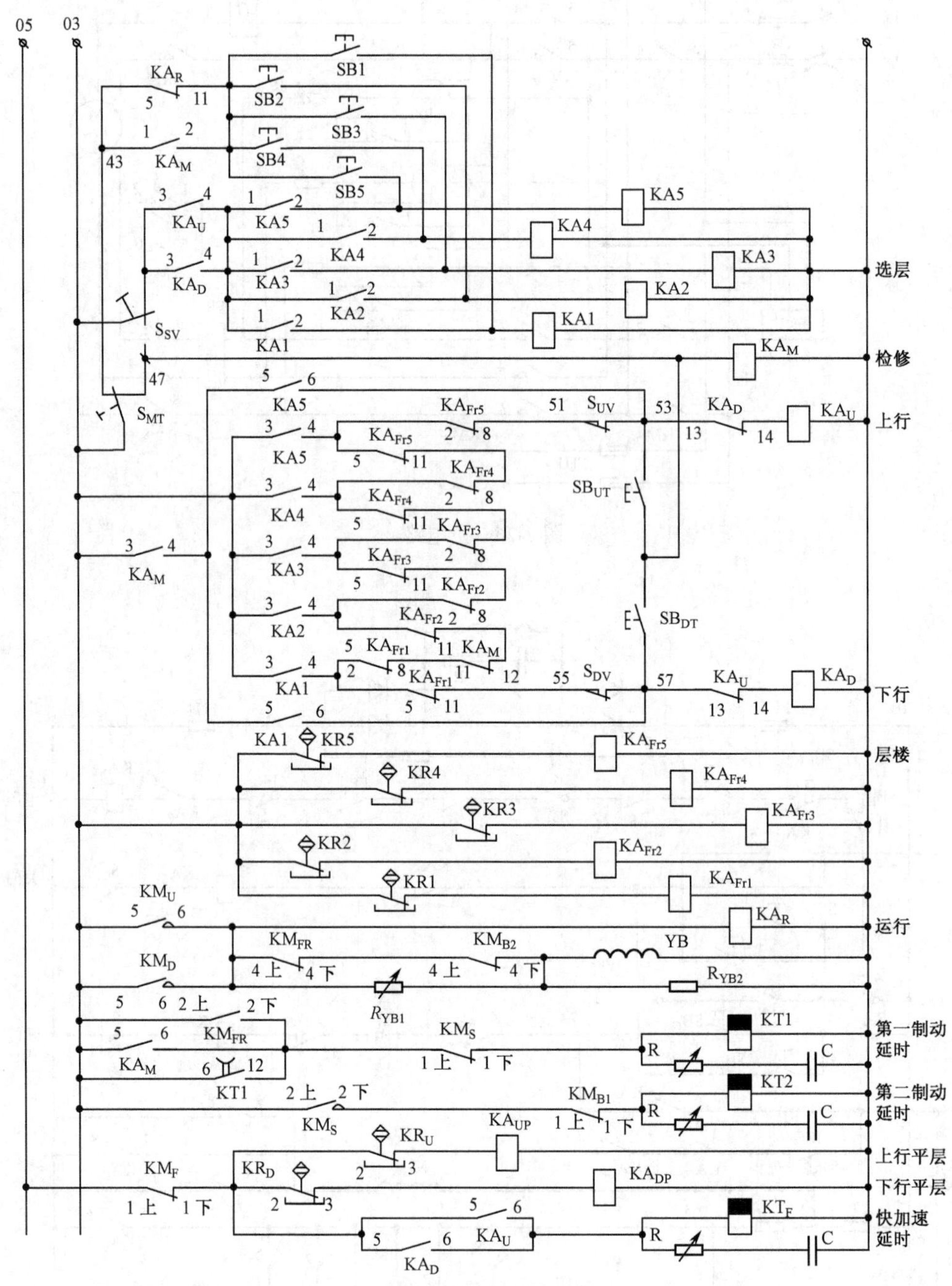
05
03
SB1
SB2
SB3
SB4
SB5
KA5
KA4
KA3
KA2
KA1
选层
检修
上行
下行
层楼
运行
第一制动
延时
第二制动
延时
上行平层
下行平层
快加速
延时
YB
R
C
KT1
KT2

图 7-28　直流控制电路

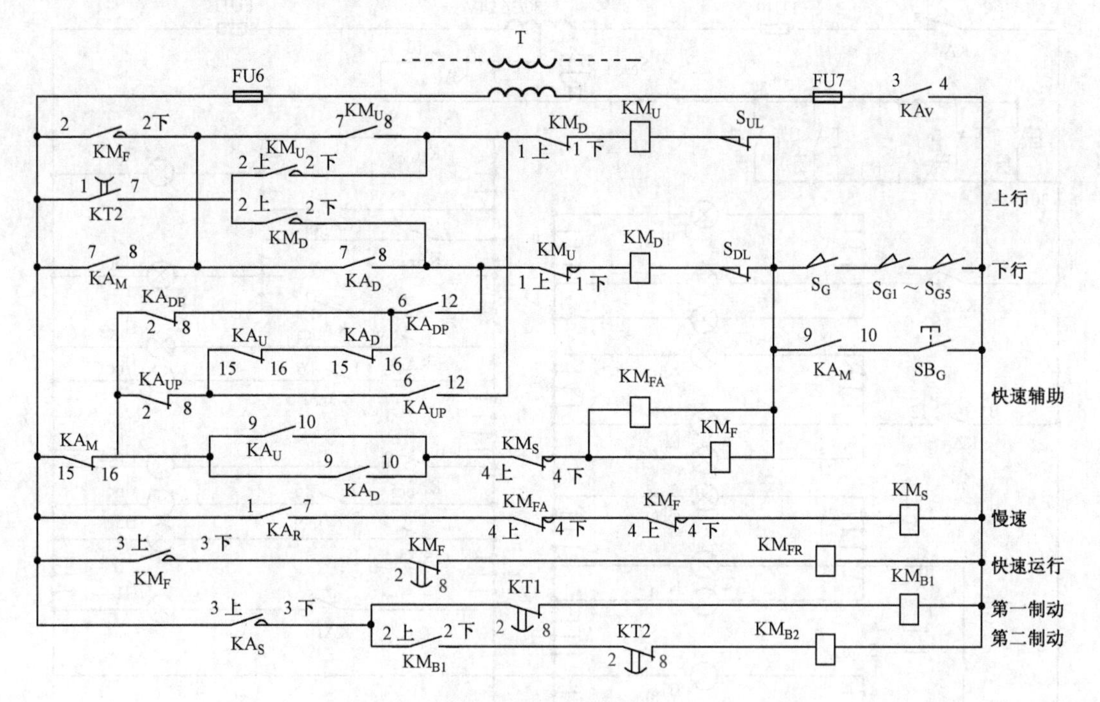

图 7-29 交流控制电路

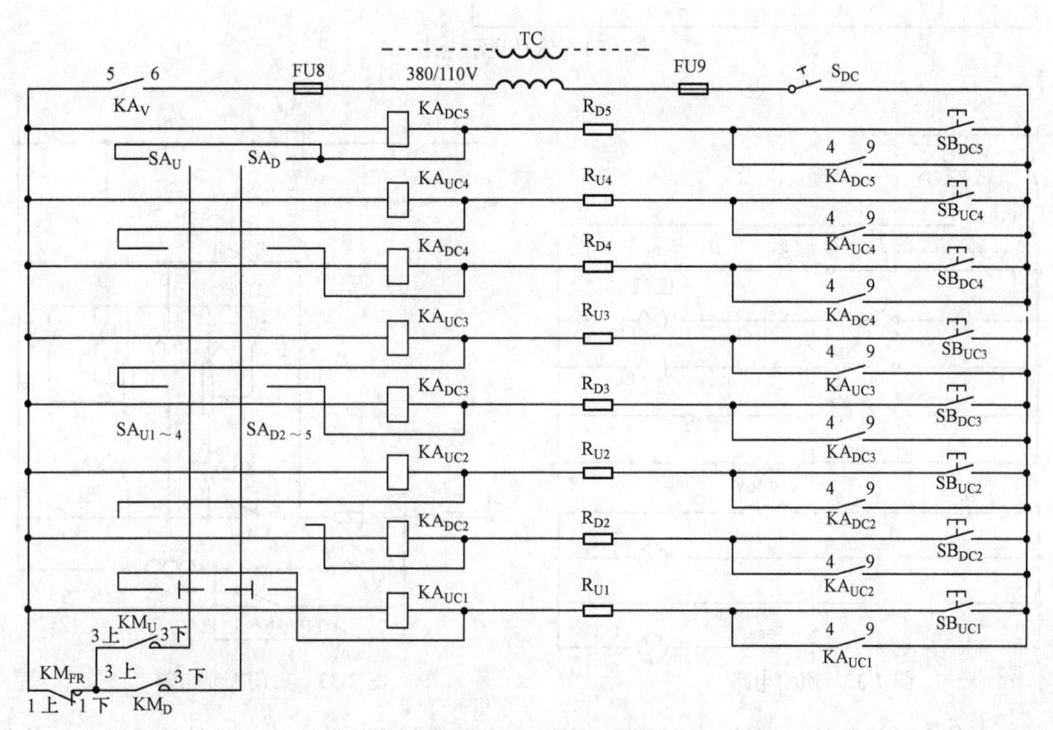

图 7-30 召唤控制电路

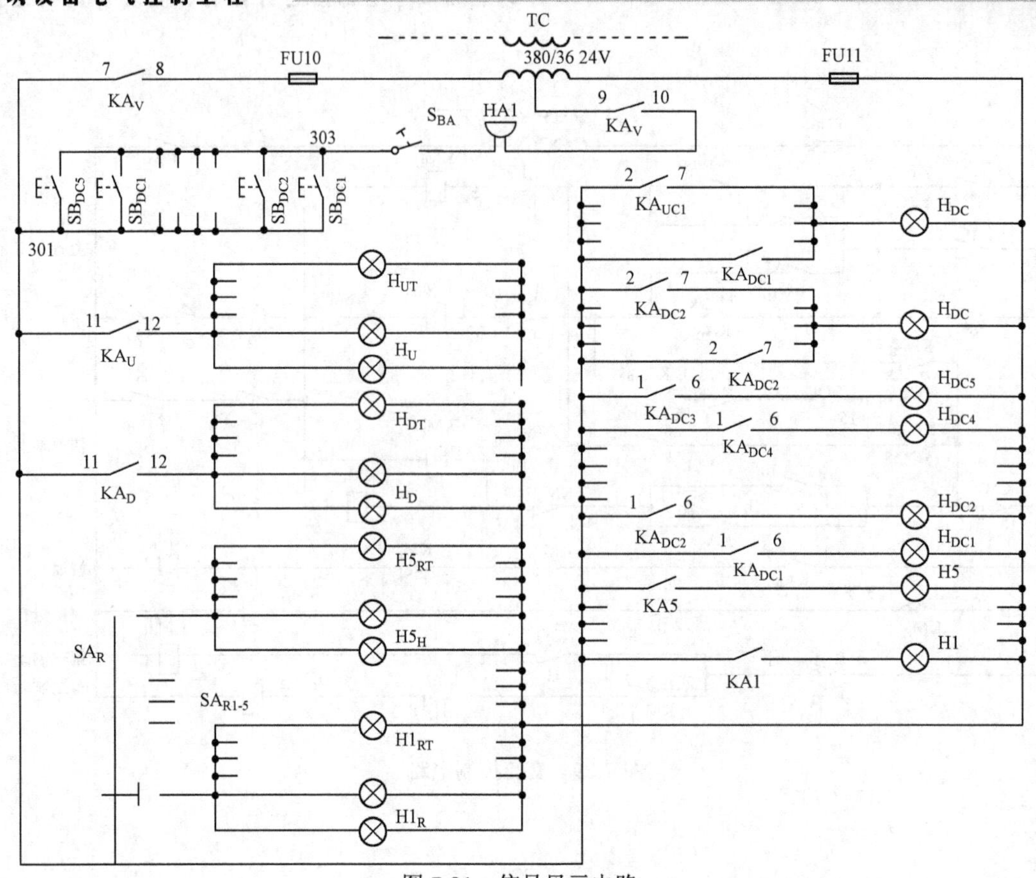

图 7-31　信号显示电路

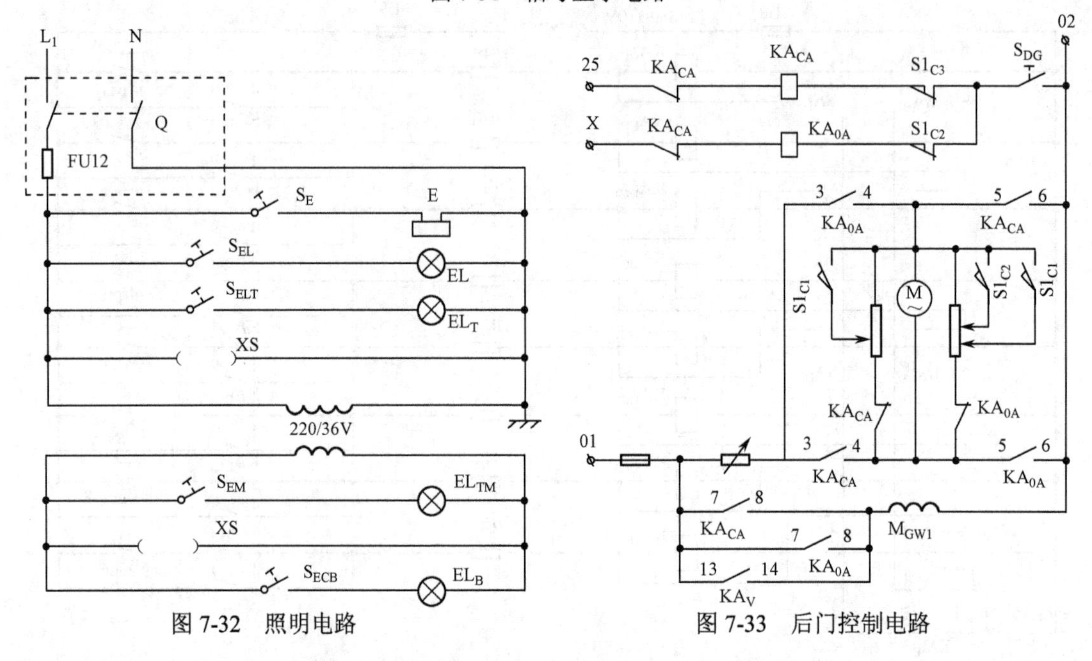

图 7-32　照明电路　　　　　　　　　　图 7-33　后门控制电路

另一种电动机的快、慢速绕组是同一绕组，依靠控制系统改变绕组接法，实现一个绕组具有两个不同速度的目的。当绕组 YY 连接时，电动机的同步转速为 1000 r/min。当绕组为 Y

连接时，电动机的同步转速为 250 r/min。绕组的接线原理如图 7-34 所示。

快速运行时，快速接触器 KM_F 触点动作，向电动机引出线 D_4、D_5、D_6 提供交流电源，快速辅助接触器 KM_{FA} 触点动作，把电动机引出线 D_1、D_2、D_3 短接，于是，绕组形成 YY 连接。

慢速运行时，KM_F 和 KM_{FA} 复位，慢速接触器 KM_S 动作，交流电源经过 D_1、D_2、D_3 端引入电动机，电机绕组变为 Y 连接。

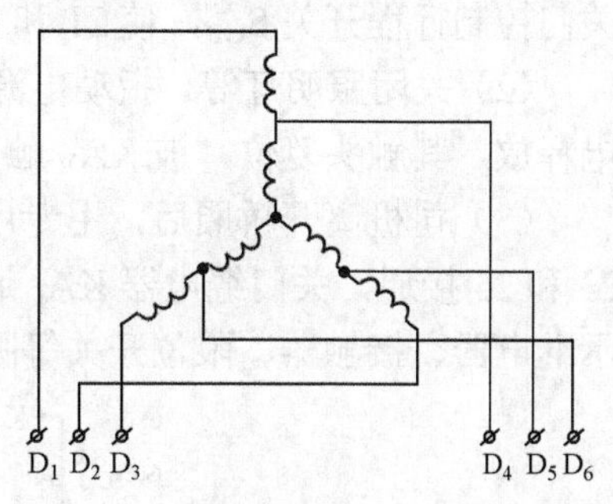

图 7-34　双速单绕组电动机接线原理

为了确保乘用舒适，高速换低速较平稳，电路中串有电阻和电抗。

2．门电路控制

直流控制电路是电梯电气控制系统的重要组成部分，包括前门控制、选层定向、启动运行、停层减速等控制电路。

经过变压器 T 把 380 V 交流电变为 115～125 V 的交流电压，此电压加在二极管桥式整流电路，整流后输出直流 110 V 电压为直流电路供电。

1）对开关门电路的要求

（1）电梯关门停用时，应能从外面将厅门自动关好；起用时应能在外面将门自动打开；门关到位或开到位应能使门电机自动断电。

（2）为了使轿厢门开闭迅速而又不产生撞击，开启过程应以较快速度开门，最后阶段应减速，直到开启完毕；在关门的初始阶段应快速，最后阶段分两次减速，直至轿门全部合拢。为了安全，应设置防止夹人的安全装置。

在开、关门过程中，通过开门限位开关 S_{01} 和关门限位开关 S_{C1} 与开关打板配合，当门开、关好时自动切断开关门继电器 KA_0 和 KA_C 的电路，实现自动停止开关门。通过行程开关 S_0 和 S_{C2}～S_{C3} 与开关打板配合，改变与门电机 M 电枢绕组并联的电阻 R_0 和 R_C 的阻值，使门电动机 M 按图 7-35 所示的速度曲线运行，把开关门过程中的噪声降低到最低水平。

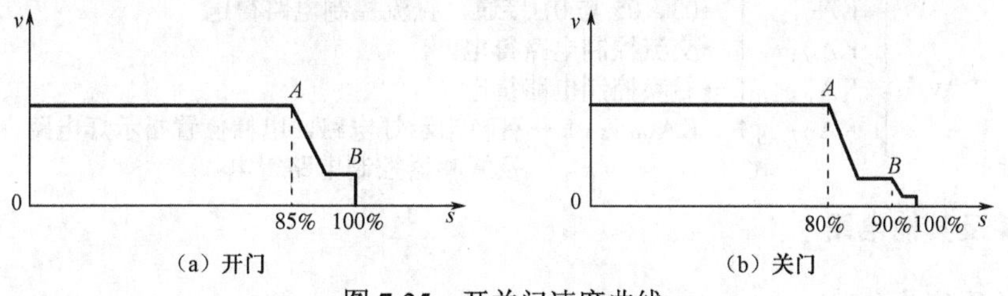

图 7-35　开关门速度曲线

门电动机 M 的容量为 120～170 W，额定电压为直流 110 V，转速为 1000 r/min，是直流电动机。因为转速与电枢端电压成正比，转向随电枢端电压的极性改变而改变。

2）停梯关门操作

（1）将电梯开到基站，固定在轿厢架上的限位开关打板碰压固定在轿厢导轨上的厅外开、

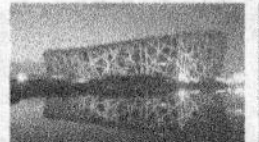

关门控制行程开关 S_{GB}，使 21 和 31 号线接通。

（2）关闭照明灯等。扳动电源控制开关 S_{EK}，使 01 和 21 接通，电压继电器 KA_V 线圈失电释放，其触头复位，被 KA_V 触点控制的电路失电。

（3）司机离开轿厢后，用专用钥匙扭动基站厅外召唤箱上的开、关门钥匙开关 S_{BK}，使 23 和 25 接通，关门继电器 KA_C 通过 01 至 02 获得 110 V 直流电源，KA_C 吸合（以下用↑表示继电器、接触器、限位开关等吸合或动作，用↓表示释放或复位）：

KA_C↑ → $KA_{C7、8}$↑ → M_{GW} 励磁绕组得电
　　　→ $KA_{C3、4}$↑、$KA_{C5、6}$↑ → M_G 电枢绕组得电

M_G 启动运行，开始快速关门，门关至 75%～80%时，碰撞关门行程开关 S_{C3}↑，作关门过程中的第一次减速，门关至 90%左右时，碰撞关门行程开关 S_{C2}↑，作关门过程中的第二次减速，门关好时，行程开关 S_{C1}↑→KA_C↓，电动机 M_G 失电，实现下班关门。

3）司机开门操作

由于电梯停靠在基站，S_{GB} 处于使 21 和 23 接通状态，S_{EK} 处于使 01 和 21 接通状态。因此，司机用钥匙扭动钥匙开关 S_{BK}，使 23 和 27 接通，开门继电器 KA_0 经过 01 至 02 获得 110V 直流电源，于是 KA_0 线圈通电吸合：

KA_0↑ → $KA_{07、8}$↑ → M_{GW} 励磁绕组得电
　　　→ $KA_{03、4}$↑、$KA_{05、6}$↑ → M_G 电枢绕组得电

电动机 M_G 接反极性电源反向启动，开始快速开门，门开至 85%左右时，开门行程开关 S_{02}↑，做开门过程中的减速，门开足时，S_{01}↑→KA_0↓，电动机 M_G 断电，实现上班开门。

4）司机开梯前的准备

开梯前，司机搬动操作箱上的电源控制开关 S_{EK}，使 01 通过轿内急停按钮 SB_E、轿顶急停按钮 SB_{ET}、安全窗开关 S_{SW}、安全钳开关 S_{ST}、底坑检修急停开关 S_{BE}、限速器钢绳张紧开关 S_{SR}、过载保护热继电器 FR_F 和 FR_S、缺相保护继电器 KA_P（均为安全保护）使电压继电器 KA_V 与 02 接通，KA_V 吸合：

KA_V↑ {
- $KA_{V1、2}$↑ →03、05 与 01 接通，直流控制电路得电
- $KA_{V3、4}$↑ →交流控制电路得电
- $KA_{V5、6}$↑ →召唤控制电路得电
- $KA_{V7、8}$↑、$KA_{V9、10}$↑ →召唤指示灯电路，电梯位置指示灯电路及蜂鸣器控制电路得电

3．呼梯及其他电路

1）呼梯及信号电路

呼梯部分的厅门召唤按钮，有单召唤按钮和双召唤按钮之分。单召唤按钮是在每层厅门旁装一个召唤按钮，无论是上行还是下行都按此按钮进行呼梯。本例中楼高为 5 层，厅门采用的是双召唤按钮，即分为向上召唤按钮和向下召唤按钮，而顶层只设向下召唤按钮，首层只设向上召唤按钮，如图 7-30 所示，每个召唤按钮均对应一只召唤继电器，且召唤按钮均采用双联式的，其中一对常开触头接通对应的召唤继电器，而另一对常开触头对应接在蜂鸣器

回路图（如图 7-31 所示）中。

如果 5 楼有人要下行，呼梯过程是：按下 5 楼厅门召唤按钮 SB_{DC5}，召唤继电器 KA_{DC5} 线圈通电，其触点 $KA_{DC5\,(4\text{-}9)}$ 号触头闭合自锁，$KA_{DC5\,(1\text{-}6)}$ 号触头闭合，厅门 SB_{DC5} 所带信号灯 H_{DC5} 亮，表示呼梯信号已成功发出，$KA_{DC5\,(2\text{-}7)}$ 号触头闭合，轿内操纵箱上下行呼梯信号灯 H_{DC} 亮，同时蜂鸣器 HA 响，松开按钮后，声信号消失，光信号保持。本例仅显示上、下行信号，具体到哪层需乘客进轿箱后说明操作。

层楼召唤信号的消除是利用层楼指示器的动、静触点实现的。三个活动电刷组分别对应共有三圈的触头盘。

当轿箱位于任何一站时，指示灯电刷 SA_R 与第一圈相应的触头组 $SA_{R1\text{-}5}$ 接通，使轿内层楼指示灯 $H1_R$～$H5_{RT}$ 中相对应该站的数字灯点亮，指示出轿箱运行到几层。

触头盘上另两圈触头做为上、下召唤继电器复位用，其数量与位置各对应于层楼数和停站位置。当轿箱位于各层站位置时，复位电刷应与其相应的触头接触。图 7-30 中，SA_U 为向上运行复位电刷，SA_D 为向下运行复位电刷，$SA_{U1\text{-}4}$ 为上行各站触头组，$SA_{D2\text{-}5}$ 为下行各站触头组。例如，当轿箱下行到 4 层时，电刷 SA_D 与触头组 SA_{D4} 接触，使 KA_{DC4} 线圈被短接，KA_{DC4} 失电释放，完成呼梯后的复位。

2）其他电路

（1）轿箱后门自动控制电路：如果电梯轿厢需要前后都有门，称为串通门。后门也可以自动开、关。其控制线路如图 7-33 中所示，与前门的控制电路相同，在图 7-27 所示线路中增设了后门开关 SB_G。当需要前、后门同时开与关时，只要将 SB_G 合上便能实现。

（2）保护电路：过载保护由热继电器实现；短路保护由熔断器实现；缺相保护通过 KA_P 实现；轿内急停用 SB_E、轿顶急停用 SB_{ET}，安全窗开关为 S_{SW}、安全钳开关为 S_{ST}、底坑检修急停开关为 S_{BE}、限速器钢绳张紧开关为 S_{SR}，任何一个不闭合都使失（欠）压继电器 KA_V 线圈失电，起到保护作用。另外还设有三道限位保护，以防止电梯失控造成冲顶或礅底。第一道开关受到碰撞应发出减速信号，第二道开关受碰撞应发出停止信号，第三道开关受碰撞应切断电源。

4．选层定向及启动运行

电梯的选层定向及启动运行电路如图 7-28 所示。

1）选层定向

在电梯停靠在基站的平层位置时，安装在轿顶的上、下平层感应器 KR_U、KR_D 插入位于井道的平层铁板中，感应器内永久磁铁产生的磁场被平层铁板短路，KR_U 和 KR_D 触点复位，上升平层继电器 KA_{UP} 和下降平层继电器 KA_{DP} 均得电吸合。同时，位于轿顶实现换速的感应铁板插入位于井道的层楼感应器中。如果基站在一楼，一楼的层楼感应器 KR1 触点复位，层楼继电器 KA_{Fr1} 通电吸合。发来的呼梯信号被接收且显示，轿内外指层灯、位置指示灯均亮，电梯做好选层、定向准备。

当司机发现五楼在呼梯时，司机按选层按钮 SB5，选层继电器 KA5 线圈通电，$KA5_{3\text{-}4}$ 号触头闭合，经过层楼继电器 $KA_{Fr5、2\text{-}8}\downarrow$，使上行方向继电器 KA_U 吸合，即选了五层又确定

了上行方向。

2）*启动运行过程*

当司机按下 SB5 后，上行方向接触器 KA_U 线圈通电，电梯自动关门后，启动、加速运行，这一过程的工作原理用以下动作程序：

（启动时）

- SB5↑→KA5↑
  - $KA5_{1、2}$↑ → →KA4 自保，可松开 SB4
  - $KA5_{3、4}$↑→KA_U↑
    - $KA_{U3、4}$↑
    - $KA_{U5、6}$↑→KT_F↑准备快速加速
    - →$KA_{U1、2}$↑→KA_C↑，自动关门，门关好
      - S_{C1}↑→KA_C↓→M_G 失电
      - S_G↑ →
      - S_{G1}～S_{G5}↑→
    - →$KA_{U9、10}$↑→
      - KM_{FA}↑
        - $KM_{FA1\text{-}6}$↑→M 为 6 极接法
      - KM_F↑
        - $KM_{F1\text{-}6}$↑→M 接快速绕组
        - $KM_{F1上、1下}$↑→KT_F↓
        - $KM_{F3上、3下}$↑ → （延时）→ KM_{FR}↑
          - $KM_{F1\text{-}6}$↑M 加速
          - $KM_{FR1上、1下}$↑防止错消号
          - $KM_{FR2上、2下}$↑→KT_1↑
        - $KM_{F2上、2下}$↑
    - →$KA_{U7、8}$↑→ KM_U↑
      - $KM_{U1\text{-}4}$↑→ M 得电启动
      - $KM_{U5、6}$↑→
        - YB↑ （M 得电启动）
        - KM_R↑
          - $KM_{R1、7}$↑→准备慢速
          - $KM_{R5、11}$↑→不许登记
      - $KM_{U2上、2下}$↑，准备自保
      - $KM_{U3上、3下}$↑，准备消除外召唤信号
    - →
      - $KA_{U11、12}$↑→H_U、H_{UT} 亮
      - $KA_{U13、14}$↑→切断 KA_D 电路
      - $KA_{U15、16}$↑→切断 KM_D 电路

5．减速和平层停车

电梯的减速和平层停车电路如图 7-28 所示。

1）*减速过程*

当电梯启动运行后，从一楼出发到达具有内指令登记信号的五楼过程中，位于轿顶的层楼感应器铁板分别插入二、三、四、五楼井道减速区的层楼感应器中，使层楼感应器 KR2、KR3、KR4、KR5 触点先后复位，层楼继电器 KA_{Fr2}、KA_{Fr3}、KA_{Fr4}、KA_{Fr5} 的线圈先后吸合。但因二、三、四楼无轿内指令登记信号，虽然 KA_{Fr2}、KA_{Fr3} 通电使其触点 $KA_{Fr2、2\text{-}8}$、$KA_{Fr3、2\text{-}8}$、$KA_{Fr2、5\text{-}11}$、$KA_{Fr3、5\text{-}11}$、$KA_{Fr4、2\text{-}8}$、$KA_{F4、5\text{-}11}$ 断开，但不能切断 KA_U 的电路，确保轿箱继续上行到五楼减速区，此时 KR5 触点复位，KA_{Fr5} 线圈得电，其触点 $KA_{Fr5、2\text{-}8}$、$KA_{Fr5、5\text{-}11}$ 断开，使 KA_U 线圈失电释放，电梯便由快速运行转入减速运行。

停车减速过程的动作程序如下：

$KR4\downarrow \rightarrow KA_{Fr5}\uparrow \left\{\begin{array}{l} KA_{Fr5\ 2\text{-}8}\uparrow \\ KA_{Fr5\ 5\text{-}11}\uparrow \end{array}\right\} KA_{U}\downarrow \left\{\begin{array}{l} KA_{U9\text{-}10}\downarrow \rightarrow \left\{\begin{array}{l} KM_{F}\downarrow \\ KM_{FA}\downarrow \end{array}\right\} \\ KA_{U3\text{-}4}\downarrow \rightarrow KA5\downarrow \rightarrow \text{消除登记} \end{array}\right.$

$\rightarrow \left\{\begin{array}{l} KM_{F1\text{-}6}\downarrow \\ KM_{F3\ 上\text{-}3下}\downarrow \\ KM_{F4\ 上\text{-}4下}\downarrow \rightarrow \\ KM_{FA4\ 上\text{-}4下}\downarrow \rightarrow \end{array}\right\} KM_{S}\uparrow \rightarrow \left\{\begin{array}{l} KM_{S1\text{-}6}\uparrow \rightarrow \text{电机 M 慢速绕组 （24 极）}\uparrow \\ KM_{S2\ 上\text{-}2下}\uparrow \rightarrow KT2\uparrow \text{准备切除电阻} \\ KM_{S3\ 上\text{-}3下}\uparrow \longrightarrow \\ KM_{S1\ 上\text{-}1下}\uparrow \rightarrow KT1\downarrow \left\{\begin{array}{l} \text{（延时）} \\ KT1_{1\text{-}2}\downarrow \end{array}\right\} \end{array}\right.$

$\rightarrow KM_{B1}\uparrow \rightarrow \left\{\begin{array}{l} KM_{B1\ \ 1\text{-}6}\uparrow \rightarrow \text{短接部分电抗} \\ KM_{B1\ \ 1上\text{-}1下}\uparrow \rightarrow KT2\downarrow \left\{\begin{array}{l} \text{（延时）} \\ KT2_{1\text{-}2}\downarrow \rightarrow KM_{B2}\uparrow \rightarrow KM_{B21\text{-}6}\uparrow \rightarrow \text{短接全部 R、L, 电动机慢速} \end{array}\right. \end{array}\right.$

2）平层停车

电梯减速上行，当轿箱踏板同五楼厅门踏板相平时，轿箱顶部的上、下平层感应器进入四楼井道平层铁板中，向上平层感应器 KR_{U} 和向下平层感应器 KR_{D} 触头复位，使向上平层继电器和向下平层继电器 KA_{DP} 线圈通电，电梯实现自动停车和自动关门，其动作程序如下：

（进入平层区时）
$KP_{U}\downarrow \rightarrow KA_{UP}\uparrow \left\{\begin{array}{l} KA_{UP6、12}\uparrow \\ KA_{UP2、8}\uparrow \\ KA_{UP1、7}\uparrow \text{—} \end{array}\right.$

（平层时）
$KP_{D}\downarrow \rightarrow KA_{DP}\uparrow \left\{\begin{array}{l} KA_{DP6、12}\uparrow \\ KA_{DP2、8}\uparrow \\ KA_{DP1、7}\uparrow \text{—} \end{array}\right.$

$\rightarrow KM_{U}\downarrow \left\{\begin{array}{l} KM_{U1\text{-}4}\downarrow \\ KM_{U5、6}\downarrow \end{array}\right.$

$\rightarrow \left\{\begin{array}{l} \text{YB1，抱闸，　电梯停靠} \\ KA_{R}\downarrow \left\{\begin{array}{l} KA_{R1、7}\downarrow \rightarrow KM_{5}\downarrow \left\{\begin{array}{l} KM_{S1\text{-}6}\downarrow \\ KM_{S3\ 上、3下}\downarrow \left\{\begin{array}{l} KM_{B1}\downarrow \\ KM_{B2}\downarrow \end{array}\right. \end{array}\right. \\ KA_{R2、8}\downarrow \rightarrow \end{array}\right. \end{array}\right.$ $\}\rightarrow$ M 失电停止

$\} KA_{Q}\uparrow \rightarrow M_{G}$ 得电，自动开门，门开好 $\rightarrow S_{01}\downarrow \rightarrow KA_{0}\downarrow$

当电梯轿厢停靠在五楼后，乘客进、出轿厢后，司机问明前往楼层后，点按操纵箱的选层按钮登记记忆，电梯通过定向电路自动控制上、下运行。

值得说明的是：这种控制电梯每次只能选择一个楼层，因此操作时应注意。

6. 检修控制

当电梯出现故障时，检修人员或司机应控制电梯作上、下慢速运行，以实现到故障点处检修。检修电路如图 7-28 所示。检修有轿内检修、轿顶检修和开（关）门检修。

1）检修准备

检修人员扳动轿内操纵箱上的慢速运行开关 S_{SV}，使 03 和 47 接通，检修继电器线圈得电：

KA_M↑→
- $KM_{M1、2}$↑→电梯只能点动运行
- $KM_{M3、4}$↑→自动定向环节有故障， 不影响开梯
- $KM_{M5、6}$↑→准备慢速加速
- $KM_{M7、8}$↑→准备慢速启动
- $KM_{M9、10}$↑→准备检修时开着门开动电梯， 利于检查
- $KM_{M11、12}$↑→防止 KA_U 和 KA_D 互相争抢动作
- $KM_{M13、14}$↑→切除与检修运行无关的电路
- $KM_{M15、16}$↑→切断快速接触器电路

做好检修准备。

2）轿内检修

需要检修时，上行时应操纵最高选层按钮，下行时需操纵最低选层按钮。例如，电梯在一楼停靠，准备到四楼检修时，如果关门检修，应按下操纵箱的关门按钮 SB_C，把门关好；如果开门检修，应按下操纵箱的门连锁按钮 SB_G，然后按下最高层按钮 SB5，电梯便能启动上行，其动作原理如下：

SB5↑→KA5↑→$KA5_{5-6}$↑→$KA1_U$↑→KA_{7-8}↑→KM_U↑→
- KM_{U1-4}↑为M接通做准备
- KM_{U1-6}↑→
  - YB↑松闸
  - KA_R↑→KM_S↑→
    - KM_{S1-6}↑→M↑，降压启动
    - $KM_{S1上-4下}$↑→KT1↓→延时后$KT1_{2-8}$↓
    - $KM_{S2上-2下}$↑→KT2↑做断电加速准备
    - $KM_{S3上-3下}$↑→KM_{B1}↑→
      - $KM_{B1\ 1-6}$↑，短接部分电抗L
      - $KM_{B1\ 1上-1下}$↑→KT2↓（延时）KT2↓
      - $KM_{B1\ 2上-2下}$↑→KM_{B2}↑→短接全部电抗和电阻，M加速运行

当电梯到达位置时，把 SB5 松开，电梯立即停靠。这种点动开梯不受平层限制，随处都可停梯，给检修带来了方便。电梯需要下行时，只需按最低层按钮 SB1 即可。

3）轿顶检修

在轿厢顶部检修时，扳动轿顶检修箱上的开关 S_{MT}，使 03 和 47 接通，KA_M 得电吸合，当按下 SB_{UT} 或 SB_{DT} 时，轿厢可点动控制实现上、下慢速运行。其动作情况与前面相似，这里不再重复。

经过对启动、运行过程分析可知：电梯曳引电动机与电磁制动器进行全电压控制。当电磁制动器打开以后，为了减少能耗，应串入经济电阻 R_{YB1}。而 R_{YB2} 的作用是：当 YB 失电时，通过放电电阻 R_{YB2} 放电，确保电磁制动器不突然抱紧而引起乘客的不良感觉。

任务 7-5　电梯安装与检验

能力目标

明白电梯安装程序和方法；

具有指导电梯安装的能力；

具有电梯监测能力，会填写检测报告。

任务描述

电梯安装前的准备非常重要，同时应进行检查，进入安装阶段时，注意应按安装流程进行，掌握安装方法，准确填写安装记录，确保安装的顺利进行。

任务分析

安装前的准备包括：人员组织→工具仪器的准备→安装措施→进度安排与安装工艺流程→电梯开箱检验→填写检验报告。

电梯的安装有电梯机械装置及电气装置的安装。

电梯机械装置的安装包括：导轨架和导轨的安装→机房机械安装→轿厢和安全钳的安装→层门和门套的安装→缓冲器和对重装置的安装→限速器的安装→组装绳头组合和悬挂曳引绳等。

电梯电气装置的安装包括：机房电气装置的安装→井道电气装置安装→轿厢电气装置安装等，填写相关的安装记录。

方法与步骤

◆教师活动：布置任务→指导学习。

◆学生活动：接受任务，在教师引导下学习研讨。

7.5.1 安装前的准备

1. 人员组织

由持有有关部门核发的安装许可证的单位承担和组织，安装人员必须经有关部门培训、考核，持证上岗。安装人员的多少、技术力量的配置视安装电梯状况而定。一般由 4～6 人组成安装队，其中应有熟练钳工和电工各 1 人负责安装的调试。

此外，根据安装进度，还必须配备一定人数的木、瓦、焊、起重、脚手架工等。

2. 工具仪器的准备

安装单位应根据安装规模、资质等级配备工具、仪器仪表以及安全用具和劳保用品。电梯安装公司都各有多套工具。

进场后，安装队长应及时与业主联系，安排一个放置施工用具的库房，门上有锁，库房应由专人管理，工具的出入库应有详细的记录。所配备的工具必须分配到每个专人，在每天开工前应做一次全面严格的质量检查，将已经失效和损坏的工具贴上专用标签后剔除，换上合格的工具。

3. 安装措施

1）安全保证措施

设立安全员负责安装中的安全检查和管理工作，设立质量检查员对实施质量进行检验，

以保证安装质量和安装进程安全。安全员和质检员都应通过专门的业务培训并取得上岗资格证书。

2）安全教育内容

施工前应进行认真的安全教育，使所有施工人员了解并做到严格遵守操作规程，并注意以下几点：

（1）准备并检查工具，如吊索、滑轮、脚手板等应无损伤。

（2）配电板、各种电动工具等应无漏电、破损，完全符合安全要求。

（3）各种测量工具符合标准，测量准确，指示正确。

（4）劳动保护用具准备齐全，如工作服、安全帽、工作鞋、安全带等。

（5）安装时，施工人员必须严格遵守《安全操作规程》和有关规章制度，如电气焊、起重、喷灯、带电作业规程等。

（6）井道内不得使用汽油或其他易燃熔剂清洗机件，在井道外现场清洗机具、机件时应防止产生电火花，并悬挂“严禁烟火”标志牌，放置消防器材，剩油、废油、油棉纱等应及时处理，不得留在现场。

（7）应在各层门口和其他能进入井道口处，设置明显的警告标志和有效的护板或护栏，以防止发生人员坠井事故。

（8）施工人员应会一般救护方法，懂得消防常识，会合理、熟练地使用灭火器材。

（9）每日召开班前安全会，由队长结合当天任务，布置安全生产要求，工作前检查工作环境、设备和设施，应符合安全要求。

（10）遇到有与其他工种进行配合作业时，应先进行安全交底和技术交底，互相了解工作目的、要求及安全操作项目，认真执行交底签字制度。

4. 进度安排与安装工艺流程

根据安装电梯梯形、层站数、控制方式等不同，进度安排与安装工艺流程也不尽一致。通常安装进度由安装队长制定。通常机械与电气部分可采用平行作业方式同时进行安装。

1）电梯安装工艺流程

这里以一般电梯安装工艺流程为例说明，如图 7-36 所示。

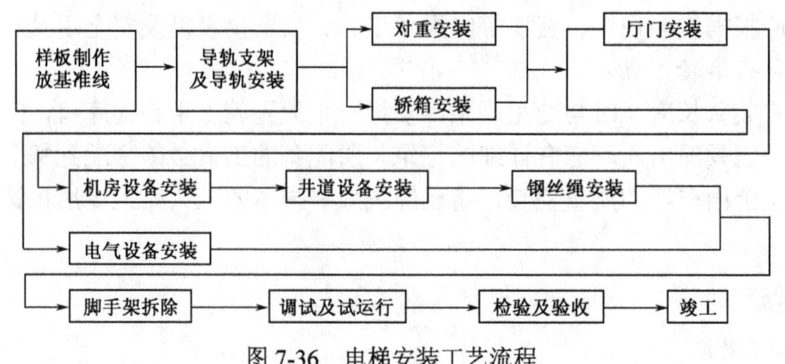

图 7-36　电梯安装工艺流程

2）电梯安装进度计划

以电梯安装项目为纵坐标，以安装时间（通常以天数为单位）为横坐标，电梯安装进度计划，见表 7-7，其中工作日是按单台 10 层以下、集选控制的快速电梯计算的。因为电梯的操纵方式甚多，其工作量有很大的差异，因此此表中内容仅供参考。

表 7-7　电梯安装进度计划表

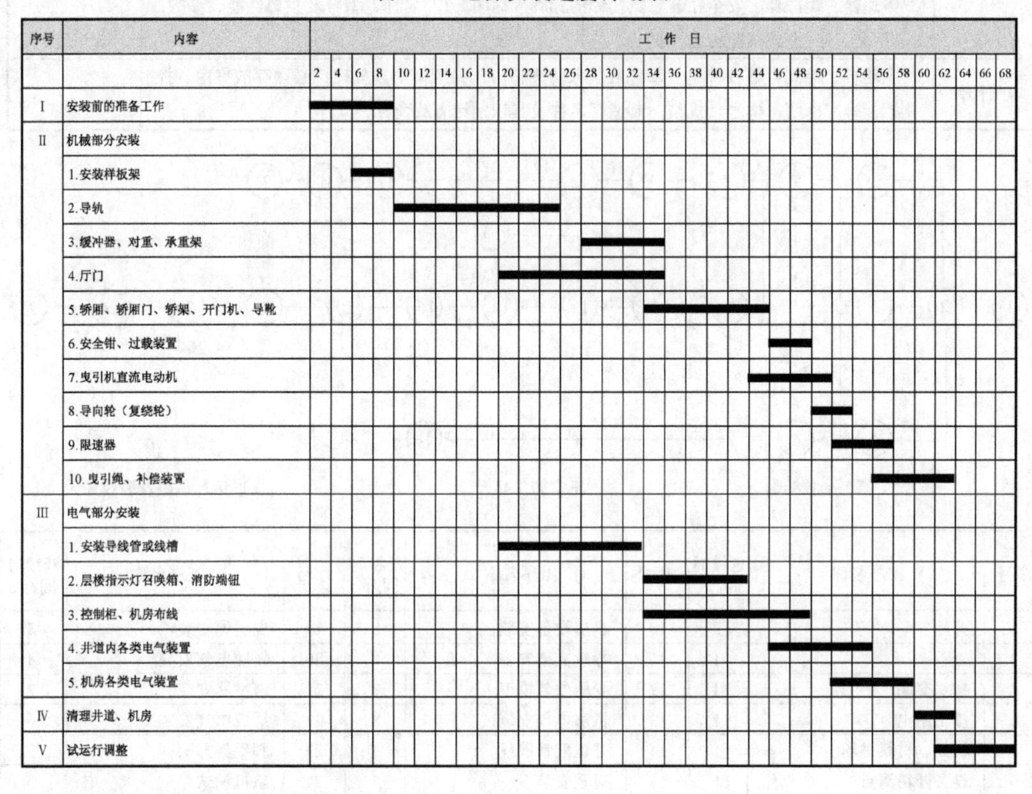

序号	内容	工作日
		2 4 6 8 10 12 14 16 18 20 22 24 26 28 30 32 34 36 38 40 42 44 46 48 50 52 54 56 58 60 62 64 66 68
Ⅰ	安装前的准备工作	
Ⅱ	机械部分安装	
	1.安装样板架	
	2.导轨	
	3.缓冲器、对重、承重架	
	4.厅门	
	5.轿厢、轿厢门、轿架、开门机、导靴	
	6.安全钳、过载装置	
	7.曳引机直流电动机	
	8.导向轮（复绕轮）	
	9.限速器	
	10.曳引绳、补偿装置	
Ⅲ	电气部分安装	
	1.安装导线管或线槽	
	2.层楼指示灯召唤箱、消防端钮	
	3.控制柜、机房布线	
	4.井道内各类电气装置	
	5.机房各类电气装置	
Ⅳ	清理井道、机房	
Ⅴ	试运行调整	

电梯安装计划管理网络图如图 7-37 所示。

5．电梯开箱检验

电梯开箱检验内容及规范标准要求见表 7-8。

表 7-8　电梯开箱检验记录

产品合同号		出厂日期	年　　月　　日
装箱单号		开箱日期	年　　月　　日
检查内容及规范标准要求			检验结果
包装情况	零部件应按类别及装箱单完好地放入箱内，并应垫平、卡紧、固定，精密加工、表面装饰的部件应防止相对移动。曳引机应整体包整。包整及密封应完好，规格应符合设计要求，附件、备件齐全，外观应完好。设备、材料、零部件无损伤、腐蚀及其他异常情况		
随机文件	1．文件目录；2．装箱清单；3．产品合格证；4．机房、井道布置图；5．使用维护说明书（包含润滑汇总表及电梯功能表）；6．电气原理图、电气安装接线图及其符号说明；7．主要部件安装图；8．安装（调试）说明书；9．安全部件型式实验报告结论副本；10．易损件目录		

续表

产品合同号		出厂日期	年　　月　　日
装箱单号		开箱日期	年　　月　　日
检查内容及规范标准要求			检验结果
机械部件	曳引机品牌应注明：1．产品名称、型号；2．额定速度；3．额定载重量；4．减速比；5．出厂编号；6．标准编号；7．质量等级标志；8．厂名、商标；9．出厂日期。 限速器、缓冲器、安全钳装置、门锁的标牌应标明：1．名称、型号及主要性能、参数；2．厂名；3．型式试验标志及试验单位		
电气部件	电动机、控制柜等各种电气部件应装入防潮箱内，并应做防震处理，必须存放室内。控制柜标牌应标明：型号、规格；制造厂名称及其识别标志或商标		

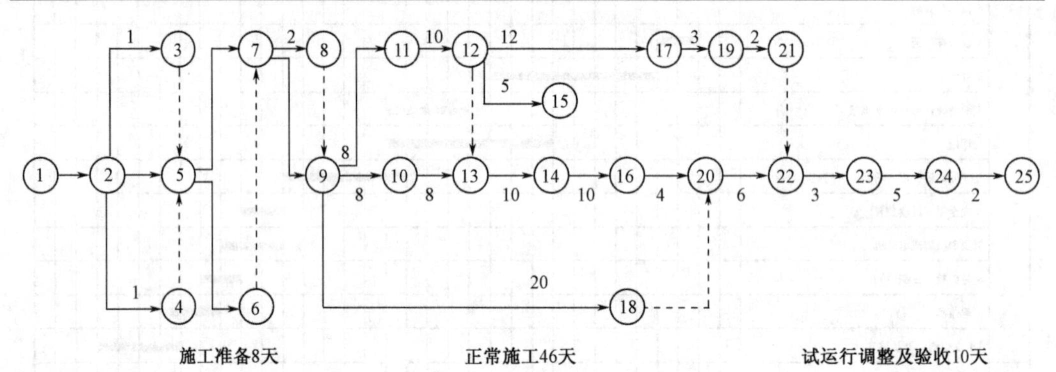

序号	工序名称	延续时间/天	序号	工序名称	延续时间/天	序号	工序名称	延续时间/天
1	开始	0	10	机房设备安装	8	19	曳引绳安装	3
2	查看	1	11	导轨支架安装	8	20	轿厢电气安装	4
3	技术交底	1	12	导轨安装校正	7	21	缓冲器安装	2
4	施工用电	1	13	机房电气安装	8	22	层门电气安装	6
5	机具、材料进场	1	14	井道配管敷线	10	23	脚手架拆除	3
6	设备开箱清点	1	15	对重安装	5	24	整机调试	5
7	脚手架搭设	2	16	井道电气安装	10	25	竣工资料整理	2
8	土建修整	2	17	轿厢组装	12			
9	样板架、测量、放线	4	18	层门安装	20			

图 7-37　电梯安装计划管理网络图

7.5.2　电梯的安装

电梯的安装包括电梯机械装置的安装和电梯电气装置的安装。

1．电梯机械装置的安装

电梯机械装置的安装包括以下内容。

1）导轨架和导轨的安装

安装程序时：确定导轨支架位置→安装导轨支架→安装导轨→调整导轨。
导轨架和导轨的安装布置示意图如图 7-38 所示。

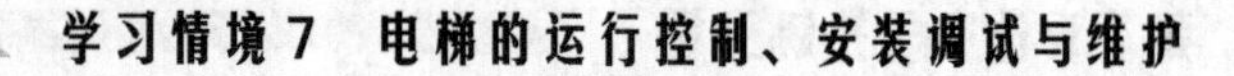

2）机房机械安装

电梯机房的机械安装包括承重梁、曳引机和导向轮三部分。承重梁在楼板上面曳引机安装示意图如图 7-39 所示。

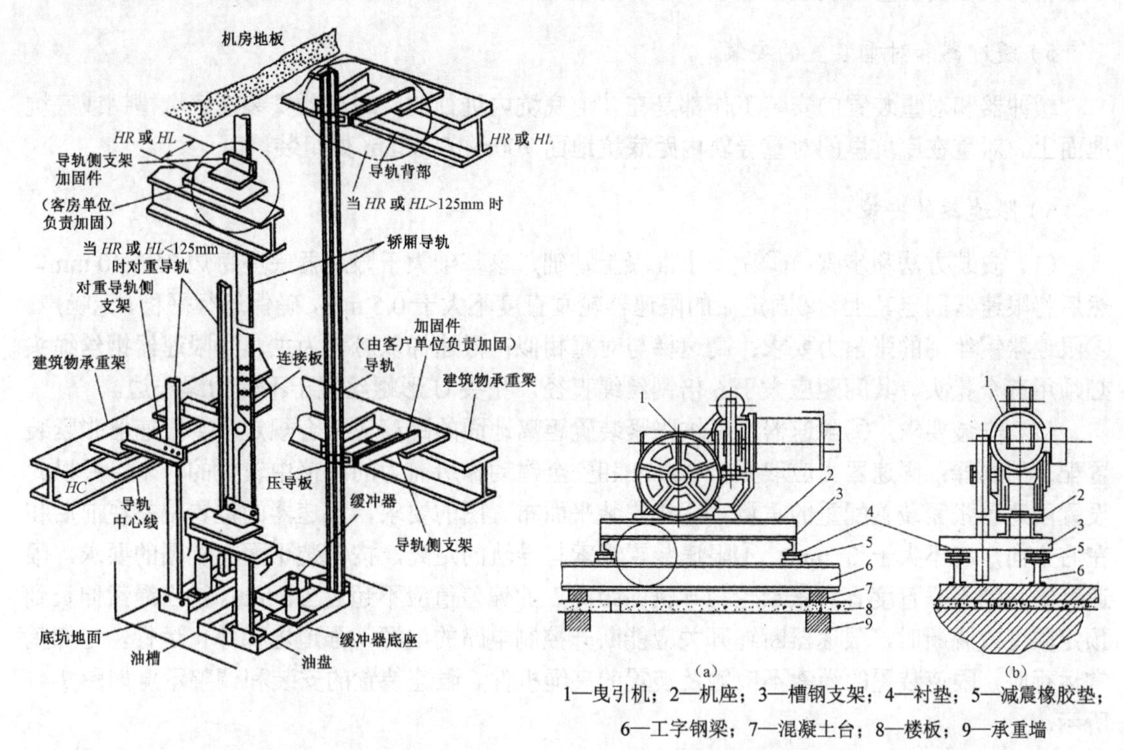

图 7-38　导轨架和导轨的安装布置

图 7-39　承重梁在楼板上面曳引机安装

3）轿厢和安全钳的安装

（1）特点：它是电梯的主要部件。体积比较大，是乘用人员的可见部件，装潢比较讲究，制造厂把全部机件制作完后，组装检查再拆成零件进行表面装潢处理，然后以零件的形式包装发货。

（2）组装：轿厢的组装工作比较麻烦，组装时必须避免磕碰划伤。轿厢的组装工作一般多在上端站进行。因为上端站最靠近机房，组装过程中便于起吊部件，核对尺寸，与机房联系等。由于轿厢组装后位于井道的最上端，因此通过曳引钢丝绳和轿厢连接在一起的对重装置，在组装时就在井道底坑进行。这对于轿厢和对重装置组装后挂曳引钢丝绳，通电试运行前对电气部分作检查和预调试，检查和预调试后的试运行等都是比较方便和安全的。轿厢的组装示意如图 7-40 所示。

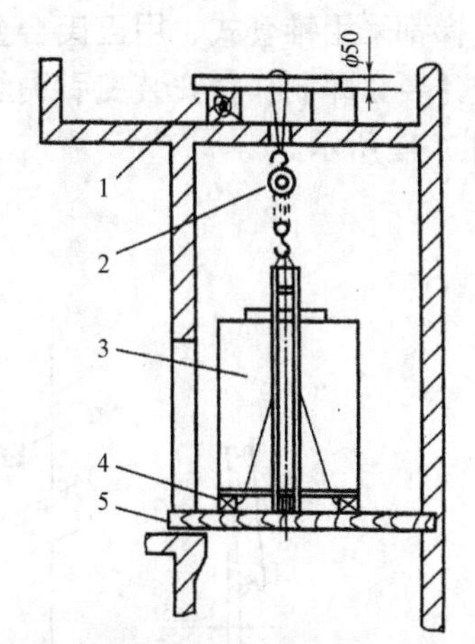

图 7-40　轿厢组装

4）层门和门套的安装

从上样板架上标注的层门净宽的两侧和中心点处，悬挂铅垂线并固定在上样板架上。用导轨精校板作定位基准校正铅垂线，在各层层门面和立面刻画上标记线，然后逐步安装。

5）缓冲器和对重装置的安装

缓冲器和对重装置的安装工作都是在井道底坑内进行的。缓冲器安装在底坑槽钢或底坑地面上。对重在底坑里的对重导轨内距底坑地面 700～1000 mm 处组装。

6）限速器的安装

（1）安装方法和步骤：①做一个混凝土基础，该基础大于限速器底座每边 25～40 mm，然后将限速器固定其上。②固定后的限速器轮垂直度不大于 0.5 mm，确保运行平稳、无噪声。③限速器钢丝绳的张紧力要求：高速梯与对重相似；低速梯以悬臂为主。④限速器钢丝绳头必须用三个扎头，其间距应大于 6 倍钢丝绳直径，扎头 U 形螺丝置于不受力绳一边。

（2）安装要求：①限速器在底坑张紧装置距离地面的距离应符合规定。②限速器张紧装置配重的选择：限速器力应取至少 300 N 和安全钳动作所需力的两倍中较大的一个，并以此设置限速器张紧装置配重的重量。③按安装平面布置图的要求，限速器的位置偏差在前后和左右方向，应不大于 3 mm。④限速装置绳索与导轨的距离，按安装平面布置图的要求，限速器绳轮的不垂直度 a 和张紧轮与导轨的距离 b 的偏差值应不超过±5 mm。⑤当绳索伸长到预定限度或脱断时，限速器断绳开关应能断开控制电路的电源，强迫电梯停止运行。电梯正常运行时，限速装置的绳索不应触及装置的夹绳机件。限速装置的安装和调整示意如图 7-41 所示。

7）组装绳头组合和悬挂曳引绳

（1）组装绳头组合的作用是使曳引绳连接轿厢、对重或连接机房承重梁。目前，大多数电梯都采用锥套式、用巴氏合金浇铸的钢丝绳绳头。轿厢安装完以后，不能长时间用葫芦吊挂，要立即制作、安装曳引钢丝绳，以免已安装的轿厢下坠。浇注巴氏合金的钢丝绳绳头如图 7-42 所示。

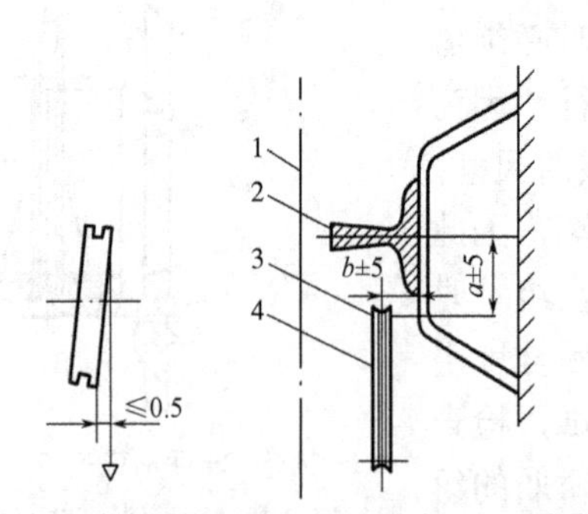

1—轿厢边线；2—导轨；3—铅垂线；4—张紧轮

图 7-41　限速装置的安装和调整示意图

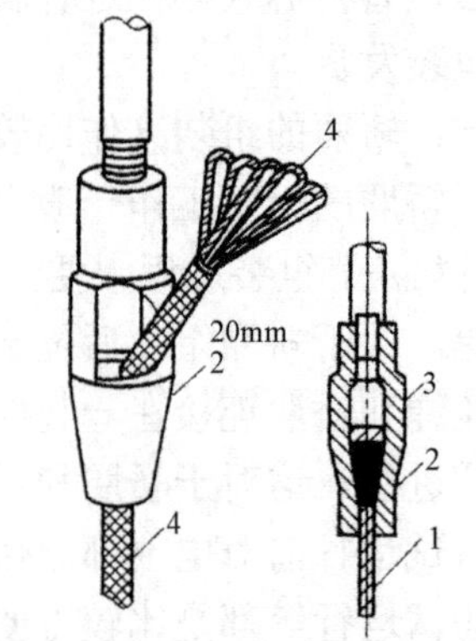

1—钢丝绳；2—锥套；3—巴氏合金；4—弯折绳股

图 7-42　用巴氏合金浇注的钢丝绳绳头

（2）悬挂曳引绳是为了避免电梯运行时钢丝绳产生扭曲甚至打结，造成局部过早磨损，降低曳引绳的使用寿命。将绳的两端分别与其固定装置（绳头板）连接牢固。挂绳时，不同的曳引形式挂绳的方法各异。将曳引绳从机房的曳引轮两侧放下，一侧经过导向轮到轿厢顶；另一侧直接连接到对重架顶。在绳悬挂4～5 h以后，彻底消除绳的应力（俗称“放气”）。

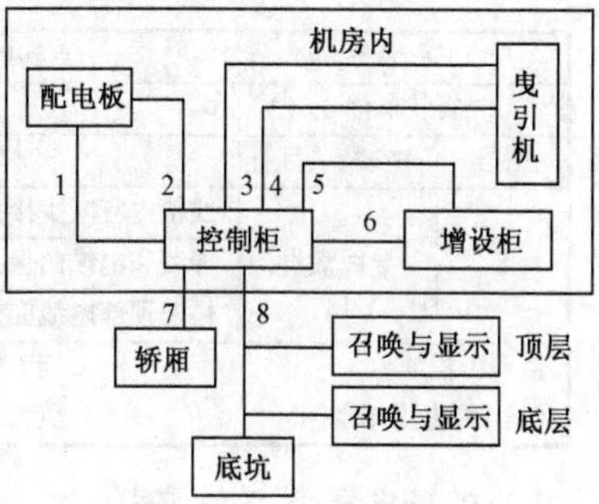

1—三相交流380 V电源；2—单相交流220V照明；3—曳引电动机三相电源；4—编码器脉冲反馈信号；5—圆型控制电缆；6—轿厢随动扁电缆；7、8—交流36 V安全照明电源

图7-43　电梯各部件的主要电气连接关系

2．电梯电气装置的安装

电梯电气装置的安装可与机械装置安装同时进行，但应避开同时进行井道内的垂直作业。电气装置的安装方式、方法因电梯类型、井道、机房土建规格等不同，使其安装方式、方法种类很多，但其安装原理大同小异。电梯各部件的主要电气连接关系如图7-43所示。

电梯电气装置安装记录如表7-9所示。

表7-9　电梯电气装置安装记录

工程名称		电梯电气装置安装记录	梯号	
安装单位			日期	
序号	安装项目	安装内容及其要求		安装结果
1	接地保护	所有电气设备的外露可导电部分均应可靠接地或接零		
		保护线和工作零线始终分开，保护线采用黄绿双色绝缘导线		
		保护干线截面积不得小于电源相线		
		各接地保护端应容易识别，不得串联接地。接地电阻值应不大于4Ω		
		电梯轿厢可利用随行电缆的钢芯或不少于2根芯线接地		
2	控制屏柜	基础高出地面50～100 mm		
		垂直度偏差不大于1.5‰		
		正面距门窗、维修侧距墙不小于600 mm，距机械设备不小于500 mm		
3	电线管槽	距轿厢、钢丝绳	机房内不小于50，井道内不小于20 mm	
		水平和垂直偏差	机房内不大于2‰	
			井道内不大于5‰，全长不大于50 mm	
4	电线槽	每根线槽不应少于两点固定		
		接口严密，出线口无毛刺		
5	电线管	与线槽、箱、盒连接处应用螺母锁紧，管口装设护口		
6	金属软管	不得损伤和松散		
		应安装平直牢固，固定点间距均匀且应不大于1 m		
		端头及拐弯处固定距离不大于0.1 m，弯曲半径不小于其外径的4倍		
		保护线应采用不小于4 mm^{2}的多股铜线		
7	操纵盘及显示器	应与轿壁、墙面贴实		
		按钮触动应灵活无卡阻，信号应清晰正确，无串光现象		
8	导线敷设	动力线路与控制线路应隔离敷设，抗干扰线路应符合产品要求		
		接线编号齐全清晰。保护线端子、电压220V以上的端子和主电源断开后仍带电且超过50 V的端子，应有明显标记		
		配线应绑扎整齐；留备用线，其长度与箱、盒内最长的导线相同		

续表

工程名称		电梯电气装置安装记录	梯号		
安装单位			日 期		
序号	安装项目	安装内容及其要求			安装结果
8	导线敷设	线槽内应减少接头，接头冷压端子压接应可靠，绝缘良好			
		导线和电缆的保护外皮应进入开关和设备的壳体			
		轿厢顶部电线应敷设在被固定的金属电线管槽内			
监理工程师 （建设单位代表）：		施工技术 负责人：	施工 质检员：	记录人 （工长）：	

1）机房电气装置的安装

机房电气设备包括控制柜、电源总控制盒（配电箱）、信号线和线管、保护接地和保护接零等。

（1）控制柜安装：①控制柜、屏正面距门、窗不小于 600 mm；②控制柜、屏的维修侧距墙不小于 600 mm；③控制柜、屏距机械设备不小于 500 mm；④控制柜、屏安装后的垂直度不大于 3‰，并应有与机房地面固定的措施。

（2）机房布线方法：①电梯动力与控制线路应分离敷设，从进机房电源起零线和接地线应始终分开；②接地线的颜色为黄绿双色绝缘电线。除 36V 及其以下安全电压外的电气设备金属罩壳均应设有易于识别的接地端子；③线管、线槽的敷设应横平竖直、整齐牢固。电缆线可通过线槽。

（3）电源开关：电源应由专用开关单独控制供电。每台电梯分设动力开关和单相照明电源开关。控制轿厢电路电源的开关和控制机房、井道和底坑电路电源的开关应分别设置，各自具有独立保护。同一机房中有几台电梯时，各台电梯的主电源开关应易于识别。其容量应能切断电梯正常使用情况下的最大电流。

主开关应安装于机房进门处随手可操作的位置，但应避免雨水和长时间日照。

为便于线路维修，单相照明电源开关一般安装于动力开关旁。要求安装牢固，横平竖直。

（4）保护接地：把电气设备的金属外壳、框架等用接地装置与大地可靠连接，这一做法适用于电源中性点接地的三相五线制低压供电系统。采用保护接地时，接地电阻不得大于 4 Ω。

电梯的电气设备必须做接地保护。其接地线必须用不小于 4 mm^2 的黄绿双色铜线或 8 号铅丝。机房内的接地线必须穿管敷设，与电气设备的连接必须采用线接头，并设有防松脱的弹簧垫圈。井道内的电气部件、接线箱、四路过线盒与电线槽或电线管之间也可用 4 mm^2 的黄绿双色铜线或 8 号铅丝焊成一体。轿厢的接地线可根据软电缆的结构形式决定，采用钢心支持绳的电缆可利用钢心支持绳做接地线，采用尼龙心的电缆则可把若干根电缆心线合股作为接地线，但其截面应不小于 4 mm^2。每台电梯的各部分接地设施应连成一体，并可靠接地，电气部件接地示意如图 7-44 所示。

（5）保护接零：在电源中性点接地的三相四线制低压系统中，把电气设备的金属外壳、框架与中性线相连接。采用保护接零的电气设备不应同时作为保护接地。

2）井道电气装置安装

井道主要电气设备有电梯外呼、层显控制圆电缆、各种限位开关、井道传感器、底坑电梯停止开关及井道内固定照明等。

（1）外呼、层显控制圆电缆的安装：从控制柜内走线槽到井道后改明敷设，沿呼梯口侧井壁从顶层明敷设到底层。

（2）井道终端开关的安装和调整：井道终端开关装在井道的上、下端站处，由装在轿厢上的撞弓触动，当电梯到达端站超越正常的停站控制位置时，能自动地强迫减速并切断控制电路，使轿厢停止运行。

（3）基站轿厢到位开关安装：装有自动门机的电梯均应设此开关。到位开关的作用是使轿厢未到基站前，基站的层门钥匙开关不起任何作用，只有轿厢到位后钥匙开关才能启闭自动门机，带动轿门和层门。基站轿厢到位开关支架安装于轿厢导轨上，位置比限位开关略高即可。

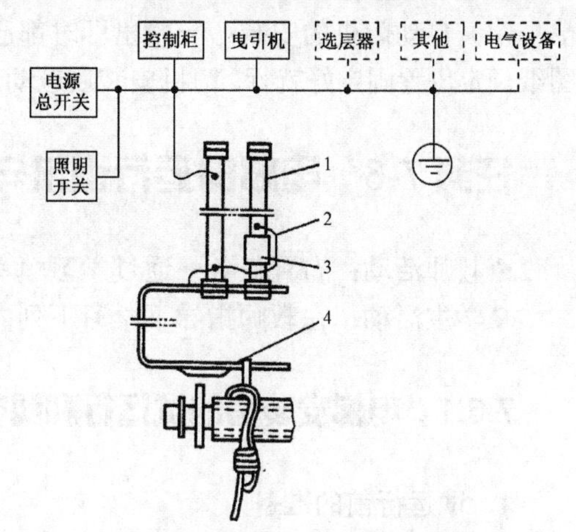

1—电线管或电线槽；2—ϕ1.6 mm 钢线；
3—电线管接头；4—电缆钢心或钢心线

图 7-44　电气部件接地示意

（4）底坑停止开关及井道照明设备安装：①为保证检修人员进入底坑的安全，安装的位置应是检修人员进入底坑后能方便操作的地方；②封闭式井道内应设置永久性照明装置。除在井道最高处与最低处 0.5 m 内各装一灯外，中间灯距不超过 7 m。

（5）松绳及断绳开关安装：限速器钢丝绳或补偿绳长期使用后，可能伸长或断绳，在这种情况下断绳开关应能自动切断控制回路使电梯停止。该开关是与张紧装置联动的。

（6）液压缓冲器开关安装：当轿厢或对重蹲底压到液压缓冲器上时，该开关动作，自动切断控制回路使电梯断电。该开关是与液压缓冲器活塞装置联动的。

（7）随行电缆安装：随行电缆绑扎要符合规范要求。随行电缆有中间接线箱时，中间接线箱的安装位置从井底计算为（500+行程/2+300）mm。在井道挂线架上方 300 mm 处，用支架或膨胀螺栓将中间接线箱固定于井壁上。

3）轿厢电气装置安装

轿厢电气装置有轿内操纵盘、轿顶转接线盒、轿顶操纵箱、轿顶平层装置、自动门机等。

（1）轿内操纵盘：它包括了轿内层楼指示器、指令选层按钮、开关门按钮、运行停止开关、检修开关、照明和风扇开关等控制装置。

轿内操纵盘在出厂时已根据订货合同做好，安装时只要将其固定在轿壁上对应位置，把轿顶站引下来的电缆插头和轿内操纵盘上的电缆插座一一对应插好即可。

（2）轿顶操纵箱的安装：轿顶操纵箱是机房控制柜的延伸，从机房控制柜引出的随行电缆先经轿底接到轿顶操纵箱上，再由轿顶操纵箱引出自动门机、轿内操纵盘、开关门安全保护装置、安全窗开关、轿顶和轿底灯等的控制线。轿顶操纵箱本身还装有电梯急停开关、电梯检修开关、220 V 和 36 V 电源插座等。

轿顶操纵箱上的急停开关和检修开关要安装在轿顶防护栏杆的前方，且应处于打开厅门和在轿厢上梁后部任何一处都能操作的位置。

（3）平层装置的安装与调整：某些电梯，如 GPS 系列，其平层装置与以前电梯的平层装置不同，它是将三个感应器组成的开关箱装在轿顶上，将遮磁板装在井道内导轨上。

（4）自动门机的安装：一般出厂时都已组合成一体，安装时只要将自动门机安装支架按图纸规定位置固定好就行。门机安装后应动作灵活，运行平稳，门扇运行至端点时应无撞击声。

任务 7-6　电梯的运行调试与维护

◆教师活动：布置任务→通过学习填写相关表格→进行调试与维护训练。
◆学生活动：在教师指导下学习下列内容，并完成相关调试与维护训练。

7.6.1　电梯安装后的试运行和调整

1. 试运行前的准备

（1）保持良好的工作环境：对机房、井道及各层站周围进行清扫。

（2）保证各器件的整洁：对电梯上的所有机电部件进行检查、清理、打扫和擦洗。

（3）检查电气部件内外配接线的压紧螺钉有无松动、焊点是否牢靠、电气触点动作是否自如。

（4）检查有关设备的润滑情况。

① 曳引机的工作环境温度应在−5～+40 ℃之间，减速箱应根据季节添足润滑剂，一般夏季用 HL－30 齿轮油（SYB 1103－62S），冬季用 HL－20 齿轮油（SYB 1103－62S）。油位高度按油位线所示。

② 缓冲器采用油压缓冲器时，应按规定添足油料，如表 7-10 所示，注意油位高度应符合油位指示牌标出的要求。

表 7-10　油压缓冲器用油

额定载重量/kg	油 号 规 格	粘 度 范 围
500	高速机械油 HJ-5（GB 443—1989）	1.29～1.40 °E50
750	高速机械油 HJ-7（GB 443—1989）	1.48～1.67 °E50
1000	机械油 HJ-10（GB 443—1989）	1.57～2.15 °E50
1500	机械油 HJ-20（GB 443—1989）	2.6～3.31 °E50

③ 对于滑动导靴，导轨为人工润滑时，应在导轨上涂适量的钙基润滑脂（GB/T 491－2008）；导靴上没有自动润滑装置时，在润滑装置内添加足够的 HJ－40 机械油（GB 443－1989）。

（5）对曳引轮和曳引绳等的油污进行认真清洗。

（6）对具有转动摩擦部位的润滑情况进行检查，以保证正常工作。如对重轮、限速器、张紧装置导向轮和轿顶轮等。

（7）检查电气控制系统中的接线及动作程序是否正确，发现问题及时排除。为便于安全检查，这项工作应在挂曳引绳和拆除脚手架之前进行。已挂好曳引绳的一般应将曳引绳从曳引轮上摘下，摘绳之前应在井道底坑可靠地支起对重装置，在上端吊起轿厢，以便摘绳。采用机械选层器的电梯也应摘下钢带。若觉得摘除曳引绳麻烦，可不摘除绳，采用甩开曳引电机电源引入线的方法解决。这样又带来了不能确定电机的转向是否与控制系统的上下控制程序一致的问题，因此检查后，应用手动盘车（盘车手轮）使轿厢移动一定距离，再通过慢速

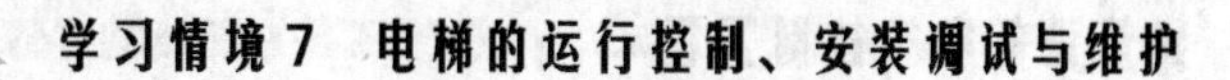

控制系统点动控制轿厢上、下移动，确认电机电源引入线的接法符合控制系统要求后，便可进入试运行。

（8）牵动轿顶上安全钳的绳头拉手，看安全钳动作是否正常，导轨的正工作面与安全底面及导轨两侧的工作面与两楔块间的间隙是否符合要求。

做好上述准备后，将曳引绳挂好，放下轿厢，确保曳引绳均匀受力，并使轿厢下移一定距离后，拆去对重装置支撑架和脚手架，准备进入试运行阶段。

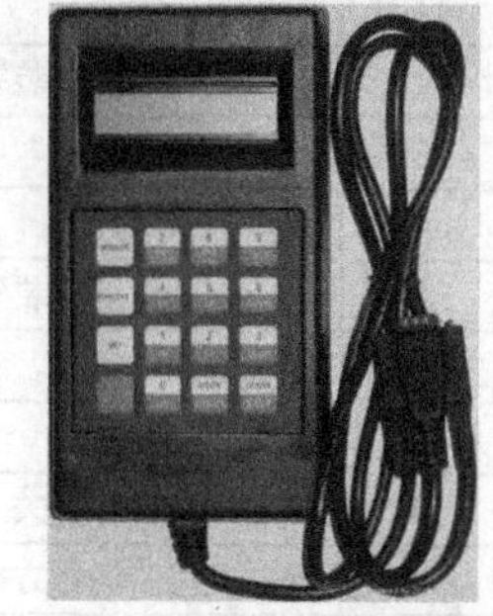
图 7-45　电梯调试工具

2．试运行和调整

采用电梯调试工具如图 7-45 所示。应由具有丰富经验的安装人员在轿顶指挥，在机房、轿内、轿顶各有一名技工，具体操作如下。

（1）手动盘车后方可通电试运行。

（2）通过操纵箱上的钥匙开关或手动开关，使系统处于慢速检修状态。试运行时，通过轿内操纵箱上的指令按钮和轿顶检修箱上的慢上或慢下按钮，分别控制电梯上、下往复运行数次后，对下列项目逐层进行考核和校正：

① 厅、轿门踏板的间隙，厅门锁滚轮和门刀与轿厢踏板和厅门踏板的间隙各层必须一致，而且符合随机技术文件的要求。

② 干簧管平层传感器和换速传感器与轿厢的间隙、隔磁板与倍感器盒凹口底面及两侧的间隙、双稳态开关与磁钢的间隙应符合随机技术文件的要求。

③ 极限开关、上下端站限位开关等安全设施动作应灵活可靠，起安全保护作用。

④ 采用层楼指示器或机械选层器的电梯在电梯试运行过程中，应借助轿厢能够上下运行之机，检查和校正三只动触头或拖板与各层站的定触头或固定板的位置。

（3）经慢速试运行和对有关部件进行调整校正后，才能进行快速试运行和调试。做快速试运行时，先通过操纵箱上的钥匙开关，使电气控制系统由慢速检修运行状态转换为额定快速运行状态。然后通过轿内操纵箱上的内指令按钮和厅外召唤箱上的外指令按钮控制电梯上下往复快速运行。对于有司机控制的电梯，有司机和无司机两种工作状态都需分别进行试运行。

在电梯的上下快速试运行过程中，通过往复启动、加速、平层、单层和多层运行、到站提前换速、在各层站平层停靠开门等过程，根据随机技术文件、电梯技术条件、电梯安装验收规范的要求，全面考核电梯的各项功能，反复调整电梯在关门启动、加速、换速、平层停靠、开门等过程的可靠性和舒适感，反复调整轿厢在各层站的平层准确度及自动开关门过程中的速度和噪声水平等。提高电梯在运行过程中的安全、可靠、舒适等综合技术指标。

7.6.2　电梯的调试

根据电梯技术条件、安装规范、制造和安装安全规范的规定，参考表 7-11～表 7-17 进行电梯调试。

表 7-11 电梯电气装置检测记录

工程名称		梯号	
安装单位		检测日期	
序号	检测项目	检测内容及其要求	检测结果
1	电源主开关	位置合理、标志易识别	
2	断相、错相保护装置	断任一相电或错相，电梯停止，不能启动	
3	上、下限位开关	轿厢越程大于 50 mm 时起作用	
4	上、下极限开关	轿厢或对重撞缓冲器之前起作用	
5	上、下强迫缓速装置	位置符合产品设计要求，动作可靠	
6	停止装置（安全、急停开关）	机房、底坑、轿厢进入位置，红色、停止	
7	检修运行开关	轿顶优先、易接近、双稳态、防误操作	
8	紧急电动运行开关（机房内）	防误操作按钮、标明方向、直观主机位置	
9	开、关门和运行方向接触器	机械与电气连锁，动作可靠	
10	限速器电气安全装置	在限速器达到动作速度的同时，使电动机停转	
11	安全钳电气安全装置	在安全钳动作的同时，使电动机停转	
12	限速绳断裂、松弛保护装置	张紧轮下落大于 50 mm 时，使电动机停转	
13	轿厢位置传递装置的张紧度	钢带（钢绳、链条）断裂或松弛时，使电动机停转	
14	耗能型缓冲器复位保护	缓冲器被压缩时，安全触点强迫断开	
15	轿厢安全窗安全门锁闭状况	如锁紧失效，应使电梯停止	
16	轿厢自动门撞击保护装置	安全触板、光电保护开关动作时，门打开	
17	层轿门的锁闭状况及关闭位置	安全触点位置正确，动作时任何操作均不能造成开门运行	
18	轿厢超载保护	动作灵活可靠，应使电梯不能启动	
19	补偿绳的张紧度及防跳装置	安全触点动作时，电梯停止运行	
20	检修门，井道安全门	不得朝井道内开启；关门时，电梯才能运行	
21	消防专用开关	解除应答、返基站、开门等动作可靠	
结论			
监理工程师 （建设单位代表）：	施工技术 负责人：	施工 质检员：	记录人 （工长）：

表 7-12 电梯负荷运行检测记录

工程名称							梯 号					
安装单位							检测日期					
平衡荷载 （kg）		额定电流 （A）			额定转速 （r/min）				额定荷载 （kg）			
仪表型号	电流表：				电压表：				转速表：			
项 目	上行	下行	上行	下行	上行	下行	上行	下行	上行	下行	上行	下行
工况荷载 %	0		25		50		75		100		110	
工况荷载 kg												
电压（V）												
电流（A）												
电动机转速（r/min）												

续表

项　目	上行	下行	上行	下行	上行	下行	上行	下行	上行	下行	上行	下行
电流	电梯负荷运行曲线图 0　20　40　60　80　100											
轿厢运行速度（m/s）					平衡系数							
结论												
监理工程师 （建设单位代表）：			施工技术 负责人：			施工 质检员：			记录人 （工长）：			

表 7-13　电梯主要功能检测记录

工程名称		梯　号	
安装单位		检测日期	

序号	检测项目	检测内容及其要求	检测结果
1	基站启用、关闭开关	专用钥匙，运行、停止转换灵活可靠	
2	工作状态选择开关	操纵盘上的司机、自动、检修钥匙，开关灵活可靠	
3	轿内照明、通风开关	功能正确，操作灵活可靠，标志清晰	
4	轿内应急照明	自动充电，电源故障自动接通，它能至少供 1W 的灯泡用电 1 h	
5	本层厅外开门	按电梯停在某层的召唤按钮，应开门	
6	自动定向	按先入为主原则，自动确定运行方向	
7	轿内指令记忆	有多个选层指令时，电梯按顺序逐一停靠	
8	呼梯记忆、顺向截停	记忆厅外全部召唤信号，按顺序停靠应答	
9	自动换向	全部顺向指令完成后，自动应答反向指令	
10	轿内选层信号优先	完成最后指令在门关闭前轿内指令优先登记定向	
11	自动关门待客	完成全部指令后，电梯自动关门，时间 4～10 s	
12	提早关门	按关门按钮，门不经延时立即关门	
13	按开门按钮	在电梯未启动前，按开门按钮，门打开	
14	自动返基站	电梯完成全部指令后，自动返回基站	
15	司机直驶	司机状态，按直驶按钮后，厅外召唤不能截车	
16	营救运行	电梯发生故障停在层间时，自动慢速就近平层	
17	满载、超载装置	满载时截车功能取消；超载时不能启动	
18	报警装置	应采用警铃、对讲系统、外部电话	
19	门机断电后手动开门	在开锁区，断电后，手扒开门的力应大于 300 N	
20	紧急电源停层装置	备用电源将电梯驱动到就近平层开门	
21	集选、并联及机群控制	按产品设计程序试验	
结论			
监理工程师 （建设单位代表）：	施工技术 负责人：	施工 质检员：	记录人 （工长）：

表 7-14　电梯电气绝缘电阻检测记录

工程名称		梯　号		
安装单位		测试日期		
导线额定电压		检测仪表型号		
试测内容	导体间（MΩ）	导体对零（MΩ）	导体对地（MΩ）	零对地（MΩ）
电源回路				
电动机回路				
安全回路				
门锁回路				
照明回路				
结论				
监理工程师 （建设单位代表）：	施工技术 负责人：	施工 质检员：	记录人 （工长）：	

表 7-15　轿厢平层准确度检测记录

工程名称						梯　号					
安装单位						检测日期					
额定速度（m/s）		≤0.63； ＞0.63；≤1.0 其他		标准（mm）		±15 ±30 ±15		测量工具			
上　行						下　行					
停层	空载	满载	停层	空载	满载	停层	空载	满载	停层	空载	满载
结论											
监理工程师 （建设单位代表）：			施工技术 负责人：			施工 质检员：			记录人 （工长）：		

表 7-16　电梯噪声检测记录

工程名称						梯　号		
安装单位						检测日期		
声级计型号						计量单位		dB（A 计权：快挡）
机房（驱动主机）						轿厢内		
标准值：合格≤80　（dB） （含货梯）液压梯（＞4 m/s）≤85　（dB）						标准值：合格≤55　（dB） (V=2.5m，≥4m/s 时)≤60　（dB）		
前	后	左	右	上	背景	上行	下行	背景

层站门															
标准值：合格≤65（dB）															
层站	层站门			层站	层站门			层站	层站门			层站	层站门		
	开门	关门	背景		开门	关门	背景		开门	关门	背景		开门	关门	背景

续表

层站	层站门			层站	层站门			层站	层站门			层站	层站门		
	开门	关门	背景		开门	关门	背景		开门	关门	背景		开门	关门	背景
结论															
监理工程师（建设单位代表）：				施工技术负责人：				施工质检员：				记录人（工长）：			

表 7-17 电梯整机性能检测记录

工程名称		梯 号	
安装单位		检测日期	
项目	检测条件及其要求		检测结果
无故障运行	轿厢分别以空载、半载和额定载荷三种工况，在通电持续率 40%，到达全行程范围，按 120 次/h，每天不少于 8h，各启动、制动运行 1000 次。电梯应运行平稳，制动可靠，连续运行无故障		
	制动器线圈温升和减速器油温升不超过 60 ℃，其温度不超过 85 ℃		
	曳引机除蜗杆轴伸出端渗漏油面积平均每小时不超过 150cm 外，其余各处不得渗漏油		
超载运行	断开超载控制电路，电梯在 110%额定载荷、通电持续率 40%的情况下，到达全行程范围。启动、制动运行 30 次，电梯应能可靠地启动、运行和停止，曳引机工作正常		
曳引能力检测	电梯空载上行至端站及 125%额定载荷下行至端站，分别停层 3 次以上，轿厢应可靠制停，在超载下行时切断供电，轿厢应被可靠制动		
	当对重压在缓冲器上时，空载轿厢不能被曳引绳提升起		
	当轿厢面积不能限制额定载荷时，需用 150%额定载荷做曳引静载检查，历时 10 min，曳引绳应无打滑现象		
安全钳试验	对瞬时式安全钳装置，轿厢应有均匀分布的额定载重量，以检修速度下行，人为动作限速器，此时安全钳电气开关应动作，使电机停转；再将电气开关短路，再次人为动作限速器，安全钳装置应动作，夹紧导轨，轿厢停止		
	对渐进式安全钳装置，轿厢应有均匀分布的 125%额定载重量，以检修速度与平层速度下行，人为动作限速器，此时安全钳电气开关应动作，使电机停转；再将电气开关短路，再次人为动作限速器，安全钳装置应动作，夹紧导轨，轿厢停止		
缓冲器试验	蓄能型缓冲器，轿厢以额定载重量或轿厢空载对重装置分别以检修速度对各自的缓冲器静压 5 min 后脱离，缓冲器应回复正常位置		
	耗能型缓冲器，轿厢和对重装置分别以检修速度下降，将缓冲器全压缩，从离开缓冲器瞬间起，缓冲器柱塞复位时间不大于 120 s		
结论			
监理工程师（建设单位代表）：	施工技术负责人：	施工没质检员：	记录人（工长）：

1）空载、半载及满载试验

按空载、半载（额定载重量的 50%）、满载（额定载重量的 100%）等不同载荷情况，在通电持续率为 40%的情况下，往复开梯各 1.5 h。电梯在启动、运行和停靠时，轿内应无剧烈

的振动和冲击。制动器的动作应灵活可靠，运行时制动器闸瓦不应与制动轮摩擦，制动器线圈的温升不应超过 60℃，减速器油的温升不应超过 60℃，且温度不应高于 85℃。电梯的全部零部件工作正常，元器件工作可靠，功能符合设计要求。主要技术指标符合有关文件的规定。

2）超载试验

在轿厢内装 110%的额定载重量，在通电持续率为 40%的情况下运行 30 min。

3）安全钳动作的检测

应使轿厢处于空载，以检修速度慢速下降，当轿厢运行到适当位置时，用手扳动限速器，使限速器和安全钳动作，应有下列情况产生。

（1）过安全嘴内的楔块应能可靠地夹住导轨。

（2）轿厢停止运行。

（3）安全钳的联动开关也应能可靠地切断控制电路，以实现保护。

4）油压缓冲器缓冲动作试验

使轿厢处于空载并以检修速度下降，将缓冲器全压缩，然后使轿厢上升，从轿厢离开缓冲器开始，直到缓冲器全部复原为止，所需时间不应大于 90 min，否则不合格。

5）额定状态运行

让电梯在额定载重量情况下控制其运行，电梯实际升降速度的平均值与额定速度的差值，对交流双速电梯不大于±3%，对直流电梯不大于±2%。实际升降速度的平均值可按下式计算：

$$V_V = \frac{\pi D(n_s n_x)}{2 \times 6 i_j i_y}$$

式中，V_V 为实际升降速度的平均值（m/s）；D 为曳引轮直径（m）；n_s、n_x 为电梯在额定载重量升、降时电动机的转速（r/min）；i_j 为减速机减速比；i_y 为电梯的曳引比。

6）使轿厢分别在空载和满载状态运行，检测其平层准确度

20 世纪 80 年代中期前的电梯平层准确度如表 7-15 所示。而 80 年代中期后的电梯的平层精度都很高，如交流调压调速（ACVV）电梯平层允差为±10mm，交流调频调压调速（VVVF）电梯平层允差一般为±5 mm。

7）检测曳引电动机三相电流值，判定平衡系数所在区间

让电动机带 40%和 50%的额定载重量，控制电梯上下运行数次，当电梯轿厢与平衡重量处于水平位置时，检测电机的三相电流值。两种载重量下的下行电流均应略大于上行电流，根据电流差值判定平衡系数所在区间。

8）平稳加载至 150%

轿厢在底层，连续平稳加载直至 150%的额定载重量，经 10 min 后，曳引绳在槽内无滑移；制动器能可靠制动；各承重机件无任何损坏。

电梯工程资料的分类、编号、提供单位与归档保存，见表 7-18。

表 7-18　电梯工程资料分类与归档保存

类别	工程资料名称	提供单位	归档保存单位			
			施工单位	监理单位	建设单位	城建档案馆
施工物资资料	电梯主要设备、材料及附件的出厂合格证、产品说明书、安装技术文件	供应单位	●		●	●
施工记录	电梯技术参数	施工单位	●		●	●
	电梯机房、井道土建交接记录	施工单位	●		●	
	自动扶梯、自动人行道土建交接记录	施工单位	●		●	
	电梯导轨支架安装记录	施工单位	●		●	
	电梯导轨安装记录	施工单位	●		●	
	电梯轿厢、安全钳、限速器、缓冲器安装记录	施工单位	●		●	
	电梯对重装置、导向轮、复绕轮、曳引机、导靴安装记录	施工单位	●		●	
	电梯门系统安装记录	施工单位	●		●	
	电梯电气装置安装记录	施工单位	●		●	
	自动扶梯、自动人行道电气装置安装记录	施工单位	●		●	
	自动扶梯、自动人行道机械装置安装记录	施工单位	●		●	
隐蔽工程检查验收记录	电梯承重梁埋设隐蔽工程检查验收记录	施工单位	●		●	●
	电梯钢丝绳头灌注隐蔽工程检查验收记录	施工单位	●		●	●
	电梯导轨支架、层门支架、螺栓埋设隐蔽工程检查验收记录	施工单位	●		●	●
施工检测资料	电梯电气绝缘电阻检测记录	施工单位	●		●	●
	轿厢平层准确度检测记录	施工单位	●		●	●
	电梯负荷运行检测记录	施工单位	●		●	●
	电梯噪声检测记录	施工单位	●		●	●
	电梯电气装置检测记录	施工单位	●		●	●
	电梯整机性能检测记录	施工单位	●		●	●
	电梯主要功能检测记录	施工单位	●		●	●
	自动扶梯、自动人行道安全装置检测记录	施工单位	●		●	●
	自动扶梯、自动人行道整机性能检测记录	施工单位	●		●	●

知识梳理与总结

本情境从电梯的构造入手，首先介绍了电梯的不同控制方式和电梯的电力拖动方式。电梯的控制方式有手柄操纵控制电梯、按钮控制电梯、信号控制电梯、集选控制电梯、群控电梯、并联控制电梯。电梯的电力拖动方式有交流单速电动机拖动系统、交流调压调速拖动系统、交流变频调压调速拖动系统、直流发电机—电动机晶闸管励磁拖动系统、晶闸管直流电动机拖动系统等。然后通过按钮控制电梯、变频调速电梯的实例，对电梯的运行原理和过程进行了分析。最后阐述了电梯的可编程控制器（PLC）控制系统、电梯的微机控制系统，电梯的安装与检验，电梯的运行与调试。电梯的控制较为复杂，应按各个环节进行分析。

练习题 6

1．简述电梯的分类。

2．叙述电梯的组成。

3．说明曳引系统的组成，曳引轮、导向轮各起什么作用？

4．门系统主要由哪些部分组成？门锁装置的主要作用是什么？

5．阐述限速器与安全钳是怎样配合对电梯实现超速保护的？

6．端站保护装置的三道防线各起什么作用？

7．简述换速平层装置的工作原理、安装位置。

8．简述层楼指示器和机械选层器的作用和特点。

9．简述操纵箱、指示灯箱、召唤按钮箱、轿顶检修箱、控制柜各自的功能。

10．电梯的电力拖动有几种方式？其适用范围如何？

11．某电梯的额定载重量为 1200 kg，轿厢净重为 1500 kg，若取平均系数 0.5，求对重装置的总重量为多少？

12．说明按钮控制电梯对开关门电路的要求。

13．电梯的选层定向方法有几种？选层设备各安装在什么位置？怎样工作？

14．自动门电路关门时，KA_C 得电，关好门后怎样失电的？开门时 KA_0 得电，门开好后怎样失电的？

15．说明电梯用双速笼形电动机的快速绕组和慢速绕组各起什么作用？串入的电阻或电感各起什么作用？

16．说明电磁制动器 YB 控制回路中接入 R_{YB1} 和 R_{YB2} 各起什么作用？

17．分析按钮控制电梯，当电梯在二层时，同时按下 SB4 和 SB5，电梯运行到几层，为什么？

18．说明电梯的平层装置安装在什么位置？是怎样工作的？

19．按钮控制电梯，轿内检修时，如果电梯在三层，按 SB5，电梯能否运行？如果电梯在五层，按 SB2，电梯能否运行？为什么？

20．按钮控制电梯，如果电梯在四层，试分析电梯下行轿内检修运行的工作过程（用程序图表示）。

21．电梯停在四楼，需到三楼半检修时，试分析慢速下行启动运行过程。

22．如图 7-31 所示电梯电路中，厅外有人呼梯时，轿内司机不知是哪层有人呼梯，应怎样进行改进？

23．电气控制系统主要由哪些部分组成？

24．电气原理图具有哪些特点？

25．电气原理图读图的一般方法和步骤是什么？

26．电梯控制系统按控制方式的不同可分为哪些类型？

27．用可编程控制器来进行控制，一般要经过哪些步骤和过程？

技能训练 12　交流双速电梯读图

目的：掌握读图方法，具有识读各种电梯图形的能力，为从事工程打下基础。

要求：首先进行环节划分（见图 7-46～图 7-54），然后按环节分析原理；可按电梯启动前的准备、电梯的呼梯过程、电梯的运行过程、其他环节等进行识读，最后写出识读分析报告。

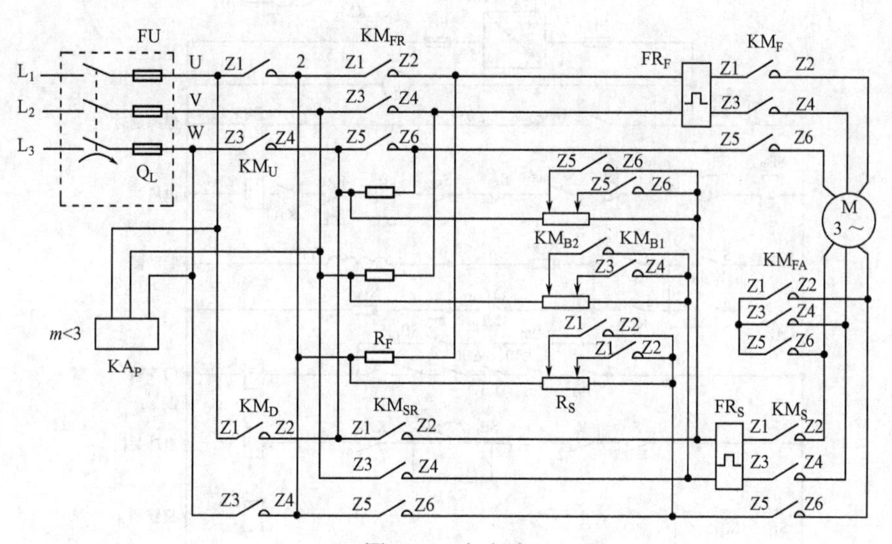

图 7-46　主电路

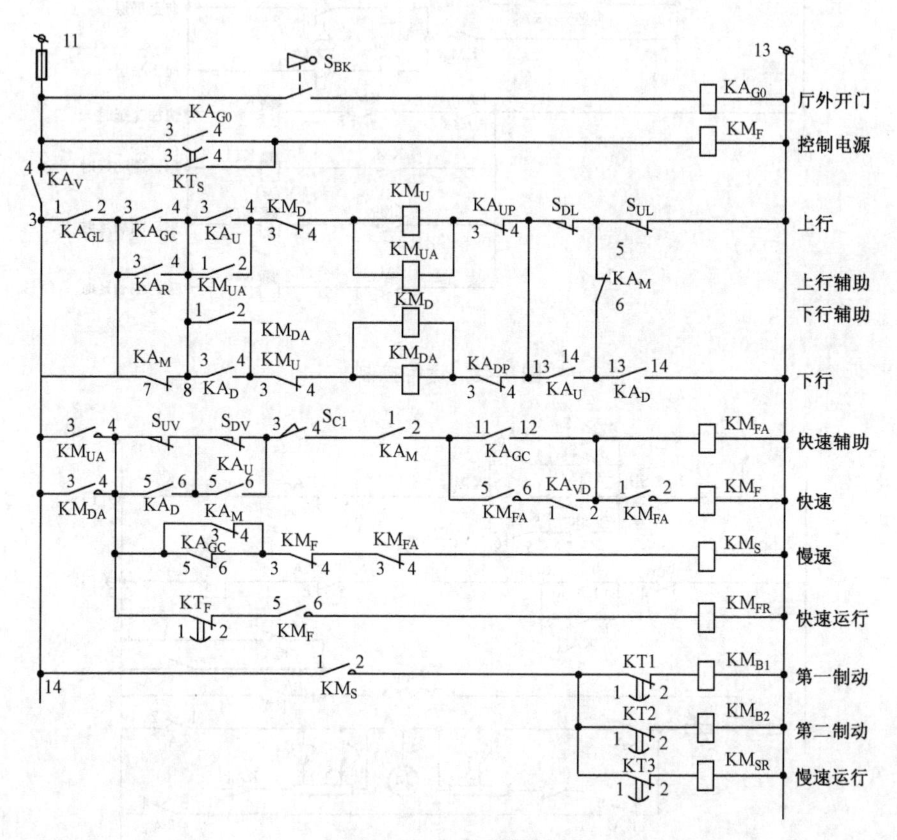

图 7-47　主电路控制

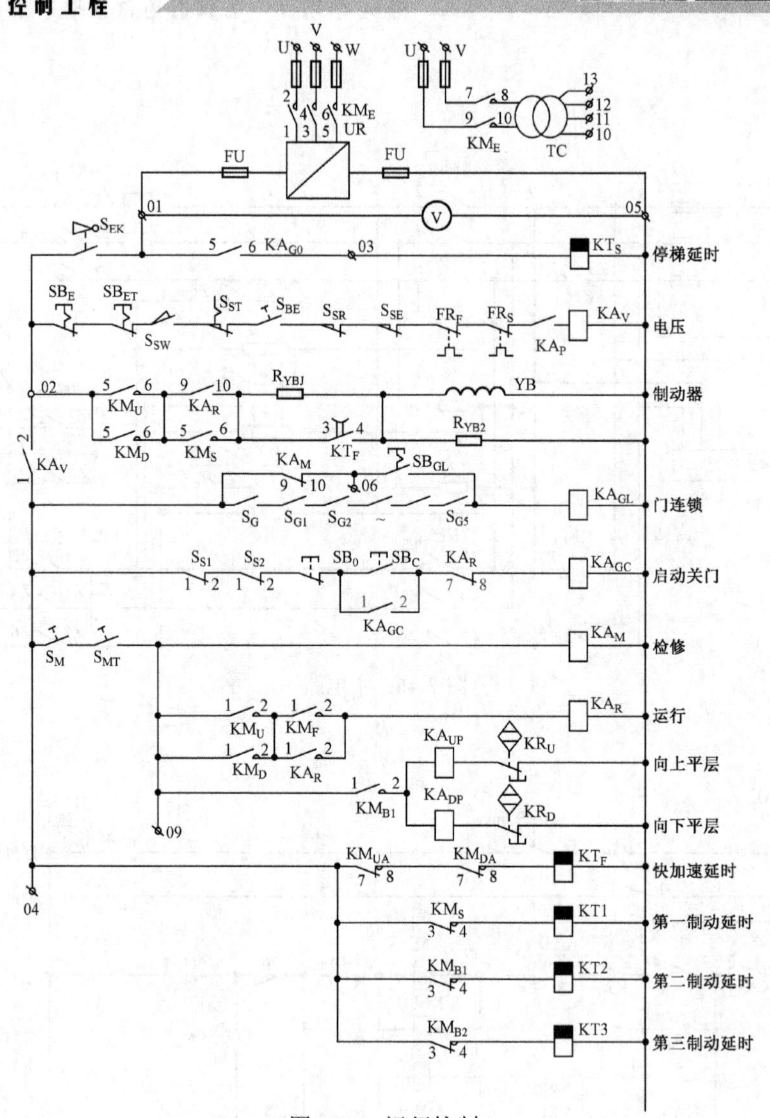

图 7-48　运行控制

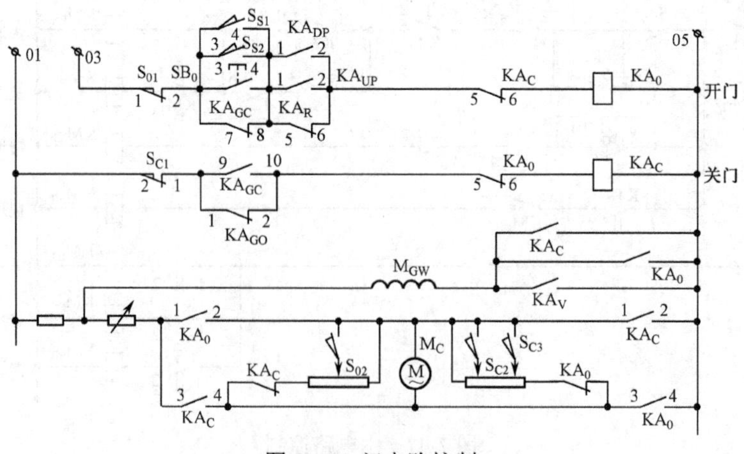

图 7-49　门电路控制

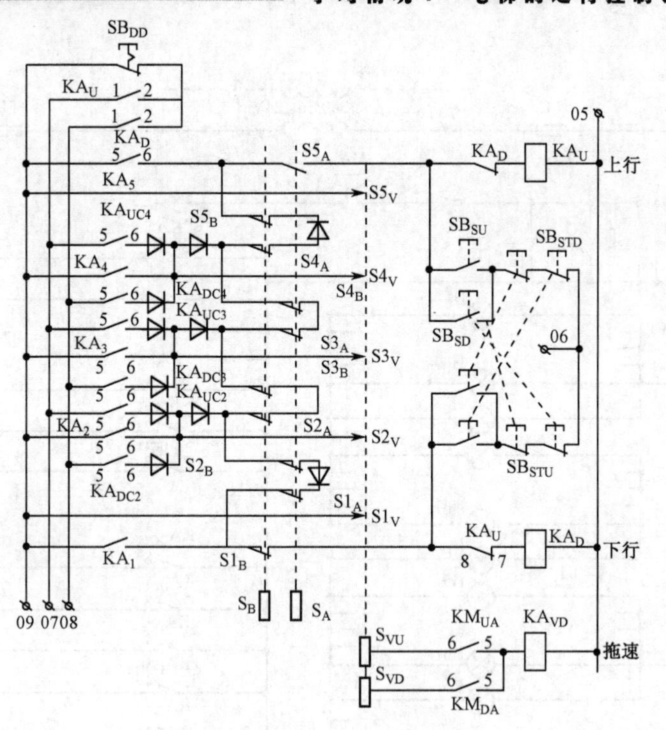

图 7-50 轿内自动定向电路控制

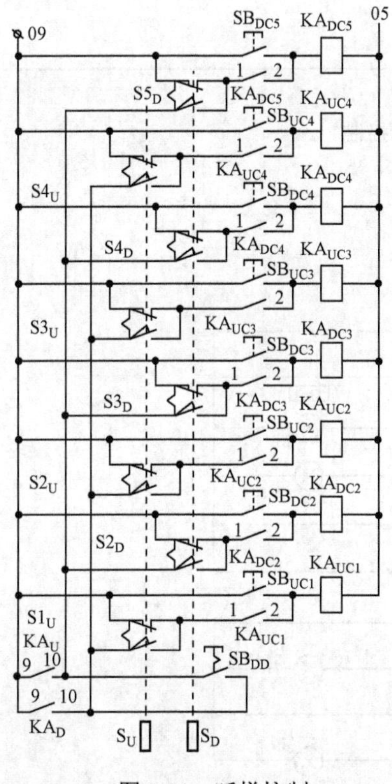

图 7-51 呼梯控制

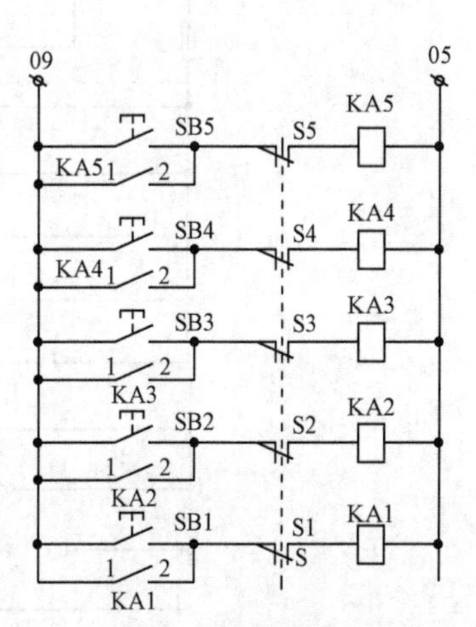

图 7-52 轿内选层控制

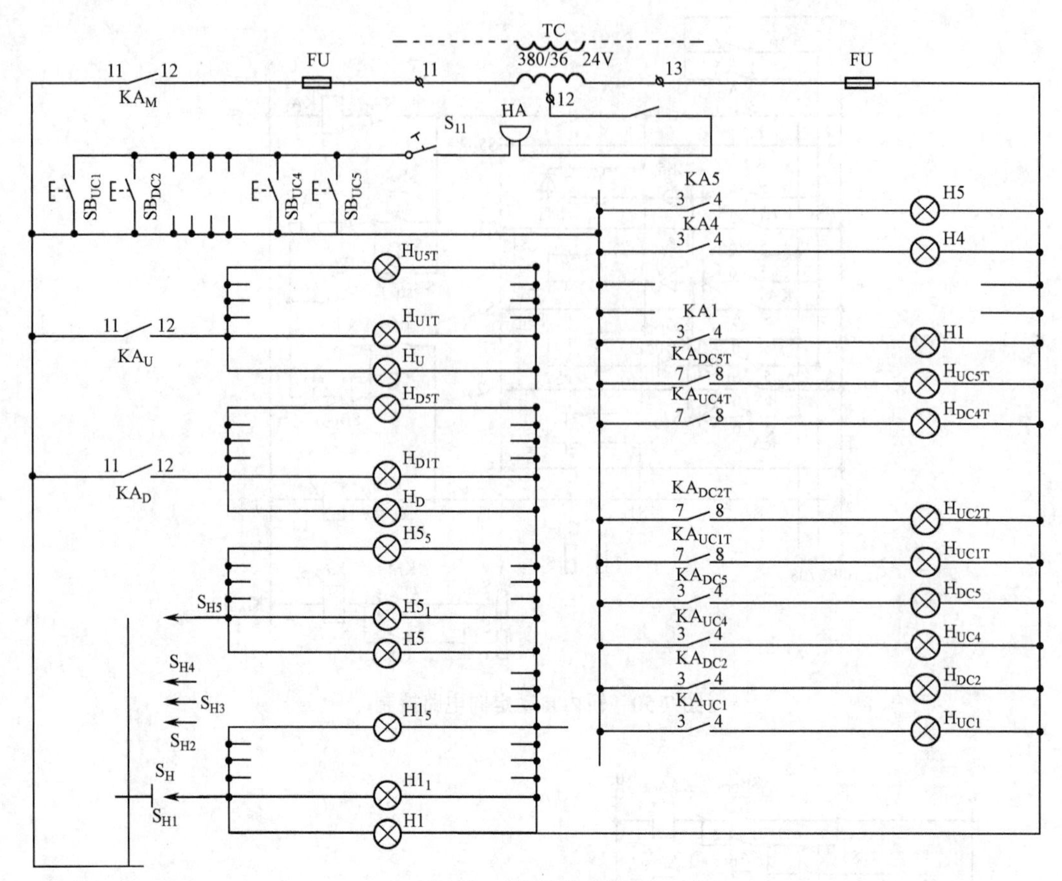

图 7-53　信号显示控制

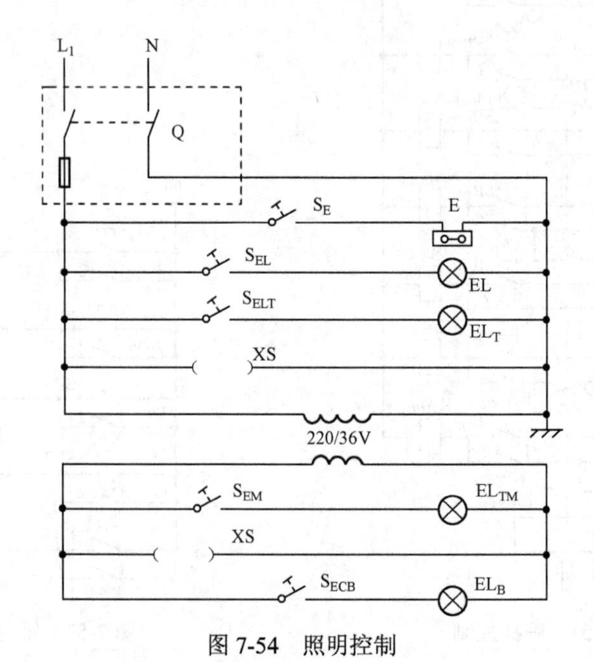

图 7-54　照明控制

技能训练 13　电梯的运行操作

1．实训目的

（1）了解电梯运行操作的基本知识；

（2）掌握电梯的运行操作方法；

（3）具有独立调试和维护的能力；

（4）学会施工与调试的配合及电梯设备的选择技巧。

2．实训内容

（1）电梯启动、加速运行、平层减速机停车控制训练；

（2）电梯检修运行操作训练。

3．主要设备

电梯上的各种设备。

4．实训步骤

（1）编写实训计划书；

（2）熟悉系统设备安装位置；

（3）分别对各系统进行操作控制训练。

5．实训报告

（1）编写实训计划书；

（2）实训工程报告。

6．实训记录与分析

表 7-19　电梯的运行操作调试记录

序号	系统名称	选层定向控制	运行及平层停车	相关说明

7．问题讨论

（1）电梯要上四楼检修，应按哪个按钮？

（2）同时按下五层和二层按钮，电梯应取哪层？为什么？

（3）平层感应器安装在什么地方？起什么作用？

（4）层楼转换开关在电梯运行中有何作用？说明你在实训中观察到的现象。

学习情境8 建筑物中冷热源设备的运行控制与安装

教学导航

学习任务	任务 8-1　锅炉房动力设备电气控制与安装 任务 8-2　空调系统的电气控制及安装	参考学时	14
能力目标	1. 明白锅炉设备的组成与运行工况； 2. 会使用相关规范与行业标准； 3. 具有锅炉房动力设备控制操作与安装调试能力； 4. 懂得空调系统的组成及特点； 5. 具有识读锅炉房动力设备控制系统、空调系统的应用实例电路图的能力； 6. 能够对空调系统控制操作及安装调试		
教学资源与载体	锅炉和空调图纸、规范、条例，书中相关内容、动画课件；教材、一体化控制实训室，课业单、工作计划单、评价表		
教学方法与策略	项目教学法，角色扮演法，引导文法，演示法		
教学过程设计	给出锅炉和空调案例图→宏观识读→带着问题投入学习→从构造入手→分析运行原理，进行编程与操作训练→进行安装训练→做好安装记录→调试与维护训练→检查评价		
考核与评价	识图能力；设备操作与安装能力；语言表达能力；工作态度；任务完成情况与效果		
评价方式	自我评价（10%），小组评价（30%），教师评价（60%）		

本情境主要介绍锅炉动力设备的组成与运行工况；锅炉房设备的自动控制任务及自动调节；锅炉动力设备电气控制实例；锅炉控制设备的安装；空调系统的分类、系统设备的组成；分散式与集中式空调的四个季节的运行工况；空调系统设备的安装。

任务 8-1 锅炉房动力设备的电气控制与安装

锅炉是供热之源。锅炉设备的任务是安全可靠、经济有效地把燃料的化学能转化为热能，进而将热能传递给水，以生产一定温度和压力的热水或蒸汽。

锅炉一般分为两种：一种叫动力锅炉，应用于动力、发电方面；另一种叫供热锅炉（又称为工业锅炉），应用于工业及采暖方面。

锅炉设备在生产和生活中得到了广泛的使用，遍及各行各业。锅炉是在较高温度和承受一定的压力下运行的，工作条件十分恶劣，是具有潜在危险的特种设备。历年来，锅炉设备事故时有发生，造成人身伤亡和重大财产损失，这些事故可能来源于设计、制造、安装、改造、维修等各个环节。我国早在 1955 年就开展了对锅炉的安全监督管理工作，随着社会经济的发展，为了加强对锅炉设备的安全监察，防止或减少事故，保障人民群众生命和财产的安全，国务院于 2003 年 6 月 1 日颁布了《特种设备安全监察条例》（37 号令），其中规定了对锅炉设备设计、制造、安装、改造、维修和监督检验的要求。此前国家质量技术监督局于 2000 年 6 月 2 日发布了《特种设备质量监督与安全监察规定》（第 13 号），劳动部发布了《蒸汽锅炉安全技术监察规程》（劳动部发〔1996〕27 号）和《热水锅炉安全技术监察规程》（劳动部发〔1991〕8 号）等（以下统称“条例”和“规程”）。为了按“条例”和“规程”的要求进行锅炉的安装、改造、维修等工作，必须做好一系列必要的准备工作。

任务描述

从锅炉设备的认识入手，了解锅炉设备的组成与运行工况及自动控制任务；学习锅炉房动力设备控制线路的识图与安装；研究锅炉设备的正确选择和使用；最后通过锅炉控制案例学习和掌握锅炉设备的安装、调试与维护。

任务分析

认识锅炉设备从锅炉本体到锅炉房辅助设备所包含的内容，熟悉锅炉设备的组成与运行工况及自动控制任务，通过案例学会分析锅炉动力设备控制电路的方法，能对设备进行安装与调试，会正确选用和使用。

8.1.1 锅炉房设备认知

◆教师活动：任务下达→进行相关知识的讲解与引导。

◆学生活动：到实训中心或真实锅炉房进行参观→锅炉组成→运行工况→控制与调节任务。通过参观与学习填写下列记录（见表 8-1）。

表 8-1　锅炉认知学习记录

名称	分部名称	包括具体内容或过程	作用或特点
锅炉房设备组成	锅炉本体		
	锅炉房辅助设备		
锅炉运行工况	燃料的燃烧过程		
	烟气向水（汽等物质）的传热过程		
	水的受热和汽化过程		
锅炉自动控制任务			
锅炉自动调节	锅炉自动调节类型		
	锅炉蒸汽过热系统的自动调节		
	锅炉燃烧过程的自动调节		

1．锅炉设备的组成

锅炉设备由两部分组成：一是锅炉本体，二是锅炉房辅助设备。锅炉根据使用燃料的不同可分为燃煤锅炉、燃油锅炉、燃气锅炉等。其区别只是燃料供给方式不同，其他结构基本相同。锅炉房设备的组成，如图 1-3 所示。下面以 SHL 型双锅筒横置式链条炉燃煤锅炉（见图 8-1）为例进行说明。

图 8-1　链条横置式双筒锅炉

1）锅炉本体

锅炉本体由汽锅、炉子、过热器、省煤器和空气预热器五部分组成。

（1）汽锅（汽包）：汽锅由上下锅筒和三簇沸水管组成，如图 8-2 所示。水在管内受管外烟气加热，因而管簇内发生自然的循环流动，并逐渐汽化，产生的饱和蒸汽聚集在上锅筒里面。为了得到干度比较大的饱和蒸汽，在上锅筒中还应装设汽水分离设备。下锅筒作为连接沸水管之用，同时储存水和水垢。

（2）炉子：炉子是使燃料充分燃烧并放出热能的设备。燃料（煤）由煤斗落在转动的链条炉篦上，进入炉内燃烧。所需的空气由炉篦下面的风箱送入，燃尽的灰渣被炉篦带到除灰口，落入灰斗中。得到的高温烟气依次经过各个受热面将热量传递给水以后，由烟囱排至大气。

（a）卧式快装热水锅炉

（b）全自动燃油（气）蒸汽热水锅炉

（c）燃油锅炉

（d）热水锅炉

（e）卧式蒸汽锅炉

图 8-2 汽锅实物

（3）省煤器：省煤器是利用烟气余热加热锅炉给水，以降低排出烟气温度的换热器。省煤器由蛇形管组成，如图 8-3 所示。小型锅炉中常采用具有肋片的铸铁管式省煤器或不装省煤器。

（4）过热器：过热器是将汽锅所产生的饱和蒸汽继续加热为过热蒸汽的换热器，由联箱和蛇形管所组成，如图 8-4 所示，一般布置在烟气温度较高的地方。动力锅炉和较大的工业锅炉才有过热器。

（5）空气预热器：空气预热器是继续利用离开省煤器后的烟气余热。加热燃料燃烧所需要的空气的换热器，如图 8-5 所示。热空气可以强化炉内燃烧过程，提高锅炉燃烧的经济性。为了力求结构简单，一般小型锅炉不设空气预热器。

2）锅炉的辅助设备

锅炉的辅助设备是锅炉正常运行的重要组成部分，由以下四个系统组成。

（1）运煤、除灰系统：作用是运入燃料和送出灰渣。

运煤系统是指煤从煤场到炉前煤的输送，其中包括煤的转运、破碎、筛选、磁选和计量等。

图 8-3 省煤器

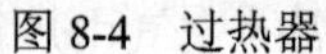

图 8-4 过热器

图 8-5 空气预热器

锅炉房较完善的运煤系统如图 8-6 所示。室外煤场上的煤由铲斗车 2 运送到低位受煤斗 4，再由斜皮带运输机 5 将磁选后的煤送入碎煤机 8，然后通过多斗提升机 10 提升到锅炉房运煤层，最后由平皮带运输机将煤卸入炉前炉斗 14，煤秤 13 设置在平皮带运输机前端，用以计量输煤量。锅炉房的运煤机械是为了解决煤的提升、水平运输及装卸等问题。

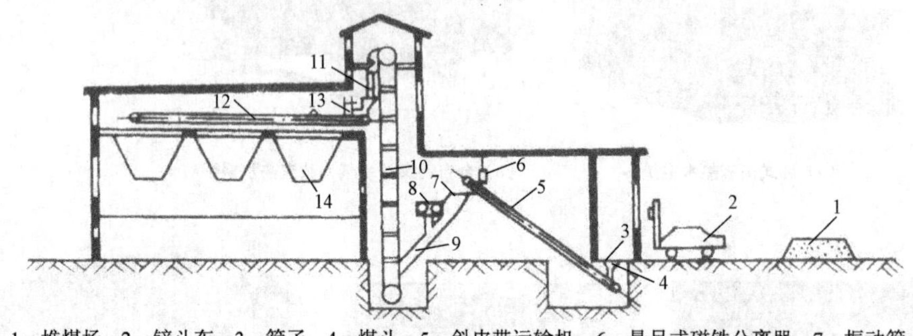

1—堆煤场；2—铲斗车；3—筛子；4—煤斗；5—斜皮带运输机；6—悬吊式磁铁分离器；7—振动筛；8—齿滚式碎煤机；9—落煤管；10—多斗式提升机；11—落煤管；12—平皮带运输机；13—煤秤；14—炉前炉斗

图 8-6 锅炉房运煤系统构造

除灰系统由除渣机、传送带及灰车等组成。

（2）送、引风系统：由引风机及一、二次送风机和除尘器等组成，如图 8-7 所示。

① 引风机的作用是将炉膛中燃料燃烧后的烟气吸出，通过烟囱排到大气中去。

② 一次送风机的作用是供给锅炉燃料燃烧所需要的空气量，空气经冷风道进入空气预热器，预热后经热风道送入炉膛（无预热器的直接送入炉膛），以帮助燃烧。

③ 二次送风机的作用是将一部分空气以很高的速度喷射到炉膛空间，促使可燃气体、煤末、飞灰、烟气和空气强烈搅拌充分地混合，以利于燃料充分燃尽，提高锅炉效率。

④ 除尘器的作用是清除烟气中的灰渣，以改善环境卫生和减少烟尘污染，如图 8-8 所示。

图 8-7 送引风系统

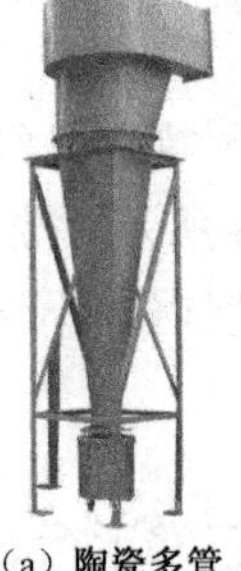

（a）陶瓷多管除尘器

（b）锅炉旋风除尘器

（c）锅炉消烟除尘脱硫除尘器

图 8-8 除尘器

⑤ 连锁控制的意义：为了防止倒烟，要求启动时先启动引风机，经 10 s 后再开鼓风机和炉排电动机；停止时，先停止鼓风机和链条炉排机，经过 20 s 后再停止引风机。

（3）水、汽系统（包括排污系统）：汽锅内具有一定的压力，因此需要供给水泵提高压力后送入。给水系统的调节多采用电极式或浮球式水位控制器，锅炉汽包水位的自动调节与报警采用电极水位控制器对给水泵作启停控制，用以维持锅炉汽包水位在规定的范围内。另外，热水锅炉还有循环水泵，其电动机应为单向连续运行方式，并且要求在炉排机和鼓风机停止运行后，循环水泵应继续运行一段时间，以防止炉水汽化。为了保证给水质量，避免汽锅内壁结垢或受腐蚀，还设有水处理设备。为了储存给水，设有一定容量的水箱。锅炉生产的蒸汽先送入锅炉房内的分汽缸，由此再接出分送至各用户的管道。锅炉的排污水因为具有相当高的温度和压力，因此需要排入排污减温池专设的扩容器，进行膨胀减温和减压。

（4）仪表及控制系统：除锅炉本体上装有的仪表外，为了监督锅炉设备的安全可靠和经济运行，还设有一系列的仪表和控制设备，如蒸汽流量计、水量表、烟温计、风压计、排烟含氧量指示等常用仪表，以显示汽包水位、炉膛负压、炉排运转、蒸汽压力等，此外还有连锁保护和限值保护，包括越限报警和指示等。随着自动控制技术的迅速发展，对锅炉的自动控制要求愈来愈高，除广泛应用常规仪表进行给水及燃烧系统的自动调节和汽包压力及温度的自动调节外，在智能小区工程中采用计算机与网络对锅炉进行集成控制。锅炉控制系统如图 8-9 所示。

2．锅炉的运行工况

锅炉的运行工况有燃料的燃烧过程、烟气向水的传热过程和水的受热汽化过程（蒸汽的生产过程）。

1）燃料的燃烧过程

燃煤锅炉的燃烧过程为：将燃烧煤加到煤斗中，借助自重下落在炉排上，炉排借助电动机通过变速齿轮箱变速后由链轮来带动，将燃料煤带入炉内。燃料一面燃烧，一面向炉后移动。燃烧所需要的空气是由风机送入炉排腹中风仓室后，向上通过炉排到达燃料燃烧层，风量和燃料量要成比例，进行充分燃烧形成高温烟气。燃料燃烧剩下的灰渣在炉排末端翻过除渣板后排入灰斗，这整个过程称为燃烧过程。燃烧过程进行得完善与否，是锅炉正常工作的根本条件。要使燃料量、空气量和负荷蒸汽量有一定的对应关系，这就要根据所需要的负荷蒸汽量，来控制燃料量和送风量，同时还要通过引风设备控制炉膛负压。

2）烟气向水（汽等物质）的传热过程

由于燃料的燃烧放热，炉内温度很高，在炉膛的四周墙面上，布置一排水管，俗称水冷壁。高温烟气与水冷壁进行强烈的辐射换热，将热量传递给管内工质。继而烟气受引风机、烟窗的引力而向炉膛上方流动。烟气由出烟窗口（炉膛出口）并掠过防渣管后，就冲刷蒸汽过热器（一组垂直放置的蛇形管受热面），使汽锅中产生的饱和蒸汽在其中受烟气加热而得到过热。烟气流经过热器后又掠过胀接在上、下锅筒间的对流管簇，在管簇间设置了折烟墙使烟气呈“S”形曲折地横向冲刷，再次以对流换热方式将热量传递给管簇内的工质。沿途降低温度的烟气最后进入尾部烟道，与省煤器和空气预热器内的工质进行热交换后，以经济的较低烟温经引风机排入烟囱。

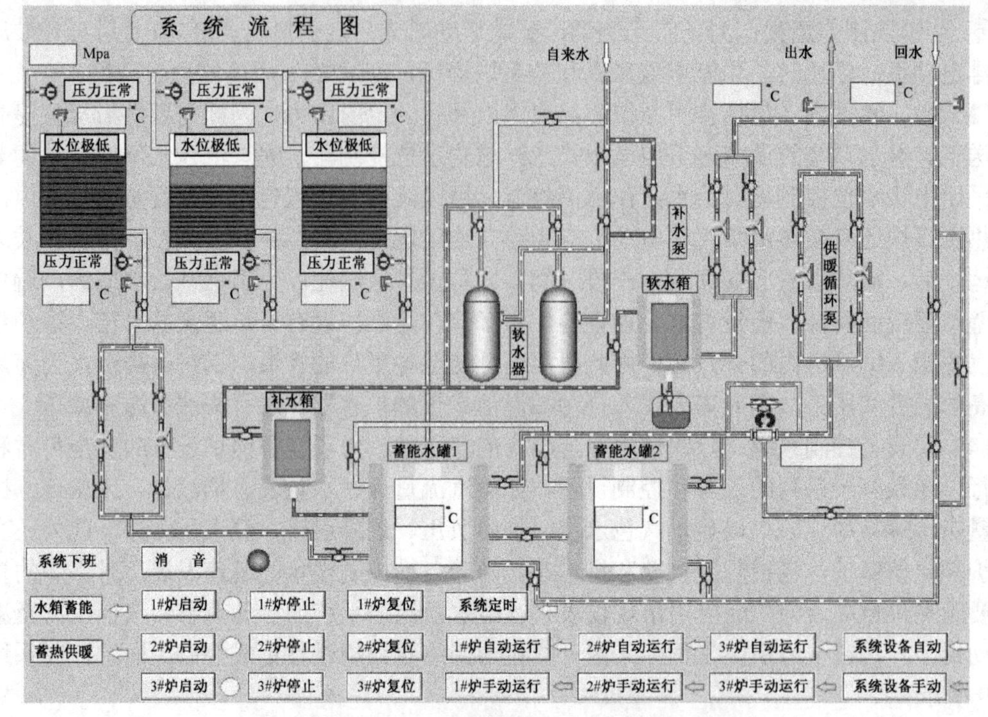

(a) 模拟屏

(b) 控制台

图 8-9 锅炉控制系统

3）水的受热和汽化过程

水的汽化过程就是蒸汽的产生过程，主要包括水循环和汽水分离过程。经过处理的水由泵加压，先经省煤器而得到预热，然后进入汽锅。

（1）水循环锅炉工作时，汽锅中的工质是处于饱和状态下的汽水混合物。位于烟温较低区段的对流管束，因为受热较弱，汽水工质的密度较大；而位于烟气高温区的水冷壁和对流管束，因为受热较强，相应工质的密度较小；从而密度大的工质往下流入下锅筒，而密度小的工质则向上流入上锅筒，形成了锅水的自然循环。此外，为了组织水循环和进行输导分配的需要，一般还设有置于炉墙外的不受热的下降管，借以将工质引入水冷壁的下集箱，而通过上集箱上的汽水引出管将汽水混合物导入上锅筒。

（2）汽水分离过程：借助上锅筒内装设的汽水分离设备以及在锅筒本身空间中的重力分离作用，使汽水混合物得到了分离，蒸汽在上锅筒顶部引出后进入蒸汽过热器中去，而分离

下来的水仍回落到上锅筒下半部的水空间。

汽锅中的水循环保证了与高温烟气相接触的金属受热面得以冷却而不会烧坏，是锅炉能长期安全运行的必要条件。而汽水混合物的分离设备则是保证蒸汽品质和蒸汽过热器可靠工作的必要设备。

3. 锅炉自动控制

1）自动检测

为了满足负荷设备的要求，保证锅炉正常运行和给锅炉自动调节提供必要的数据，锅炉房内必须安装相关的热工检测仪表。它们可以显示、记录和变送锅炉运行的各种参数，如温度、压力、流量、水位、气体成分、汽水品质、转速、热膨胀等，并随时提供给人或自动化装置。

检测仪表相当于人或自动化装置的眼睛。如果没有来自检测仪表的信号，是无法进行操作和控制的，更谈不上自动化。因此，要求检测仪表必须可靠、稳定和灵敏。

大型锅炉机组常采用巡回检测的方式，对各运行参数和设备状态进行巡回检测，以便进行显示、报警、工况计算以及制表打印。

2）自动调节

为确保锅炉安全、经济地运行，必须使一些能够决定锅炉工况的参数维持在规定的数值范围内或按一定的规律变化。该规定的数值常称为给定值。

当需要控制的参数偏离给定值时，使它重新回到给定值的动作叫做调节。靠自动化装置实现调节的叫做自动调节。锅炉自动调节是锅炉自动化的主要组成部分。锅炉自动调节主要包括给水自动调节、燃烧自动调节和过热蒸汽温度自动调节等。在火力发电厂中按机组的调节方式可分为分散调节、集中调节和综合调节。

目前应用较广的是链条炉排工业锅炉，其仪表及自控装备见表 8-2。

表 8-2　链条炉排工业锅炉仪表及自控装备

蒸发量（t/h）	检　测	调　节	报警和保护	其　他
1～4	必备：锅筒水位；蒸汽压力；给水压力；排烟温度；炉膛负压；省煤器进出口水温 可选：煤量计算；排烟含氧量测量；蒸汽流量指示积算；给水流量积算	必备：位式或连续给水自控，其他辅机配开关控制 可选：鼓风、引风风门挡板遥控，炉排位式或无级调速	必备：水位过低、过高指示报警；极限水位过低保护；蒸汽超压指示报警和保护	必备：鼓风、引风机和炉排启、停顺控和连锁控制 可选：如调节用推荐栏，应设鼓风、引风风门开度指示
6～10	必备：锅筒水位；蒸汽压力；给水压力；排烟温度；炉膛负压；省煤器进出口水温；蒸汽流量指示积算；给水流量积算；除尘器进出口负压；过热锅炉增加过热蒸汽温度指示 可选：煤量计算；排烟含氧量测量；炉膛出口烟温	必备：连续给水自控；鼓风、引风风门挡板遥控；炉排无级调速；过热锅炉增加减温水调节 可选：燃烧自控	必备：水位过低、过高指示报警；极限水位过低保护；蒸汽超压指示报警和保护；炉排事故停转指示和报警，过热锅炉增加过热蒸汽温度过高、过低指示	必备：鼓风、引风机和炉排启、停顺控和连锁控制 可选：过热锅炉增加减温水阀位开度指示

从表 8-2 中可了解到锅炉的自动控制概况。由于热工检测和控制仪表是一门专门的学科，内容极为丰富，由于篇幅所限，我们仅对控制部分进行介绍。

3）程序控制

程序控制是根据设备的具体情况和运行要求，按一定的条件和步骤对一台或一组设备进行自动操作，以实现预定目的的手段。程序控制是靠程序控制装置来实现的，它必须具备必要的逻辑判断能力和连锁保护功能，即当设备完成每一步操作后，它必须能够判断此操作已经实现，并具备下一步操作条件时，才允许设备自动进入下一步操作，否则中断程序并进行报警。程序控制的优点是提高锅炉的效率和自动化水平，减轻操作人员的劳动强度，避免误操作。

4）自动保护

自动保护的任务是当锅炉运行发生异常现象或某些参数超过允许值时，进行报警或进行必要的动作，以避免设备发生事故，保证人身安全。锅炉运行中的主要保护项目有灭火自动保护，高、低水位自动保护，超温、超压自动保护等。

5）计算机控制

计算机控制功能齐全，不仅具备自动检测、自动调节、程序控制及自动保护功能，而且还具有下列优点：

（1）计算功能强。能快速计算出机组在正常运行和启停过程中的有用数据。

（2）分析主要参数的变化趋势。

（3）分析故障原因，并提出处理意见。

（4）追忆并打印事故发生前的参数，供分析事故用。

（5）监视操作程序等。

4．锅炉的自动调节

1）锅炉给水系统的自动调节

锅炉汽包水位是一个十分重要的被调参数， 锅炉汽包水位的高度关系着汽水分离的速度和生产蒸汽的质量，也是确保安全生产的重要参数。锅炉的自动控制都是从给水自动调节开始的。锅炉给水自动调节的任务和类型见表 8-3。

表 8-3　锅炉给水自动调节的任务和类型

序号	给水自动调节的任务	给水自动调节的类型	作用及特点
1	维持锅筒水位在允许的范围内。一般要求水位保持在正常水位的±（50～100）mm 范围内。最有效的方法是用水位自动调节	位式调节	对锅筒水位的高水位和低水位两个位置进行控制，即低水位时，调节系统接通水泵电源，向锅炉上水，达到高水位时，调节系统切断水泵电源，停止上水。随着水的蒸发，锅筒水位逐渐下降，当水位降至低水位时重复上述工作。常用的位式调节有电极式和浮子式两种
2	给水实现自动调节，以保证给水量稳定，这有助于省煤器和给水管道的安全运行	连续调节	系统连续调节锅炉的上水量，以保持锅筒水位始终在正常水位的位置。调节装置动作的冲量可以是锅筒水位、蒸汽流量和给水流量，根据取用的冲量不同，可分为单冲量、双冲量和三冲量调节三种类型

（1）单冲量给水调节：由汽包水位变送器（水位检测信号）、调节器和电动给水调节阀组成，如图 8-10 所示。

以汽包水位为唯一的调节信号。当汽包水位发生变化时，水位变送器发出信号并输入调节器，调节器根据水位信号与给定值的偏差，经过放大后输出调节信号，控制电动给水调节阀的开度，改变给水量来保持汽包水位在允许范围内。

单冲量给水调节的特点是：系统结构简单，常用在汽包容量相对较大，蒸汽负荷变化较小的锅炉中。

单冲量给水调节的不足之处：① 存在“虚假水位”现象。“虚假水位”产生的原因主要有蒸汽流量增加、汽包内的气压下降、炉水的沸点降低，使炉管和汽包内的汽水混合物中的汽容积增加，体积膨大，引起汽包水位上升。如果调节器只根据此项水位信号作为调节依据，就去关小阀门减少给水量，这个动作对锅炉流量平衡是错误的，它在调节过程一开始就扩大了蒸汽流量和给水流量的波动幅度，扩大了进出流量的不平衡。

② 给水母管方面的扰动反应不及时。当给水母管压力变化大时，将影响给水量的变化，调节器要等到汽包水位变化后才开始动作，而在调节器动作后，又要经过一段滞后时间才能对汽包水位发生影响，将导致汽包水位波动幅度大，调节时间长。

（2）双冲量给水调节：双冲量给水调节的组成如图 8-11 所示。双冲量给水调节以锅炉汽包水位信号作为主调节信号，以蒸汽流量信号作为前馈信号，组成锅炉汽包水位双冲量给水调节。

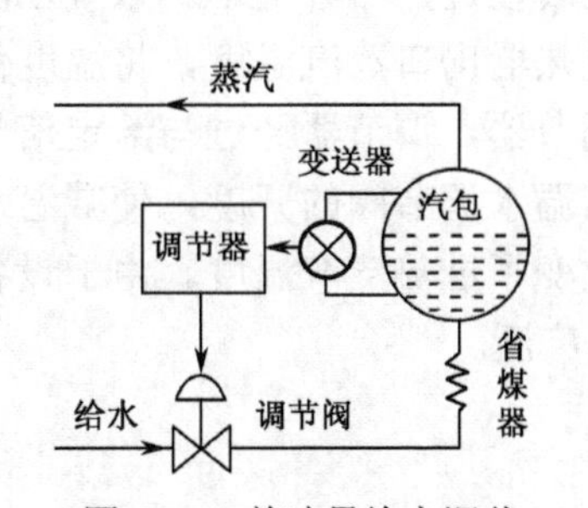

图 8-10　单冲量给水调节

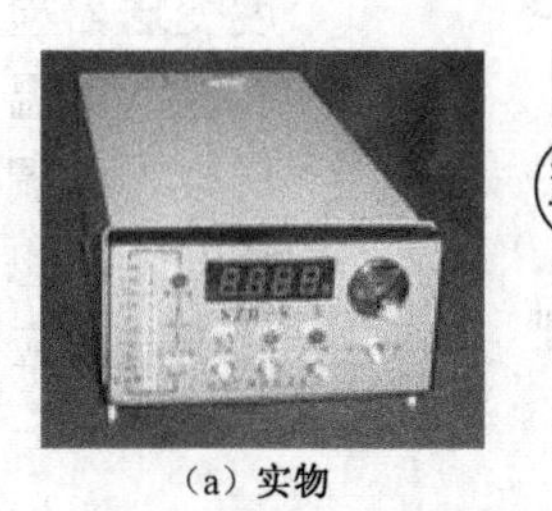

（a）实物

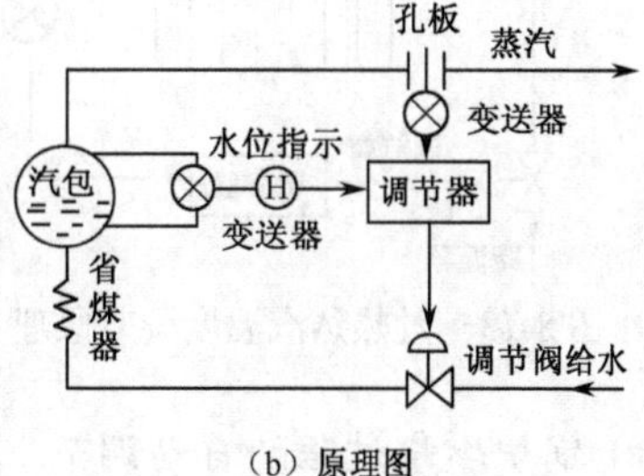

（b）原理图

图 8-11　双冲量给水调节

优点：引入蒸汽流量前馈信号，可以消除因“虚假水位”现象引起的水位波动。例如，当蒸汽流量变化时，就有一个给水量与蒸汽量同方向变化的信号，可以减少或抵消由于“虚假水位”现象而使给水量向相反方向变化的错误动作，使调节阀一开始就向正确的方向动作，减小了水位的波动，缩短了过渡过程的时间。

缺点：不能及时反应给水母管方面的扰动。因此，如果给水母管压力经常有波动，给水调节阀前后压差不能保持正常时，不宜采用双冲量调节系统。

（3）三冲量给水调节：三冲量给水自动调节原理如图 8-12 所示。它以汽包水位为主调节信号，蒸汽流量为调节器的前馈信号，给水流量为调节器的反馈信号。

此系统的特点是抗干扰能力强，改善了调节系统的调节品质。因此，在要求较高的锅炉给水调节系统中得到广泛的应用。

以上分析的三种类型的给水调节系统可采用电动单元组合仪表组成，也可采用气动单元组合仪表组成，目前均有定型产品。

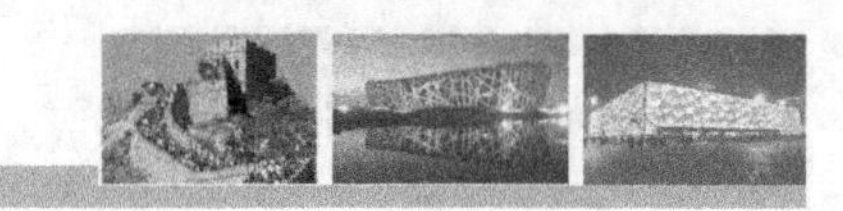

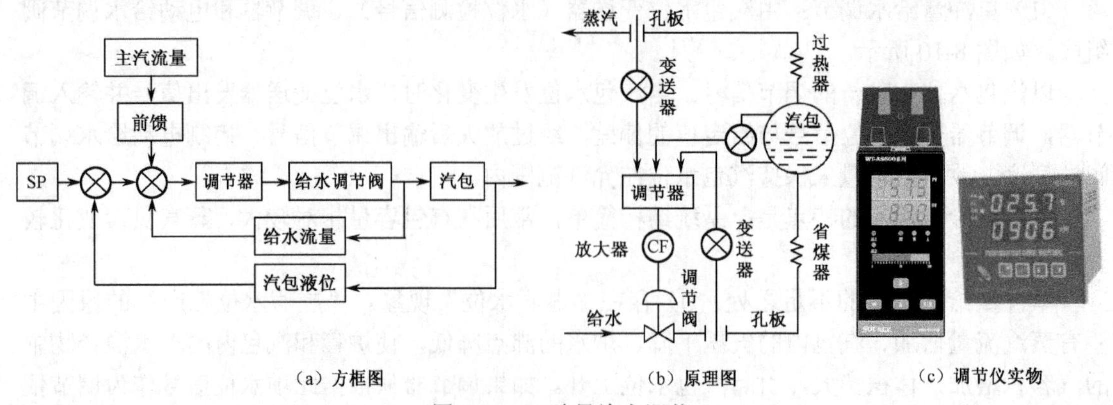

（a）方框图　（b）原理图　（c）调节仪实物

图 8-12　三冲量给水调节

2）锅炉蒸汽过热系统的自动调节

（1）蒸汽过热系统自动调节的任务是维持过热器出口蒸汽温度在允许范围之内，并保护过热器，使过热器管壁温度不超过允许的工作温度。

（2）过热蒸汽温度调节类型主要有两种：烟气量（或烟气温度）的调节、减温水量的调节。

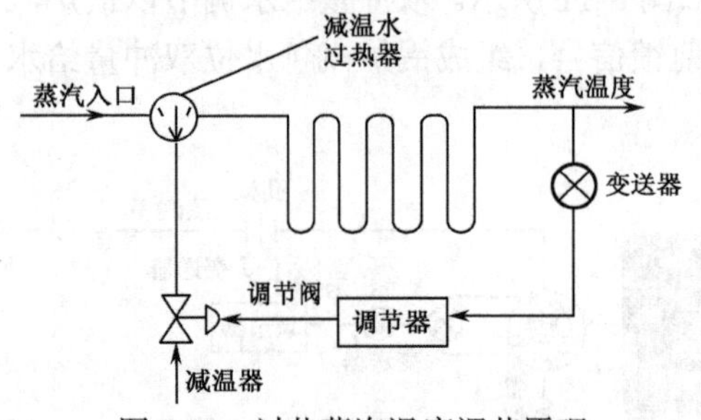

图 8-13　过热蒸汽温度调节原理

调节减温水量，控制过热器出口蒸汽温度的调节系统如图 8-13 所示。减温器有表面式和喷水式两种，安装在过热器管道中。系统由温度变送器检测过热器出口蒸汽温度，将温度信号输入给温度调节器，调节器经过与给定信号比较，去调节减温水调节阀的开度，使减温水量改变，也就改变了过热蒸汽温度。由于设备简单，其应用较广泛。

3）锅炉燃烧过程的自动调节

（1）锅炉燃烧系统自动调节的基本任务是使燃料燃烧所产生的热量适应蒸汽负荷的需要，同时还要保证经济燃烧和锅炉的安全运行。具体调节任务可概括为以下三个方面。

一是维持蒸汽母管压力不变，这是燃烧过程自动调节的主要任务。如果蒸汽压力变了，就表示锅炉的蒸汽生产量与负荷设备的蒸汽消耗量不相一致，因此，必须改变燃料的供应量，以改变锅炉的燃烧发热量，从而改变锅炉的蒸发量，恢复蒸汽母管压力为额定值。此外，保持蒸汽压力在一定范围内，也是保证锅炉和各个负荷设备正常工作的必要条件。

二是保持锅炉燃烧的经济性。据统计，工业锅炉的平均热效率仅为 60%左右，所以人们都把锅炉称做煤老虎。因此，锅炉燃烧的经济性问题也是非常重要的。

锅炉燃烧的经济性指标难于直接测量，常用烟气中的含氧量或者燃烧量与送风量的比值来表示。图 8-14 是过剩空气损失和不完全燃烧损失示意图。如果能够恰当地保持燃料量与空气量的正确比值，就能达到最小的热量损失和最大的燃烧效率。反之，如果比值不当，空气不足，结果导致燃料的不完全燃烧，当大部分燃料不能完全燃烧时，热量损失直线上升；如果空气过多，就会使大量的热量损失在烟气之中，使燃烧效率降低。

三是维持炉膛负压在一定范围内。炉膛负压的变化反映了引风量与送风量的不相适应。通常要求炉膛负压保持在一定的范围内。这时燃烧工况、锅炉房工作条件、炉子的维护及安全运行都最有利。如果炉膛负压小，炉膛容易向外喷火，既影响环境卫生，又可能危及设备与操作人员的安全。负压太大，炉膛漏风量增大，增加引风机的电耗和烟气带走的热量损失。因此，需要维持炉膛负压在一定的范围内。

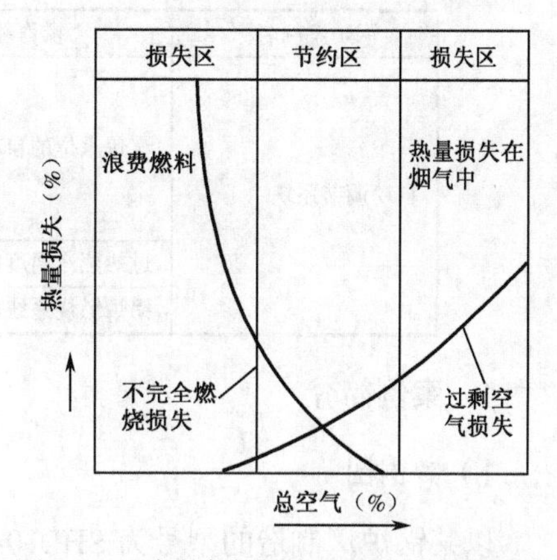

图 8-14　过剩空气损失和不完全燃烧损失

（2）燃煤锅炉燃烧过程自动调节：燃烧过程的自动调节一般应用于大、中型锅炉中。在小型锅炉中，常根据检测仪表的指示值，由司炉工通过操作器件分别调节燃料炉排的进给速度和送风风门挡板、引风风门挡板的开度等，通常称为遥控。

对于燃烧过程自动调节系统的要求是：在负荷稳定时，应使燃烧量、送风量和引风量各自保持不变，及时地补偿系统的内部扰动。这些内部扰动包括燃烧质量的变化以及由于电网频率变化、电压变化引起燃料量、送风量和引风量的变化等。在负荷变化引起外扰作用时，则应使燃料量、送风量和引风量成比例地改变，既要适应负荷的要求，又要使三个被调量（蒸汽压力、炉膛负压和燃烧经济性指标）保持在允许范围内。

8.1.2　锅炉动力设备电气控制

◆教师活动：任务下达，给出案例图→提出要求→进行相关知识讲解与引导。

◆学生活动：分组识图→寻找各环节的要点→综合分析案例工作情况→了解自动调节知识→集中讲解并完成表 8-4 的填写。

表 8-4　锅炉动力设备电气控制案例分析学习记录

锅炉案例名称	操作环节	操作设备	所用设备及特点
SHL10 锅炉电气控制线路工作过程分析	锅炉点火前的准备		
	给水泵的控制		
	引风机的控制		
	一次风机、二次风机和炉排电动机的控制		
	锅炉停炉控制过程		
	声光报警及保护		

续表

锅炉案例名称	操作环节	操作设备	所用设备及特点
自动调节系统	汽包水位的自动调节	调节类型	
		蒸汽流量信号的检测	
		汽包水位信号的检测	
		应用仪表	
	过热蒸汽温度的自动调节		
	锅炉燃烧系统的自动调节		

1. 案例简介

1）案例图

以某锅炉厂制造的型号为SHL10-2.45/400℃-AⅢ锅炉为例，锅炉的动力设备电气控制电路图如图8-15～图8-17所示，锅炉仪表控制如图8-18所示。其主要任务是对动力设备的电气控制电路进行分析，以便实现安装后的调试与维护。

2）型号意义

SHL10-2.45/400℃-AⅢ表示：双锅筒、横置式、链条炉排，蒸发量为10 t/h，出口蒸汽压力为2.45 MPa、出口过热蒸汽温度为400℃；适用于三类烟煤。

2. SHL10锅炉动力电气控制与自动调节特点

1）电气控制特点

（1）拖动方案的考虑。水泵电动机功率为45 kW，引风机电动机功率为45 kW，一次风机电动机功率为30 kW，功率较大，根据锅炉房设计规范，需设置降压启动设备。因为三台电动机不需要同时启动，所以可共用一台自耦变压器作为降压启动设备。为了避免三台或两台电动机同时启动，需设置启动互锁环节。在选择变压器时应考虑按最大一台电动机的容量选取。炉排电动机和除渣机功率均为1.1 kW、二次风机电动机功率为7.5 kW，可直接启动。

（2）锅炉点火时，为了防止倒烟，一次风机、炉排电动机、二次风机必须在引风机启动数秒后才能启动；停炉时，一次风机、炉排电动机、二次风机停止数秒后，引风机才能停止。系统应用了按顺序规律实现控制的环节，并在极限低水位以上才能实现顺序控制。

（3）在链条炉中，常布设二次风，其目的是二次风能将高温烟气引向炉前，帮助新燃料着火，加强对烟气的搅动混合，同时还可提高炉膛内火焰的充满度等优点。二次风量一般控制在总风量的5%～15%之间，二次风由二次风机供给。

（4）需要一些必要的声、光报警及保护装置。

2）自动调节特点

（1）汽包水位调节为双冲量给水调节系统。通过调节仪表自动调节给水电动阀门的开度，实现汽包水位的调节。水位超过高水位时，应使给水泵停止运行。

（2）过热蒸汽温度调节是通过调节仪表自动调节减温水电动阀门的开度，调节减温水的流量，实现对过热器出口蒸汽温度的控制。

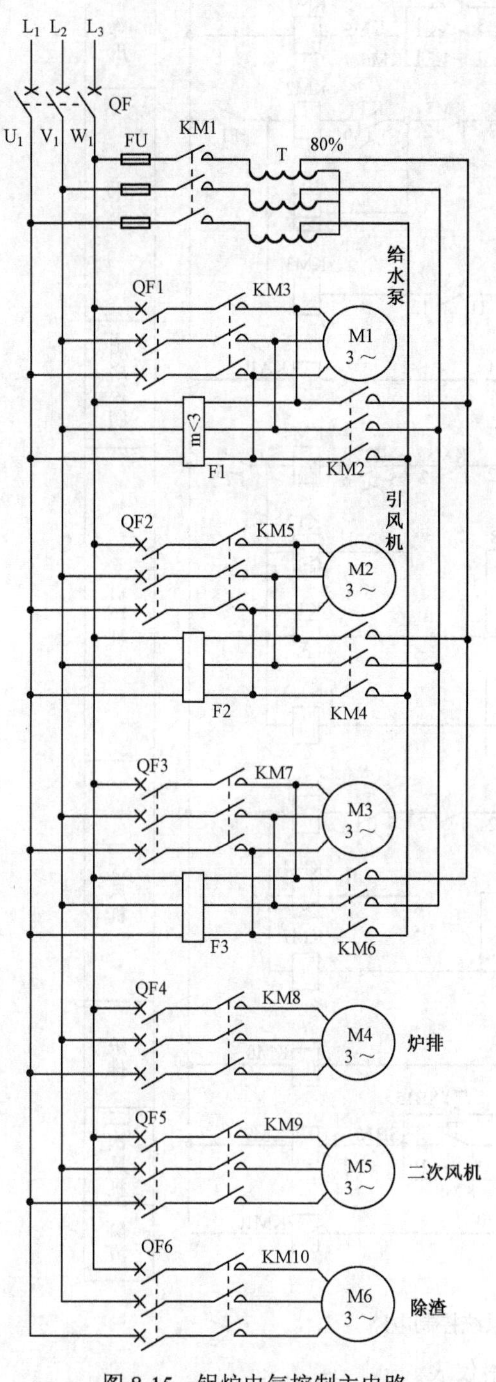

图 8-15　锅炉电气控制主电路

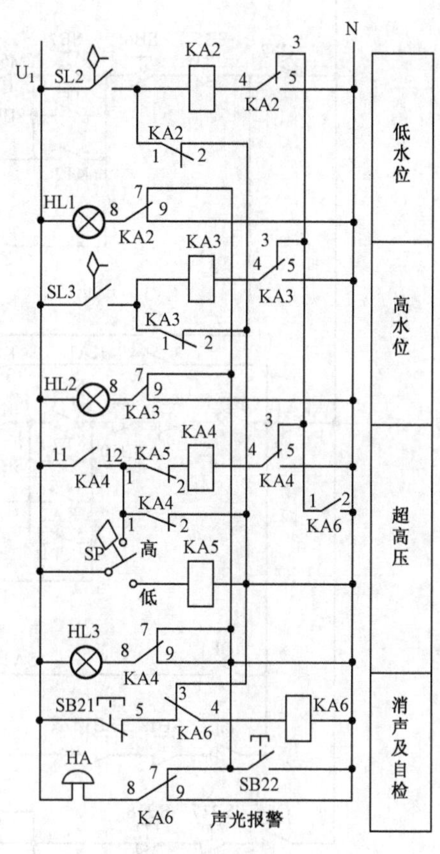

图 8-16　锅炉电气控制声光报警电路

（3）燃烧过程的调节是通过司炉工观察各显示仪表的指示值，操作调节装置，遥控引风风门挡板和一次风风门挡板，实现引风量和一次风量的调节。对炉排进给速度的调节，通过无级调速的滑差电动机调节装置，改变链条炉排的进给速度来实现。

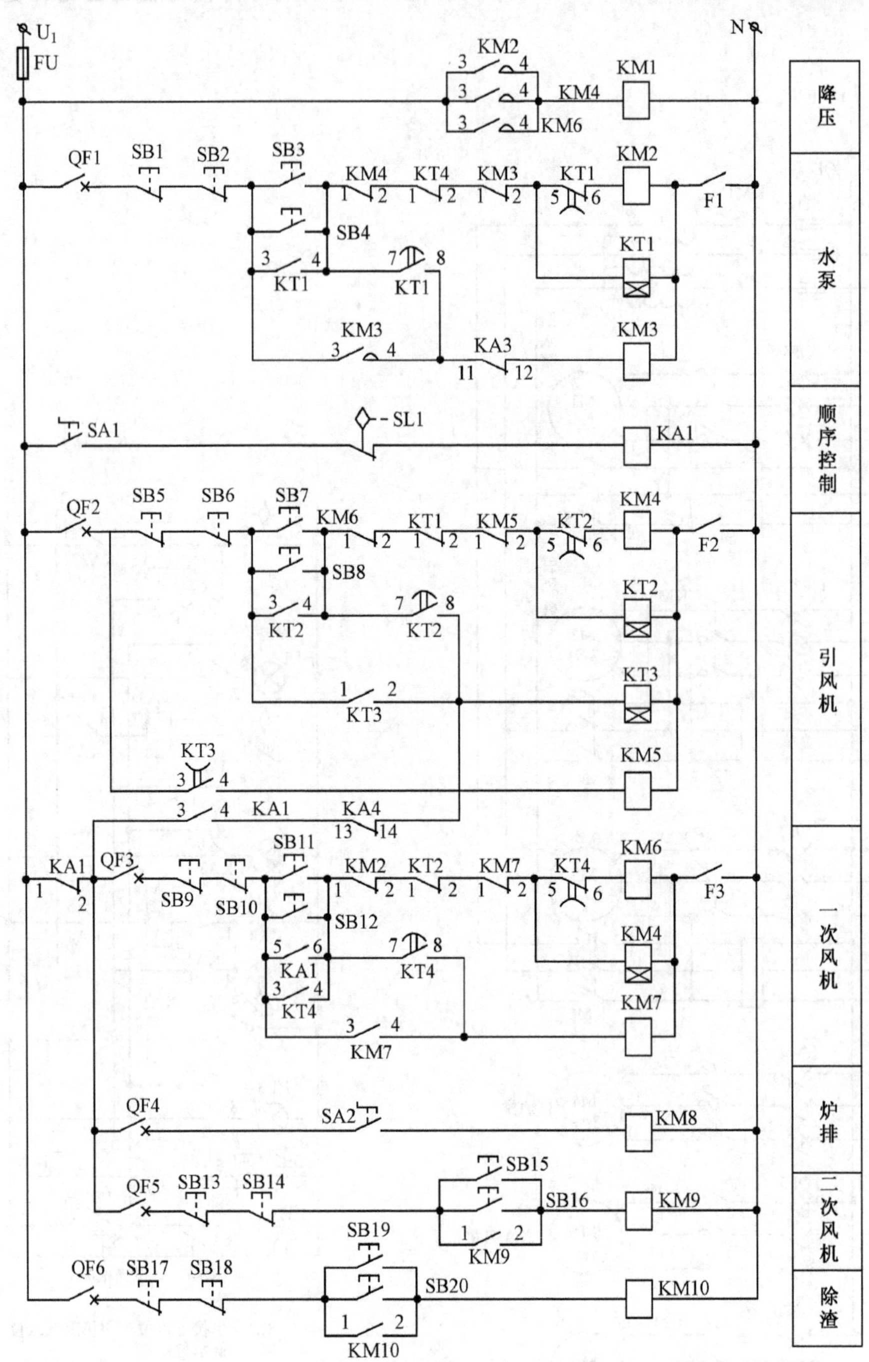

图 8-17　锅炉系统控制电路

（4）系统还装有一些必要的显示仪表和观察仪表。

3．锅炉电路工作过程

根据锅炉的工作特点，应按其工作程序如图 8-19 所示进行分析。采用化整为零看电路、积零为整看整体的方法识图。

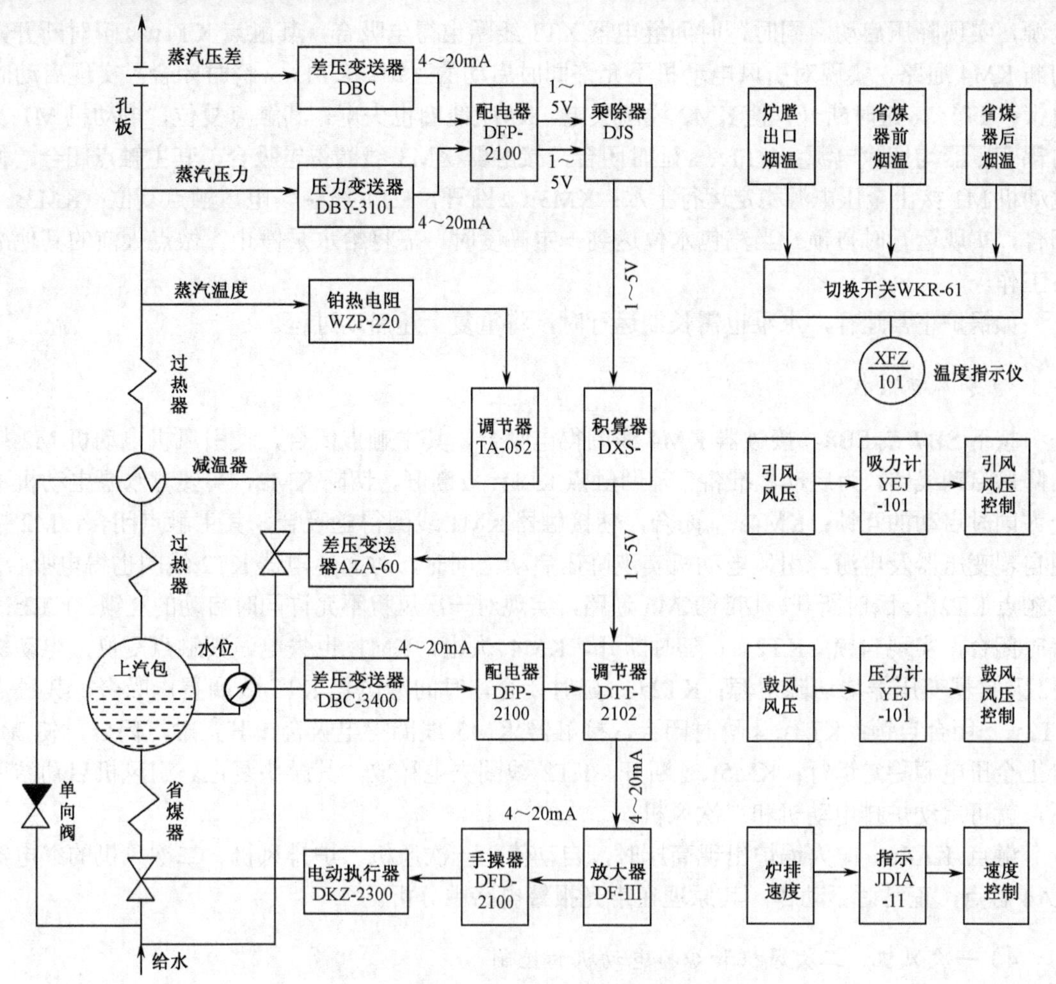

图 8-18 锅炉仪表控制方框图

1）锅炉点火前的准备

当锅炉需要运行前应作如下准备：外观检查，检查锅筒水位，查看有无漏水；电控设备检查，电动机通用断相保护器 F1～F3 常开触点均应闭合，电源相序是否正常，并进行报警试验检查。一切正常后，将各电源自动开关 QF、QF1～QF6 合上，其主触点和辅助触点均闭合，为主电路和控制电路通电做准备，同时为锅炉点火做好准备。

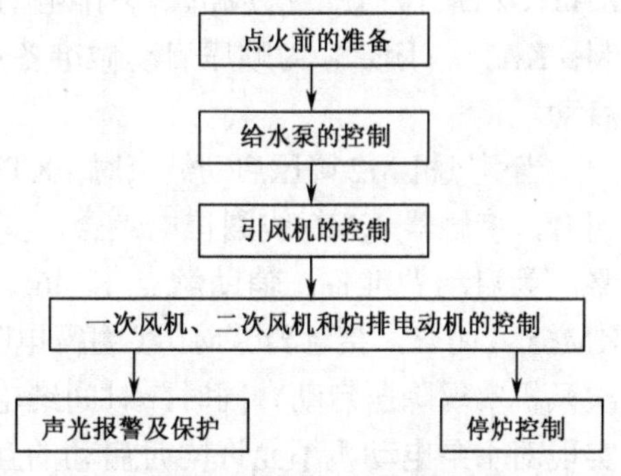

图 8-19 锅炉工作程序

2）给水泵的控制（点火前先上水）

向锅筒上水时，按下 SB3 或 SB4 按钮，接触器 KM2 线圈得电吸合，其主触点闭合，使给水泵电动机 M1 接通降压启动线路，为启动做准备；辅助触点 $KM2_{1、2}$ 断开，切断 KM6 通路，实现对一次风机不允许同时启动的互锁；$KM2_{3、4}$ 闭合，使接触器 KM1 线圈得电吸合；其主触点闭合，给水泵电动机 M1 接通自耦变压器及

电源，实现降压启动。同时，时间继电器 KT1 线圈也得电吸合，其触点 KT1$_{1、2}$瞬时断开，切断 KM4 通路，实现对引风电动机不允许同时启动的互锁；KT1$_{3、4}$瞬时闭合，实现启动时自锁；KT1$_{5、6}$延时断开，使 KM2 线圈失电，KM1 线圈也失电，其触点复位，电动机 M1 及自耦变压器均切除电源；KT1$_{7、8}$延时闭合，接触器 KM3 线圈得电吸合，其主触点闭合，使电动机 M1 接上全压电源稳定运行上水；KM3$_{1、2}$断开，KT1 线圈失电，触点复位；KM3$_{3、4}$闭合，实现运行时自锁。当汽包水位达到一定高度时，需将给水泵停止，做点火前的其他准备工作。

如锅炉正常运行，水泵也需长期运行时，将重复上述启动过程。

3）引风机的控制

按下 SB7 或 SB8，接触器 KM4 线圈得电吸合，其主触点闭合，使引风机电动机 M2 接通降压启动线路，为启动做准备；辅助触点 KM4$_{1、2}$断开，切断 KM2，实现对水泵电动机不允许同时启动的互锁；KM4$_{3、4}$闭合，使接触器 KM1 线圈得电吸合，其主触点闭合，M2 接通自耦变压器及电源，引风电动机实现降压启动。同时，时间继电器 KT2 线圈也得电吸合，其触点 KT2$_{1、2}$瞬时断开，切断 KM6 通路，实现对一次风机不允许同时启动的互锁；KT2$_{3、4}$瞬时闭合，实现自锁；KT2$_{5、6}$延时断开，KM4 失电，KM1 也失电，其触点复位，电动机 M2 及自耦变压器均切除电源；KT2$_{7、8}$延时闭合，时间继电器 KT3 线圈得电吸合，其触点 KT3$_{1、2}$闭合自锁；KT3$_{3、4}$瞬时闭合，接触器 KM5 线圈得电吸合；其主触点闭合，使 M2 接上全压电源稳定运行；KM5$_{1、2}$断开，KT2 线圈失电释放，其触头复位。引风机启动结束后，就可启动炉排电动机和二次风机。

触点 KA4$_{13、14}$为锅炉出现高压时，自动停止一次风机、炉排风机、二次风机的继电器 KA4 触点，正常时不动作，其原理在声光报警电路中分析。

4）一次风机、二次风机和炉排电动机的控制

（1）一次风机的控制：系统按顺序控制时，需合上转换开关 SA1，只要汽包水位高于极限低水位，水位表中极限低水位电接点 SL1 闭合，中间继电器 KA1 线圈得电吸合，其触点 KA1$_{1、2}$断开，使一次风机、炉排电动机、二次风机必须按引风电动机先启动的顺序实现控制；KA1$_{3、4}$闭合，为顺序启动做准备；KA1$_{5、6}$闭合，使一次风机在引风机启动结束后自行启动。

当引风机 M2 降压启动结束时，KT3$_{1、2}$闭合，只要 KA4$_{13、14}$闭合、KA1$_{3、4}$闭合、KA1$_{5、6}$闭合，接触器 KM6 线圈得电吸合，其主触点闭合，使一次风机电动机 M3 接通降压启动线路，为启动做准备；辅助触点 KM6$_{1、2}$断开，实现对引风电动机不允许同时启动的互锁；KM6$_{3、4}$闭合，接触器 KM1 线圈得电吸合，其主触点闭合，M3 接通自耦变压器及电源，一次风机实现降压启动。同时，时间继电器 KT4 线圈也得电吸合，其触点 KT4$_{1、2}$瞬时断开，实现对水泵电动机不允许同时启动的互锁；KT4$_{3、4}$瞬时闭合，实现自锁（按钮启动时用）；KT4$_{5、6}$延时断开，KM6 线圈失电，KM1 线圈也失电，其触点复位，电动机 M3 及自耦变压器切除电源；KT4$_{7、8}$延时闭合，接触器 KM7 线圈得电吸合，其主触点闭合，M3 接全压电源稳定运行；辅助触点 KM7$_{1、2}$断开，KT4 线圈失电触点复位；KM7$_{3、4}$闭合，实现自锁。

（2）炉排电动机的控制：用转换开关 SA2 直接控制接触器 KM8 线圈通电吸合，其主触

点闭合，使炉排电动机M4接通电源，直接启动。

（3）二次风机启动：按下SB15或SB16按钮，接触器KM9线圈得电吸合，其主触点闭合，二次风机电动机M5接通电源，直接启动；辅助触点$KM9_{1、2}$闭合，实现自锁。停止时按下SB13、SB14即可。

5）锅炉停炉控制过程

停炉有三种情况：暂时停炉、正常停炉和紧急停炉（事故停炉）。

（1）暂时停炉：负荷短时间停止用汽时，炉排用压火的方式停止运行，同时停止送风机和引风机，重新运行时可免去点火的准备工作。

（2）正常停炉：负荷停止用汽及检修时有计划停炉，需熄火和放水。

正常停炉和暂时停炉的控制：按下SB5或SB6按钮，时间继电器KT3线圈失电，其触点$KT3_{1、2}$瞬时复位，使接触器KM7、KM8、KM9线圈都失电，其触点复位，一次风机M3、炉排电动机M4、二次风机M5都断电停止运行；$KT3_{3、4}$延时恢复，接触器KM5线圈失电，其主触点复位，引风机电动机M2断电停止。实现停止后，一次风机、炉排电动机、二次风机先停数秒后，再停引风机电动机进行顺序控制。

（3）紧急停炉：锅炉运行中发生事故，如果不立即停炉，就有扩大事故的可能，需停止供煤、送风，减少引风，其具体工艺操作按规定执行。

6）声光报警及保护

系统装设有汽包水位的低水位报警和高水位报警及保护，蒸汽压力超高压报警及保护等环节，如图8-16所示，图中KA2～KA6均为灵敏继电器。

（1）水位报警：汽包水位的显示为电接点水位表，该水位表有极限低水位继电器接点SL1、低水位电接点SL2、高水位电接点SL3、极限高水位电接点SL4。当汽包水位正常时，SL1为闭合的，SL2、SL3为打开的，SL4在系统中没有使用。

当汽包水位低于低水位时，低水位电接点SL2闭合，灵敏继电器KA6线圈得电吸合，其触点$KA6_{4、5}$闭合并自锁；$KA6_{8、9}$闭合，蜂鸣器HA发声报警；$KA6_{1、2}$闭合，使KA2线圈得电吸合，$KA2_{4、5}$闭合并自锁；$KA2_{8、9}$闭合，指示灯HL1发光报警。$KA2_{1、2}$断开，为消声做准备。当值班人员听到声响后，观察指示灯，知道发生低水位报警时，可按SB21按钮，使KA6线圈失电，其触点复位，HA失电不再响，实现消声，并去排除故障。水位上升后，SL2复位，KA2线圈失电，HL1不亮。

如汽包水位下降到低于极限低水位时，极限低水位继电器电接点SL1断开，KA1线圈失电，一次风机、二次风机均失电停止。

当汽包水位超过高水位时，高水位电接点SL3闭合，KA6线圈得电吸合，其触点$KA6_{4、5}$闭合并自锁；$KA6_{8、9}$闭合，HA发声报警；$KA6_{1、2}$闭合，使KA3线圈得电吸合：其触点$KA3_{4、5}$闭合自锁；$KA3_{8、9}$闭合，HL2发光报警；$KA3_{1、2}$断开，准备消声；$KA3_{11、12}$断开，使接触器KM3线圈失电，其触点恢复，给水泵电动机M1停止运行。消声操作同前。

（2）超高压报警；当蒸汽压力超过设计整定值时，其蒸汽压力表中的压力开关SP高压端接通，使继电器KA6线圈得电吸合，其触点$KA6_{4、5}$闭合自锁；$KA6_{8、9}$闭合，HA发声报警；$KA6_{1、2}$闭合，使KA4线圈得电吸合，$KA4_{11、12}$、$KA4_{4、5}$均闭合自锁；$KA4_{8、9}$闭合，

HL3 发声报警；KA4$_{13、14}$断开，使一次风机、二次风机和炉排电动机均停止运行。

当值班人员知道并处理后，蒸汽压力下降，当蒸汽压力表中的压力开关 SP 低压端接通时，使继电器 KA5 线圈得电吸合，其触点 KA5$_{1、2}$断开，使继电器 KA4 线圈失电，KA4$_{13、14}$复位，一次风机和炉排电动机将自行启动，二次风机需用按钮操作。

按钮 SB22 为自检按钮，自检的目的是检查声、光器件是否能正常工作。自检时，HA 及各发光器件均应能动作。

（3）断相保护：F1、F2、F3 为电动机通用断相保护器，各作用于 M1、M2 和 M3 电动机启动和正常运行时的断相保护（缺相保护）。如果相序不正确也能保护。

（4）过载保护：各台电动机的电源开关都用自动开关控制，自动开关一般具有过载自动跳闸功能，也可有欠压保护和过流保护等功能。

综上分析可知，锅炉的正常运行，还需要有其他设备，如水处理设备、除渣设备、运煤设备、燃料粉碎设备等。各设备中均以电动机为动力，但是因为其控制电路比较简单，本书不做介绍。

4．自动调节系统

自动调节环节是比较复杂的，图 8-18 为 SHL10 型锅炉仪表控制方框图。此处只画出与自动调节有关的环节，其他各种检测及指示等环节没有画出。由于自动调节过程中采用的仪表种类较多，此处仅做简单的定性分析。

1）汽包水位的自动调节

（1）调节类型：锅炉汽包水位的自动调节为双冲量给水调节系统。系统以汽包水位信号作为主调节信号，以蒸汽流量信号作为前馈信号，可克服因负荷变化频繁而引起的“虚假水位”现象，减小水位波动的幅度（见图 8-20）。

（2）蒸汽流量信号的检测：该系统通过蒸汽差压信号与蒸汽压力信号的合成信号进行检测。气体的流量不仅与差压有关，还与温度和压力有关。

该系统的蒸汽温度由减温器自动调节，可视为不变。因此蒸汽流量是以差压为主信号，压力为补偿信号，经乘除器合成，作为蒸汽流量输出信号。

① 差压的检测：工程中常应用差压式流量计检测差压。差压式流量计主要由节流装置、引压管和差压计三部分组成，如图 8-21 所示。

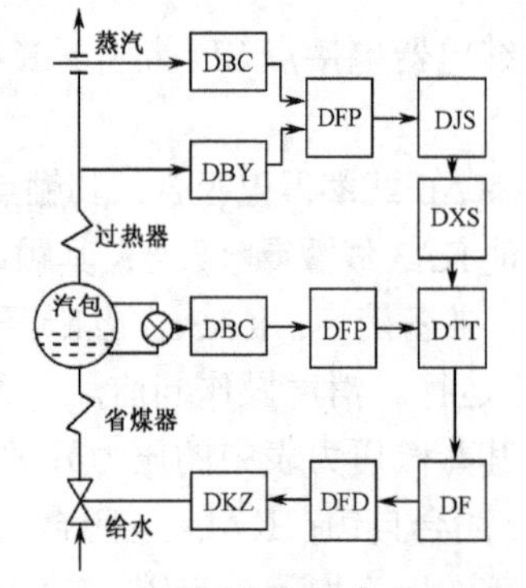

图 8-20　双冲量给水调节系统方框图

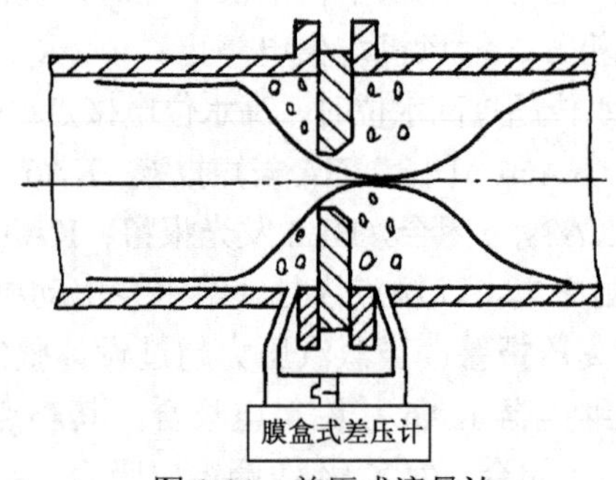

图 8-21　差压式流量计

流体通过节流装置（孔板）时，在节流装置的上、下游之间产生压差，从而由差压计测出差压。流量愈大，差压也愈大。流量和差压之间存在一定的关系，这就是差压流量计的工作原理。该系统用差压变送器代替差压计，将差压量转换为直流 4～20 mA 电流信号送出。

② 压力的检测：压力检测常用的压力传感器有电阻式压力变送器、霍尔压力变送器，弹簧管电阻压力变送器如图 8-22 所示。在弹簧管压力表中装了一个滑线电阻，当被测压力变化时，压力表中指针轴的转动带动滑线电阻的可动触点移动，改变滑线电阻两端的电阻比。这样就把压力的变化转化为电阻的变化，再通过检测电阻的阻值转换为直流 4～20 mA 电流信号输出。

图 8-22　弹簧管电阻压力变送器

（3）汽包水位信号的检测：水位信号的检测是用差压式水位变送器实现的，如图 8-23 所示。其作用原理是把液位高度的变化转换成差压信号，水位与差压之间的转换是通过平衡器（平衡缸）实现的。图示为双室平衡器，正压力从平衡器内室（汽包水侧连通管）中取得。平衡器外室中水面高度是一定的，当水面要增高时，水便通过汽侧连通管溢流入汽包；水要降低时，由蒸汽凝结水来补充。因此当平衡器中水的密度一定时，正压力为定值。负压管与汽包是相连的，因此，负压管中输出压力的变化反映了汽包水位的变化。

按流体静力学原理，当汽包水位在正常水位 H_0 时，平衡器的差压输出Δp_0 为：

$$\Delta p_0=H\rho_1 g-H_0\rho_2 g-\Delta H\rho_s g \tag{8-1}$$

式中，g 为重力加速度。

当汽包水位偏离正常水位 H_0 而ΔH 变化时，平衡器的差压输出Δp 为：

$$\Delta p=\Delta p_0-\Delta H(\rho_2 g-\rho_s g) \tag{8-2}$$

H、H_0 为确定值，ρ_1、ρ_2 和ρ_s 均为已知的确定值，故正常水位时的差压输出Δp 就是常数，也就是说差压式水位计的基准水位差压是稳定的，而平衡器的输出差压Δp 则是汽包水位变化ΔH 的单值函数。水位增高，输出差压减小。图中的三阀组件是为了调校差压变送器而配用的。

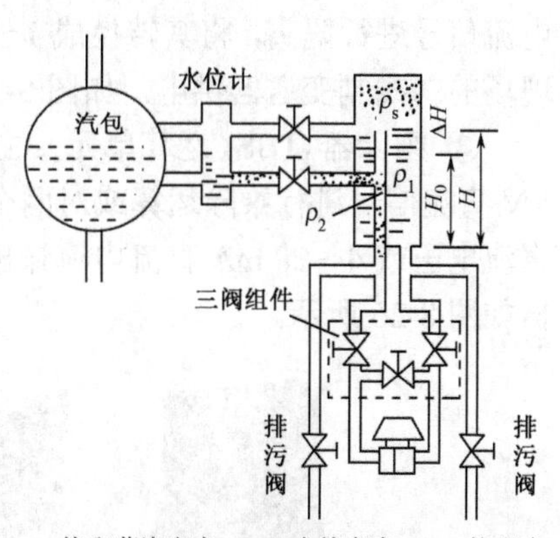

ρ_s—饱和蒸汽密度；ρ_1—水的密度；ρ_2—饱和水的密度；H_0—正常水位高度；H—外室水面高度

图 8-23　差压式水位平衡器

（4）应用仪表：汽包水位自动调节系统主要采用 DDZ-Ⅲ型仪表。DDZ 为电动单元组合型仪表，Ⅲ型仪表是用线性集成电路作为主要放大元件，现场传输信号为 4～20 mA 直流电流；控制室联络信号为 1～5 V 直

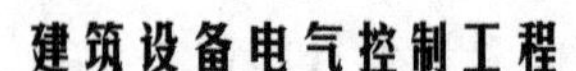

流电压；信号传递采用并联传输方式；各单元统一由电源箱供给 24 V 直流电源。也有应用Ⅱ型仪表的，Ⅱ型仪表以晶体管作为主要放大元件。表 8-5 为 DDZ-Ⅲ型与 DDZ-Ⅱ的比较。

表 8-5　DDZ-Ⅲ型与 DDZ-Ⅱ型仪表的比较

系列	信号、电源与连接方式				主要元件		结构特点		
	信号	电源	现场变送器	接受仪表	主要运算元件	主要测量膜盒	现场变送器	盘装仪表	盘后架装
DDZ-Ⅱ	0～10 mA DC	220V AC	四线制	串联	晶体管	四氟环型保护膜盒	一般力平衡	小表头单台安装	端子板接线式
DDZ-Ⅲ	4～20 mA DC	240V DC	二线制	并联	集成电路	基座波纹保护膜盒	矢量机构力平衡	大表头高密度安装	端子板加插件连接式

Ⅲ型仪表可分为现场安装仪表和控制室安装仪表两大部分，共有八大类。按仪表在系统中所起的不同作用，现场安装仪表可分为变送单元类和执行单元类。控制室内安装仪表又可分为调节单元类、转换单元类、运算单元类、显示单元类、给定单元类和辅助单元类等。每一类又有若干种，该系统采用的仪表主要有以下几种。

① 变送器（变送单元）：有差压变送器 DBC 和压力变送器 DBY。主要用在自动调节系统中作为测量部分，将液体、汽体等工艺参数转换成 4～20 mA 的直流电流，作为指示、运算和调节单元的输入信号，以实现生产过程的连续检测和调节，如图 8-24 所示。

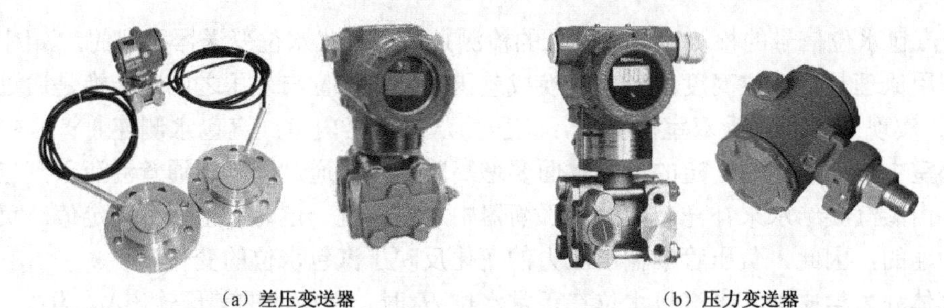

（a）差压变送器　　（b）压力变送器

图 8-24　变送器

② 配电器（DFP，辅助单元）：也称为分电盘，主要作用是对来自现场变送器的 4～20 mA 电流信号进行隔离，将其转换成 1～5 V 直流电压信号，传递给运算器或调节器，并对设置在现场的二线制变送器供电，如图 8-25 所示。

③ 乘除器（DJS，运算单元）：主要用于气体流量测量时的温度和压力补偿。可对三个 1～5 V 直流信号进行乘除运算或对两个 1～5 V 直流信号进行乘后开方运算。运算结果以 1～5 V 直流电压或 4～20 mA 直流电流输出。在该系统对差压Δp和压力 p 实现乘后开方运算。乘除器如图 8-26 所示。

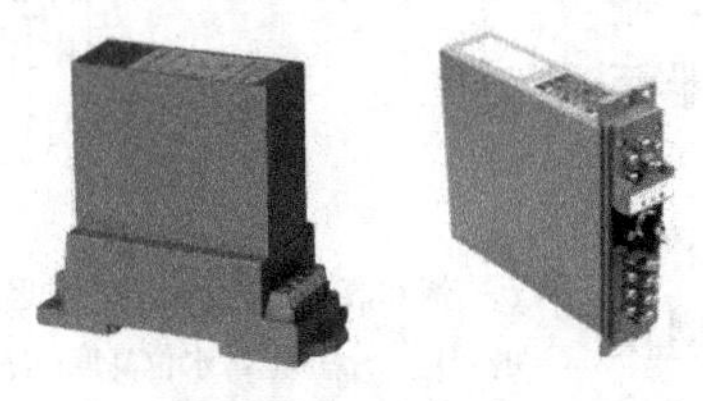

图 8-25　配电器

图 8-26　乘除器

④ 积算器（DXS，显示单元）：积算器与开方器配合，可累计管道中流体的总流量，并用数字显示出被测流体的总量。积算器如图 8-27 所示。

⑤ 前馈调节器（DTT，调节单元）：实现前馈—反馈控制的调节器。前馈调节器见图 8-28。系统将蒸汽流量信号进行比例运算，对汽包水位信号进行比例积分运算，其总的输出为前馈作用与反馈作用之和。

图 8-27　积算器

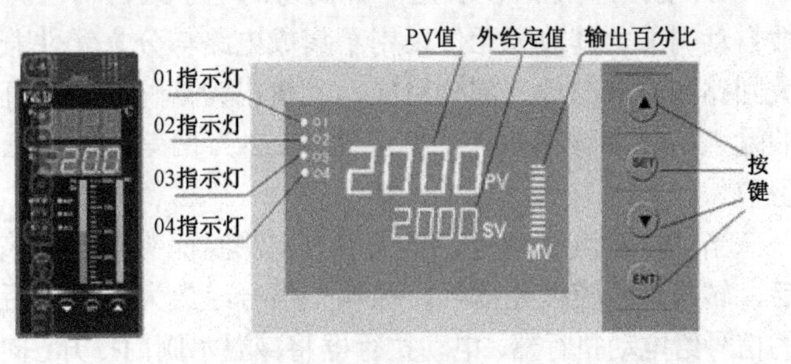

图 8-28　前馈调节器

⑥ 电动执行器（DKZ，执行单元）：执行器由伺服电动机、减速器和位置发送器三部分组成，如图 8-29 所示。它接受伺服放大器或手动操作器的信号，使两相伺服电动机按正、反方向运转。通过减速器减速后，变成输出力矩去带动阀门。与此同时，位置发送器又根据阀门的位置，发出相应数值的直流电流信号反馈到前置（伺服）放大器，与来自调节器的输出电流相平衡。

图 8-29　电动执行器

⑦ 伺服放大器（DF，辅助单元）：将调节器的输出信号与位置反馈信号比较，得出偏差信号，此偏差信号经过功率放大后，驱动二相伺服电动机运转。当反馈信号与输入信号相等时，两相伺服电动机停止转动，输出轴就稳定在与输入信号相对应的位置上。伺服放大器见图 8-30。

⑧ 手动操作器（DFD，辅助单元）：主要功能是以手动方式向电动执行器提供 4～20 mA 的直流电流，对其进行手动遥控，是带有反馈指示的、可以观察到操作端调节效果的仪表。手动操作器见图 8-31。

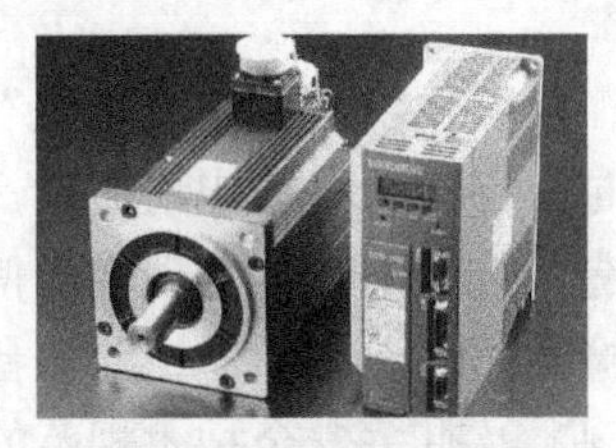

图 8-30　伺服放大器

图 8-31　手动操作器

2）过热蒸汽温度的自动调节

过热蒸汽温度的调节是通过控制减温器中的减温水流量，实现降温调节的。过热蒸汽温度是用安装在过热器出口管路中的测温探头检测的，该探头用铂热电阻制成感温元件，外加保护套管和接线端子，通过导线接在电子调节器 TA 的输入端。

TA 系列基地式仪表是一种简易的电子式自动检测、调节仪表，适用于生产过程中单参数自动调节，其放大元件采用了集成电路与分立元件兼用的组合方式，主要由输入回路、放大回路和调节部件三部分组成。其输出为 0～10 mA 直流电流信号。根据型号不同，有不同的输入信号和输出规律。例如 TA-052 为偏差指示、三位 PI（D）输出，输入信号为热电阻阻值。

当过热蒸汽温度超过要求值时，测温探头中的铂热电阻阻值增大，与给定电阻阻值比较后，转换为直流偏差信号，该偏差信号经放大器放大后送至调节部件中，调节部件输出相应的信号给电动执行器，电动执行器将减温水阀门打开，向减温器提供减温水，使过热蒸汽降温。

当过热蒸汽温度降到整定值时，铂热电阻阻值减小，经调节器比较放大后，发出关闭减温水调节阀的信号，电动执行器将调节阀关闭。

3）锅炉燃烧系统的自动调节

为了满足用户热负荷的变化，必须调整燃煤量，否则，蒸汽锅炉锅筒压力就要波动。维持锅筒压力稳定，就能满足用户热量的需要。工业锅炉燃烧系统的自动调节以维持锅筒压力稳定为依据，调节燃煤供给量，以适应热负荷的变化。为了保证锅炉的经济和安全运行，随着燃煤量的变化，必须调整锅炉的送风量，保持一定的风煤比例，即保持一定的过剩空气系数，同时还要保持一定的炉膛负压。因此，燃烧系统调节参数有锅筒压力、燃煤供给量、送风量、烟气含氧量和炉膛负压等。

装设完整的燃烧自动调节系统的锅炉，其热效率约可提高 15%左右，但需花费一定的投资，自动调节系统越完善，花费的投资也越高。对于蒸发量为 6～10 t/h 的蒸汽锅炉，一般不设计燃烧自动调节系统，司炉工可根据热负荷的变化、炉膛负压指示、过剩空气系数等参数，人工调节给煤量和送、引风风量，以保持一定的风煤比和炉膛负压。

8.1.3 锅炉与锅炉控制设备的安装

◆教师活动：给出安装案例→进行安装方面的相关引导。

◆学生活动：分组学习安装案例和安装知识，完成安装训练，学习下列内容。

1. 锅炉安装前的准备

锅炉安装单位在锅炉设备安装、改造和维修前，按照“条例”和“规程”的规定，应向锅炉使用地的质量技术监督部门提出书面告知，并向监督检验机构申请监检，这是必须要做的一项前期准备工作，否则对以后的锅炉安装、改造、竣工验收和办理投产使用登记都将带来困难。因为没有安全监督部门的“锅炉安装监督检验证书”，不能证明该台锅炉的安装已经经过监检机构检验、符合《特种设备安全监察条例》及有关安全技术规范的规定、安装质量合格时，属于非法安装锅炉，不能办理登记使用手续，不能取得锅炉合法使用的证明。锅

炉设备在安装、改造、维修前，向监检机构提供的告知书包括下述内容。

（1）锅炉房工艺平面布置图是否符合（GB 50041—2008）《锅炉房设计规范》中的有关规定，能否满足安全运行和维修的要求。例如需要在运行若干年换管的卧式锅炉，其炉前的操作距离是否足够，以及与有关建筑安全距离的防火要求。这项工作应在技术监督、消防和环保部门办理，并经签章认可。

（2）向监检机构提供建设单位与安装单位签订的招、投标书和施工合同书（未经招、投标者可不提供）。目的是了解锅炉安装开、竣工时间，安装人员的组成及工种和负责人是否符合要求。

（3）应有锅炉安装施工方案，重点审查锅炉安装的技术能力和质量管理体系及责任制度。质量管理体系和管理制度至少应包括企业经营宗旨、质量方针和目标，质量管理组织机构图，质量控制程序图、控制环节，质量控制一览表，各级质量责任人的职责，图样资料审查制度，变更设计图样联系制度，开箱验收制度，焊接材料和原材料检验验收制度，材料代用制度，施工检验验收制度，技术文件管理制度，设备管理和维修保养制度，焊接工艺评定制度，接受质量技术监督部门监督检查制度，安全生产制度，用户服务与意见处理制度，质量信息反馈与处理制度等，以及应当具有的与锅炉安装、改造、维修有关的安全技术规范、规定及标准是否齐全。

（4）审查锅炉安装单位的锅炉安装许可证是否与允许安装的级别相一致，不允许超越承包的资质等级，并审核其拥有的质量管理工程师、安装工种是否齐全，持有许可证的级别、数量能否满足安装需要，并要有专业技术工人名单和持证上岗工人的合格证复印件。

（5）核查锅炉出厂资料是否齐全和符合要求。主要有制造监督检验证书和安全附件的出厂资料等。其中出厂质量证明书要有制造厂的行政公章，不能以部门的公章代替，这是因为部门公章没有法人资格，在法律上对外无效。近几年由于燃油、燃气锅炉的发展，锅炉制造厂应按（JB/T 10094—2002）《工业锅炉通用技术条件》的要求向用户提供锅炉总图、主要受压部件图、安装图、电气控制图（由供应电控装置的单位提供）、热水锅炉水流程图（自然循环的锅壳锅炉除外）、易损零件图以及其他按有关规定需提供的文件各两份，如锅炉安装、使用说明书等。对燃油、燃气锅炉则应提供燃油、燃气阀组系统图，以便核查供货商所供应的配件是否齐全和满足系统图的要求。特别是进口燃烧器的配件，如图纸为成套供应，合同为某一牌号，就不能以国产件代替进口件，否则应向供货商索赔更换和配齐应配的部件。

（6）在锅炉安装前和安装、改造、维修过程中，安装单位发现锅炉受压元（部）件存在影响安全的质量问题、安装操作不当出现缺陷或超过允许偏差不易纠正时，应当停止施工，并及时报告安装地的质量技术监督部门。

2．锅炉电控设备的安装

1）控制台盘与控制室的安装

（1）仪表盘的高度一般为2.1 m，深度一般不小于0.6 m。

（2）仪表盘前净距：大型仪表室不应小于2.5 m，小型仪表室不应小于1.5 m。盘后检修通道不应小于1 m。组成仪表盘当总长度为7 m及以上时，其两侧通道均不得小于1 m。

（3）盘面布置方式：上层为较醒目供扫视的仪表，如指示型、报警型仪表，宜距地面1.6～1.8 m，中层为经常监视用仪表，如记录性、调节性仪表，宜距地面1～1.6 m；下层为大型记录仪、操作器、切换开关，宜距地面 0.8～1 m。

（4）盘内端子排，最低距地面不应小于 0.25 m，两排间距应大于 0.25 m，端子排距盘边缘距离不小于 0.10 m。

（5）进出控制室的导线、盘与盘之间的连接线应通过端子排，特殊要求者例外。不同电压的端子排按标志分开，间隔 2～3 个端子。盘内接线端子备用量可为 10%。

（6）盘内配线的选择：一般信号线采用 0.75～1.0 mm^2 的铜芯导线；其他配线采用 1.5 mm^2 硬铜芯导线或 1.0 mm^2 的软铜芯导线。

（7）盘内配管的选用：供气总管采用铜管或不锈钢管。信号配管宜采用 D6×1 mm 的紫铜管。

（8）仪表室设置：根据仪表盘的数量、仪表精密程度及使用要求等情况确定。位置应靠近主要工艺设备，不宜靠近主要交通干道，不宜设在对室内地面产生振幅大于 0.1 mm、频率大于 25 Hz 和电磁干扰大于 400 A/m 的区域。室内面积应根据仪表盘的数量、尺寸以及排列方式等条件确定。仪表室当有操作台时，进深不宜小于 7 m，无操作台时，进深不宜小于 6 m。

2）其他设备的说明

（1）水位报警器：水位警报器一般安装在锅筒外。值得注意的是，每当锅炉发出水位警报，司炉人员要首先正确判明是缺水事故还是满水事故，然后再采取相应措施。对于有自动给水装置的，每当水位警报器发出警报时，应改用手动装置，待情况查明，允许上水（或排水）时，先利用人工上水（或排水），待水位正常后，方可使用自动给水装置，使锅炉投入正常运行。水位报警器如图 8-32 所示。

（2）超温报警装置：超温报警装置是由温度控制器和声光信号装置组成的。当锅水温度超过规定或汽化时，能发出警报，使司炉人员及时采取措施，消除锅水汽化及超温现象，以免锅水的正常循环遭到破坏或产生超压现象。因此，额定出口热水温度不低于 120°C 的锅炉以及额定出口热水温度低于 120°C 但额定热功率不小于 4.2 MW 的锅炉应装设超温报警装置。超温报警装置如图 8-33 所示。

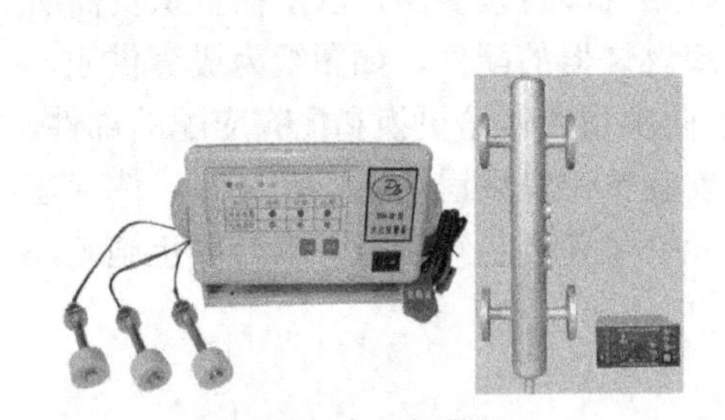

图 8-32 水位报警器

（a）超温报警装置

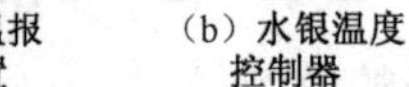

（b）水银温度控制器

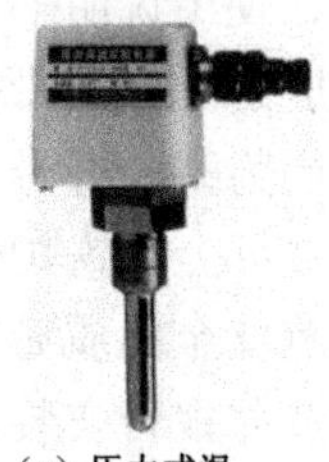

（c）压力式温度控制器

图 8-33 超温报警装置与温度控制器

常用的温度控制器有电接点水银温度控制器、电接点压力式温度控制器、双金属温度控制器、动圈式温度指示控制器等。

（3）超压报警装置：超压报警装置是由压力控制器和声光信号装置组成的。压力控制器是一种将压力信号直接转化为电气开关信号的机电转换装置，它的功能是对压力高、低的不同情况输出开关信号，对外部线路进行自动控制或实施报警。目前使用最广泛的一种压力控

制器是波纹管控制器，它既可以用于对压力控制又可以用于报警和连锁保护，在燃油燃气锅炉上还用于大小火转换控制。

（4）低水位连锁保护装置：对于一般的工业锅炉，缺水事故带来的危害是十分严重的，因此《蒸汽锅炉安全技术监察规程》规定：2 t/h 以上的蒸汽锅炉必须装设低水位连锁保护装置。

（5）压力连锁保护装置：压力的连锁保护常用于蒸发量不小于 6 t/h 的蒸汽锅炉和热水锅炉，在燃油、燃气锅炉及煤粉炉上用做安全控制。

（6）超温连锁保护装置：当热水锅炉出口水温超过规定值时，就应采取连锁保护措施。例如，燃煤锅炉自动停止送、引风装置的运行；燃油、燃气锅炉自动切断燃料供应。

（7）给水泵的连锁保护装置：当锅炉出现低水位情况时，除燃烧系统处于连锁保护状态外，给水泵也应处于连锁保护状态，保证水位在未恢复到正常之前不能自动上水，以防止突然向锅炉上水，扩大事故。同时也防止操作人员在事故情况下，由于紧张慌乱而出现操作失误，启动给水泵上水。因为这时给水泵的工作状态选择开关虽然在“自动”位置上，“手动”按钮不起作用，但由于连锁而使自动上水装置不能工作，故可确保安全。只有在经过检查之后，将选择开关置于“手动”位置时，才可启动给水泵。当锅炉水位恢复正常后，通过控制开关解除连锁，给水泵又恢复正常工作。

（8）循环水泵的连锁保护装置：热水锅炉在运行中必须保证循环水不致中断，因此，循环水泵主要是为热水锅炉进行热水循环之用。当在用泵出现故障而跳闸时，备用泵应能自动投入工作；防止循环水泵未启动之前燃烧系统投入工作，同时也防止循环水泵因故障全部停止工作时，燃烧系统还未停止工作。

（9）紧急停炉连锁保护装置包括下面两部分。

① 燃煤锅炉的连锁保护：燃煤锅炉的紧急停炉连锁保护主要是送、引风机和炉排的连锁保护。

对于小型燃煤锅炉，送、引风机所采取的连锁保护方法是同步停止法，就是将送、引风机在连锁保护时同时停止运行。这样，锅炉的燃烧就会减弱，温度就会降低，达到保护的目的。这种方法操作简单，容易实现，但由于送、引风机同时停止运转，炉膛及烟道内有大量烟气未被抽走。对于燃油、燃气锅炉，连锁保护的方法是分步停止法，即首先停止送风机，经过一段时间后再停止引风机。这样，在停炉过程中能将炉内的可燃气体抽走。但此种方法的控制线路比同步停止法复杂，可靠性也低一些。

炉排的连锁保护方法也有两种：一种是停止运行法，即让炉排停止运行，不再增添新的燃料，达到降负荷的目的。这种方法是在送、引风机停止运行之后，燃料的燃烧状况已明显减弱，锅炉内的余热对锅炉的安全已影响不大的情况下采取的连锁方法。此法控制线路很简单，实现起来比较容易，尤其是对连锁保护之后恢复运行很方便，但是对于低水位连锁保护不够彻底，炉膛的余热还可能使缺水事故继续扩大。另一种是快速运行法，即让炉排快速运转，将燃煤尽快地带出炉膛，降低炉膛温度，消除余热对安全的影响。采用这种方法，保护比较彻底，尤其对低水位连锁保护效果较好。但是连锁保护之后，需要重新点火或接续炉火方可继续运行。

② 燃油、燃气锅炉的连锁保护装置：燃油、燃气锅炉的紧急停炉连锁保护，就是在水位、压力和温度达到极限值时，切断油、气供应，按程序进行吹扫并停炉。

（10）熄火保护装置：炉膛熄火时，炉膛内光和热的辐射频率就会突然改变。利用装在

炉膛壁上的检测元件，把光辐射的频率变化转换为电量，通过电气线路和继电器等带动执行机构来切断燃料供应，并发出相应的信号。如果炉膛灭火，而燃料仍然供给，则会使炉膛内积存大量燃料，很可能造成爆炸事故。因此，对于燃烧这类燃料的锅炉，必须装设熄火保护装置。

火焰检测装置的检测元件主要有光导管和紫外光敏管两种。火焰检测点的数量和位置应保证炉膛一旦熄火能及时反应。通常装在火焰燃烧器上部看火孔附近。对于煤粉炉，一般还装有辅助油或气燃烧装置。因此，在煤粉炉的熄火保护装置上，还应有燃油或燃气的点火控制系统。一旦炉膛燃烧不正常而发暗时，能投入辅助的燃油或燃气。

实训 18 锅炉控制设备的安装与调试

1. 实训目的

(1) 了解设备的安装程序；
(2) 掌握安装技能；
(3) 掌握系统的电气控制原理，并能够进行安装与调试。

2. 实训内容

(1) 锅炉房动力的设备安装；
(2) 锅炉的动力设备及自动控制系统的调试。

3. 实训设备

锅炉房动力及控制设备、安装工具等。

4. 实训步骤

(1) 编写安装计划书。
(2) 准备安装用具。
(3) 分别进行安装。
(4) 检查安装是否正确。
(5) 运行操作训练。

① 首先进行的是对锅炉点火前对锅炉锅筒、炉膛、烟道水冷壁管、省煤器、安全阀、压力表、水位表进行检查，然后对燃烧及辅助设备检查（包括输煤系统、除灰系统），对风机、水泵等转动设备进行检查；

② 锅炉进行上水，上水时水位不宜太高，当锅炉内水位上升至水位表的最低水位线与正常水位线之间即可停止上水；

③ 点火前将各阀门调整到点火要求的位置，并启动引风机进行炉内通风；

④ 锅炉点火后，随着燃烧加强，开始升温，升压。升温期间可适当在下锅排水，并相应补充给水，促进上下锅筒的水循环；

⑤ 观看锅炉房运煤系统的工作情况，并记录工作过程；

⑥ 按下按钮，控制引风机及鼓风机工作，并写出控制过程。

5. 实训报告

（1）安装方案计划书；
（2）安装过程报告；
（3）运行过程报告。

6. 实训记录与分析

表8-6 锅炉动力与控制设备安装记录

设备名称	功 能	安装位置	运行状况

7. 问题讨论

（1）炉排液压传动机构的控制情况。
（2）锅炉的自动上煤和自动除渣是如何操作的？

任务8-2 空调系统的电气控制及安装

生活和生产活动环境是人们生活质量的重要标志，空调系统是维护室内良好环境的专门技术。对空气的温度、相对湿度、压力洁净度和空气的流通速度等多项参数进行处理的技术称为空气调节技术。空调的五种代表技术如下。

（1）直流变频技术：由DSP（数字信号处理器）控制的直流变频空调，采用最新的控制技术，并采用全直流涡旋变频压缩机。这种先进的数字变频技术温控精度高，具有省时、节能、恒温等特点，避免了压缩机频繁启动而造成的电流消耗和温度波动。采用的电压补偿能使系统在150～250 V的超宽电压和−15℃至60℃的超宽温度范围内正常运行，适应能力强。室内风机、压缩机采用PI闭环控制，使系统运行平稳，振动小，噪声低。

（2）网络控制技术：变频空调网络控制技术主要是利用Internet的接口，通过电话线或光缆来传输控制信号，同时在变频空调器上安装信号接收器、信号传输器，将传输的控制信号接收后转变为操作信号来指导变频空调的操作，同时变频空调器控制信号又通过Internet显示控制信号，从而达到对其进行远程控制、远程故障诊断和控制软件升级等功能。

（3）超静音技术：该项技术从内部心脏——低噪声压缩机着手进行降噪，并且内部结构也采取进一步优化；另外采用计算机仿真技术进行风道设计，完全模拟自然风的流向，使风道和风向自然吻合，把由于风速而引起的噪声降到最低限度。

（4）超远距离送风：该项技术采用了超强的送风系统和气流控制技术，送风距离可达15 m之远。

（5）健康技术的运用：健康技术的运用将给予空调一个全新的概念，即光触媒、负氧离子、超静音、防霉抗菌材料等新技术，能够层层净化空气，除异味，除尘能力强。

任务描述

从空调设备认识入手，了解空调设备的组成与运行工况；学习空调设备控制线路的识图与安装；研究空调设备的正确选择和使用，最后通过空调控制案例拓展到调试与维护。

任务分析

认识空调设备从空气调节器件、调节器、电动执行机构到空气处理设备所包含的内容，熟悉空调设备电气的组成与运行工况及自动控制任务，通过案例学会分析空调设备控制电路的方法，能对设备进行安装与调试，会正确选用和使用。

方法与步骤

◆教师活动：下达工作任务，提出要求，进行相关引导。

◆学生活动：按着工作任务分组通过实物观察学习，填写学习纪录。

8.2.1 空调系统认知

1. 空调系统的分类

1）按功能分类

（1）单冷型（冷风型）空调器：主要由压缩机、冷凝器、干燥过滤器、毛细管以及蒸发器组成，如图 8-34 所示，蒸发器在室内侧吸收热量，冷凝器在室外将室内的热量散发出去，具有结构简单的特点，只能在环境温度 18℃以上时使用。

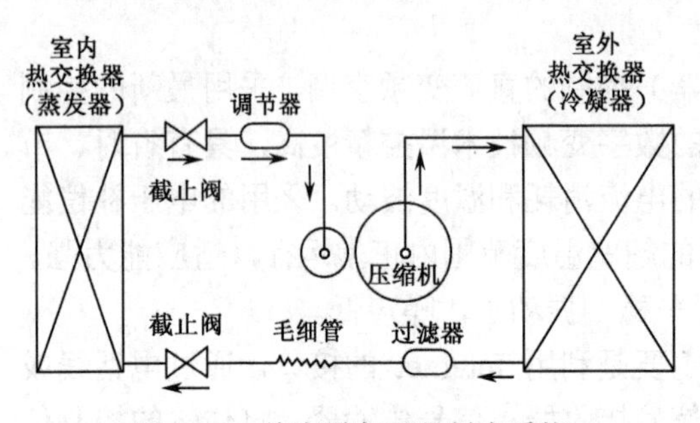

图 8-34 单冷型空调器制冷系统

（2）冷热两用型空调器：这种空调器又分为电热型、热泵型、热泵辅助电热型三种。

① 电热型空调器：电热器安装在蒸发器与离心风扇之间。夏季将冷热转换开关拨向冷风位置，冬季将开关置于热风位置。

② 热泵型空调器：通过压缩机驱动，将低温区（蒸发器）的热量输送到高温区（冷凝器），把冷凝气排放出的热量用于室内供暖的空调器。其室内制冷或供热是通过四通换向阀改变制冷剂的流向实现的，如图 8-35 所示。其特点是：当环境温度低于 5℃时不能使用，但供热效率高。

③ 热泵辅助电热型空调器：它是在热泵型空调器的基础上增设了电加热器，是电热型与热泵型相结合的产物。

2）按结构分类

（1）整体式空调器：分为窗式空调器、移动式空调器和台式空调器，如图 8-36 所示。

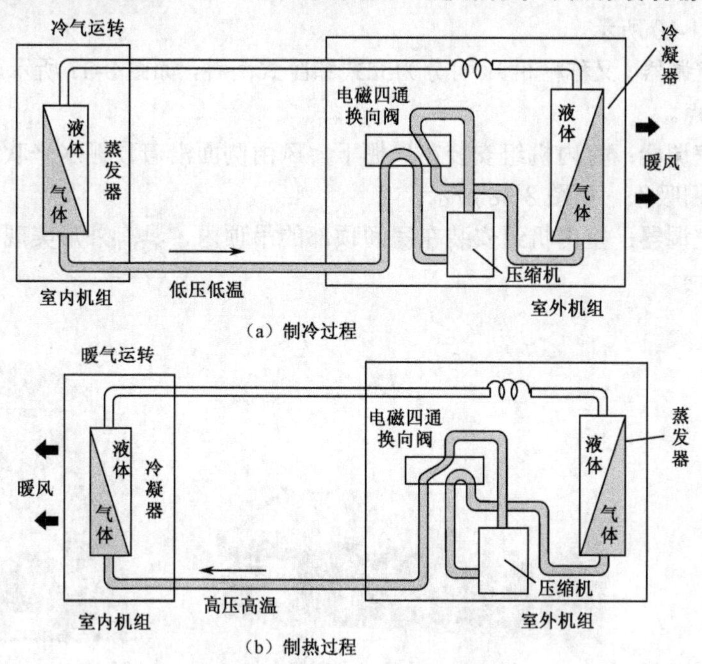

图 8-35　制冷与供热运行状态

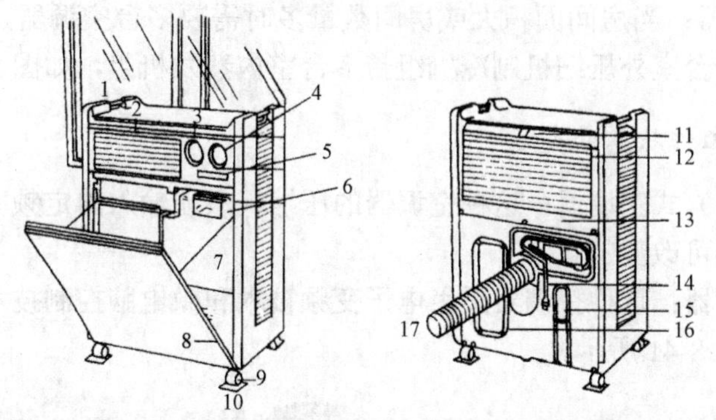

1—空气出口盖；2—空气出口；3—定时器；4—选择开关；5—温控器；6—高压开关；7—水箱；8—前门；9—脚轮；10—脚轮座；11—空气过滤器；12—空气入口；13—接线盒；14—电源线；15—排水管；16—排气管盖；17—排气管

图 8-36　移动式空调器的结构

① 窗式空调器：又分为卧式和竖式两种。其特点是结构简单，价格低廉，安装及维修方便，故障率低，但不美观，影响采光，噪声较大。

② 移动式空调器：移动式空调器是落地式的，其底部由四个脚轮支撑，具有移动方便、使用灵活、节省电能的优点。

③ 台式空调器：这种空调器的冷凝器排放的热量也是通过排气软管排出室外。

（2）分体式空调器：可分为壁挂式、落地式、吊顶式、嵌入式、组合式空调器。

① 壁挂式空调器：由室内机组和室外机组组成。室内机组主要由热交换器（夏季制冷时为蒸发器，冬季制热时为冷凝器）和风扇组成；室外机组由压缩机、冷凝器和冷却风扇等组成，如图 1-6 所示。分体式空调器有一拖一和一拖多之分，即一台室外机组带动一台或多台室内机组。目前国内已生产出一拖一至一拖六等多种型号的分体式空调器，可以满足不同

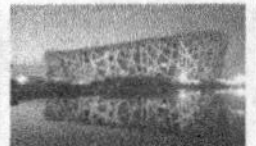

用户所需，如图 1-10 所示。

② 落地式空调器（又称柜机）：可分为立式和卧式两种，如图 8-37 所示，具有制冷量大，占地面积小的优点。

③ 吊顶式空调器：室内机组安装在顶棚下，风由侧面沿着顶棚水平吹送，回风则由空调器的正下方格栅吸入，如图 8-38 所示。

④ 嵌入式空调器：室内机组安装在房间顶部的吊顶内，具有外形美观、节省空间的特点。如图 8-39 所示。

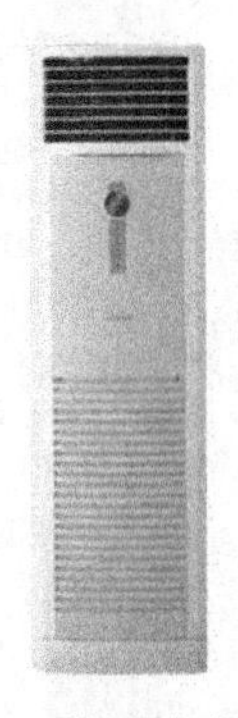

图 8-37　落地式空调器

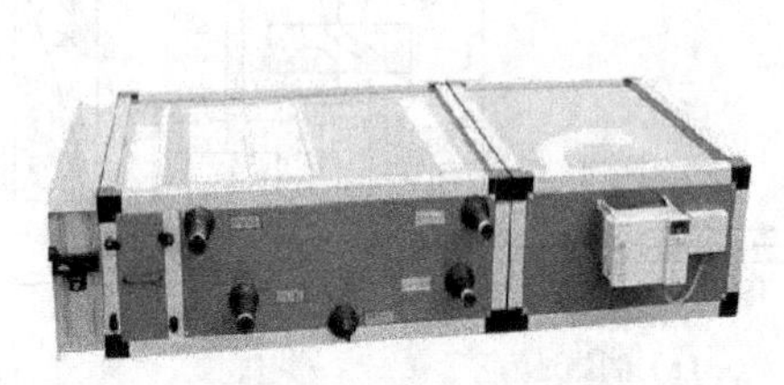

图 8-38　吊顶式空调器

图 8-39　嵌入式空调器

⑤ 组合式空调器：当房间面积大或房间数量多时需要多台空调器，可采用一拖多的组合式空调器，即用一台室外压缩机制冷机组带多台室内蒸发机组，如图 8-40 所示。

3）按压缩机的工作状态分类

（1）定频（定速）式空调器：这种空调器的压缩机只能输入固定频率和电压，压缩机的转速和输出功率是不可改变的。

（2）变频式空调器：这种空调器采用电子变频技术和微电脑控制技术，使压缩机实现了自动无级变速，如图 8-41 所示。

图 8-40　组合式空调器

图 8-41　变频式空调器

4）按空气处理设备的设置情况分类

（1）集中式空调系统：这种空调系统应设置集中控制室，如图 1-7 和图 8-42 所示。将空气处理设备（过滤、冷却、加热、加温设备和风机等）集中设置在空调机房内，空气处理后，由风管送入各房间的系统。

（2）半集中式空调系统：集中处理部分或全部风量，然后送往各房间（或各区），在各房间（或各区）再进行处理的系统。

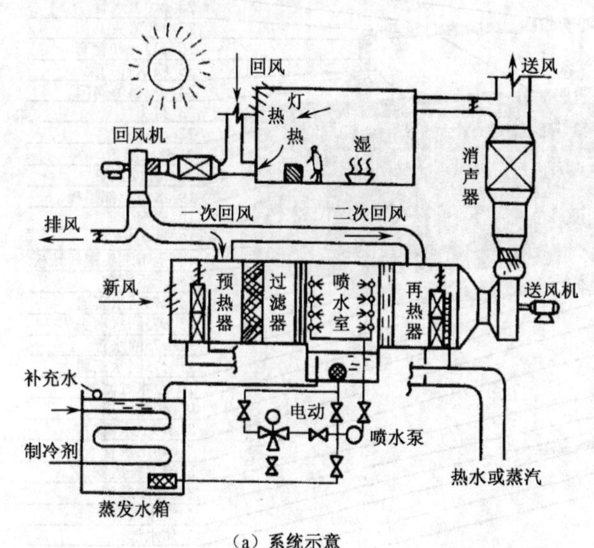

（a）系统示意

（b）集中空调实物

图 8-42　集中空调系统

（3）分散式空调（也称局部空调）：将整体组装的空调器（带冷冻机的空调机组、热泵机组等）直接放在空调房间内或放在空调房间附近，每个机组只供一个或几个小房间，或者一个房间内放几个机组的系统，如图 8-43 所示。

图 8-43　分散式空调

2．空调系统的设备组成

空调器由制冷系统、电气控制系统和通风系统等几部分组成。

典型的空调方法是将经过空调设备处理而得到一定参数的空气送入室内（送风），同时从室内排除相应量的空气（排风）。在送排风的同时作用下，就能使室内空气保持要求的状态。空调系统设备组成如下。

1）空气处理设备

空气处理设备的作用是将送风空气处理到一定的状态。主要由空气过滤器、表面式冷却器（或喷水冷却室）、加热器、加湿器等设备组成，如图 8-44 所示。

2）冷源和热源

热源是用来提供“热能”来加热送风空气的。常用的热源有提供蒸汽（或热水）的锅炉或直接加热空气的电热设备。一般向空调建筑物（或建筑群）供热的锅炉房同时也向生产工艺设备和生活设施供热，所以它不是专为空调配套的。如图 8-45 为电加热蒸汽锅炉控制柜。冷源则是用来提供“冷能”来冷却送风空气的，目前用得较多的是蒸汽压缩式制冷装置，而这些制冷装置往往是专为空调的需要而设置的，所以制冷与空调常常是不可分的。

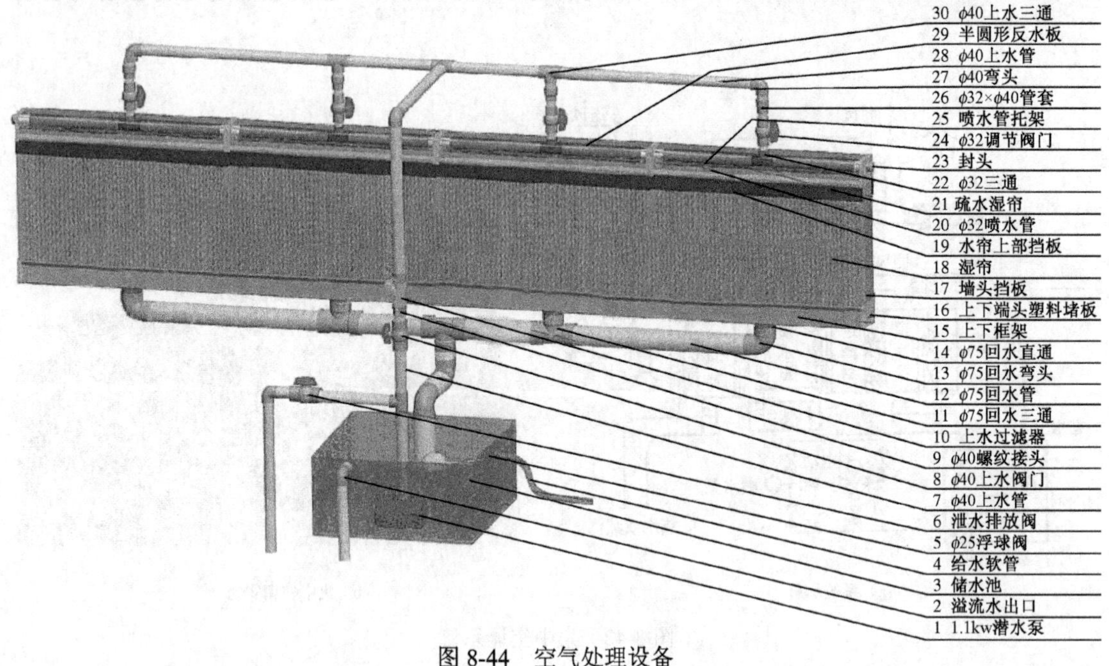

图 8-44　空气处理设备

3）空调风系统

空调风系统的作用是将送风从空气处理设备通过风管送到空调房间内，同时将相应量的排风从室内通过另一风管送至空气处理设备作重复使用，或者排至室外。输送空气的动力设备是通风机。图 8-46 为空调风管过滤器，图 8-47 为空调风管。

图 8-45　电加热蒸汽锅炉控制柜

图 8-46　空调风管过滤器

图 8-47　空调风管

4）空调水系统

空调水系统包括将冷冻水从制冷系统输送至空气处理设备的水管系统和制冷系统的冷却水系统（包括冷却塔和冷却水水管系统）。输送水的动力设备是水泵。冷却塔和空调水系统如图 1-9 所示。

5）控制、调节装置

由于空调、制冷系统的工况应随室外空气状态和室内情况的变化而变化，所以要经常对它们的有关装置进行调节。这一调节过程可以是人工进行的，也可以是自动控制的，不论是哪一种方式，都要配备一定的控制设备和调节装置。

实践证明：只有通过正确的设计、安装和调试上述五个部分的装置，并科学地进行运行管理，空调制冷系统才能取得满意的工作效果。

3．空调电气系统常用器件

空调系统的自动调节装置由敏感元件、调节器、执行调节机构等组成。但各种器件种类很多，这里仅介绍与电气控制有关的几种器件。

电气控制系统的作用是控制和调节空调器的运行状态，并且具有多种保护功能。一般而言，电气控制系统的组成部件有温度控制器、压力继电器、启动继电器、过载保护器、电加热（加湿）器、开关元件和遥控器等。

1）电接点水银温度计

（1）电接点水银温度计（又称干球温度计）的类型有以下两种，如图 8-48 所示。

① 固定接点式：其接点温度值是固定的，结构简单。

② 可调接点式：其接点位置可通过给定机构在表的量限内调整。

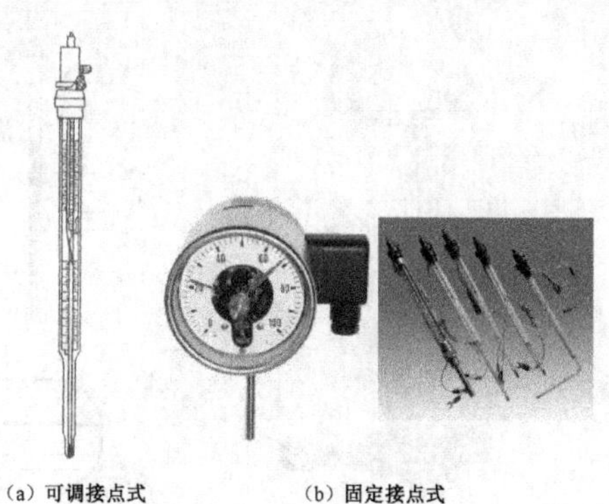

(a) 可调接点式　　(b) 固定接点式

图 8-48　电接点水银温度计

（2）电接点水银温度计的构造与原理：可调接点式水银温度计和一般水银温度计的不同处在于毛细管上部有扁形玻璃管，玻璃管内装一根螺丝杆，丝杆顶端固定着一块扁铁，丝杆上装有一只扁形螺母，螺母上焊有一根细钨丝通到毛细管里，温度计顶端装有永久磁铁调节帽，有两根导线从顶端引出，一根导线与水银相连，另一根导线与钨丝相连。它的刻度分上下两段，上段用作调整整定值，由扁形螺母指示；下段为水银柱的实际读数。进行调整时，可转动调节帽，则固定扁铁被吸引而旋转，丝杆也随着转动，扁形螺母因为受到扁形玻璃管的约束不能转动，只能沿着丝杆上下移动。扁形螺母在上段刻度指示的位置即是所需整定的温度值，此时钨丝下端在毛细管中的位置刚好与扁形螺母指示位置对应。当温包受热时，水银柱上升，与钨丝接触后，即电接点接通。

电接点若通过稍大电流时，不仅水银柱本身发热影响到测温、调温的准确性，而且在接点断开时所产生的电弧将烧坏水银柱面和玻璃管内壁。因此，为了降低水银柱的电流负荷，将其电接点接在晶体三极管的基极回路，利用晶体三极管的电流放大作用来解决上述问题。

2）湿球温度计

湿球温度计将电接点水银温度计的温包包上细纱布，纱布的末端浸在水里，由于毛细管的作用，纱布将水吸上来，使温包周围经常处于湿润状态，此种温度计称为湿球温度计，如图 8-49 所示。

3）干、湿球温度计

干、湿球温度计如图 8-50 所示。当使用干、湿球温度计同时去测空调房间空气状态时，在两支温度计的指示值稳定以后，同时读出干球温度计和湿球温度计的读数。由于湿球上水分蒸发吸收热量，湿球表面空气层的温度下降，因此，湿球温度一般总是低于干球温度。干球温度与湿球温度之差叫做干湿球温度差，它的大小与被测空气的相对湿度有关，空气越干燥，干、湿球温度差就越大；反之，相对湿度越大，干、湿球温度差就越小。若处于饱和空

气中，则干、湿球温度差等于零。所以，在某一温度下，干、湿球温度差也就对应了被测房间的相对湿度。

4）热敏电阻

半导体热敏电阻是由某些金属（如镁、镍、铜、钴等）的氧化物的混合物烧结而成的，如图 8-51 所示。

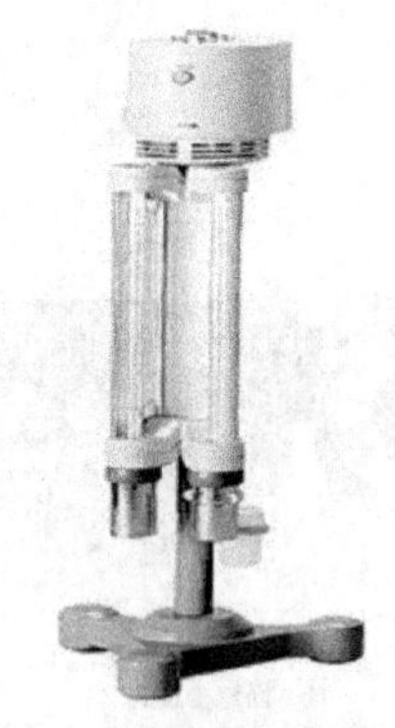

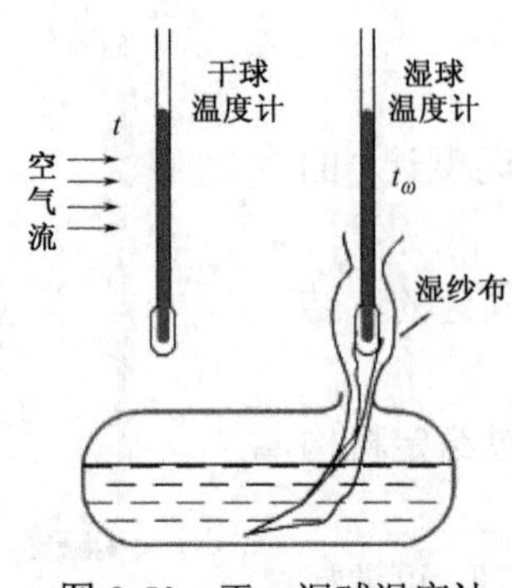

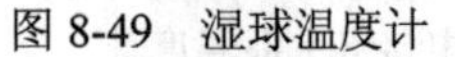

图 8-49　湿球温度计　　图 8-50　干、湿球温度计　　图 8-51　热敏电阻

（1）热敏电阻的原理：它具有很高的负电阻温度系数，即当温度升高时，其阻值急剧减小。其优点是温度系数比铂、铜等电阻大 10～15 倍。一个热敏电阻元件的阻值也较大，达数千欧，故可产生较大的信号。

（2）热敏电阻的特点：热敏电阻具有体积小、热惯性小、坚固等优点。目前 RC-4 型热敏电阻较稳定，广泛应用于室温的测定。

5）湿敏电阻

湿敏电阻是利用湿敏材料吸收空气中的水分而导致本身电阻发生变化这一原理制成的。

（1）湿敏电阻分类：第一类是随着吸湿、放湿的过程，其本身的离子发生变化而使其阻值发生变化，属于这类的湿敏材料有吸湿性盐（如氯化锂）、半导体等；第二类是依靠吸附在物质表面的水分子改变其表面的能量状态，从而使内部电子的传导状态发生变化，最终也反映在电阻阻值变化上，属于这一类的湿敏材料有镍铁以及高分子化合物等。

下面着重介绍氯化锂湿敏电阻。它是目前应用较多的一种高灵敏的感湿元件，具有很强的吸湿性能，而且吸湿后的导电性与空气湿度之间存在着一定的函数关系。

（2）湿敏电阻构造：湿敏电阻可制成柱状和梳状（板状），如图 8-52 所示。柱状是利用两根直径 0.1mm 的铂丝，平行绕在玻璃骨架上形成的。梳状是用印刷电路板制成两个梳状电极，

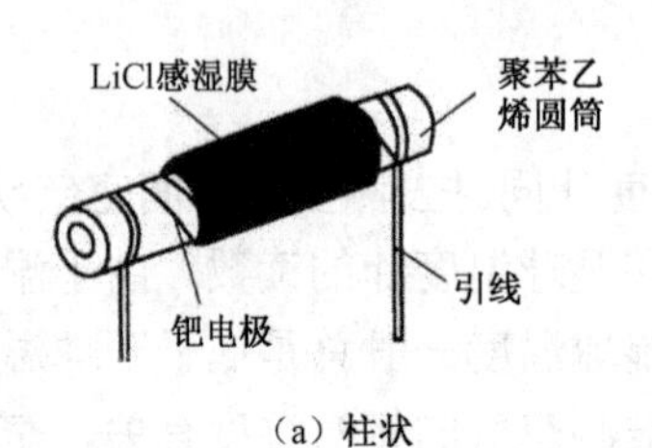

（a）柱状

（b）梳状

图 8-52　湿敏电阻

将吸湿剂氯化锂均匀地混合在水溶性黏合剂中，组成感湿物质，并把它均匀地涂敷在柱状（或梳状）电极体的骨架（或基板）上，做成一个氯化锂湿敏电阻测头。

（3）湿敏电阻的原理：将测头置于被测空气中，当空气的相对湿度发生变化时，柱状电极体上的平行铂丝（或梳状电极）间的氯化锂电阻随之发生改变。用测量电阻的调节器测出其变化值就可以反应其湿度值。

6）温度控制器

温度控制器（又称温度开关）是一种可以根据温度的变化进行调整控制的自动开关元件。温度控制器可分为普通温控器和专用温控器两种。普通型温控器的作用是控制压缩机的运转和停机，专用温控器的作用是去除室外热交换器盘管的霜层（又叫化霜控制器）。普通温度控制器又分为机械压力式和电子式两大类。机械压力式温控器有波纹管式和膜合式温控器两种，这里仅介绍膜盒式温控器。

（1）膜盒式温控器的构造：膜盒式温控器由感温系统、调节机构和执行机构组成，如图 8-53 所示。感温系统由测温管、毛细管和密封的膜盒组成；调节机构由凸轮和转轴组成；执行机构则由弹簧、压板和微动开关组成。膜盒的一端通过毛细管接在测温管上，内充感温剂，另一端与压板接触。

（2）膜盒式温控器的原理：当被调房间室内温度发生变化时，膜盒内部的压力也随之变化，于是压板一端的顶杆推动串联在电路中的开关触点接通或断开，控制压缩机的启动和停止，从而达到温度控制的目的。

7）化霜控制器

（1）化霜控制器是利用温度变化控制触头动作的一种开关元件，用来执行暂时延缓加热并转换到除霜动作。

化霜控制器分为电子式、波纹管式、微差压计、微电除霜控制器等，这里仅介绍电子式化霜控制器。电子式化霜控制器由化霜控制器和定时器组成，如图 8-54 所示。

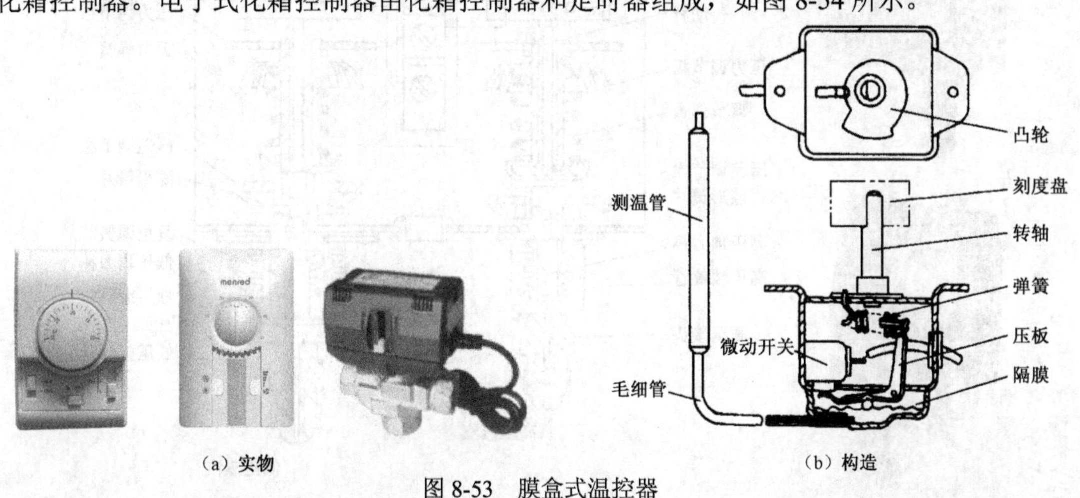

（a）实物　　（b）构造

图 8-53　膜盒式温控器

（2）电子式化霜控制器的工作原理：当压缩机制热达到一定时间或室外热交换器上的热敏电阻检测温度降为一定值（如−5℃）时，电子开关切断电磁换向阀电源，使空调器运行状

态变为制冷循环或利用电加热器对室外热交换器进行加热。一般的空调器在除霜时室内外风扇均处于停止状态。而热泵辅助电热型空调器则不同，除霜时只有压缩机和室外风扇停止，而电加热器和室内风扇仍处于工作状态，不停地为室内送热风。

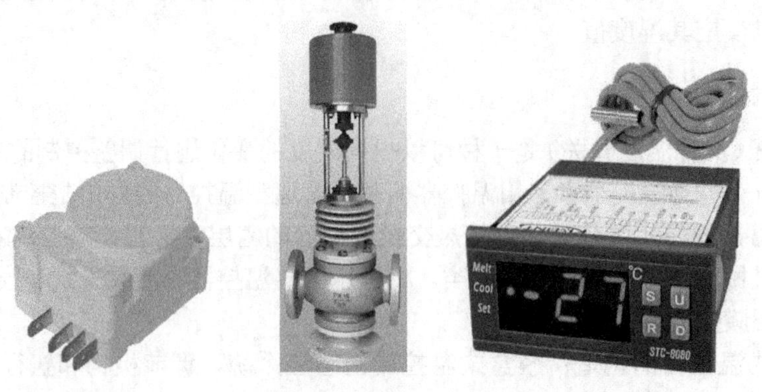

图 8-54　电子化霜控制器

8）压力控制器（压力继电器）

压力控制器的类型及构造：空调器常用的压力控制器有波纹管式和薄壳式两种。压力控制器分为高压和低压控制。高压控制部分通过螺接口和压缩机高压排气管连接；低压控制部分通过螺栓接口和压缩机低压进气管连接。

波纹管式压力控制器如图 8-55 所示，薄壳式压力控制器如图 8-56 所示。

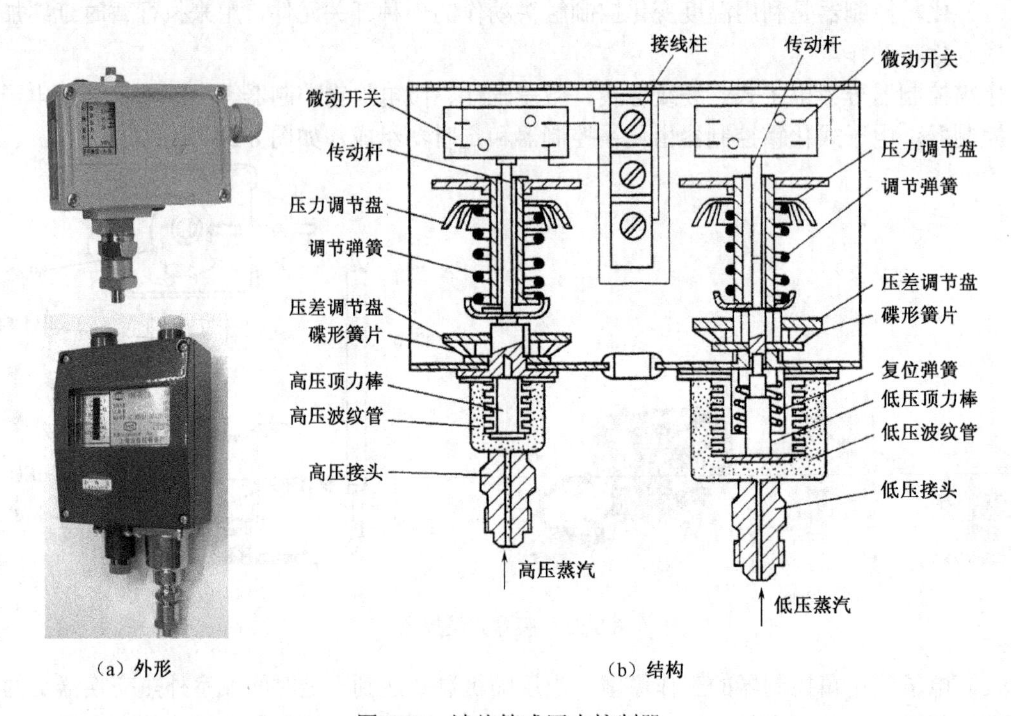

（a）外形　　（b）结构

图 8-55　波纹管式压力控制器

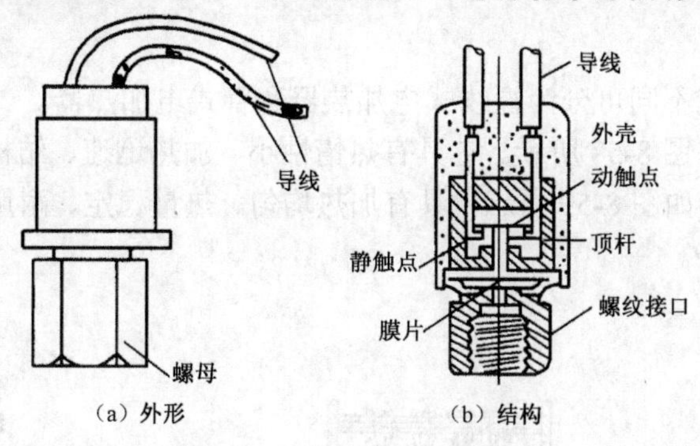

（a）外形　　（b）结构

图8-56　薄壳式压力控制器

压力控制器是一种把压力信号转换为电信号从而起控制作用的开关元件。当外界环境温度过高、冷凝器积尘过多、制冷剂混入空气或充入量过多、冷凝器发生故障等原因使制冷系统高压压力超过设定值时，高压控制部分能自动切断空调器的压缩机电源，起到保护压缩机的作用。

当因制冷剂泄漏、蒸发器堵塞、蒸发器灰尘过多、蒸发器风扇发生故障等原因引起压缩机吸气压力过低时，低压控制部分自动切断压缩机电源。

9）启动继电器

（1）启动继电器类型：启动继电器分为电流式启动器和电压式启动器两种。

（2）启动继电器的构造：PTC启动继电器是电流式启动继电器的一种。PTC元件为正温度系数热敏电阻，它是掺入微量稀土元素，用特殊工艺制成的钛酸钡型的半导体。PTC热敏元件在冷态时的阻值只有十几欧姆，在压缩机启动电路中开始呈通路状态。压缩机启动电流很大，使PTC热敏元件的温度很快升到居里点（一般为100℃～140℃）以后，其阻值急剧上升呈断路状态。启动继电器如图8-57所示。

PTC启动继电器与启动电容并联后再与压缩机启动绕组串联，其接线如图8-57所示。

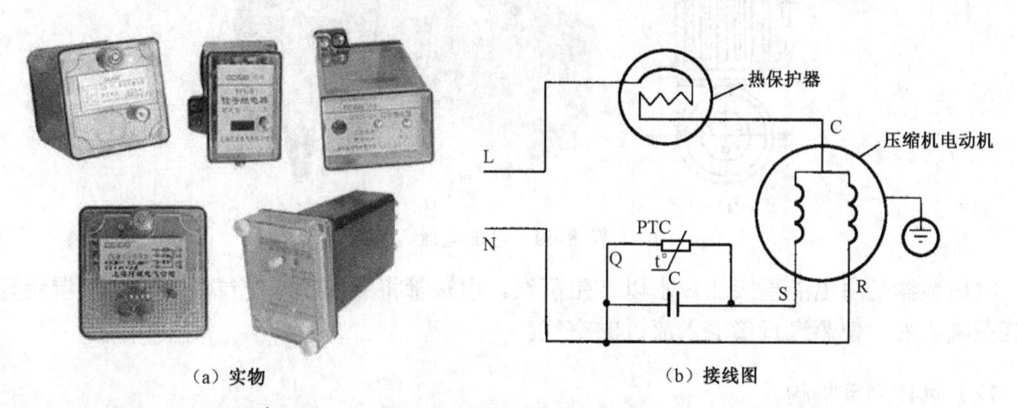

（a）实物　　（b）接线图

图8-57　PTC启动继电器

（3）启动继电器的工作原理：当压缩机刚通电时，PTC阻值很小，在电路中呈通路状态，启动绕组通过很大的电流，使压缩机产生很大的启动转矩。由于PTC阻值急剧上升，切断启动绕组，使压缩机进入正常工作状态。

10）电加热器

电加热器按其构造不同可分为裸线式电加热器和管式电加热器。

裸线式电加热器如图 8-58 所示。它具有热惰性小、加热迅速、结构简单等优点，但其安全性差。管式电加热器如图 8-59 所示，具有加热均匀、热量稳定、耐用和安全等优点，但其加热惰性大，结构复杂。

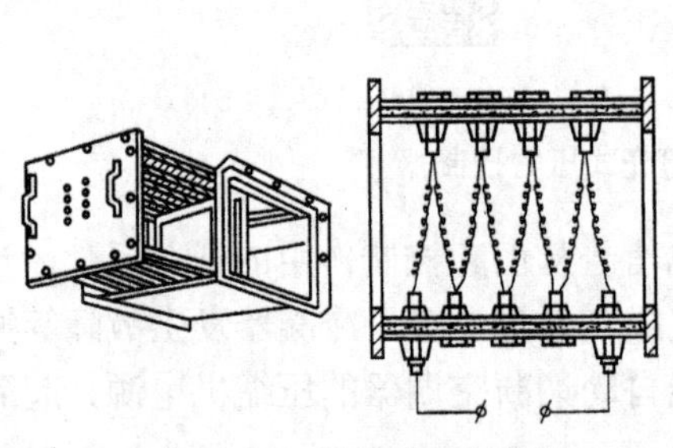

图 8-58　裸线式电加热器

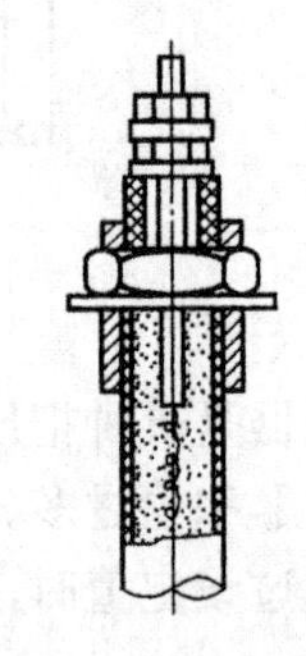

图 8-59　管式电加热器

电加热器是利用电流通过电阻丝会产生热量而制成的加热空气的设备。电加热器具有加热均匀、热量稳定、效率高、结构紧凑且易于实现自动控制等优点，因此在小型空调系统中应用广泛。对于温度控制精度要求较高的大型系统，有时也将电加热器装在各送风支管中以实现温度的分区控制。

11）电加湿器

电加湿器有电极加湿器，也有管状加热元件，产生蒸汽所用的加热设备电极式加湿器如图 8-60 所示。

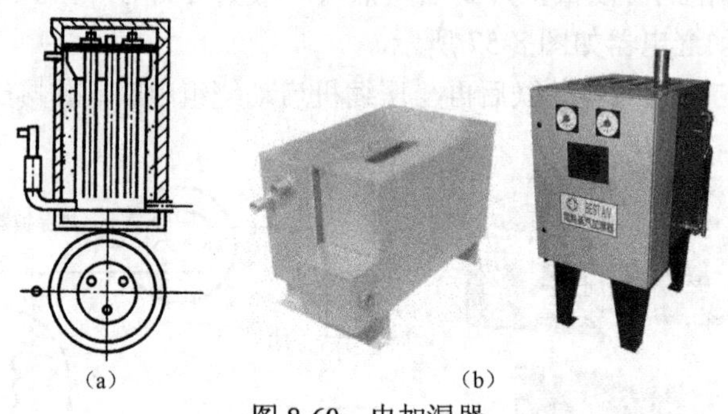

（a）　（b）

图 8-60　电加湿器

电加湿器是用电能直接加热水以产生蒸汽。用短管将蒸汽喷入空气中或将电加湿装置直接装在风道内，使蒸汽直接混入流过的空气。

12）执行调节机构

通常把凡是接受调节器输出信号而动作，再控制风门或阀门的部件称为执行机构，如接触器、电动阀门的电动机等部件。而对于管道上的阀门、风道上的风门等称为调节机构。执行机构与调节机构组装在一起，成为一个设备，这种设备可称为执行调节机构，如电磁阀、电动阀等，分别介绍如下。

（1）电动执行机构：电动执行机构接收调节器送来的信号，并去改变调节机构的位置。电动执行机构不但可实现远距离操纵，还可以利用反馈电位器实现比例调节和位置（开度）指示。

① 电动执行机构的构造：电动执行机构的型号虽有数种，但其结构大同小异，由电容式两相异步电动机、减速箱、中断开关和反馈电位器组成，现以 SM2-120 型为例进行说明，如图 8-61 所示。

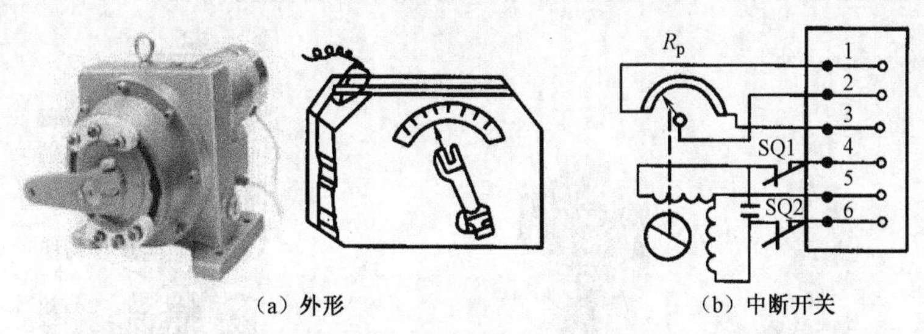

（a）外形　　（b）中断开关

图 8-61　SM2-120 型电动执行机构

② 电动执行机构的原理：图 8-61 中 1、2、3 接点接反馈电位器，如采用简单位式调节时，则可不用此电位器。4、5、6 与调节器有关点相接，当 4、5 两点间加 220 V 交流电时，电动机正转，当 5、6 两点加 220 V 交流电时，电动机反转。电动机转动后，由减速箱减速并带动调节机构（如调节风门等），另外还能带动反馈电位器中间臂移动，将调节机构移动的角度用阻值反馈回去。同时，在减速箱的输出轴上装有两个凸轮用来操作中断开关（位置可调），限制输出轴转动的角度，即在达到要求的转角时，凸轮拨动中断开关，使电动机自动停下来，这样既可保护电动机，又可以在风门转动的范围内，任意确定风门的终端位置。

（2）电动调节阀：电动调节阀有电动三通阀和电动两通阀两种。

电动三通阀的外形、结构如图 8-62 所示。它与电动执行机构的不同点是本身具有阀门部分，相同点是都有电容式两相异步电动机、减速器、中断开关等。

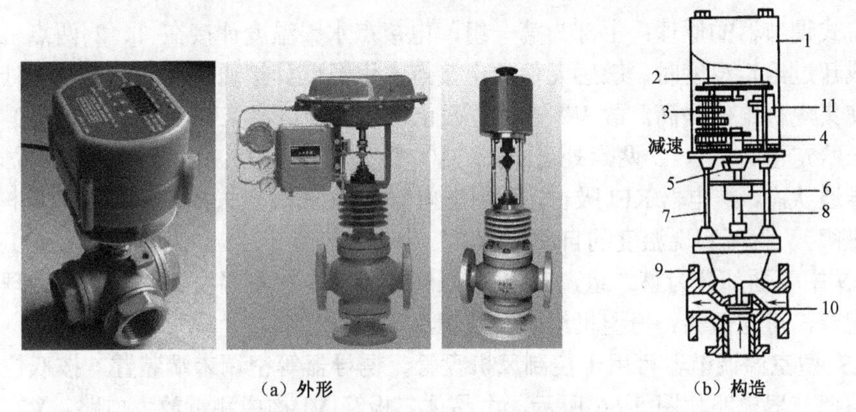

（a）外形　　（b）构造

1—机壳；2—电动机；3—传动机构；4—主轴螺母；5—主轴；
6—弹簧联轴节；7—支柱；8—阀主体；9—阀体；10—阀芯；11—中断开关

图 8-62　电动三通阀

电动调节阀原理：当接通电源后，电动机通过减速机构、传动机构将电动机的转动变成阀芯的直线运动，随着电动机转向的改变，使阀门向开启或关闭方向运动。当阀芯处于全开或全闭位置时，通过中断开关自动切断执行电动机的电源，同时接通指示灯以显示阀门的极

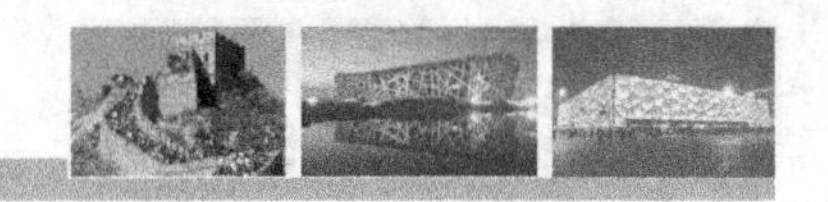

端位置。

（3）电磁阀：电磁阀与电动调节阀的不同点是，它的阀门只有开和关两种状态，没有中间状态。一般应用在制冷系统和蒸汽加湿系统。电磁阀的外形、结构见图 8-63。

电磁阀的工作原理：电磁线圈通电产生的电磁吸力将阀芯提起，而当电磁线圈断电时，阀芯在其本身的自重作用下自行关闭，因此，电磁阀只能垂直安装。

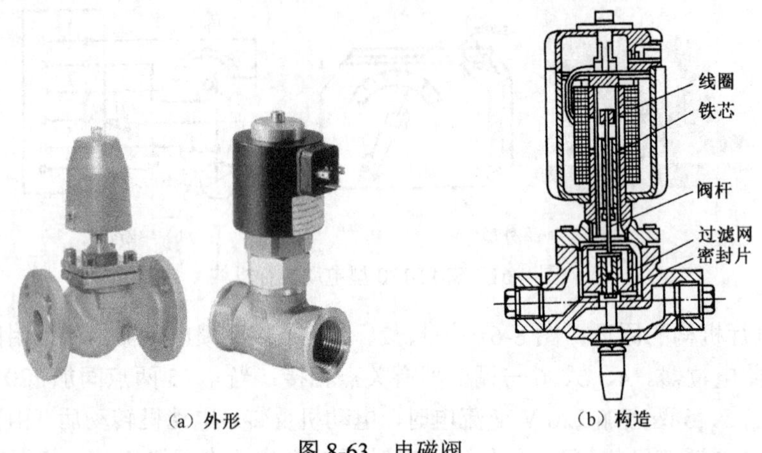

（a）外形　　（b）构造

图 8-63　电磁阀

13）调节器

接受敏感元件的输出信号并与给定值比较，然后将测出的偏差变为输出信号，指挥执行调节机构，对调节对象起调节作用，并保持调节参数不变或在给定范围内变化的这种装置称为调节器，又称二次仪表或调节仪表。调节器如图 8-64 所示。

（1）SY-105 型晶体管式调节器由两组电子继电器组成，由同一电源变压器供电，其电路如图 8-65 所示。

晶体管式调节器的原理：上部为第一组，电接点水银温度计接在 1、2 两点上。当被测温度等于或超过给定温度时，敏感元件的电接点水银温度计接通 1、2 两点，V1 处于饱和导通状态，使集电极电位提高，故 V2 管处于截止状态，继电器 KE2（灵敏继电器）释放；而当温度低于给定值时，1、2 两点处于断开，V1 管处于截止状态，V2 管基极电位较低，V2 管工作在导通状态，继电器 KEl 吸合，利用继电器 KE2 的触点去控制执行调节机构（如电加热管或电磁阀），就可实现温度的自动调节。

图 8-65 中下面部分为第二组，8、9 两点间接湿球电接点温度计，其工作原理与上部相同。两组配合，可在恒温、恒湿机组中实现恒温、恒湿控制。

（2）RS 型室温调节器可用于控制风机盘管、诱导器等空调末端装置，按双位调节规律控制恒温。调节器电路如图 8-66 所示，由晶体三极管 Vl 构成测量放大电路，V2、V3 组成典型的双稳态触发电路。

① 测量放大电路：敏感元件是热敏电阻 R_T，它与电阻 R_1、R_2、R_3、R_4 组成 V1 的分压式偏置电路。当室温变化时，R_T 阻值就发生变化，因而可改变 V1 基极电位，进而使 V1 发射极电位 U_P 发生变化，U_P 用来控制下面的双稳态触发器。R_2 是改变温度给定值的电位器，改变其阻值可使调节器的动作温度改变。

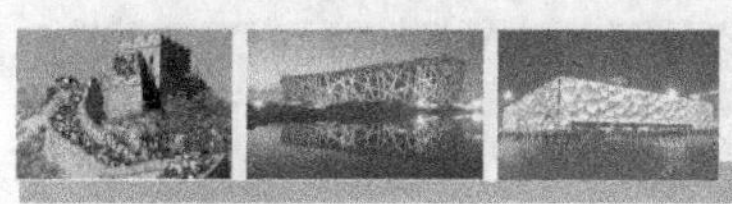

图 8-64　调节器

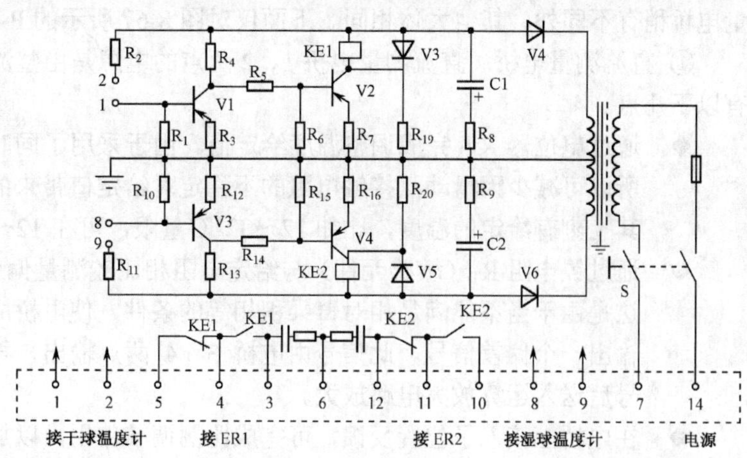

图 8-65　调节器电路

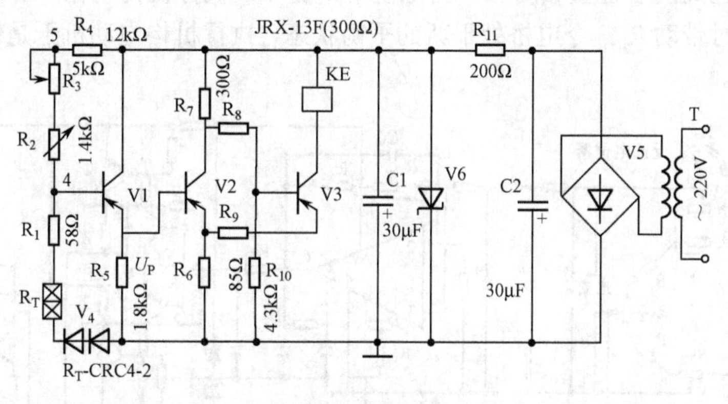

图 8-66　RS 型调节器

例如，当 R_T 处温度降低时，R_T 阻值增加，V1 管基极电流 I_{b1} 增加，使 V1 管发射极电流增加，则电阻 R_5 电压降增加，发射极电位 U_P 降低。反之，当 R_T 处温度增加时，R_T 阻值减小，V1 基极电流减小，发射极电流也减小，使 U_P 上升。

② 双稳态触发电路：V2 管的集电极电位通过 R_8、R_{10} 分压支路耦合到 V3 管的基极，而 V3 管的发射极经 R_9 和共用发射极电阻 R_6 耦合到 V2 管的发射极。由于这样一种耦合方式，故称为发射极耦合的双稳态触发器。

触发电路是由两级放大器组成的，放大系数大于 1，R_6 具有正反馈作用。电路具有两个稳定状态，即 V2 截止、V3 饱和导通，而 V2 饱和导通、V3 截止。由于反馈回路有一定的放大系数，所以此电路有强烈的正反馈特性，使它能够在一定条件下从一个稳定状态迅速地转换到另一个稳定状态，并通过继电器 KE 吸合与释放，将信号传递出去。

（3）P 系列简易电子调节器是专为空调系统生产的自动调节器。它与电动调节阀配套使用，在取得位置反馈时，可构成连续比例调节，也可不采用位置反馈而直接控制接触器或电磁阀等。

该系列调节器有若干种型号，适合用于不同要求的场合。如 P-4A1 是温度调节器，P-4B 是温差调节器，可作为相对湿度调节；P-5A 是带温度补偿的调节器。P 系列各型调节器除测

量电桥稍有不同外，其他大体相同。下面仅对图 8-67 所示的 P-4A1 型调节器电路进行分析。

① 直流测量电桥：直流测量电桥 1、2 两点的电源是由整流器供给的。直流电桥的作用有以下几点。

- 通过电位器 Rv_3 完成调整温度给定值。由于采用了同时改变两相邻臂电阻的方法，所以可减少因滑动点接触电阻的不稳定对给定值带来的误差。Rv_3 安装在仪表板上，其上刻有给定的温度，比如 12～32 ℃量限，可在 12～32 ℃之间任意给定。
- 通过镍电阻 R_T（敏感元件）与给定电阻相比较测量偏差信号（约 200 μV/0.07 ℃）。这是由于当不能满足相对臂乘积相等的条件，使电桥成为不平衡工作状态时，就会输出一个偏差信号。此信号由电桥 3、4 两点输出，再经阻容滤波滤去交流干扰信号后送入运算放大电路放大。
- 在电桥上接入了位置反馈，可完成比例调节作用，以加强调节系统的稳定性。位置反馈信号是由 R_P 完成的，而反馈量的大小可由电位器 Rv_1 来调整。R_p 与执行机构联动，因此两者位置相对应，当电桥不平衡时，执行机构动作，对被测的量进行调节，同时带动 R_P，令电桥处于新的平衡状态，执行机构电动机于是停止转动，不至于过调。

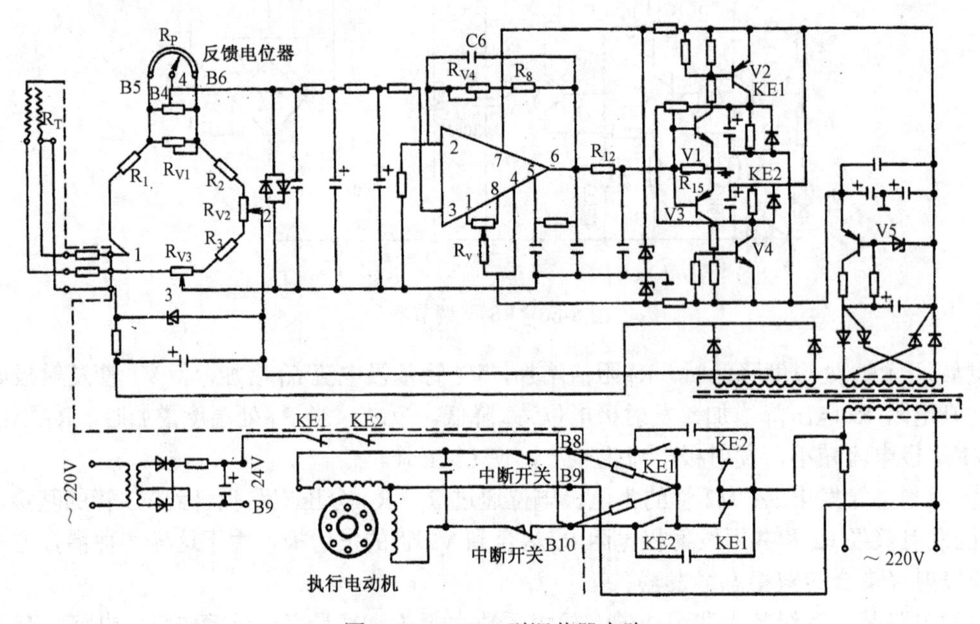

图 8-67　P-4A1 型调节器电路

另外，镍电阻是采用三线接法使连接线路的电阻属于电桥的两个臂，以消除线路电阻随温度变化而造成的测量误差。

② 运算放大电路：运算放大电路采用集成电路，不但可以缩小体积，减轻重量，同时由于电路连线缩短，焊点减少，从而提高了仪表的可靠性。该放大电路利用 R_8 和 Rv_4 构成负反馈式比例放大器，电位器 Rv 为放大器的校零电位器。放大倍数虽然降低了，但却增大了调节器的稳定性，同时通过改变放大倍数可以改变调节器的灵敏度，电容 C6 可提高系统的抗干扰能力，这是因为交流干扰信号易通过 C6 反馈到原端，最大限度地压低了干扰。

③ 输出电路：输出电路由晶体三极管 V1、V2、V3、V4 组成，它将直流放大器输出的渐变的电压信号转变为一个跃变的电压信号，使两个灵敏继电器工作在开关状态。其工作过程是前级输出电压加在 R_{15} 上，其电压极性和数值大小由直流放大器的输出决定，即是由温度偏差的方向和大小来决定。

当 R_{15} 上的电压具有一定的极性和一定的数值时，就会使 V1 或 V3 处于导通状态。例如，被测温度低于给定值时，R_{15} 上的电压使 V1 的基极和发射极处于正向导通状态，V1 管导通，通过电阻 R_{21} 使 V2 基极电位下降，V2 管也处于导通状态，此时灵敏继电器 KEl 吸合，并通过其触点使电动执行机构向某一方向转动进行调节。若被测温度高于给定值时，R_{15} 上的电压使 V3 管处于导通状态，V3 管发射集与集电极间的电压降减少，使 V4 管处于导通状态，灵敏继电器 KE2 吸合，并通过其触点 KE2 使电动执行机构向与前述相反的方向转动，以进行相应的调节。

8.2.2　分散式空调系统的电气控制

在建筑物的空调设计和选择中，究竟用哪种空调合适应根据情况考虑确定。当一个大的建筑物中只有少数房间需要空调，或者要求空调的房间虽多，但却很分散，彼此相距较远，采用分散式空调较为合适，这样，确保了运行管理的方便，造价便宜。

分散式空调有许多种类型，这里仅以较为典型的恒温、恒湿空调机组为例进行分析。

1. 系统的组成

KD10/I-L 型空调机组主要由制冷、空气处理设备和电气控制三部分组成，如图 8-68 所示。

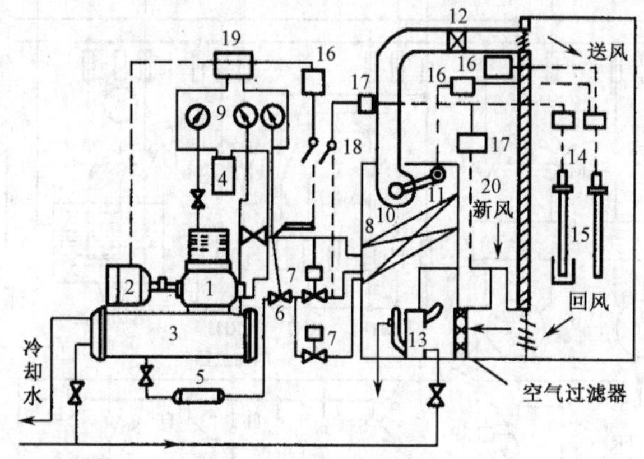

1—压缩机；2—电动机；3—冷凝器；4—分油器；5—滤污器；6—膨胀阀；7—电磁阀；8—蒸发器；9—压力表；10—风机；11—风机电动机；12—电加热器；13—电加湿器；14—调节器；15—电接点干湿球温度计；16—接触器触点；17—继电器触点；18—选择开关；19—压力继电器触点；20—开关

图 8-68　空调机组控制系统组成

1）制冷部分

制冷部分是机组的冷源，主要由压缩机、冷凝器、膨胀阀和蒸发器等组成。

该系统应用的蒸发器是风冷式表面冷却器，为了调节系统所需的冷负荷，将冷却器制冷剂管路分成两条，利用两个电磁阀分别控制两条管路的通和断，使冷却器的蒸发面积全部或部分利用上，来调节系统所需的冷负荷量。分油器、滤污器为辅助设备。

2）空气处理部分

空气处理部分主要由新风采集口、回风口、空气过滤器、电加热器、电加湿器和通风机等设备组成，如图 8-69 所示。

空气处理部分主要是将新风和回风经过空气过滤器过滤后，处理成所需要的温度和相对湿度，以满足房间空调要求。

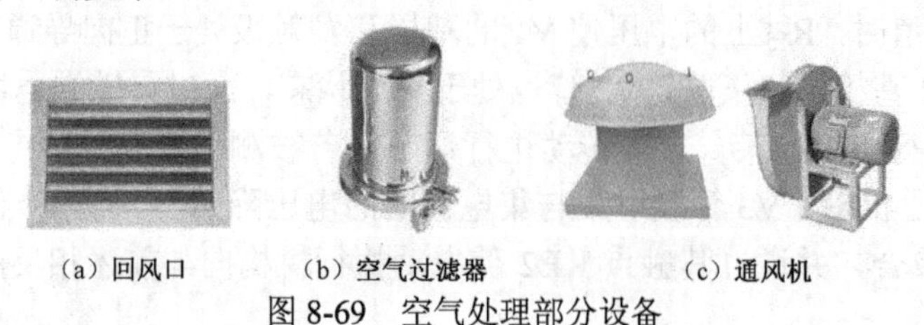

（a）回风口　（b）空气过滤器　（c）通风机

图 8-69　空气处理部分设备

3）电气控制部分

电气控制部分主要设备有电接点干湿球温度计及 SY-105 晶体管调节器、变压器、信号灯、继电器、接触器、开关等。

电气控制部分的作用是实现恒温、恒湿的自动调节，以实现对风机和压缩机的起、停控制。

2．电气控制电路组成

KD10/I-L 型恒温、恒湿机组的电气控制线路如图 8-70 所示，包括主电路、控制电路和信号电路。

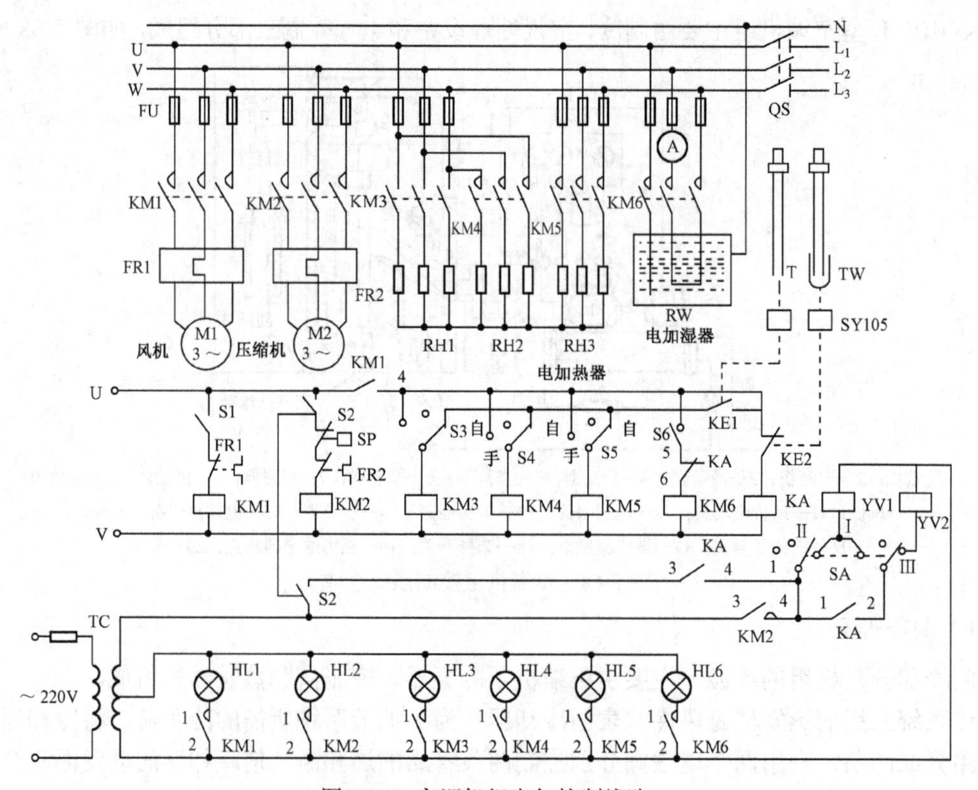

图 8-70　空调机组电气控制线路

3. 空调电气控制电路工作过程

1）运行前的准备

合上电源开关QS，主电路及辅助电路均有电。合上开关S1，接触器KMl线圈通电，其触头动作，使通风机电动机M1启动运转，同时辅助触点$KM1_{1、2}$闭合，指示灯HLl亮，$KM1_{3、4}$闭合，为温度、湿度自动调节做好准备，此触点的作用是：通风机未启动前，电加热器、电加湿器等都不能投入运行，起到安全保护作用，故将此触点称为连锁保护触点。

冷源由制冷压缩机供给。开关S2是控制压缩机电动机M2的，制冷量的大小由能量调节电磁阀YVl、YV2来调节蒸发器的蒸发面积实现。其是否全部投入由选择开关SA控制。

热源由电加热器供给。电加热器分为三组，由开关S3、S4、S5分别控制。

2）夏季运行的温湿度调节

夏季主要是降温、减湿，压缩机需投入运行，将开关SA调至“Ⅱ”挡，为了精加热将电加热器投入一组，将开关S5调至“自动”位，S3、S4调至“停止”位，合上开关S2，接触器KM2线圈通电，其触头动作，此时压缩机M2处于无保护的抽真空、充灌制冷剂运转状态，同时压缩机运行指示灯HL2亮，制冷系统供液电磁阀YV1通电打开，蒸发器有2/3的面积投入运行。

（1）刚开机情况：室内的温度较高，敏感元件干球温度计T和湿球温度计TW接点都是接通的（T的整定值比TW的整定值稍高），与其相连的调节器SY-105中的继电器KE1和KE2均不得电，KE2的常闭触点使中间继电器KA得电吸合，供液电磁阀YV2通电打开，蒸发器由两只膨胀阀供液，蒸发器全部面积投入运行，空调机组向室内送入冷风，实现对新空气进行降温和冷却减湿。

（2）温度调节：当室内温度或相对湿度下降到T和TM的整定值以下，其电接点断开，使KE1和KE2的线圈通电，KE1常开触点闭合，使接触器KM5线圈通电，其主触头闭合后，使电加热器FH3通电，对风道中被降温和减湿后的冷风进行精加热，使其温度相对提高。

（3）湿度调节：当室内的相对湿度低于T和TW整定值的温度差时，TW上的水分蒸发过快而带走热量，使TW电接点断开，KE2线圈通电，其常闭触点断开，使中间继电器KA线圈失电，其触点$KA_{1、2}$复位，电磁阀YV2线圈失电关闭，蒸发器只有2/3面积投入运行，制冷量减少而使相对湿度上升。

（4）工况转换：春秋交界或夏秋交界，需制冷2小时，将开关SA调至“Ⅰ”位置，只有电磁阀YV1受控，而电磁阀YV2不投入运行，动作原理同上。

（5）高低压力继电器SP的作用是：当发生高压（超高压）或压力过低时SP断开，KM2线圈失电释放，M2停止运行。此时$KA_{3、4}$号触头仍使电磁阀受控。当蒸发器吸气压力恢复正常时SP复位，M2又自行启动，从而防止了制冷系统压缩机吸气压力过高运行不安全和压力过低运行不经济。

综上分析可知：当房间内干、湿球温度一定时，其相对湿度就被确定了。每一个干、湿球温度差就对应一个湿度差。若干球温度保持不变，则湿球温度的变化就表示了房间内相对湿度的变化，只要能控制住湿球温度不变就能维持房间相对湿度恒定。

3）冬季运行的温湿度调节

（1）冬季空调的任务是升温和加湿，制冷系统不需要工作，因此将 S2 断开，KM2 失电释放，压缩机停止。根据加热量的不同要求，可将三组电加热器进行合理投入。一般情况下将 S3、S4 调至“手动”位置，接触器 KM3、KM4 线圈均通电，其触头动作，电加热器 RH1、RH2 同时运行且不受温度变化控制。将 S5 调至“自动”位，RH3 受温度变化控制。

（2）温度调节：当室内温度低于整定值时，干球温度计 T 的电接点断开，KE1 线圈通电吸合，其常开触头闭合，使接触器 KM5 线圈通电，其触头闭合，RH3 投入运行，使送风温度升高。当室内温度高于整定值时，T 的电接点闭合，KE1 失电释放，使 KM5 失电释放，断开 RH3。

（3）相对湿度调节：当室内相对湿度低时，TW 的温包上水分蒸发快而带走热量（室温在整定值时），合上 S6，TW 电接点断开，KE2 线圈通电，其常闭触点断开，KA 线圈失电释放，其触点 $\mathrm{KA}_{5、6}$ 复位，接触器 KM6 线圈通电，使电加湿器 RW 投入运行，产生蒸汽对所送风量进行加湿。当室内相对湿度升高时，TW 电接点闭合，KE2 线圈失电释放，KA 线圈通电，其触点 $\mathrm{KA}_{5、6}$ 断开，使 KM6 失电，RW 被切除，停止加湿。

总之，本系统的恒温、恒湿调节属于位式调节，只能在电加热器和制冷压缩机的额定负荷以下才能保证温度的调节。

8.2.3 集中式空调系统的电气控制

1. 电气控制特点和要求

1）控制特点

该系统能自动地调节温度、湿度并进行季节工况的自动转换，做到全年自动化。开机时，只需按一下风机启动按钮，整个空调系统就自动投入正常运行（包括各设备间的程序控制、调节和季节的转换）；停机时，只要按一下风机停止按钮，就可以按一定的程序停机。

系统在室内放有两个敏感元件，一个是温度敏感元件 RT（室内型镍电阻），另一个是相对湿度敏感元件 RH 和 RT 组成的温差发送器。空调系统自控原理图如图 8-71 所示。

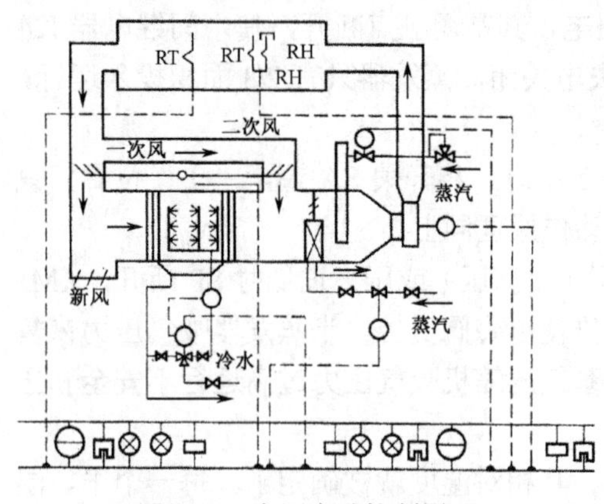

图 8-71　空调自动控制原理

2）控制要求

（1）温度自动控制：PT 接在 P-4A1 型调节器上，调节器根据室内实际温度与给定值的偏差，对执行机构按比例规律进行控制，即夏季时，控制一、二次回风风门来维持恒温（一次风门关小时，二次风门开大，既防止风门振动，又加快调节速度）；冬季时，控制二次加热器（表面式蒸汽加热器）的电动两通阀实现恒温。

（2）温度控制按季节自动转换：夏转冬时，随着天气变冷，室温信号使二次风门开大升

温，如果还达不到给定值，则将二次风门开到极限，碰撞风门执行机构的中断开关发出信号，使中间继电器动作，从而过度到冬季运行工况，为了防止因干扰信号而使转换频繁，转换时应通过延时，如果在延时整定时间内恢复了原状态即终断开关复位，转换继电器还没动作，则不进行转换；冬转夏时，利用加热器的电动两通阀关足时碰终断开关后送出信号，经延时后自动转换到夏季运行工况。

（3）相对湿度控制：采用 RH 和 RT 组成的温差发送器，来反映房间内相对湿度的变化，将此信号送至冬、夏共用的 P-4B1 型温差调节器。调节器按比例规律控制执行机构，实现对相对湿度的自动控制。

夏季时，控制喷淋水的温度实现降温，如相对湿度较高时，通过调节电动三通阀而改变冷冻水与循环水的比例，实现冷却减湿。冬季时，采用表面式蒸汽加热器升温，相对湿度较低时，采用喷蒸汽加湿。

（4）湿度控制按季节自动转换：夏转冬时，当相对湿度较低时，采用电动三通阀的冷水端全关足时送出一个电信号，经延时使转换继电器动作，转入冬季运行工况；冬转夏时，当相对湿度较高时，采用 P-4B1 型调节器上限电接点送出一个电信号，延时后转入夏季运行工况。

2．电气控制线路组成及线路特点

1）电气控制线路组成

集中式空调系统由风机、喷淋泵控制线路，温度自动调节与季节转换电路，湿度自动调节与季节转换电路三部分组成，如图 8-72、图 8-73 及图 8-74 所示。别墅（户式）中央空调系统设计如图 8-75 所示。

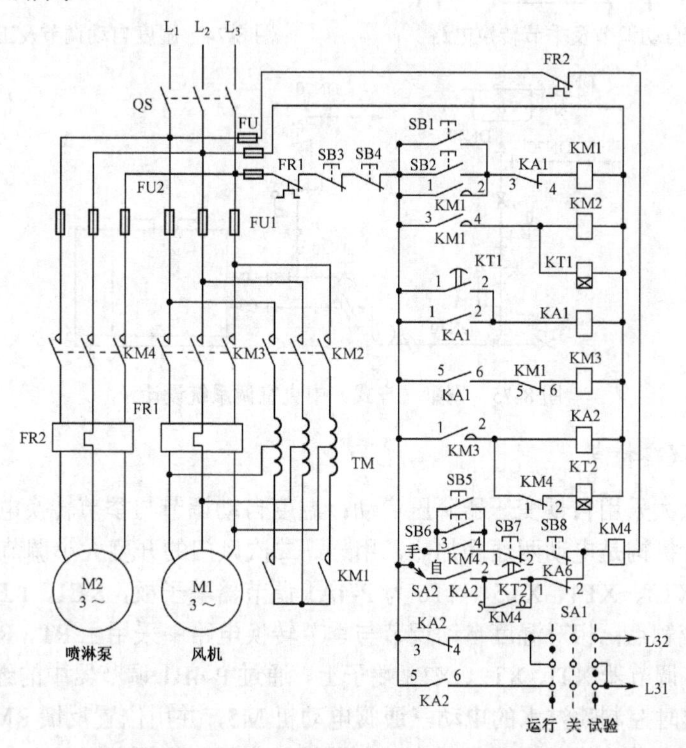

图 8-72　风机、喷淋泵电动机的控制电路

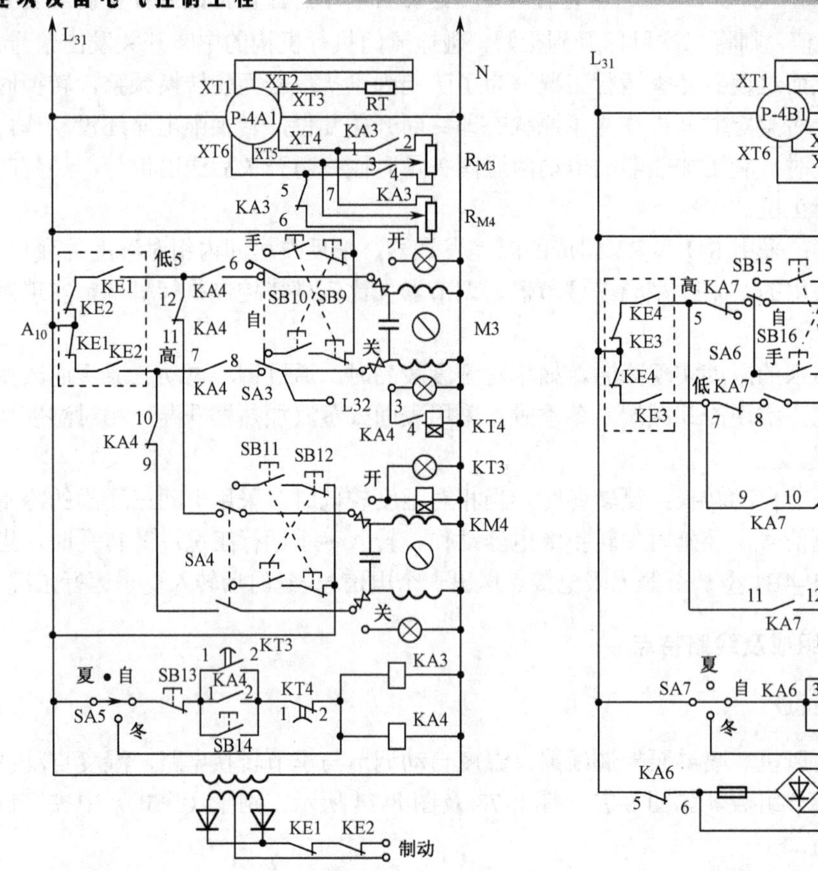

图 8-73　温度自动调节及季节转换电路

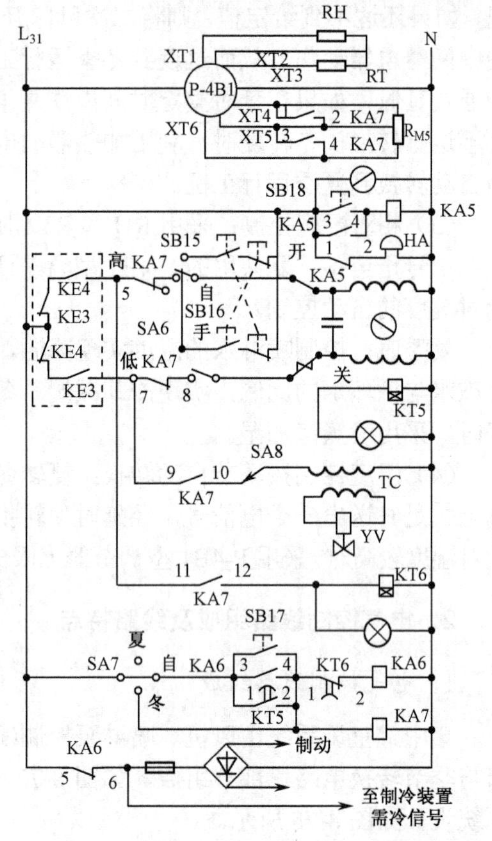

图 8-74　湿度自动调节及工况转换电路

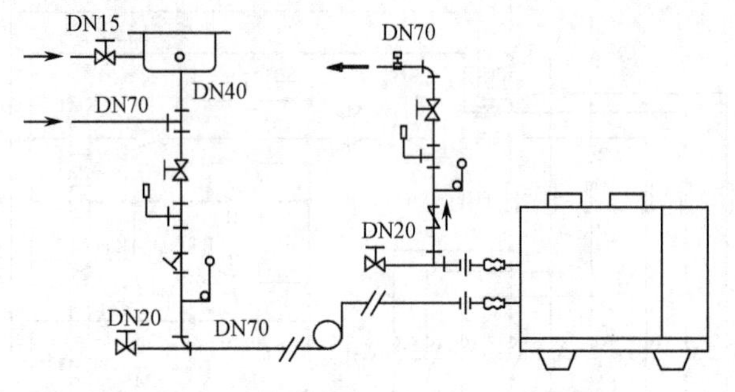

图 8-75　别墅（户式）中央空调系统设计

2）电气控制线路特点

风机因为容量大采用自耦变压器降压启动；温度自动调节与季节转换电路中采用 P-4A1 调节器，电动执行机构是电动两通阀加热，用一、二次风门的开度大小调节风量，在图 8-73 中，XTl、XT2、XT3、XT4、XT5、XT6 为 P-4A1 调节器端子板，KE1、KE2 为 P-4A1 调节器中继电器的对应触点；相对湿度自动调节与季节转换电路中采用由 RT、RH 组成的温差发送器，接在 P-4B1 调节器 XTl、XT2、XT3 端子上，通过 P-4B1 调节器中的继电器 KE3、KE4 触点的通断，夏季时控制喷淋水的电动三通阀电动机 M5，并用位置反馈 RM5 电位器构成比例调节。冬季控制喷蒸汽用的电磁阀或电动两通阀，实行双位调节。

3．电气控制线路工作过程

1）风机、水泵控制电路

（1）准备：合上电源开关QS，将选择开关SA2～SA7调至“自动”位，做好启动前的准备。

（2）风机的启动：按下启动按钮SBl（SB2），接触器KMl线圈通电，其主触头闭合，将自耦变压器TM三相绕组的零点接到一起，$KM1_{1、2}$闭合自锁，$KM1_{3、4}$闭合，接触器KM2线圈通电，其主触头闭合，风机电动机M1串接TM降压启动，同时，时间继电器KTl也得电吸合，其触头$KT1_{1、2}$延时闭合，使中间继电器KAl线圈通电，其触头$KA1_{1、2}$闭合自锁，$KA1_{3、4}$断开，使接触器KM1线圈失电释放，KM2、KT1也相继失电，$KA1_{5、6}$闭合，使接触器KM3线圈通电，切除TM，M1进入到全电压稳定运行状态。$KM3_{1、2}$闭合，使中间继电器KA2线圈通电，其触头$KA2_{1、2}$闭合，为水泵电动机M2自动启动做好准备，$KA2_{3、4}$断开，使L32无电，$KA2_{5、6}$闭合，SA1在运行位置时，L31有电，为自动调节电路送电。

（3）水泵的启动：在M1正常运行时，在夏季需淋水的情况下，湿度调节电路中的中间继电器$KA6_{1、2}$闭合，当KA2线圈得电时，KT2线圈也得电吸合，其触点$KT2_{1、2}$延时闭合，使接触器KM4线圈通电，使水泵电动机M2直接启动。

在正常运行时，开关SA1应转到“运行”位置。当转换开关SAl至“试验”位置时，不启动风机与水泵，也可以通过$KA2_{3、4}$为自动调节电路送电，对温度、湿度自动电路进行调节，这样既节省能量又减少噪声。

（4）停止过程：按下停止按钮SB3（SB4）时，风机及系统停止运行：并通过$KA2_{3、4}$触头为L32送电，使整个空调系统处于自动回零状态。

2）温度自动调节及季节自动转换

（1）夏季温度自动调节：开关SA5已调至“自动”位，如果正是夏季，二次风门一般处于不开足状态，时间继电器KT3、中间继电器KA3、KA4线圈不通电，此时，一、二次风门的执行机构电动机M4通过$KA4_{9、10}$和$KA4_{11、12}$常闭触头处于受控状态，通过RT检测室温，再经调节器自动调节一、二次风门的开度。

当实际温度低于给定值时，经RT检测并与给定电阻值比较，使调节器中的继电器KEl线圈通电吸合，其触点动作，M4经KEl常开触点和$KA4_{11、12}$触点通电转动，将二次风门开大，一次风门关小。利用二次回风量的增加来提高被冷却后的新风温度，使室温上升到接近于给定值。同时，采用电动执行机构的反馈电阻RM4成比例地调节一、二次风门开度。当RM4、RT与给定电阻值平衡时，KEl失电，一、二次风门调节停止。如果室温高于给定值，P-4A1中的继电器KE2线圈通电，其触点动作，发出关小二次风门的信号，于是M4反转，关小二次风门。

（2）夏季转冬季工况：随着室外气温降低，需热量逐渐增加，将二次风门不断开大，直到二次风门开足时，中断开关动作并发出信号，使时间继电器KT3线圈通电，$KT3_{1、2}$延时4 min闭合，使中间继电器KA3、KA4线圈通电，$KA4_{1、2}$闭合自锁，$KA4_{9、10}$、$KA4_{11、12}$断开，使一、二次风门不受控，$KA3_{5、6}$、$KA3_{7、8}$断开，切除RM4，$KA3_{1、2}$、$KA3_{3、4}$闭合，将RM3接入P-4A1回路，$KA4_{5、6}$、$KA4_{7、8}$闭合，使加热器电动两通阀电动机M3受控，空调系统由夏季转入冬季运行工况。

（3）冬季运行工况：将开关 SA3 调至“手动”位，按下按钮 SB9，使蒸汽两通阀电动执行机构 M3 得电，将蒸汽两通阀稍打开一定角度（开度小于 60° 为好）后，再将 SA3 扳回“自动”位，系统重新回到自动调节转换工况。这种手动与自动相结合的运行工况最适于蒸汽用量少的秋季，避开了二次风门在接近全开下调节，从而增加了调节阀的线性度，改善了调节性能。

（4）冬季温度控制：通过 RT 检测，P-4A1 中的 KEl 或 KE2 触点的通断，使 M3 正（或反）转，使两通阀开大或关小。用 RM3 按比例规律调整蒸汽量的大小。

例如，冬季天冷，室温低于给定值时，RT 检测后与给定电阻值比较，使 P-4A1 中的 KEl 线圈通电，M3 正转，两通阀打开，蒸汽量增加，室温升高。当室温高于给定值时，PT 检测后，使 P-4A1 中的 KE2 通电吸合（KEl 失电释放），M3 反转，将两通阀关小，蒸汽量减小，室温逐渐下降，如此进行自动调节。

（5）冬季转夏季工况：当室外气温渐升，两通阀逐渐关小，当关足时，碰撞中断开关使之动作，送出一个信号，使时间继电器 KT4 线圈通电，$KT4_{1、2}$ 延时（约 l～1.5 h）断开，使 KA3、KA4 线圈失电释放，此时一、二次风门受控，而两通阀不受控，系统由冬季转入夏季运行工况。经过分析可知，KA3、KA4 是工况转换用的继电器。

值得注意的是：不论何季节，开机时系统总处于夏季运行工况。如果在冬季开机，应按下强制转冬季按钮 SB14，使 KA3、KA4 通电，强行转入冬季运行工况。

3）湿度自动调节及季节自动转换

（1）夏季相对湿度调节：当室内湿度较高时，由 RH、RT 发出一个温差信号，通过 P-4B1 调节器放大，使继电器 KE4 线圈通电，控制三通阀的电动机 M5 得电，将三通阀冷水端开大，循环水关小。喷淋水温度降低，进行冷却减湿，利用 RM5 按比例调节。当室内相对湿度低于整定值时，RT、RH 检测后，由 P-4B1 放大，调节器中的继电器 KE3 线圈通电，M5 反转，将电动三通阀冷水端关小，循环水开大，使喷淋水温度提高，室内湿度增加。

（2）夏季转冬季工况：当天气变冷时，相对湿度也下降，使喷淋水的电动三通阀冷水端逐渐关小，当关足时，碰撞中断开关，使时间继电器 KT5 线圈通电，$KT5_{1、2}$ 延时 4 min 闭合，中间继电器 KA6、KA7 线圈通电，$KA6_{1、2}$ 断开，使 KM4 线圈失电释放，水泵电动机 M2 停止。$KA6_{3、4}$ 闭合自锁，$KA6_{5、6}$ 断开，向制冷装置发出不需冷信号，$KA7_{1、2}$、$KA7_{3、4}$ 闭合，切除 RM5，$KA7_{5、6}$、$KA7_{7、8}$ 断开，使 M5 不受控，$KA7_{9、10}$ 闭合，喷蒸汽加湿用的电磁阀 YV 受控，$KA7_{11、12}$ 闭合，使时间继电器 KT6 受控，转入冬季运行工况。

（3）冬季相对湿度控制：当室内湿度低于整定值时，RT、RH 检测后经 P-4B1 放大，KE3 线圈通电，降压变压器 TC（220/36 V）通电，高温电磁阀 YV 线圈通电，将阀门打开喷蒸汽加湿。当室内湿度高于整定值时，RT、RH 检测经 P-4B1 放大后，KE3 线圈断电释放，YV 失电关阀，停止加湿。

（4）冬季转夏季工况：进入夏季，温度逐渐升高，新风与一次回风的混合空气相对湿度也较高，不加湿湿度就超过整定值，被敏感元件检测经调节器放大后，KE4 线圈通电，使时间继电器 KT6 线圈通电，$KT6_{1、2}$ 经延时（1～1.5 h）后，使 KA6、KA7 线圈失电释放，表示长期存在高湿信号，自动转入夏季运行工况。如果在延时时间内 $KT6_{1、2}$ 不断开，KE4 失电释放，则不能转入夏季运行工况。由此可见，湿度控制的工况转换是通过 KA6、KA7 实现的。另外，无论何时，开机时系统均处于夏季运行工况，只有经延时后才能转入冬季工况。如果

按强制转冬季按钮 SB17 则可立即进入冬季运行工况。

综上分析可知，季节的自动转换是由 KA3、KA4、KA6、KA7 及 KT3、KT4、KT5、KT6 配合实现的。

8.2.4　制冷系统的电气控制

在空调工程中，常用两种冷源，一种为天然冷源，一种为人工冷源。人工制冷的方法很多，目前广泛使用的是利用液体在低压下汽化时需吸收热量这一特性来制冷的。属于这种类型的制冷装置有蒸汽喷射式、溴化锂吸收式、压缩式制冷等。这里主要介绍压缩式制冷的基本原理和零部件及与集中式空调配套的制冷系统的电气控制。

1. 制冷系统的零部件

1）压缩机

压缩机是制冷系统的动力核心，它可将吸入的低温、低压制冷剂蒸气通过压缩提高温度和压力，并通过热功转换达到制冷目的。

压缩机有活塞式、离心式、旋转式、涡旋式等几种形式。常用的活塞式压缩机如图 8-76 所示。其主要由以下几部分组成。

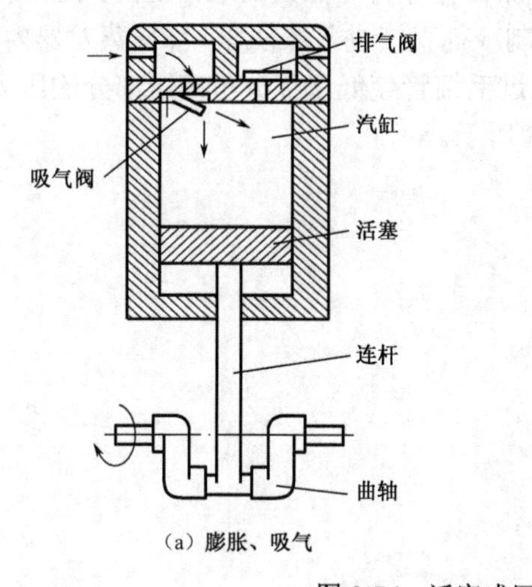

（a）膨胀、吸气

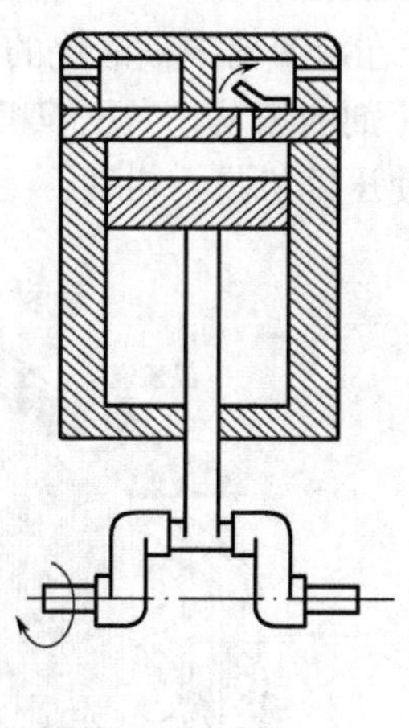

（b）压缩、排气

图 8-76　活塞式压缩机结构与原理

（1）机体：机体是压缩机的机身，用来安装和支承其他零部件以及容纳润滑油。

（2）传动机构：由曲轴、连杆、活塞组成，其作用是传递动力，对气体作功。

（3）配气系统：由气缸、吸气阀、排气阀等组成，气缸的数目有双缸、三缸、四缸、六缸、八缸等。它是保证压缩机实现吸气、压缩、排气过程的配气部件。

（4）润滑油系统：由油泵、油过滤器和油压调节部件组成。其作用是对压缩机各传动、摩擦、耦合件进行润滑的输油系统。

（5）卸载装置：由卸载油缸、油活塞等组成。其作用是对压缩机进行卸载，调节制冷量。

压缩机的工作原理是：曲轴由电动机带动旋转，并通过连杆使活塞在气缸中做上下往复

运动。压缩机完成一次吸、排气循环，相当于曲轴旋转一周，依次进行一次压缩、排气、膨胀和吸气过程。压缩机在电动机驱动下连续运转，活塞便不断地在汽缸中作往复运动。

2）热交换器

蒸发器和冷凝器统称为热交换器，也称换热器。

（1）蒸发器（冷却器）：蒸发器是制冷循环中直接制冷的器件，一般装在室内机组中。蒸发器的结构如图 8-77 所示。制冷剂液体经过毛细管节流后进入蒸发器蛇形紫铜管，管外是强迫流动的空气。压缩机制冷工作时，吸收室内空气中的热量，使制冷剂液体蒸发为气体，带走室内空气中的热量，使房间冷却。它同时还能将蒸发器周围流动的空气冷却到低于露点温度，去除空气中的水分进行减湿。

（2）冷凝器：空调中冷凝器的结构与蒸发器基本相同。其作用是将压缩机送出的高温、高压制冷剂气体冷却液化。当压缩机制冷工作时，压缩机排出的过热、高压制冷剂气体由进气口进入多排并行的冷凝管后，通过管外的翅片向外散热，管内的制冷剂由气态变为液态流出。

3）节流元件

节流元件包括毛细管和膨胀阀两种。

（1）毛细管：毛细管是一根孔径很小的、细长的紫铜管，其内径为 1～1.6 mm，长度为 500～1000 mm。作为一种节流元件，焊接在冷凝器输液管与蒸发器进口之间，起降压节流作用，可阻止在冷凝器中被液化的常温高压液态制冷剂直接进入蒸发器，降低蒸发器内的压力，有利于制冷剂的蒸发。当压缩机停止时，能通过毛细管使低压部分与高压部分的压力保持平衡，从而使压缩机易于启动。毛细管如图 8-78 所示。

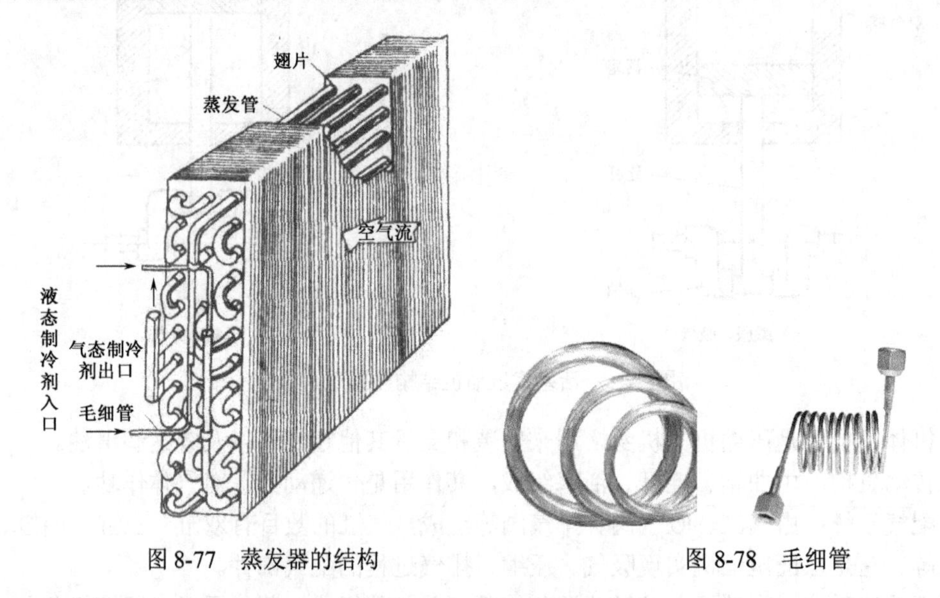

图 8-77　蒸发器的结构　　图 8-78　毛细管

（2）膨胀阀：膨胀阀有热力膨胀阀和电子膨胀阀两种。

① 热力膨胀阀（又称感温式膨胀阀）：膨胀阀接在蒸发器的进口管上，其感温包紧贴在蒸发器的出口管上。它是根据蒸发器出口处制冷剂气体的压力变化和过热度变化来自动调节供给蒸发器的制冷剂流量的节流元件。根据蒸发压力引出点不同，热力膨胀阀分为内平衡式

与外平衡式两种。其结构如图 8-79 所示。

② 电子膨胀阀：主要由步进电机和针形阀组成。针形阀由阀杆、阀针和节流孔组成。阀体中与阀杆接触处布有内螺纹。电动机直接驱动转轴，改变针形阀的开度以实现流量调节，如图 8-80 所示。

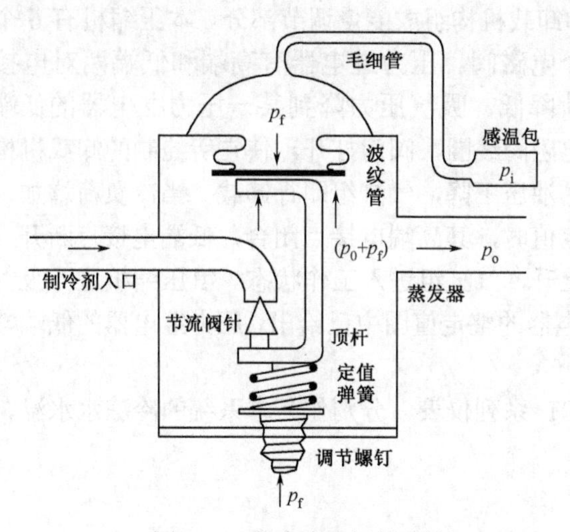

图 8-79　热力膨胀阀的结构

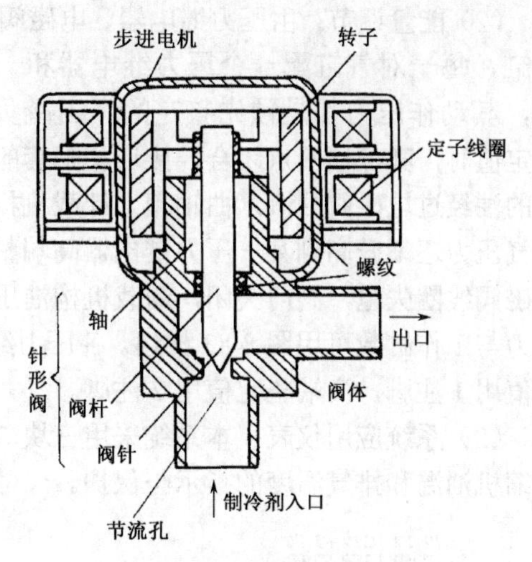

图 8-80　电子膨胀阀的结构

总之，制冷系统的零部件很多，这里不一一叙述。

2. 压缩式制冷的工作原理

压缩式制冷系统由压缩机、冷凝器、膨胀阀和蒸发器四大主件以及管路等构成，如图 8-81 所示。

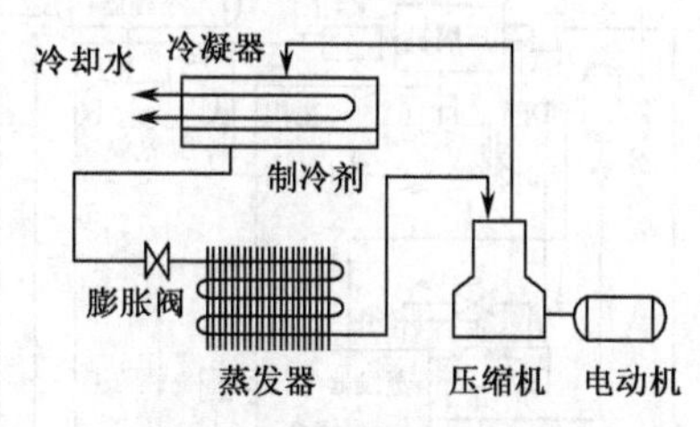

图 8-81　压缩式制冷循环

当压缩机在电动机驱动下运行时，就能从蒸发器中将温度较低的低压制冷剂气体吸入气缸内，经过压缩后成为压力、温度较高的气体，被排入冷凝器，在冷凝器内，高压高温的制冷气体与常温条件的水（或空气）进行热交换，把热量传给冷却水（或空气），而使本身由气体凝结为液体；当冷凝后的液态制冷剂流经膨胀阀时，由于该阀的孔径极小，使液态制冷剂在阀中由高压节流至低压进入蒸发器；在蒸发器内，低压低温的制冷剂液体的状态是很不稳定的，立即进行汽化（蒸发）并吸收蒸发器水箱中水的热量，从而使喷水室回水重新得到冷却，蒸发器所产生的制冷剂气体又被压缩机吸走。这样制冷剂在系统中要经过压缩、冷凝、节流和蒸发等过程才完成一个制冷循环。

由上述制冷剂的流动过程可知，只要制冷装置正常运行，在蒸发器周围就能获得连续和稳定的冷量，而这些冷量的取得必须以消耗能量（例如电动机耗电）作为补偿。

3. 制冷系统的组成与电气控制

这里以为前面集中式空调系统配套的制冷系统为例进行介绍。

1）制冷系统的组成

（1）系统组成：在制冷装置中用来实现制冷的工作物质称为制冷剂或工质。常用的制冷

剂有氨和氟利昂等。本文介绍的制冷系统由两台氨制冷压缩机（一台工作，一台备用）组成。自动控制部分有电动机（95 kW）及频敏变阻器启动设备、氨压缩机附带的 ZK-Ⅱ型自控台（具有自动调缸电气控制装置）及新设计的自控柜，组成一个整体，实现对空调自动系统发来的需冷信号的控制要求，如图 8-82 所示。

（2）能量调节：由压力继电器、电磁阀和卸载机构组成能量调节部分。本压缩机有 6 个气缸，每一对气缸配一个压力继电器和一个电磁阀。压力继电器有高端和低端两对电接点，其动作压力都是预先整定的。当冷负荷降低，吸气压力降到某一压力继电器的低端整定值时，其低端接点闭合，接通相配套的电磁阀线圈，阀门打开，使它所控制的卸载机构中的油经过电磁阀回流入曲轴箱，卸载机构的油压下降，气缸组即行卸载。当冷负荷增加，吸气压力逐渐升高到某一压力继电器高端整定值时，其高端电接点闭合，低端电接点断开，电磁阀线圈失电，阀门关闭，卸载机构油压上升，气缸组进入工作状态。氨压缩机这一吸气压力与工作缸数可用图 8-83 描述。各压力继电器的整定值图中已给出，压力继电器的低端整定值用 1 注脚，高端整定值用 2 注脚。

（3）系统应用仪表：本系统采用三块 XCT 系列仪表，分别作为本系统的冷冻水水温、压缩机油温和排气温度的指示与保护。

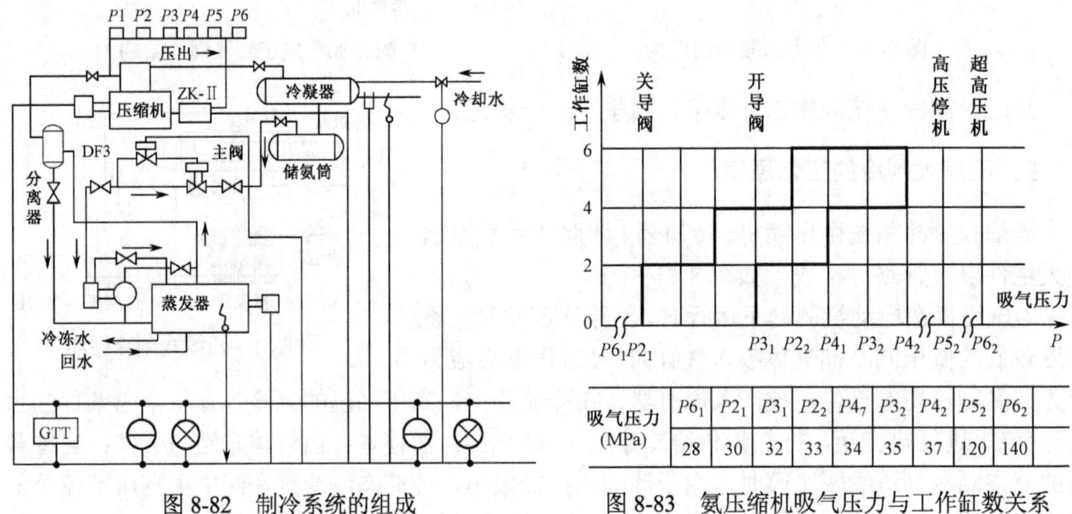

吸气压力 (MPa)	$P6_1$	$P2_1$	$P3_1$	$P2_2$	$P4_7$	$P3_2$	$P4_2$	$P5_2$	$P6_2$
	28	30	32	33	34	35	37	120	140

图 8-82　制冷系统的组成　　　图 8-83　氨压缩机吸气压力与工作缸数关系

2）制冷系统的电气控制

与前述集中式空调系统相配套的制冷系统的电气控制如图 8-84 所示。图中仅需冷信号来自空调指令，其余均自成体系，因此图中符号均自行编排。下面分环节叙述其工作原理。

（1）制冷系统投入前的准备：合上电源开关 QS、SAl、SA2，按下启动按钮 SBl，使失（欠）压保护继电器 KAl 线圈通电，$KA1_{1、2}$ 闭合，自锁并给控制电路提供通电路径，同时 KA1₃、₄ 闭合，为事故保护用继电器 KA10 通电做准备。另外，图中三块 XCT 系列仪表的状态是：XCT-112 是蒸发器水箱水温指示仪表，有两对电接点，一对高总触点作为当冷水温度高于 8℃时接通的开机信号，另一对低总触点作为当冷水温度低于 1 ℃时的低温停机信号。XCT-122 是压缩机润滑油的油温指示仪表，其输出触点作为油温过高停机信号。XCT-101 是压缩机排气温度指示仪表，其输出触点作为排气温度过高停机信号。检查系统仪表工作是否

正常、手动阀门的位置是否符合运行需要等，然后将开关 SA3～SA7 转至“自动”位，按下自动运行按钮 SB3，继电器 KA2 线圈通电，为继电器 KA3 通电做准备。按下事故连锁按钮 SB9，无事故时，KA10 线圈通电，其触头动作，为接触器 KM1 通电做准备。

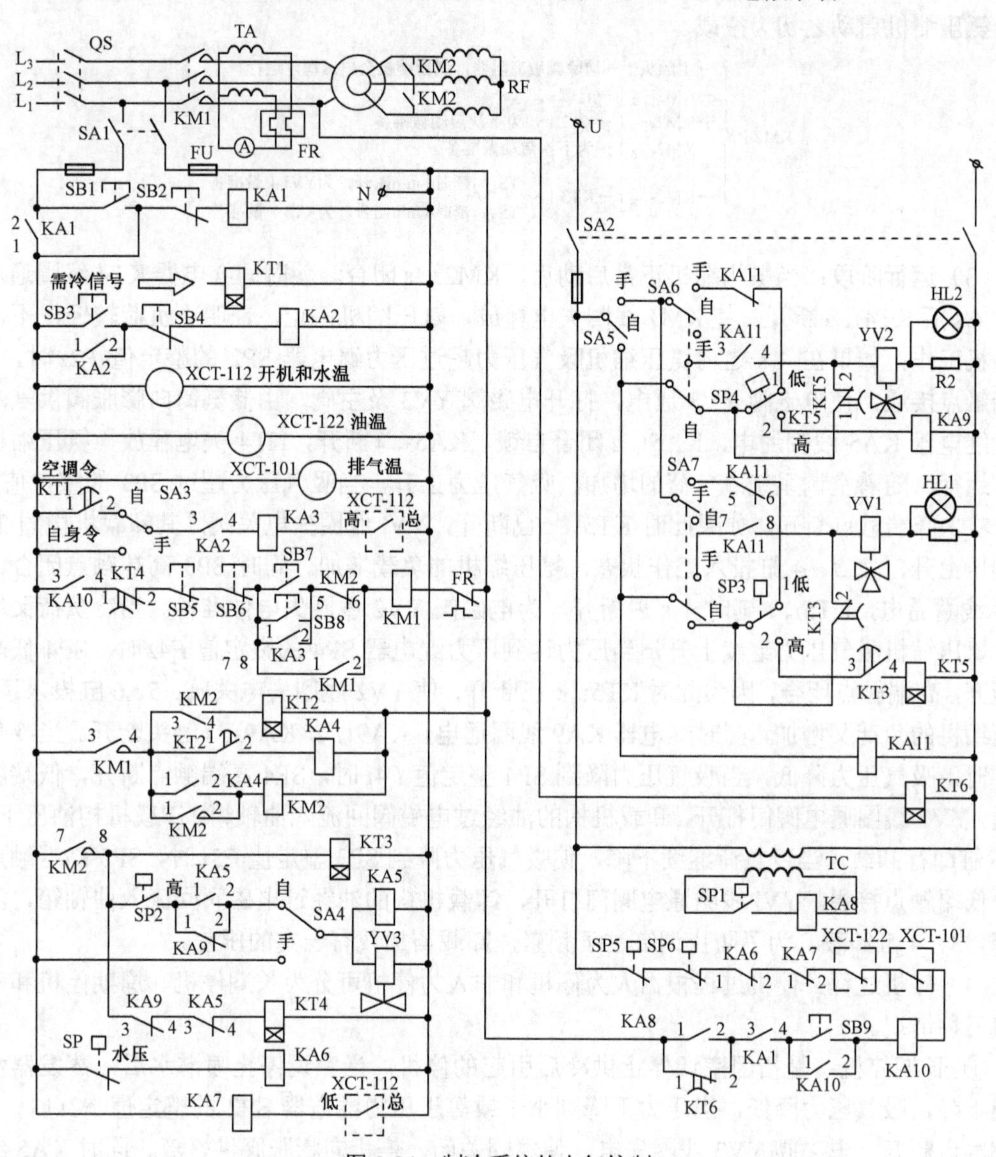

图 8-84　制冷系统的电气控制

（2）开机阶段：当空调系统送来交流 220 V 需冷信号后，时间继电器 KT1 线圈通电，$KT1_{1、2}$经延时闭合。如果此时蒸发器水箱中的水温高于 8 ℃，XCT-112 的高总触点闭合，于是继电器 KA3 线圈通电，使 KM1 线圈通电，制冷压缩机转子串接频敏变阻器启动，同时时间继电器 KT2 线圈通电，$KT2_{1、2}$经延时闭合，使中间继电器 KA4 线圈通电，$KA4_{1、2}$闭合，接触器 KM2 线圈通电，即当 KM1 通电时（亦即氨压缩机启动开始时），时间继电器 KT6 线圈通电便开始计时，在整定的 18 s 后，$KT6_{1、2}$断开，如果此时润滑系统油压差未能升到油压差继电器整定值 $P1$ 时（润滑油由与压缩机同轴的机械泵供电），则油压差继电器触

点 SP1 不闭合，中间继电器 KA8 线圈不通电，于是 KA10 线圈失电释放，氨压缩机启动失败。如果润滑系统正常，则在 18 s 内，SP1 闭合，KA8 线圈通电，$KA8_{1、2}$ 闭合，KA10 线圈通电，使氨压缩机能正常启动。润滑油油压上升，将 1、2 缸气缸打开，1、2 缸自动投入运行，有利于氨压缩机启动之初为空载。

KM2 ↑
- →主触头 ↑ →切除频敏变阻器，氨压缩机全电压稳定运行
- →$KM2_{1、2}$ ↑ →自锁
- →$KM2_{5、4}$ ↑ →KT2 ↓，为下次启动做准备
- →$KM2_{5、6}$ ↑ →为下次启动做准备
- →$KM2_{7、8}$ ↑ →KT3 ↑
  - $TS_{1、2}$延时4 min断开，为YV1 ↓ 做准备
  - $TS_{5、4}$延时4 min闭合，为KT5 ↑ 做准备

（3）运行阶段：当氨压缩机正常启动后，$KM2_{7、8}$ 闭合，使时间继电器 KT4 线圈通电，延时 4 s 后 $KT4_{1、2}$ 断开，使 KM1 线圈失电释放，氨压缩机停止，证明冷负荷较轻，不需氨压缩机工作；如果在 4 s 之内氨压缩机吸气压力超过压力继电器 SP2 的整定值 $P2_2$ 时，SP2 高端触点接通，使电磁阀 YV3 通电，打开电磁阀 YV3 及主阀，由储氨筒向膨胀阀供氨液，同时继电器 KA5 线圈通电，$KA5_{1、2}$ 闭合自锁，$KA5_{3、4}$ 断开，KT4 失电释放，氨压缩机需正常运行。随着空调系统冷负荷的增加，吸气压力上升，当吸气压力超过 SP3 的整定值 $P3_2$ 时，SP3 低端触点断开，如果此时 $KT3_{1、2}$ 已断开，YV1 线圈失电关阀，其卸载机构的 3、4 缸油压上升，使 3、4 缸投入工作状态，氨压缩机的负载增加。同时 SP3 高端触点闭合，使 KT5 线圈通电，$KT5_{1、2}$ 延时 4 s 后断开，为电磁阀 YV2 线圈失电做准备。当冷负荷又增加时，氨压缩机吸气压力继续上升，当压力达到压力继电器 SP4 的整定值 $P4_2$ 时，SP4 低端触点断开，高端触点闭合，因为此时 $KT5_{1、2}$ 已断开，使 YV2 线圈失电关阀，5、6 缸投入运行，氨压缩机的负荷又增加，同时继电器 KA9 线圈通电，$KA9_{1、2}$，$KA9_{3、4}$ 触头断开。当冷负荷减小时，吸气压力降低，当吸气压力降到 SP4 整定值 $P4_1$ 时，SP4 高端触点断开，低端触点接通，YV2 线圈通电阀门打开，卸载机构的油经过电磁阀回流入曲轴箱，卸载机构油压下降，5、6 缸即行卸载。当冷负荷继续下降，使吸气压力降到 SP3 整定值 $P3_1$ 时，SP3 高端触点断开，低端触点接通，YV1 线圈通电阀门打开，卸载机构的油经过电磁阀回流入曲轴箱，油压下降，3、4 缸卸载。为了防止调缸过于频繁，卸载与加载有一定的压差。

（4）停机过程：停机过程根据人为停机和非人为停机可分为长期停机、周期停机和事故停机三种情况。

① 长期停机：是指因空调停止供冷后引起的停机。当空调停止喷淋水后，蒸发器水箱水温下降，吸气压力降低，当压力下降到小于或等于压力继电器 SP2 的整定值 $P2_1$ 时，SP2 高端触点断开，电磁阀 YV3 线圈失电，使主阀关闭，停止向膨胀阀供氨液。同时 KA5 线圈失电释放，其触点 $KA5_{3、4}$ 复位，使 KT4 线圈通电，$KT4_{1、2}$ 延时 4 s 后断开，KM1 失电释放，氨压缩机停止运转。延时停机的好处是：在主阀关闭后使蒸发器的氨液面继续下降到一定高度，以防止下次开机启动产生冲缸现象。

② 周期停机：这种停机与长期停机相似，是在有需冷信号的情况下为适应负载要求而停机。例如，当空调系统仍有需冷信号，水箱水温上升较慢，在水温没升到 8℃以上时，XCT-112 仪表中的高总触点未闭合，继电器 KA3 线圈没通电，氨压缩机无法启动。但由于吸气压力上升较快，当吸气压力上升到 SP4 的整定值 $P4_2$ 时，SP4 高端触点接通，KA9 线圈通电，$KA9_{1、2}$ 断开，$KA9_{3、4}$ 断开，使电磁阀 YV3 不会在氨压缩机启动结束就打开，KT4 也不会在氨压缩

机启动结束就得电，防止冷负荷较轻而频繁启动氨压缩机。当水温上升到 8℃时，XCT-112 仪表中的高总触点闭合，KA3 线圈通电，KM1 线圈通电，氨压缩机串频敏变阻器重新启动。只要吸气压力高于 SP4 整定值 $P4_2$ 时，电磁阀 YV3 无法通电打开而供氨液，只有当吸气压力降到 $P4_1$ 时，SP4 高端触点断开，使 KA9 线圈失电释放，YV3 和 KA5 线圈才通电，氨压缩机气缸的投入仍根据冷负荷需要按时间和压力原则分期进行，以避免氨压缩机重载启动。

③ 事故停机：这种停机是由于突发事故而造成的停机，均是通过切断 KA10 线圈通路使 KM1 线圈失电所停机。如当压缩机排气温度过高使 XCT-101 触点断开；当润滑油油温过高使 XCT-122 触点断开；出现失（欠）压时 KA1 失电使 $KA1_{3、4}$ 断开；当冷冻水水温过低时 XCT-112 低总触点闭合，KA7 线圈通电，$KA7_{1、2}$ 断开；当冷冻水压力过低时，SP 闭合，KA6 线圈通电，$KA6_{1、2}$ 断开；当吸气压力超过 $P5_2$ 时使 SP5 断开；当吸气压力超过 $P6_2$ 时，使 SP6 断开均可使 KA10 线圈失电，$KA10_{3、4}$ 断开，KM1 线圈失电释放，氨压缩机停止。事故停机后想重新开机，须经检查排出故障后，按下事故连锁按钮 SB9 方可实现。

综上可知，制冷系统的工作状态分为四个阶段，即投入前的准备阶段、开机阶段、运行阶段和停机阶段。掌握了各阶段的主要部件的动作规律便能较好地分析其原理。

8.2.5　中央空调系统的设计与安装

1. 设计参考规范及标准

中央空调主要参考以下的规范及标准。

1）通用设计规范

（1）《采暖通风及空气调节设计规范》（GB/T 50019—2003）；
（2）《采暖通风及空气调节制图标准》（GB/T 50114—2001）；
（3）《建筑设计防火现范》（GB 50116—1998）；
（4）《高层民用建筑设计防火规范》（GB 50045－2005）；
（5）《民用建筑节能设计标准（采暖居住建筑部分）》（JGJ 26—1995）。

2）专用设计规范

（1）《宿舍建筑设计规范》（JGJ 36—2005）；
（2）《住宅设计规范》（GB 50096—1999）；
（3）《办公建筑设计规范》（JGJ 67－2006）；
（4）《旅馆建筑设计规范》（JGJ 62—1990）；
（5）《公共建筑节能设计标准》（GB 50189—2005）；
（6）其他专用设计规范。

3）专用设计标准图集

（1）《暖通空调标准图集》；
（2）《暖通空调设计选用手册》；
（3）其他有关标准。

2. 中央空调设计

下面以别墅中央空调系统为案例，展示其设计所涉及的图形，如图 8-85～图 8-87 所示。

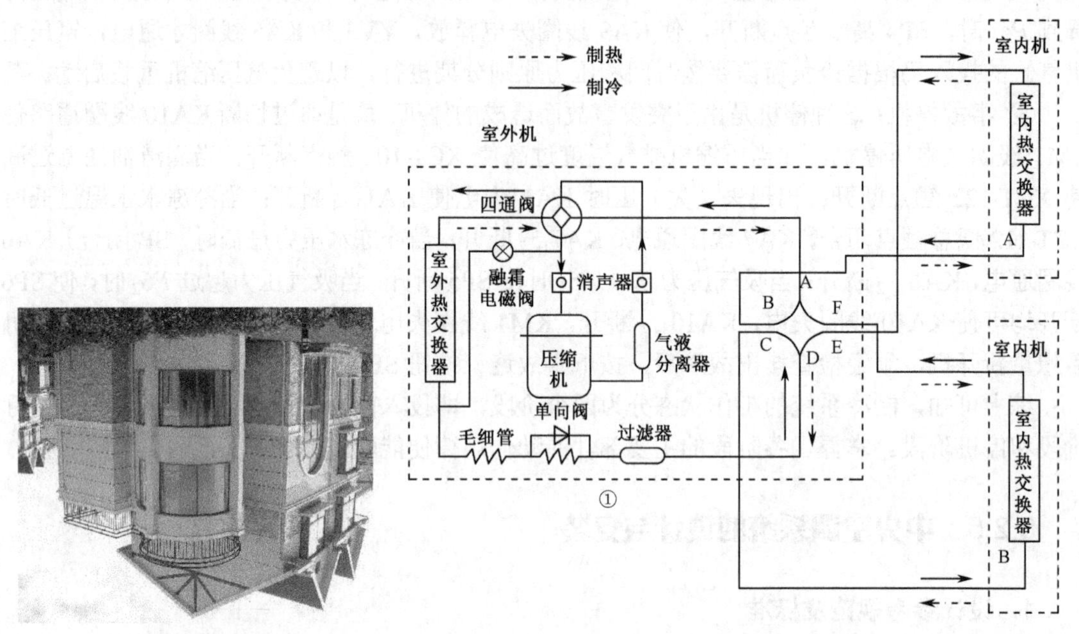

图 8-85 别墅　　图 8-86 中央空调系统原理图

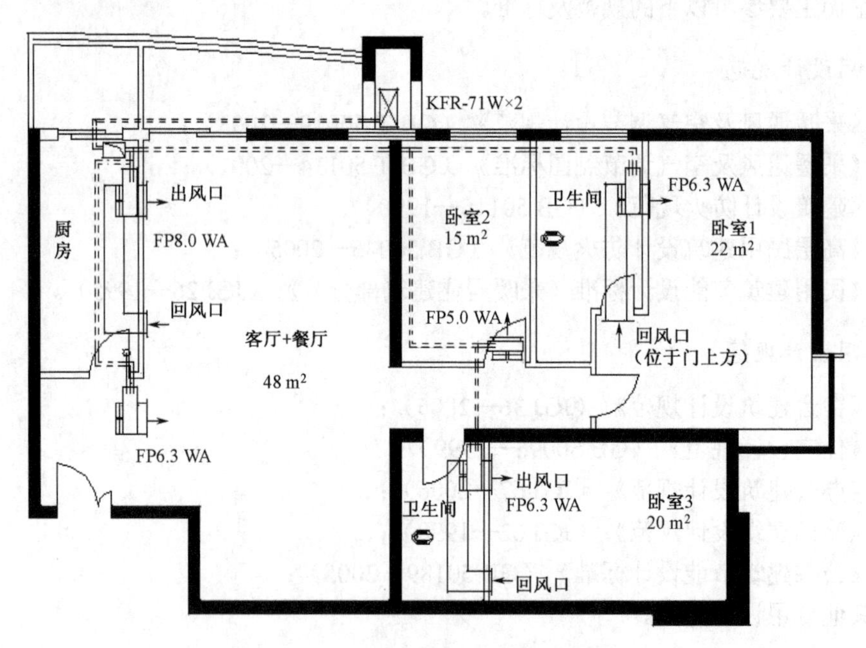

图 8-87 某楼层中央空调平面布置图

小型风冷式冷水机组安装便捷，无须机房，省去了冷却塔，只需连通冷热水管路、水泵即可进行系统冷水循环，而且机组可采用自动化控制，具有节水节电和对环境污染小等优点。小型别墅的空气调节，可采用中央空调的小型风冷式冷水机组配合风机盘管空调器方案。

3. 空调系统设备的安装

空调器的安装必须由专业安装人员来完成，其安装附件的制作和空调器安装应符合本规范要求和安全技术规定的一般原则，并应符合国家和地方政府颁布的有关电气、建筑、环境保护等法律法规、标准以及产品安装说明书的要求，空调只是“半成品”，需要专业人员安装到位，用户才能使用。有时候安装的质量和水平，还直接影响到空调的使用效果。

1）安装空调的房间要求

（1）安装空调房间应较少有太阳辐射，如背阳面或北边的房间。

（2）空调房间的高度应在 3 m 以内。高度超过 3 m 时，温度场很难均匀，同时也很难达到所要求的舒适温度。所以有条件者，可以将房间加装顶棚，既可美化环境又降低了房间高度。

（3）在保证光线足够的情况下，房间的窗户应越少越好，最好是双层玻璃窗，挂浅色窗帘，以免阳光直射。

（4）房间的门应关紧。为使空调房间冷（暖）气不跑掉，应使房门不漏气，且挂布门帘，减少开门次数。

（5）房间的外部空间应宽敞通风。因为装空调的房间，若外围空间通畅，则空调冷凝器的散热快，耗电量就小，有利于空调器的运行。

（6）房间面积不宜选得过大。一般空调房间宜选在 14 m^2 左右的卧室，有利于学习和休息，且节省耗电量。若空调房间面积选得过大，则选配的空调器较大，相应价格也高。

（7）空调房间内人数不宜过多，如 14 m^2 的空调房间，室内人数一般以 3～5 人为宜。

2）空调安装室内室外注意事项

（1）空调器应根据用户的环境状况并注意做到以下几点。

① 避开易燃气体发生泄漏的地方。

② 避开人工强电、磁场直接作用的地方。

③ 尽量避开易产生噪声、振动的地点。

④ 尽量避开自然条件恶劣（如油烟重、风沙大、阳光直射或有高温热源）的地方。

⑤ 儿童不易触及的地方。

⑥ 尽量缩短室内机和室外机连接的长度。

⑦ 维护、检修方便和通风合理的地方。

（2）室内机安装注意事项如下。

① 要水平安装在平稳、坚固的墙壁上。

② 其进气口和出气口要保持通畅。

③ 离电视机至少 1 m 以上，以免互相干扰。

④ 远离热源、易燃气源的地方。

⑤ 不要靠近高频设备、高功率无线电装置的地方，以免干扰。

⑥ 空调能正常工作。

⑦ 两端和上方都应留有余地。

（3）室外机安装注意要点如下。

① 要水平安装在平稳、坚固的墙壁或天台、阳台上。

② 其进气口和出气口保持通畅。

③ 避免阳光直晒，如有必要配上遮阳板，但不能妨碍空气流通。

④ 排出的热空气和发出的噪声不能影响邻居住户。

⑤ 不要放在有大风和灰尘处。

⑥ 不要靠近热源和易燃气源处。

⑦ 不能影响行人行走。

⑧ 为了保持空气流畅，外机的前后、左右应留有一定的空间。

⑨ 冷暖型空调的室外机尽量选择西北风吹不到的地方。

3）空调器、安装附件要求

（1）空调器：待装空调器应附有生产厂产品合格证、保修卡和安全认证标志。

（2）安装附件：安装附件应符合国家标准或说明书的要求。

① 连接管：连接分体式空调器室内机与室外机的连接管应具有一定的强度和韧性，并应符合安装说明书的要求。

② 连接件。

③ 配管护套。

④ 电气配线。

⑤ 电子控制器：空调器的电子控制器应符合相应的国家标准、行业标准和产品说明书的要求，保证实现空调器的良好使用功能。

（3）安装件：空调器安装所用的零件和（或）构件的选用、制作，应能保证空调器安全正常地运行并符合其相应的国家标准要求。

用于湿热或特殊地区的安装件，必要时应根据所受环境因素影响的情况，按照 GB 14093.1—2009 选择试验项目并通过有关试验的考核。

① 安装架：安装架的设计和加工制作，应充分考虑材料及结构的承重强度、抗锈蚀及安装维修的方便。

钢制构件应牢固焊接或连接并经防锈处理。钢制安装架的材质应选用不低于 GB/T 700—2006 中 Q235A 性能要求的结构型钢材和符合 GB 4706.32—2004 中的要求。如果使用其他材质应具有足够强度和抗锈蚀。

② 紧固件：安装空调器时，用于承载、接受剪切力的固定或连接螺栓应符合相应国家标准和安装说明书的要求；用于在混凝土等安装面上安装固定的膨胀螺栓（一种特殊的螺纹连接件，由沉头螺栓、胀管、垫圈、螺母等组成），应根据安装面材质坚硬程度确定安装孔直径和深度，并选择适用的膨胀螺栓规格。空调器安装面的固定点不应少于安装说明书的规定并应有防止松动的措施，以确保安装稳定、牢固、可靠。

（4）说明书：空调器的产品说明书应符合相应规定。

（5）安装要求：空调器的安装必须由受过专门培训的专业安装队来完成，安装附件的制作和空调器安装应符合本规范要求和安全技术规定。

① 使用空间：空调器的制冷（热）量应与房间的大小相配。

② 噪声和振动：空调器的噪声应符合 GB/T 7725—2004 的要求。安装后的空调器不得因安装不良使其产生异常噪声和振动。

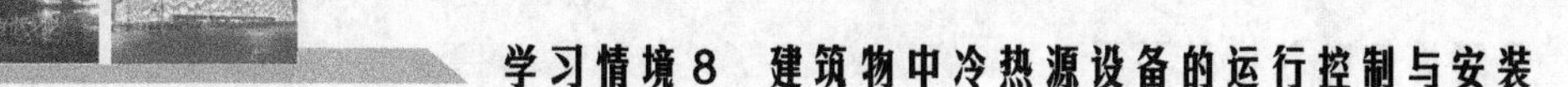

（6）冷凝水排除：空调器冷凝水的排放不得妨碍他人的生活，对于道路和公共通道两侧建筑物安装的空调器，不宜将其冷凝水排放到建筑物墙面。

（7）制冷剂：空调器所用的制冷剂应符合国家标准的要求，加注制冷剂时应按照产品说明书的要求进行，并按规范选择试用后方可进行制冷剂泄漏检验。

4）空调器安装位置

（1）空调器室内机组的安装应充分考虑室内空调位置和布局，使气流组织合理、通畅。空调器室外机组的安装应考虑环保、市容的有关要求，特别是在名优建筑物和古建筑物、城市主要街道两侧建筑物上安装空调器，应遵守城市市容的有关规定。

（2）建筑物内部的过道、楼梯、出口等公用地方，不应安装空调器的室外机。

（3）空调器的室外机组不应占用公共人行道，沿道路两侧建筑物安装的空调器的安装架底（安装架不影响公共通道时可按水平安装面）距地面的距离应大于 2.5 m。

（4）空调器的室外机组应尽可能地远离相邻的门窗和绿色植物，与相邻的门窗距离不得小于下述值：

① 空调器额定制冷量不大于 4.5 kW 的为 3 m；

② 空调器额定制冷量大于 4.5 kW 的为 4 m。

确因条件所限达不到上述要求时，应与相关方面进行协商解决或采取相应的保护措施。

（5）通过建筑物内自由空间的空调器的连接管线，其安装高度距地面不宜低于 2.5 m，除非该管线是贴着天花板安装或经过有关部门的认可。

空调器的连接管线不应阻塞通道，一般也不应穿过地面、楼板或屋顶，否则应采取相应的防漏和电气绝缘措施。

（6）空调器的管线通过砖、混凝土结构时应有套管，并应采取适当的绝缘和支撑措施，以防止受到振动、应力或腐蚀带来的损害。

（7）采用柔性软管时，应对其进行良好的防护以防止受到机械损坏，并应定期进行检查。

（8）空调器的配管和配线应连接正确、牢固，走向与弯曲度合理。分体式机组的安装高度差、连接管长度、制冷剂补充等应符合产品说明书的要求。

（9）安装面的要求有以下三个方面。

① 空调器的安装面应坚固结实，具有足够的承载能力。安装面为建筑物的墙壁或屋顶时，必须是实心砖、混凝土或与其强度等效的安装面，其结构、材质应符合建筑规范的有关要求。

② 建筑物预留有空调器安装面时，必须采用足够强度的钢筋混凝土结构件，其承重能力不应低于实际所承载的重量（至少 200 kg），并应充分考虑空调器安装后的通风、噪声及市容等要求。

③ 安装面为木质、空心砖、金属、非金属等结构或安装表面装饰层过厚其强度明显不足时，应采取相应的加固、支撑和减震措施，以防影响空调器的正常运行或导致安全危险。

5）电气安全

（1）使用电源：空调器所使用的电源一般应为 50 Hz 频率、电压在额定电压值的 90%～110%范围以内的单相 220 V 或（和）三相 380 V 交流电源。

用户应具备与待装空调器铭牌标志一致的合格电源，如电源容量足够、接地可靠和便于安装等。

（2）电磁干扰：空调器的室外机安装位置应远离强烈电磁干扰源，室内机的安装应尽可能地避开电视机、音响等电气器具以防电磁干扰。

（3）在湿热环境、雷雹较频繁地区、位置较高或空旷场地的独立建筑物上安装空调器时，若周围无防雷设施，则应在必要时考虑防雷措施。

（4）空调器的电气连接一般应用专用分支电路，其容量应大于空调器最大电流值的 1.5 倍，其进户电线的线径（或横截面积）应按用户使用电量的最大值选取。

（5）电源线路应安装漏电保护器或空气开关等保护装置，空调器与房间内的电气布线应可靠地连接，不得随意更改电源线及其末端。

（6）空调器的室内、室外电气连接线应不受拉伸和扭曲应力的影响，不应随意改变接线长度。如果必须加长或改变，应采用符合要求的导线。

（7）用户电源安装有插座时，应为带地线且固定的专用插座并应靠近空调器随机电源插头所及之处。其插座结构应与待装空调电源插头相匹配并符合 GB 2099.1—2008 和 GB 1002—2008 的要求。

（8）空调器的安装应有良好的接地，接地线与接地端子或接地终端必须紧固连接和妥善锁紧，不用工具就不能松开，并符合 GB 4706.32—2004 的要求。建筑物无接地线时，安装人员有权拒绝安装，或与用户协商，采取正确、有效的接地措施或可靠的安全措施后方可安装，其接地应符合 GB 50169—2006 的要求。

黄绿双色线只能用于接地线，不可用做它用。

接地端子或接地触点与可触及的空调器金属外壳间应是低电阻的（<0.1 Ω），接地装置的接地电阻一般应小于 4 Ω，必要时可按 7.3.2 条进行检查。

6）安装操作程序

（1）安装准备如下。

① 安装人员应备齐空调器安装工具和必要的计量合格的检验仪器；

② 检查空调器是否完好，随机文件和附件是否齐全；

③ 仔细阅读安装、使用说明书（产品说明书），了解待装空调器的功能、使用方法、安装要求及安装方法；

④ 检查用户的电源、电压、频率、电表容量、接地情况、导线规格、插座、熔断器、保护开关、漏电保护器等是否能满足待装空调器的要求；

⑤ 协助用户选定空调器的安装位置，询问用户（必要时）安装空调是否已取得物业管理、房产管理或市政管理部门的同意；

⑥ 检查安装位置、安装面和安装架是否符合待装空调器的安装和使用要求、安全要求及环境保护要求等。

（2）安装操作注意事项如下。

① 空调器的安装应使用随机附件，安装人员不应随便更换、省略与改制；如需安装人员现场配制，则应按照本规范和安装说明书的要求操作，必要时需经专业技术人员审核批准，检验合格后方可使用。

② 根据空调的具体型式选择合理的安装方法，并将安装架与安装面牢固连接。施工时应注意不得破坏建筑物的安全保证结构，必要时采取相应措施保证自身和他人不受危害。

③ 按照空调器的安装说明书将空调器机械固定，安装后的空调器应安全、稳固并通风良好。

④ 对于分体式空调器应严格按照本规范和安装说明书的要求正确进行管、线连接和固定，不得擅自更改电源线及其接线端子，安装后必须将电气部件盖板固定良好。管、线通过建筑物墙壁时应由穿墙管保护，并施以防漏雨、防水和防漏电措施。管路连接时不应带入水分、空气和尘土等杂物，并将连接管中的空气排出后紧固，确保管路干燥、清洁、密封良好。

⑤ 分体式空调器不允许在雨天和风雪天进行安装，除非已采取充分的措施来确保安装工作不受其影响。

⑥ 合理地安装、布置空调器排水弯头和排水管，确保空调器不滴水；其冷凝水排除应通畅且排水对建筑物不造成危害。

⑦ 正确地进行管线包扎，并妥善固定在合适的位置。

（3）检查及试运行过程如下。

① 空调器安装完毕后，应按要求检查安装工作，特别要注意：

◆ 管线连接、走向应合理；

◆ 电气配管应安全、正确；

◆ 机械连接应牢固、可靠；

◆ 使用功能应良好实现。

② 空调器应按照本规范和使用说明书的要求进行试运行，试运行时间不应少于 30 min。

③ 空调器运行稳定后应按产品说明书检查是否实现良好使用功能，必要时可检测空调器送、回风温度和运行电流及制冷系统压缩机是否运行正常。

（4）安装完毕交付使用。

① 认真填写安装凭证单，经用户确认并由用户和安装人员签字备案；

② 向用户介绍和讲解空调器的使用、维护、保养的必要知识，并向用户说明用户所具有的权利和责任。

7）检验方法

（1）机械强度试验：承载安装件在定型、批量生产前应进行承重试验。

将安装架固定在模拟的安装面上，按空调器的正常使用状态用紧固件或等效方法将其固定在安装架上，并按最不利受力位置和方向加载，承载安装架不应滑移、松动和弯折。

（2）防锈试验：对于空调器的安装架、紧固件及可能对安全、环保等产生不利影响的护栏、挡板等金属制件，应按 GB/T 7725—2004 要求进行表面涂层湿热试验和涂漆件漆膜附着力的试验，取样大小可根据标准要求或实际情况按比例选取试样。电镀件按 GB/T 7725—2004 要求进行试验。

（3）电气安全检验包括以下三项。

① 绝缘电阻：空调器室内室外机组固定并进行管线连接后，应按 GB 4706.32—2004 的要求进行绝缘电阻的测量。

② 接地检查：安装人员通过视检和使用有效或专用接地测量装置（接地电阻仪等），对

安装固定好的空调器和用户电源的接地进行检查，并对其接地可靠性进行判定。

③ 漏电检查：空调器安装后进行试运行，安装人员可用试电笔或用万用表等仪表对其外壳可能漏电部位进行检查，若有漏电现象应立即停机并进一步进行检查和判断故障原因，如果确属安装问题，应解决后再次进行试运行，直至空调器安全、正常运行。

（4）制冷剂泄漏检测。根据空调器的泄漏可疑点，如分体机内、外机组连接的四个接口和二、三通阀的阀芯等处，可用于下述方法进行现场检查。

① 泡沫法：将肥皂水或泡沫剂均匀地涂在或喷在可能发生泄漏的地方，仔细观察有无气泡出现；

② 仪器检漏法：按检漏仪（如卤素检漏仪）说明书要求，将仪器探头对准泄漏可疑部位仔细进行检查。

（5）运行检查：运行稳定后，在距室内侧出风口 5～15 cm 处用温度检测仪的感温头测量空调器的出风和回风温度，用钳形电流表等测量空调器电源线进线部分的电流值。

必要时，在制冷系统高、低压侧安装压力表，观察压力的变化并记录压力数值。

8）电加热器的安装和校验

（1）安装要求如下。

① 测量电阻丝与外壳间的绝缘电阻值应不低于 0.5 MΩ。

② 其电气线路需装设熔断器，熔体额定电流应等于或稍大于电加热器的工作电流，以便电路发生过载或短路故障时起保护作用。

③ 必须可靠接地，在空调系统中应与风机连锁。

④ 对靠近电加热器的一段风管的保温材料和保温外壳，最好采用耐火材料。

（2）校验包括以下两项。

① 加上额定电压，测量电加热器的功率，如其功率下降 3%～5%时应更换。

② 检查电加热器同系统送风机、回风机的安全连锁，只有在送风机、回风机启动后，电加热器才能投入运行。

9）电接点水银温度计的安装和调试

（1）安装要注意以下三点。

① 电接点水银温度计的接点额定电流一般为 20 mA，电压为 36 V，需经电子继电器放大后才能控制电磁阀、电磁继电器等。

② 必须按照浸没长度把温度计垂直安装在仪器设备上，标尺部位不应侵入介质，以免损坏。用于控制库房温度时，应垂直安装在能代表库内平均温度的地方，并设保护罩。

③ 电子继电器可安装在控制室内，温度计导线应按接线图良好地接在其接线柱上。

（2）调试包括下面两点。

① 触点温度的调整：先拧松调节帽上的固定螺钉，然后利用磁力转动调温螺杆，逆时针转动使接点温度下降，顺时针转动使接点温度升高，当调整到控温点时，应把调节帽上的固定螺钉旋紧。

② 温度的调节：为防止造成调节失灵，切勿把指示铁旋到上标尺刻度之外。为避免水银中断，储藏时，应把指示铁旋到室温以上。

10）电子温度检测仪表及调节器的安装与调试

（1）检查感温元件的型号、分度号与所配的二次仪表是否相符；感温元件的外观是否完好；热电阻丝不应有错乱、短路和断路现象。

（2）热电阻的特性试验：热电阻在投入使用之前需要校验，在投入使用后也要定期校验，以便检查和确定热电阻的准确度。工业用热电阻常用比较法进行校验。

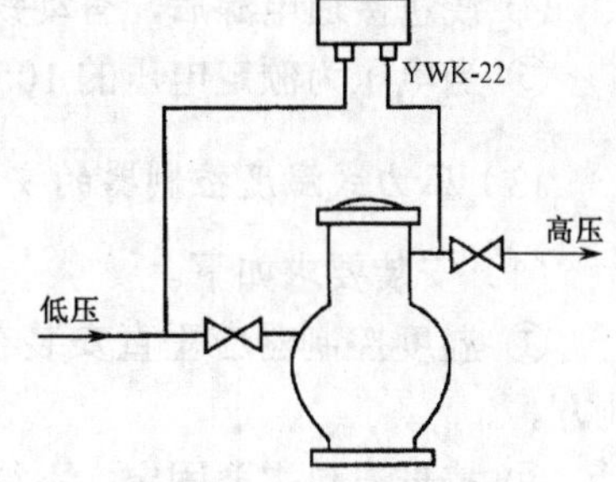

图8-88　压力控制器的接口

11）压力控制器的安装和调试（以YWK系列压力控制器为例）

（1）安装：高压气源必须从制冷压缩机高压排气阀前接出，低压气源必须从低压进气阀前接出，如图8-88所示。

（2）主刻度的调整：应先取下防松螺钉，然后转动调节花盘，调节主弹簧的预紧力，从主刻度盘上读出设定值。幅差调节也须转动幅差调节花盘来实现。

（3）特性调试：与压力控制器并联接上一只标准压力表，该压力表的量程要包含这个压力控制器的控制范围。为取得压力控制器的实际控制压力值，可在压力控制器的控制电路中接上指示灯。当指示灯"亮"和"熄"的时候，从标准压力表上读得压力控制器的实际控制值，检查动作的灵敏度及控制误差值。其压力控制器的压力源可以是气压源，也可以是液压源。

12）电磁阀的安装与调试

（1）安装要求如下。

① 电磁阀和（水）电磁阀必须垂直安装在水平管路上，阀体上的箭头应与工质流向一致。焊接时应先点焊定位后拆下阀体再继续烧焊，防止内部零件因受热损坏。焊好以后要立即清除焊渣、氧化皮等杂物，防止通道阻塞及密封面损坏。焊接时两端导管要对准，法兰端面要平行，否则难以密封。

② 组装时不能漏装或错装，否则阀门会失灵或损坏。

③ 电磁导阀与主阀连接处，中间夹有软铝垫片，不要用大扳手强行加力，否则软铝垫片被压扁，使通孔变小或封死，甚至造成滑丝。

④ 在（水）电磁阀前应加装过滤器，以免水中杂物影响阀芯密封。

（2）调试：使用单位需对电磁阀作性能试验，以确定电磁阀能否灵活开起、能否关严、有无异声等，具体步骤如下。

① 将电磁阀的一端用管道经过一个手动关闭阀通入压缩空气，并在其入口处装一只压力表；另一端用管道通入水池中，如图8-89所示。用手动关闭阀调节空气压力，当压力达到1.6 MPa时，电磁阀通以交流220 V电源，这时电磁阀能正常开起，则水池中应有大量气泡冒出。

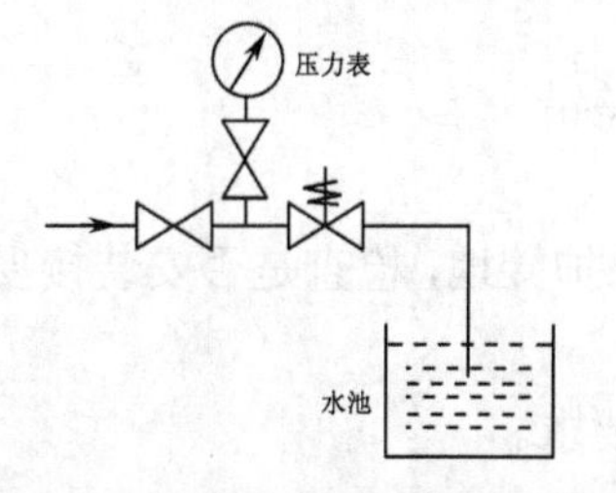

图8-89　调试时电磁阀的管道接法

② 将电磁阀断电，这时电磁阀关闭，水池中无气泡冒出，按设计要求，当压力减小至6.86 MPa时，持续3 min水池中无气泡冒出，则电磁阀关闭严密。

③ 线包对地绝缘电阻值≥0.22 MΩ，则可通电试验；否则说明其受潮，需烘干后再做通电试验。

④ 线包接通电源后，有动铁芯撞击的“嗒”声，断电后有较轻的“扑”声，即为正常。

⑤ 当电压为额定电压的105%时，线圈连续通电，温升不超过60 ℃，即为合格。

13）压力式温度控制器的安装和调节

（1）安装要求如下。

① 温度控制器应垂直安装在仪表板上，温包必须放在被控对象温度场中最有代表性的地方。

② 棒形温包需要固定，不得任其自由摆动。毛细管长2 m，应卷成圆圈状，用几圈放几圈。安装时毛细管弯曲圆弧半径不得小于50 mm，且每相距300 mm应用卡子将其固定。

③ 防潮密封胶木壳的盖板下有一层橡胶垫片，应注意垫好，以防止失去密封作用。

④ 当检测管道内工质温度时，最好在管道上焊一个测温套管，将感温元件插入套管，并在套管内灌入冷冻油，以增强传导。也可以把感温包扎紧在管壁上，但此种方式必须保证感温包与管子表面接触良好。

（2）压力式温度控制器的调节包括刻度调节与幅度调节，应参照说明书进行。

14）电动执行机构的安装和调试

（1）安装要求如下。

① 测量电动机线圈与外壳间的绝缘电阻应不低于0.5 MΩ。

② 电动机转向应与开度指示的开关方向一致。

③ 传动装置应加适量的润滑油。

（2）检查调试步骤如下。

① 接通电源，用秒表测出执行机构正向和反向移动时通过全行程的时间。

② 检查执行机构在上、下限位置时，调节阀门是否在相应的极限位置上，如果不合适，用手拨动调节阀传动齿轮，使阀杆上升或下降，直到不能转动为止，以确定阀门已到极端状态，以此来调整相应的中断开关位置。

③ 对和电动执行机构配用的阀门和风门等，应检查密封性和灵活性等。

15）电气方面的全面检查与准备

在系统调试前必须对电气方面做全面且认真的检查，以确保调试安全可靠进行，具体步骤如下。

（1）先按设计图纸复查实际线路，确保电气设备的装接无差错。

（2）对电动机、电器、电缆等外观检查，看有无损坏情况。

（3）对各电气设备和元件的外壳以及其他电气设备要求的保护接地，检查是否安装接妥。

（4）对有绝缘要求的，再次用摇表测定绝缘电阻值。

（5）对裸带电体，检查与其他带电体的安全距离是否符合要求。

（6）各种熔断器是否完好。

4. 空调系统的故障分析

工作中要严格执行操作人员持证上岗制度，制冷设备维修人员在故障判断方面要认真仔细，一定做到故障判断准确，否则容易出现更大的事故。

1）制冷压缩机维护案例

（1）故障现象：某厂库房制冷用压缩机二级排气温度过高，超过 160 ℃，操作人员停机，拆开检查，没有发现异常，更换活塞、缸套后启动运行。几分钟造成活塞顶部打坏，排气温度还是很高。又停机检查清洗，更换活塞，启动运行约一小时，突然听到曲轴箱有撞击声，立即停机，拆开发现压缩机汽缸盖被击穿，冷却水套漏水；活塞、缸套、吸气阀座、排气阀座、连杆均打坏，曲轴与轴瓦发生抱轴，更为严重的是压缩机机体固定缸套的螺栓孔拉成豁口，造成机体不能使用的重大事故，造成全厂陷于停产。

（2）压缩机排气温度过高的原因分析如下。

① 压缩机汽缸中余隙过大；

② 压缩机中吸、排气阀门，活塞环损坏；

③ 压缩机安全旁通阀泄漏；

④ 压缩机吸气温度过高；

⑤ 压缩机汽缸中润滑油中断；

⑥ 压缩机吸气压力过低或吸气阀开得过小；

⑦ 压缩机吸气管道或过滤器有堵塞现象，隔热层保温层损坏；

⑧ 压缩机回气管道中阻力过大，气体流动速度慢，易产生过热现象，致使排气温度升高；

⑨ 冷凝压力过高，冷凝器中有油垢或水垢等；

⑩ 压缩机缸盖冷却水套水量不足，或冷却水温度过高；

⑪ 压缩机的制冷能力小于库房设备能力，如蒸发面积过大；

⑫ 压缩机排气管道中阻力过大；

⑬ 节流阀开启度过大或堵塞；

⑭ 压缩机自身效率差；

⑮ 氨液分离器安装高度过低等。

经过上述分析，结合现场情况发现只有第⑤条可疑，操作人员没有检查。经检查曲轴发现该曲轴是原来修复过的旧曲轴，结果发生抱轴的位置在原来就磨损了，后来是用堆积方法修复的，到发生事故前已使用了 3 个月，现场发现在原修复位置的堆积层发生了脱落，脱落物堵塞了轴瓦上的油孔，致使活塞部分缺少润滑，操作人员在先前的检查只是检查了活塞部位，没有认真检查连杆与曲轴及轴瓦，因此造成了这么大的损害。更可怕的是该班组的操作人员没有制冷设备的操作资格证书。

（3）排故方法：除电机之外，更换整个压缩机。

事故证明，在工作中要严格执行操作人员持证上岗制度，在加强管理的同时企业应该认真履行设备的计划检修制度和设备的运行管理制度，使事故的发生防患于未然。

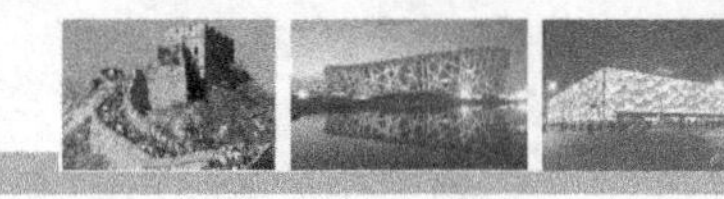

2）家用空调故障诊断及排故案例

案例 1

故障现象：某小区一用户，装有某品牌的家用一拖六户用中央空调，一台主机拖动六台室内风机盘管，吊顶装修后用 1000 mm×200 mm 的方形风口送风，某日用户运行了几个小时后，发觉从风口开始沿着墙面流到地下有几条曲线，是冷凝水流下来造成的，此时水还在不停地流下来。

分析与排故：根据故障现象，应试着看风口、绝热材料、海绵是否有问题，然后对症解决。

案例 2

故障现象：一台 2P 双温挂机，用手摸排气管发热，温度感觉好象有 90 ℃以上，冷凝气进口微热，用手摸回气管，回气管也有点热，用维修表阀连接三通低压截止阀维修口，测得制冷运行时候的压力是 10kg，打到制热运行时压力表读数不变，用钳形电流表测得压缩机的运行电流为 12.2 A。

分析与排故：根据故障现象认为是四通阀损坏或卡住，应更换或修理。

案例 3

故障现象：分体空调开机后室外机组电机不运转。

分析与排故：可能是电容器损坏、电源控制未接好、电机绕组短路或断路、电机缺油卡住、电气元件老化、断路。

案例 4

故障现象：压缩机运行过程中电流过大。

分析与排故：热交换器散热不良、室外风机停、松动、制冷剂过多、系统有空气、电源电压波动、制冷剂不足温升过高、内保护频繁动作、压缩机电机绝缘电阻降低、空调的工作环境、压缩机端子接线接触不良等。

案例 5

故障现象：一台壁挂式空调器，室内机无压缩机和风机信号输出，造成室外压缩机和风机不运转。

分析与排故：测量交流输入电压 220 V 正常，测量+5 V、+12 V 电压都是 0V，检查变压器 B1 及整流桥 BD1、热保护器 H1 均无异常，测量集成电路 IC5 的输入电压正常，分析该机器故障是 IC2 损坏，更换即可。

5. 空调系统的节能

随着国民经济的发展、人民生活水平的提高，空调应用日益广泛、普及，空调用电占总用电总量的比例在不断上升，空调能耗已占总能耗 20%左右，因而空调节能意义巨大。同时，在空调系统的设计及设备选型中均以最大负荷作为设计工况，而实际运行中空调负荷则随多种因素而变化，最小时甚至还不到设计负荷的 10%，存在很大的能源浪费现象。因此，空调系统如何适应在低负荷下高效节能运行及在系统设计中对设备进行节能选配就成为空调节能的关键。空调系统的节能主要可从系统的选择、设备的选配及系统的运行管理几个方面考虑。具体节能方案应根据建筑物的结构、使用要求、环境条件等因素，通过广泛的调查研究后确定。只要各方共同努力，空调系统的节能降耗问题是不难解决的。由于空调四大件中压

缩机效率已经由投资成本决定，因此影响空调制冷效果的具体因素如下。

1）制冷系统的蒸发温度

蒸发器内制冷剂的蒸发温度应该比空气温度低，这样机房的热量才会传给制冷剂，制冷剂吸收热量后蒸发成气体，由压缩机吸走，使得蒸发器的压力不会因受热蒸发的气体过多而压力升高，从而使蒸发温度也升高，以致影响制冷效果，而这个温差是结合空调的投资成本（要降低温差，必须加大空调循环风量，增大空调的蒸发器，导致空调成本的增加）及制冷工作时能耗费用而综合决定的。在机房空调中，蒸发器采用的是直接蒸发式，这个温差为12～14 ℃，而实际上，由于种种不良因素的影响，不能很好保证这个温差，有时在20℃以上（蒸发器上结冰），这样能耗就增加了。通过计算，在冷凝温度不变情况下，蒸发温度降低，压缩机制冷效果会降低，排气温度就会升高。制冷系统中蒸发器的制冷剂每使温度降低 1℃，为了产生同样的冷量，耗电约增加 4%左右。影响蒸发温度的因素有以下几点。

（1）蒸发器管路结油：在正常情况下由于润滑油和氟利昂互溶，在换热器表面不会形成油膜，可以不考虑油膜热阻，但在追加润滑油情况下，必须选用和原来标号相同的润滑油，防止油膜的产生。

（2）空气过滤网堵塞：必须定期更换过滤网，保证空调所需的循环风量。

（3）干燥过滤器堵塞：为保证制冷剂的正常循环，制冷系统必须保持清洁、干燥，如果系统有杂质，就会造成干燥过滤器堵塞，系统供液困难，影响制冷效果。

（4）制冷剂太少，应追加氟利昂。

2）膨胀阀开启度不对

必须定期测量膨胀阀过热度，调整膨胀阀开启度，步骤如下。

（1）停机。将数字温度表的探头插入到蒸发器回气口处的保温层内，准备读出蒸发器回气的温度 *T*1。将压力表与压缩机低压阀的三通相连（对于 HIROSS40UA 等没有低压阀的空调，则将压力表与蒸发器上的接头相连），准备读出蒸发器出口压力所对应的温度 *T*2。

（2）开机，让压缩机运行 15 min 以上，进入正常运行状态，使系统压力和温度达到一个恒定值。现场测得高压压力为 18 kg/cm^2，高压开关始终处于闭合运行状态，故对系统影响不大，不用做特别处理。

（3）读出蒸发器出口温度 *T*1 与蒸发器出口压力所对应的温度 *T*2，过热度为两读数之差。注意必须同时读出这两个读数，因为膨胀阀是一个机械结构，它的动作会同时引起 *T*1 和 *T*2 的改变。

膨胀阀过热度应在 5～8 ℃之间，如果不是在此范围内，则进行调整。具体调整步骤如下：

① 拆下膨胀阀的防护盖；

② 转动调整螺杆 2～4 圈；

③ 等 10 min 后，重新测量过热度是否在正常范围，不是的话重复上述操作。调节过程必须小心仔细。（如果膨胀阀油堵严重，应用无水乙醇进行清洗，再重新装上；失去调节功能的膨胀阀应更换；更换时，注意安装位置和做好保温。）

3）制冷系统的冷凝压力

（1）空调冷凝器：机房空调一般采用风冷式冷凝器，它由多组盘管组成，在盘管外加肋

片，以增加空气侧的传热面积，同时，采用风机加速空气的流动，以增加空气侧的传热效果。因为片距较小，加上机房空调连续长时间使用，飞虫杂物及尘埃粘在冷凝器翅片上，致使空气不能大流量通过冷凝器，热阻增大，影响传热效果，导致冷凝效果下降、高压侧压力升高、制冷效果降低的同时，消耗了更多的电力，冷凝压力每升高 1 kg/cm^2，耗电量增加 6%～8%。

对策：结合空调使用环境，根据结灰情况，定期对空调外机进行冲洗，具体方法是用水枪或压缩空气由内向外冲洗空调冷凝器，清除附在冷凝器上的杂物和灰尘，保证良好的散热效果，节约大量的能源。

（2）冷凝器配置不当：有些厂家为了节约成本，追求利润最大化，故意配置偏小的冷凝器，使空调制冷效果降低，这种情况应尽量在空调设计时进行避免，但有时也会发生，夏天造成空调频繁高压告警，频繁冲洗空调外机也无济于事，严重加重了维护人员的工作量，必须更换冷凝器。

（3）系统内部有空气：如果空调抽真空不够，加液时不小心，就会混进空气。空气在制冷系统中是有害的，它会影响制冷剂的蒸汽的冷凝放热，使冷凝器的工作压力升高，如当时的冷凝温度为35 ℃，对应的冷凝压力为12.5 kg/cm^{2}表压，可实际压力表的压力可能是14 kg/cm^2，这多出来的 1.5 kg/cm^2 的空气占据在冷凝器中（道尔顿定律），由于排气压力增高，排气温度也升高，制冷量减少，耗电量增加，所以必须清除高压系统中的空气。

对策：进行放空气操作。在停机情况下，从排气口或冷凝器丝堵处放气进行放气操作。

（4）制冷剂冲注过多，冷凝压力也会升高。

由于多余的制冷剂会占据冷凝器的面积，造成冷凝面积减少，使冷凝效果变差。

结论：通过上述手段，可以保证空调工作在最佳状况，不仅降低了空调的故障率，而且单台空调在夏季可以节约 10%～20%的能量，因此，加强空调维护，对空调的制冷效果、空调寿命尤其是节约能源具有重要的意义。

知识梳理与总结

本情景分两部分进行介绍，第一部分为锅炉动力设备的控制与安装，介绍了锅炉动力设备的组成及其自动控制任务、锅炉的运行工况，通过锅炉动力设备的控制实例，详细阐述了给水泵、引风机、炉排电动机、锅炉停炉、声光报警保护的电气控制线路，学习了分析锅炉控制线路的方法，同时通过本单元的实训为更进一步地掌握锅炉的安装与调试打下了基础。第二部分主要阐述了空调系统的控制与安装。介绍了空调系统的分类、空调系统的设备组成、空调电气系统常用器件；通过分散式与集中式空调系统的电气控制实例的介绍，对夏季与冬季空调系统温湿度调节的控制电路进行了详细的分析。通过实训，学会了空调系统自动控制部件的安装与调试，为从事空调工程打下了良好的基础。

练习题 7

1. 简述锅炉本体和锅炉房辅助设备的组成。
2. 简单叙述锅炉的三个同时进行的工作过程。
3. 锅炉给水系统自动调节的任务是什么？自动调节有哪几种类型？

4. 蒸汽过热系统自动调节的任务是什么？

5. 锅炉燃烧过程自动调节的任务是什么？

6. SHL10-2.45/400℃-AⅢ型号意义是什么？

7. SHL10-2.45/400℃-AⅢ型锅炉动力电路控制有何特点？

8. 简述 SHL10-2.45/400℃-AⅢ型锅炉是如何自动调节的。

9. 简述 SHL10-2.45/400℃-AⅢ型锅炉是怎样实现按顺序启动与停止的。

10. SHL10-2.45/400℃-AⅢ型锅炉的声光报警如何实现？

11. 说明 SHL10-2.45/400℃-AⅢ型锅炉的蒸汽流量信号是如何检测的。

12. 阐述 SHL10-2.45/400℃-AⅢ型锅炉的汽包水位信号的检测方法。

13. 过热蒸汽温度自动调节是怎样实现的？

14. 锅炉启动过程为什么要先启动引风机，后启动一、二次送风机和炉排电动机，停止时相反？

15. 叙述锅炉上煤过程的工作原理。

16. 简述空调系统的类型有哪些。

17. 说明空调系统的设备组成及其作用。

18. 书中介绍了几种敏感元件？都应用在书中哪部分控制中？

19. 简述压力控制器和启动继电器的区别。

20. 简述电加热器和电加湿器的作用和特点。

21. 说明电动执行机构的组成和作用。

22. 在图 8-70 所示的分散式空调系统中①采用了什么敏感元件？②采用了哪种调节器？③夏季运行应投入哪些设备？相对湿度的调节由哪些设备完成？④冬季运行应投入哪些设备？

23. 如果在冬季才用空调，开机时空调处于什么状态？ 采用什么方法转入冬季工况？

24. 空调的“四度”的含义是什么？

技能训练 14 空调系统的安装

1. 实训目的

（1）了解设备的安装程序；

（2）掌握安装技能；

（3）了解空调系统的组成及其电气控制原理，为从事空调系统电气控制的安装与调试打好基础。

2. 实训内容

（1）熟悉空调系统的各种设备；

（2）空调设备安装训练；

（3）编程及监控操作训练。

3. 实训设备

空调系统中的相关电气设备及安装用具。

4．实训步骤

（1）去大型的公共场所，参观其中央空调的自动控制运行情况，并对空调系统进行监控；
（2）编写安装计划书；
（3）准备安装用具；
（4）分别进行安装，检查安装是否正确。

5．实训报告

（1）编写安装计划书；
（2）编写安装过程报告；
（3）编写空调编程监控与操作训练报告。

6．实训记录与分析

表 8-7　空调系统设备安装记录

序号	设备名称	安装方法	安装位置	在系统中所起的作用

表 8-8　空调系统监控记录

项　　目	新风机组	空调机组	室外环境
过滤器压差	*	*	
送风温度	*		
回风温度		*	
回风湿度		*	
开关状态	*	*	
故障报警	*	*	
手动、自动状态	*	*	
新风温度			*
新风湿度			*
启、停	*	*	
冷、热水盘管阀门	*	*	
新风阀门	*	*	
回风阀门		*	

7．问题讨论

（1）空调系统空调风的大小在实训中如何控制调整？
（2）冷源与热源主要是哪些设备？
（3）在集中式空调中决定夏季制冷的设备名称是什么？

学习情境 9

建筑设备电气控制工程综合训练

教学导航

学习任务	任务 9-1　学习相关设计知识并策划工作过程 任务 9-2　锅炉房的电气设计及存在的问题	参考学时	4 学时 +2 周
能力目标	1．明白建筑设备电气控制综合训练的内容、程序及要求； 2．正确选择控制方案；　　3．具有电气控制线路设计中必要的计算能力； 4．具有电气工程图的绘制与识读能力； 5．具有相应设备的选型、安装及调试维护能力； 6．学会策划工程过程；　　7．具有图纸会审和编制施工方案的能力； 8．具有书写技术报告和编写技术资料的能力； 9．能对实训项目进行正确评价		
教学资源与载体	招投标函、工程图纸、消防规范、条例、书中相关内容、手册、产品样本及评价表		
教学方法与策略	角色扮演法，引导文法		
教学过程设计	教师在布置任务时就进行角色扮演，下招标函，并进行知识学习引导；结合项目分组学习讨论及实施；阶段性学生集中汇报与研讨、学生点评、教师指导。最后通过技术招投标大会进行综合评价		
考核与评价	方案设计合理性、设备选择布置及设计图纸质量；安装训练完成情况；对调试步骤的操作掌握程度；接地、供电可靠性；语言表达能力；工作态度；任务完成情况与效果		
评价方式	自我评价（10%），小组评价（30%），教师评价（60%）		

本情境主要介绍建筑电气控制设备的设计原则、内容和程序；建筑电气原理图、电气布置图、电气安装接线图的设计步骤和方法；对实训工作过程进行策划，进行工程设计并对图纸进行会审，编制施工方案，进行电气控制系统设备的安装与调试，在此基础上进行设备的维护与运行训练，最后对综合训练过程进行评价，经过一个完整的训练，使学生适应职业岗位的需要。

任务描述

了解建筑电气控制设备的设计内容和程序，掌握建筑电气控制设备的设计原则，掌握建筑电气原理图、电气布置图、电气安装接线图的设计步骤和方法。正确选择消防供电方式和接地等，为较好完成综合训练打好基础。

任务分析

从电气控制设备的设计原则、内容和程序入手，介绍控制线路的设计要求、步骤和方法，在对消防供电方式、接地与管线选择等进行阐述。

教学方法与步骤

◆教师活动：指导学生完成实训工作过程的策划→布置和指导相关设计知识的学习。

◆学生活动：根据实训任务书进行实训分组→进行角色扮演→研究实训计划→学习实训设计的相关知识→进行实训的实施。

实训 19　某小型锅炉房动力设备的电气控制

1. 实训目的

（1）明白建筑设备电气控制综合训练的内容、程序及要求。

（2）学会策划工程过程。

（3）培养综合运用专业及基础知识，解决实际工程技术问题的能力。

（4）培养查阅图书资料、产品手册和各种工具书的能力。

（5）培养工程绘图以及书写技术报告和编写技术资料的能力。

（6）具有建筑电气原理图、电气布置图、电气安装接线图的设计能力。

（7）具有建筑电气控制设备的安装与调试的基本能力。

（8）具有设备的维护运行能力。

（9）具有图纸会审和编制施工方案的能力。

（10）具有工作过程的评价能力。

2. 实训内容

（1）某地区用于建筑物的采暖及热水供应的小型锅炉，其动力设备部分的控制电路应包括鼓风机、引风机连锁且两地控制及显示；水平上煤机、斜式上煤机连锁且两地控制及显示。

（2）根据设计参数进行工艺设计；绘制小型锅炉动力设备控制的主电路、控制电路以及声光报警电路部分。

（3）编写设计说明书。

3．实训设备

锅炉由九台电动机拖动：鼓风电动机 M1 为 7.5 kW，960 r/min；引风电动机 M2 为 30 kW，1440 r/min；水平上煤机电动机 M3 为 1.1 kW，2860 r/min；斜式上煤机电动机 M4 为 0.125 kW，2900 r/min；炉排电机 M5 为 5.5 kW，1400 r/min；加药泵电动机 M6 为 1.1 kW；盐液泵电动机 M7 为 0.5 kW；除渣机电动机 M8 为 1.1 kW；循环水泵电动机 M9 为 30 kW。

4．实训报告

（1）设计图纸及说明。
（2）安装、调试及检测记录。

5．实训记录与分析

表 9-1　实训设备安装记录

序号	设备名称	安装方法	安装位置	在系统所起作用

表 9-2　建筑设备电气控制系统调试记录

序号	系统名称	启动调试情况	停止调试情况	相关说明

6．考核方法

1）设计答辩

通过质疑或答辩方式，考核学生在本次课程设计中对所学课程综合知识的掌握情况和设计的广度、深度和水平。

2）图纸质量

考核课程设计质量：设计图纸应严格按国家标准执行，图纸内容表达完整，图面整洁，线条清晰，视图布局合理，文字说明简明扼要，文体规范，表达准确。

3）设计方案

设计方案先进合理、安全、经济，设备、器件与材料选型合适，符合国家现行规范要求。

4）安装、调试状况考核

考核学生在综合实训过程中的态度、出勤、作风和纪律等方面的表现。

5）实训纪律

6）成绩评定

根据以上几个方面的综合成绩（自评、互评和教师评价），由指导教师按等级记分制（优、良、及格、不及格），单独记入学生成绩册。

7．说明

各学校可根据本校特点和要求适当选择实训题目、内容和调整时间。

任务 9-1　建筑设备电气控制设计与策划过程

学习与实训项目有关的知识，策划和组织该工程项目的实施过程，具体如图 9-1 和图 9-2 所示。

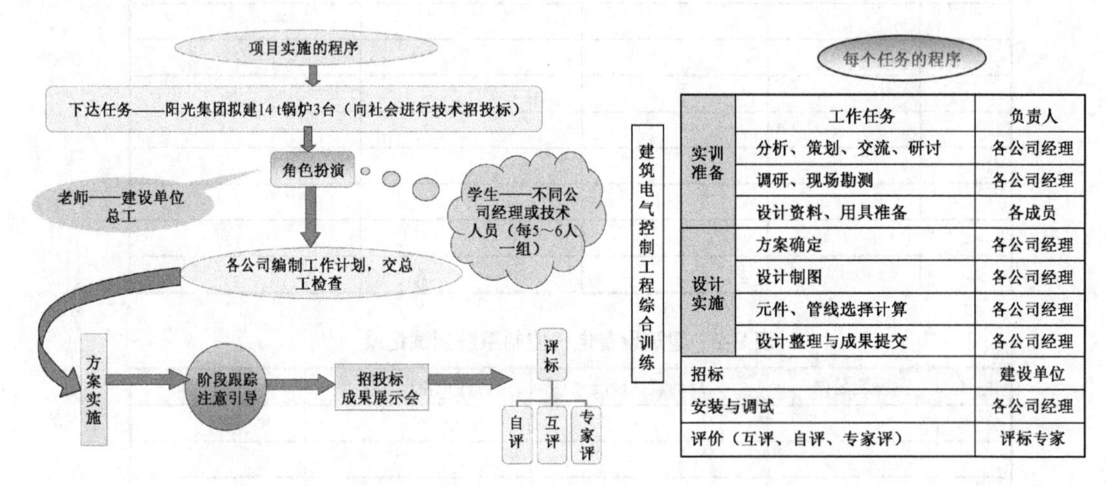

	工作任务	负责人
实训准备	分析、策划、交流、研讨	各公司经理
	调研、现场勘测	各公司经理
	设计资料、用具准备	各成员
设计实施	方案确定	各公司经理
	设计制图	各公司经理
	元件、管线选择计算	各公司经理
	设计整理与成果提交	各公司经理
招标		建设单位
安装与调试		各公司经理
评价（互评、自评、专家评）		评标专家

图 9-1　项目实施程序　　　图 9-2　方案实施过程分配

9.1.1　电气控制设计的内容与程序

1．电气控制设计的原则

1）最大限度满足生产机械和生产工艺对电气控制的以下要求

（1）用户供电电网的种类、电压、频率及容量；

（2）有关电气传动的基本特性，如运动部件的数量和用途、负载特性、调速范围和平滑性、电动机的启动、反向和制动要求等；

（3）有关电气控制的特性，如电气控制的基本方式、自动工作循环的组成、自动控制的动作程序、电气保护、连锁条件等；

（4）有关操作方面的要求，如操作台的布置、操作按钮的设置和作用、测量仪表的种类以及显示、报警和照明等都必须全面考虑。

2）妥善处理机械与电气关系

大多数设备都是机与电结合实现控制要求的，应从制造成本、结构复杂性、工艺要求、使用维护方便等方面考虑二者关系的协调。

3）设计方案

在满足控制要求的前提下，设计方案应力求简单、经济、合理，便于操作，维修方便，安全可靠。

4）正确合理地选用电气元件

正确合理地选用电气元件，使整个设计造型美观，使系统能正常工作，使用维护方便。

5）考虑改建扩建因素

为适应工艺的改进，设备能力应留有裕量。

2．电气控制设计的基本内容

电气设计的内容一般由原理设计与工艺设计两部分组成，具体设计内容如下。

1）原理设计内容

（1）拟订电气设计任务书。

（2）确定电力拖动方案与控制方式。

（3）选择电动机的类型、容量、转速及电压等级，并选择具体型号。

（4）设计电气原理框图，确定各部分之间的关系，拟订各部分技术要求。

（5）设计并绘制电气原理图，设计主要技术参数。

（6）选择电气元件，制定元器件材料表。

（7）编写设计说明书。

（8）整理装订。

2）工艺设计内容

（1）设计电气设备的总体配置，绘制总装配图和总接线图。图中应反映出电动机、执行电器、电器箱各组件、操作台布置、电源以及检测元件的分布状况和各部分之间的接线关系与连接方式，这部分资料供总装、调试及日常维护使用。

（2）绘制各组件电气元件布置图与安装接线图，标明安装方式、接线方式，对总原理图进行编号，绘制各组件电气原理图，列出各部分的元件目录表，根据总图编号统计出各组件的进出线号。

（3）设计组件装配图、接线图。

（4）绘制电器安装板和非标准的电器安装零件图纸，标明技术要求，以供机械加工和对外协作加工所必需的技术资料。

（5）设计电气控制柜（箱或盘）。确定其结构及外形尺寸，设计安装支架，标明安装尺寸、面板安装方式、各组件的连接方式、通风散热及开门方式。

（6）汇总并列出外购部件清单、标准件清单以及主要材料消耗定额。

（7）编写使用维护说明书。

3．电气控制设计程序

1）拟订设计任务书

设计任务书是整个系统设计的依据，同时又是今后设备竣工验收的依据。在一般情况下，甲方对需要设计系统的功能要求、技术指标只能描述一个粗略轮廓，涉及设备使用中应达到的各种具体的技术指标及其他各项基本要求，实际是由技术领导部门、设备使用部门及承担机电设计任务部门共同协商，聚集电气、机械设计、机械结构三方面的人员讨论，最后以技术协议形式予以确定的。任务书具体内容如下：

（1）说明所设计设备的型号、用途、工艺过程、动作要求、传动参数、工作条件；

（2）电源种类、电压等级、频率及容量；

（3）对控制精度及生产效率的要求；

（4）电力拖动特点，如运动部件数量、用途、动作顺序、启动、制动及调速要求；

（5）保护要求及连锁条件；

（6）控制要求达到的自动化程度；

（7）设备布置及安装方面的要求；

（8）应达到的稳定性能和抗干扰能力；

（9）目标成本及经费限额；

（10）验收标准及验收方式。

2）总体电力拖动方案的确定

总体电力拖动方案的确定是设计中的核心内容，是整个设计过程的指南，各环节设备的配置和设计均应围绕总体方案进行，因此方案确定合理与否影响整个设计的质量。

在确定电力拖动方案时，应根据设备的结构、运动部件的数量、运动形式、调速要求、负载性质、零部件加工精度和效率等综合条件，做好调研，注意借鉴成功经验，列出几种方案进行对比研讨和试验，最后选择一种确实可行的方案，即确定出电动机的类型、台数、拖动方式及电动机启动、制动、转向、调速等要求，为后续其他设计提供条件和保证。

（1）选择电动机的基本原则。

① 电动机的机械特性应满足生产机械的要求，与负载的特性相适应；

② 电动机的容量要得到充分的利用；

③ 电动机的结构形式要满足机械设计的安装要求，适合工作环境；

④ 在满足设计要求前提下，优先采用三相异步电动机。

（2）根据生产机械调速要求选择电动机。

① 在一般情况，选择三相笼形异步电动机、双速电动机；

② 如果调速、启动转矩大，选择三相笼形异步电动机；

③ 如果调速要求高，选择直流电动机或变频调速交流电动机。

4．电动机的选择

1）电动机结构形式的选择

根据环境条件、工作性质、安装方式选择电动机的结构形式。

（1）正常环境条件下，应选择防护式电动机；当安全有保证的情况下，可选用开启式电

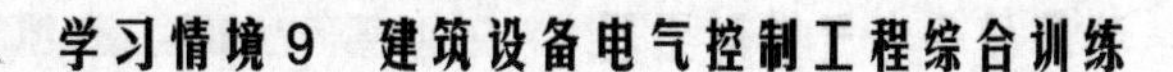

动机。

（2）对于粉尘较多的场所，宜用封闭式电动机。

（3）对于有爆炸危险或有腐蚀性气体的场所，应相应地选用防爆安全型或防腐式电动机。

（4）对于高温场所，应根据环境温度选用相应绝缘等级的电动机，并加强通风，改善电动机的工作条件，提高电动机的工作容量。

（5）对于露天场所，宜选用户外型电动机，若有防护措施也可采用封闭式或防护式电动机。

（6）对于潮湿场所，应尽量选用湿热带型电动机。

2）电动机电压、转速的选择

（1）额定线电压：一般情况下电动机的额定线电压选用 380 V，只有某些大容量的生产机械可考虑用高压电动机。

（2）转速：①对于不要求调速的高转速或中转速的机械，一般应选用相应转速的异步电动机或同步电动机直接与机械相连接。②对于不调速的低速运转的生产机械，一般选用适当转速的电动机通过减速机构来传动，但电动机转速不宜过高，以免增加减速器的制造成本和维修费用。③对于需要调速的机械，电动机的最高转速应与生产机械的最高转速相适应，连接方式可以采用直接传动或者通过减速机构传动。

3）电动机容量的选择

选择电动机容量时主要根据电动机的负载和工作方式进行。电动机的容量代表它的负载能力，而负载能力主要与电动机的允许温升和过载能力有关。电动机的容量应按照负载时的温升决定，让电动机在运行过程中尽量达到容许温升。容量选大了，不能充分利用电动机的工作能力，效率低，不经济；容量选小了，会使电动机超过允许温升，缩短其工作年限，甚至烧毁电动机。因此，必须合理地选择电动机容量。选择电动机的容量时可以按以下四种类型进行。

（1）对于恒定负载长期工作制的电动机，其容量的选择应保证电动机的额定功率大于等于负载所需要的功率。

（2）对于变动负载长期工作制的电动机，其容量的选择应保证当负载变到最大时，电动机仍能给出所需要的功率，同时电动机的温升不超过允许值。

（3）对于短时工作制的电动机，其容量的选择应按照电动机的过载能力来选择，

（4）对于重复短时工作制的电动机，其容量的选择原则上可按照电动机在一个工作循环内的平均功耗来选择。

4）电动机电压的选择

应根据使用地点的电源电压来决定，常用为 380 V、220 V。

5）电动机种类的选择

电动机种类的选择原则是：在无特殊要求的场合，尽量选用交流电动机。

5．电气控制方案的确定

当几种电路结构及控制形式均可以达到同样的控制技术指标的情况下，究竟选择哪种控

制方案，需要综合考虑各个控制方案的性能、设备投资、使用周期、维护检修、发展等因素。因此，选择电气控制方案的主要原则有如下几点。

1）自动化程度与企业自身的经济实力相适应

现代科学技术不断发展，电气控制方案应尽可能选用最新科学技术（即新工艺、新材料、新方案），同时又要与企业自身的经济实力和各方面的人才素质相适应，以便正常维护运行。

2）控制方式应与设备的通用及专用化相适应

对于工作程序固定的专用机械设备，使用中并不需要改变原有程序，可采用继电—接触式控制系统，控制线路在结构上接成“固定”式的；对于要求较复杂的控制对象或者要求经常变换工作程序和加工对象的机械设备，可以采用可编程控制器控制系统。

3）控制方式随控制过程的复杂程度而变化

在生产机械自动化控制中，随控制要求及控制过程的复杂程度不同，可以采用分散控制或集中控制的方案，但是各台单机的控制方式和基本控制环节则应尽量一致，以便简化设计和制造过程。

4）控制系统的工作方式应满足工艺要求

控制系统的工作方式应在经济、安全的前提下，最大限度地满足工艺要求。

5）控制方案的选择还应考虑的其他方面

应考虑采用自动、半自动循环，工序变更，连锁，安全保护，故障诊断，信号指示，照明等。

6. 控制方式的选择

随着建筑电气控制技术的日益发展和机械结构与工艺水平的不断提高和完善，电力拖动的控制方式日新月异，由传统的继电—接触控制向顺序控制、可编程逻辑控制、计算机联网控制等方面发展，新型的工业控制器及标准系列控制系统也不断出现。在确保拖动方案实施的情况下，应选择最合理又切实可行的控制方式，当多种控制方式均可满足设计要求时，应根据建设单位的意愿从中选取。

7. 设计电气原理图、选择元件、列设备清单

设计电气原理图、选择元件、列设备清单，是整个设计中最复杂、工作量最大的环节，具体设计方法下面详述。

8. 设计安装施工所必须的各种图纸

完成安装接线图、设备零部件图等的设计，为电气设备制造、安装及调试提供保证。

9. 编写设计说明书

设计说明书是设计的补充内容，作为学生，无论课程设计还是毕业设计都应有此项内容。对于工程设计，人们常把图纸中没表述清楚的内容在图中以说明的形式描述。

10．组织、整理、装订

教师应对这一过程进行指导和提出要求。

9.1.2　控制线路的设计要求、步骤和方法

控制线路的设计是一个很复杂的过程，对于不同的设计人员，由于其知识的广度、深度不同，导致所设计的电气控制线路的形式各异。因此，要设计出满足生产工艺要求的最合理的设计方案，就要求电气设计人员必须不断地扩展自己的知识面，开阔思路，总结经验，才能圆满地完成电气控制线路的设计。

1．控制线路的设计要求

1）满足生产机械的工艺要求

电气控制系统是为整个生产机械设备及其工艺过程服务的，因此，在设计之前要弄清楚生产机械设备需满足的生产工艺要求，对生产机械设备的整个工作情况做一个全面细致的了解，同时深入现场调查研究；收集资料，并结合技术人员及现场操作人员的经验，以此作为设计电气控制线路的基础。

2）线路应结构简单、经济

（1）尽量选用标准电气元件，减少电气元件的数量，选用相同型号的电气元件，以减少备用品的数量。

（2）尽量选用标准、常用的或经过实践考验的典型环节或基本电气控制线路。

（3）尽量减少不必要的触点、导线以简化电气控制线路。在满足生产工艺要求的前提下，使用的电气元件越少，电气控制线路中所涉及的触点的数量也越少，控制线路就越简单，同时还可以提高控制线路的工作可靠性，降低故障率。

常用的减少触点数目和连接导线的方法如下：

① 尽量减少被控制的负载或电器在接通时所经过的触头数，以避免任一电器触头发生故障时而影响其他电器，如图 9-3（a）不如图 9-3（b）合理。

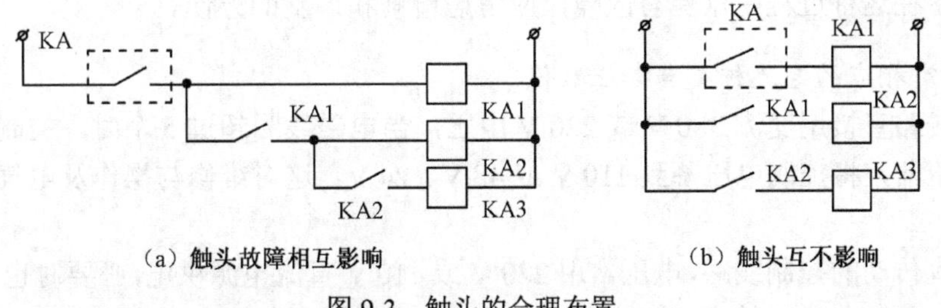

（a）触头故障相互影响　　（b）触头互不影响

图 9-3　触头的合理布置

合并同类触头以减少数量，但应注意触头额定电流是否允许，如图 9-4 所示。

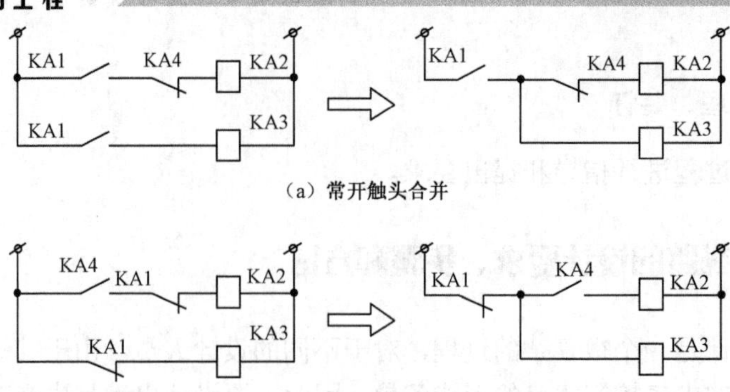

图 9-4　同类触头的合并

利用转换触头，仅适用于有转换触头的中间继电器，如图 9-5 所示。

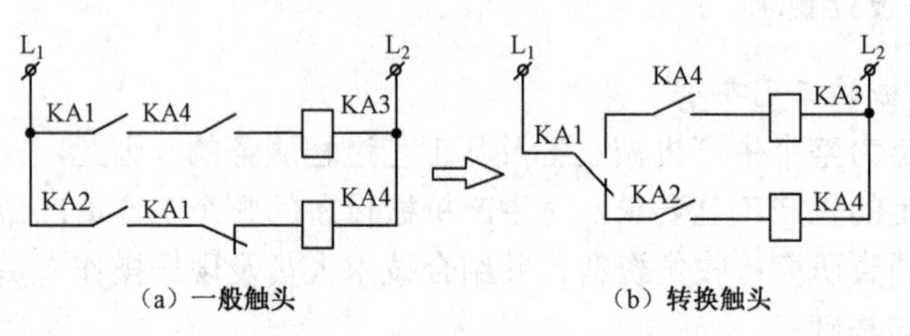

图 9-5　转换触头的应用

② 减少连接导线：合理布置电器或同一电器的不同触头，在线路中尽可能具有更多的公共连接线，可减少导线长度或根数，如图 9-6 所示。

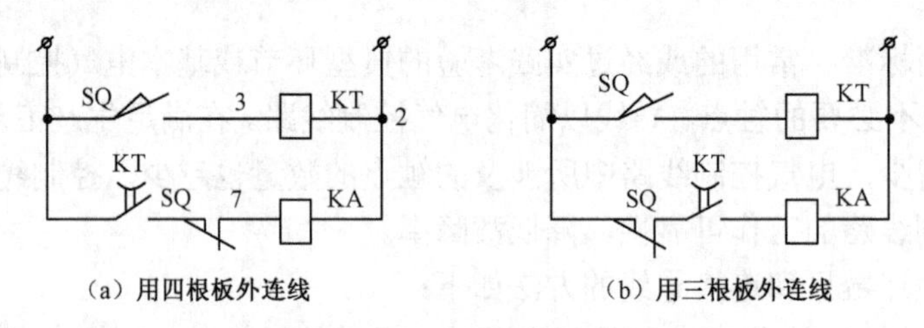

图 9-6　节省连接导线的方法

3）操作调整和检修应方便

控制设备在运行过程中难免有故障，应考虑检修和调整的方便。

4）应确定相应的电流种类与电压数值

简单的线路直接用交流 380 V 或 220 V 电压，当电磁线圈超过 5 个时，控制电路应采用控制电源变压器，将控制电压降到 110 V 或 48 V、24 V。这对维修与操作及电气元件工作可靠性均有利。

对于直流传动的控制线路，电压常用 220 V 或 110 V 直流电源供电，必要时也可以用 6 V、12 V、24 V、36 V、48 V 等直流电压。

5）保证线路的安全可靠性

（1）电器应符合使用条件，其电气元件动作时间要短（需延时的除外），如线圈的吸引

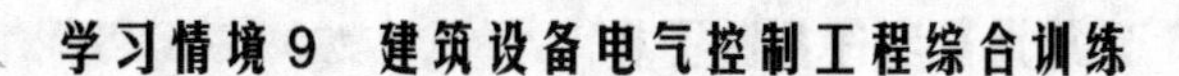

和释放时间应不影响线路的工作。

（2）电气元件要正确连接。电器的线圈或触头连接不正确，会使线路发生误动作，也可能造成严重事故。

① 线圈不应串联，如将两个交流接触器线圈串联接于电路中，如图 9-7 所示。由于接触器线圈上的电压是依线圈阻抗大小正比分配的，即使是两个型号相同而且线圈电压各为控制电源电压的 1/2 的交流接触器也不能串联，这是因为当一个接触点先动作后，这个接触器的阻抗要比没吸合的接触器阻抗大，没吸合的接触器因为电压小而不吸合，同时线路电流增大，有可能将线圈烧毁，所以应将线圈并联使用。

② 触头的连接：这是两种不同的接法，图 9-8（a）比图 9-8（b）可靠性高，因为同一个电器的触头接到了同一极性或同一相上，避免了在电器触头上引起短路。

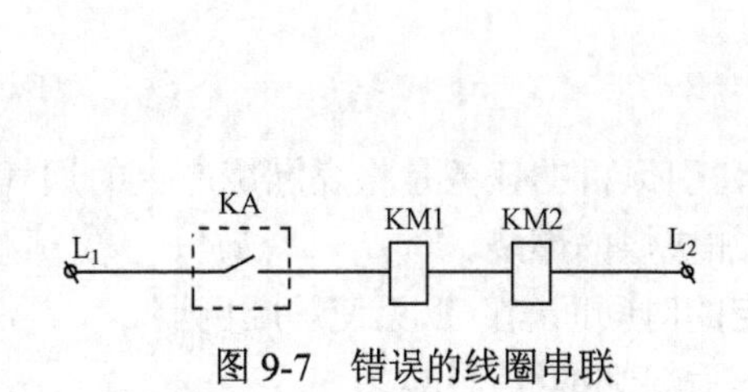

图 9-7　错误的线圈串联

图 9-8　触头的正确连接

③ 有故障保护环节和机械之间与电气间的连锁与互锁环节，即使误操作也不会出现大事故。

④ 避免寄生回路的形成，确保电路工作程序：控制回路在正常工作或事故情况下，发生意外接通的电路称为寄生电路。如果有寄生电路，将破坏电路工作程序，造成误动作，如图 9-9 所示。这在正常工作状态下无问题，而当电动机过热 FR 动作时，会产生虚线所示的寄生回路，因为电动机正转时 KM 已吸引，故 KM1 不能释放，电动机得不到过载保护，如把 FR 移到 SB5 处与它串联，可防止寄生电路。

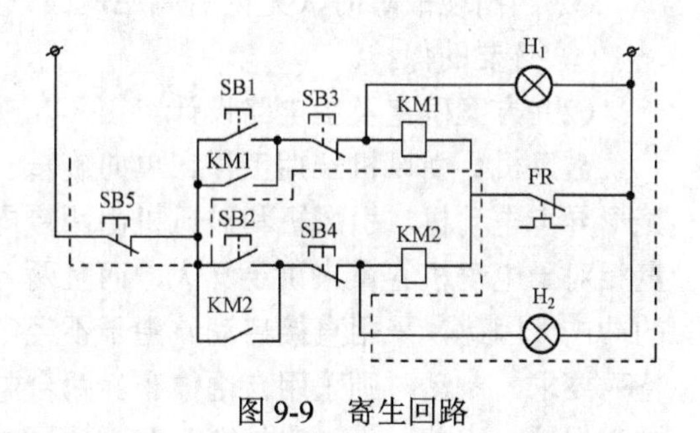

图 9-9　寄生回路

⑤ 避免触头“竞争”、“冒险”现象。

竞争：当控制电路状态发生变换时，常伴随电路中的电气元件的触头状态发生变换。由于电气元件总有一定的固有动作时间，对于一个时序电路来说，往往发生不按时序动作的情况，触头争先吸合，就会得到几个不同的输出状态，这种现象称为电路的“竞争”。

冒险：对于开关电路，由于电气元件的释放延时作用，也会出现开关元件不按要求的逻辑功能输出，这种现象称为“冒险”。

⑥ 采用电气连锁与机械连锁的双重连锁，使线路工作更可靠。

2. 电气控制电路的设计步骤与方法

（1）根据拖动方案，按工艺要求提出的启动、制动、反向和调速等要求设计主电路并拟订出各环节的主要技术要求和主要技术参数。

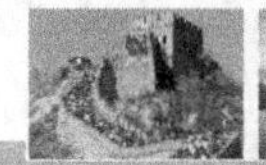

（2）各环节具体电路的设计顺序是：主电路→控制电路→辅助电路→连锁与保护→总体检查与完善电路。

（3）绘制电气原理总图。应按构图结构将各环节连接成一体。

（4）选择图中电气元件，填写元件明细表（设备清单）。

电气控制电路设计方法分为分析设计法和逻辑设计法。

1）分析设计法

分析设计法又称经验设计法，它是根据生产工艺的要求，选择一些成熟的典型基本环节来实现这些基本要求，而后再逐步完善其功能，并适当配置连锁和保护等环节，使其组合成一个整体，成为满足控制要求的完整电路。

分析设计法=经验+拼凑+修改+完善，其特点是设计简单，灵活性大，但不易达到最佳方案。

【案例 9-1】锅炉房引风机和鼓风机连锁设计

（1）已知条件和工艺要求：引风机和鼓风机连锁，引风机的任务是将煤燃烧产生的烟气排除，鼓风机的任务是向锅炉本体的炉膛中吹风，以加快煤的燃烧。

① 启动时，顺序为先引风、后鼓风，并要有一定的时间间隔，以免使炉膛倒烟。

② 停车时，顺序为先鼓风、后引风，以保证停车后煤烟继续排出。

③ 当出现故障时（无论引风还是鼓风），鼓风机必须停止，以免倒烟。

④ 必要的保护。

（2）方案确定及主电路设计。

鼓风机、引风机长期工作、单向旋转、无调速等特殊要求。因此，其拖动电动机多采用笼形异步电动机。引风机和鼓风机由两台电动机拖动，均采用笼形异步电动机。由于电网容量相对于电动机容量来讲足够大，而且两台电动机又不同时启动，所以不会对电网产生较大的冲击。因此，采用直接启动。由于不经常启动、制动，对于制动时间和停车准确度也没有特殊要求，制动时则采用自由停车。两台电动机都用熔断器来做短路保护，用热继电器来做过载保护。由此，设计出如图 9-10 所示主电路。

（3）控制电路的草图设计。

两台电动机由两只接触器控制其启、停。启动时，顺序为 M2、M1，可用 KM2 的接触器动合触点控制 M1 的接触器线圈。停止时，顺序为 M1、M2，用 M1 的接触器动合触点与控制 M2 的接触器的动断按钮并联。其基本控制线路如图 9-11 所示。

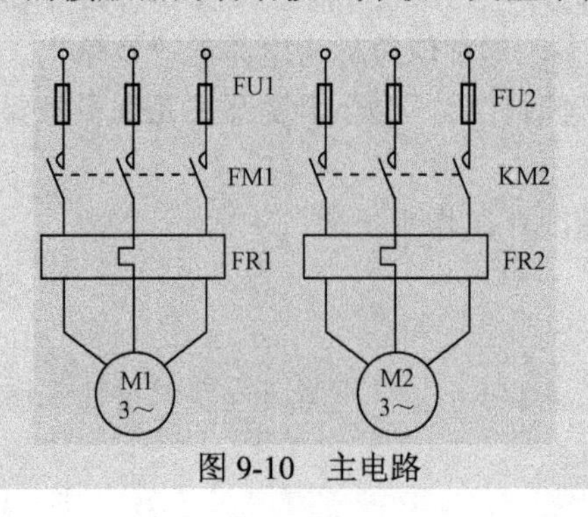

图 9-10　主电路

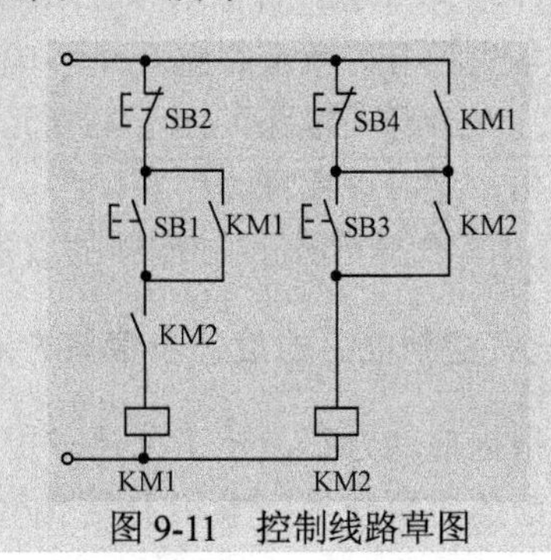

图 9-11　控制线路草图

分析可知，按下 SB3，KM2 线圈通电动作，然后按下 SB1，KM1 线圈才能通电动作，这样就实现了电动机的顺序启动。同理，只有按下 SB2，KM1 断电释放，按下 SB4，KM2 线圈才能断电，实现了电动机的顺序停车。

（4）增加自动环节。

图 9-11 所示的控制线路显然是手动控制，为了实现自动控制，鼓风机、引风机的启动和停车过程可以用时间参量加以控制。利用时间继电器作为输出器件的控制信号。以通电延时的动合触点作为启动信号，以断电延时的动合触点作为停车信号。为确保两台电动机自动地按顺序工作，采用中间继电器 KA，带自动环节的线路如图 9-12 所示。

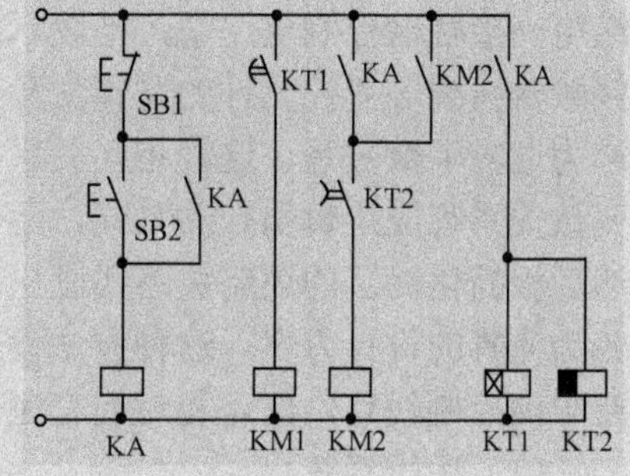

图 9-12　控制电路的连锁部分

（5）增加连锁保护环节。

当按下 SB1 发出停车指令时，KT1、KT2、KA 线圈同时断电，其动合触点瞬时断开，接触器 KM2 若不加自锁，则 KT2 的延时将不起作用，KM2 线圈将瞬时断电，电动机不能按顺序停车，所以需加自锁环节。两只热继电器的保护触头均串联在 KA 的线圈电路中，这样，无论哪台电动机发生过载，都能按 M1、M2 的顺序停车。线路的失压保护由继电器 KA 实现。

（6）分析并完善线路。

将热继电器的触头画在线路中构成完整的控制线路如图 9-13 所示。

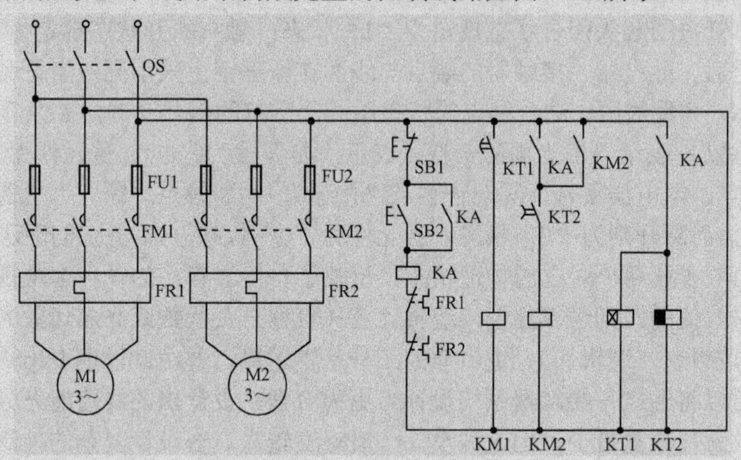

图 9-13　完整的控制线路

按下启动按钮 SB2，中间继电器 KA 线圈通电吸合并自锁，KA 的一个动合触点闭合，接通时间继电器 KT1、KT2 的线圈，其中 KT1 为通电延时型时间继电器，KT2 为断电延时型时间继电器，所以，KT2 的动合触点立即闭合，接触器 KM2 线圈通电，使电动机 M2 首先启动。经过一段时间，达到 KT1 的整定时间，则时间继电器 KT1 的动合触点闭合，使 KM1 通电吸合，电动机 M1 启动。

按下停止按钮 SBl，继电器 KA 线圈断电释放，2 个时间继电器同时断电，KT1 的动合触点立即断开，KM1 失电，电动机 M1 停车。由于 KM2 自锁，所以，只有达到 KT2 的整定时间，KT2 断开，使 KM2 断电，电动机 M2 停车。

综上所述，总结分析设计法的设计技巧是：化整为零确定原形，积零为整完善线路。

2）逻辑设计法

逻辑设计法是根据生产工艺的要求，利用逻辑代数这一数学工具设计电气控制电路。在继电—接触器控制电路中，把表示触头状态的逻辑变量称为输入逻辑变量，把表示继电器、接触器线圈等受控元件的逻辑变量称为输出逻辑变量。输入、输出逻辑变量之间的相互关系称为逻辑函数关系，这种相互关系表明了电气控制电路的结构。根据控制要求，将这些逻辑变量关系写成逻辑函数关系式，运用逻辑函数基本公式和运算规律对逻辑函数式进行化简，然后根据化简了的逻辑关系式画出相应的电路结构图，再做进一步的检查和优化，以期获得较为完善的设计方案。这种方法设计的特点是线路合理，尤其适合完成较复杂的生产工艺所要求的控制线路，但是相对而言逻辑设计法的设计难度较大。

（1）逻辑运算。

对于由继电器、接触器组成的控制电路，分析其工作状况常以线圈通电或断电来判定。其构成线圈的通断条件是供电电源及与线圈相连接的那些动合、动断触点所处的状态。若认为供电电源 E 不变，则触点的通断是决定因素。电器触点只存在接通或断开两种状态，分别用“1”、“0”表示。

对于继电器、接触器、电磁铁、电磁阀、电磁离合器等元件，线圈通电状态规定为“1”状态，失电则规定为“0”状态。有时也以线圈通电或失电作为该元件是处于“1”状态或是“0”状态。

继电器、接触器的触点闭合状态规定为“1”状态；触点断开状态规定为“0”状态。

控制按钮、开关的触头闭合状态规定为“1”状态；触头断开状态规定为“0”状态。

做以上规定后，继电器、接触器的触点与线圈在原理图上采用同一字符命名。为了清楚地反映元件状态，元件线圈、动合触点的状态用同一字符的斜体（例如 *KSA* 等）来表示，而动断触点的状态以 $\bar{K}$ 表示（K 上面的一杠，表示“非”，读 K 非）。若元件为“1”状态，则表示线圈“通电”，继电器吸合，其动合触点“接通”，动断触点“断开”。“通电”、“接通”都是“1”状态，而断开则为“0”状态。若元件为“0”状态，则与上述相反。

以“0”、“1”表征两个对立的物理状态，反映了自然界存在的一种客观规律——逻辑代数。它与数学中数值的四则运算相似，逻辑代数（也称开关代数或布尔代数）中存在着逻辑与（逻辑乘）、逻辑或（逻辑加）、逻辑非的三种基本运算，并由此而演变出一些运算规律。运用逻辑代数可以将继电—接触器系统设计得更为合理，设计出的线路能充分地发挥元件作用，使所应用的元件数量最少，但这种设计一般难度较大。在设计复杂的控制线路时，逻辑设计有明显的优点。

用逻辑函数来表达控制元件的状态，实质是以触点的状态（以斜体的同一字符表示）作为逻辑变量，通过逻辑与、逻辑或、逻辑非的基本运算，得出的运算结果就表明了继电—接触器控制线路的结构。逻辑函数的线路实现是十分方便的。

① 逻辑与（可视为触点串联）：如果把“1”态称为“高”，而把“0”态称为“低”，“与”逻辑的功能为全高就高、有低就低。

接触器 KM 的状态就是其线圈 KM 的状态（以斜体的同一字符表示），当线圈通电，KM=1，线圈失电，则 KM=0。其输入变量用 $KA1$ 和 $KA2$ 表示，其逻辑与的表达式为：

$$KM=KA1 \cdot KA2$$

若将输入逻辑变量 $KA1$、$KA2$ 和输出逻辑变量 KM 列成表格（即真值表），可见表 9-3。

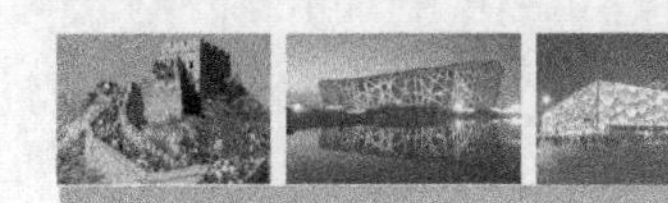

根据逻辑表达式可画出逻辑与电路，如图 9-14 所示。

表 9-3　逻辑与真值表

$KA1$	$KA2$	$KM=KA1 \cdot KA2$	$KA1$	$KA2$	$KM=KA1 \cdot KA2$
0	0	0	0	1	0
1	0	0	1	1	1

KA1　KA2　KM

图 9-14　逻辑与电路

② 逻辑或（可视为触点并联）：其逻辑功能是有高就高、全低则低。逻辑或的表达式为：

$$KM=KA1+KA2$$

由表达式列出真值表，见表 9-4。

表 9-4　逻辑或真值表

$KA1$	$KA2$	$KM=KA1+KA2$	$KA1$	$KA2$	$KM=KA1+KA2$
0	0	0	0	1	1
1	0	1	1	1	1

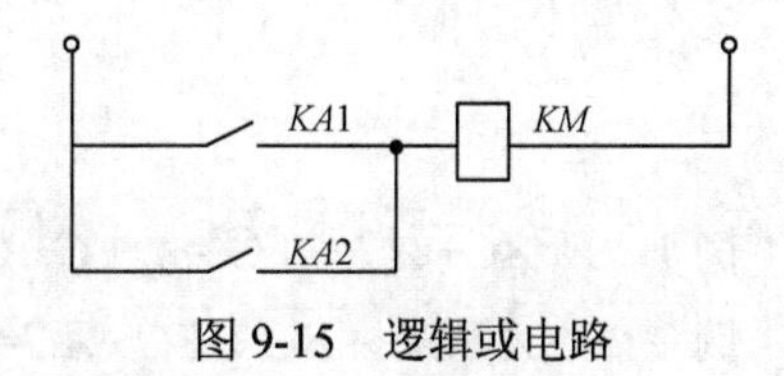

图 9-15　逻辑或电路

由逻辑表达式可画出逻辑或电路，如图 9-15 所示。

③ 逻辑非：其逻辑功能是变量求反。其逻辑表达式为：

$$KM=\overline{KA}$$

由表达式列出真值表，见表 9-5。其逻辑非电路如图 9-16 所示。

表 9-5　逻辑非真值表

KA	$KM=\overline{KA}$
1	0
0	1

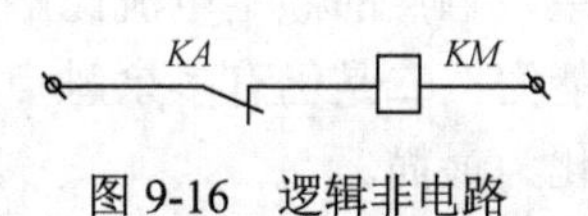

图 9-16　逻辑非电路

以上仅以两个逻辑变量 $KA1$、$KA2$ 介绍了“与”、“或”、“非”的逻辑运算，对于多个逻辑变量同样适用。

④ 常用的逻辑运算定理如下。

交换律：

$$A \cdot B=B \cdot A \qquad A+B=B+A$$

结合律：

$$A \cdot (B \cdot C) = (A \cdot B) \cdot C$$

$$A+(B+C) = (A+B)+C$$

分配律：

$$A \cdot (B+C) =A \cdot B+A \cdot C$$

$$A+B \cdot C= (A+B) \cdot (A+C)$$

吸收律：

$$A+AB=A \qquad A \cdot (A+B) =A$$

$$A+AB=A+B \qquad A+A \cdot B=A+B$$

重迭律：

$$A \cdot A=A \qquad A+A=A$$

非非律：

$$\overline{\overline{A}} = A$$

反演律（摩根定理）：

$$\overline{A+B} = \overline{A} \cdot \overline{B} \qquad \overline{A \cdot B} = \overline{A} + \overline{B}$$

（2）逻辑函数的化简。

在实际工程设计中，常需要将逻辑表达式化为最简式后再画逻辑电路，在掌握基本规律后利用公式法化简即提出因子、扩项、并项、消除多余因子、多余项等综合方法进行化简。

化简时常用到常量与变量关系如下：

$$A+0=A \qquad A \cdot 1=A$$

$$A+1=1 \qquad A \cdot 0=0$$

$$A+\overline{A}=1 \qquad A \cdot \overline{A}=0$$

例 1 $F=AC+\overline{A}B+A\overline{C}=A（C+\overline{C}）+\overline{A}B=A+\overline{A}B=A+B$

例 2 $F=A\overline{B}C+A\overline{B}\,\overline{C}+\overline{B}\,\overline{C}+AC=AC（1+\overline{B}）+\overline{B}\,\overline{C}（1+A）=AC+\overline{BC}$

例 3 $F=\overline{A}B+A\overline{B}+ABCD+\overline{A}\,\overline{B}CD=\overline{A}B+A\overline{B}+CD\overline{\overline{\left(AB+\overline{A}\,\overline{B}\right)}}$

$=（\overline{A}B+A\overline{B}）+CD\overline{\overline{AB}\cdot\overline{\overline{A}\,\overline{B}}}=（\overline{A}B+A\overline{B}）+CD\overline{(\overline{A}+\overline{B})\cdot(A+B)}$

$=（\overline{A}B+A\overline{B}）+CD\overline{\overline{A}B+A\overline{B}}=\overline{A}B+A\overline{B}+CD$

注意，在实际工程设计中应考虑两点：一是触点容量的限制，特别要检查担负关断任务的触点容量，触点的额定电流比触点电流分断能力约大 10 倍，因此要注意化简后触点是否有此分断能力；二是仍有多余触点，但多用些触点能使线路的逻辑功能更加明确的情况下，不必强求化为最简。

综合结论：采用逻辑设计法的步骤是根据工艺过程列出工艺循环图→列出动作状态表（真值表）→决定待相区分组→设计中间记忆元件→列出中间记忆元件及输出元件的逻辑表达式并化简→画逻辑电路图→完善和校验电路。

【案例 9-2】锅炉房运煤机设计

（1）锅炉房运煤机的工作循环示意如图 9-17 所示。

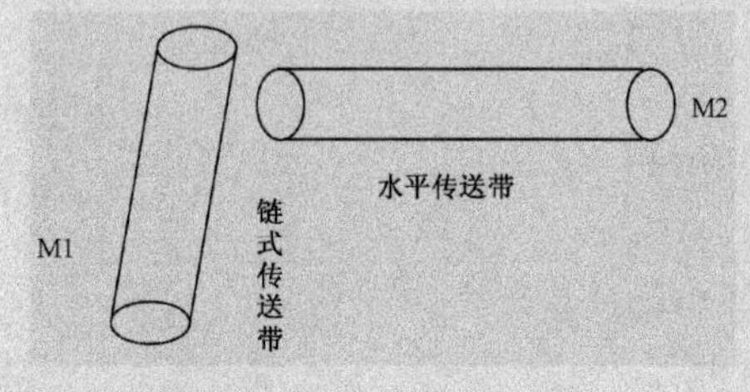

图 9-17 运煤机工作示意

根据运煤机的工艺特点分析，为防止煤的堆积，当启动信号给出后，水平传送带电动机 M2 应立即启动，经过一定的时间间隔，由控制元件——时间继电器 KT1 发出启动斜式传送带电动机 M1 的信号，斜式上煤机启动。当发出停止信号时，M1 立即停止，不再上煤，经过一定的时间间隔，由控制元件——时间继电器 KT2 发出停止 M2 的信号，水平传送带停止。

（2）执行元件的动作节拍表和检测元件的状态表。

接触器 KMl、KM2 为执行元件；时间继电器 KTl、KT2 为检测元件；其中 KTl 为启动用时间继电器，用于通电延时；KT2 为制动用时间继电器，用于断电延时。

主令元件为启动按钮 SB2 和停车按钮 SB1。接触器和时间继电器线圈状态见表 9-6，时间继电器及按钮触点状态表见表 9-7。表中的“1”代表线圈通电或触点闭合，“0”代表线圈

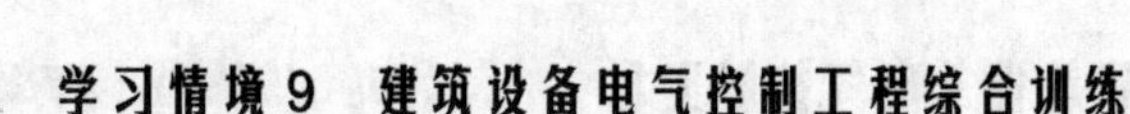

断电或触点断开。

表中的 1/0 和 0/1 表示短信号。例如，当按下按钮 SB2 时，动合触点闭合，手一松开触点即断开，因此，称其产生的信号为短信号，在表中用 1/0 表示。

表 9-6　接触器和时间继电器线圈状态表

程序	状态	元件线圈状态			
		*KM*1	*KM*2	*KT*1	*KT*2
0	原位	0	0	0	0
1	M2 启动	0	1	1	1
2	M1 启动	1	1	1	1
3	M1 停止	0	1	0	0
4	M2 停止	0	0	0	0

表 9-7　时间继电器和按钮触点状态表

程序	状态	检测或控制元件触点状态				转换主令信号
		*KT*1	*KT*2	*SB*1	*SB*2	
0	原位	0	0	1	0	
1	M2 启动	0	1	1	1/0	
2	M1 启动	1	1	1	0	
3	M1 停止	0	1	0/1	0	
4	M2 停止	0	0	1	0	

（3）决定待相区分组，设置中间记忆元件。

根据控制或检测元件状态表得出程序特征数，如表 9-8 所示。

只有“1”程序和“3”程序有相同特征数的 0110，但 SB2 为短信号，需加自锁。因此，“1”程序和“3”程序属于可区分组。因为没有待相区分组，所以就不需要设置中间记忆元件。

表 9-8　程序特征数

0 程序特征数	0010
1 程序特征数	0111，0110
2 程序特征数	1110
3 程序特征数	0100，0110
4 程序特征数	0010

（4）列出输出元件的逻辑函数式。

KM2 的工作区间是程序 1～2，程序 0、1 间转换主令信号是 SB2，由 0→1 取 $X_{开主}$为 SB2，程序 3、4 间转换主令信号是 KT2，由 1→0，所以，取 $X_{关主}$为 KT2，且 SB2 为短信号，需自锁，故：

$$KM2=（SB2+KM2）KT2 \tag{9-1}$$

KMl 的工作程序是程序 2，程序 1、2 间转换主令信号是 KT1，由 0→1 取 $X_{开主}$为 KT1，程序 2、3 间转换主令信号是 SBl，由 1→0→1，取 $X_{关主}$为 SB1，故：

$$KM1=\overline{SB1}\cdot KT1 \tag{9-2}$$

KTl～KT2 的工作区间是程序 1～2，程序 0、1 间转换主令信号是 SB2，由 0→1，且 SB2 是短信号，需加自锁，取 $X_{开主}$为 SB2。程序 2、3 间转换主令信号是 SB1，由 1→0→1，取 $X_{关主}$为 $\overline{SB1}$，故：

$$KT1=（SB2+KT1）\overline{SB1} \tag{9-3}$$

$$KT2=（SB2+KT2）\overline{SB1} \tag{9-4}$$

以上四个公式可以用一个公式代替，由于KT1、KT2线圈的通、断电信号相同，所以自锁信号用KT1的瞬动触点来代替，则 $KT1 \sim KT2=(SB2+KT1)\overline{SB1}$。

（5）画出电气控制线路图。

根据逻辑函数式画出电气控制线路，如图9-18所示。

（6）完善电路——添加必要的连锁和保护环节。

经过进一步分析检查，考虑SB1、SB2需要两动合、两动断，数量太多，对按钮来说难以满足要求，改用 $KA=(SB2+KA)\overline{SB1}$ 和 $KT1 \sim KT2=KA$，即是利用SB2和SB1控制中间继电器KA的线圈，再由KA的动合触点控制KT1～KT2的线圈，最后完善的控制电路如图9-19所示。

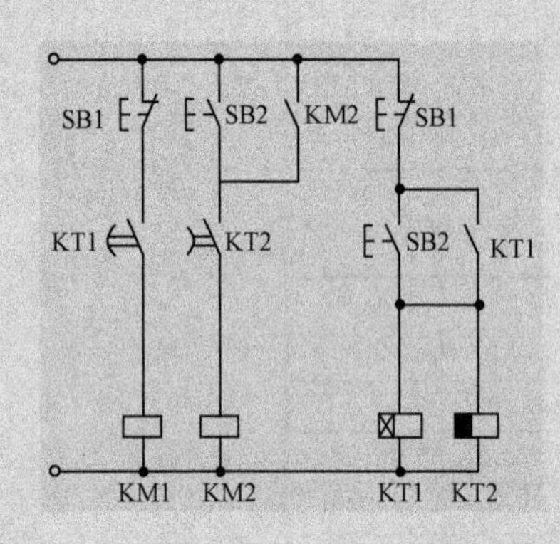

图9-18　按逻辑函数画出的控制线路

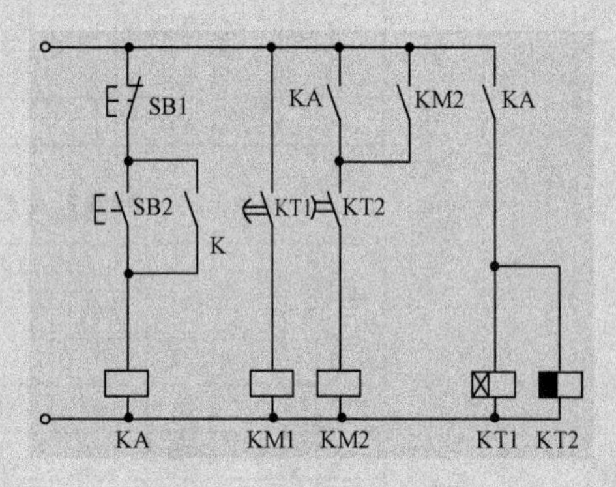

图7-19　完整的控制线路

结论：两种设计方法各有其特点，在实际工程设计中选用哪种方法应是根据实际情况而定。对于一般不太复杂的电气控制线路可按照经验设计法进行设计。而且如果设计人员具有丰富的设计经验和设计技巧，掌握较多的典型基本环节，则对所进行的设计大有益处。对于较为复杂的电气控制线路，则宜采用逻辑设计法进行设计，可以使设计的电气控制线路更加简单、合理和可靠。

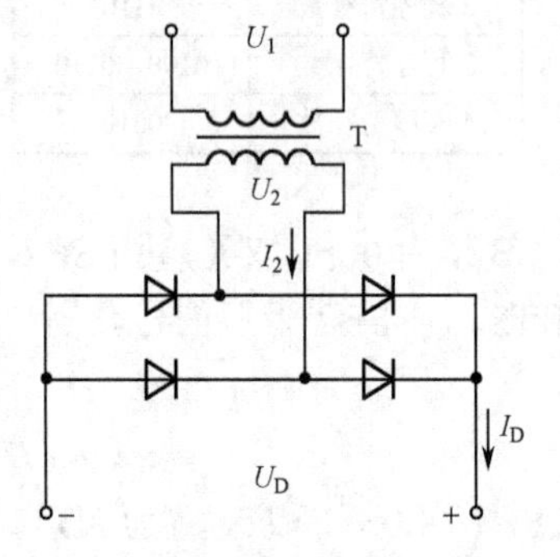

图9-20　能耗制动整流装置原理图

9.1.3　主要参数计算及常用元件的选择

1．笼形异步电动机能耗制动及控制变压器参数计算

1）笼形异步电动机能耗制动参数计算

能耗制动整流装置原理图如图9-20所示。

（1）制动时直流电流计算：从制动效果看，希望直流电流大些好，但电流过大会引起绕组发热，耗能增加，而且当磁路饱和后对制动力矩的提高也不明显，一般制动直流电流为：

$$I_D=(2\sim4)I_0 \text{ 或 } I_D=(1\sim2)I_N$$

式中，I_0 为电动机空载电流；I_N 为电动机额定电流。

（2）制动时直流电压为：

$$U_D=I_DR$$

式中，R 为两相串联定子绕组的冷电阻。

（3）整流变压器参数计算。

对于单相桥式整流电路，变压器二次交流电压为：

$$U_2=U_D/0.9$$

对于其变压器容量，由于只有在能耗制动时变压器才工作，故容量可比长期工作小些，一般经验认为可取计算容量的 1/2～1/4。

2）控制变压器容量计算

控制变压器容量应根据控制线路在最大工作负载时所需要的功率考虑，并留有一定余量，即：

$$S_T=K_T\sum S_C$$

式中，S_T 为变压器控制容量（VA）；$\sum S_c$ 为控制电路在最大负载时所有吸持电器消耗功率的总和（VA），对于交流电磁式电器，S_C 应取其吸持视在功率（VA）；K_T 为变压器容量储备系数，一般取 1.1～1.25。

常用交流电磁式电器启动与吸持功率（均为视在功率），见表 9-9。

表 9-9　启动与吸持功率

电器型号	启动功率 S（VA）	吸持功率 S_C（VA）	电器型号	启动功率 S（VA）	吸持功率 S_C（VA）
JZ7	75	12	CJ0-40	280	33
CJ10-5	35	6	MQ1-5101	≈450	50
CJ10-10	65	11	MQ1-5111	≈1000	80
CJ10-20	140	22	MQ1-5121	≈1700	95
CJ10-40	230	32	MQ1-5131	≈2200	130
CJ0-10	77	14	MQ1-5141	≈100000	480
CJ0-20	156	33			

2．绕线式异步电动机启动、制动电阻的计算

1）三相转子异步电动机启动电阻计算

为了减小启动电流，增加启动转矩并获得一定的调速要求，常常采用转子异步电动机转子绕组串接外加电阻的方法来实现。为此，要确定外加电阻的级数以及各级电阻的大小。电阻的级数越多，启动或调速时转矩波动就越小，但控制线路也就越复杂。通常电阻级数可以根据表 9-10 来选取。

表 9-10　电阻级数及选择

<table>
<tr><th rowspan="3">电动机容量（kW）</th><th colspan="4">启动电阻的级数</th></tr>
<tr><th colspan="2">半负荷启动</th><th colspan="2">全负荷启动</th></tr>
<tr><th>平衡短接法</th><th>不平衡短接法</th><th>平衡短接法</th><th>不平衡短接法</th></tr>
<tr><td>100 以下</td><td>2～3</td><td>4 级以上</td><td>3～4</td><td>4 级以上</td></tr>
<tr><td>100～400</td><td>3～4</td><td>4 级以上</td><td>4～5</td><td>4 级以上</td></tr>
<tr><td>400～600</td><td>4～5</td><td>5 级以上</td><td>5～6</td><td>6 级以上</td></tr>
</table>

启动电阻级数确定以后，对于平衡短接法，转子绕组中每相串联的各级电阻值可以用下面的公式计算：

$$R_n = k^{m-n} r \tag{9-5}$$

式中，m 为启动电阻级数；n 为各级启动电阻的序号，n=1 表示第一级，即最先被接的电阻；k 为常数；r 为最后被短接的那一级电阻值。

k、r 值可分别由下列两个公式计算：

$$k = \sqrt[m]{\frac{1}{s}} \tag{9-6}$$

$$r = \frac{E_2(1-s)}{\sqrt{3}I_2} \times \frac{k-1}{k^m - 1} \tag{9-7}$$

式中，s 为电动机额定转差率；E_2 为正常工作时电动机转子电压（V）；I_2 为正常工作时电动机转子电流（A）。

每相启动电阻的功率为：

$$P=（1/2\sim1/3）I^2_{2s}R \tag{9-8}$$

式中，I_{2s} 为转子启动电流（A），取 $I_{2s}=1.5I_2$；R 为每相串联电阻（Ω）。

结论：启动电阻仅在启动时使用，为减小体积，可按启动电阻的功率的 1/2～1/3 来选择电阻功率。若是启动电阻仅在电动机的两线上串联，那么此时选用的启动电阻应为上述计算值的 1.5 倍。

2）笼形异步电动机反接制动电阻的计算

反接制动时，三相定子回路中各相串联的限流电阻 R 可按下面经验公式近似计算：

$$R \approx k\frac{U_\varphi}{I_s} \tag{9-9}$$

式中，U_φ 为电动机定子绕组相电压（V）；I_s 为全压启动电流（A）；k 为系数，当要求最大反接制动电流 $I_m < I_s$ 时，k=0.13；当要求 $I_m < 1/2I_s$ 时，k=1.5。

若在反接制动时，仅在两相定子绕阻中串接电阻，选用电阻值应为上述计算值的 1.5 倍，而制动电阻的功率为：

$$P=（1/2\sim1/4）I_e^2R$$

式中，I_e 为电动机额定电流；R 为每一相串接的限流电阻值。

在实际中应根据制动频繁程度适当选取前面的系数。

3．常用电气元件的选择

1）按钮、刀开关、组合开关、限位开关及自动开关的选择

（1）按钮：按钮产品有多种结构形式、多种触头组合以及多种颜色，供不同的使用条件选用。例如，紧急操作一般选用蘑菇形，停止按钮通常选用红色等。其额定电压有交流 500 V、直流 440 V，额定电流为 5 A。常选用的按钮有 LA2、LA10、LA19 及 LA20 等系列。

按钮的选用依据主要是以下几方面：

① 根据需要的触点对数；

② 动作要求；

③ 是否需要带指示灯；

④ 使用场所；

⑤ 对颜色的要求。

（2）刀开关：刀开关主要根据使用的场合、电源种类、电压等级、负载容量及所需极数来选择，可依据以下几方面。

① 根据刀开关在线路中的作用和安装位置选择其结构形式，若用于隔断电源时，选用无灭弧罩的产品；若用于分断负载时，则应选用有灭弧罩且用杠杆来操作的产品。

② 根据线路电压和电流来选择。刀开关的额定电压应大于或等于所在线路的额定电压；刀开关额定电流应大于负载的额定电流，当负载为异步电动机时，其额定电流应取为电动机额定电流的1.5倍以上。

③ 刀开关的极数应与所在电路的极数相同。

（3）组合开关：组合开关主要根据电源种类、电压等级、所需触头数及电动机容量来选择。

值得注意的是组合开关不能用来分断故障电流；组合开关的操作频率不宜太高；对用于控制电动机可逆运行的组合开关，必须在电动机完全停止转动后才允许反方向接通；组合开关本身不具备过载、短路和欠电压保护。

（4）限位开关：选用限位开关时，主要根据如下条件。

① 机械位置对开关形式的要求；

② 控制线路对触头数量的要求；

③ 电流、电压等级。

（5）自动开关选择的主要依据如下。

① 根据电气装置的要求确定自动开关的类型，如塑料外壳式、限流式、框架式等。

② 额定电压和额定电流应不小于电路的正常工作电压和工作电流。

③ 热脱扣器的整定电流应与所控制的电动机的额定电流或负载额定电流一致。

④ 电磁脱扣器的瞬时脱扣整定电流应大于负载电路正常工作时的峰值电流。对于电动机来说，DZ型自动开关电磁脱扣器的瞬时脱扣整定电流值I_Z可按下式计算：

$$I_Z \geqslant KI_Q$$

式中，K为安全系数，可取1.7；I_Q为电动机的启动电流。

⑤ 使用此种开关价格较高，从经济方面考虑，尽量采用闸刀开关和熔断器组合，只有必要时采用自动开关。

⑥ 选定自动开关要考虑和其上、下级开关作保护特性的协调配合，以满足系统总体上对选择性保护的要求。

2）接触器的选择

交流接触器选用的主要依据是接触器主触头的额定电压、电流要求，辅助触头的种类、数量及其额定电流，控制线圈电源种类、频率与额定电压，操作频繁程度，负载类型等因素。具体选用方法如下。

（1）主触头额定电流I_e的选择。

主触头的额定电流应不小于负载电流，对于电动机负载，可按下面的经验公式计算主触头额定电流I_e：

$$I_e = \frac{P_e \times 10^3}{kU_e}$$

式中，P_e为被控制电动机额定功率（kW）；U_e为电动机额定线电压（V）；K为经验系数，

取 1～1.4。

在选用接触器额定电流时，应大于计算值，也可以参照表 9-11，按被控制电动机的容量进行选取。一般情况下按照经验，容量为 1 kW 的电动机，可选取其额定电流为 2 A。

对于频繁启动、制动与频繁正反转工作情况，为了防止主触头的烧蚀和过早损坏，应将接触器的额定电流降低一个等级使用，或将表 9-11 中的控制容量减半选用。

表 9-11　接触器额定电流的选取

型号	额定电流（A）	可控制的笼形异步电动机的最大容量（kW）		
		220 V	380 V	500 V
CJ10-5	5	1.2	2.2	2.2
CJ10-10	10	2.2	4.0	4.0
CJ10-20	20	5.5	10.0	10.0
CJ10-40	40	11	20.0	20.0
CJ10-60	60	17	30.0	30.0
CJ10-100	100	30	50	50
CJ10-150	150	43	75	75

（2）主触头额定电压 U_N 的选择。

主触头额定电压 U_N 应大于控制线路的额定电压。

（3）接触器控制线圈的电压种类与电压等级的选择。

接触器控制线圈的电压种类与电压等级应根据控制线路要求选用。简单控制线路可直接选用交流 380 V、220 V。线路复杂，使用电器较多时，应选用 127 V、110 V 或更低的控制电压。

（4）接触器触点数量、种类的选择。

接触器触点数量、种类应满足控制需要，当辅助触点的对数不能满足要求时；可用增设中间继电器的方法来解决。

直流接触器的选择方法与交流接触器相似。

3）继电器的选择

（1）电磁式继电器的选用：中间继电器、电流继电器、电压继电器等都属于这一类型，选用的依据主要如下。

① 被控制或被保护对象的特性；

② 触头的种类、数量；

③ 控制电路的电压、电流、负载性质；

④ 线圈电压、电流应满足控制线路的要求，如果控制电流超过继电器触头额定电流，可将触头并联使用，也可以采用触头串联使用方法来提高触头的分断能力。

（2）时间继电器的选用：常用的时间继电器有气囊式、电动式及晶体管式等，在延时精度要求不高、电源电压波动大的场合，宜选用价格较低的电磁式或气囊式时间继电器；当延时范围大，延时准确度较高时，可选用电动式或晶体管式时间继电器。选用时应考虑以下几方面。

① 延时方式（通电延时或断电延时）；

② 延时范围；

③ 延时精度要求；

④ 外形尺寸；

⑤ 安装方式；

⑥ 价格。

（3）热继电器的选用：热继电器主要用于电动机的过载保护，因此应根据电动机的形式、工作环境、启动情况、负载情况、工作制及电动机允许过载能力等综合考虑。

① 不设热继电器的场合。对于工作时间较短、停歇时间长的电动机，如机床的刀架或工作台的快速移动，横梁升降、夹紧、放松等运动，以及虽长期工作但过载可能性很小的电动机，如排风扇等，可以不设热继电器作过载保护，除此以外一般电动机都应考虑过载保护。

② 热继电器的结构确定。对于星形接法的电动机及电源对称性较好的情况，可采用两相结构的热继电器。对于三角形接法的电动机或电源对称性不够好的情况，则应选用三相结构或带断相保护的三相结构热继电器。而在重要场合或容量较大的电动机，可选用半导体温度继电器来进行过载保护。

③ 发热元件额定电流的选取。热继电器发热元件额定电流原则上按被控制电动机的额定电流选取，并依此去选择发热元件编号和一定的调节范围。

4）熔断器选择

（1）选择熔断器的依据：熔断器的类型、熔断器的额定电压、熔断器额定电流等级与熔体额定电流。

（2）熔断器的选择由以下方法确定。

① 熔断器类型的确定：根据负载保护特性、短路电流大小、各类熔断器的适用范围来选用熔断器的类型。

② 熔断器额定电压的确定：根据被保护电路的电压来选择。

③ 熔体额定电流是选择熔断器的关键，它与负载大小、负载性质密切相关。对于负载平稳、无冲击电流，如照明、信号、电热电路可直接按负载额定电流选取；而对于像电动机一类有冲击电流的负载，熔体额定电流可按下式计算选取。

单台电动机长期工作：$I_R=（1.5\sim2.5）I_e$。

多台电动机长期共用一个熔断器保护：

$$I_R \geqslant (1.5\sim2.5) I_{emax}+\Sigma I_e$$

式中，I_{emax} 为容量最大一台电动机的额定电流；ΣI_e 为除容量最大的电动机之外，其余电动机额定电流之和。

轻载及启动时间较短时，系数取 1.5，启动负载较重及启动时间长、启动次数又较多的情况下，则取 2.5。

除此之外，熔体额定电流的选择还要考虑到上下级保护的配合，以满足选择性保护要求，使下一级熔断器的分断时间较上一级熔断器熔体的分断时间要小，否则将会发生越级动作，扩大事故和停电范围。

9.1.4　电气控制设备的工艺设计

工艺设计的目的是在满足电气控制设备的制造和使用要求的前提下，为提高市场的竞争

力，应考虑美观实用。工艺设计的主要内容包括电气设备总体配置设计、元件布置图的设计与绘制、电器部件接线图的绘制、电控箱及非标准零件图的设计、材料清单汇总、编写设计说明书及使用说明书。

1．电气设备总体配置设计

总体配置设计是以电气控制的总装配图与总接线图的形式表达出来的，图中是用示意方式反映各部分主要组件的位置和各部分的接线关系、走线方式及使用管线要求。例如，拖动电动机与各种执行元件（电磁铁、电磁阀、电磁离合器、电磁吸盘等）以及各种检测元件（限位开关，传感器，温度、压力、速度继电器等）必须安装在生产机械的相应部位。各种控制电器（接触器、继电器、电阻、断路器、控制变压器、放大器等）、保护电器（熔断器、电流、电压保护继电器等）可以安放在单独的电控箱内，而各种控制按钮、控制开关、各种指示灯、指示仪表、需经常调节的电位器等则必须安放在控制台面板上。由于各种电气元件安装位置不同，在构成一个完整的自动控制系统时，必须划分组件，同时要解决组件之间、电控箱之间以及电控箱与被控制装置之间的连线问题。

1）划分组件的原则

（1）功能类似的元件组合在一起。例如，用于操作的各类按钮、开关、键盘，指示、检测、调节等元件集中为控制面板组件；各种继电器、接触器、熔断器、照明变压器等控制电器集中为电气板组件；各类控制电源，整流、滤波元件集中为电源组件等。

（2）力求整齐美观，外形尺寸、重量相近的电器组合在一起。

（3）便于检查与调试，需经常调节、维护和易损元件组合在一起。

（4）尽可能减少组件之间的连线数量，接线关系密切的控制电器置于同一组件中，以利于加工、安装及配线。

（5）强弱电控制器加屏蔽分离，以减少干扰。

2）电气控制设备的各部分及组件之间的接线方式

（1）电器板、控制板、电器的进出线一般采用接线端子（按电流大小及进出线数选用不同规格的接线端子）。

（2）被控制设备与电控箱之间采用多孔接插件，便于拆装、搬运。

（3）印制电路板及弱电控制组件之间宜采用各种类型标准接插件。

总体配置设计是以电气系统的总装配图与总接线图形式来表达的，图中应以示意形式反映出各部分主要组件的位置及各部分接线关系、走线方式及使用管线要求等。

总装配图、总接线图（根据需要可以分开，也可以并在一起画）是进行分部设计和协调各部分组成一个完整系统的依据。总体设计要使整个系统集中、紧凑，同时在场地允许条件下，对于发热厉害、有噪声、振动大的电气部件，如电动机组、启动电阻箱等尽量放在离操作者较远的地方或隔离起来，对于多工位加工的大型设备，应考虑两地操作的可能。总电源紧急停止控制应安放在方便而明显的位置。总体配置设计合理与否将影响到电气控制系统工作的可靠性，并关系到电气系统的制造、装配质量、调试、操作及维护是否方便。

2. 元件布置图的设计与绘制

电气元件布置图是某些电气元件按一定原则的组合。例如，电气控制箱中的电器板、控制面板、放大器等。电气元件布置图的设计依据是部件原理图（总原理图的一部分）。同一组件中电气元件的布置应注意以下几点。

（1）体积大和较重的电气元件应安装在电器板的下面，而发热元件应安装在电器板的上面，并将发热元件与感温元件隔开。

（2）电气元件的布置应考虑整齐、美观、对称。

（3）电气元件布置不宜过密，外形尺寸与结构类似的电器安放在一起，电气元器件间应留有一定的间距，若采用板前走线槽配线方式，应适当加大各排电器间距，以利布线、接线、维修和调整操作。

（4）强电弱电分开并注意屏蔽，防止外界干扰。

（5）需要经常维护、检修、调整的电气元件，安装位置不宜过高或过低。

（6）根据本部件进出线的数量和所采用的导线规格选择进出线方式，并选用适当接线端子板或接插件，按一定顺序标上进出线的接线号。

各电气元件的位置确定以后，便可绘制电气元件布置图（布置图是根据电气元件的外形绘制的），并标出各元件间距尺寸。每个电气元件的安装尺寸及其公差范围应严格按产品手册标准标注，作为底板加工依据，以保证各电器的顺利安装。

【案例 9-3】电气元件布置图设计。

下面以某排水泵电动机电气原理图为例，设计它的电气元件布置图。

（1）根据各电器的安装位置不同进行划分，将按钮 SBl、SB2、SB3、SB4、SB5、SB6，信号灯 HLY1、HLW、HLY3、HLY2、HLR1、HLG1、HLR2、HLG2，转换开关 SA 及电动机 M1、M2 等安装在电气箱外，其余各电器均安装在电气箱内。

（2）根据各电器的实际外形尺寸进行电气布置。如果采用线槽布线，还应画出线槽的位置。

（3）选择进出线方式，标出接线端子。

按上述步骤设计出电气元件布置图、板面布置图及设备布置尺寸图，如图 9-21～图 9-23 所示，设备布置尺寸规定如表 9-12 所示。

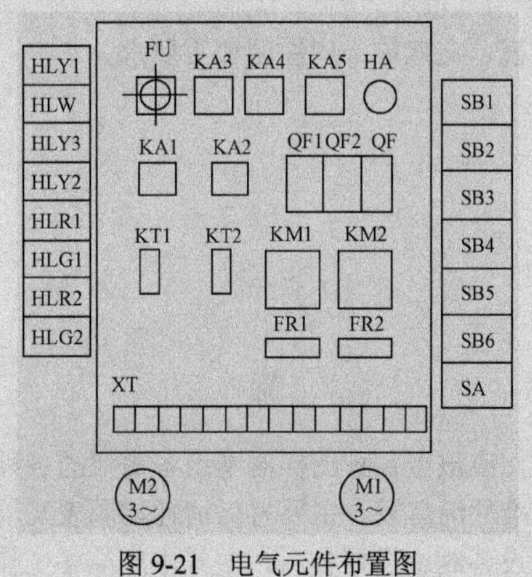

图 9-21　电气元件布置图

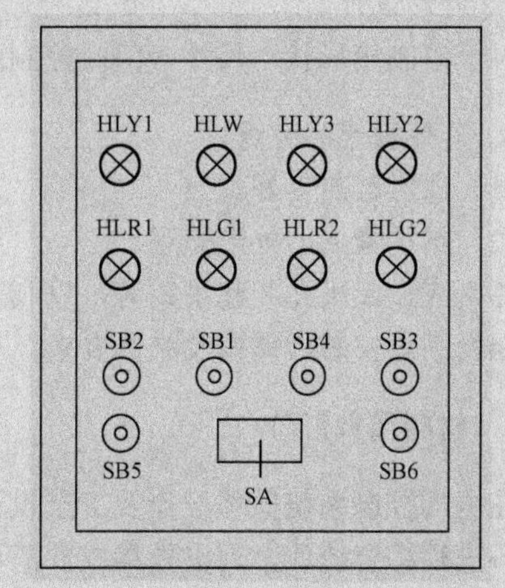

图 9-22　板面布置图

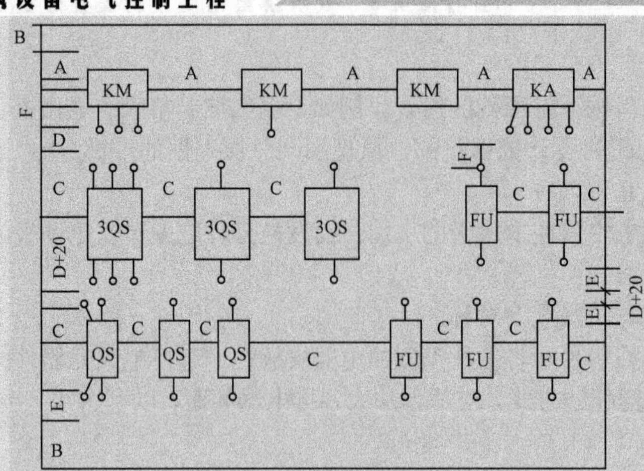

图 9-23　设备布置尺寸

表 9-12　设备布置尺寸规定

<table>
<tr><th>间距</th><th colspan="3">最小尺寸（mm）</th></tr>
<tr><td>A</td><td colspan="3">60 以上</td></tr>
<tr><td>B</td><td colspan="3">50 以上</td></tr>
<tr><td>C</td><td colspan="3">30 以上</td></tr>
<tr><td>D</td><td colspan="3">20 以上</td></tr>
<tr><td rowspan="3">E</td><td rowspan="3">电器规格</td><td>10～15 A</td><td>20 以上</td></tr>
<tr><td>20～30 A</td><td>30 以上</td></tr>
<tr><td>60 A</td><td>50 以上</td></tr>
<tr><td>F</td><td colspan="3">80 以上</td></tr>
</table>

3．电器部件接线图的绘制

电器部件接线图是根据部件电气原理图及电气元件布置图绘制的。它表示成套装置的连接关系。按照电气元件布置最合理、连接导线最经济等原则来安排。为安装电气设备、电气元件间的配线及电气故障的检修等提供依据，应从以下几方面考虑。

（1）接线图的绘制应符合 GB 6988.3—1997 的规定；

（2）电气元器件相对位置与实际安装相对位置一致；

（3）接线图中同一电气元件中各带电部件（如线圈、触头等）的绘制采用集中表示法，且在一个细实线方框内；

（4）所有电气元件的文字符号及其接线端钮的线号标注，均与电气控制电路图完全相符；

（5）电气接线图一律采用细实线绘制；

（6）接线图中应标明连接导线的型号、规格、截面积及颜色。

4．电控箱及非标准零件图的设计

1）外形设计

对于控制箱形状、尺寸、门、控制面板、底板、支架等，应注明加工要求。

2）其他因素的考虑

（1）通风散热良好。

（2）结构紧凑，外形美观。

（3）应设起吊孔、起吊钩等，以利于搬动。

（4）满足安装、调试及维修要求。

5．材料清单汇总

在电气控制系统原理设计及工艺设计结束后，应根据各种图样对本设备需要的各种零件及材料进行综合统计，列出外购成件清单表、标准件清单表、主要材料消耗定额表及辅助材料消耗定额表，以便采购人员、生产管理部门按设备制造需要备料，做好生产准备工作。

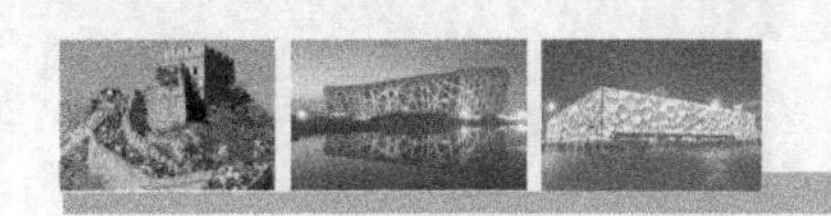

6. 编写设计说明书及使用说明书

设计及使用说明书应包含以下主要内容：

（1）拖动方案选择依据及本设计的主要特点；

（2）主要参数的计算过程；

（3）设计任务书中要求各项技术指标的核算与评价；

（4）设备调试要求与调试方法；

（5）使用、维护要求及注意事项。

9.1.5 电气控制系统的安装与调试

1. 安装前的准备

（1）了解所需安装设备情况是安装的前提。具体应考虑：生产机械的工艺要求、主要结构和运动形式；电气原理图由几部分构成，各部分之间的相互关系；电气控制线路的动作顺序；电气元件的种类和数量、规格；各种电气元件之间的控制及连接关系等。

（2）对于所用的各种电气元件的检查，应根据电气元件明细表进行。检查各电气元件和电气设备规格是否符合设计要求、是否缺少数量、外观是否损坏；检查各电气元件的各接线端子及紧固件有无短缺、生锈等；尤其是电气元件中触点的质量，如触点是否光滑，接触面是否良好等；检查有延时作用的电气元件的功能能否保证，如时间继电器的延时动作、延时范围及整定机构等；用绝缘电阻表（兆欧表）检查电气元件及电气设备的绝缘电阻是否符合要求，用万用表或电桥检查一些电器或电气设备（接触器、继电器、自动开关、电动机）线圈的通断情况，以及各操作机构和复位机构是否灵活等。

（3）导线的选择。根据电动机的额定功率、控制电路的电流容量、控制回路的子回路数及配线方式选择导线，包含导线的类型、导线的绝缘、导线的截面积和导线的颜色等。

（4）绘制电气安装接线图。根据电气原理图，对电气元件在电气控制柜或配电板或其他安装底板上进行布局，其布局总的原则是连接导线最短，导线交叉最少。为便于接线和维修，控制柜所有的进出线要经过接线端子板连接。接线端子板安装在柜内的最下面或侧面。接线端子的节数和规格应根据进出线的根数及流过的电流进行选配组装，且根据连接导线的线号进行编号。

（5）准备好安装工具和检测仪表。如剥线钳、电工刀、万用表、十字旋具、一字旋具等。

2. 电气控制柜（箱或盘）的安装

1）电气元件的安装

电气元件的安装按产品说明书和电气安装接线图进行，力争做到安全可靠、排列整齐。电气元件的安装步骤如下。

（1）底板选料。可选择2.5～5 mm厚的钢板或5 mm的层压板等。

（2）底板剪裁。按电气元件的数量和大小以及位置和安装接线图，确定板面的尺寸。

（3）电气元件的定位。按电器产品说明书的安装尺寸，在底板上确定元件安装孔的位置并固定钻孔中心。

（4）钻孔。选择合适的钻头对准钻孔中心进行冲眼。在此过程中，钻孔中心应保持不变。

（5）电气元件的固定。用螺栓加以适当的垫圈，将电气元件按各自的位置在底板上进行固定。

2）电气元件之间的导线连接

电气元件之间的导线连接应按照电气安装接线图的绘制规则，并结合电气原理图中的导线编号及配线要求进行。具体做法如下。

（1）接线方法：导线的连接必须牢固，不得松动，在任何情况下，连接器件必须与连接的导线截面和材料性质相适应，一般一个端子只连接一根导线。有些端子不适合连接软导线时，可在导线端头上采用针形、叉形等冷压接线头。如果采用专门设计的端子，可以连接两根或多根导线，但导线的连接方式必须是工艺上成熟的各种方式，如夹紧、压接、焊接、绕接等。导线的接头除必须采用焊接方法外，所有的导线应当采用冷压接线头。若电气设备在运行时承受的震动很大，则不许采用焊接的方式。

（2）导线的标志：导线的标志主要有导线的颜色标志和导线的线号标志两种。

① 导线的颜色标志：交流控制电路采用红色；直流控制电路采用蓝色；交、直流动力线路采用黑色；保护导线采用黄绿双色；动力电路的中性线和中间线采用浅蓝色等。

② 导线的线号标志：导线的线号标志必须与电气原理图和电气安装接线图相符合，且在每一根连接导线的接近端子处需套有标明该导线线号的套管。

（3）控制柜的内部配线方法：控制柜的内部配线方法有板前配线、板后配线和线槽配线等。板前配线和线槽配线综合的方法得到较广泛的应用，如板前线槽配线等。一般较少采用板后配线。采用线槽配线时，线槽装线不要超过线槽容积的70%，以便安装和维修。如果采用线槽配线，对装在可拆卸门上的电气接线必须采用互连端子板或连接器，它们必须牢固固定在框架、控制箱或门上。从外部控制电路、信号电路进入控制箱内的导线超过 10 根时，必须接到端子板或连接器件过渡，但动力电路和测量电路的导线可以直接接到电器的端子上。

（4）控制箱外部配线方法：由于控制箱一般处于建筑或工业环境中，为了防止铁屑、灰尘和液体的进入，除必要的保护电缆外，控制箱所有的外部配线一律装入导线通道内。导线通道应留有余量，供备用导线和今后增加导线之用。导线通道采用钢管，壁厚应不小于1mm，如果使用其他材料，壁厚必须有等效于壁厚为1 mm 钢管的强度。如果使用金属软管，必须有适当的保护。当用设备底座做导线通道时，无须再添加预防措施，但必须能防止液体、铁屑和灰尘的侵入。移动部件或可调整部件上的导线必须用软线；运动的导线必须支撑牢固，使得在接线上不致产生机械拉力，又不出现急剧的弯曲。不同电路的导线可以穿在同一管内，或处于同一电缆之中，如果它们的工作电压不同，则所用导线的绝缘等级必须满足其中最高一级电压的要求。

（5）导线连接的步骤：①了解电气元件之间导线连接的走向和路径；②根据导线连接的走向和路径及连接点之间的长度，选择合适的导线长度，并将导线的转弯处弯成90°角；③用电工工具剥除导线端子处的绝缘层，套上导线的标志套管，将剥除绝缘层的导线弯成羊角圈，按电气安装接线图套入接线端子上的压紧螺钉并拧紧；④所有导线连接完毕之后进行整理，做到横平竖直，导线之间没有交叉、重叠且相互平行。

3. 电气控制柜的配线

电气控制柜的配线有柜内和柜外两种。柜内配线有明配线和暗配线、线槽配线等。柜外配线有线管配线等。

1）柜内配线

（1）明配线：又称板前配线。这种配线方式导线的走向较清晰，对于安全维修及故障的检查较方便。适用于电气元件较少、电气线路比较简单的设备。采用这种配线要注意以下几个方面。

① 连接导线选用BV型的单股塑料硬线。

② 线路应整齐美观、横平竖直，导线之间不交叉，不重叠，转弯处应为直角，成束的导线用线束固定；导线的敷设不影响电气元件的拆卸。

③ 导线和接线端子应保证可靠的电气连接，线端应弯成羊角圈。对不同截面的导线在同一接线端子连接时，大截面在上，且每个接线端子原则上不超过两根导线。

（2）暗配线：又称板后配线。其特点是板面整齐美观且配线速度快。配线时注意事项如下。

① 电气元件的安装孔、导线的穿线孔的位置应准确，孔的大小应合适。

② 板前与电气元件的连接线应接触可靠，穿板的导线应与板面垂直。

③ 固定配电盘时，应使安装电气元件的一面朝向控制柜的门，便于检查和维修。板与安装面要留有一定的余地。

（3）线槽配线：线槽一般由槽底和盖板组成，其两侧留有导线的进出口，槽中容纳导线（多采用多股软导线做连接导线），视线槽的长短用螺钉固定在底板上。

这种配线方式综合了明配线和暗配线的优点，不仅安装、检查维修方便，且整个板面整齐美观，适用于电气线路较复杂、电气元件较多的设备，是目前使用较广泛的一种接线方式。

（4）配线的基本要求如下。

① 配线之前首先要认真阅读电气原理图、电器布置图和电气安装接线图，做到心中有数。

② 根据负荷的大小及配线方式、回路的不同选择导线的规格、型号，并考虑导线的走向。

③ 先对主电路进行配线，后对控制电路配线。

④ 具体配线时应满足以上三种配线方式的具体要求及注意事项。如横平竖直、减少交叉、转角成直角、成束导线用线束固定、导线端部加有套管、与接线端子相连的导线头弯成羊角圈、整齐美观等。

⑤ 不应妨碍电气元件的拆卸。

⑥ 配线完成之后应根据各种图纸再次检查是否正确无误，然后将各种紧压件压紧。

2）线管配线

线管配线属于柜外配线方式，它耐潮、耐腐蚀、不易遭受机械损伤，适用于有一定的机械压力的地方。

（1）铁管配线。①根据使用的场合、导线截面积和导线根数选择铁管类型和管径，且管内应留有40%的余地。②尽量取最短距离敷设线管，管路尽量少弯曲，不得不弯曲时，弯曲半径不应太小，弯曲半径一般不小于管径的4～6倍。弯曲后不应有裂缝；如果管路引出地面，离地面应有一定的高度，一般不小于0.2 m。③同一电压等级或同一回路的导线允许穿

在同一线管内，管内的导线不能有接头，也不能有绝缘破损之后修补的导线。④线管在穿线时可以采用直径 1.2 mm 的钢丝作引线。敷设时，首先要清除管内的杂物和水分；明面敷设的线管应做到横平竖直，必要时可采用管卡支持。⑤铁管应可靠地保护接地和接零。

（2）金属软管配线。对生产机械本身所属的各种电器或各种设备之间的连接常采用这种连接方式。根据穿管导线的总截面选择软管的规格，软管的两头应有接头以保证连接；在敷设时，中间的部分应用适当数量的管卡加以固定；有所损坏或有缺陷的软管不能使用。

4. 电气控制柜的调试

1）调试前的准备工作

（1）调试前必须了解各种电气设备和整个电气系统的功能有关参数。掌握调试的方法和步骤。

（2）作好调试前的检查工作。

① 根据电气原理图和电气安装接线图、电器布置图检查各电气元件的位置是否正确，并检查其外观有无损坏，触点接触是否良好；配线导线的选择是否符合要求；柜内和柜外的接线是否正确、可靠及接线的各种具体要求是否达到；电动机有无卡壳现象；各种操作、复位机构是否灵活；保护电器的整定值是否达到要求；各种指示和信号装置是否按要求发出指定信号等。

② 对电动机和连接导线进行绝缘电阻检查。用绝缘电阻表（兆欧表）检查，应分别符合各自的绝缘电阻要求，如连接导线的绝缘电阻不小于 7 MΩ，电动机的绝缘电阻不小于 0.5 MΩ等。

③ 与操作人员和技术人员一起，检查各电气元件的动作是否符合电气原理图的要求及生产工艺要求。

④ 检查各开关按钮、行程开关等电气元件应处于原始位置；调速装置的手柄应处于最低速位置。

2）电气控制柜的试车

（1）空操作观察：断开主电路，接通电源开关，使控制电路空操作，检查控制电路的工作情况。如按钮对继电器、接触器的控制作用，自锁、连锁的功能；急停器件的动作；行程开关的控制作用；时间继电器的延时时间等。如有异常，立刻切断电源开关检查原因。

（2）空载试车：接通主电路，点动检查各电动机的转向及转速是否符合要求；调整好保护电器的整定值，检查指示信号和照明灯的完好性等。

（3）带负荷试车：带负荷试车应在第 1 步和第 2 步通过后进行。在正常的工作条件下，验证电气设备所有部分运行的正确性，特别是验证在电源中断和恢复时对人身和设备的伤害、损坏程度。此时进一步观察机械动作和电气元件的动作是否符合原始工艺要求；进一步调整行程开关的位置及挡块的位置；对各种电气元件的整定数值进一步调整。如时间继电器的延时、热继电器的动作时间、自动开关的相关参数等。

（4）试车注意事项如下。

① 在调试前，调试人员必须充分熟悉建筑机械的结构、操作规程和电气系统的工作要求。

② 操作顺序是：先接通主电源；断电时，顺序相反。

③ 为防止故障发生，通电后，注意观察各种现象，随时做好停车准备。如有异常，应立即停车，待查明原因之后再继续进行。不得在原因不明的情况下强行送电，这样会发生故障。

任务 9-2　锅炉房的电气设计及存在的问题

9.2.1　电锅炉房的电气设计

一般电锅炉房的电气设计包括电源设计、配电系统线路设计、热工检测系统设计及照明设计等。照明设计与一般锅炉房设计相同，这里不做介绍。下面主要对电源设计、电锅炉房的线路设计做一个介绍。

1．电源设计

1）变压器台数及容量的选择

对于较大容量电锅炉房应专设变配电所。为减少电能损耗、便于接线和节省投资，变配电所应邻近电锅炉房。容量较小的电锅炉房可由原有的公用变电所供电。专用变压器容量或由公用变电所提供的容量应满足电锅炉、蓄热水泵、循环水泵、补水泵等设备的总用电量要求，并应考虑 10%～20%的裕量。多台电锅炉可共用一台变压器，但不允许多台变压器供一台电锅炉。如果电锅炉房设置两台 700 kW 电锅炉，则应配置两台 800 kW 变压器。

2）变配电所低压配电柜配电开关及线路要求

变配电所低压配电柜配电开关及线路应与电锅炉房的用电负荷容量相匹配。如果有两台 700 kW 电锅炉，变配电所低压配电柜应设置两个 1500 A 的低压断路器和两条配电线路引至电锅炉房。配电线路可采用带 N 线和 PE 线的五芯电缆，如果变配电所邻近电锅炉房，可采用封闭式母线槽。如蓄热水泵、循环水泵、补水泵等附属设备单设控制箱，但用电量与电锅炉相比很小，供电电源线路可由电锅炉控制柜引接。

2．电锅炉房的线路设计

电锅炉房的线路包括电力线路和热工检测信号和控制线路。

1）电力线路设计

电锅炉控制柜至电锅炉电加热管的电力线路一般采用四芯 YJV 交联聚氯乙烯铜芯电缆或四根 BV 铜芯塑料电线，其中一根为 PE 线。电缆或电线敷设方式一般采用穿钢管埋地敷设，也可采用电缆桥架敷设或地沟敷设。

2）热工检测信号和控制线路

热工检测信号线路包括温度、压力和水位检测线路，分别由装在电锅炉本体上的温度、压力和水位传感器接到电锅炉控制柜中的电脑控制器上。为避免干扰、确保检测的准确性，检测信号线应采用屏蔽线，并与电力线路分开敷设。敷设方式可在地坪下穿钢管暗埋或架空明敷设。

控制线路主要是蓄热水泵、循环水泵、补水泵等附属设备单设控制箱时，电锅炉控制柜与附属设备控制箱之间的控制及连锁线路，一般采用 1.5 mm^2 的 BV 铜芯塑料电线。敷设方式可采用在地坪下穿钢管暗埋。

一般锅炉房设有软化水装置，其用电量不大，在软化水装置附近墙上设置一个三孔电源插座即可。

3）电锅炉控制柜布置设计

在电锅炉容量较大、台数较多的电锅炉房中，电锅炉控制柜、水泵控制箱及自动化控制台等应设在控制室内。如果改造工程由于条件限制，单独设置控制室有困难，或电锅炉容量较小、台数又很少时，电锅炉控制柜和水泵控制箱也可设在电锅炉房内，但应远离水泵和水处理设备，并设置 50～100 mm 的基础。

容量大的电锅炉控制柜一般为离墙安装，单面（正面）操作，双面开门维修。根据《10 kV及以下变电所设计规范》GB 50053－1994 规定，背面离墙距离应不小于 1000 mm，正面操作距离应不小于 1500 mm。容量较小的电锅炉控制柜可靠墙安装，正面操作距离也不应小于1500 mm。

4）接地系统设计

接地系统形式应采用 TN-S 系统。电源进线 N 线应做重复接地。电锅炉控制柜、水泵控制箱、电锅炉、水泵及其他电气设备的金属外壳、电缆电线穿线管等均应可靠接地。接地电阻要求小于 1 Ω。并按《低压配电设计规范》（GB 50054—1995）要求做好等电位连接。

9.2.2 电锅炉房电气设计中存在的问题

随着我国对环保的重视，最近几年电锅炉的生产和应用发展非常迅速。但由于电锅炉在我国起步较晚，相关电锅炉技术方面的规范、标准还不够完善，各生产厂家各自为战，产品自定型号规格，自成系列。这给设计人员对电锅炉的选型及电锅炉房的布置设计带来一定的困难。特别是电锅炉房设计以暖通、给排水专业为主，电锅炉的选择和订货由暖通、给排水专业负责，电气专业设计人员对电锅炉产品的技术性能和对电气专业设计的要求了解不够，使得电锅炉房电气设计中出现一些问题。据笔者了解的情况，主要存在着以下四个问题。

（1）电源容量与电锅炉房用电负荷不匹配。主要表现在改造工程项目，其变配电所未改造，使得变配电所中变压器容量满足了电锅炉房的用电要求；或新建电锅炉房变压器容量能满足要求，但引到电锅炉房的线路出线开关容量不够等。希望建设单位在改建锅炉房时，应根据电锅炉房的负荷容量，对原变配电所增容扩建和改造或充分考虑负荷容量。

（2）电锅炉房建筑面积偏小，使电锅炉、电锅炉控制柜及其他配套设备布置很困难。出现这一问题的原因是利用原有的锅炉房，或还未选择确定电锅炉设备，建筑设计时没有按设备的安装尺寸要求来设计锅炉房，结果造成设备大、锅炉房建筑面积明显偏小的弊端。设计单位应在电锅炉及其配套设备都确定的条件下，再做电锅炉房设计为好。

（3）电锅炉与蓄热水泵、循环水泵、补水泵等附属设备等不是由同一厂家，而是由几个厂家配套供货，造成水泵控制箱与电锅炉控制柜不匹配。根据控制要求，电锅炉与蓄热水泵

之间应互相连锁，但由于蓄热水泵控制箱没有考虑此功能，这给施工安装带来很大的麻烦。

希望建设单位或承包商订货时，电锅炉和蓄热水泵、循环水泵、补水泵等附属设备及其控制箱应尽量由电锅炉供货商配套供货，水泵的控制装置最好集成到电锅炉控制柜中，由电脑控制器集中控制，既方便了安装接线，操作维护，又减少了故障，提高了安全可靠性。

（4）电锅炉房电气施工设计图纸不够完整。电锅炉房电气施工设计图纸应包括电力系统图、电力管线平面布置图。但由于设计人员对电锅炉设备资料掌握不全，再加上施工图设计时电锅炉设备的选型还未定下来，无法做施工图设计，造成电气施工设计图纸的空缺。

以上问题虽然只是个别现象，但希望引起大家注意。随着电锅炉应用的普及，电锅炉房设计的增多及规范标准的不断完善，相信电锅炉房的电气设计水平必将会大大提高。

知识梳理与总结

本情景主要围绕电气控制设计的主线进行探讨，旨在学会设计方法，为从业打好基础。通过分析读者应掌握如下内容。

1．设计原则

不同电气控制设备的设计要求和方法大同小异。设计原则是在最大限度地满足生产机械和工艺要求的基础上，力求安全、可靠、简单、经济，并尽量确保技术先进。

2. 电气设计的主要任务

选择拖动方案及控制方式，在此基础上，进行电气原理图和安装工艺图的设计。电气原理图的设计任务是保证生产机械的拖动（控制）要求和系统主要技术指标的实现。

3. 电气原理图设计

设计方法有两种，即分析设计法和逻辑设计法。前者是以熟练掌握电气控制线路基本环节和一定经验为基础，后者是依据逻辑代数。分析设计法是电气设计中最常用的方法，而逻辑设计可以作为它的补充，用以进一步优化设计。原理设计步骤是根据拖动要求先设计主电路，然后根据控制要求设计各控制环节，最后从保证系统安全、可靠工作的角度出发，设置必要的连锁、保护环节和照明、指示、报警等辅助电路。

4. 工艺设计

只有充分了解电气设备的制造过程，才能正确理解各种设计图样、资料的用途、要求和必要性，更好地确定电气设备的制造工艺性、造型、使用与维护方便性、制造成本等。

5. 电力拖动方案的确定

应根据生产机械的传动要求和调速性能指标确定电力拖动方案，由此去选择相应的拖动电动机类型、容量和数量，确定控制要求。在一般情况下，尽可能选用三相笼形异步电动机，只有在调整性能要求较高时，才考虑选用直流电动机，或采用其他更先进的调速系统。

6. 控制方式的选择

随着现代电气技术的迅速发展，可供选择的控制方式越来越多，应根据设计要求，并充分考虑制造部门和使用部门的具体情况，去选择简单、经济、安全、可靠的控制方式。

电气设计是一个实践性较强的教学内容，仅有理论是远远不够的，必须经过对工程实践的不断研究、摸索、总结，才能不断提高设计水平。

练习题 8

1. 建筑电气控制设计的基本内容是什么？设计中应遵循哪些原则？
2. 建筑电气控制设计有哪些程序？
3. 控制线路的设计步骤是什么？控制线路设计应满足哪些要求？
4. 在电力拖动中拖动电动机的选用包括哪些内容？选用依据是什么？正确选择电动机容量有何意义？
5. 说明电气原理图的设计方法和特点。
6. 简述逻辑设计的步骤。
7. 逻辑“与”、“或”、“非”各有何特点？举例说明它们的实现方法。
8. 在建筑电气控制设计中，常用哪些保护环节？各有何作用？
9. 在建筑电气控制工艺设计中，需要哪些资料才能完成？
10. 叙述建筑电气控制设计说明书所包括的内容。
11. 简述使用说明书与设计说明书的区别。

技能训练 15　电气触头线路的分析设计

1. 实训目的

分析电气触头的使用方法，设计改进线路。

2. 实训内容

如图 9-24 所示的电气触头布置是否合理？试画出改进线路。

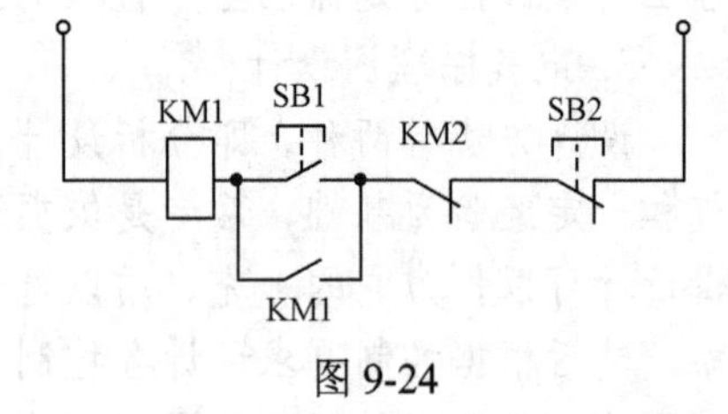

图 9-24

3. 实训要求

（1）分析线路，判断触头设置正确与否。

（2）改进线路画出正确图形。

（3）编写实训报告。

技能训练 16　位置开关应用

1. 实训目的

分析位置开关的应用，设计刮油板电动机控制线路。

2. 实训内容

某新建水厂除油池的刮油板采用电动机拖动向两个方向来回移动，以将水面上的油清除后顺着相应的管路排出，要求每往返一次发出一个信号，以改变电动机的转向，采用分析设计法设计满足要求的线路。

3. 实训要求

（1）分析工艺要求，进行草图设计。

（2）完善线路，画出完整的电气原理图。

（3）进行设备选择，给出材料表。

（4）根据电气原理图画出电气安装接线图。

（5）编写设计说明。

技能训练 17　反接制动及两地控制的应用

1．实训目的

训练控制线路的设计能力。

2．实训内容

某电气设备采用两台三相笼形异步电动机 M1、M2 拖动，其控制要求如下：

（1）M1（45 kW）要求降压启动，停止时采用反接制动。

（2）M1 启动后经 20 s 后，M2（1.1 kW）启动。

（3）M2 停止后才允许 M1 停止。

（4）M1 和 M2 均要求两地控制，并有信号显示，试设计满足要求的线路。

3．实训要求

（1）分析工艺要求，设计控制线路（电气原理图）。

（2）进行设备选择，给出材料表。

（3）根据电气原理图画出电气安装接线图。

（4）编写设计说明。

技能训练 18　线路的逻辑设计方法

1．实训目的

训练采用逻辑设计方法设计线路的能力。

2．实训内容

设计一个符合下列条件的房间照明控制线路：房间入口墙上装有开关 S，标准双人间，两张床头分别有开关 S1、S2，晚上进入房间时，扳动 S 灯亮，上床后拉动 S1 或 S2，灯灭，晚上需开不同的灯时，分别扳动开关 S1 或 S2 便可实现。

3．实训要求

（1）根据要求列出真值表。

（2）由真值表列写出逻辑表达式。

（3）画出设计线路（电气原理图）。

（4）选出设备。

（5）编写实训报告。

附录A 常用电气图形符号及文字符号新旧对照

名称		新标准		旧标准	
		图形符号	文字符号	图形符号	文字符号
一般三极电源开关			QS		K
低压断路器			QF		UZ
位置开关	常开触头		SQ		XK
	常闭触头				
	复合触头				
按钮	起动		SB		QA
	停止				TA
	复合				AN
接触器	线圈		KM		C
	主触头				
	常开辅助触头				
	常闭辅助触头				
速度继电器	常开触头		KS		SJ
	常闭触头				
转换开关			SA	与新标准相同	HK
制动电磁铁			YB		DT

名称		新标准		旧标准	
		图形符号	文字符号	图形符号	文字符号
熔断器			FU		RD
热继电器	热元件		KR或FR		RJ
	常闭触头				
时间继电器	线圈		KT		SJ
	常开延时闭合触头				
	常闭延时断开触头				
	常闭延时闭合触头				
	常开延时断开触头				
继电器	中间继电器线圈		KA		ZJ
	欠压继电器线圈		KA		QYJ
	过电流继电器线圈		KI		GLJ
	欠电流继电器线圈				QLJ
	常开触头		相应继电器符号		相应继电器符号
	常闭触头				
电位器			RP	与新标准相同	W
直流发电机			G		ZF

续表

名称	新标准		旧标准		名称	新标准		旧标准	
	图形符号	文字符号	图形符号	文字符号		图形符号	文字符号	图形符号	文字符号
电磁离合器		YC		CH	三相笼形异步电动机	M 3~	M		D
照明灯		EL	EL	ZD	三相绕线转子异步电动机	M 3~			
信号灯		HL		XD	单相变压器		T		B
桥式整流装置		VC		ZL	整流变压器				ZLB
电阻器		R		R	照明变压器				ZB
接插器		X		CZ	控制电路电源变压器		TC		B
电磁吸盘		YH		DX	三相自耦变压器		T		ZOB
串励直流电动机	M	M	D	ZD	半导体二极管		V		D
并励直流电动机	M		D		PNP 型三极管				T
他励直流电动机	M		D		NPN 型三极管				
复励直流电动机	M		D		晶闸管				SCR

参考文献

[1] 孙景芝. 楼宇电气控制. 北京：中国建筑工业出版社，2002
[2] 孙景芝. 建筑电气控制系统系统安装. 北京：中国建筑工业出版社，2006
[3] 倪远平. 现代低压电器及其控制技术. 重庆：重庆大学出版社，2003
[4] 付家才. 电气控制实验与实践. 北京：高等教育出版社，2004
[5] 张运波. 工厂电气控制技术. 北京：高等教育出版社，2004
[6] 孙见君. 制冷与空调装置自动控制技术. 北京：机械工业出版社，2004
[7] 单翠霞. 制冷与空调自动控制. 北京：中国商业出版社，2003
[8] 李树林. 制冷技术. 北京：机械工业出版社，2003
[9] 孟燕华. 工业锅炉安全运行与管理. 北京：中国电力出版社，2004
[10] 李仁. 电器控制.北京：机械工业出版社，2001
[11] 方承远. 工厂电气控制技术. 北京：机械工业出版社，2000
[12] 吴疆，周鹏，李嫌. 看图学修空调器. 北京：人民邮电出版社，2002
[13] 冯梅. 空调机电路解说与检修. 北京：人民邮电出版社，2000